基础学科拔尖学生培养计划配套教材

——数学专业系列

复旦大学数学科学学院

楼红卫 编著

数学分析

（下册）

中国教育出版传媒集团

高等教育出版社·北京

内容提要

本教材根据数学分析课程教学中出现的一些新的需求而编写。全书共十二章，主要内容包含实数、序列极限、函数极限与连续、导数与微分、不定积分、微分中值定理和 Taylor 展开式、微分问题、积分、函数列与函数项级数、反常积分与含参变量积分、曲线积分与曲面积分、Fourier 级数等。

教材较详细地介绍了实数理论，以一元和多元统一的方法引入了函数的极限、导数和积分。在积分理论方面，引入了 Lebesgue 积分理论并以此为基础展开后续内容的讨论。Lebesgue 积分的引入使得教材能够更深入地讨论一些问题，比如含参变量积分的性质，对变分法基本思想和 Fourier 变换基本性质的介绍也得以顺利进行。教材在内容的编排和取舍上，注重了全书的自洽性以及与数学各分支的联系。例如，给出了各基本初等函数的严格定义，按 Hausdorff 测度讨论了曲面面积的定义和计算公式等。为加强数学分析课程与其他数学课程间的联系，同时也为了把数学分析课程中的一些问题讨论得更深入更清楚，教材介绍了高等代数、常微分方程、复变函数、实变函数和泛函分析等课程中的一些简单而重要的定理，作为数学分析知识的应用。其中包括 Young 不等式，Hölder 不等式，Minkowski 不等式，摄动法，卷积，Arzelà-Ascoli 定理，凸集分离定理等。

本教材经适当删减后可作为数学类专业、特别是数学学科拔尖人才培养的数学分析课程教材或参考书，也可直接作为拓展性较强的数学分析课程教材。

前言

数学分析是大学数学类专业的一门主要基础课。本教材尝试为优秀的大学生提供在一年内完成数学分析课程的一种教学方案,为后继课程的教学预留调整空间。为此,我们对数学分析的内容进行了重新编排,其间,不仅保留了课程传统的教学内容,还增加了一些拓展内容以供教师选讲或学生自学。在选题上也注意加强与后继课程的联系。为使教材的架构明晰,我们把不影响课程进程而篇幅又相对较长的内容汇入了各章的附录。

面向数学基础较强的学生,讲授本教材的主要内容大约需要 160 学时,同时辅以约 64 学时的习题课。若配以主课 192 学时,习题课 96 学时,则本教材亦可作为数学基础一般的学生的数学分析教材。课程内容的重新编排,使得针对数学基础一般的学生在一学年内讲授完数学分析成为可能。具体地,在主课 160 学时,习题课 64 学时的条件下,可以通过删减以下章节完成本课程的教学: 删减第一章, 直接以上确界存在定理作为原理; 删减第四章第 4 节; 删减第五章第 5 节; 删减第六章第 3 节一半内容; 删减第六章第 4 节; 删减第七章第 3 节; 删减第八章第 7 节, 第 8 节, 第 9 节; 删减第九章第 3 节和第 4 节部分内容; 删减第九章第 5 节; 删减第十章第 4 节一半内容; 删减第十章第 5 节; 删减第十一章第 6 节, 第 7 节; 删减第十二章第 3 节一半内容; 删减第十二章第 4 节。

我们期望本教材能为培养优秀学生提供有效的帮助,也期望它能为任课教师提供有益的参考。在具体的写作手法上,一方面,我们遵循了使本书能作为教材使用的一些基本规范。另一方面,也兼顾了使本书能成为一本方便查阅的数学分析教学参考书。因此,在一些点上可能着墨过多,而在有些点上,既给出了较为一般化而略显烦琐的结论,又给出了特殊而简明的结论。对此，教师在教学中可根据实际情况加以取舍。

本教材的内容安排是一种新的尝试，目前还不成熟。这样的编排次序也迫使我们在一些问题的处理方法上采用了与通常教材不同的手法。例如，由于直接讨论多元情形，我们必须直面很多被大多数教材规避的问题，这在丰富读者视角的同时也夹杂了一些不甚成熟的处理方法。同样，直接接触多元，增加了初学的难度，但也减少了高维情形成为学生长期短板的可能性。

教材较早地引入了一些重要的分析思想，较早地让学生面对一些问题，因此不是严格遵循循序渐进的教学思想。这可能给部分学生带来一些学习上的困难，但也为学生熟悉运用那些重要的分析思想提供了更多的练习机会，并帮助学生减少一些习惯性的错误认知。

另一方面，对于定理和例题中的推导证明，在大多数情况下，教材尽量采用了"直接的"证明，尤其是接近"从定义出发"的证明，尽量介绍"常规"的证明思路。我们认为这对于培养学生的基本功是非常重要的。自然，这也可能带来一些副作用。

在初稿的撰写与平时的教学中，我们深感在 Riemann 积分框架下叙述和证明一些重要结果时，会面对很多困扰。在王昆扬和陈杰诚两位教授的建议下，我们尝试在 Lebesgue 积分框架下讲授数学分析。引入 Lebesgue 积分以及证明它的一些基本性质给初学者带来的挑战较大，其中处理集合时的基本思想和方法尤其不易被初学者掌握。使用本教材时，对于其中证明较烦琐或较有技巧的定理，可主要着眼于定理的运用，而暂不要求学生掌握其详细证明。Lebesgue 积分的引入也使我们在编写教材时，必须对后继概念、例题和定理以与 Lebesgue 积分相适应的方式重新定义、组织。在反常积分部分，由于数学分析传统的教学内容中，反常积分的概念是基于 Riemann 积分而引入的，因此在一些概念的定义上不是那么自然地可以适应 Lebesgue 积分，但 Lebesgue 积分让绝对收敛的反常积分的研究变得容易。在含参变量积分、Fourier 级数、Fourier 变换理论等的研究中，Lebesgue 积分所带来的好处也是明显的，很多定理的条件和结论都显得更为自然，并得以在数学分析课程中加以讲解。其中很多重要的内容，通常被假定为留待在数学分析的后继课程中讲解，但事实上它们在后继课程中加以认真讨论的机会并不多。

本教材在编写过程中得到了许多老师的帮助, 试用过程中同学们也提出了不少宝贵的意见。这其中, 尤其感谢杨家忠、陈纪修、庞学诚、陈杰诚、梅加强、郇中丹、王昆扬、严金海、王梦、谢纳庆等教授的支持和帮助。教材的习题有相当一部分来自与国内数学分析教师们的交流和各高校的考题, 也有部分来自学生在数学分析讨论班上自编的习题, 在此深表感谢!

笔者在数学分析的学习和教学中, 最受欧阳光中教授和李铭德教授影响, 在此谨向两位前辈表达由衷的敬意。

虽然投入了很多时间精力, 本教材仍需在今后的教学实践中作进一步修改完善。书稿中存在着许多不足, 恳请读者不吝指正。

2022 年 1 月 11 日

目录

常用符号汇编

$\mathbb{N}$	自然数集
$\mathbb{Z}, \mathbb{Z}_+$	整数集, 正整数集
$\mathbb{Q}, \mathbb{Q}_+$	有理数域, 正有理数集
$\mathbb{R}, \mathbb{R}_+$	实数域, 正实数集
$\mathbb{R}^n$	n 维 Euclid 空间
$\mathbb{C}$	复数域
$\mathbb{C}^n$	n 维复空间
S^{n-1}	$\mathbb{R}^n$ 中的单位球面, 即 $\{\boldsymbol{x} \in \mathbb{R}^n \mid |\boldsymbol{x}| = 1\}$
$\mathbb{S}^n$	n 阶实对称矩阵全体
$B_r(\boldsymbol{x})$	半径为 r 中心在 $\boldsymbol{x} \in \mathbb{R}^n$ 的开球
$\mathring{B}_r(\boldsymbol{x})$	半径为 r 中心在 $\boldsymbol{x} \in \mathbb{R}^n$ 的去心开球
$Q_\delta(\boldsymbol{x})$	边长为 2δ 中心在 $\boldsymbol{x} \in \mathbb{R}^n$, 且各边平行于坐标轴的开正方体
$\boldsymbol{A}^{\mathrm{T}}, \boldsymbol{x}^{\mathrm{T}}$	矩阵 $\boldsymbol{A}$, 向量 $\boldsymbol{x}$ 的转置
$\boldsymbol{x} \cdot \boldsymbol{y}$	$\mathbb{R}^n$ 中向量 $\boldsymbol{x}$ 与 $\boldsymbol{y}$ 的数量积, 也常常用 $\langle \boldsymbol{x}, \boldsymbol{y} \rangle$, $\boldsymbol{x}^{\mathrm{T}} \boldsymbol{y}$ 表示
$\langle x, y \rangle$	内积空间中两个元素 x, y 的内积
$\|\boldsymbol{x}\|_p$	$\mathbb{R}^n$ 中向量 $\boldsymbol{x} = (x_1, x_2, \cdots, x_n)^{\mathrm{T}}$ 的 p 范数 $\left(\sum\limits_{k=1}^{n} |x_k|^p \right)^{\frac{1}{p}}$
$\|\boldsymbol{A}\|_p$	方阵 $\boldsymbol{A} \in \mathbb{R}^{n \times n}$ 的诱导范数 $\|\boldsymbol{A}\|_p = \max\limits_{\|\boldsymbol{x}\|_p = 1} \|\boldsymbol{A}\boldsymbol{x}\|_p$
$|\boldsymbol{x}|$	$\mathbb{R}^n$ 中向量 $\boldsymbol{x}$ 通常的范数, 即 $\|\boldsymbol{x}\|_2$
$\|\boldsymbol{A}\|$	方阵 $\boldsymbol{A} \in \mathbb{R}^{n \times n}$ 通常的诱导范数 $\|\boldsymbol{A}\|_2$
$|E|$	$\mathbb{R}^n$ 中集合 E 的 Lebesgue 测度 (或 Jordan 测度)——长度, 面积, 体积
$|E|^*, |E|_*$	$\mathbb{R}^n$ 中集合 E 的 Jordan 外测度, 内测度
m^*E, m_*E	$\mathbb{R}^n$ 中集合 E 的 Lebesgue 外测度, 内测度
a^+, a^-	实数 a 的正部 $(|a| + a)/2$ 与负部 $(|a| - a)/2$
$a \vee b, a \wedge b$	实数 a, b 的最大值和最小值
$\operatorname{Re} z, \operatorname{Im} z$	复数 $z \equiv a + b\mathrm{i}$ 的实部 a 和虚部 b, 其中 a, b 为实数
χ_E	集合 E 的特征函数, 即在 E 上取值为 1, 在其余点上取值为零的函数
$\exists$	存在
$\forall$	对于任意
$\gg, \ll$	大大大于, 大大小于
a.e.	几乎处处
s.t.	满足或使得

$\varnothing$	空集
$\in, \ni$	$a \in E$ 和 $E \ni a$ 均表示 a 是 E 的元素
$\subseteq, \supseteq$	$E \subseteq F$ 和 $F \supseteq E$ 均表示集合 E 包含于集合 F, 即 F 包含 E
$\subset, \supset$	$E \subset F$ 和 $F \supset E$ 均表示集合 E 真包含于集合 F, 即 F 真包含 E
$E\{\varphi \in F\}$	表示集合 $\{x \in E | \varphi(x) \in F\}$. 在 E 明确的情况下, 简记为 $\{\varphi \in F\}$
$f(D)$	当 f 是映射, D 是集合时, 表示 D 的像集 $\{f(x) | x \in D\}$
$\cap$	集合的交, $A \cap B$ 表示同时属于 A 和 B 的所有元素组成的集合
$\cup$	集合的并, $A \cup B$ 表示属于 A 或属于 B 的所有元素组成的集合
$\backslash$	集合的差, $A \backslash B$ 表示属于 A 而不属于 B 的所有元素组成的集合
$\mathscr{C}$	集合的补, $\mathscr{C}E$ 表示在全集 X 明确的情况下, E 的补集 $X \backslash E$
E^o	集合 E 的内部, 即 E 的内点的全体
E'	集合 E 的导集, 即 E 的极限点 (聚点) 的全体
$\overline{E}$	集合 E 的闭包
∂E	集合 E 的边界
$\subset\subset$	集合的紧包含关系, $E \subset\subset F$ 当且仅当 $\overline{E}$ 是 F 的紧子集
$\alpha E + \beta F$	线性空间中, 集合的伸缩, 代数和与代数差等, 表示集合 $\{\alpha x + \beta y | x \in E, y \in F\}$
$\sum, \prod$	连加号, 连乘号
$[x], \{x\}$	实数 x 的整数部分 (即不大于 x 的最大整数) 与小数部分 (即 $x - [x]$)
$\overline{\lim}, \underline{\lim}$	上极限, 下极限
$\overline{\int}, \underline{\int}$	上积分符号, 下积分符号
C_n^k	在 n 个不同的元素中选取 k 个的组合数
$C^k(\Omega)$	在 Ω 上有 k 阶连续 (偏) 导数的函数全体
$C_c^k(\Omega)$	在 Ω 上有紧支集且有 k 阶连续 (偏) 导数的函数全体
$C^{k,\alpha}(\Omega)$	在 Ω 上 k 阶 (偏) 导数满足 α 次 Hölder 条件的函数全体
$\mathscr{S}$	速降函数全体
$\widehat{f}, \overset{\vee}{f}$	函数 f 的 Fourier 变换, Fourier 逆变换
$f * g$	函数 f 和 g 的卷积

第八章　积分

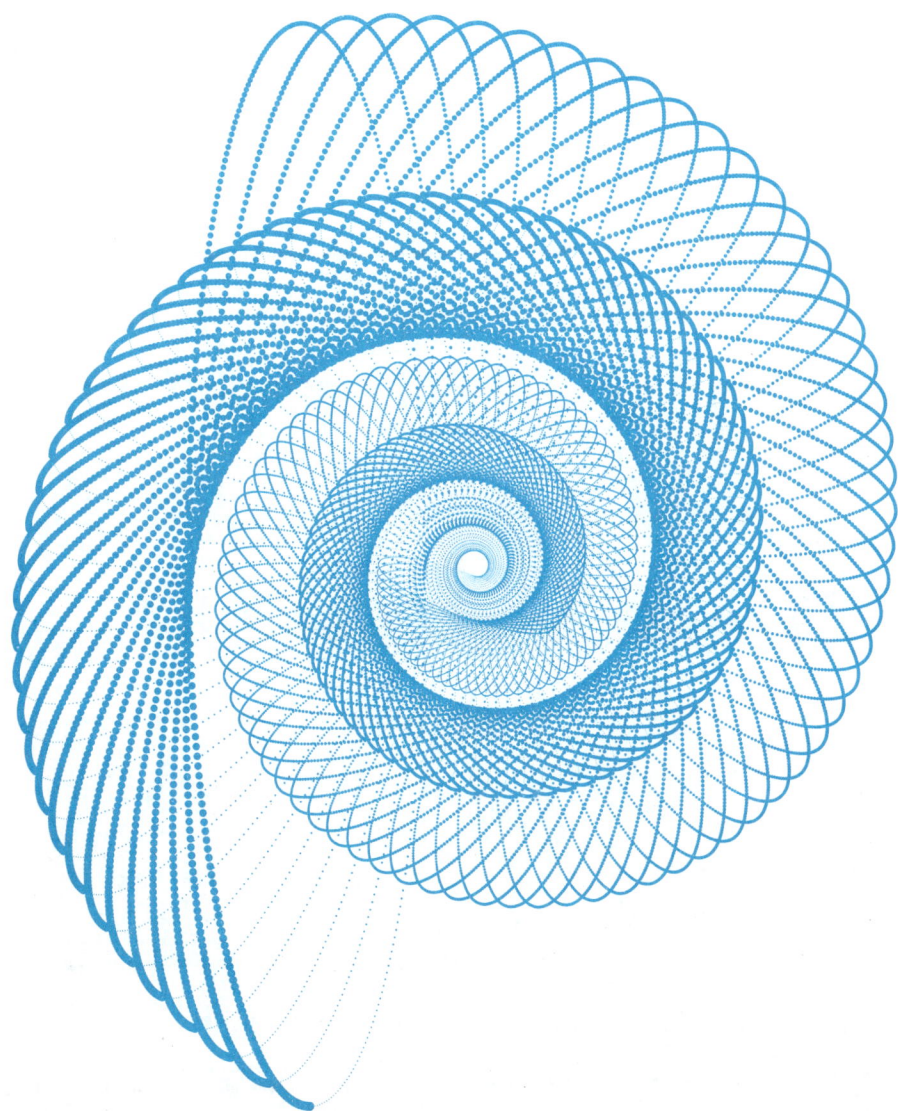

本章所考虑的积分是对集合 $E \subset \mathbb{R}^n$ 上函数的一种总量的刻画, 它是求和的推广. 对于有限和, 例如我们要统计一个班级某次考试学生成绩的总分, 可以按学号排列, 然后把成绩逐个相加得到总分, 也可以按照成绩高低排列, 再逐个相加得到总分. 这两种方法的结果是一样的.

当我们处理无限问题的时候, 情况就发生了改变. 例如, 我们要计算一座山的体积, 比较自然的方法是把该山所占的区域划分成很多小块, 把每一小块对应的部分看成一个柱体, 算出这部分体积的近似值, 然后求和得到总体积的近似值. 这种计算体积的思想就是 Riemann (黎曼) 积分的思想. 但在数学理论上, 人们发现 Riemann 积分在存在性 (即可积性) 和极限运算方面有很多不足. 相反, 从另一种求和方法发展而来的 Lebesgue (勒贝格) 积分, 时常更方便我们处理可积性和极限. Lebesgue 积分依赖的这种求和方法, 在有限和情形非常自然, 就像前述按分数高低来求和. 放在计算体积的过程中, 就是划出不同的高度段, 看看这个高度段的山体占了多少面积, 然后把相同高度段的山体近似看成等高度的, 计算出每一部分的近似体积再加总为整个山体体积的近似值. 这一方法, 看上去不那么自然, 却是理论研究中更为可取的方法.

在很多时候, 两种方法的结果是一致的. 相对于 Riemann 积分, Lebesgue 积分理论的建立过程中所用到的思考方式对于初学者更具挑战性.

习惯上, **定积分**一词用于一元函数情形, 尤其是指有界区间上的积分. 而对于多元函数情形, 称相应的积分为**重积分**.

向量值函数的积分本质上就是每个分量各自积分. 同理, 复值函数的积分就是实部和虚部各自积分. 因此, 我们在定义函数的积分时只需要考虑实值函数.

本章将首先简单地介绍 Riemann 积分, 然后重点介绍 Lebesgue 积分理论.

§1 Riemann 积分

"轴平行矩形" 的体积

设 $a_k < b_k\,(1 \leqslant k \leqslant n)$ 均为实数, 则称 $\mathbb{R}^n$ 中各面与坐标面平行的矩形 $R \equiv [a_1,b_1] \times [a_2,b_2] \times \cdots \times [a_n,b_n]$ 为**轴平行矩形**. 定义其 (n 维) 体积为 $\prod\limits_{k=1}^{n}(b_k - a_k)$, 记作 $|R|$.

称 $P_k : a_k = a_{k,0} < a_{k,1} < \cdots < a_{k,m_k} = b_k$ 为 $[a_k, b_k]$ 的一个**划分**, 它将区间 $[a_k, b_k]$ 分成 m_k 个小区间 $[a_{k,j}, a_{k,j+1}]\,(0 \leqslant j \leqslant m_k - 1)$, $a_{k,j}$ 称为 P_k 的**分点**. 为今后讨论方便, 我们把 P_k 等同于由这些分点组成的集合 $P_k = \{a_{k,0}, a_{k,1}, \cdots, a_{k,m_k}\}$ $(1 \leqslant k \leqslant n)$. 称 $P = P_1 \times P_2 \times \cdots \times P_n$ 为 R 的一个划分 —— 本教材将此类划分称为**轴平行划分**, 它将 R 分成 $m_1 m_2 \cdots m_n$ 个内部两两不交的小轴平行矩形 (称为分矩形), 这些分矩形的体积之和等于 R 的体积. 为刻画划分的细致程度, 这些分矩形的直径的最大值称为 P 的范数, 记作 $\|P\|$.

进一步, 我们有

命题 8.1.1 设 $R_0, R_1, R_2, \cdots, R_m$ 为 $\mathbb{R}^n$ 中的轴平行矩形, $R_1, R_2, \cdots, R_m$ 的内部两两不交, 且 $R_0 = \bigcup\limits_{j=1}^{m} R_j$, 则 $R_1, R_2, \cdots, R_m$ 的体积之和等于 R_0 的体积.

证明 设
$$R_j = [a_{j,1},b_{j,1}] \times [a_{j,2},b_{j,2}] \times \cdots \times [a_{j,n},b_{j,n}], \quad j = 0, 1, 2, \cdots, m,$$
$$P_k = \{a_{j,k} | 1 \leqslant j \leqslant m\} \cup \{b_{j,k} | 1 \leqslant j \leqslant m\}, \quad k = 1, 2, \cdots, n.$$
则 $P = P_1 \times P_2 \times \cdots \times P_n$ 将 R_0 分成内部两两不交的分矩形, 设为 $r_1, r_2, \cdots, r_K$. 这些分矩形的体积之和为 R_0 的体积.

对每一个小矩形 r_i, 有且只有一个 R_j 与其有公共内点, 此时 r_i 包含在 R_j 中. 另一方面, 每一个 R_j 都是 $r_1, r_2, \cdots, r_K$ 中分矩形的并. 因此, $R_1, R_2, \cdots, R_m$ 的体积和等于这些分矩形的体积和, 亦即 R_0 的体积 (如图 8.1 所示). □

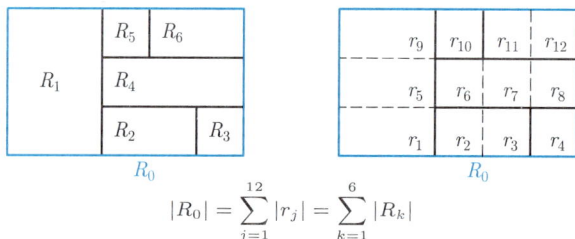

$$|R_0| = \sum_{j=1}^{12}|r_j| = \sum_{k=1}^{6}|R_k|$$

图 8.1 体积的可加性示意图

轴平行矩形上的 Riemann 积分

定义 8.1.1 设 R 是 $\mathbb{R}^n$ 中的轴平行矩形, $f : R \to \mathbb{R}$ 有界. 若有 $A \in \mathbb{R}$, 使得对任何 $\varepsilon > 0$, 存在 $\delta > 0$, 使得当 R 的轴平行划分 P 的范数 $\|P\| < \delta$ 时, 记 $\{R_j | 1 \leqslant j \leqslant K\}$ 为对应划分 P 的分矩形全体[1], 并任意选取 $\boldsymbol{\xi}_j \in R_j \, (1 \leqslant j \leqslant K)$, 均成立

$$\left| \sum_{j=1}^{K} f(\boldsymbol{\xi}_j) |R_j| - A \right| < \varepsilon, \tag{8.1.1}$$

则称 f 在 R 上 **Riemann 可积**, 简称可积. 称 A 为 f 在 R 上的 (n **重**) **Riemann 积分**, 简称积分[2], 记作[3] $A = \displaystyle\int_R f(\boldsymbol{x}) \, \mathrm{d}\boldsymbol{x}$.

当 $n = 1$ 时, $\displaystyle\int_{[a,b]} f(x) \, \mathrm{d}x$ 通常记为 $\displaystyle\int_a^b f(x) \, \mathrm{d}x$. 为了强调积分的重数 n, 当 $n = 2$ 时, 积分可以写成 $\displaystyle\iint_R f(\boldsymbol{x}) \, \mathrm{d}\boldsymbol{x}$ 或 $\displaystyle\iint_R f(x, y) \, \mathrm{d}x\mathrm{d}y$ 等;

当 $n = 3$ 时, 写成 $\displaystyle\iiint_R f(\boldsymbol{x}) \, \mathrm{d}\boldsymbol{x}$ 或 $\displaystyle\iiint_R f(x, y, z) \, \mathrm{d}x\mathrm{d}y\mathrm{d}z$ 等; $\cdots\cdots$.

R 称为**积分区域**, f 称为**被积函数**, $\mathrm{d}\boldsymbol{x}$ 称为**体积微元或积分微元**.

$\displaystyle\sum_{j=1}^{K} f(\boldsymbol{\xi}_j) |R_j|$ 称为 f 对应于 P 的一个 **Riemann 和**, $\boldsymbol{\xi}_j \, (1 \leqslant j \leqslant K)$ 称为**代表元**.

若考虑被积函数 f 非负的情形, 从积分的背景来看, 几何上, 当 $n = 1$ 时, 积分的意义是曲边梯形的面积 (如图 8.2 所示), 当 $n = 2$ 时, 积分的意义是曲顶柱体

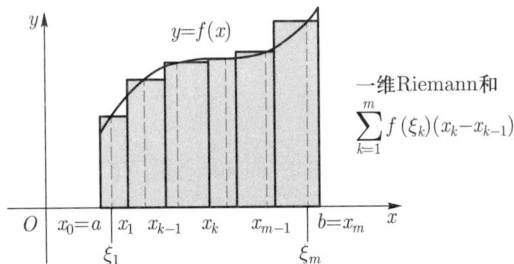

图 8.2　一维 Riemann 和

1　以后, 我们也将 P 等同于它所划分出的分矩形全体组成的集合.

2　本教材将以 Lebesgue 积分为主, 因此在涉及可积性时, 一般将可积一词用于 Lebesgue 可积, 而对于 Riemann 可积, 尽量不用简称. 另一方面, 由于 Riemann 积分是 Lebesgue 积分的特例, 因此就积分而言, 无论是 Lebesgue 积分还是 Riemann 积分, 均简称积分.

3　在不引起混淆的情况下, $\displaystyle\int_R f(\boldsymbol{x}) \, \mathrm{d}\boldsymbol{x}$ 也可简记作 $\displaystyle\int_R f$.

的体积; 物理上, 当 $n = 1, 2, 3$ 时, 积分可以表示密度为 f 的细线段、薄板、物体的质量. 相应的 Riemann 和是这些量的近似值. 而很快我们将把一般的平面 (空间) 集合的面积 (体积) 定义为一般集合上的二重 (三重) 积分.

用 Riemann 和定义积分直观, 易于理解, 但由于其代表点的任意性, 在理论研究中, 时常不如即将引入的 Darboux (达布) 和方便.

定义 8.1.2 设 R 是 $\mathbb{R}^n$ 中的轴平行矩形, $f : R \to \mathbb{R}$ 有界. 若有 $A \in \mathbb{R}$, 使得对任何 $\varepsilon > 0$, 存在 $\delta > 0$, 使得当 R 的轴平行划分 P 的范数 $\|P\| < \delta$ 时, 均成立

$$A - \varepsilon < L(f; P) \leqslant U(f; P) < A + \varepsilon, \tag{8.1.2}$$

则称 f 在 R 上 **Riemann 可积**, 称 A 为 f 在 R 上的 **(n 重) Riemann 积分**, 其中

$$U(f; P) \equiv U_R(f; P) = \sum_{r \in P} \sup_{\boldsymbol{x} \in r} f(\boldsymbol{x}) |r|, \tag{8.1.3}$$

$$L(f; P) \equiv L_R(f; P) = \sum_{r \in P} \inf_{\boldsymbol{x} \in r} f(\boldsymbol{x}) |r| \tag{8.1.4}$$

为 f 对应于划分 P 的 **Darboux 上和**与 **Darboux 下和** (如图 8.3 所示), 又称 **Darboux 大和**与 **Darboux 小和**, 统称为 **Darboux 和**. 这里我们把 P 看作由它划出的全体分矩形组成的集合.

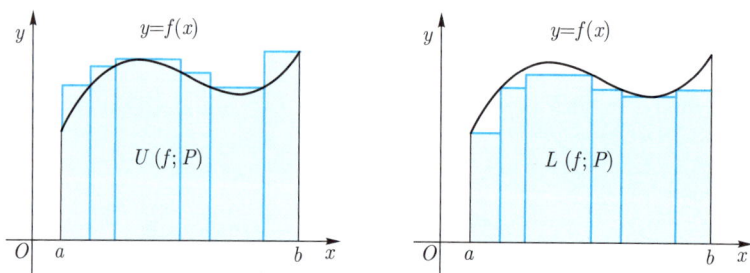

图 8.3 一维 Darboux 上和、下和

注意到对于给定的划分 P, Darboux 上和 $U(f; P)$ 就是对应于 P 的所有 Riemann 和的上确界, 而 Darboux 下和 $L(f; P)$ 就是对应于 P 的所有 Riemann 和的下确界. 因此定义 8.1.2 与定义 8.1.1 显然是等价的.

Darboux 和的优点除了只依赖于划分 P, 还在于当划分的范数趋于零时, 它们的极限总是存在. 为此, 对于轴平行矩形 R 的轴平行划分 $P = P_1 \times P_2 \times \cdots \times P_n$ 以及 $Q = Q_1 \times Q_2 \times \cdots \times Q_n$, 记 $P \uplus Q = (P_1 \cup Q_1) \times (P_2 \cup Q_2) \times \cdots \times (P_n \cup Q_n)$.

若 $P \uplus Q = Q$, 即 $P_k \subseteq Q_k$ $(1 \leqslant k \leqslant n)$, 则称 Q 为 P 的**加细**. 加细的直观含义就是在原划分的基础上, 把分矩形划分得更小一点, 亦即加细 (划分 Q) 的分矩形都是原划分 (划分 P) 划出的某个分矩形的子集.

我们有

命题 8.1.2　设 R 是 $\mathbb{R}^n$ 中的轴平行矩形, f 是 R 上有界实函数, P, Q 是 R 的轴平行划分.

(i) 若 Q 是 P 的加细, 则

$$L(f; P) \leqslant L(f; Q), \quad U(f; P) \geqslant U(f; Q). \tag{8.1.5}$$

(ii) 总成立

$$\inf_{\boldsymbol{x} \in R} f(\boldsymbol{x}) |R| \leqslant L(f; P) \leqslant U(f; Q) \leqslant \sup_{\boldsymbol{x} \in R} f(\boldsymbol{x}) |R|. \tag{8.1.6}$$

证明　由定义直接得到 (8.1.5) 以及 (8.1.6) 的第一个不等式与最后一个不等式. 对于 (8.1.6) 的第二个不等式, 注意到 $P \uplus Q$ 是 P, Q 共同的加细. 因此, 由 (8.1.5) 式, 得到 $L(f; P) \leqslant L(f; P \uplus Q) \leqslant U(f; P \uplus Q) \leqslant U(f; Q)$. □

现在我们来证明如下的**积分 Darboux 定理**. 在定理 8.1.3 的叙述和证明中, 划分总是指轴平行划分.

定理 8.1.3　设 f 为轴平行矩形 $R \subset \mathbb{R}^n$ 上的有界实函数, 则

$$\lim_{\|P\| \to 0^+} L(f; P) = \sup_P L(f; P), \tag{8.1.7}$$

$$\lim_{\|P\| \to 0^+} U(f; P) = \inf_P U(f; P). \tag{8.1.8}$$

证明　由 $U(-f; P) = -L(f; P)$ 知 (8.1.7) 式与 (8.1.8) 式等价. 我们只需要证明 (8.1.7) 式.

设 $R = [a_1, b_1] \times [a_2, b_2] \times \cdots \times [a_n, b_n]$, $M = \sup_{\boldsymbol{x} \in R} |f(\boldsymbol{x})|$.

任取 $\varepsilon > 0$, 有划分 $Q^\varepsilon = Q_1^\varepsilon \times Q_2^\varepsilon \times \cdots \times Q_n^\varepsilon$ 使得 $L(f; Q^\varepsilon) \geqslant \sup_P L(f; P) - \varepsilon$. 令 $\delta > 0$ 待定, 则对于满足 $\|Q\| < \delta$ 的划分 Q,

$$L(f; Q \uplus Q^\varepsilon) \geqslant L(f; Q^\varepsilon) \geqslant \sup_P L(f; P) - \varepsilon.$$

设 Q_k^ε 的分点个数为 $m_k + 1$, $N = \max\limits_{1 \leqslant k \leqslant n} m_k$, 则由 Q 划分出的分矩形中, 不再是 $Q \uplus Q^\varepsilon$ 的分矩形的那些分矩形的体积之和不超过 $C\delta$ (如图 8.4 所示), 其中 $C = \sum\limits_{k=1}^{n} \dfrac{N|R|}{b_k - a_k}$. 因此,

$$L(f; Q) \geqslant L(f; Q \uplus Q^\varepsilon) - 2MC\delta \geqslant \sup_P L(f; P) - \varepsilon - 2MC\delta.$$

取 $\delta = \dfrac{\varepsilon}{2MC + 1}$, 则 $L(f; Q) \geqslant \sup\limits_P L(f; P) - 2\varepsilon$. 这就得到了 (8.1.7) 式. □

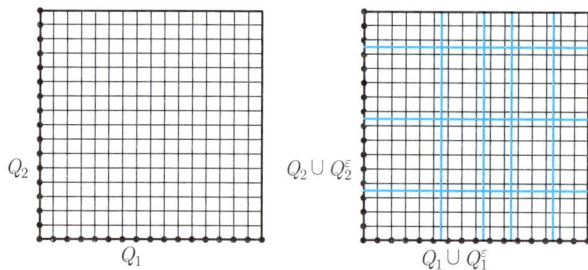

图 8.4 $Q \uplus Q^\varepsilon$ 与 Q 的分矩形的异同

今后, 称

$$\underline{\int_R} f(\boldsymbol{x}) \,\mathrm{d}\boldsymbol{x} \equiv \sup_P L(f; P) \tag{8.1.9}$$

为 f 在 R 上的**下积分**, 称

$$\overline{\int_R} f(\boldsymbol{x}) \,\mathrm{d}\boldsymbol{x} \equiv \inf_P U(f; P) \tag{8.1.10}$$

为 f 在 R 上的**上积分**. 显然, 上积分必然不小于下积分. 我们有

命题 8.1.4 设 R 是 $\mathbb{R}^n$ 中的轴平行矩形, f 是 R 上的有界实函数, 则 f 在 R 上 Riemann 可积当且仅当

$$\underline{\int_R} f(\boldsymbol{x}) \,\mathrm{d}\boldsymbol{x} = \overline{\int_R} f(\boldsymbol{x}) \,\mathrm{d}\boldsymbol{x}. \tag{8.1.11}$$

对 Riemann 可积函数, 我们有如下性质:

命题 8.1.5 设 R 是 $\mathbb{R}^n$ 中的轴平行矩形, f, g 是 R 上的 Riemann 可积函数, 则

(1) 对任何 $\alpha \in \mathbb{R}$, αf Riemann 可积, 且

$$\int_R \alpha f(\boldsymbol{x}) \,\mathrm{d}\boldsymbol{x} = \alpha \int_R f(\boldsymbol{x}) \,\mathrm{d}\boldsymbol{x}. \tag{8.1.12}$$

(2) $f + g$ Riemann 可积, 且

$$\int_R \big(f(\boldsymbol{x}) + g(\boldsymbol{x})\big) \,\mathrm{d}\boldsymbol{x} = \int_R f(\boldsymbol{x}) \,\mathrm{d}\boldsymbol{x} + \int_R g(\boldsymbol{x}) \,\mathrm{d}\boldsymbol{x}. \tag{8.1.13}$$

(3) fg Riemann 可积.

证明 (i) 当 $\alpha \geqslant 0$ 时, 对任何划分 P, 成立

$$U(\alpha f; P) = \alpha U(f; P), \quad L(\alpha f; P) = \alpha L(f; P).$$

由此即得 αf Riemann 可积且 (8.1.12) 式成立.

当 $\alpha < 0$ 时, 对任何划分 P, 成立

$$U(\alpha f; P) = \alpha L(f; P), \quad L(\alpha f; P) = \alpha U(f; P).$$

同样可得 αf Riemann 可积且 (8.1.12) 式成立.

(ii) 易得

$$L(f; P) + L(g; P) \leqslant L(f + g; P) \leqslant U(f + g; P) \leqslant U(f; P) + U(g; P).$$

令 $\|P\| \to 0$, 由 Darboux 定理即得 $f + g$ Riemann 可积且 (8.1.13) 式成立.

(iii) 记 $M = \sup\limits_{\boldsymbol{x} \in R} \big(|f(\boldsymbol{x})| + |g(\boldsymbol{x})|\big)$, 则对任何 $\boldsymbol{y}, \boldsymbol{z} \in E \subseteq R$, 成立

$$f(\boldsymbol{y})g(\boldsymbol{y}) - f(\boldsymbol{z})g(\boldsymbol{z}) = \big(f(\boldsymbol{y}) - f(\boldsymbol{z})\big)g(\boldsymbol{y}) + f(\boldsymbol{z})\big(g(\boldsymbol{y}) - g(\boldsymbol{z})\big)$$

$$\leqslant M\big(\sup\limits_{\boldsymbol{x} \in E} f(\boldsymbol{x}) - \inf\limits_{\boldsymbol{x} \in E} f(\boldsymbol{x})\big) + M\big(\sup\limits_{\boldsymbol{x} \in E} g(\boldsymbol{x}) - \inf\limits_{\boldsymbol{x} \in E} g(\boldsymbol{x})\big).$$

由此立即可得

$$U(fg; P) - L(fg; P) \leqslant M\big(U(f; P) - L(f; P)\big) + M\big(U(g; P) - L(g; P)\big).$$

由 f, g 的 Riemann 可积性以及 Darboux 定理立即得到 fg Riemann 可积. $\quad\square$

一般有界集上的 Riemann 积分

现在我们把 Riemann 积分定义推广到一般的有界集上. 为此, 建立如下引理:

引理 8.1.6 设 $R_0, R_1, R_2, \cdots, R_m$ 为 $\mathbb{R}^n$ 中的轴平行矩形, $R_1, R_2, \cdots, R_m$ 的内部两两不交, 且 $R_0 = \bigcup\limits_{j=1}^{m} R_j$. 又设 f 为 R 上的有界函数, 则

$$\underline{\int}_{R_0} f(\boldsymbol{x})\, \mathrm{d}\boldsymbol{x} = \sum\limits_{k=1}^{m} \underline{\int}_{R_k} f(\boldsymbol{x})\, \mathrm{d}\boldsymbol{x}, \tag{8.1.14}$$

$$\overline{\int}_{R_0} f(\boldsymbol{x})\, \mathrm{d}\boldsymbol{x} = \sum\limits_{k=1}^{m} \overline{\int}_{R_k} f(\boldsymbol{x})\, \mathrm{d}\boldsymbol{x}. \tag{8.1.15}$$

证明 本引理可以看作命题 8.1.1 的推广. 正如在命题 8.1.1 的证明中一样, 我们可以用 R_0 的一个划分, 把 R_0 分成很多分矩形, 而这些分矩形又成为某个 R_k 相应划分下的分矩形. 这样可以把引理归结为反复使用 $m = 2$ 的结论 (参见图 8.1).

下设 $m = 2$, 此时又不妨设 $a_n < c < b_n$,

$$R_0 = [a_1, b_1] \times [a_2, b_2] \times \cdots \times [a_n, b_n],$$

$$R_1 = [a_1, b_1] \times [a_2, b_2] \times \cdots \times [a_n, c],$$

$$R_2 = [a_1, b_1] \times [a_2, b_2] \times \cdots \times [c, b_n].$$

这样对 R_1 和 R_2 的任何划分 $P_1 = P_{11} \times P_{12} \times \cdots \times P_{1n}$ 和 $P_2 = P_{21} \times P_{22} \times \cdots \times P_{2n}$, $P_1 \uplus P_2 = (P_{11} \cup P_{21}) \times (P_{12} \cup P_{22}) \times \cdots \times (P_{1n} \cup P_{2n})$ 就是 R_0 的一个划分, 且 $\|P_1 \uplus P_2\| = \max\{\|P_1\|, \|P_2\|\}$. 根据 Darboux 和的定义, 有

$$L_{R_0}(f; P_1 \uplus P_2) = L_{R_1}(f; P_1) + L_{R_2}(f; P_2). \tag{8.1.16}$$

上式中, 令 $\max\{\|P_1\|, \|P_2\|\} \to 0$, 由定理 8.1.3 即得 (8.1.14) 式. 同理有 (8.1.15) 式. □

定义 8.1.3　设 $E \subset \mathbb{R}^n$ 是有界集, $f : E \to \mathbb{R}$ 有界. 取轴平行矩形 R 使得 $E \subseteq R$. 进一步, 在 $R \setminus E$ 中补充定义 f 的值为 0. 记

$$\underline{\int_E} f(\boldsymbol{x})\,\mathrm{d}\boldsymbol{x} = \underline{\int_R} f(\boldsymbol{x})\,\mathrm{d}\boldsymbol{x}, \quad \overline{\int_E} f(\boldsymbol{x})\,\mathrm{d}\boldsymbol{x} = \overline{\int_R} f(\boldsymbol{x})\,\mathrm{d}\boldsymbol{x}. \tag{8.1.17}$$

若 f 在 R 上 Riemann 可积, 即 $\underline{\int_E} f(\boldsymbol{x})\,\mathrm{d}\boldsymbol{x} = \overline{\int_E} f(\boldsymbol{x})\,\mathrm{d}\boldsymbol{x}$, 则称 f 在 E 上 Riemann 可积, 并记 f 在 E 上的 Riemann 积分为 $\int_E f(\boldsymbol{x})\,\mathrm{d}\boldsymbol{x}$.

习惯上称 E 为积分区域, 尽管我们并不要求 E 一定是区域或闭区域.

今后, 记 E 上 Riemann 可积函数的全体为 $\mathcal{R}(E)$.

由于定义中涉及 R 的选取, 我们需要说明这一定义与 R 的选取无关. 为此, 设 R_1, R_2 均是包含 E 的轴平行矩形, 则 $R = R_1 \cap R_2$ 也是轴平行矩形. 进一步, R_1, R_2 均可表示为 R 中有限个内部两两不交的轴平行矩形的并. 于是, 由引理 8.1.6,

$$\underline{\int_{R_1}} f(\boldsymbol{x})\,\mathrm{d}\boldsymbol{x} = \underline{\int_R} f(\boldsymbol{x})\,\mathrm{d}\boldsymbol{x} = \underline{\int_{R_2}} f(\boldsymbol{x})\,\mathrm{d}\boldsymbol{x},$$
$$\overline{\int_{R_1}} f(\boldsymbol{x})\,\mathrm{d}\boldsymbol{x} = \overline{\int_R} f(\boldsymbol{x})\,\mathrm{d}\boldsymbol{x} = \overline{\int_{R_2}} f(\boldsymbol{x})\,\mathrm{d}\boldsymbol{x}.$$

这就表明 f 在 E 上的 Riemann 可积性以及积分与包含它的轴平行矩形的选取无关.

Jordan 测度, 有界集的体积

现在我们来定义一般有界集的体积.

定义 8.1.4　设 $E \subset \mathbb{R}^n$ 是有界集. 若 E 的特征函数 χ_E 是 Riemann 可积的, 则称 E **Jordan**[4] (**若尔当**) **可测**, 称 $\int_E \chi_E(\boldsymbol{x})\,\mathrm{d}\boldsymbol{x}$ 为 E 的 **Jordan 测度**[5],

4　Jordan, C, 1838—1922 年.
5　又称 Peano–Jordan (佩亚诺–若尔当) 测度 (容度).

记为 $|E|$. 通常, 在数学分析课程内, 我们称 Jordan 可测的 E 为**可求体积**的集合, E 的 Jordan 测度称为 E 的**体积**[6].

当 E 为无界集时, 称 E 为 Jordan 可测集, 若 E 与任一 (轴平行) 矩形的交集为 Jordan 可测集[7].

一般地, 称 $|E|_* = \underline{\int}_E \chi_E(\boldsymbol{x})\,\mathrm{d}\boldsymbol{x}$ 为 E 的 **Jordan 内测度**, $|E|^* = \overline{\int}_E \chi_E(\boldsymbol{x})\,\mathrm{d}\boldsymbol{x}$ 为 E 的 **Jordan 外测度**. 有界集 E Jordan 可测当且仅当 $|E|^* = |E|_*$. 易见

命题 8.1.7 设 $E, F \subset \mathbb{R}^n$ 为有界集, 则

(i) 若 $E \subseteq F$, 则 $|E|^* \leqslant |F|^*$, $|E|_* \leqslant |F|_*$.

(ii) 对于任意 $\varepsilon > 0$, 存在有限个两两内点不交的轴平行矩形 R_1, $R_2, \cdots, R_m$ 使得 $\bigcup\limits_{k=1}^{m} R_k \subseteq E$, 且 $|E|_* \leqslant \sum\limits_{k=1}^{m} |R_k| + \varepsilon$.

(iii) 对于任意 $\varepsilon > 0$, 存在有限个两两内点不交的轴平行矩形 R_1, $R_2, \cdots, R_m$ 使得 $\bigcup\limits_{k=1}^{m} R_k \supseteq E$, 且 $\sum\limits_{k=1}^{m} |R_k| \leqslant |E|^* + \varepsilon$.

(iv) $|E \cup F|^* \leqslant |E|^* + |F|^*$, $|E \cup F|_* \leqslant |E|_* + |F|^*$.

结合命题 8.1.5, 可得

命题 8.1.8 设有界集 E, F Jordan 可测, 则

(i) 对于任意 $\varepsilon > 0$, 存在有限个两两内点不交的轴平行矩形 $R_1, R_2, \cdots,$ R_m 使得 $\bigcup\limits_{k=1}^{m} R_k \subseteq E$, 且 $|E| \leqslant \sum\limits_{k=1}^{m} |R_k| + \varepsilon$.

(ii) 对于任意 $\varepsilon > 0$, 存在有限个两两内点不交的轴平行矩形 $R_1, R_2, \cdots,$ R_m 使得 $\bigcup\limits_{k=1}^{m} R_k \supseteq E$, 且 $\sum\limits_{k=1}^{m} |R_k| \leqslant |E| + \varepsilon$.

(iii) $E \cap F$ Jordan 可测.

(iv) $E \cup F$ Jordan 可测. 且

$$|E \cup F| = |E| + |F| - |E \cap F|. \tag{8.1.18}$$

(v) $E \setminus F$ Jordan 可测.

证明 (i) 取轴平行矩形 $R \supset E$. 对任何 $\varepsilon > 0$, 存在轴平行划分 P 使得

$$|E| \leqslant L(\chi_E; P) + \varepsilon.$$

6　自然, 当 $n = 1$ 时, E 称为**可求长度的**, E 的 Jordan 测度称为 E 的**长度**. 当 $n = 2$ 时, E 称为**可求面积的**, E 的 Jordan 测度称为 E 的**面积**.

7　关于无界 Jordan 可测集定义的合理性, 参见命题 8.1.8.

在 P 划出的分矩形中, 把那些完全包含于 E 的分矩形记为 $R_1, R_2, \cdots, R_m$, 则 $L(\chi_E; P) = \sum_{k=1}^{m} |R_k|$. 由此即得结论.

(ii) 取轴平行矩形 $R \supset E$. 对任何 $\varepsilon > 0$, 存在轴平行划分 P 使得

$$|E| \geqslant U(\chi_E; P) - \varepsilon.$$

在 P 划出的小矩形中, 把那些与 E 的交不空的分矩形记为 $R_1, R_2, \cdots, R_m$, 则 $U(\chi_E; P) = \sum_{k=1}^{m} |R_k|$. 结论得证.

(iii) 由于 $\chi_{E \cap F} = \chi_E \chi_F$, 由命题 8.1.5, $\chi_{E \cap F}$ Riemann 可积, 即 $E \cap F$ Jordan 可测.

(iv) $\chi_{E \cup F} = \chi_E + \chi_F - \chi_{E \cap F}$. 因此 $\chi_{E \cup F}$ Riemann 可积, 即 $E \cup F$ Jordan 可测. 且 (8.1.18) 式成立.

(v) $\chi_{E \setminus F} = \chi_E - \chi_{E \cap F}$, 因此 $\chi_{E \setminus F}$ Riemann 可积, 即 $E \setminus F$ Jordan 可测. $\square$

例 8.1.1 **Riemann 可积函数的极限即使有界也不一定 Riemann 可积**. 将 $[0,1]$ 区间内的所有有理点记为 $E = \{q_k | k \geqslant 1\}$. 又记 $E_n = \{q_k | 1 \leqslant k \leqslant n\}$, 则易见 $\underline{\int_0^1} \chi_{E_n}(x)\,\mathrm{d}x = \overline{\int_0^1} \chi_{E_n}(x)\,\mathrm{d}x = 0$, $0 = \underline{\int_0^1} \chi_E(x)\,\mathrm{d}x < \overline{\int_0^1} \chi_E(x)\,\mathrm{d}x = 1$. 这样, $[0,1]$ 上函数 χ_E 是 Riemann 可积函数列 $\{\chi_{E_n}\}$ 的极限, 而且这一极限函数是有界的, 但不是 Riemann 可积的.

可列个 Jordan 可测集的并或交不一定是 Jordan 可测的. 对应地, 上述 $\{E_n\}$ 是一列 Jordan 可测集, 但它们的并 E 不是 Jordan 可测集. 等价地, $\{[0,1] \setminus E_n\}$ 是一列 Jordan 可测集, 但它们的交 $[0,1] \setminus E$ 不是 Jordan 可测集.

今后, 在考虑一般集合上的 Riemann 积分时, 我们通常只考虑积分区域 E 为 Jordan 可测集的情形. 对这样的集合, 我们来拓展划分的概念. 设 $E_1, E_2, \cdots, E_m$ 均 Jordan 可测, $\bigcup_{k=1}^{m} E_k = E$, 而对任何 $1 \leqslant k < j \leqslant m$, $|E_k \cap E_j| = 0$, 则称 $P = \{E_k | 1 \leqslant k \leqslant m\}$ 为 E 的一个划分[8], 并记 $\|P\| = \max_{1 \leqslant k \leqslant m} \mathrm{diam}(E_k)$. 进一步, 将上和与下和的定义推广到这种更一般的情形:

$$U(f; P) \equiv U_E(f; P) = \sum_{j=1}^{m} \sup_{\boldsymbol{x} \in E_j} f(\boldsymbol{x}) |E_j|, \tag{8.1.19}$$

$$L(f; P) \equiv L_E(f; P) = \sum_{j=1}^{m} \inf_{\boldsymbol{x} \in E_j} f(\boldsymbol{x}) |E_j|. \tag{8.1.20}$$

---

8 在现在的含义下, 前文中的轴平行矩形划分, 对应的即为所有分矩形所组成的集合.

下面推广定理 8.1.3 得到 Jordan 可测集上的积分 Darboux 定理. 以下, 我们在 (8.1.19)—(8.1.20) 式意义下理解 $U(f;P), L(f;P)$. 对于轴平行矩形 R 的轴平行划分 Q, 我们既在某些场合把它理解为原先的含义, 又在某些场合把它理解为相应的分矩形组成的集族.

定理 8.1.9 设 f 为有界 Jordan 可测集 $E \subset \mathbb{R}^n$ 上的有界实函数, P 表示 E 的划分, 则

$$\lim_{\|P\| \to 0^+} L(f;P) = \sup_P L(f;P) = \underline{\int_E} f(\boldsymbol{x}) \, \mathrm{d}\boldsymbol{x}, \tag{8.1.21}$$

$$\lim_{\|P\| \to 0^+} U(f;P) = \inf_P U(f;P) = \overline{\int_E} f(\boldsymbol{x}) \, \mathrm{d}\boldsymbol{x}. \tag{8.1.22}$$

证明 我们只要证明 (8.1.21) 式. 记 $M = \sup\limits_{\boldsymbol{x} \in E} |f(\boldsymbol{x})|$. 任取 E 的划分 $P_1 = \{E_1, E_2, \cdots, E_N\}$, 其中不妨设 $E_1, E_2, \cdots, E_N$ 两两不交. 对于 $m \geqslant 1$, 考虑集族

$$J_m = \left\{ \prod_{i=1}^n \left[\frac{j_i}{2^m} + \frac{\varepsilon_i}{2^{m+1}}, \frac{j_i + 1}{2^m} + \frac{\varepsilon_i}{2^{m+1}} \right] \,\middle|\, j_i \in \mathbb{Z}, \varepsilon_i \in \{0, 1\}, 1 \leqslant i \leqslant n \right\}.$$

记 $J_{m,k} = \left\{ Q \in J_m \,\middle|\, Q \cap E_k \neq \varnothing, Q \nsubseteq E_k \right\}$ $(1 \leqslant k \leqslant N)$, 则由 E_k 的 Jordan 可测性, 有

$$\lim_{m \to +\infty} \sum_{Q \in J_{m,k}} |Q| = 0. \tag{8.1.23}$$

现设 P_2 为 E 的划分, $\|P_2\| < \dfrac{1}{2^{m+2}}$. 记 $P_{2,k} = \left\{ S \in P_2 \,\middle|\, S \cap E_k \neq \varnothing, S \nsubseteq E_k \right\}$, 则任何 $S \in P_{2,k}$ 必包含于 $J_{m,k}$ 的某个元 (如图 8.5 所示, 注意, J_m 中的元并非两两内部不相交).

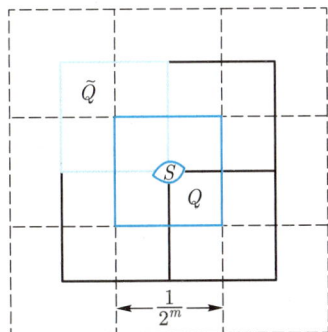

$Q, \tilde{Q}$ 均是 J_m 的元
$\mathrm{diam}(S) < \dfrac{1}{2^{m+2}}$
$S \subset Q \in J_{m,k}$

图 8.5

从而

$$\sum_{S \in P_{2,k}} |S| \leqslant \sum_{Q \in J_{m,k}} |Q|. \tag{8.1.24}$$

注意到 $|E_k| \leqslant \sum\limits_{\substack{S \in P_2 \\ S \subseteq E_k}} |S| + \sum\limits_{S \in P_{2,k}} |S|$, 我们有

$$
\begin{aligned}
L(f\chi_{E_k}; P_2) &= \sum_{\substack{S \in P_2 \\ S \subseteq E_k}} \inf_{\boldsymbol{x} \in S} f(\boldsymbol{x})|S| + \sum_{S \in P_{2,k}} \inf_{\boldsymbol{x} \in S} \big(f(\boldsymbol{x})\chi_{E_k}(\boldsymbol{x})\big)|S| \\
&\geqslant \inf_{\boldsymbol{x} \in E_k} f(\boldsymbol{x}) \sum_{\substack{S \in P_2 \\ S \subseteq E_k}} |S| - M \sum_{S \in P_{2,k}} |S| \\
&\geqslant \inf_{\boldsymbol{x} \in E_k} f(\boldsymbol{x})|E_k| - 2M \sum_{S \in P_{2,k}} |S|.
\end{aligned}
$$

结合 (8.1.23) 式和 (8.1.24) 式, 得到

$$
\begin{aligned}
\varliminf_{\|P\| \to 0^+} L(f; P) &= \varliminf_{\|P\| \to 0^+} L\left(\sum_{k=1}^{N} f\chi_{E_k}; P\right) \\
&\geqslant \varliminf_{\|P\| \to 0^+} \sum_{k=1}^{N} L(f\chi_{E_k}; P) \\
&\geqslant \sum_{k=1}^{N} \inf_{\boldsymbol{x} \in E_k} f(\boldsymbol{x})|E_k| = L(f; P_1).
\end{aligned}
$$

由此立即得到 (8.1.21) 式成立. □

由定理 8.1.9, 还立即可得如下关于函数 Riemann 可积的充要条件:

定理 8.1.10   设 f 是 Jordan 可测的有界集 E 上的有界函数, 则 f 在 E 上 Riemann 可积当且仅当对于任何 $\varepsilon > 0$, 存在 E 的划分 P, 使得

$$U(f; P) - L(f; P) < \varepsilon. \tag{8.1.25}$$

证明   若 (8.1.25) 式成立, 则

$$0 \leqslant \overline{\int_E} f(\boldsymbol{x})\,\mathrm{d}\boldsymbol{x} - \underline{\int_E} f(\boldsymbol{x})\,\mathrm{d}\boldsymbol{x} \leqslant U(f; P) - L(f; P) < \varepsilon.$$

由 $\varepsilon > 0$ 的任意性, 得到 $\overline{\int_E} f(\boldsymbol{x})\,\mathrm{d}\boldsymbol{x} = \underline{\int_E} f(\boldsymbol{x})\,\mathrm{d}\boldsymbol{x}$, 即 f 在 E 上 Riemann 可积.

反之, 若 f 在 E 上 Riemann 可积, 则 $\lim\limits_{\|P\| \to 0^+} \big(U(f; P) - L(f; P)\big) = 0$. 因此, $\forall \varepsilon > 0$, 存在 E 的划分 P 使得 (8.1.25) 式成立. □

对于集 $F \subseteq E$, 称 $\omega_F = \sup\limits_{\boldsymbol{x} \in F} f(\boldsymbol{x}) - \inf\limits_{\boldsymbol{x} \in F} f(\boldsymbol{x})$ 为 f 在集 F 上的**振幅**, 则 (8.1.25) 式可写为

$$\sum_{F \in P} \omega_F |F| < \varepsilon. \tag{8.1.26}$$

例 8.1.2 设 f 在 Jordan 可测的有界集 E 上 Riemann 可积, F 的 Jordan 测度为零,

$$f(\boldsymbol{x}) \leqslant 0, \quad \forall \boldsymbol{x} \in E \setminus F, \tag{8.1.27}$$

则 $\displaystyle\int_E f(\boldsymbol{x})\,\mathrm{d}\boldsymbol{x} \leqslant 0$.

证明 任取 E 的划分 $P = \{E_1, E_2, \cdots, E_m\}$, 则对每一个 $k = 1, 2, \cdots, m$, 要么 $E_k \setminus F = \varnothing$, 此时 $|E_k| = 0$, 要么 $E_k \setminus F \neq \varnothing$, 此时 $\displaystyle\inf_{\boldsymbol{x} \in E_k} f(\boldsymbol{x}) \leqslant 0$. 因此, $L(f; P) \leqslant 0$. 从而 $\displaystyle\int_E f(\boldsymbol{x})\,\mathrm{d}\boldsymbol{x} \leqslant 0$. □

习题 8.1.$\mathcal{A}$

1. 说明 **Dirichlet 函数** $D(\cdot) = \chi_{\mathbb{Q}}(\cdot)$ 在 $[0,1]$ 上不 Riemann 可积.

2. 在 $\mathbb{R}$ 上定义 **Riemann 函数**:
$$R(x) = \begin{cases} \dfrac{1}{p}, & x = \dfrac{q}{p}, p \in \mathbb{Z}_+, q \in \mathbb{Z}, p, q \text{ 既约}, \\ 1, & x = 0, \\ 0, & x \notin \mathbb{Q}. \end{cases}$$
证明 Riemann 函数在 $[0,1]$ 上 Riemann 可积.

3. 设 $E \subset \mathbb{R}^n$ 为 Jordan 可测的有界闭集, f 为 E 上的有界函数, 则 f 在 E 上 Riemann 可积当且仅当 f 在 E^o 上 Riemann 可积. 进一步, 当 f 在 E 上 Riemann 可积时,
$$\int_E f(\boldsymbol{x})\,\mathrm{d}\boldsymbol{x} = \int_{E^o} f(\boldsymbol{x})\,\mathrm{d}\boldsymbol{x}.$$

4. 设 $E \subset \mathbb{R}^n$ 为 Jordan 可测的有界闭集, f 为 E 上的连续函数. 试用定理 8.1.10 证明 f 在 E 上 Riemann 可积.

5. 设 $E \subset \mathbb{R}^n$ 为 Jordan 可测的有界集, f, g 在 E 上 Riemann 可积, 且 $\displaystyle\int_E f(\boldsymbol{x})g(\boldsymbol{x})\,\mathrm{d}\boldsymbol{x} \neq 0$. 证明: 存在矩形 $R_0 \subset E$ 使得 $|f|$ 在 R_0 上有正下界.

6. 设 E 是 $\mathbb{R}^n$ 中的一个轴平行矩形, 试构造 E 上的一个有界恒正函数 f, 使得 $\displaystyle\underline{\int}_E f(\boldsymbol{x})\,\mathrm{d}\boldsymbol{x} = 0$.

习题 8.1.$\mathcal{B}$

1. 设 f 是 $[a,b]$ 上的实有界函数, 对于 $[a,b]$ 的划分 $P : a = x_0 < x_1 < x_2 < \cdots < x_m = b$, 定义 $W(f; P) = \displaystyle\sum_{k=1}^{m} f(x_k)(x_k - x_{k-1})$. 证明: f 在 $[a,b]$ 上 Riemann 可积当且仅当 $\displaystyle\lim_{\|P\| \to 0^+} W(f; P)$ 存在.

§2 Lebesgue 测度与 Lebesgue 可测函数

例 8.1.1 表明, Riemann 可积函数列的极限即使是有界函数, 也不一定是 Riemann 可积的. Riemann 积分的这一大缺陷主要是由 Jordan 可测集的可列并和可列交不一定 Jordan 可测所引起的. 为弥补这一缺陷, 我们引入 Lebesgue 积分. 如前所述, Riemann 积分是 Riemann 和或 Darboux 和的极限, 而 Riemann 和与 Darboux 和均是通过对积分区域作划分得到的. 而将要引入的 Lebesgue 积分则是通过对函数值作划分得到某种和以后取极限得到的 (参见定义 8.3.1). 以实函数 f 为例, 这就需要考虑 $E = \{a \leqslant f \leqslant b\}$ 这样的集合的体积. 这样的集合可能很不规则, 若依然采用 E 的 Jordan 测度作为 E 的体积, 则 Jordan 测度的缺陷自然就保留了下来. 因此, 需要引入更便于使用的测度. 接下来, 让我们引入具有可列可加性的 Lebesgue 测度.

对于有限个无公共内点的轴平行矩形 (可以不包含部分边界) $R_1, R_2, \cdots, R_m$ 的并 $F \subseteq \mathbb{R}^n$, 用 $|F|$ 表示 F 的体积 $\sum_{k=1}^{m} |R_k|$, 即 $|F|$ 为 F 的 Jordan 测度.

Lebesgue 测度

外测度 设 $E \subseteq \mathbb{R}^n$. 我们要借助于轴平行矩形的体积来定义 E 的 (n 维) 体积. 令 E 的 **Lebesgue 外测度**为

$$m^*E = \inf \left\{ \sum_{k \in J} |R_k| \,\middle|\, 轴平行矩形集 \{R_k | k \in J\} \text{ 至多可列, 且覆盖 } E \right\}. \quad (8.2.1)$$

我们认为 E 的体积不应大于 m^*E.

易见, 外测度定义中的 "至多可列" 可以替换为 "可列", "轴平行 (闭) 矩形" 也可以替换为 "轴平行开矩形", 即成立

$$m^*E = \inf \left\{ \sum_{k=1}^{\infty} |R_k| \,\middle|\, 轴平行矩形集列 \{R_k | k \geqslant 1\} \text{ 覆盖 } E \right\} \quad (8.2.2)$$

$$= \inf \left\{ \sum_{k=1}^{\infty} |R_k| \,\middle|\, 轴平行开矩形集列 \{(R_k)^o | k \geqslant 1\} \text{ 覆盖 } E \right\}. \quad (8.2.3)$$

不难证明, 外测度有如下性质.

性质 1 (单调性) 若 $E \subseteq F$, 则 $m^* E \leqslant m^* F$.

性质 2 (σ 次可加性) 设集族 $\{E_k | k \in J\}$ 至多可列, 则

$$m^* \left(\bigcup_{k \in J} E_k \right) \leqslant \sum_{k \in J} m^*(E_k). \tag{8.2.4}$$

证明 不妨设 $J = \mathbb{Z}_+$ 且 $m^*(E_k) < +\infty \, (\forall k \geqslant 1)$, 则对任何 $\varepsilon > 0$, 以及 $k \geqslant 1$, 存在轴平行矩形集列 $\{R_{k,j} | j \geqslant 1\}$ 覆盖 E_k 使得 $\sum\limits_{j=1}^{\infty} |R_{k,j}| < m^*(E_k) + \dfrac{\varepsilon}{2^k}$. 于是 $\{R_{k,j} | k, j \geqslant 1\}$ 覆盖 $\bigcup\limits_{k \geqslant 1} E_k$ 且

$$\sum_{k,j \geqslant 1} |R_{k,j}| \leqslant \sum_{k \geqslant 1} m^*(E_k) + \varepsilon.$$

从而 $m^* \left(\bigcup\limits_{k \geqslant 1} E_k \right) \leqslant \sum\limits_{k \geqslant 1} m^*(E_k)$. $\qquad\qquad\qquad\qquad\qquad\qquad$ $\square$

有界集的 Lebesgue 测度 进一步, 我们有意把 $m^* E$ 定义为 E 的体积. 如果这样做合理, 则当 E 为有界集而轴平行矩形 R 包含 E 时, $R \setminus E$ 的体积应该是 $m^*(R \setminus E)$. 所以应该有

$$m^* E + m^*(R \setminus E) = |R|. \tag{8.2.5}$$

换言之, 当轴平行矩形 R 包含 E 时, 若定义 E 的 **Lebesgue 内测度**[1] 为

$$m_* E = |R| - m^*(R \setminus E), \tag{8.2.6}$$

则我们认为 E 的体积不应小于 $m_* E$. 这样, 若 (8.2.5) 式成立, 或等价地, $m^* E = m_* E$, 我们便有理由说 E 的体积就是这个 $m^* E = m_* E$. 具体地, 定义体积如下.

定义 8.2.1 设 $E \subseteq \mathbb{R}^n$ 有界, 若有 $\mathbb{R}^n$ 中的轴平行矩形 R 包含 E, 使得 (8.2.5) 式成立, 则称 E 为 **Lebesgue 可测集**. 此时, $m^* E$ 称为 E 的 **Lebesgue 测度**或**体积**, 记作 mE.

Carathéodory[2] **(卡拉泰奥多里) 条件** 对于任何轴平行矩形 R 及 r, 容易得到

$$m^* R = |R|, \quad m^*(R \setminus r) = |R \setminus r|, \quad |R| = |R \cap r| + |R \setminus r|. \tag{8.2.7}$$

由此可见轴平行矩形是可测的. 接下来, 我们要证明 E 的可测性不依赖于 $R \supseteq E$

---

[1] 很快我们将看到 $m_* E$ 的值与 $R \supseteq E$ 的选取无关. 另一方面, 由于内测度可由外测度导出, 但不满足次可加性, 因此, 在 Lebesgue 可测性和 Lebesgue 测度的研究中, 处于被淘汰状态.

[2] Carathéodory, C, 1873—1950 年, 数学家, 热力学家.

的选取. 即要证明当 (8.2.5) 式成立时, 对任何包含 E 的轴平行矩形 r, 均成立 $m^*E + m^*(r \setminus E) = |r|$. 事实上, 我们有如下更强的 **Carathéodory 定理**.

定理 8.2.1　设 E 为有界集, 则 E 为 Lebesgue 可测集的充要条件是 E 满足如下的 **Carathéodory 条件**: 对任何 $F \subseteq \mathbb{R}^n$, 成立

$$m^*F = m^*(F \cap E) + m^*(F \setminus E). \tag{8.2.8}$$

证明　充分性. 任取轴平行矩形 $R \supseteq E$. 在 (8.2.8) 式中取 $F = R$ 即得 E 可测.

必要性. 设 E 可测, $R \supseteq E$ 满足 (8.2.5) 式. 我们分两步来证明.

I. 首先, 设 F 为轴平行矩形 r.

对任何 $\varepsilon > 0$, 有轴平行矩形列 $\{R_k\}$ 和 $\{\widetilde{R}_k\}$ 依次覆盖 E 与 $R \setminus E$, 使得

$$\sum_{k=1}^{\infty} |R_k| + \sum_{k=1}^{\infty} |\widetilde{R}_k| \leqslant m^*E + m^*(R \setminus E) + \varepsilon = |R| + \varepsilon. \tag{8.2.9}$$

而由 (8.2.7) 式,

$$
\begin{aligned}
& m^*(r \cap E) + m^*(r \setminus E) \\
\leqslant\ & \sum_{k=1}^{\infty} |R_k \cap r| + \left(\sum_{k=1}^{\infty} |\widetilde{R}_k \cap r| + |r \setminus R| \right) \\
=\ & \sum_{k=1}^{\infty} \left(|R_k| - |R_k \setminus r| \right) + \sum_{k=1}^{\infty} \left(|\widetilde{R}_k| - |\widetilde{R}_k \setminus r| \right) + |r \setminus R| \\
\leqslant\ & |R| + \varepsilon - |R \setminus r| + |r \setminus R| = |R \cap r| + \varepsilon + |r \setminus R| \\
=\ & |r| + \varepsilon.
\end{aligned}
$$

由 $\varepsilon > 0$ 的任意性, 得到

$$m^*(r \cap E) + m^*(r \setminus E) \leqslant |r|.$$

结合 (8.2.4) 式可见此时 (8.2.8) 式成立.

II. 一般地, 任取覆盖 F 的轴平行矩形列 $\{R_k\}$, 由 I 的结果,

$$\sum_{j=k}^{\infty} |R_k| = \sum_{k=1}^{\infty} m^*(R_k \cap E) + \sum_{k=1}^{\infty} m^*(R_k \setminus E) \geqslant m^*(F \cap E) + m^*(F \setminus E).$$

因此, $m^*(F) \geqslant m^*(F \cap E) + m^*(F \setminus E)$. 结合 (8.2.4) 式即得结论.　□

现在我们来说明内测度与 R 选取的无关性. 设 E 为有界集, R, r 均为包含 E 的轴平行矩形. 我们要证

$$|R| - m^*(R \setminus E) = |r| - m^*(r \setminus E). \tag{8.2.10}$$

由于 R 与 r 的交也是轴平行矩形. 为证明上式, 不妨设 $r \subseteq R$. 由于 r 可测, 运用

Carathéodory 定理即得

$$m^*(R \setminus E) = m^*(R \setminus E) \cap r + m^*\big((R \setminus E) \setminus r\big)$$
$$= m^*(r \setminus E) + m^*(R \setminus r)$$
$$= m^*(r \setminus E) + |R| - |r|.$$

即 (8.2.10) 式成立.

一般集合的 Lebesgue 测度　自然地, 当 E 不一定有界时, 我们定义如下.

定义 8.2.2　设 $E \subseteq \mathbb{R}^n$, 若对于任何轴平行矩形 R, $E \cap R$ 可测, 或等价地, E 满足 Carathéodory 条件, 则称 E 为 **Lebesgue 可测集**, 或称 E **Lebesgue 可测**. 此时, 称 $m^*E = \lim\limits_{s \to +\infty} m^*\big(E \cap Q_s(\mathbf{0})\big)$ 为 E 的 **Lebesgue 测度或体积**, 记作 mE. $\mathbb{R}^n$ 中 Lebesgue 可测集全体记为 $\mathscr{L} \equiv \mathscr{L}(\mathbb{R}^n)$.

今后, 若无特别声明, 测度和可测均指 Lebesgue 测度和 Lebesgue 可测.

当 E 为无界集时, 可定义其内测度为

$$m_*E = \lim_{s \to +\infty} m_*(E \cap Q_s(\mathbf{0})). \tag{8.2.11}$$

不难证明, 对于内、外测度成立

$$m^*E = \lim_{\substack{s \to +\infty \\ Q_s(\mathbf{0}) \subseteq R}} m^*(E \cap R), \quad m_*E = \lim_{\substack{s \to +\infty \\ Q_s(\mathbf{0}) \subseteq R}} m_*(E \cap R). \tag{8.2.12}$$

当 m^*E 有限时, 可证 E 可测当且仅当 $m^*E = m_*E$.

测度为 0 的集合称为**零测度集**. 易见 E 为零测度集当且仅当 $m^*E = 0$.

如果集合 E 中, 使某个命题 P 不成立的点的全体是零测度集, 则称 P 在 E 上**几乎处处**成立, 记作 P a.e. E. 例如, 若 $\{\boldsymbol{x} \in E | f(\boldsymbol{x}) \leqslant 0\}$ 为零测度集, 则称 $f : E \to \mathbb{R}$ 几乎处处为正. 若 $\{\boldsymbol{x} \in E | f(\boldsymbol{x}) \neq g(\boldsymbol{x})\}$ 为零测度集, 则称函数 f 和 g 在 E 上几乎处处相等[3].

Lebesgue 测度的基本性质

我们来建立 Lebesgue 可测集的基本性质.

平移不变性　从 Lebesgue 测度的定义可见, 对于 $\boldsymbol{x}_0 \in \mathbb{R}^n$ 以及 $E \subseteq \mathbb{R}^n$, E 可测当且仅当 $E + \boldsymbol{x}_0$ 可测. 此时 $|E| = |E + \boldsymbol{x}_0|$. 一般地, $m^*E = m^*(E + \boldsymbol{x}_0)$, $m_*E = m_*(E + \boldsymbol{x}_0)$.

可列可加性　首先引入如下定义.

3　我们也常把它说成**对几乎所有的** $\boldsymbol{x} \in E$, $f(\boldsymbol{x}) = g(\boldsymbol{x})$.

定义 8.2.3　设 $\mathscr{M}$ 为非空集 X 的子集族, 称 $\mathscr{M}$ 为 X 上的 σ **代数**, 如果

(i) $\varnothing, X \in \mathscr{M}$.

(ii) 若 $E \in \mathscr{M}$, 则 $X \setminus E \in \mathscr{M}$.

(iii) 若 $E_k \in \mathscr{M}\,(k \geqslant 1)$, 则 $\bigcup\limits_{k=1}^{\infty} E_k \in \mathscr{M}$.

易见, 当 $\mathscr{M}$ 是 X 上的 σ 代数时, $E_k \in \mathscr{M}\,(k \geqslant 1)$ 蕴涵 $E_1 \setminus E_2$, $E_1 \cup E_2$, $E_1 \cap E_2 \in \mathscr{M}$ 以及 $\bigcap\limits_{k=1}^{\infty} E_k \in \mathscr{M}$.

关于 Lebesgue 可测集和测度有如下重要的性质.

定理 8.2.2　$\mathbb{R}^n$ 中 Lebesgue 可测集全体 $\mathscr{L}$ 构成 $\mathbb{R}^n$ 上的 σ 代数, 且 Lebesgue 测度具有 σ **可加性**, 即**可列可加性**: 若 $\{E_k\}$ 是一列可测集, 且 E_k 两两不交, 则成立

$$m\left(\bigcup_{k=1}^{\infty} E_k\right) = \sum_{k=1}^{\infty} m(E_k). \tag{8.2.13}$$

证明　(1) 首先, 我们有 $\varnothing, \mathbb{R}^n \in \mathscr{L}$.

(2) 对任何 $E, F \in \mathscr{L}$ 及 $W \subseteq \mathbb{R}^n$,

$$
\begin{aligned}
m^* W &= m^*(W \cap E) + m^*(W \setminus E) \\
&= m^*(W \cap E \setminus F) + m^*(W \cap E \cap F) + m^*(W \setminus E) \\
&\geqslant m^*(W \cap E \setminus F) + m^*((W \cap E \cap F) \cup (W \setminus E)) \\
&= m^*(W \cap (E \setminus F)) + m^*(W \setminus (E \setminus F)).
\end{aligned}
$$

因此, $E \setminus F \in \mathscr{L}$. 特别地, $\mathbb{R}^n \setminus E \in \mathscr{L}$.

进而, 又有 $E \cup F = \mathbb{R}^n \setminus ((\mathbb{R}^n \setminus E) \setminus F) \in \mathscr{L}$.

(3) 现设 $\{E_k\}$ 是一列两两不交的可测集, 则对于 $F \subseteq \mathbb{R}^n$, $\left(F \setminus \bigcup\limits_{k=1}^{j} E_k\right) \cap E_{j+1} = F \cap E_{j+1}\,(j \geqslant 1)$. 记 $E = \bigcup\limits_{k=1}^{\infty} E_k$, 反复运用 Carathéodory 条件可得

$$
\begin{aligned}
m^* F &= m^*(F \cap E_1) + m^*(F \setminus E_1) \\
&= m^*(F \cap E_1) + m^*(F \cap E_2) + m^*(F \setminus (E_1 \cup E_2)) \\
&= \cdots \\
&= \sum_{k=1}^{N} m^*(F \cap E_k) + m^*\left(F \setminus \bigcup_{k=1}^{N} E_k\right)
\end{aligned}
$$

$$\geqslant \sum_{k=1}^{N} m^*(F \cap E_k) + m^*(F \setminus E), \quad \forall N \geqslant 2.$$

令 $N \to +\infty$ 得到

$$m^*F \geqslant \sum_{k=1}^{\infty} m^*(F \cap E_k) + m^*(F \setminus E) \geqslant m^*(F \cap E) + m^*(F \setminus E). \quad (8.2.14)$$

结合 (8.2.4) 式得到

$$m^*F = \sum_{k=1}^{\infty} m^*(F \cap E_k) + m^*(F \setminus E) = m^*(F \cap E) + m^*(F \setminus E). \quad (8.2.15)$$

因此, E 可测. 在 (8.2.15) 式中取 $F = E$ 得到 (8.2.13) 式.

一般地, 若 $\{E_k\}$ 是一列可测集, 由 (2) 中的讨论知 $E_k \setminus \bigcup\limits_{j=1}^{k-1} E_j$ 可测 ($k \geqslant 2$). 于是, 注意到 $\bigcup\limits_{k=1}^{\infty} E_k = \bigcup\limits_{k=1}^{\infty} \left(E_k \setminus \bigcup\limits_{j=1}^{k-1} E_j \right)$, 可得 $\bigcup\limits_{k=1}^{\infty} E_k$ 可测. 综上所述, 定理成立. □

极限集的可测性　分别称 $\varlimsup\limits_{k \to +\infty} E_k = \bigcap\limits_{k=1}^{\infty} \bigcup\limits_{j=k}^{\infty} E_j$ 和 $\varliminf\limits_{k \to +\infty} E_k = \bigcup\limits_{k=1}^{\infty} \bigcap\limits_{j=k}^{\infty} E_j$ 为集合列 $\{E_k\}$ 的**上限集**和**下限集**. 当 $\varlimsup\limits_{k \to +\infty} E_k = \varliminf\limits_{k \to +\infty} E_k$ 时, 我们称之为 $\{E_k\}$ 的**极限集**, 记作 $\lim\limits_{k \to +\infty} E_k$. 易见, 当 $\{E_k\}$ 单调增加[4] 时, $\lim\limits_{k \to +\infty} E_k = \bigcup\limits_{k=1}^{\infty} E_k$; 当 $\{E_k\}$ 单调下降时, $\lim\limits_{k \to +\infty} E_k = \bigcap\limits_{k=1}^{\infty} E_k$. 由定理 8.2.2, 立即可得如下推论.

推论 8.2.3　(i) 至多可列个可测集的交可测.

(ii) 可测集列的**上限集**和**下限集**可测.

(iii) 若 $\{E_k\}$ 是单调增加的可测集列, 则 $E = \bigcup\limits_{k=1}^{\infty} E_k$ 可测, 且 $mE = \lim\limits_{k \to +\infty} m(E_k)$.

(iv) 若 $\{E_k\}$ 是单调下降的可测集列, 则 $E = \bigcap\limits_{k=1}^{\infty} E_k$ 可测. 进一步, 若 $m(E_k)$ 不恒为 $+\infty$, 则 $mE = \lim\limits_{k \to +\infty} m(E_k)$.

Borel 集　易见 $\mathbb{R}^n$ 上任意多个 σ 代数的交还是 σ 代数, 而 $2^{\mathbb{R}^n}$ 本身是一个 σ 代数. 因此, 任给 $2^{\mathbb{R}^n}$ 的子集 $\mathcal{F}$, 都可以定义 $\mathbb{R}^n$ 上一个包含 $\mathcal{F}$ 的最小的 σ 代数. 我们称之为由 $\mathcal{F}$ 生成的 σ 代数, 记作 $\sigma(\mathcal{F})$. 用 $\mathscr{B} \equiv \mathscr{B}(\mathbb{R}^n)$ 表示 $\mathbb{R}^n$ 中全体开集

4　称集族 $\{E_k\}$ 单调增加 (下降), 如果对任何 $k \geqslant 1$ 成立 $E_k \subseteq E_{k+1}$ ($E_{k+1} \subseteq E_k$).

生成的 σ 代数, 则它也是 $\mathbb{R}^n$ 中全体闭集生成的 σ 代数. 称 $\mathscr{B}$ 中的元为 ($\mathbb{R}^n$ 中的) **Borel 集**, 又称为 **Borel 可测集**. 不难证明, 所有 Borel 集是 Lebesgue 可测集. 为此, 首先引入二进方体的概念: 称集合

$$2^k\left((j_1, j_2, \cdots, j_n)^{\mathrm{T}} + [0, 1)^n\right), \quad j_1, j_2, \cdots, j_n, k \in \mathbb{Z}. \tag{8.2.16}$$

为 "半开半闭" 的 "**二进方体**", 并记 $\mathscr{G}_{DQ}$ 为这些二进方体的全体. 我们有如下的**开集分解定理**.

引理 8.2.4　$\mathbb{R}^n$ 中非空开集可以表示为可列个两两不交的半开半闭的二进方体的并.

证明　证明是容易的. 考虑边长不大于 1 的所有二进方体组成的集合 $\mathscr{F}_{DQ} \subset \mathscr{G}_{DQ}$, 则 $\bigcup\limits_{A \in \mathscr{F}_{DQ}} A = \mathbb{R}^n$. 又易见对任何 $A, B \in \mathscr{F}_{DQ}$, A 和 B 要么不相交, 要么其中一个是另一个的子集.

现设 $V \subseteq \mathbb{R}^n$ 为非空开集. 对于 $\boldsymbol{x} \in V$, 用 $A(\boldsymbol{x})$ 表示满足 $\boldsymbol{x} \in A \subset V$ 以及 $A \in \mathscr{F}_{DQ}$ 的最大的集合 A, 则 $A(\boldsymbol{x})$ 存在唯一. 进一步, 对于 $\boldsymbol{x}, \boldsymbol{y} \in V$, $A(\boldsymbol{x})$ 和 $A(\boldsymbol{y})$ 不交或相等. 因此, 注意到 V 不可能是 $\mathscr{F}_{DQ}$ 中有限个元的并, 可见 $V = \cup\{A(\boldsymbol{x}) | \boldsymbol{x} \in V\}$ 是可列个两两不交的半开半闭的二进方体的并. □

定理 8.2.5　$\mathbb{R}^n$ 中的 Borel 集可测.

证明　由引理 8.2.4, 开集可测. 结合 $\mathscr{L}(\mathbb{R}^n)$ 是 σ 代数, 得到 $\mathscr{B}(\mathbb{R}^n) \subseteq \mathscr{L}(\mathbb{R}^n)$. □

外测度的刻画　我们有如下结果.

定理 8.2.6　集合 $E \subseteq \mathbb{R}^n$ 的外测度是所有包含 E 的开集 (可测集) 的测度的下确界, 即

$$m^* E = \inf_{\substack{A \supseteq E \\ A \text{ 可测}}} mA = \inf_{\substack{V \supseteq E \\ V \text{ 开}}} mV. \tag{8.2.17}$$

证明　由外测度的单调性和 (8.2.3) 式,

$$m^* E = \inf\left\{ \sum_{k=1}^{\infty} |R_k| \,\middle|\, E \subseteq \bigcup_{k=1}^{\infty} (R_k)^o, \{R_k\} \text{ 为轴平行矩形集列} \right\}$$

$$\geqslant \inf_{\substack{E \subseteq V \\ V \text{ 开}}} mV \geqslant \inf_{\substack{E \subseteq A \\ A \text{ 可测}}} mA \geqslant m^* E.$$

由此即得 (8.2.17) 式. □

由定理立即可得集合 $E \subseteq \mathbb{R}^n$ 的内测度是所有包含于 E 的闭集 (可测集) 的测度的上确界, 即

$$m_*E = \sup_{\substack{A \subseteq E \\ A \text{ 可测}}} mA = \sup_{\substack{F \subseteq E \\ F \text{ 闭}}} mF. \tag{8.2.18}$$

进一步, 有

定理 8.2.7   设 $E \subseteq \mathbb{R}^n$ 可测, 则

(i) 对于任何 $\varepsilon > 0$, 存在开集 $G \supseteq E$, 使得 $m(G \setminus E) < \varepsilon$.

(ii) 对于任何 $\varepsilon > 0$, 存在闭集 $F \subseteq E$, 使得 $m(E \setminus F) < \varepsilon$.

(iii) 存在一列开集 G_k 使得 $G = \bigcap_{k=1}^{\infty} G_k \supseteq E$ 且 $G \setminus E$ 为零测度集.

(iv) 存在一列闭集 $\{F_k\}$ 使得 $F = \bigcup_{k=1}^{\infty} F_k \subseteq E$ 且 $E \setminus F$ 为零测度集.

证明   (i) 不难将 E 表示为两两不交的可测集族 $\{E_j \mid j \geqslant 1\}$ 的并, 其中对每个 $j \geqslant 1$, E_j 的测度有限. 于是对于任何 $\varepsilon > 0$, 由定理 8.2.6, 有开集 G_j 包含 E_j, 且满足 $mG_j < mE_j + \dfrac{\varepsilon}{2^j}$. 令 $G = \bigcup_{j=1}^{\infty} G_j$, 则 G 满足要求.

(ii) 由 (i), 对于任何 $\varepsilon > 0$, 有开集 $G \supseteq \mathbb{R}^n \setminus E$ 使得 $m\big(G \setminus (\mathbb{R}^n \setminus E)\big) < \varepsilon$. 令 $F = \mathbb{R}^n \setminus G$, 则 $F \subseteq E$, 且 $m(E \setminus F) = m\big(G \setminus (\mathbb{R}^n \setminus E)\big) < \varepsilon$.

(iii) 由 (i), 对任何 $k \geqslant 1$, 存在开集 G_k 包含 E, 使得 $m(G_k) < mE + \dfrac{1}{k}$. 易见 $\{G_k\}$ 满足要求.

(iv) 由 (ii), 对任何 $k \geqslant 1$, 存在闭集 F_k 包含于 E, 使得 $mE < m(F_k) + \dfrac{1}{k}$. 易见 $\{F_k\}$ 满足要求. $\square$

一列开集的交集称为 G_δ **集**, 一列闭集的并集称为 F_σ **集**, 它们都是 Borel 集. 上述定理表明可测集包含一个 F_σ 集, 包含于一个 G_δ 集, 且它们之间只差一个零测度集.

Jordan 可测集的 Lebesgue 测度   对于有界集 E, 其 Jordan 外测度 $|E|^*$ 是满足 $\bigcup_{k=1}^{m} R_k \supseteq E$ 的**有限个** (轴平行) 矩形 $\{R_k\}_{k=1}^{m}$ 的体积之和 $\sum_{k=1}^{m} |R_k|$ 的下确界, 而 E 的 Lebesgue 外测度 m^*E 则是满足 $\bigcup_{k=1}^{\infty} R_k \supseteq E$ 的**可列个** (轴平行) 矩形 $\{R_k\}_{k=1}^{\infty}$ 的体积之和 $\sum_{k=1}^{\infty} |R_k|$ 的下确界. 于是 (参见 (8.2.17), (8.2.18) 两式和命题 8.1.8),

$$m^*E \leqslant |E|^*, \tag{8.2.19}$$

进而又可以得到

$$m_*E \geqslant |E|_*. \tag{8.2.20}$$

因此, 若 E Jordan 可测, 则 $m_*E = m^*E = |E|$, 从而 E Lebesgue 可测, 且 $mE = |E|$.

从外测度的定义来看, 把 Jordan 外测度中的有限覆盖修改成 Lebesgue 外测度中的可数覆盖, 产生了很大的不同. 例如 $\mathbb{Q} \cap [0,1]$ 的 Jordan 外测度是 1, 而 Lebesgue 外测度是 0. 在内测度方面, 这一改变也产生了很大的不同, 有界集 E 的 Jordan 内测度可以表示为满足 $\bigcup\limits_{k=1}^{m} R_k \subseteq E$ 的**有限个**两两内点不交的 (轴平行) 矩形 $\{R_k\}_{k=1}^{m}$ 的体积之和 $\sum\limits_{k=1}^{m} |R_k|$ 的上确界, 但是 E 的 Lebesgue 内测度并不总是可表示为满足 $\bigcup\limits_{k=1}^{m} R_k \subseteq E$ 的**可列个**两两内点不交的 (轴平行) 矩形 $\{R_k\}_{k=1}^{\infty}$ 的体积之和 $\sum\limits_{k=1}^{\infty} |R_k|$ 的上确界.

当 E 为 Jordan 可测的无界集时, 易由有限情形的结果得到 E Lebesgue 可测, 且 $mE = |E|$.

几个集合的测度　易见单点集为零测度集, 由可列可加性, 可列个零测度集的并是零测度集. 特别, 有理数集是零测度集, 代数数集是零测度集. 这样, $[0,1]$ 上所有无理数组成的集合的测度为 1, $[0,1]$ 上所有超越数组成的集合的测度为 1.

现在我们来证明 Liouville (刘维尔) 数的全体是零测度集. 事实上, 可以证明无理测度大于 2 的所有实数的测度为零. 这只要证明对于任何 $\alpha > 2$, $(0,1)$ 上无理测度大于 α 的数的全体 (设为 E_α) 是零测度集. 为此, 考虑 $k \geqslant 1$, 我们有

$$E_\alpha \subseteq E_{\alpha,k} = \bigcup_{n=k}^{\infty} \bigcup_{j=0}^{n} \left(\frac{j}{n} - \frac{1}{n^\alpha}, \frac{j}{n} + \frac{1}{n^\alpha} \right),$$

从而

$$m^*(E_\alpha) \leqslant m(E_{\alpha,k}) \leqslant \sum_{n=k}^{\infty} \frac{2(n+1)}{n^\alpha}.$$

令 $k \to +\infty$ 即得 $m^*(E_\alpha) \leqslant 0$, 即 E_α 为零测度集.

注意到 $\left\{ \sum\limits_{k=1}^{\infty} \dfrac{n_k}{10^{k!}} \,\middle|\, n_k = 1, 2, \cdots, 9 \right\}$ 的势是 $\aleph$, 其元均为 Liouville 数, 易见 Liouville 数全体具有连续势[5].

5　一个更著名的具有连续势的零测度集是 **Cantor (康托尔) 三分集**.

由上述结果, 可得所有零测度集 (进而所有 Lebesgue 可测集) 的势为 $2^\aleph$. 可以证明 Borel 集全体的势是 $\aleph$. 因此, 存在不是 Borel 集的 Lebesgue 可测集.

不可测集的构造   Lebesgue 不可测集的存在性依赖于选择公理[6]. 在承认选择公理的前提下, 我们可构造出不可测集.

考虑 $\mathbb{R}$ 的非空子集族 $\mathscr{F} = \{(x + \mathbb{Q}) \cap [0,1] | x \in \mathbb{R}\}$. 由选择公理, 存在选择函数 $\varphi : \mathscr{F} \to \mathbb{R}$ 使得对任何 $A \in \mathscr{F}$, 成立 $\varphi(A) \in A$. 根据定义, $E = \{\varphi(A) | A \in \mathscr{F}\}$ 是 $[0,1]$ 的子集, 且对任何有理数 p, q, 若 $p \neq q$, 则 $p + E$ 与 $q + E$ 不相交. 我们有 $\bigcup_{p \in [0,1] \cap \mathbb{Q}} (p + E) \subseteq [0,2]$, $\bigcup_{p \in \mathbb{Q}} (p + E) = \mathbb{R}$. 若 E 可测, 则根据测度的可列可加性得到

$$+\infty = \sum_{p \in \mathbb{Q}} m(p + E) = \sum_{k=1}^{\infty} mE = \sum_{p \in [0,1] \cap \mathbb{Q}} m(p + E) \leqslant 2.$$

得到矛盾. 因此, E 不可测.

Lebesgue 可测函数

引入 Lebesgue 测度的主要原因是为了引入替代 Riemann 积分的一种新积分. 由于可列集为零测度集, 特别地, 有理数集这样在 $\mathbb{R}$ 中稠密的集为零测度集, 因此, 如果希望零测度集上的函数值不影响积分, 那么新的积分就不适合采用 Riemann 积分的策略: 即用某一点的函数值来代表其邻近点的函数值. 我们需要考虑另一种求和的思想——按函数值来作划分. 为此, 当我们考虑实函数 f 的积分时, 就需要把 f 的定义域 E 分割成类似于 $\{\boldsymbol{x} \in E | f(\boldsymbol{x}) \in [a, b]\}$ 这样的集合. 特别地, 我们希望对任何 $a < b$, 上述集合都是可测的. 这等价于对任何 $\alpha > 0$, $\{\boldsymbol{x} \in E | f(\boldsymbol{x}) > \alpha\}$ 是可测的, 也等价于对任何开集 $V \subseteq \mathbb{R}$, $\{\boldsymbol{x} \in E | f(\boldsymbol{x}) \in V\}$ 是可测的. 一般地, 我们定义可测函数如下.

定义 8.2.4   设 $E \subseteq \mathbb{R}^n$ 为可测集, $\boldsymbol{f} : E \to \mathbb{R}^k$. 若对 $\mathbb{R}^k$ 中任何开集 V, $\boldsymbol{f}^{-1}(V)$ 可测, 则称 $\boldsymbol{f}$ 为 E 上的 **(Lebesgue) 可测函数**.

若对 $\mathbb{R}^k$ 中任何开集 V, $\boldsymbol{f}^{-1}(V)$ 均 Borel 可测, 则称 $\boldsymbol{f}$ 为 E 上的 **Borel 可测函数**, 此时, E 本身必为 Borel 可测集.

为方便起见, 记号 $E\{\boldsymbol{\varphi} \in F\}$ 表示集合 $\{\boldsymbol{x} \in E | \boldsymbol{\varphi}(\boldsymbol{x}) \in F\}$, 当 E 为 $\boldsymbol{\varphi}$ 的定义域时, 亦即 $\boldsymbol{\varphi}^{-1}(F)$. 在 E 明确的情况下, $E\{\boldsymbol{\varphi} \in F\}$ 简记为 $\{\boldsymbol{\varphi} \in F\}$.

---

6   1970 年, Solovay (索洛韦) 证明了在 ZF 公理系统下, 非 Lebesgue 可测的实数集的存在性是不可证明的 (参见文献 [31]).

对于定义 8.2.4 中的函数, 我们有 $\boldsymbol{f}^{-1}(\mathbb{R}^k \setminus V) = E \setminus \boldsymbol{f}^{-1}(V)$. 由此立即得到如下结果.

命题 8.2.8　设 $E \subseteq \mathbb{R}^n$ 为可测集, $\boldsymbol{f} : E \to \mathbb{R}^k$, 则 $\boldsymbol{f}$ 可测当且仅当对 $\mathbb{R}^k$ 中任何闭集 F, $\boldsymbol{f}^{-1}(F)$ 可测.

进一步, 我们有

定理 8.2.9　设 $E \subseteq \mathbb{R}^n$ 为可测集, $\boldsymbol{f} : E \to \mathbb{R}^k$, 则 $\boldsymbol{f}$ 可测当且仅当对 $\mathbb{R}^k$ 中任何 Borel 集 B, $\boldsymbol{f}^{-1}(B)$ 可测.

证明　我们只需证明必要性. 考虑 $\mathscr{F} = \left\{ F \subseteq \mathbb{R}^k \,\middle|\, \boldsymbol{f}^{-1}(F) \text{ 可测} \right\}$, 则 $\mathscr{F}$ 包含 $\mathbb{R}^k$ 中所有开集. 特别地, $\varnothing, \mathbb{R}^k \in \mathscr{F}$. 由于对任何 $F \subseteq \mathbb{R}^k$, 成立 $\boldsymbol{f}^{-1}(\mathbb{R}^k \setminus F) = E \setminus \boldsymbol{f}^{-1}(F)$, 因此, 当 $F \in \mathscr{F}$ 时, $\mathbb{R}^k \setminus F \in \mathscr{F}$. 最后由 $\boldsymbol{f}^{-1}\left(\bigcup\limits_{j=1}^{\infty} F_j \right) = \bigcup\limits_{j=1}^{\infty} \boldsymbol{f}^{-1}(F_j)$ 可得当 $\{F_j\}$ 是 $\mathscr{F}$ 中的一列集合时, $\bigcup\limits_{j=1}^{\infty} F_j \in \mathscr{F}$. 综上所述, $\mathscr{F}$ 是 $\mathbb{R}^k$ 上的 σ 代数, 且包含 $\mathbb{R}^k$ 中所有开集. 因此, $\mathscr{B}(\mathbb{R}^k) \subseteq \mathscr{F}$. □

简单函数　若 E 是两两不交的可测集 $E_1, E_2, \cdots, E_j$ 的并, $\boldsymbol{f}$ 在每一个 $E_i\,(1 \leqslant i \leqslant j)$ 上取常量, 则称 $\boldsymbol{f}$ 为 E 上的**简单函数**. 易见, 简单函数可测.

存在不可测函数　取 W 为不可测集, 则 W 的特征函数 χ_W 为不可测函数.

可测函数的基本性质

以下, 我们来建立可测函数的基本性质. 首先我们建立如下结果, 以简化今后的讨论.

命题 8.2.10　设 $E \subseteq \mathbb{R}^n$ 为可测集, $\boldsymbol{f} = (f_1, f_2, \cdots, f_k) : E \to \mathbb{R}^k$, 则 $\boldsymbol{f}$ 可测当且仅当 $f_1, f_2, \cdots, f_k$ 可测.

证明　若 $\boldsymbol{f}$ 可测, 则对于 $\mathbb{R}$ 中的开集 U, $f_1^{-1}(U) = \boldsymbol{f}^{-1}(U \times \mathbb{R}^{k-1})$ 可测. 因此, f_1 可测. 同理 $f_2, \cdots, f_k$ 可测.

若 $f_1, f_2, \cdots, f_k$ 可测, 则对于 $\mathbb{R}^n$ 中的开矩形 $R \equiv (a_1, b_1) \times (a_2, b_2) \times \cdots \times (a_k, b_k)$, $\boldsymbol{f}^{-1}(R) = \bigcap\limits_{1 \leqslant j \leqslant k} f_j^{-1}(a_j, b_j)$ 可测. 而对于 $\mathbb{R}^k$ 中的任何开集 V, 必可表示为可列个开矩形的并: $V = \bigcup\limits_{j=1}^{\infty} R_j$. 从而 $\boldsymbol{f}^{-1}(V) = \bigcup\limits_{j=1}^{\infty} \boldsymbol{f}^{-1}(R_j)$ 可测. 因此, $\boldsymbol{f}$ 可测. □

对于实函数情形, 我们有

命题 8.2.11 设 $E \subseteq \mathbb{R}^n$ 可测, $f : E \to \mathbb{R}$, 则以下条件均等价于 f 可测:

(i) 对任何 $\alpha \in \mathbb{R}$, $\{f > \alpha\}$ 可测.

(ii) 对任何 $\alpha \in \mathbb{R}$, $\{f \geqslant \alpha\}$ 可测.

(iii) 对任何 $\alpha \in \mathbb{R}$, $\{f < \alpha\}$ 可测.

(iv) 对任何 $\alpha \in \mathbb{R}$, $\{f \leqslant \alpha\}$ 可测.

证明 我们只证明 (i) 是 f 可测的充要条件, 其余证明留给读者. 易见, 这只要证明 (i) 蕴涵 f 可测. 若 (i) 成立, 则对任何 $\alpha < \beta$, $\{\alpha < f \leqslant \beta\} = \{f > \alpha\} \setminus \{f > \beta\}$ 可测. 进一步, 对于 $\mathbb{R}$ 的任何开子集 V, 由 $V = \bigcup\limits_{\substack{p, q \in \mathbb{Q} \\ (p,q] \subset V}} (p, q]$, 可得 $f^{-1}(V) = \bigcup\limits_{\substack{p, q \in \mathbb{Q} \\ (p,q] \subset V}} \{p < f \leqslant q\}$ 可测. 因此, f 可测. □

允许取值 $\pm\infty$ 的可测函数 为方便起见, 在一些场合我们将允许实函数取值于广义实数系. 对于 $g : E \to [-\infty, +\infty]$, 若 $\{g > \alpha\}$ 对任何 $\alpha \in \mathbb{R}$ 可测, 则称 g 可测.

有了命题 8.2.10, 在讨论函数的可测性时, 一般只需要考虑实函数情形.

命题 8.2.12 设 $E \subseteq \mathbb{R}^n$ 可测, $f_1, f_2 : E \to \mathbb{R}$ 可测, 则对于任何 $\alpha, \beta \in \mathbb{R}$, $\alpha f_1 + \beta f_2$ 可测.

证明 易证 αf_1 可测. 于是, 只需证 $f_1 + f_2$ 可测. 任取 $a \in \mathbb{R}$, 由 $\{f_1 + f_2 > a\} = \bigcup\limits_{\substack{p, q \in \mathbb{Q} \\ p + q > a}} \left(\{f_1 > p\} \cap \{f_2 > q\} \right)$ 可知 $f_1 + f_2$ 可测. □

命题 8.2.13 设 $E \subseteq \mathbb{R}^n$ 可测, $f_j : E \to [-\infty, +\infty]$ 可测 $(j \geqslant 1)$, 则 $g = \sup\limits_{j \geqslant 1} f_j$ 和 $h = \inf\limits_{j \geqslant 1} f_j$ 均可测. 进而 $\varlimsup\limits_{j \to +\infty} f_j$ 和 $\varliminf\limits_{j \to +\infty} f_j$ 均可测.

证明 任取 $\alpha \in \mathbb{R}$, $\{g > \alpha\} = \bigcup\limits_{j \geqslant 1} \{f_j > \alpha\}$ 可得 g 可测. 同理, h 可测. □

推论 8.2.14 设 $E \subseteq \mathbb{R}^n$ 可测, $f : E \to \mathbb{R}$ 可测, 则 $|f|, f^+, f^-$ 可测.

证明 这是因为 $f^+ = \max\{f, 0\}$, $f^- = -\min\{f, 0\}$, $|f| = f^+ + f^-$. □

定理 8.2.15 设 $E \subseteq \mathbb{R}^n$ 可测.

(i) 非负函数 $f : E \to [0, +\infty]$ 可测的充要条件是存在单调增加的 (非负) 简单函数列 $\{f_j\}$ (几乎处处) 收敛于 f.

(ii) $\boldsymbol{f} : E \to \mathbb{R}^k$ 可测的充要条件是存在简单函数列 $\{\boldsymbol{f}_j\}$ (几乎处处) 收敛于 $\boldsymbol{f}$.

证明 由命题 8.2.10 和 8.2.13 可见只需证明 (i) 的必要性. 设 f 非负可测. 对于 $j \geqslant 1$, 记 $\omega_{i,j} = E\left\{\dfrac{i}{2^j} \leqslant f < \dfrac{i+1}{2^j}\right\}$ $(i \geqslant 0)$. 定义 $f_j = \sum\limits_{i=0}^{4^j-1} \dfrac{i}{2^j}\chi_{\omega_{i,j}} + 2^j\chi_{\{f \geqslant 2^j\}}$, 即得 $\{f_j\}$ 是 E 上单调增加且逐点收敛于 f 的非负简单函数列.   □

关于复合函数的可测性, 通常使用的是以下两个重要定理. 更一般的结果请参看有关 Souslin (索斯林) 空间的性质 (参见文献 [3], [22]).

定理 8.2.16 设 $E_1 \subseteq \mathbb{R}^{n_1}$, $E_2 \subseteq \mathbb{R}^{n_2}$ 为可测集. 又设函数 $\boldsymbol{f} : E_1 \times E_2 \to \mathbb{R}^k$ 为 **Carathéodory 函数**, 即对固定的 $\boldsymbol{y} \in E_2$, 函数 $\boldsymbol{f}(\cdot, \boldsymbol{y})$ 可测, 而对固定的 $\boldsymbol{x} \in E_1$, 函数 $\boldsymbol{f}(\boldsymbol{x}, \cdot)$ 连续. 若 $\boldsymbol{\varphi} : E_1 \to E_2$ 可测, 则 $\boldsymbol{x} \mapsto \boldsymbol{f}(\boldsymbol{x}, \boldsymbol{\varphi}(\boldsymbol{x}))$ 是 E_1 上的可测函数.

证明 由定理 8.2.15, 可取 E_1 上取值于 E_2 的简单函数列 $\{\boldsymbol{\varphi}_j\}$ 逐点收敛到 $\boldsymbol{\varphi}$. 注意到 $\boldsymbol{x} \mapsto \boldsymbol{f}(\boldsymbol{x}, \boldsymbol{\varphi}_j(\boldsymbol{x}))$ 可测, 而 $\boldsymbol{f}(\boldsymbol{x}, \boldsymbol{\varphi}(\boldsymbol{x})) = \lim\limits_{j \to +\infty} \boldsymbol{f}(\boldsymbol{x}, \boldsymbol{\varphi}_j(\boldsymbol{x}))$. 因此, $\boldsymbol{x} \mapsto \boldsymbol{f}(\boldsymbol{x}, \boldsymbol{\varphi}(\boldsymbol{x}))$ 是 E_1 上的可测函数.   □

定理 8.2.17 设函数 $\boldsymbol{f} : \mathbb{R}^{n_1} \times \mathbb{R}^{n_2} \to \mathbb{R}^k$ Borel 可测. 若 $\boldsymbol{\varphi} : \mathbb{R}^{n_1} \to \mathbb{R}^{n_2}$ 可测, 则 $\boldsymbol{x} \mapsto \boldsymbol{f}(\boldsymbol{x}, \boldsymbol{\varphi}(\boldsymbol{x}))$ 是 $\mathbb{R}^{n_1}$ 上的可测函数.

证明 记 $\boldsymbol{\xi}(\boldsymbol{x}) = \boldsymbol{f}(\boldsymbol{x}, \boldsymbol{\varphi}(\boldsymbol{x}))$. 令 $\boldsymbol{\psi}(\boldsymbol{x}) = (\boldsymbol{x}, \boldsymbol{\varphi}(\boldsymbol{x}))$, 则 $\boldsymbol{\psi}$ 是 $\mathbb{R}^{n_1}$ 映到 $\mathbb{R}^{n_1} \times \mathbb{R}^{n_2}$ 的可测函数. 任取 $\mathbb{R}^k$ 中开集 V, 可得 $\boldsymbol{f}^{-1}(V)$ 为 Borel 可测集. 从而由定理 8.2.9, $\boldsymbol{\psi}^{-1}(\boldsymbol{f}^{-1}(V))$ 可测. 注意到 $\boldsymbol{\xi}^{-1}(V) = \boldsymbol{\psi}^{-1}(\boldsymbol{f}^{-1}(V))$, 即得 $\boldsymbol{\xi}$ 可测.   □

例 8.2.1 取 $E \subset \mathbb{R}$ 为不可测集, 考虑 $F = \{(x,x) | x \in E\}$, $f(x,y) = \chi_F(x,y)$, 则对于任何 $x \in \mathbb{R}$, $f(x,\cdot), f(\cdot,x)$ 均是 $\mathbb{R}$ 上的可测函数, 但不是连续函数. 又由于 F 是 $\mathbb{R}^2$ 中的零测度集, 因此, f 是 $\mathbb{R}^2$ 上的可测函数, 而 $x \mapsto f(x,x) = \chi_E(x)$ 不可测. 由此可见, F 不是 Borel 集.

命题 8.2.18 设 $E \subseteq \mathbb{R}^n$ 可测, $\boldsymbol{g} : E \to \mathbb{R}^k$ 连续, 则 $\boldsymbol{g}$ 可测.

证明 对任何开集 $V \subseteq \mathbb{R}^k$, $\boldsymbol{g}^{-1}(V)$ 为 E 的相对开集, 即存在 $\mathbb{R}^n$ 中的开集 U 使得 $\boldsymbol{g}^{-1}(V) = U \cap E$. 因此, $\boldsymbol{g}^{-1}(V)$ 可测, 即 $\boldsymbol{g}$ 可测.

这一命题自然也可以看作定理 8.2.16 的特例. 令 $\boldsymbol{f}(\boldsymbol{x}, \boldsymbol{y}) = \boldsymbol{g}(\boldsymbol{y})$, $\varphi(\boldsymbol{x}) = \boldsymbol{x}$, 则由定理 8.2.16, 即得 $\boldsymbol{g}$ 可测.   □

命题 8.2.19 设 $E \subseteq \mathbb{R}^n$ 可测, 若 f_1, f_2 为 E 上的实可测函数, 则 $f_1 f_2$ 可测. 进一步, 若 $f_2 \neq 0$, 则 $\dfrac{f_1}{f_2}$ 可测.

证明 注意到 $f_1(\boldsymbol{x})f_2(\boldsymbol{x}) = f_1(\boldsymbol{x})y\big|_{y=f_2(\boldsymbol{x})}$, $\dfrac{f_1(\boldsymbol{x})}{f_2(\boldsymbol{x})} = \dfrac{f_1(\boldsymbol{x})}{y}\bigg|_{y=f_2(\boldsymbol{x})}$, 由复合函数的可测性可得结论.   □

Egorov 定理, Riesz 定理, Luzin 定理

除了以上基本性质, 可测函数还有 Egorov[7] (叶戈罗夫) 定理, Riesz[8] (里斯) 定理和 Luzin[9] (卢津) 定理等非常重要的性质. 首先, 我们引入按测度收敛的概念.

定义 8.2.5 设 $E \subseteq \mathbb{R}^n$ 可测, $f, f_k : E \to \mathbb{R}\,(k \geqslant 1)$ 可测, 称 $\{f_k\}$ 在 E 上**依测度收敛**于 f, 如果对任何 $\varepsilon > 0$, 成立 $\lim\limits_{k \to +\infty} mE\{|f_k - f| > \varepsilon\} = 0$.

在测度有限的集合上, 几乎处处收敛强于依测度收敛. 事实上, 有如下更强的结论.

定理 8.2.20 设 $E \subset \mathbb{R}^n$ 为测度有限的可测集, E 上的可测函数列 $\{f_k\}$ 在 E 上几乎处处收敛于实函数 f, 则

(i) $\{f_k\}$ 一定依测度收敛于 f.

(ii) **(Egorov)** 对任何 $\varepsilon > 0$, 存在 $E_\varepsilon \subseteq E$, 使得 $m(E \setminus E_\varepsilon) < \varepsilon$, 而 $\{f_k\}$ 在 E_ε 上一致收敛于 f, 即

$$\lim_{k \to +\infty} \sup_{\boldsymbol{x} \in E_\varepsilon} |f_k(\boldsymbol{x}) - f(\boldsymbol{x})| = 0. \tag{8.2.21}$$

证明 由于 (i) 是 (ii) 的直接推论, 我们来证明 (ii). 由极限定义, 对于 $\boldsymbol{x} \in E$, $\{f_k(\boldsymbol{x})\}$ 不收敛于 $f(\boldsymbol{x})$ 当且仅当

$$\exists j \geqslant 1,\ \text{s.t.}\ \forall N \geqslant 1,\ \exists k \geqslant N,\ \text{s.t.}\ |f_k(\boldsymbol{x}) - f(\boldsymbol{x})| \geqslant \frac{1}{j}.$$

由此可见 $\{f_k\}$ 不收敛于 f 的点的全体为 $\bigcup\limits_{j=1}^{\infty} \bigcap\limits_{N=1}^{\infty} \bigcup\limits_{k=N}^{\infty} E\left\{|f_k - f| \geqslant \dfrac{1}{j}\right\}$. 根据定理假设, 它是零测度集, 特别地, 对任何 $j \geqslant 1$, $\bigcap\limits_{N=1}^{\infty} \bigcup\limits_{k=N}^{\infty} E\left\{|f_k - f| \geqslant \dfrac{1}{j}\right\}$ 是零测度集. 由单调可测集列的性质, $\lim\limits_{N \to +\infty} m\left(\bigcup\limits_{k=N}^{\infty} E\left\{|f_k - f| \geqslant \dfrac{1}{j}\right\}\right) = 0$.

任取 $\varepsilon > 0$, 对于任何 $j \geqslant 1$, 有 $N_j \geqslant 1$ 使得 $m\left(\bigcup\limits_{k=N_j}^{\infty} E\left\{|f_k - f| \geqslant \dfrac{1}{j}\right\}\right) < \dfrac{\varepsilon}{2^j}$.

令 $E_\varepsilon = E \setminus \bigcup_{j=1}^{\infty} \bigcup_{k=N_j}^{\infty} E\left\{|f_k - f| \geqslant \frac{1}{j}\right\}$, 则 $m(E \setminus E_\varepsilon) < \varepsilon$, 而当 $k \geqslant N_j$ 时,

$\sup_{\boldsymbol{x} \in E_\varepsilon} |f_k(\boldsymbol{x}) - f(\boldsymbol{x})| \leqslant \frac{1}{j}$. 从而 (8.2.21) 式成立. $\qquad\square$

定理 8.2.21 (Riesz) 设 $E \subseteq \mathbb{R}^n$ 可测, E 上的可测函数列 $\{f_k\}$ 依测度收敛于 f, 则存在 $\{f_k\}$ 的子列在 E 上几乎处处收敛于 $f: E \to \mathbb{R}$.

证明 由依测度收敛性, 对任何 $j \geqslant 1$, $\lim_{k \to +\infty} m\left(E\left\{|f_k - f| \geqslant \frac{1}{j}\right\}\right) = 0$. 于是可取到 $\{f_k\}$ 的子列 $\{f_{k_j}\}$ 使得 $m\left(E\left\{|f_{k_j} - f| \geqslant \frac{1}{j}\right\}\right) \leqslant \frac{1}{2^j}$.

令 $E_N = \bigcup_{j=N}^{\infty} E\left\{|f_{k_j} - f| \geqslant \frac{1}{j}\right\}$, $F = \bigcap_{N=1}^{\infty} E_N$. 注意到集合列 $\{E_N\}$ 单调下降, 而 $m(E_N) \leqslant \sum_{j=N}^{\infty} \frac{1}{2^j} = \frac{1}{2^{N-1}}$, 因此 $mF = \lim_{N \to +\infty} m(E_N) = 0$.

若 $\boldsymbol{x}_0 \in E \setminus F$, 则存在 $N \geqslant 1$ 使得 $\boldsymbol{x}_0 \notin E_N$, 即 $\forall j \geqslant N$, 有 $|f_{k_j}(\boldsymbol{x}_0) - f(\boldsymbol{x}_0)| < \frac{1}{j}$. 从而 $\lim_{j \to +\infty} f_{k_j}(\boldsymbol{x}_0) = f(\boldsymbol{x}_0)$. 因此, $\{f_{k_j}\}$ 在 $E \setminus F$ 上收敛于 f.

总之, $\{f_k\}$ 的子列 $\{f_{k_j}\}$ 在 E 上几乎处处收敛于 f. $\qquad\square$

例 8.2.2 令 $\{f_n\}$ 是函数集 $\left\{\chi_{[\frac{j}{k}, \frac{j+1}{k}]}\Big| k \geqslant j \geqslant 0\right\}$ 的一个排列, 则 $\{f_n\}$ 在 $\mathbb{R}$ 上依测度收敛于零, 但 $\{f_n\}$ 在 $[0,1]$ 上处处不收敛.

在上例中, 一方面, $\{f_n\}$ 的任何子列均有几乎处处收敛的子列. 另一方面, $\{f_n\}$ 的任何几乎处处收敛的子列均几乎处处收敛到零. 但 $\{f_n\}$ 本身不是几乎处处收敛的. 这与第二章习题 2.4.$\mathcal{A}$ 的第 9 题与第九章习题 9.5.$\mathcal{B}$ 的第 2 题的情况很不一样.

定理 8.2.22 (Luzin) 设 $E \subseteq \mathbb{R}^n$ 可测, $f: E \to \mathbb{R}$ 可测, 则对于任意 $\varepsilon > 0$, 存在闭集 $E_\varepsilon \subseteq E$, 使得 $m(E \setminus E_\varepsilon) < \varepsilon$, 而 f 限制在 E_ε 上是连续的.

证明 任取 $\varepsilon > 0$. 为使证明过程明晰, 我们分别对 E 为有界集和无界集进行讨论.

I. 设 E 有界. 此时 $mE = \lim_{k \to +\infty} m(E\{-k \leqslant f < k\})$. 于是有 $K \geqslant 1$ 使得 $m(E \setminus F) \leqslant \frac{\varepsilon}{2}$, 其中 $F = E\{-K \leqslant f < K\}$.

对于 $k \in \mathbb{Z}_+$, $j \in \mathbb{Z}$, 记 $E_{k,j} = E\left\{\frac{j}{k} \leqslant f < \frac{j+1}{k}\right\}$, 则 $F = \sum_{j=-kK}^{kK-1} E_{k,j}$. 进而有闭集 $F_{k,j} \subset E_{k,j}$ 使得 $F_k = \bigcup_{j=-kK}^{kK-1} F_{k,j}$ 满足 $m(F \setminus F_k) < \frac{\varepsilon}{4^k}$.

令 $E_\varepsilon = \bigcap_{k=1}^{\infty} F_k$, 则 E_ε 为闭集, 且 $m(E \setminus E_\varepsilon) \leqslant m(E \setminus F) + \sum_{k=1}^{\infty} m(F \setminus F_k) < \varepsilon$.

任取 $\boldsymbol{x}_0 \in E_\varepsilon$, 则对任何 $k \geqslant 1$, $\{F_{k,j} \mid -kK \leqslant j < kK\}$ 是两两不交的闭集. 因此, 有唯一的 j_k 使得 $\boldsymbol{x}_0 \in F_{k,j_k}$. 由于 F_{k,j_k} 是 F_k 的相对开集, 存在 $\delta > 0$, 使得 $B_\delta(\boldsymbol{x}_0) \cap F_k \subseteq F_{k,j_k}$. 进而 $B_\delta(\boldsymbol{x}_0) \cap E_\varepsilon \subseteq F_{k,j_k}$. 从而对于任何 $\boldsymbol{x} \in B_\delta(\boldsymbol{x}_0) \cap E_\varepsilon$, 成立 $|f(\boldsymbol{x}) - f(\boldsymbol{x}_0)| < \dfrac{1}{k}$. 因此, $f|_{E_\varepsilon}$ 在点 $\boldsymbol{x}_0$ 处连续. 由 $\boldsymbol{x}_0$ 的任意性得到 f 限制在 E_ε 上连续.

II. 一般地, 由 I 的结论, 对每个 $k \geqslant 1$, 存在闭集 $E_k \subseteq E$ 使得 $m(E \setminus E_k) < \dfrac{\varepsilon}{2^k}$, 而 f 限制在 $E_k \cap B_k(\boldsymbol{0})$ 上连续. 取 $E_\varepsilon = \bigcap_{k=1}^{\infty} E_k$ 即得结论. □

注 8.2.1   结合定理 8.7.13, Luzin 定理的结果可以表述为对于可测函数 $f: E \to \mathbb{R}$, 存在 E 上的连续函数 g 使得 $\{f \neq g\}$ 的测度小于 ε.

习题 8.2.$\mathcal{A}$

1. 设 $\mathscr{M}$ 为非空集 X 上的代数, 即 $\mathscr{M}$ 满足以下条件:

   (i) $\varnothing, X \in \mathscr{M}$.

   (ii) 若 $E \in \mathscr{M}$, 则 $X \setminus E \in \mathscr{M}$.

   (iii) 对任何 $K \geqslant 1$, 若 $E_k \in \mathscr{M}$ $(1 \leqslant k \leqslant K)$, 则 $\bigcup_{k=1}^{K} E_k \in \mathscr{M}$.

   证明: $E_k \in \mathscr{M}$ $(1 \leqslant k \leqslant K)$ 蕴涵 $E_1 \setminus E_2$, $\bigcap_{k=1}^{K} E_k \in \mathscr{M}$.

2. 设 $\mathscr{M}$ 为非空集 X 上的 σ 代数. 证明: $E_k \in \mathscr{M}$ $(k \geqslant 1)$ 蕴涵 $\bigcap_{k=1}^{\infty} E_k \in \mathscr{M}$.

3. 设 $E \subseteq \mathbb{R}^n$. 把定理 8.2.7 的结果一般化为如下结果:

   (i) 对于任何 $\varepsilon > 0$, 存在开集 $G \supseteq E$, 使得 $mG \leqslant m^*E + \varepsilon$.

   (ii) 对于任何 $\varepsilon > 0$, 存在闭集 $F \subseteq E$, 使得 $mF \geqslant m_*E - \varepsilon$.

   (iii) 存在一列开集 $\{G_k\}$ 使得 $G = \bigcap_{k=1}^{\infty} G_k \supseteq E$ 且 $mG = m^*E$.

   (iv) 存在一列闭集 $\{F_k\}$ 使得 $F = \bigcup_{k=1}^{\infty} F_k \subseteq E$ 且 $mF = m_*E$.

4. 设 $E \subseteq \mathbb{R}^n$ 为 Lebesgue 可测集, $f: E \to [-\infty, +\infty]$ Lebesgue 可测. 证明: $\{f = +\infty\}$ 可测.

5. 设 $E \subseteq \mathbb{R}^n$ 有界, 则对于任何开集 $G \supseteq E$, 有 $m_*E = mG - m^*(G \setminus E)$.

6. 设 $E \subseteq \mathbb{R}^n$, 则 E 可测等价于以下任一条件.

   (1) 对于任何 $\varepsilon > 0$, 存在开集 $G \supseteq E$, 使得 $m^*(G \setminus E) < \varepsilon$.

   (2) 对于任何 $\varepsilon > 0$, 存在可测集 $G \supseteq E$, 使得 $m^*(G \setminus E) < \varepsilon$.

   (3) 对于任何 $\varepsilon > 0$, 存在闭集 $F \subseteq E$, 使得 $m^*(E \setminus F) < \varepsilon$.

(4) 对于任何 $\varepsilon > 0$, 存在可测集 $F \subseteq E$, 使得 $m^*(E \setminus F) < \varepsilon$.

7. 证明: 对于任意 $\varepsilon \in (0,1)$, 存在 $[0,1]$ 的测度不小于 $1 - \varepsilon$ 的子集为疏朗集.

8. 证明: 存在 $f \in C[0,1]$, 使得 $\{f = 0\}$ 为正测度的疏朗集.

9. 设 $E \subseteq \mathbb{R}^n$ 可测, $|E| = +\infty$. 举例说明, 有 E 上的可测函数列 $\{f_k\}$ 在 E 上几乎处处收敛于 f, 但 $\{f_k\}$ 并非依测度收敛于 f.

10. 设 $E \subseteq \mathbb{R}^n$ 和 $F \subseteq \mathbb{R}^m$ 可测, 证明: $E \times F \in \mathbb{R}^{n+m}$ 可测.

11. 设 $E \subseteq \mathbb{R}^n$ 和 $F \subseteq \mathbb{R}^m$ Borel 可测, 证明: $E \times F \in \mathbb{R}^{n+m}$ Borel 可测.

12. 证明:

   (i) $\mathscr{B}(\mathbb{R}^n)$ 是由全体以有理点为心、正有理数为半径的开球生成的 σ 代数.

   (ii) $\mathscr{B}(\mathbb{R}^n)$ 是由 (8.2.16) 式定义的全体半开半闭的二进方体 $\mathscr{G}_{DQ}$ 生成的 σ 代数.

13. 证明: $\mathbb{R}^n$ 中所有开集组成的集族的势为 $\aleph$.

习题 $8.2.\mathcal{B}$

1. 设 B 为 $\mathbb{R}^{n+m}$ 中的 Borel 集. 证明对任何 $\boldsymbol{y} \in \mathbb{R}^m$, 截集 $E_{\boldsymbol{y}} = \{\boldsymbol{x} | (\boldsymbol{x}, \boldsymbol{y}) \in B\}$ 为 $\mathbb{R}^n$ 中的 Borel 集.

2. 阅读文献 [20], 并按该文献提供的方法证明 $\mathscr{B}(\mathbb{R}^n)$ 的势为 $\aleph$.

3. 考察已经得到的结果中, 相关集合的测度由有限改为无限, 以及函数的取值由实数变为广义实数时, 相应的结果是否仍然成立.

§3 Lebesgue 积分及其性质

Lebesgue 积分

有了 Lebesgue 可测集和可测函数, 我们可以引入 Lebesgue 积分. 为方便起见, 并鉴于 Jordan 可测集的 Jordan 测度等于 Lebesgue 测度, 以后, 我们也用 $|F|$ 表示 Lebesgue 可测集 F 的 Lebesgue 测度.

定义 8.3.1 设 $E \subseteq \mathbb{R}^n$ 为可测集. 若 $f : E \to [0, +\infty]$ 可测, 定义[1]

$$\int_E f(\boldsymbol{x})\,\mathrm{d}\boldsymbol{x} = \sup\left\{\sum_{j=1}^N \alpha_j |E_j| \,\bigg|\, 0 \leqslant \sum_{j=1}^N \alpha_j \chi_{E_j} \leqslant f\right\}. \tag{8.3.1}$$

一般地, 对于可测的 $f : E \to [-\infty, +\infty]$, 若 $\displaystyle\int_E f^+(\boldsymbol{x})\,\mathrm{d}\boldsymbol{x}$ 和 $\displaystyle\int_E f^-(\boldsymbol{x})\,\mathrm{d}\boldsymbol{x}$ 中至少有一个有限, 则定义

$$\int_E f(\boldsymbol{x})\,\mathrm{d}\boldsymbol{x} = \int_E f^+(\boldsymbol{x})\,\mathrm{d}\boldsymbol{x} - \int_E f^-(\boldsymbol{x})\,\mathrm{d}\boldsymbol{x}. \tag{8.3.2}$$

若 $\displaystyle\int_E f^+(\boldsymbol{x})\,\mathrm{d}\boldsymbol{x}$ 和 $\displaystyle\int_E f^-(\boldsymbol{x})\,\mathrm{d}\boldsymbol{x}$ 均有限, 则称 f 在 E 上 **Lebesgue 可积**, 并称 $\displaystyle\int_E f(\boldsymbol{x})\,\mathrm{d}\boldsymbol{x}$ 为 f 在 E 上的 **Lebesgue 积分**.

今后除非特别声明, 我们所称积分均指 Lebesgue 积分. 同样, 简称 Lebesgue 可积为可积.

从定义可以看出, 对于非负可积函数 f,

$$\int_E f(\boldsymbol{x})\,\mathrm{d}\boldsymbol{x} = \sup\left\{\sum_{j=1}^N \alpha_j |E_j| \,\bigg|\, 0 \leqslant \sum_{j=1}^N \alpha_j \chi_{E_j} \leqslant f, \bigcup_{j=1}^N E_j \text{ 有限测度}\right\}. \tag{8.3.3}$$

另一方面, 若 E 有有限测度, 而 f 是 E 上的有界可测函数, 则 f 一定可积, 且成立

$$\int_E f(\boldsymbol{x})\,\mathrm{d}\boldsymbol{x} = \lim_{\substack{\|P\| \to 0^+ \\ P: a = a_0 < a_1 < \cdots < a_j = b}} \sum_{i=1}^j \alpha_i \big|\{a_{i-1} \leqslant f < a_i\}\big|, \tag{8.3.4}$$

其中 $f(E) \subset [a, b]$, $\alpha_i \in [a_{i-1}, a_i]\,(1 \leqslant i \leqslant j)$. 这表明 Lebesgue 积分的存在性条件

---

1 $\displaystyle\int_E f(\boldsymbol{x})\,\mathrm{d}\boldsymbol{x}$ 也常记作 $\displaystyle\int_E f(\boldsymbol{x})\,\mathrm{d}m$ 以区别于 Riemann 积分. 当 $n = 1$ 时, $\displaystyle\int_{[a,b]} f(\boldsymbol{x})\,\mathrm{d}\boldsymbol{x}$ 通常记为 $\displaystyle\int_a^b f(x)\,\mathrm{d}x$.

要比 Riemann 积分的存在性条件弱许多. 而相较于 Riemann 和是对积分区域作划分, Lebesgue 积分则是对函数值作划分.

若 $\boldsymbol{f} = (f_1, f_2, \cdots, f_k)^{\mathrm{T}}$ 是向量值函数, 则称 $\boldsymbol{f}$ 在 E 上 Lebesgue 可积, 如果 $\boldsymbol{f}$ 的每一个分量 f_j $(1 \leqslant j \leqslant k)$ 在 E 上 Lebesgue 可积, 并记

$$\int_E \boldsymbol{f}(\boldsymbol{x}) \, \mathrm{d}\boldsymbol{x} = \left(\int_E f_1(\boldsymbol{x}) \, \mathrm{d}\boldsymbol{x}, \int_E f_2(\boldsymbol{x}) \, \mathrm{d}\boldsymbol{x}, \cdots, \int_E f_k(\boldsymbol{x}) \, \mathrm{d}\boldsymbol{x} \right)^{\mathrm{T}}.$$

类似地定义复值函数的积分.

可积函数空间

设 $1 \leqslant p < +\infty$, $E \subseteq \mathbb{R}^n$ 可测, 且测度非零. 若函数 $\boldsymbol{f} : E \to \mathbb{R}^k$ 可测且 $|\boldsymbol{f}|^p$ 在 E 上可积, 则称 $\boldsymbol{f}$ 为 E 上的 p 次可积函数. 我们把 E 上 p 次可积函数的全体记作 $L^p(E; \mathbb{R}^k)$, 并定义

$$\|\boldsymbol{f}\|_{L^p(E;\mathbb{R}^k)} = \left(\int_E |\boldsymbol{f}(\boldsymbol{x})|^p \, \mathrm{d}\boldsymbol{x} \right)^{\frac{1}{p}}. \tag{8.3.5}$$

类似地可定义 $L^p(E; \mathbb{C}^k)$. 通常, $L^p(E; \mathbb{R})$ (或 $L^p(E; \mathbb{C})$) 简记为[2] $L^p(E)$. 在不引起混淆的情况下, 可简记 $\|\boldsymbol{f}\|_{L^p(E;\mathbb{R}^k)}$ 为 $\|\boldsymbol{f}\|_p$.

若对任何紧包含于 E 的正测度集合 D, 均有 $\boldsymbol{f}|_D \in L^p(D; \mathbb{R}^k)$, 则称 $\boldsymbol{f} \in L^p_{loc}(E; \mathbb{R}^k)$.

对于 E 上实函数 f, 依次称

$$\operatorname*{esssup}_{\boldsymbol{x} \in E} f \equiv \operatorname*{esssup}_{\boldsymbol{x} \in E} f(\boldsymbol{x}) = \inf_{\omega \, 零测度集} \sup_{\boldsymbol{x} \in E \setminus \omega} f(\boldsymbol{x})$$

和

$$\operatorname*{essinf}_{\boldsymbol{x} \in E} f \equiv \operatorname*{essinf}_{\boldsymbol{x} \in E} f(\boldsymbol{x}) = \sup_{\omega \, 零测度集} \inf_{\boldsymbol{x} \in E \setminus \omega} f(\boldsymbol{x})$$

为 f 在 E 上的**本性上界**和**本性下界**.

记 $\|\boldsymbol{f}\|_\infty \equiv \|\boldsymbol{f}\|_{L^\infty(E)} = \operatorname{esssup} |\boldsymbol{f}|$.

当 E 为有界闭区域时, 对于 $f \in C(E)$, 我们有 $\|f\|_{L^\infty(E)} = \|f\|_{C(E)}$.

若 $\|\boldsymbol{f}\|_\infty$ 有限, 则称 $\boldsymbol{f}$ **本性有界**. 在 E 上本性有界的 ($\mathbb{R}^k$ 值) 函数全体记为 $L^\infty(E; \mathbb{R}^k)$.

需要指出的是, 由于 (在不涉及复合函数时) 两个几乎处处相等的函数在积分中的表现是一样的, 因此, 我们约定把几乎处处相等的两个函数视为同一个函数. 换

2　$L^1(E)$ 时常写为 $L(E)$.

言之, $L^p(E; \mathbb{R}^k)$ 中的元素实质上是由几乎处处等于某个 p 次可积函数 $\boldsymbol{f}$ 的函数组成的集合 (称为 $\boldsymbol{f}$ 的**等价类**). 这一点与用基本列构造实数的情形类似.

关于 $L^p(E; \mathbb{R}^k)$ 的性质, 我们稍后再加以讨论.

Lebesgue 积分的基本性质

以下建立 Lebesgue 积分的基本性质. 除非特别说明, 我们总设 $E \subseteq \mathbb{R}^n$ 为可测集, $f, g, f_j : E \to \mathbb{R}$ $(j \geqslant 1)$ 为 E 上的可测函数.

首先, 易见有如下性质.

性质 1 (绝对可积性) f 在 E 上可积当且仅当 $|f|$ 在 E 上可积.

进一步, 当 f 可积时, 成立如下的**三角不等式**:

$$\left| \int_E f(\boldsymbol{x}) \, \mathrm{d}\boldsymbol{x} \right| \leqslant \int_E |f(\boldsymbol{x})| \, \mathrm{d}\boldsymbol{x}. \tag{8.3.6}$$

性质 2 (简单函数的积分) 若 $f = \sum\limits_{j=1}^{N} \alpha_j \chi_{E_j}$ 为 E 上的简单函数, 且 $E_j \, (1 \leqslant j \leqslant N)$ 的测度均有限, 则 f 可积, 且

$$\int_E f(\boldsymbol{x}) \, \mathrm{d}\boldsymbol{x} = \sum_{j=1}^{N} \alpha_j |E_j|. \tag{8.3.7}$$

若 $\{E_j\}$ 是 E 中一列两两不交的可测子集列, 则 $\sum\limits_{j=1}^{\infty} \alpha_j \chi_{E_j}$ 可积当且仅当 $\sum\limits_{j=1}^{\infty} \alpha_j |E_j|$ (此处规定 $0 \cdot \infty = 0$) 绝对收敛, 此时成立

$$\int_E \sum_{j=1}^{\infty} \alpha_j \chi_{E_j}(\boldsymbol{x}) \, \mathrm{d}\boldsymbol{x} = \sum_{j=1}^{\infty} \alpha_j |E_j|. \tag{8.3.8}$$

性质 3 (保序性) 若 f, h 在 E 上可积, $f \leqslant g \leqslant h$, 则 g 可积, 且 $\int_E f(\boldsymbol{x}) \, \mathrm{d}\boldsymbol{x} \leqslant \int_E g(\boldsymbol{x}) \, \mathrm{d}\boldsymbol{x} \leqslant \int_E h(\boldsymbol{x}) \, \mathrm{d}\boldsymbol{x}$. 此时, $\int_E f(\boldsymbol{x}) \, \mathrm{d}\boldsymbol{x} < \int_E g(\boldsymbol{x}) \, \mathrm{d}\boldsymbol{x}$ 当且仅当 $\{f < g\}$ 是正测度集.

人们经常通过先对简单函数建立某种性质后, 再把这种性质推广到一般情形. 这一过程中, 以下性质起了重要作用.

性质 4 设 E 上的非负可测函数列 $\{f_k\}$ 单增且几乎处处收敛于 $f : E \to [0, +\infty]$, 则

$$\lim_{k \to +\infty} \int_E f_k(\boldsymbol{x}) \, \mathrm{d}\boldsymbol{x} = \int_E f(\boldsymbol{x}) \, \mathrm{d}\boldsymbol{x}. \tag{8.3.9}$$

证明   易见 f 可测, 由保序性, 我们只要证明

$$\lim_{k \to +\infty} \int_E f_k(\boldsymbol{x}) \, \mathrm{d}\boldsymbol{x} \geqslant \int_E f(\boldsymbol{x}) \, \mathrm{d}\boldsymbol{x}. \tag{8.3.10}$$

任取非负简单函数 $\varphi = \sum_{j=1}^N \alpha_j \chi_{E_j}$ 使得 $\varphi \leqslant f$, 其中 $E_1, E_2, \cdots, E_N$ 为 E 中两两不交且测度有限的可测集. 记 $A = \max_{1 \leqslant j \leqslant N} \alpha_j$, $F = \bigcup_{j=1}^N E_j$, 则 $\{f_k \wedge A\}$ 在 F 上几乎处处收敛于 $f \wedge A$. 对任何 $\varepsilon > 0$, 由 Egorov 定理, 存在 $E_\varepsilon \subseteq F$ 使得 $|F \setminus E_\varepsilon| < \varepsilon$, 而 $\{f_k \wedge A\}$ 在 E_ε 上一致收敛到 $f \wedge A$. 进而存在 K 使得对任何 $\boldsymbol{x} \in E_\varepsilon$, $f_K(\boldsymbol{x}) \wedge A + \varepsilon \geqslant f(\boldsymbol{x}) \wedge A \geqslant \varphi(\boldsymbol{x})$. 于是

$$\begin{aligned}
\lim_{k \to +\infty} \int_E f_k(\boldsymbol{x}) \, \mathrm{d}\boldsymbol{x} &\geqslant \int_E f_K(\boldsymbol{x}) \wedge (A \chi_{E_\varepsilon}) \, \mathrm{d}\boldsymbol{x} \\
&\geqslant \int_E (\varphi(\boldsymbol{x}) - \varepsilon) \chi_{E_\varepsilon}(\boldsymbol{x}) \, \mathrm{d}\boldsymbol{x} = \sum_{j=1}^N (\alpha_j - \varepsilon) |E_j \cap E_\varepsilon| \\
&\geqslant \sum_{j=1}^N \alpha_j |E_j \cap E_\varepsilon| - |F| \varepsilon \geqslant \sum_{j=1}^N \alpha_j |E_j| - A\varepsilon - |F| \varepsilon.
\end{aligned}$$

由 $\varepsilon > 0$ 的任意性, 得到

$$\lim_{k \to +\infty} \int_E f_k(\boldsymbol{x}) \, \mathrm{d}\boldsymbol{x} \geqslant \sum_{j=1}^N \alpha_j |E_j|.$$

于是由 (8.3.3) 式, 得到 (8.3.10) 式. 进而 (8.3.9) 式成立.   □

性质 5 (区域可加性)   若 f 在 E 上可积, 且 E 是至多可列的可测集族 $\{E_j | j \in J\}$ 的不交并, 则 f 在每个 E_j 上可积, 且

$$\int_E f(\boldsymbol{x}) \, \mathrm{d}\boldsymbol{x} = \sum_{j \in J} \int_{E_j} f(\boldsymbol{x}) \, \mathrm{d}\boldsymbol{x}. \tag{8.3.11}$$

当条件减弱为 f^+ 或 f^- 可积时, 上式也成立.

证明   由积分的定义, 只需考虑 f 非负的情形. 此时, 由定理 8.2.15, 存在单调增加的非负简单函数列 $\{\varphi_k\}$ 收敛于 f. 由性质 2 以及测度的可列可加性, 可得

$$\int_E \varphi_k(\boldsymbol{x}) \, \mathrm{d}\boldsymbol{x} = \sum_{j \in J} \int_{E_j} \varphi_k(\boldsymbol{x}) \, \mathrm{d}\boldsymbol{x}.$$

于是对 J 的任何有限子集 $\widetilde{J}$, 有

$$\sum_{j\in\widetilde{J}}\int_{E_j}\varphi_k(\boldsymbol{x})\,\mathrm{d}\boldsymbol{x}\leqslant\int_E\varphi_k(\boldsymbol{x})\,\mathrm{d}\boldsymbol{x}\leqslant\sum_{j\in J}\int_{E_j}f(\boldsymbol{x})\,\mathrm{d}\boldsymbol{x}.$$

这样, 由性质 4 即得

$$\sum_{j\in\widetilde{J}}\int_{E_j}f(\boldsymbol{x})\,\mathrm{d}\boldsymbol{x}\leqslant\int_E f(\boldsymbol{x})\,\mathrm{d}\boldsymbol{x}\leqslant\sum_{j\in J}\int_{E_j}f(\boldsymbol{x})\,\mathrm{d}\boldsymbol{x}.$$

最后, 由 $\widetilde{J}$ 的任意性得到 (8.3.11) 式.   □

注 8.3.1 自然, 可把 $\{E_j\,|\,j\in J\}$ 两两不交改为对于不同的 $i,j\in J$, $E_i\cap E_j$ 是零测度集. 在具体应用中, 这就会用到可测函数的像集是零测度集的性质 (参见习题 8.3.A 第 8 题).

注 8.3.2 对于一元函数的积分, 我们令 $\displaystyle\int_b^a f(x)\,\mathrm{d}x=-\int_a^b f(x)\,\mathrm{d}x$. 这样, 若 f 在 $[A,B]$ 上可积, 则对任何 $a,b,c\in[A,B]$, 总有

$$\int_a^b f(x)\,\mathrm{d}x=\int_a^c f(x)\,\mathrm{d}x+\int_c^b f(x)\,\mathrm{d}x. \tag{8.3.12}$$

性质 6 (线性可加性) 若 f,g 在 E 上可积, 则对任何 $\alpha,\beta\in\mathbb{R}$, $\alpha f+\beta g$ 可积且

$$\int_E\big(\alpha f(\boldsymbol{x})+\beta g(\boldsymbol{x})\big)\,\mathrm{d}\boldsymbol{x}=\alpha\int_E f(\boldsymbol{x})\,\mathrm{d}\boldsymbol{x}+\beta\int_E g(\boldsymbol{x})\,\mathrm{d}\boldsymbol{x}. \tag{8.3.13}$$

证明 由定义立即可得 $\displaystyle\int_E\alpha f(\boldsymbol{x})\,\mathrm{d}\boldsymbol{x}=\alpha\int_E f(\boldsymbol{x})\,\mathrm{d}\boldsymbol{x}$. 因此, 只需证明

$$\int_E\big(f(\boldsymbol{x})+g(\boldsymbol{x})\big)\,\mathrm{d}\boldsymbol{x}=\int_E f(\boldsymbol{x})\,\mathrm{d}\boldsymbol{x}+\int_E g(\boldsymbol{x})\,\mathrm{d}\boldsymbol{x}. \tag{8.3.14}$$

我们分两步证明 (8.3.14) 式.

I. 设 f,g 非负. 此时, 根据定理 8.2.15, 存在单调增加的非负简单函数列 $\{\varphi_k\}$ 和 $\{\psi_k\}$ 分别收敛于 f 和 g. 于是由性质 4 和性质 2 即得

$$\begin{aligned}
\int_E\big(f(\boldsymbol{x})+g(\boldsymbol{x})\big)\,\mathrm{d}\boldsymbol{x}&=\lim_{k\to+\infty}\int_E\big(\varphi_k(\boldsymbol{x})+\psi_k(\boldsymbol{x})\big)\,\mathrm{d}\boldsymbol{x}\\
&=\lim_{k\to+\infty}\left(\int_E\varphi_k(\boldsymbol{x})\,\mathrm{d}\boldsymbol{x}+\int_E\psi_k(\boldsymbol{x})\,\mathrm{d}\boldsymbol{x}\right)\\
&=\int_E f(\boldsymbol{x})\,\mathrm{d}\boldsymbol{x}+\int_E g(\boldsymbol{x})\,\mathrm{d}\boldsymbol{x}.
\end{aligned}$$

II. 一般地, 利用 **I** 的结果, 我们有

$$\int_{f+g\geqslant 0} \big(f(\boldsymbol{x}) + g(\boldsymbol{x})\big)\,\mathrm{d}\boldsymbol{x} + \int_{f+g\geqslant 0} f^-(\boldsymbol{x})\,\mathrm{d}\boldsymbol{x} + \int_{f+g\geqslant 0} g^-(\boldsymbol{x})\,\mathrm{d}\boldsymbol{x}$$

$$= \int_{f+g\geqslant 0} \big(f^+(\boldsymbol{x}) + g^+(\boldsymbol{x})\big)\,\mathrm{d}\boldsymbol{x}$$

$$= \int_{f+g\geqslant 0} f^+(\boldsymbol{x})\,\mathrm{d}\boldsymbol{x} + \int_{f+g\geqslant 0} g^+(\boldsymbol{x})\,\mathrm{d}\boldsymbol{x}.$$

从而

$$\int_{f+g\geqslant 0} \big(f(\boldsymbol{x}) + g(\boldsymbol{x})\big)\,\mathrm{d}\boldsymbol{x} = \int_{f+g\geqslant 0} f(\boldsymbol{x})\,\mathrm{d}\boldsymbol{x} + \int_{f+g\geqslant 0} g(\boldsymbol{x})\,\mathrm{d}\boldsymbol{x}.$$

类似地, 得到

$$\int_{f+g<0} \big(f(\boldsymbol{x}) + g(\boldsymbol{x})\big)\,\mathrm{d}\boldsymbol{x} = \int_{f+g<0} f(\boldsymbol{x})\,\mathrm{d}\boldsymbol{x} + \int_{f+g<0} g(\boldsymbol{x})\,\mathrm{d}\boldsymbol{x}.$$

两式相加, 结合性质 5 即得 (8.3.14) 式. □

性质 7 (绝对连续性) 若 f 可积, 则对任何 $\varepsilon > 0$, 存在 $\delta > 0$, 使得当可测集 $\omega \subseteq E$ 的测度小于 δ 时, 成立 $\int_\omega |f(\boldsymbol{x})|\,\mathrm{d}\boldsymbol{x} < \varepsilon$, 即

$$\lim_{\substack{|\omega|\to 0^+ \\ \omega\subseteq E\text{ 可测}}} \int_\omega |f(\boldsymbol{x})|\,\mathrm{d}\boldsymbol{x} = 0. \tag{8.3.15}$$

特别地,

$$\lim_{M\to +\infty} \int_{|f|\geqslant M} |f(\boldsymbol{x})|\,\mathrm{d}\boldsymbol{x} = 0. \tag{8.3.16}$$

证明 由定理 8.2.15, 有单增的非负简单函数列 $\{\varphi_k\}$ 收敛于 $|f|$. 对任何 $k \geqslant 1$, 我们有

$$\varlimsup_{\substack{|\omega|\to 0^+ \\ \omega\subseteq E\text{ 可测}}} \int_\omega |f(\boldsymbol{x})|\,\mathrm{d}\boldsymbol{x}$$

$$\leqslant \varlimsup_{\substack{|\omega|\to 0^+ \\ \omega\subseteq E\text{ 可测}}} \int_\omega \big(|f(\boldsymbol{x})| - \varphi_k(\boldsymbol{x})\big)\,\mathrm{d}\boldsymbol{x} + \varlimsup_{\substack{|\omega|\to 0^+ \\ \omega\subseteq E\text{ 可测}}} \int_\omega \varphi_k(\boldsymbol{x})\,\mathrm{d}\boldsymbol{x}$$

$$\leqslant \int_E \big(|f(\boldsymbol{x})| - \varphi_k(\boldsymbol{x})\big)\,\mathrm{d}\boldsymbol{x} = \int_E |f(\boldsymbol{x})|\,\mathrm{d}\boldsymbol{x} - \int_E \varphi_k(\boldsymbol{x})\,\mathrm{d}\boldsymbol{x}.$$

结合性质 4, 令 $k \to +\infty$ 即得 (8.3.15) 式.

最后, 注意到 $|\{|f| \geqslant M\}| \leqslant \dfrac{1}{M}\int_E |f(\boldsymbol{x})|\,\mathrm{d}\boldsymbol{x}$, 得到 (8.3.16) 式. □

利用性质 1 中建立的关于实值函数积分的三角不等式, 我们可以建立向量值函

数的三角不等式.

性质 8 (三角不等式) 设 $\boldsymbol{f}: E \to \mathbb{R}^m$ 可积, 则

$$\left| \int_E \boldsymbol{f}(\boldsymbol{x}) \, \mathrm{d}\boldsymbol{x} \right| \leqslant \int_E |\boldsymbol{f}(\boldsymbol{x})| \, \mathrm{d}\boldsymbol{x}. \tag{8.3.17}$$

证明 不妨设 $\boldsymbol{\xi} = \int_E \boldsymbol{f}(\boldsymbol{x}) \, \mathrm{d}\boldsymbol{x} \neq \boldsymbol{0}$, 则

$$\left| \int_E \boldsymbol{f}(\boldsymbol{x}) \, \mathrm{d}\boldsymbol{x} \right| = \left\langle \int_E \boldsymbol{f}(\boldsymbol{x}) \, \mathrm{d}\boldsymbol{x}, \frac{\boldsymbol{\xi}}{|\boldsymbol{\xi}|} \right\rangle = \int_E \left\langle \boldsymbol{f}(\boldsymbol{x}), \frac{\boldsymbol{\xi}}{|\boldsymbol{\xi}|} \right\rangle \mathrm{d}\boldsymbol{x}$$

$$\leqslant \int_E \left| \left\langle \boldsymbol{f}(\boldsymbol{x}), \frac{\boldsymbol{\xi}}{|\boldsymbol{\xi}|} \right\rangle \right| \mathrm{d}\boldsymbol{x} \leqslant \int_E |\boldsymbol{f}(\boldsymbol{x})| \, \mathrm{d}\boldsymbol{x}. \qquad \square$$

以下给出积分第一中值定理.

性质 9 (积分第一中值定理) 若 f 有界, g 非负可积, 则有 $\inf\limits_{\boldsymbol{x} \in E} f(\boldsymbol{x}) \leqslant \eta \leqslant \sup\limits_{\boldsymbol{x} \in E} f(\boldsymbol{x})$ 使得

$$\int_E f(\boldsymbol{x}) g(\boldsymbol{x}) \, \mathrm{d}\boldsymbol{x} = \eta \int_E g(\boldsymbol{x}) \, \mathrm{d}\boldsymbol{x}. \tag{8.3.18}$$

特别地, 若 E 是连通集, 且 f 连续, 则存在 $\boldsymbol{\xi} \in E$ 使得

$$\int_E f(\boldsymbol{x}) g(\boldsymbol{x}) \, \mathrm{d}\boldsymbol{x} = f(\boldsymbol{\xi}) \int_E g(\boldsymbol{x}) \, \mathrm{d}\boldsymbol{x}. \tag{8.3.19}$$

进一步, 若 E^o 是区域, 且 ∂E 是零测度集, 则存在 $\boldsymbol{\xi} \in E^o$ 使得 (8.3.19) 式成立.

证明 记 $G = \int_E g(\boldsymbol{x}) \, \mathrm{d}\boldsymbol{x}$. 若 $G = 0$, 则 g 几乎处处为零, 定理结论自然成立.

下设 $G > 0$, 此时 $\{g > 0\}$ 必为正测度集. 由积分的保序性, 可知 $\eta \equiv \dfrac{\displaystyle\int_E f(\boldsymbol{x}) g(\boldsymbol{x}) \, \mathrm{d}\boldsymbol{x}}{\displaystyle\int_E g(\boldsymbol{x}) \, \mathrm{d}\boldsymbol{x}}$

满足 (8.3.18) 式以及 $\inf\limits_{\boldsymbol{x} \in E} f(\boldsymbol{x}) \leqslant \eta \leqslant \sup\limits_{\boldsymbol{x} \in E} f(\boldsymbol{x})$.

当 E 连通且 f 连续时, $f(E)$ 也是连通集. 若 $\eta \notin f(E)$, 则必有 $\eta = \inf f(E)$ 或 $\eta = \sup f(E)$. 不妨设前者成立. 此时 $\{f > \eta\} = E$. 因此, $\{fg > \eta g\} = \{g > 0\}$ 为正测度集, 由积分保序性知 (8.3.18) 式不成立, 得到矛盾. 因此, 必存在 $\boldsymbol{\xi} \in E$ 使得 (8.3.19) 式成立.

当 E^o 为区域而 ∂E 为零测度集时, $\int_E f(\boldsymbol{x}) g(\boldsymbol{x}) \, \mathrm{d}\boldsymbol{x} = \int_{E^o} f(\boldsymbol{x}) g(\boldsymbol{x}) \, \mathrm{d}\boldsymbol{x}$. 因此 由上面的讨论知存在 $\boldsymbol{\xi} \in E^o$ 使得 (8.3.19) 式成立. $\qquad \square$

为今后建立积分的变量代换公式, 我们建立积分的平移变换公式以及平行多面体的体积公式. 首先, 由测度的平移不变性, 可得

性质 10 (平移变换公式)　若 $\boldsymbol{f} : E \to \mathbb{R}^n$ 可积, 则对于任何 $\boldsymbol{x}_0 \in \mathbb{R}^n$,

$$\int_{E+\boldsymbol{x}_0} \boldsymbol{f}(\boldsymbol{x} - \boldsymbol{x}_0)\,\mathrm{d}\boldsymbol{x} = \int_E \boldsymbol{f}(\boldsymbol{x})\,\mathrm{d}\boldsymbol{x}. \tag{8.3.20}$$

性质 11 (平行多面体的体积公式)　设 $\boldsymbol{\xi}_1, \boldsymbol{\xi}_2, \cdots, \boldsymbol{\xi}_n$ 是 $\mathbb{R}^n$ 中的 n 个向量, 则由它们张成的平行多面体

$$\mathcal{P}(\boldsymbol{\xi}_1, \boldsymbol{\xi}_2, \cdots, \boldsymbol{\xi}_n) = \left\{ \sum_{k=1}^n \alpha_k \boldsymbol{\xi}_k \Big| \alpha_k \in [0,1], 1 \leqslant k \leqslant n \right\}$$

的体积 (测度) 为 $|\det(\boldsymbol{\xi}_1, \boldsymbol{\xi}_2, \cdots, \boldsymbol{\xi}_n)|$.

证明　注意到平行多面体是有界闭集, 因此它可测. 用 $F(\boldsymbol{\xi}_1, \boldsymbol{\xi}_2, \cdots, \boldsymbol{\xi}_n)$ 表示 $\mathcal{P}(\boldsymbol{\xi}_1, \boldsymbol{\xi}_2, \cdots, \boldsymbol{\xi}_n)$ 的测度, 用 $G(\boldsymbol{\xi}_1, \boldsymbol{\xi}_2, \cdots, \boldsymbol{\xi}_n)$ 表示 $|\det(\boldsymbol{\xi}_1, \boldsymbol{\xi}_2, \cdots, \boldsymbol{\xi}_n)|$.

首先, 易见将某个 $\boldsymbol{\xi}_k$ 与 $\boldsymbol{\xi}_j$ 的位置互换时, F 的值不变. 再者, 我们来证明, 对于任何 $\beta \in \mathbb{R}$, 成立

$$F(\boldsymbol{\xi}_1, \boldsymbol{\xi}_2 + \beta\boldsymbol{\xi}_1, \cdots, \boldsymbol{\xi}_n) = F(\boldsymbol{\xi}_1, \boldsymbol{\xi}_2, \cdots, \boldsymbol{\xi}_n). \tag{8.3.21}$$

易见只要对 $\beta \geqslant 0$ 加以证明, 进一步, 只要对 $\beta \in [0,1]$ 加以证明. 我们有

$$F(\boldsymbol{\xi}_1, \boldsymbol{\xi}_2 + \beta\boldsymbol{\xi}_1, \cdots, \boldsymbol{\xi}_n)$$

$$= \left| \left\{ \sum_{k=1}^n \alpha_k \boldsymbol{\xi}_k + \alpha_2 \beta \boldsymbol{\xi}_1 \Big| \alpha_k \in [0,1], 1 \leqslant k \leqslant n \right\} \right|$$

$$= \left| \left\{ \sum_{k=1}^n \alpha_k \boldsymbol{\xi}_k \Big| \beta\alpha_2 \leqslant \alpha_1 \leqslant 1 + \beta\alpha_2, \quad \alpha_k \in [0,1], 2 \leqslant k \leqslant n \right\} \right|$$

$$= \left| \left\{ \sum_{k=1}^n \alpha_k \boldsymbol{\xi}_k \Big| \beta\alpha_2 \leqslant \alpha_1 \leqslant 1, \quad \alpha_k \in [0,1], 2 \leqslant k \leqslant n \right\} \right| +$$

$$\left| \left\{ \sum_{k=1}^n \alpha_k \boldsymbol{\xi}_k \Big| 1 \leqslant \alpha_1 \leqslant 1 + \beta\alpha_2, \quad \alpha_k \in [0,1], 2 \leqslant k \leqslant n \right\} \right|$$

$$= \left| \left\{ \sum_{k=1}^n \alpha_k \boldsymbol{\xi}_k \Big| \beta\alpha_2 \leqslant \alpha_1 \leqslant 1, \quad \alpha_k \in [0,1], 2 \leqslant k \leqslant n \right\} \right| +$$

$$\left| \left\{ \sum_{k=1}^n \alpha_k \boldsymbol{\xi}_k \Big| 0 \leqslant \alpha_1 \leqslant \beta\alpha_2, \quad \alpha_k \in [0,1], 2 \leqslant k \leqslant n \right\} \right|$$

$$= F(\boldsymbol{\xi}_1, \boldsymbol{\xi}_2, \cdots, \boldsymbol{\xi}_n).$$

以上讨论表明作列与列交换, 或将一列乘常数加到另一列这两种初等列变换时, F 的值均不变 (如图 8.6 所示). 而根据行列式性质, G 也有同样的性质. 这样, 通过有限次的变换, 我们可将问题归结为当 $\boldsymbol{\xi}_k = c_k \boldsymbol{e}_k (1 \leqslant k \leqslant n)$ 时 (其中 c_k 是

可能为零的常数), 是否成立 $F(\boldsymbol{\xi}_1, \boldsymbol{\xi}_2, \cdots, \boldsymbol{\xi}_n) = G(\boldsymbol{\xi}_1, \boldsymbol{\xi}_2, \cdots, \boldsymbol{\xi}_n)$. 易见两者均为
$|c_1 c_2 \cdots c_n|$. 因此要证的结论成立. $\qquad\qquad\qquad\qquad\qquad\qquad\qquad\qquad\qquad$ □

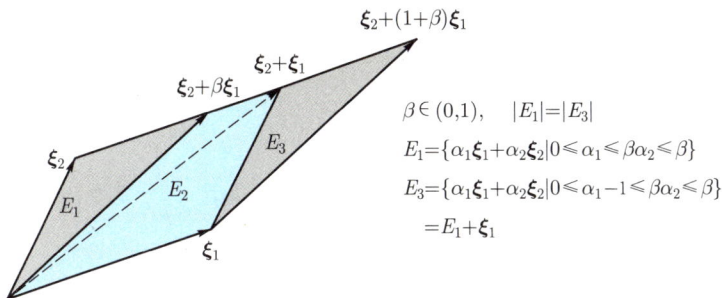

图 8.6 平行多面体体积变化示意图

类似于离散型 Hölder (赫尔德) 不等式, 我们有如下的连续型 (积分型) Hölder
不等式.

性质 12 (连续型 (积分型) Hölder 不等式) 设 $p, q \in (1, +\infty)$ 为对偶数,
$f \in L^p(E), g \in L^q(E)$, 则 fg 可积, 且

$$\left| \int_E f(\boldsymbol{x}) g(\boldsymbol{x}) \, \mathrm{d}\boldsymbol{x} \right| \leqslant \left(\int_E |f(\boldsymbol{x})|^p \, \mathrm{d}\boldsymbol{x} \right)^{\frac{1}{p}} \left(\int_E |g(\boldsymbol{x})|^q \, \mathrm{d}\boldsymbol{x} \right)^{\frac{1}{q}}. \quad (8.3.22)$$

当 $p = q = 2$ 时, 该不等式称为 **Cauchy – Schwarz (柯西 – 施瓦茨) 不等式**.

证明 记 $A = \left(\int_E |f(\boldsymbol{x})|^p \, \mathrm{d}\boldsymbol{x} \right)^{\frac{1}{p}}, B = \left(\int_E |g(\boldsymbol{x})|^q \, \mathrm{d}\boldsymbol{x} \right)^{\frac{1}{q}}$.

若 $AB = 0$, 则 f 几乎处处为零或 g 几乎处处为零, 此时自然成立 (8.3.22) 式.

当 $AB \neq 0$ 时, 利用 Young (杨) 不等式, 有

$$\int_E \frac{|f(\boldsymbol{x}) g(\boldsymbol{x})|}{AB} \, \mathrm{d}\boldsymbol{x} \leqslant \int_E \left(\frac{1}{p} \frac{|f(\boldsymbol{x})|^p}{A^p} + \frac{1}{q} \frac{|g(\boldsymbol{x})|^q}{B^q} \right) \mathrm{d}\boldsymbol{x} = 1.$$

由此即得 fg 可积且 (8.3.22) 式成立. $\qquad\qquad\qquad\qquad\qquad\qquad\qquad\qquad$ □

类似于内积空间中的内积, 对于 $f \in L^p(E), g \in L^q(E)$, 记 $\langle f, g \rangle = \int_E f(\boldsymbol{x}) g(\boldsymbol{x}) \, \mathrm{d}\boldsymbol{x}$,
称为**对偶积**. 更一般地, 当 fg 可积时, 也可以借用这一记号.

注 8.3.3 (8.3.22) 式可以写为

$$\|fg\|_1 \leqslant \|f\|_p \|g\|_q. \qquad\qquad\qquad\qquad\qquad\qquad\qquad\qquad\qquad (8.3.23)$$

上式对 $p = 1, q = +\infty$ 也成立.

若 μ 为非负可积函数, 且 $|f|^p \mu$ 以及 $|g|^q \mu$ 可积, 则由 (8.3.22) 式可得

$$\left| \int_E f(\boldsymbol{x}) g(\boldsymbol{x}) \mu(\boldsymbol{x}) \, \mathrm{d}\boldsymbol{x} \right| \leqslant \left(\int_E |f(\boldsymbol{x})|^p \mu(\boldsymbol{x}) \, \mathrm{d}\boldsymbol{x} \right)^{\frac{1}{p}} \left(\int_E |g(\boldsymbol{x})|^q \mu(\boldsymbol{x}) \, \mathrm{d}\boldsymbol{x} \right)^{\frac{1}{q}}. \quad (8.3.24)$$

其中的非负函数 μ 称为**权函数**. 不等式 (8.3.24) 称为**加权的 Hölder 不等式**.

注 8.3.4   由 Hölder 不等式, 易见对于 $1 \leqslant p \leqslant +\infty$, 以及 $\mathbb{R}^n$ 上的可测函数 f, 均成立

$$\|f\|_p = \sup_{\substack{g \in L^q(\mathbb{R}^n) \\ \|g\|_q \neq 0}} \frac{\displaystyle\int_{\mathbb{R}^n} f(\boldsymbol{x})g(\boldsymbol{x})\,\mathrm{d}\boldsymbol{x}}{\|g\|_q} = \sup_{\substack{g \in L^q(\mathbb{R}^n) \\ \|g\|_q = 1}} \int_{\mathbb{R}^n} f(\boldsymbol{x})g(\boldsymbol{x})\,\mathrm{d}\boldsymbol{x}. \quad (8.3.25)$$

更一般地, 对于可测函数 $\boldsymbol{f}: \mathbb{R}^n \to \mathbb{R}^m$, 成立

$$\|\boldsymbol{f}\|_p = \sup_{\substack{\boldsymbol{g} \in L^q(\mathbb{R}^n;\mathbb{R}^m) \\ \|\boldsymbol{g}\|_q \neq 0}} \frac{\displaystyle\int_{\mathbb{R}^n} \boldsymbol{f}(\boldsymbol{x}) \cdot \boldsymbol{g}(\boldsymbol{x})\,\mathrm{d}\boldsymbol{x}}{\|\boldsymbol{g}\|_q} = \sup_{\substack{\boldsymbol{g} \in L^q(\mathbb{R}^n;\mathbb{R}^m) \\ \|\boldsymbol{g}\|_q = 1}} \int_{\mathbb{R}^n} \boldsymbol{f}(\boldsymbol{x}) \cdot \boldsymbol{g}(\boldsymbol{x})\,\mathrm{d}\boldsymbol{x}. \quad (8.3.26)$$

本质上, 离散型 Hölder 不等式与连续型 Hölder 不等式是等价的. 类似地, 我们有以下的**积分型 Minkowski (闵科夫斯基) 不等式**[3].

性质 13   设 $E \subseteq \mathbb{R}^n$ 可测, $1 \leqslant p < +\infty$, $f_k \in L^p(E)$ $(1 \leqslant k \leqslant m)$, 则

$$\left(\int_E \left| \sum_{k=1}^m f_k(\boldsymbol{x}) \right|^p \mathrm{d}\boldsymbol{x} \right)^{\frac{1}{p}} \leqslant \sum_{k=1}^m \left(\int_E \left| f_k(\boldsymbol{x}) \right|^p \mathrm{d}\boldsymbol{x} \right)^{\frac{1}{p}}. \quad (8.3.27)$$

证明   当 $p = 1$ 时, (8.3.27) 式显然成立. 下设 $1 < p < +\infty$ 并令 q 为 p 的对偶数. 记 $F(\boldsymbol{x}) = \left| \displaystyle\sum_{k=1}^m f_k(\boldsymbol{x}) \right|^{p-1}$, 我们有

$$\int_E \left| \sum_{k=1}^m f_k(\boldsymbol{x}) \right|^p \mathrm{d}\boldsymbol{x} \leqslant \int_E F(\boldsymbol{x}) \sum_{k=1}^m |f_k(\boldsymbol{x})|\,\mathrm{d}\boldsymbol{x}$$

$$= \sum_{k=1}^m \int_E F(\boldsymbol{x}) |f_k(\boldsymbol{x})|\,\mathrm{d}\boldsymbol{x}$$

$$\leqslant \sum_{k=1}^m \left(\int_E F^q(\boldsymbol{x})\,\mathrm{d}\boldsymbol{x} \right)^{\frac{1}{q}} \left(\int_E |f_k(\boldsymbol{x})|^p\,\mathrm{d}\boldsymbol{x} \right)^{\frac{1}{p}}$$

$$= \left(\int_E \left| \sum_{k=1}^m f_k(\boldsymbol{x}) \right|^p \mathrm{d}\boldsymbol{x} \right)^{1-\frac{1}{p}} \sum_{k=1}^m \left(\int_E |f_k(\boldsymbol{x})|^p \mathrm{d}\boldsymbol{x} \right)^{\frac{1}{p}}.$$

由 $x \mapsto x^p$ 的凸性,

---

[3] 双积分的情形结果参见定理 8.5.3.

$$\int_E \left| \sum_{k=1}^m f_k(\boldsymbol{x}) \right|^p \mathrm{d}\boldsymbol{x} \leqslant \int_E m^{p-1} \sum_{k=1}^m \left| f_k(\boldsymbol{x}) \right|^p \mathrm{d}\boldsymbol{x} < +\infty.$$

从而可得 (8.3.27) 式. □

注 8.3.5 可以把 (8.3.27) 式写为

$$\left\| \sum_{k=1}^m f_k \right\|_p \leqslant \sum_{k=1}^m \left\| f_k \right\|_p. \tag{8.3.28}$$

易见, 当 $p = +\infty$ 时, (8.3.28) 式同样成立. (8.3.28) 式表明对于 $1 \leqslant p \leqslant +\infty$, $\|\cdot\|_p$ 是 $L^p(E)$ 中的范数, 进而 $(L^p(E), \|\cdot\|_p)$ 构成一个赋范线性空间 (参见赋范线性空间定义 2.3.2). 而 (8.3.28) 式可以描述为 "(函数) 和的范数小于等于范数的和".

收敛定理

Lebesgue 积分理论中有三个非常重要的定理. 首先, 由性质 4 和 6 立即可得如下的 **Lévy**[4] (**莱维**) **单调收敛定理**.

定理 8.3.1 设 $E \subseteq \mathbb{R}^n$ 可测, $f_k : E \to \mathbb{R}$ 可积, 且几乎处处单调增加:

$$f_k(\boldsymbol{x}) \leqslant f_{k+1}(\boldsymbol{x}), \quad \forall k \geqslant 1, \text{ a.e. } \boldsymbol{x} \in E,$$

则

$$\lim_{k \to +\infty} \int_E f_k(\boldsymbol{x}) \, \mathrm{d}\boldsymbol{x} = \int_E \lim_{k \to +\infty} f_k(\boldsymbol{x}) \, \mathrm{d}\boldsymbol{x}, \tag{8.3.29}$$

其中上式两边都允许取 $+\infty$.

接下来是 **Fatou**[5] (**法图**) **引理**.

定理 8.3.2 设 $E \subseteq \mathbb{R}^n$ 可测, $f_k, g : E \to \mathbb{R}$ 可积, 且

$$f_k(\boldsymbol{x}) \geqslant g(\boldsymbol{x}), \quad \forall k \geqslant 1, \text{ a.e. } \boldsymbol{x} \in E,$$

则

$$\int_E \varliminf_{k \to +\infty} f_k(\boldsymbol{x}) \, \mathrm{d}\boldsymbol{x} \leqslant \varliminf_{k \to +\infty} \int_E f_k(\boldsymbol{x}) \, \mathrm{d}\boldsymbol{x}. \tag{8.3.30}$$

证明 对于 $k \geqslant 1$, 令 $g_k = \inf_{j \geqslant k} f_j$, 则 $g \leqslant g_k \leqslant f_k$, a.e. E. 从而 g_k 可积. 又

---

4 Lévy, P P, 1886—1971 年.

5 Fatou, P J L, 1878—1929 年.

$\{g_k\}$ 几乎处处单增. 于是由 Lévy 单调收敛定理,

$$\int_E \varliminf_{k \to +\infty} f_k(\boldsymbol{x}) \,\mathrm{d}\boldsymbol{x} = \int_E \lim_{k \to +\infty} g_k(\boldsymbol{x}) \,\mathrm{d}\boldsymbol{x}$$
$$= \lim_{k \to +\infty} \int_E g_k(\boldsymbol{x}) \,\mathrm{d}\boldsymbol{x} \leqslant \varliminf_{k \to +\infty} \int_E f_k(\boldsymbol{x}) \,\mathrm{d}\boldsymbol{x}. \qquad \square$$

由 Fatou 引理, 立即可得 **Lebesgue 控制收敛定理**.

定理 8.3.3   设 $E \subseteq \mathbb{R}^n$ 可测, $f_k, g : E \to \mathbb{R}$ 可积 $(k \geqslant 1)$, 满足

$$|f_k(\boldsymbol{x})| \leqslant g(\boldsymbol{x}), \quad \forall\, k \geqslant 1, \text{a.e. } \boldsymbol{x} \in E, \tag{8.3.31}$$

$$\lim_{k \to +\infty} f_k(\boldsymbol{x}) = f(\boldsymbol{x}), \quad \text{a.e. } \boldsymbol{x} \in E, \tag{8.3.32}$$

则 f 可积, 且

$$\int_E f(\boldsymbol{x}) \,\mathrm{d}\boldsymbol{x} = \lim_{k \to +\infty} \int_E f_k(\boldsymbol{x}) \,\mathrm{d}\boldsymbol{x}. \tag{8.3.33}$$

证明   由假设, 可得 $|f| \leqslant g$ 几乎处处成立. 结合 g 的可积性得到 f 可积. 而由 Fatou 引理,

$$\int_E f(\boldsymbol{x}) \,\mathrm{d}\boldsymbol{x} \leqslant \varliminf_{k \to +\infty} \int_E f_k(\boldsymbol{x}) \,\mathrm{d}\boldsymbol{x},$$
$$\int_E -f(\boldsymbol{x}) \,\mathrm{d}\boldsymbol{x} \leqslant \varliminf_{k \to +\infty} \int_E -f_k(\boldsymbol{x}) \,\mathrm{d}\boldsymbol{x}.$$

上式中第二个不等式即为 $\varlimsup_{k \to +\infty} \int_E f_k(\boldsymbol{x}) \,\mathrm{d}\boldsymbol{x} \leqslant \int_E f(\boldsymbol{x}) \,\mathrm{d}\boldsymbol{x}$. 从而 (8.3.33) 式成立. $\square$

结合 Riesz 定理, 可把 Lebesgue 控制收敛定理中的几乎处处收敛 (条件 (8.3.32)) 改为依测度收敛. 即我们有如下结果[6].

定理 8.3.4   设 $E \subseteq \mathbb{R}^n$ 可测, $f_k, g : E \to \mathbb{R}$ 可积 $(k \geqslant 1)$, $\{f_k\}$ 依测度收敛于 f, 且满足 (8.3.31) 式, 则 (8.3.33) 式成立.

证明   由 Riesz 定理, 存在 $\{f_k\}$ 的子列几乎处处收敛于 f, 于是由定理 8.3.3, f 可积.

若 (8.3.33) 式不成立, 则有常数 $\varepsilon_0 > 0$ 以及 $\{f_k\}$ 的子列, 不妨设为其本身, 使得

$$\left| \int_E f_k(\boldsymbol{x}) \,\mathrm{d}\boldsymbol{x} - \int_E f(\boldsymbol{x}) \,\mathrm{d}\boldsymbol{x} \right| \geqslant \varepsilon_0 > 0. \tag{8.3.34}$$

---

6   通常也称之为 Lebesgue 控制收敛定理.

再次利用 Riesz 定理, 存在 $\{f_k\}$ 的子列 $\{f_{k_j}\}$ 几乎处处收敛于 f, 于是由定理 8.3.3,

$$\lim_{j \to +\infty} \left| \int_E f_{k_j}(\boldsymbol{x}) \, \mathrm{d}\boldsymbol{x} - \int_E f(\boldsymbol{x}) \, \mathrm{d}\boldsymbol{x} \right| = 0. \tag{8.3.35}$$

与 (8.3.34) 式矛盾. 因此, 定理结论成立. □

积分是求和的一种推广, 自然地, 我们可以把求和的有关性质推广到积分情形. 例如, 可以推广 Jensen (詹森) 不等式如下.

例 8.3.1 设可测集 $E \subset \mathbb{R}^n$ 具有有限正测度, Ω 是 $\mathbb{R}^m$ 中的凸区域, $\varphi: \Omega \to \mathbb{R}$ 是凸函数. 又设 $\boldsymbol{f}: E \to \Omega$ 可积, 则

$$\varphi\left(\frac{1}{|E|} \int_E \boldsymbol{f}(\boldsymbol{x}) \, \mathrm{d}\boldsymbol{x} \right) \leqslant \frac{1}{|E|} \int_E \varphi\big(\boldsymbol{f}(\boldsymbol{x})\big) \, \mathrm{d}\boldsymbol{x}. \tag{8.3.36}$$

证明 首先, 易见 $\boldsymbol{y}_0 = \dfrac{1}{|E|} \displaystyle\int_E \boldsymbol{f}(\boldsymbol{x}) \, \mathrm{d}\boldsymbol{x} \in \Omega$. 否则, 利用习题 6.3.B 第 4, 5 题以及 Ω 为凸区域, 可知存在 $\boldsymbol{\mu} \in S^{m-1}$ 使得对任何 $\boldsymbol{y} \in \Omega$ 成立 $\langle \boldsymbol{y}, \boldsymbol{\mu} \rangle \leqslant \langle \boldsymbol{y}_0, \boldsymbol{\mu} \rangle$. 注意到 $\{ \langle \boldsymbol{y} - \boldsymbol{y}_0, \boldsymbol{\mu} \rangle \,|\, \boldsymbol{y} \in \Omega \}$ 为开集, 可知上述不等式一定不取等号. 于是

$$\langle \boldsymbol{y}_0, \boldsymbol{\mu} \rangle = \frac{1}{|E|} \int_E \langle \boldsymbol{f}(\boldsymbol{x}), \boldsymbol{\mu} \rangle \, \mathrm{d}\boldsymbol{x} < \langle \boldsymbol{y}_0, \boldsymbol{\mu} \rangle.$$

得到矛盾. 因此 $\boldsymbol{y}_0 \in \Omega$.

利用习题 6.3.B 第 6 题, 有 $\boldsymbol{\nu} \in S^{m-1}$ 使得

$$\varphi(\boldsymbol{y}) \geqslant \varphi(\boldsymbol{y}_0) + \langle \boldsymbol{\nu}, \boldsymbol{y} - \boldsymbol{y}_0 \rangle, \quad \forall \boldsymbol{y} \in \Omega.$$

从而

$$\frac{1}{|E|} \int_E \varphi\big(\boldsymbol{f}(\boldsymbol{x})\big) \, \mathrm{d}\boldsymbol{x} \geqslant \frac{1}{|E|} \int_E \big(\varphi(\boldsymbol{y}_0) + \langle \boldsymbol{\nu}, \boldsymbol{f}(\boldsymbol{x}) - \boldsymbol{y}_0 \rangle \big) \, \mathrm{d}\boldsymbol{x} = \varphi(\boldsymbol{y}_0).$$

即 (8.3.36) 式成立. □

例 8.3.2 设 $E \subset \mathbb{R}^n$ 可测且有有限正测度, f 为 E 上本性有界的可测函数, 则

$$\lim_{p \to +\infty} \|f\|_p = M \equiv \|f\|_\infty. \tag{8.3.37}$$

进一步, 若 $M > 0$, 则

$$\lim_{p \to +\infty} \frac{\displaystyle\int_E |f(\boldsymbol{x})|^{p+1} \, \mathrm{d}\boldsymbol{x}}{\displaystyle\int_E |f(\boldsymbol{x})|^p \, \mathrm{d}\boldsymbol{x}} = M. \tag{8.3.38}$$

证明 易见

$$\|f\|_p = \left(\int_E |f(\boldsymbol{x})|^p \, \mathrm{d}\boldsymbol{x}\right)^{\frac{1}{p}} \leqslant M|E|^{\frac{1}{p}}, \quad \forall p \in [1, +\infty).$$

于是

$$\varlimsup_{p \to +\infty} \|f\|_p \leqslant M. \tag{8.3.39}$$

若 $M = 0$, 则 (8.3.37) 式成立.

若 $M > 0$, 则对任何 $\varepsilon \in (0, M)$, $\big|\{|f| > M - \varepsilon\}\big| > 0$, 于是, $\forall p \in [1, +\infty)$,

$$\|f\|_p = \left(\int_E |f(\boldsymbol{x})|^p \, \mathrm{d}\boldsymbol{x}\right)^{\frac{1}{p}} \geqslant \left(\int_{|f| > M - \varepsilon} |f(\boldsymbol{x})|^p \, \mathrm{d}\boldsymbol{x}\right)^{\frac{1}{p}}$$

$$\geqslant (M - \varepsilon)\big|\{|f| > M - \varepsilon\}\big|^{\frac{1}{p}}.$$

从而 $\varliminf_{p \to +\infty} \|f\|_p \geqslant M - \varepsilon$. 令 $\varepsilon \to 0^+$ 得到

$$\varliminf_{p \to +\infty} \|f\|_p \geqslant M. \tag{8.3.40}$$

结合 (8.3.39) 式即得 (8.3.37) 式.

以下我们用两种方法证明 (8.3.38) 式.

法 I. 类似于 (8.3.39) 式, 我们有

$$\varlimsup_{p \to +\infty} \frac{\displaystyle\int_E |f(\boldsymbol{x})|^{p+1} \, \mathrm{d}\boldsymbol{x}}{\displaystyle\int_E |f(\boldsymbol{x})|^p \, \mathrm{d}\boldsymbol{x}} \leqslant M. \tag{8.3.41}$$

对于 $\varepsilon \in (0, M)$, 有

$$\varlimsup_{p \to +\infty} \frac{\displaystyle\int_{|f| < M - \varepsilon} |f(\boldsymbol{x})|^p \, \mathrm{d}\boldsymbol{x}}{\displaystyle\int_E |f(\boldsymbol{x})|^p \, \mathrm{d}\boldsymbol{x}} \leqslant \frac{\big|\{|f| < M - \varepsilon\}\big|}{\big|\{|f| \geqslant M - \frac{\varepsilon}{2}\}\big|} \varlimsup_{p \to +\infty} \left(\frac{M - \varepsilon}{M - \frac{\varepsilon}{2}}\right)^p = 0.$$

进而

$$\varliminf_{p \to +\infty} \frac{\displaystyle\int_E |f(\boldsymbol{x})|^{p+1} \, \mathrm{d}\boldsymbol{x}}{\displaystyle\int_E |f(\boldsymbol{x})|^p \, \mathrm{d}\boldsymbol{x}} \geqslant (M - \varepsilon) \varliminf_{p \to +\infty} \frac{\displaystyle\int_{|f| \geqslant M - \varepsilon} |f(\boldsymbol{x})|^p \, \mathrm{d}\boldsymbol{x}}{\displaystyle\int_E |f(\boldsymbol{x})|^p \, \mathrm{d}\boldsymbol{x}} = M - \varepsilon.$$

令 $\varepsilon \to 0^+$ 得到

$$\varliminf_{p \to +\infty} \frac{\displaystyle\int_E |f(\boldsymbol{x})|^{p+1} \, \mathrm{d}\boldsymbol{x}}{\displaystyle\int_E |f(\boldsymbol{x})|^p \, \mathrm{d}\boldsymbol{x}} \geqslant M. \tag{8.3.42}$$

结合 (8.3.41) 式得到 (8.3.38) 式.

法 II. 对于 $q > p \geqslant 1$, 利用 Hölder 不等式, 得到

$$\int_E |f(\boldsymbol{x})|^{p+1} \,\mathrm{d}\boldsymbol{x} \leqslant \left(\int_E |f(\boldsymbol{x})|^{q+1} \,\mathrm{d}\boldsymbol{x}\right)^{\frac{1}{q-p+1}} \left(\int_E |f(\boldsymbol{x})|^p \,\mathrm{d}\boldsymbol{x}\right)^{\frac{q-p}{q-p+1}}$$

以及

$$\int_E |f(\boldsymbol{x})|^q \,\mathrm{d}\boldsymbol{x} \leqslant \left(\int_E |f(\boldsymbol{x})|^{q+1} \,\mathrm{d}\boldsymbol{x}\right)^{\frac{q-p}{q-p+1}} \left(\int_E |f(\boldsymbol{x})|^p \,\mathrm{d}\boldsymbol{x}\right)^{\frac{1}{q-p+1}}.$$

两式相乘得到

$$\int_E |f(\boldsymbol{x})|^{p+1} \,\mathrm{d}\boldsymbol{x} \int_E |f(\boldsymbol{x})|^q \,\mathrm{d}\boldsymbol{x} \leqslant \int_E |f(\boldsymbol{x})|^{q+1} \,\mathrm{d}\boldsymbol{x} \int_E |f(\boldsymbol{x})|^p \,\mathrm{d}\boldsymbol{x}.$$

因此, $\dfrac{\displaystyle\int_E |f(\boldsymbol{x})|^{p+1} \,\mathrm{d}\boldsymbol{x}}{\displaystyle\int_E |f(\boldsymbol{x})|^p \,\mathrm{d}\boldsymbol{x}}$ 关于 $p \in [1, +\infty)$ 单调增加. 由于它有上界 M, 因此收敛.

于是由 Stolz (施托尔茨) 公式,

$$\ln M = \lim_{k \to +\infty} \frac{1}{k} \ln \int_E |f(\boldsymbol{x})|^k \,\mathrm{d}\boldsymbol{x} = \lim_{k \to +\infty} \ln \frac{\displaystyle\int_E |f(\boldsymbol{x})|^{k+1} \,\mathrm{d}\boldsymbol{x}}{\displaystyle\int_E |f(\boldsymbol{x})|^k \,\mathrm{d}\boldsymbol{x}}$$

$$= \lim_{p \to +\infty} \ln \frac{\displaystyle\int_E |f(\boldsymbol{x})|^{p+1} \,\mathrm{d}\boldsymbol{x}}{\displaystyle\int_E |f(\boldsymbol{x})|^p \,\mathrm{d}\boldsymbol{x}}.$$

这就得到了 (8.3.38) 式. □

注 8.3.6 当处理 Riemann 积分时, 需要特别注意函数的可积性. 例如, 当 f 在 Jordan 可测集 E 上 Riemann 可积甚至连续时, 令 $h(\boldsymbol{x}) = \begin{cases} f(\boldsymbol{x}), & f(\boldsymbol{x}) \geqslant 1, \\ 0, & f(\boldsymbol{x}) < 1, \end{cases}$ 则 h 不一定 Riemann 可积. 但作为 Lebesgue 积分, h 的可积性没有问题.

曲顶柱体的体积

从几何意义上来看, 若 $f : [a, b] \to [0, +\infty)$ 可积, 则积分 $\displaystyle\int_a^b f(x) \,\mathrm{d}x$ 是曲边梯形 $S = \{(x, y) \,|\, 0 \leqslant y \leqslant f(x), x \in [a, b]\}$ 的面积; 若对于有界区域 $D \subset \mathbb{R}^2$, $f : D \to [0, +\infty)$ 可积, 则积分 $\displaystyle\iint_D f(x, y) \,\mathrm{d}x\mathrm{d}y$ 是曲顶柱体 $W = \{(x, y, z) \,|\, 0 \leqslant z \leqslant f(x, y), (x, y) \in D\}$ 的体积. 另一方面, S 和 W (分别在 $\mathbb{R}^2$ 和 $\mathbb{R}^3$ 中) 的 Lebesgue 测度同

样表示相应的面积和体积. 我们需要说明, 这两者是一致的. 具体地, 有如下结果.

命题 8.3.5　设 $E \subset \mathbb{R}^n$ 可测, $f : E \to [0, +\infty)$ 可测, 则 $W = \{(\boldsymbol{x}, y) \big| 0 \leqslant y \leqslant f(\boldsymbol{x}), \boldsymbol{x} \in E\}$ 可测, 且

$$mW = \int_E f(\boldsymbol{x}) \, \mathrm{d}\boldsymbol{x}. \tag{8.3.43}$$

证明　首先, 由测度的可列可加性以及积分的区域可加性, 不妨设 $mE < +\infty$. 任取 $k \geqslant 1$, 令

$$W_k = \bigcup_{j=0}^{\infty} \left\{ \frac{j}{k} \leqslant f < \frac{j+1}{k} \right\} \times \left[0, \frac{j}{k} \right],$$

$$W^k = \bigcup_{j=0}^{\infty} \left\{ \frac{j}{k} \leqslant f < \frac{j+1}{k} \right\} \times \left[0, \frac{j+1}{k} \right].$$

则 W_k, W^k 可测, 且 $W_k \subseteq W \subseteq W^k$. 易证对于 $\mathbb{R}^n$ 中的可测集 F 以及 $a < b$, 集合 $F \times [a, b]$ 在 $\mathbb{R}^{n+1}$ 中的测度[7] $m(F \times [a, b]) = (b-a)mF$. 于是

$$\int_E f(\boldsymbol{x}) \, \mathrm{d}\boldsymbol{x} - \frac{1}{k}|E| \leqslant m(W_k) \leqslant m_* W \leqslant m^* W \leqslant m(W^k)$$
$$\leqslant \int_E f(\boldsymbol{x}) \, \mathrm{d}\boldsymbol{x} + \frac{1}{k}|E|.$$

令 $k \to +\infty$ 即得 $m_* W = m^* W = \int_E f(\boldsymbol{x}) \, \mathrm{d}\boldsymbol{x}$. 这就证明了命题.　$\square$

另一方面, 可证, 当 E 可测时, $f : E \to [0, +\infty)$ 可测也是 W 可测的必要条件, 详情请看注 8.5.2.

Lebesgue 判据

关于 Riemann 积分与 Lebesgue 积分之间的关系, 有如下的 **Lebesgue 判据**.

定理 8.3.6　设 f 是 Jordan 可测的有界集 E 上的有界实函数, 则 f 在 E 上 Riemann 可积当且仅当 f 的不连续点全体是 Lebesgue 零测度集.

进一步, E 必定 Lebesgue 可测. 当 f 在 E 上 Riemann 可积时, f 在 E 上的 Riemann 积分 $\displaystyle\int_E f(\boldsymbol{x}) \, \mathrm{d}\boldsymbol{x}$ 等于 f 在 E 上的 Lebesgue 积分 $\displaystyle\int_E f(\boldsymbol{x}) \, \mathrm{d}m$.

定理的证明请参见本章第 9 节.

7　在不引起混淆的情况下, $\mathbb{R}^n$ 和 $\mathbb{R}^{n+1}$ 中的测度都用了 m.

L^p 空间的完备性

Minkowski 不等式保证了 L^p 空间成为赋范线性空间, 进而成为距离空间. 进一步, L^p 空间是完备的, 即其中的 Cauchy 列一定有极限.

定理 8.3.7 设 $E \subseteq \mathbb{R}^n$ 可测, 且测度非零, $1 \leqslant p \leqslant +\infty$, 则 $\left(L^p(E; \mathbb{R}^m), \|\cdot\|_p\right)$ 完备.

定理的证明请参见本章第 9 节.

习题 8.3.$\mathcal{A}$

1. 对于可测集 E 上的函数列 $\{f_k\}$, 说明以下两者等价:

   (i) $f_k(\boldsymbol{x}) \geqslant 0, \text{a.e. } \boldsymbol{x} \in E, \ \forall k \geqslant 1$.

   (ii) $f_k(\boldsymbol{x}) \geqslant 0, \ \forall k \geqslant 1, \text{a.e. } \boldsymbol{x} \in E$.

2. 设 $f: \mathbb{R}^{n+k} \to \mathbb{R}$, 说明以下两者不等价:

   (i) $f(\boldsymbol{x}, \boldsymbol{y}) \geqslant 0, \text{a.e. } \boldsymbol{x} \in \mathbb{R}^n, \ \forall \boldsymbol{y} \in \mathbb{R}^k$.

   (ii) $f(\boldsymbol{x}, \boldsymbol{y}) \geqslant 0, \ \forall \boldsymbol{y} \in \mathbb{R}^k, \text{a.e. } \boldsymbol{x} \in \mathbb{R}^n$.

3. 设 $\boldsymbol{f}: \mathbb{R}^n \times \mathbb{R}^m \to \mathbb{R}^k$ 可积. 证明: 存在可积的简单函数列 $\{\boldsymbol{f}_j\}$ 使得 $\{\boldsymbol{f}_j\}$ 逐点收敛于 $\boldsymbol{f}$, 且 $|\boldsymbol{f}_j| \leqslant |\boldsymbol{f}|$.

4. 设 $f: \mathbb{R}^n \times \mathbb{R}^m \to [0, +\infty]$ 可测. 证明: 存在可积的简单函数列 $\{f_j\}$ 使得 $\{f_j\}$ 单调增加, 且逐点收敛于 f.

5. 试用离散型 Hölder 不等式证明连续型 Hölder 不等式.

6. 试用连续型 Hölder 不等式证明离散型 Hölder 不等式.

7. 证明: $\displaystyle\lim_{n \to +\infty} \int_0^\pi \sin^n x \, \mathrm{d}x = 0$.

8. 设 E 为 $\mathbb{R}^n$ 的可测子集, $\boldsymbol{\varphi}: E \to \mathbb{R}^k$ 可测. 证明: $\left\{(\boldsymbol{x}, \boldsymbol{\varphi}(\boldsymbol{x})) \big| \boldsymbol{x} \in E\right\}$ 是 $\mathbb{R}^{n+k}$ 中的零测度集.

9. 试构造非 Jordan 可测的有界区域.

习题 8.3.$\mathcal{B}$

1. 在例 8.3.2 中, 当 $|E| = +\infty$ 或 (及) $\|f\|_\infty = +\infty$ 时, 结论会如何?

2. 设 $1 \leqslant p < +\infty$, $E \subseteq \mathbb{R}^n$ 为测度非零的可测集. 举例说明在 $L^p(E)$ 中

   (1) 致密性定理不成立.

   (2) 聚点原则不成立.

   (3) 有限覆盖定理不成立.

3. 试构造区间 $[0,1]$ 上的连续实函数 f, 使得 $\{f > 0\}$ 为可列个两两不交的开区间 $\{(\alpha_k, \beta_k)\}$ 的并, 且若 f 在两个不同区间 (α_k, β_k) 和 (α_j, β_j) 上为正, $\beta_k < \alpha_j$, 总存在 $\xi \in (\beta_k, \alpha_j)$ 满足 $f(\xi) < 0$.

4. 试构造 $[a, b]$ 上的连续实函数 f, 以及 $[c, d]$ 上的 Riemann 可积函数 g, 使得 $g \circ f$ 在 $[a, b]$ 上不 Riemann 可积, 其中 f 的值域包含于 $[c, d]$.

5. 试构造区间 $[a, b]$ 上的连续实函数 f, 使得 g 在 $[a, b]$ 上不 Riemann 可积, 其中

$$g(x) = \begin{cases} f(x), & f(x) \geqslant 1, \\ 0, & f(x) < 1. \end{cases}$$

6. 试构造非 Jordan 可测的有界闭区域.

7. 设 $E \subset \mathbb{R}^n$ 为 Jordan 可测的有界集, 非负函数 f 在 E 上 Riemann 可积, 且 $\displaystyle\int_E f(\boldsymbol{x}) \, \mathrm{d}\boldsymbol{x} = 0$. 证明: $\{f \neq 0\}$ 是零测度集. 举例说明 $\{f \neq 0\}$ 可以不是 Jordan 可测集.

§4　Newton–Leibniz 公式

Newton–Leibniz (牛顿–莱布尼茨) 公式是微分与积分间重要的桥梁, 在微积分理论中处于非常核心的地位, 被称为**微积分基本定理**. 自然, 微积分基本定理首先是针对 Riemann 积分建立的. 由于我们已经引入了 Lebesgue 积分, 接下来的讨论自然会把微积分基本定理拓展到 Lebesgue 积分. 我们有

定理 8.4.1　设实值函数 F 在 $[a,b]$ 上连续, 在 (a,b) 内可导且导函数 f 有界, 则

$$\int_a^b f(x)\,\mathrm{d}x = F(b) - F(a) \equiv F(x)\Big|_a^b. \tag{8.4.1}$$

证明　记 $M = \sup\limits_{t\in(a,b)} |f(t)|$. 由定理假设,

$$\lim_{n\to+\infty} n\left(F\left(x+\frac{1}{n}\right) - F(x)\right) = f(x), \quad \forall\, x\in(a,b).$$

从而 f 可测, 结合 f 的有界性得到 f 在 $[a,b]$ 上可积.

当 $x > b$ 时, 补充定义 $F(x) = F(b)$, 则由 Lagrange (拉格朗日) 中值定理

$$\left| n\left(F\left(x+\frac{1}{n}\right) - F(x)\right)\right| = n\left| F\left(\left(x+\frac{1}{n}\right)\wedge b\right) - F(x)\right|$$
$$\leqslant M, \quad \forall\, x\in[a,b].$$

依次利用 Lebesgue 控制收敛定理, 平移变换公式, 区域可加性和 F 的连续性, 得到

$$\int_a^b f(x)\,\mathrm{d}x = \lim_{n\to+\infty} \int_a^b n\left(F\left(x+\frac{1}{n}\right) - F(x)\right)\mathrm{d}x$$
$$= \lim_{n\to+\infty} n\left(\int_{a+\frac{1}{n}}^{b+\frac{1}{n}} F(x)\,\mathrm{d}x - \int_a^b F(x)\,\mathrm{d}x\right)$$
$$= \lim_{n\to+\infty} n\left(\int_b^{b+\frac{1}{n}} F(x)\,\mathrm{d}x - \int_a^{a+\frac{1}{n}} F(x)\,\mathrm{d}x\right)$$
$$= F(b) - F(a).$$

即 (8.4.1) 式成立.　□

注 8.4.1　若 f 在 $[a,b]$ 上 Riemann 可积, 则 (8.4.1) 式可证明如下: 任取 $n\geqslant 2$, 由微分中值定理, 有 $\xi_{n,k}\in\left(a+\dfrac{k(b-a)}{n}, a+\dfrac{(k-1)(b-a)}{n}\right)$ 使得

$$F(b) - F(a) = \sum_{k=1}^n \left(F\left(a+\frac{k(b-a)}{n}\right) - F\left(a+\frac{(k-1)(b-a)}{n}\right)\right)$$

$$= \sum_{k=1}^{n} f(\xi_{n,k}) \frac{b-a}{n}.$$

令 $n \to +\infty$, 即得 (8.4.1) 式.

值得注意的是, 定理 8.4.1 的条件不能保证 f 在 $[a,b]$ 上 Riemann 可积.

若考虑质点的直线运动, 设 $s(t)$ 为质点在时刻 t 的位移, 则在时刻 t 的瞬时速度为 $v(t) = s'(t)$, 即 s 为 v 的一个原函数. 另一方面, 质点从时刻 t_0 到时刻 $T > t_0$ 的位移为积分 $\int_{t_0}^{T} v(t)\,\mathrm{d}t$. 于是

$$\int_{t_0}^{T} v(t)\,\mathrm{d}t = s(T) - s(t_0). \tag{8.4.2}$$

注意到两个原函数之差为常数, 因此, (8.4.2) 式中将 s 替换成 v 的其他原函数也成立. 从这个角度来看, Newton–Leibniz 公式 (8.4.1) 是自然的.

尽管看起来没有像位移和速度之间的关系那么自然, 我们也可以从几何意义的角度来考虑 Newton–Leibniz 公式.

考虑 $[a,b]$ 上的非负连续函数 f, 以及相应的曲边梯形的面积 (如图 8.7 所示). 为计算这一面积, 即积分 $\int_{a}^{b} f(x)\,\mathrm{d}x$, 考虑变上限积分 $S(x) = \int_{a}^{x} f(t)\,\mathrm{d}t$. 它是曲边梯形对应于 $[a,x]$ 这一段的面积. 我们有 $\Delta S(x) \equiv S(x + \Delta x) - S(x) \approx f(x)\Delta x$. 因此, $S'(x) = f(x)$. 这样就得到了 S 是 f 的一个原函数, 而 $\int_{a}^{b} f(x)\,\mathrm{d}x = S(b) - S(a)$. 进而得到 Newton–Leibniz 公式.

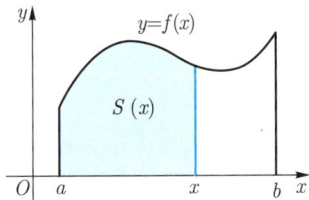

图 8.7　Newton–Leibniz 公式

该思路的一个优点是让我们看到了区间上的连续函数一定有原函数. 具体地, 有

定理 8.4.2　设实值函数 f 在 $[a,b]$ 上连续, 则

$$\frac{\mathrm{d}}{\mathrm{d}x} \int_{a}^{x} f(t)\,\mathrm{d}t = f(x), \quad \forall x \in [a,b]. \tag{8.4.3}$$

证明 记 $F(x) = \int_a^x f(t)\,\mathrm{d}t$, 则当 $x \in [a,b)$ 时, 对于 $0 < \Delta x < b - x$, 由积分第一中值定理, 存在 $\xi \in (x, x + \Delta x)$ 使得

$$\frac{F(x + \Delta x) - F(x)}{\Delta x} = \frac{1}{\Delta x} \int_x^{x+\Delta x} f(t)\,\mathrm{d}t = f(\xi).$$

令 $\Delta x \to 0^+$, 由 f 的连续性即得 $F_+'(x) = f(x)$. 同理, 当 $x \in (a,b]$ 时, 可得 $F_-'(x) = f(x)$. 这就证明了定理. □

定理 8.4.2 证明了区间上的实连续函数有原函数. 同时, 鉴于 f 的任何原函数 G 均可以表示为 $F + C$, 因此可得

$$\int_a^b f(x)\,\mathrm{d}x = F(b) - F(a) = G(b) - G(a).$$

即定理 8.4.2 也提供了被积函数连续时, Newton−Leibniz 公式的一种证明. 易见, 定理 8.4.2 可以推广为如下命题.

命题 8.4.3 设实值函数 f 在 $[a,b]$ 上可积, 在点 $x_0 \in [a,b]$ 处连续, 则 $F(x) = \int_a^x f(t)\,\mathrm{d}t$ 在点 x_0 处可导, 且 $F'(x_0) = f(x_0)$.

利用复合函数的求导公式, 立即可得如下定理.

定理 8.4.4 设 f 在 $[a,b]$ 上连续, p, q 为 $[\alpha, \beta]$ 上取值于 $[a,b]$ 的可导函数, 则在 $[\alpha, \beta]$ 上, 有

$$\frac{\mathrm{d}}{\mathrm{d}x} \int_{q(x)}^{p(x)} f(t)\,\mathrm{d}t = f(p(x))p'(x) - f(q(x))q'(x). \tag{8.4.4}$$

进一步, 若 p, q 满足定理 8.4.4 的条件,

$$f(x,t) = \sum_{k=1}^m f_k(t) P_k(x),$$

其中 f_k 连续, P_k 为多项式, 则利用定理 8.4.4 和乘积的求导公式, 可得

$$\frac{\mathrm{d}}{\mathrm{d}x} \int_{q(x)}^{p(x)} f(x,t)\,\mathrm{d}t = f(p(x))p'(x) - f(q(x))q'(x) + \int_{q(x)}^{p(x)} f_x(x,t)\,\mathrm{d}t. \tag{8.4.5}$$

它是今后要建立的含参变量积分求导公式 (10.3.13) 的特例.

例 8.4.1 计算 $\int_{-1}^1 \frac{1}{1+x^2}\,\mathrm{d}x$.

解 由

$$(\arctan x)' = \frac{1}{1+x^2}, \quad \left(-\arctan \frac{1}{x}\right)' = \frac{1}{1+x^2}$$

得到

$$\int_{-1}^{1} \frac{1}{1+x^2}\, \mathrm{d}x = \arctan x \Big|_{-1}^{1} = \arctan 1 - \arctan(-1) = \frac{\pi}{2} \qquad (8.4.6)$$

以及

$$\int_{-1}^{1} \frac{1}{1+x^2}\, \mathrm{d}x = -\arctan \frac{1}{x} \Big|_{-1}^{1} = -\arctan 1 + \arctan(-1) = -\frac{\pi}{2}. \quad (8.4.7)$$

其中 (8.4.7) 式不正确, 其原因在于 $-\arctan \dfrac{1}{x}$ 并非 $\dfrac{1}{1+x^2}$ 在 $[-1,1]$ 上的原函数.

如果在区间 $[-1,0]$ 上, 我们把 $-\arctan \dfrac{1}{x}$ 在 $x=0$ 处的左极限视为其函数值, 则它就是 $\dfrac{1}{1+x^2}$ 的一个原函数.

同理, 在区间 $[0,1]$ 上, 如果我们把 $-\arctan \dfrac{1}{x}$ 在 $x=0$ 处的右极限视为其函数值, 则它就是 $\dfrac{1}{1+x^2}$ 的一个原函数. 因此, 下列计算过程是正确的:

$$\begin{aligned}
\int_{-1}^{1} \frac{1}{1+x^2}\, \mathrm{d}x &= \int_{0}^{1} \frac{1}{1+x^2}\, \mathrm{d}x + \int_{-1}^{0} \frac{1}{1+x^2}\, \mathrm{d}x \\
&= -\arctan \frac{1}{x} \Big|_{0}^{1} - \arctan \frac{1}{x} \Big|_{-1}^{0} \\
&= -\arctan 1 + \arctan(+\infty) - \arctan(-\infty) + \arctan(-1) \\
&= \frac{\pi}{2}.
\end{aligned} \qquad (8.4.8)$$

自然, (8.4.8) 式不是一个值得推荐的计算过程.

定积分的分部积分

在定理 8.4.9 中, 我们将在 f 的有界性减弱为可积性的条件下证明 Newton-Leibniz 公式 (8.4.1). 由此, 结合不定积分的分部积分公式, 立即可得定积分的分部积分公式.

定理 8.4.5 设实函数 F, G 在 $[a,b]$ 可导, 且 $F', G' \in L^1[a,b]$, 则

$$\int_{a}^{b} F(x)G'(x)\, \mathrm{d}x = F(x)G(x) \Big|_{a}^{b} - \int_{a}^{b} F'(x)G(x)\, \mathrm{d}x. \qquad (8.4.9)$$

例 8.4.2   设 $n \geqslant 0$, 证明:

$$\int_0^{\frac{\pi}{2}} \sin^{2n} x \, \mathrm{d}x = \frac{(2n-1)!!}{(2n)!!} \frac{\pi}{2}, \quad n \geqslant 1, \tag{8.4.10}$$

$$\int_0^{\frac{\pi}{2}} \sin^{2n+1} x \, \mathrm{d}x = \frac{(2n)!!}{(2n+1)!!}, \quad n \geqslant 0. \tag{8.4.11}$$

证明   记 $I_n = \int_0^{\frac{\pi}{2}} \sin^n x \, \mathrm{d}x$. 对于 $n \geqslant 2$, 利用分部积分法, 我们有

$$I_n = -\cos x \sin^{n-1} x \Big|_0^{\frac{\pi}{2}} + \int_0^{\frac{\pi}{2}} (n-1) \sin^{n-2} x \cos^2 x \, \mathrm{d}x$$

$$= (n-1) \int_0^{\frac{\pi}{2}} (\sin^n x - \sin^{n-2} x) \, \mathrm{d}x = (n-1)I_{n-2} - (n-1)I_n.$$

于是

$$I_{2n} = \frac{2n-1}{2n} I_{2n-2} = \cdots = \frac{(2n-1)!!}{(2n)!!} I_0 = \frac{(2n-1)!!}{(2n)!!} \frac{\pi}{2}, \quad n \geqslant 1,$$

$$I_{2n+1} = \frac{2n}{2n+1} I_{2n-1} = \cdots = \frac{(2n)!!}{(2n+1)!!} I_1 = \frac{(2n)!!}{(2n+1)!!}, \quad n \geqslant 0. \quad \square$$

定积分的变量代换

结合 Newton–Leibniz 公式与不定积分的变量代换公式, 我们立即可得定积分的变量代换公式.

定理 8.4.6   设 $[a,b] \subseteq [c,d]$, 实函数 $f \in C[c,d]$. 若 $\varphi \in C^1[\alpha, \beta]$ 满足 $\varphi[\alpha, \beta] \subseteq [c,d]$, $\varphi(\alpha) = a, \varphi(\beta) = b$, 则

$$\int_a^b f(x) \, \mathrm{d}x = \int_\alpha^\beta f(\varphi(t))\varphi'(t) \, \mathrm{d}t. \tag{8.4.12}$$

定理中对 f 和 φ 的假设条件都较强, 更一般的结果可参看定理 8.6.1 和 8.6.2.

例 8.4.3   计算 $\int_0^\pi \frac{x \sin x}{1 + \cos^2 x} \, \mathrm{d}x$, $\int_0^\pi \sin^2 x \, \mathrm{d}x$.

解   在计算中, 定积分与不定积分很大的一个不同是定积分可以利用其特殊性, 比如某种对称性, 求出一些对应的不定积分不为初等函数的定积分. 直接的结果包括对称区间上可积的奇函数的积分为零. 计算本题的关键也是利用这种对称性. 我们有

$$I \equiv \int_0^\pi \frac{x \sin x}{1 + \cos^2 x} \, \mathrm{d}x \xrightarrow{x = \pi - t} -\int_\pi^0 \frac{(\pi - t) \sin t}{1 + \cos^2 t} \, \mathrm{d}t$$

$$= \pi \int_0^\pi \frac{\sin t}{1 + \cos^2 t} \, dt - I.$$

因此,

$$\int_0^\pi \frac{x \sin x}{1 + \cos^2 x} \, dx = \frac{\pi}{2} \int_0^\pi \frac{\sin x}{1 + \cos^2 x} \, dx = -\frac{\pi}{2} \arctan \cos x \Big|_0^\pi = \frac{\pi^2}{4}.$$

类似地可得

$$\int_0^\pi \sin^2 x \, dx = \frac{1}{2} \int_0^\pi \left(\sin^2 x + \cos^2 x \right) \, dx = \frac{\pi}{2}.$$

请读者说明第一个等式成立的理由. 另一方面, 需逐步建立看到该式成立的那种直觉.

带积分型余项的 Taylor 公式

现在我们可以叙述如下带积分型余项的 Taylor (泰勒) 公式.

定理 8.4.7 设函数 f 在区间 (a, b) 内有 $n + 1$ 阶连续导数, $x_0 \in (a, b)$, 则对于 $x \in (a, b)$, 成立

$$f(x) = f(x_0) + f'(x_0)(x - x_0) + \cdots + \frac{f^{(n)}(x_0)}{n!}(x - x_0)^n +$$

$$\int_{x_0}^x \frac{(x - t)^n f^{(n+1)}(t)}{n!} \, dt. \tag{8.4.13}$$

证明 **法 I .** 对于 $k \geqslant 0$, 当 f 在 (a, b) 内的 $k + 2$ 阶导数连续时, 利用分部积分可得

$$\int_{x_0}^x \frac{(x - t)^k f^{(k+1)}(t)}{k!} \, dt$$

$$= -f^{(k+1)}(t) \frac{(x - t)^{k+1}}{(k + 1)!} \Big|_{t=x_0}^x + \int_{x_0}^x \frac{(x - t)^{k+1} f^{(k+2)}(t)}{(k + 1)!} \, dt$$

$$= \frac{f^{(k+1)}(x_0)}{(k + 1)!}(x - x_0)^{k+1} + \int_{x_0}^x \frac{(x - t)^{k+1} f^{(k+2)}(t)}{(k + 1)!} \, dt.$$

由此, 从 Newton–Leibniz 公式

$$f(x) - f(x_0) + \int_{x_0}^x f'(t) \, dt$$

出发, 归纳可得 (8.4.13) 式.

法 II . 考虑

$$F(x) = f(x) - \left(f(x_0) + f'(x_0)(x - x_0) + \cdots + \frac{f^{(n)}(x_0)}{n!}(x - x_0)^n + \right.$$

$$\left. \int_{x_0}^x \frac{(x - t)^n f^{(n+1)}(t)}{n!}\, \mathrm{d}t \right), \quad x \in (a, b).$$

由 (8.4.5) 式可证 F 在 (a, b) 内 $n + 1$ 阶连续可导, 且有 $F^{(n+1)} \equiv 0$ 及 $F(x_0) = F'(x_0) = \cdots = F^{(n)}(x_0) = 0$. 依次推得在 (a, b) 内成立 $F^{(n)} \equiv 0$, $F^{(n-1)} \equiv 0, \cdots, F \equiv 0$. □

Wallis 公式与 Stirling 公式

利用 (8.4.10)—(8.4.11) 式以及 (8.3.38) 式, 我们有

$$\frac{2}{\pi} \prod_{k=1}^{\infty} \frac{(2k)^2}{(2k-1)(2k+1)} = \frac{2}{\pi} \lim_{n \to +\infty} \frac{((2n)!!)^2}{(2n+1)!!(2n-1)!!}$$

$$= \lim_{n \to +\infty} \frac{\displaystyle\int_0^{\frac{\pi}{2}} \sin^{2n+1} x\, \mathrm{d}x}{\displaystyle\int_0^{\frac{\pi}{2}} \sin^{2n} x\, \mathrm{d}x} = 1.$$

即有如下的 **Wallis**[1] **(沃利斯) 公式**:

$$\frac{\pi}{2} = \prod_{k=1}^{\infty} \frac{(2k)^2}{(2k-1)(2k+1)} = \frac{2}{1} \cdot \frac{2}{3} \cdot \frac{4}{3} \cdot \frac{4}{5} \cdots \frac{2n}{2n-1} \cdot \frac{2n}{2n+1} \cdots . \tag{8.4.14}$$

不难看到, Wallis 公式是如下 Euler (欧拉) 公式 (参见习题 2.7.$\mathcal{B}$ 第 5 题) 的特例 $\left(\text{在下式中取 } x = \dfrac{1}{2} \right)$:

$$\sin \pi x = \pi x \prod_{n=1}^{\infty} \left(1 - \frac{x^2}{n^2} \right), \quad \forall\, x \in \mathbb{R}. \tag{8.4.15}$$

在 Wallis 公式的基础上, 我们来证明 **Stirling**[2] **(斯特林) 公式**:

$$n! = \left(\frac{n}{\mathrm{e}} \right)^n \sqrt{2n\pi}\, (1 + o(1)), \quad n \to +\infty. \tag{8.4.16}$$

为此, 记 $b_n = \dfrac{n!\mathrm{e}^n}{n^n \sqrt{n}}$. 首先我们来证明 $\{b_n\}$ 收敛到一个正数. 这相当于要证明无穷乘积 $\displaystyle\prod_{n=1}^{\infty} \frac{b_{n+1}}{b_n}$ 收敛. 这又等价于 $\displaystyle\sum_{n=1}^{\infty} \ln \frac{b_{n+1}}{b_n}$ 收敛. 我们有

1 Wallis, J, 1616—1703 年.
2 Stirling, J, 1692—1770 年.

$$\ln \frac{b_{n+1}}{b_n} = \ln \frac{\mathrm{e}}{\left(1 + \frac{1}{n}\right)^{n+\frac{1}{2}}} = 1 - \left(n + \frac{1}{2}\right) \ln \left(1 + \frac{1}{n}\right)$$

$$= 1 - \left(n + \frac{1}{2}\right) \left(\frac{1}{n} - \frac{1}{2n^2} + \frac{1}{3n^3} + o\left(\frac{1}{n^3}\right)\right)$$

$$= -\frac{1}{12n^2} + o\left(\frac{1}{n^2}\right), \quad n \to +\infty.$$

由比较判别法知 $\displaystyle\sum_{n=1}^{\infty} \ln \frac{b_{n+1}}{b_n}$ 收敛, 从而 $\{b_n\}$ 收敛到一个正数. 进一步,

$$\lim_{n \to +\infty} b_n = \lim_{n \to +\infty} \frac{b_n^2}{b_{2n}} = \lim_{n \to +\infty} \frac{\sqrt{2}(2n)!!}{(2n-1)!!\sqrt{n}}$$

$$= \left(\lim_{n \to +\infty} \frac{2((2n)!!)^2}{(2n-1)!!(2n+1)!!} \cdot \frac{2n+1}{n}\right)^{\frac{1}{2}} = \sqrt{2\pi}.$$

这就证明了 Stirling 公式.

可积的导函数的 Newton–Leibniz 公式

自然, 我们关心当 F 的导函数 f 可能无界但可积时, 是否仍然成立 Newton–Leibniz 公式 (8.4.1). 这一问题的回答是肯定的, 我们将在本小节证明这一结论.

对于 $E \subseteq \mathbb{R}^n$, 称 $g : E \to [-\infty, +\infty]$ 为上 **(下) 半连续函数**, 若对任何 $\boldsymbol{x} \in E'$, 成立

$$f(\boldsymbol{x}) \geqslant \varlimsup_{\boldsymbol{y} \to \boldsymbol{x}} f(\boldsymbol{y}) \quad \left(f(\boldsymbol{x}) \leqslant \varliminf_{\boldsymbol{y} \to \boldsymbol{x}} f(\boldsymbol{y})\right).$$

以下两个例子可以帮助我们感受上半连续函数和下半连续函数. 令

$$g(x) = \begin{cases} 0, & x \neq 0, \\ -1, & x = 0, \end{cases} \qquad h(x) = \begin{cases} 0, & x \neq 0, \\ 1, & x = 0. \end{cases}$$

易见 g, h 分别是 $\mathbb{R}$ 上的下半连续函数和上半连续函数 (如图 8.8 所示).

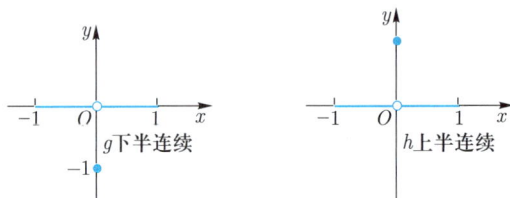

图 8.8

容易得到下 (上) 半连续函数的以下性质.

性质 1 函数 $-f$ 上半连续当且仅当函数 f 下半连续.

性质 2 函数 f 连续当且仅当 f 既是上半连续的又是下半连续的.

性质 3 函数 $g: E \to \mathbb{R}$ 上 (下) 半连续当且仅当对任何 $\alpha \in \mathbb{R}$, 集合 $\{g < \alpha\}$ ($\{g > \alpha\}$) 是 E 中相对开集.

性质 4 开集的特征函数下半连续, 闭集的特征函数上半连续.

性质 5 上 (下) 半连续函数的和上 (下) 半连续.

性质 6 若 φ_k 上半连续, 则 $\inf\limits_{k \geqslant 1} \varphi_k$ 也上半连续. 若 φ_k 下半连续, 则 $\sup\limits_{k \geqslant 1} \varphi_k$ 也下半连续.

特别地, 连续函数列的下确界上半连续, 上确界下半连续.

性质 7 紧集上有下界的下半连续函数有最小值.

我们有如下的 **Vitali**[3]**–Carathéodory (维塔利–卡拉泰奥多里) 定理**.

定理 8.4.8 设 $E \subseteq \mathbb{R}^n$ 可测, $f \in L^1(E)$ 且 f 处处有限, 则对任何 $\varepsilon > 0$, 存在 E 上的上半连续函数 ψ 和下半连续函数 φ 使得 $\psi \leqslant f \leqslant \varphi$ 且 $\int_E (\varphi(\boldsymbol{x}) - \psi(\boldsymbol{x})) \, \mathrm{d}\boldsymbol{x} < \varepsilon$.

证明 首先假设 f 非负, 则由定理 8.2.15, 存在 E 上单调增加的非负简单函数列 $\{\varphi_k\}$ 逐点收敛于 f. 因此, 记 $\varphi_0 = 0$, 有

$$f(\boldsymbol{x}) = \sum_{k=0}^{\infty} \big(\varphi_{k+1}(\boldsymbol{x}) - \varphi_k(\boldsymbol{x})\big), \quad \forall \, \boldsymbol{x} \in E.$$

注意到对任何 $k \geqslant 0$, $\varphi_{k+1} - \varphi_k$ 均为非负简单函数, 因此必可表示为 $\sum\limits_{j=1}^{N_k} c_{kj} \chi_{E_{kj}}$, 其中 c_{kj} 为非负常数, E_{kj} 为 E 的可测子集. 从而 f 可表示为

$$f(\boldsymbol{x}) = \sum_{k=1}^{\infty} c_k \chi_{E_k}(\boldsymbol{x}), \quad \forall \, \boldsymbol{x} \in E,$$

其中 c_k 为正常数, E_k 为 E 的可测子集[4] ($k \geqslant 1$). 进而

$$\int_E f(\boldsymbol{x}) \, \mathrm{d}\boldsymbol{x} = \sum_{k=1}^{\infty} c_k |E_k|.$$

由 f 的可积性得到上式右端级数收敛, 特别地, $|E_k|$ 均有限.

任取 $\varepsilon > 0$, 有 $N \geqslant 1$ 使得 $\sum\limits_{k=N+1}^{\infty} c_k |E_k| < \dfrac{\varepsilon}{2}$.

---

3 Vitali, G, 1875—1932 年.

4 不必两两不交, 可以为空集.

由定理 8.2.7, 对于 $k \geqslant 1$, 存在闭集 $F_k \subseteq E_k$ 以及开集 $V_k \supseteq E_k$ 使得 $c_k|V_k \setminus F_k| < \dfrac{\varepsilon}{2^{k+1}}$. 在 E 中令

$$\varphi(\boldsymbol{x}) = \sum_{k=1}^{\infty} c_k \chi_{V_k}(\boldsymbol{x}), \quad \psi(\boldsymbol{x}) = \sum_{k=1}^{N} c_k \chi_{F_k}(\boldsymbol{x}), \quad \boldsymbol{x} \in E.$$

则 $\psi \leqslant f \leqslant \varphi$. 易证 ψ 为取有限值的上半连续函数, φ 为下半连续函数, 且

$$\int_E \big(\varphi(\boldsymbol{x}) - \psi(\boldsymbol{x})\big) \, \mathrm{d}\boldsymbol{x} \leqslant \sum_{k=1}^{\infty} c_k|V_k \setminus F_k| + \sum_{k=N+1}^{\infty} c_k|E_k| < \varepsilon.$$

对于一般情形, 取有限值的上半连续函数 $\tilde{\psi}, \hat{\psi}$ 以及下半连续函数 $\tilde{\varphi}, \hat{\varphi}$ 使得 $\tilde{\psi} \leqslant f^+ \leqslant \tilde{\varphi}, \hat{\psi} \leqslant f^- \leqslant \hat{\varphi}$, 而

$$\int_E \big(\tilde{\varphi}(\boldsymbol{x}) - \tilde{\psi}(\boldsymbol{x})\big) \, \mathrm{d}\boldsymbol{x} < \frac{\varepsilon}{2}, \quad \int_E \big(\hat{\varphi}(\boldsymbol{x}) - \hat{\psi}(\boldsymbol{x})\big) \, \mathrm{d}\boldsymbol{x} < \frac{\varepsilon}{2}.$$

注意到 $-\hat{\varphi} \leqslant -f^- \leqslant -\hat{\psi}$, 而 $-\hat{\varphi}$ 与 $-\hat{\psi}$ 依次是上半连续和下半连续函数, 令 $\psi = \tilde{\psi} - \hat{\varphi}$ 以及 $\varphi = \tilde{\varphi} - \hat{\psi}$ 即得结论. $\qquad\Box$

现在我们来改进定理 8.4.1

定理 8.4.9   设实值函数 $f \in L^1[a,b]$, 且有原函数 F, 则 (8.4.1) 式成立.

证明   任取 $\varepsilon > 0$, 由 Vitali–Carathéodory 定理, 存在 $[a,b]$ 上的下半连续函数 φ 使得 $f \leqslant \varphi$, 而 $\displaystyle\int_a^b \varphi(x) \, \mathrm{d}x < \int_a^b f(x) \, \mathrm{d}x + \varepsilon$.

考虑

$$\Phi(x) = F(x) - F(a) - \int_a^x \varphi(t) \, \mathrm{d}t - \varepsilon(x-a), \quad x \in [a,b].$$

则 Φ 连续, $\Phi(a) = 0$. 于是 $\beta = \max\{x \in [a,b] | \Phi(x) \leqslant 0\}$ 适定. 我们断言 $\beta = b$. 否则 $\beta \in [a,b)$. 此时必有 $\Phi(\beta) = 0$.

由 $F'(\beta) = f(\beta) \leqslant \varphi(\beta)$ 以及 φ 的下半连续性可得,

$$\varlimsup_{x \to \beta^+} \frac{\Phi(x) - \Phi(\beta)}{x - \beta} = f(\beta) - \varepsilon - \varliminf_{x \to \beta^+} \frac{\displaystyle\int_\beta^x \varphi(t) \, \mathrm{d}t}{x - \beta}$$

$$\leqslant f(\beta) - \varepsilon - \varphi(\beta) < 0.$$

于是, 存在 $\delta > 0$ 使 Φ 在 $(\beta, \beta+\delta)$ 上为负. 这与 β 的定义矛盾. 因此 $\Phi(b) \leqslant 0$. 即

$$F(b) - F(a) - \int_a^b \varphi(t) \, \mathrm{d}t - \varepsilon(b-a) \leqslant 0.$$

从而

$$F(b) - F(a) \leqslant \int_a^b f(x)\,\mathrm{d}x + \varepsilon + \varepsilon(b - a).$$

由 $\varepsilon > 0$ 的任意性得到

$$F(b) - F(a) \leqslant \int_a^b f(x)\,\mathrm{d}x.$$

上式中用 $-F, -f$ 代替 F, f 即得反向不等式, 进而 (8.4.1) 式成立. □

混合偏导与求导次序无关的一个条件

接下来, 我们来改进关于混合偏导的定理 4.3.1.

定理 8.4.10 设二元实函数 f 在点 (x_0, y_0) 的一个邻域内有定义, $f_y(\cdot, y_0)$ 存在, f_{xy} 有界, 且 $f_{xy}(\cdot, y_0)$ 在点 x_0 处连续, 则 $f_{yx}(x_0, y_0)$ 存在且等于 $f_{xy}(x_0, y_0)$.

证明 不妨设 $x_0 = y_0 = 0$, $\delta > 0$ 使得定理条件中的邻域包含 $B_\delta(0,0)$. 对于 $(x, y) \in B_\delta(0,0)$, 若 $y \neq 0$, 由 Lagrange 中值定理, 有 $\theta \in (0,1)$ 使得

$$f_x(x, y) - f_x(x, 0) = y f_{xy}(x, \theta y).$$

因此, $(x, y) \mapsto \dfrac{f_x(x, y) - f_x(x, 0)}{y}$ 在 $\{(x, y) \in B_\delta(0,0) \big| y \neq 0\}$ 内有界. 这样, 由定理 8.4.1, 对于 $(x, y) \in B_\delta(0,0)$, 若 $x \neq 0, y \neq 0$, 则

$$\frac{f(x, y) + f(0, 0) - f(x, 0) - f(0, y)}{xy}$$
$$= \frac{1}{xy} \int_0^x \big(f_x(t, y) - f_x(t, 0)\big)\,\mathrm{d}t$$
$$= \int_0^1 \frac{f_x(tx, y) - f_x(tx, 0)}{y}\,\mathrm{d}t.$$

利用 Lebesgue 控制收敛定理得到

$$\begin{aligned}
f_{yx}(0,0) &= \lim_{x \to 0} \frac{f_y(x, 0) - f_y(0, 0)}{x} \\
&= \lim_{x \to 0} \lim_{y \to 0} \frac{f(x, y) + f(0, 0) - f(x, 0) - f(0, y)}{xy} \\
&= \lim_{x \to 0} \lim_{y \to 0} \int_0^1 \frac{f_x(tx, y) - f_x(tx, 0)}{y}\,\mathrm{d}t \\
&= \lim_{x \to 0} \int_0^1 f_{xy}(tx, 0)\,\mathrm{d}t = \int_0^1 f_{xy}(0, 0)\,\mathrm{d}t = f_{xy}(0, 0).
\end{aligned}$$

定理得证. □

习题 8.4.𝒜

1. 计算下列积分:

   (1) $\displaystyle\int_0^1 x\mathrm{e}^x\,\mathrm{d}x$;

   (2) $\displaystyle\int_0^{2\pi} \mathrm{e}^x\sin x\,\mathrm{d}x$;

   (3) $\displaystyle\int_0^1 \frac{\sqrt{x}+1}{1+x^2}\,\mathrm{d}x$;

   (4) $\displaystyle\int_0^1 \frac{1}{1+x^3}\,\mathrm{d}x$;

   (5) $\displaystyle\int_0^{\pi} \frac{x}{1+\sin^2 x}\,\mathrm{d}x$.

2. 采用恰当的方法计算下列积分:

   (1) $\displaystyle\int_0^1 (1-x)^6 x^2\,\mathrm{d}x$;

   (2) $\displaystyle\int_0^{\pi} \sin^4 x\cos^2 x\,\mathrm{d}x$;

   (3) $\displaystyle\int_{-1}^1 x\mathrm{e}^{x^4}\,\mathrm{d}x$;

   (4) $\displaystyle\int_0^{\frac{\pi}{2}} \frac{\sin x}{\sin x+\cos x}\,\mathrm{d}x$;

   (5) $\displaystyle\int_0^{\frac{\pi}{2}} \frac{\sin x\cos x}{\sin x+\cos x}\,\mathrm{d}x$.

3. 对于 $[a,b]$ 上的连续可微函数 f, 若 $f(a)=f(b)=0$, 证明:
$$\max_{a\leqslant x\leqslant b}|f'(x)|\geqslant \frac{4}{(b-a)^2}\left|\int_a^b f(x)\,\mathrm{d}x\right|.$$

4. 证明对任何 $x>0$ 成立[5] $\displaystyle\int_0^x \mathrm{e}^{-x^2}\sin x\,\mathrm{d}x>0$.

5. 设 f 在 $[a,b]$ 上存在二阶导数, $f(a)=f(b)=0$. 证明: 存在 $\xi\in(a,b)$ 使得 $\displaystyle\int_a^b f(x)\,\mathrm{d}x=\frac{f''(\xi)}{12}(a-b)^3$.

6. 设 f 是 $[0,1]$ 上的连续函数. 证明: 当且仅当 $f(0)=0$ 时, $F(y)=\displaystyle\int_0^1 \frac{y^3 f(x)}{x^4+y^4}\,\mathrm{d}x$ 在 $y=0$ 处连续.

7. 已知 $f\in C^1[0,+\infty)$, 且存在 $c>0$ 使得 $|f'(x)|\leqslant\dfrac{c}{x}$ ($\forall\,x>0$), $\displaystyle\lim_{R\to+\infty}\frac{1}{R}\int_0^R |f(x)|\,\mathrm{d}x=0$. 证明: $\displaystyle\lim_{x\to+\infty} f(x)=0$.

8. 设 $E\subseteq\mathbb{R}^n$. 证明: $f:E\to[-\infty,+\infty]$ 为下半连续函数当且仅当对任何 $\alpha\in\mathbb{R}$, $\{f>\alpha\}$ 是 E 中相对开集.

9. 设 $E\subseteq\mathbb{R}^n$.

   (1) 若 $\varphi,\psi:E\to(-\infty,+\infty]$ 均为下半连续函数, 证明: $\varphi+\psi$ 也是下半连续函数.

   (2) 若 $\varphi,\psi:E\to[-\infty,+\infty)$ 均为上半连续函数, 证明: $\varphi+\psi$ 也是上半连续函数.

10. 设 $E\subseteq\mathbb{R}^n$.

    (1) 若 $\varphi_k:E\to[-\infty,+\infty]$ ($k\geqslant 1$) 为一列下半连续函数, 证明 $\varphi=\displaystyle\sup_{k\geqslant 1}\varphi_k$ 也是下半连续函数.

---

5 记号 $\displaystyle\int_0^x f(x)\,\mathrm{d}x$ 是允许的, 它表示积分 $\displaystyle\int_0^x f(t)\,\mathrm{d}t$. 须注意 $\displaystyle\int_0^x xf(x)\,\mathrm{d}x$ 与 $x\displaystyle\int_0^x f(x)\,\mathrm{d}x$ 的不同.

(2) 若 $\varphi_k : E \to [-\infty, +\infty]\,(k \geqslant 1)$ 为一列上半连续函数, 证明 $\varphi = \inf\limits_{k \geqslant 1} \varphi_k$ 也是上半连续函数.

11. 设 $E \subseteq \mathbb{R}^n$. 证明: $f : E \to \mathbb{R}$ 连续当且仅当它既是下半连续的, 又是上半连续的.

12. 证明: 紧集上有下界的下半连续函数有最小值.

习题 $\mathbf{8.4.\mathcal{B}}$

1. 试构造区间 $[a, b]$ 上处处可导且导函数有界的实函数 f, 使得 f' 在 $[a, b]$ 上不是 Riemann 可积的.

2. 试构造 $[0, 1]$ 上的可积函数 f, 使得对任何有理数 $q \in [0, 1]$, 都有 $\lim\limits_{x \to q} f(x) = +\infty$.

3. 试构造 $\mathbb{R}$ 上严格单增的连续可微函数 f, 使得 $\{f' = 0\}$ 具有正测度.

4. 设 $n \geqslant 1$, $f \in C[0, 1]$, 且满足 $\int_0^1 x^k f(x)\,\mathrm{d}x = 0$, $k = 0, 1, \cdots, n-1$, $\int_0^1 f(x) x^n\,\mathrm{d}x = 1$. 证明: $\max\limits_{x \in [0,1]} |f(x)| > 2^n(n+1)$.

5. 设 $f \in C[0, \pi]$, 且对 $1 \leqslant k \leqslant n$ 成立 $\int_0^\pi f(x) \cos kx\,\mathrm{d}x = \int_0^\pi f(x) \sin kx\,\mathrm{d}x = 0$. 证明: f 在 $(0, \pi)$ 内至少有 $2n$ 个零点.

6. 设 $f \in C[a, b]$ 非负, 且在 $c \in [a, b]$ 处取得唯一的最大值 $f(c) > 0$, φ 在 $[a, b]$ 上可积, 且在点 c 处连续, 证明:
$$\lim_{n \to +\infty} \frac{\displaystyle\int_a^b f^n(x)\varphi(x)\,\mathrm{d}x}{\displaystyle\int_a^b f^n(x)\,\mathrm{d}x} = \varphi(c).$$

7. 计算 $\displaystyle\lim_{n \to +\infty} \frac{\displaystyle n\int_0^{\frac{\pi}{2}} x^n \cos x\,\mathrm{d}x}{\displaystyle\int_0^{\frac{\pi}{2}} x^n \sin x\,\mathrm{d}x}$.

8. 求极限: $\displaystyle\lim_{n \to +\infty} \frac{\displaystyle\int_0^1 \left(1 - \frac{x}{2}\right)^n \left(1 - \frac{x}{4}\right)^n \mathrm{d}x}{\displaystyle\int_0^1 \left(1 - \frac{x}{2}\right)^n \mathrm{d}x}$.

9. 试将一些微分中值定理型的问题转化成积分中值定理型的结果, 并考察其异同.

§5 累次积分

为了利用 Newton–Leibniz 公式计算重积分, 我们需要将重积分的重数减下来, 具体地, 我们需要把重积分化为累次积分.

对于 $W \subseteq \mathbb{R}^{n+m} = \mathbb{R}^n \times \mathbb{R}^m$ 以及 $\boldsymbol{x} \in \mathbb{R}^n$, 定义

$$W_{\boldsymbol{x}} = \{\boldsymbol{y} | (\boldsymbol{x}, \boldsymbol{y}) \in W\} = W \cap (\{\boldsymbol{x}\} \times \mathbb{R}^m)$$

为 W 的 $\boldsymbol{x}$ **截口**. 类似地, 对于 $\boldsymbol{y} \in \mathbb{R}^m$, 称

$$W^{\boldsymbol{y}} = \{\boldsymbol{x} | (\boldsymbol{x}, \boldsymbol{y}) \in W\} = W \cap (\mathbb{R}^n \times \{\boldsymbol{y}\})$$

为 W 的 $\boldsymbol{y}$ **截口**.

本节要讨论的是积分 $\displaystyle\iint\limits_{W} f(\boldsymbol{x}, \boldsymbol{y}) \mathrm{d}\boldsymbol{x}\mathrm{d}\boldsymbol{y}$ 能否化为**累次积分** $\displaystyle\int_D \left(\int_{W_{\boldsymbol{x}}} f(\boldsymbol{x}, \boldsymbol{y}) \mathrm{d}\boldsymbol{y} \right) \mathrm{d}\boldsymbol{x}$ $\left(\text{简记为} \displaystyle\int_D \mathrm{d}\boldsymbol{x} \int_{W_{\boldsymbol{x}}} f(\boldsymbol{x}, \boldsymbol{y}) \mathrm{d}\boldsymbol{y} \right)$, 其中 $D = \{\boldsymbol{x} | \exists \boldsymbol{y}, \text{s.t.} (\boldsymbol{x}, \boldsymbol{y}) \in W\}$.

易见可测集的截口在子空间中不一定可测, 即 $\mathbb{R}^{n+m}$ 中可测集的 $\boldsymbol{x}$ 截口不一定是 $\mathbb{R}^m$ 中的可测集, 这给我们带来一些困难. 但我们可以证明开集、闭集的截口是可测的. 一般地, Borel 集的截口依然是 Borel 集. 把重积分化为累次积分本质上是利用了这类特殊集合的良好性质.

由于积分 $\displaystyle\iint\limits_{W} f(\boldsymbol{x}, \boldsymbol{y}) \, \mathrm{d}\boldsymbol{x}\mathrm{d}\boldsymbol{y}$ 可以看成 $\displaystyle\iint\limits_{\mathbb{R}^n \times \mathbb{R}^m} f(\boldsymbol{x}, \boldsymbol{y}) \chi_W(\boldsymbol{x}, \boldsymbol{y}) \, \mathrm{d}\boldsymbol{x}\mathrm{d}\boldsymbol{y}$, 因此在以下定理中, 只需考虑 $W = \mathbb{R}^n \times \mathbb{R}^m$ 的情形.

我们有如下的 **Fubini**[1] **(富比尼) 定理**.

定理 8.5.1 设 $f \in L^1(\mathbb{R}^n \times \mathbb{R}^m)$. 记

$$\varphi(\boldsymbol{x}) = \int_{\mathbb{R}^m} f(\boldsymbol{x}, \boldsymbol{y}) \, \mathrm{d}\boldsymbol{y}, \quad \forall \boldsymbol{x} \in \mathbb{R}^n, \tag{8.5.1}$$

$$\psi(\boldsymbol{y}) = \int_{\mathbb{R}^n} f(\boldsymbol{x}, \boldsymbol{y}) \, \mathrm{d}\boldsymbol{x}, \quad \forall \boldsymbol{y} \in \mathbb{R}^m, \tag{8.5.2}$$

则 φ, ψ 分别在 $\mathbb{R}^n, \mathbb{R}^m$ 中几乎处处有定义且可积. 进一步成立

$$\int_{\mathbb{R}^n} \varphi(\boldsymbol{x}) \, \mathrm{d}\boldsymbol{x} = \int_{\mathbb{R}^m} \psi(\boldsymbol{y}) \, \mathrm{d}\boldsymbol{y} = \iint\limits_{\mathbb{R}^n \times \mathbb{R}^m} f(\boldsymbol{x}, \boldsymbol{y}) \, \mathrm{d}\boldsymbol{x}\mathrm{d}\boldsymbol{y}. \tag{8.5.3}$$

---

1 Fubini, G, 1879—1943 年.

即

$$\int_{\mathbb{R}^n} \mathrm{d}\boldsymbol{x} \int_{\mathbb{R}^m} f(\boldsymbol{x}, \boldsymbol{y}) \, \mathrm{d}\boldsymbol{y} = \int_{\mathbb{R}^m} \mathrm{d}\boldsymbol{y} \int_{\mathbb{R}^n} f(\boldsymbol{x}, \boldsymbol{y}) \, \mathrm{d}\boldsymbol{x} = \iint_{\mathbb{R}^n \times \mathbb{R}^m} f(\boldsymbol{x}, \boldsymbol{y}) \, \mathrm{d}\boldsymbol{x}\mathrm{d}\boldsymbol{y}. \quad (8.5.4)$$

证明 自然, 只需对 φ 证明相关结果. 以下先从简单的情形出发, 一步一步把结论推广到一般情形. 这是 Lebesgue 积分理论中一种典型的证明方法.

(i) $f = \chi_Q$, 其中 Q 为 $\mathbb{R}^{n \times m}$ 中半开半闭的二进方体.

此时 φ 处处有定义, 且 (8.5.3) 式显然成立.

(ii) $f = \chi_U$, 其中 U 为 $\mathbb{R}^{n \times m}$ 中的有界开集.

由引理 8.2.4, $U = \bigcup_{k=1}^{\infty} Q_k$, 其中 $\{Q_k\}$ 是两两不交的半开半闭的二进方体或空集. 当 $\{Q_k\}$ 中只有有限个非空集时, 直接利用积分的可加性得到结论.

一般地, 令 $\varphi_k(\boldsymbol{x}) = \int_{\mathbb{R}^m} \sum_{j=1}^{k} \chi_{Q_k}(\boldsymbol{x}, \boldsymbol{y}) \, \mathrm{d}\boldsymbol{y}$, 则 $\left\{ \sum_{j=1}^{k} \chi_{Q_k}(\boldsymbol{x}, \cdot) \right\}$ 单调递增收敛到 $\chi_U(\boldsymbol{x}, \cdot)$, 由 Lévy 单调收敛定理,

$$\lim_{k \to +\infty} \varphi_k(\boldsymbol{x}) = \int_{\mathbb{R}^m} \sum_{j=1}^{\infty} \chi_{Q_k}(\boldsymbol{x}, \boldsymbol{y}) \, \mathrm{d}\boldsymbol{y} = \varphi(\boldsymbol{x}), \quad \forall \, \boldsymbol{x} \in \mathbb{R}^n.$$

再次利用 Lévy 单调收敛定理得到

$$\begin{aligned}
\int_{\mathbb{R}^n} \varphi(\boldsymbol{x}) \, \mathrm{d}\boldsymbol{x} &= \lim_{k \to +\infty} \int_{\mathbb{R}^n} \varphi_k(\boldsymbol{x}) \, \mathrm{d}\boldsymbol{x} \\
&= \lim_{k \to +\infty} \int_{\mathbb{R}^n \times \mathbb{R}^m} \sum_{j=1}^{k} \chi_{Q_k}(\boldsymbol{x}, \boldsymbol{y}) \, \mathrm{d}\boldsymbol{x}\mathrm{d}\boldsymbol{y} \\
&= \int_{\mathbb{R}^n \times \mathbb{R}^m} \chi_U(\boldsymbol{x}, \boldsymbol{y}) \, \mathrm{d}\boldsymbol{x}\mathrm{d}\boldsymbol{y}.
\end{aligned}$$

即证此时 φ 处处有定义, 且 (8.5.3) 式成立.

(iii) $f = \chi_F$, 其中 F 为 $\mathbb{R}^{n \times m}$ 中的有界闭集.

此时, 有有界开集 U, V 使得 $\chi_F = \chi_U - \chi_V$. 于是由 (ii) 的结果得到 φ 处处有定义, 且 (8.5.3) 式成立.

(iv) $f = \sum_{k=1}^{\infty} c_k \chi_{E_k}$ 可积, 其中 $\{c_k\}$ 为正数列, $\{E_k\}$ 的各项为有界开集或有界闭集.

此时利用 Lévy 单调收敛定理以及前述结果可得 φ 几乎处处有限, 且 (8.5.3) 式成立.

(v) $f \in L^1(\mathbb{R}^n \times \mathbb{R}^m)$ 非负.

此时, 如同定理 8.4.8 的证明一样,

$$f(\boldsymbol{x}, \boldsymbol{y}) = \sum_{j=1}^{\infty} c_j \chi_{E_j}(\boldsymbol{x}, \boldsymbol{y}), \quad \forall (\boldsymbol{x}, \boldsymbol{y}) \in \mathbb{R}^n \times \mathbb{R}^m,$$

其中对任何 $j \geqslant 1$, $c_j > 0$, E_j 可测且测度有限 (可以是空集).

由可测集的性质, 对每个 $j \geqslant 1$, 都可以取到一列单调增加的紧集列 $\{F_{k,j}\}_{k=1}^{\infty}$ 以及单调下降的开集列 $\{V_{k,j}\}_{k=1}^{\infty}$ 使得 $F_{k,j} \subseteq E_j \subseteq \dot{V}_{k,j}$, 且

$$\iint\limits_{\mathbb{R}^n \times \mathbb{R}^m} \left(h_k(\boldsymbol{x}, \boldsymbol{y}) - g_k(\boldsymbol{x}, \boldsymbol{y}) \right) \mathrm{d}\boldsymbol{x} \mathrm{d}\boldsymbol{y} \leqslant \frac{1}{k}, \quad k \geqslant 1,$$

其中

$$g_k = \sum_{j=1}^{\infty} c_j \chi_{F_{k,j}}, \quad h_k = \sum_{j=1}^{\infty} c_j \chi_{V_{k,j}}.$$

自然, 函数列 $\{g_k\}$, $\{h_k\}$ 处处满足 $g_k \leqslant f \leqslant h_k$. 由于 $\{g_k\}$ 单增, 可设其极限为 g, $\{h_k\}$ 单减, 可设其极限为 h. 令

$$\psi_k(\boldsymbol{x}) = \int_{\mathbb{R}^m} g_k(\boldsymbol{x}, \boldsymbol{y}) \, \mathrm{d}\boldsymbol{y}, \quad \Psi_k(\boldsymbol{x}) = \int_{\mathbb{R}^m} h_k(\boldsymbol{x}, \boldsymbol{y}) \, \mathrm{d}\boldsymbol{y}, \quad \forall \boldsymbol{x} \in \mathbb{R}^n; k \geqslant 1.$$

则由 (iv) 的结果, $\psi_k, \Psi_k \in L^1(\mathbb{R}^n) \, (k \geqslant 1)$, 且成立

$$\int_{\mathbb{R}^n} \psi_k(\boldsymbol{x}) \, \mathrm{d}\boldsymbol{x} = \iint\limits_{\mathbb{R}^n \times \mathbb{R}^m} g_k(\boldsymbol{x}, \boldsymbol{y}) \, \mathrm{d}\boldsymbol{x} \mathrm{d}\boldsymbol{y},$$

$$\int_{\mathbb{R}^n} \Psi_k(\boldsymbol{x}) \, \mathrm{d}\boldsymbol{x} = \iint\limits_{\mathbb{R}^n \times \mathbb{R}^m} h_k(\boldsymbol{x}, \boldsymbol{y}) \, \mathrm{d}\boldsymbol{x} \mathrm{d}\boldsymbol{y}.$$

由于 $\{\psi_k\}$ 和 $\{\Psi_k\}$ 分别是单调增加和单调减少的函数列, 可设其极限为 ψ 和 Ψ, 则由 Lévy 单调收敛定理或 Lebesgue 控制收敛定理得到

$$\int_{\mathbb{R}^n} \psi(\boldsymbol{x}) \, \mathrm{d}\boldsymbol{x} = \lim_{k \to +\infty} \int_{\mathbb{R}^n} \psi_k(\boldsymbol{x}) \, \mathrm{d}\boldsymbol{x} = \iint\limits_{\mathbb{R}^n \times \mathbb{R}^m} f(\boldsymbol{x}, \boldsymbol{y}) \, \mathrm{d}\boldsymbol{x} \mathrm{d}\boldsymbol{y},$$

$$\int_{\mathbb{R}^n} \Psi(\boldsymbol{x}) \, \mathrm{d}\boldsymbol{x} = \lim_{k \to +\infty} \int_{\mathbb{R}^n} \Psi_k(\boldsymbol{x}) \, \mathrm{d}\boldsymbol{x} = \iint\limits_{\mathbb{R}^n \times \mathbb{R}^m} f(\boldsymbol{x}, \boldsymbol{y}) \, \mathrm{d}\boldsymbol{x} \mathrm{d}\boldsymbol{y}.$$

注意到 $\psi \leqslant \Psi$ 几乎处处成立, 上两式说明对几乎所有的 $\boldsymbol{x} \in \mathbb{R}^n$, $\psi(\boldsymbol{x}) = \Psi(\boldsymbol{x})$ 且有限. 对这些 $\boldsymbol{x}$,

$$\int_{\mathbb{R}^m} g(\boldsymbol{x}, \boldsymbol{y}) \, \mathrm{d}\boldsymbol{y} = \psi(\boldsymbol{x}) = \Psi(\boldsymbol{x}) = \int_{\mathbb{R}^m} h(\boldsymbol{x}, \boldsymbol{y}) \, \mathrm{d}\boldsymbol{y}.$$

又由于 $g \leqslant f \leqslant h$ 处处成立, 因此由上式得出 $g(\boldsymbol{x}, \boldsymbol{y}) = f(\boldsymbol{x}, \boldsymbol{y}) = h(\boldsymbol{x}, \boldsymbol{y})$ 关于 $\boldsymbol{y} \in \mathbb{R}^m$ 几乎处处成立. 特别地, $f(\boldsymbol{x}, \cdot)$ 是 $\mathbb{R}^m$ 上的可积函数. 进而

$$\varphi(\boldsymbol{x}) \equiv \varPsi(\boldsymbol{x}) = \psi(\boldsymbol{x}) = \int_{\mathbb{R}^m} f(\boldsymbol{x}, \boldsymbol{y}) \, \mathrm{d}\boldsymbol{y}.$$

这表明, 此情形下, 对几乎所有的 $\boldsymbol{x} \in \mathbb{R}^n$, $f(\boldsymbol{x}, \cdot)$ 可积 (即 $\varphi(\boldsymbol{x})$ 有意义), 且 (8.5.3) 式成立.

(vi) $f \in L^1(\mathbb{R}^n \times \mathbb{R}^m)$.

对 f^+, f^- 分别用 (v) 的结论即得要证的结果. 定理得证. $\qquad\square$

注 8.5.1 设 $f : \mathbb{R}^n \times \mathbb{R}^m \to [0, +\infty]$ 可测, 则存在非负可积的简单函数列 $\{f_j\}$ 使得 f_j 在 $\mathbb{R}^n \times \mathbb{R}^m$ 上单调增加, 逐点收敛于 f. 令

$$\varphi_j(\boldsymbol{x}) = \int_{\mathbb{R}^m} f_j(\boldsymbol{x}, \boldsymbol{y}) \, \mathrm{d}\boldsymbol{y}, \quad \varphi(\boldsymbol{x}) = \int_{\mathbb{R}^m} f(\boldsymbol{x}, \boldsymbol{y}) \, \mathrm{d}\boldsymbol{y}, \quad \boldsymbol{x} \in \mathbb{R}^n. \quad (8.5.5)$$

由定理 8.5.1, 对任何 $j \geqslant 1$, 存在零测度集 $E_{j,0} \subset \mathbb{R}^n$ 使得对任何 $\boldsymbol{x} \in \mathbb{R}^n \setminus E_{j,0}$, $f_j(\boldsymbol{x}, \cdot)$ 在 $\mathbb{R}^m$ 上可测. 进一步, φ_j 在 $\mathbb{R}^n$ 上可积, 且

$$\int_{\mathbb{R}^n} \varphi_j(\boldsymbol{x}) \, \mathrm{d}\boldsymbol{x} = \iint_{\mathbb{R}^n \times \mathbb{R}^m} f_j(\boldsymbol{x}, \boldsymbol{y}) \, \mathrm{d}\boldsymbol{x} \mathrm{d}\boldsymbol{y}. \quad (8.5.6)$$

令 $E_0 = \bigcup_{j=1}^{\infty} E_{j,0}$, 则 E_0 为零测度集, 且对任何 $\boldsymbol{x} \in \mathbb{R}^n \setminus E_0$, $\{f_j(\boldsymbol{x}, \cdot)\}$ 是 $\mathbb{R}^m$ 上的可测函数列. 由 Lévy 单调收敛定理, $\forall \boldsymbol{x} \in \mathbb{R}^n \setminus E_0$, $\lim_{j \to +\infty} \varphi_j(\boldsymbol{x}) = \varphi(\boldsymbol{x})$. 从而 φ 在 $\mathbb{R}^n$ 上可测. 利用 Lévy 单调收敛定理, 对 (8.5.6) 式两边取极限可得

$$\int_{\mathbb{R}^n} \mathrm{d}\boldsymbol{x} \int_{\mathbb{R}^m} f(\boldsymbol{x}, \boldsymbol{y}) \, \mathrm{d}\boldsymbol{y} = \iint_{\mathbb{R}^n \times \mathbb{R}^m} f(\boldsymbol{x}, \boldsymbol{y}) \, \mathrm{d}\boldsymbol{x} \mathrm{d}\boldsymbol{y}.$$

注 8.5.2 对于 $\mathbb{R}^n \times \mathbb{R}^m$ 中的可测集 W, χ_W 是 $\mathbb{R}^n \times \mathbb{R}^m$ 中的可测函数, 因此, 按照注 8.5.1, 对几乎所有的 $\boldsymbol{x} \in \mathbb{R}^n$, 截口 $W_{\boldsymbol{x}}$ 在 $\mathbb{R}^m$ 中可测. 若记 W 在 $\mathbb{R}^n$ 中的投影为 $D = \{\boldsymbol{x} | \exists \boldsymbol{y} \text{ s.t. } (\boldsymbol{x}, \boldsymbol{y}) \in W\}$, 则对于 $\boldsymbol{x} \notin D$, $W_{\boldsymbol{x}} = \varnothing$. 需要注意的是 D 不一定是 $\mathbb{R}^n$ 中的可测集, 因此, 我们不一定可以说对几乎所有的 $\boldsymbol{x} \in D$, $W_{\boldsymbol{x}}$ 为 $\mathbb{R}^m$ 中的可测集. 但易见集合 $D_+ = \{\boldsymbol{x} \in E \, | \, |W_{\boldsymbol{x}}|_{\mathbb{R}^m} > 0\}$ 和 $\overline{D}$ 是 $\mathbb{R}^n$ 中的可测集.

当 W 的投影 D 为 $\mathbb{R}^n$ 中可测集时, 则对几乎所有的 $\boldsymbol{x} \in D$, $W_{\boldsymbol{x}}$ 为

$\mathbb{R}^m$ 中的可测集. 此时对于 W 上的可积函数 f, 我们有

$$\int_D \mathrm{d}\boldsymbol{x} \int_{W_{\boldsymbol{x}}} f(\boldsymbol{x}, \boldsymbol{y}) \, \mathrm{d}\boldsymbol{y} = \iint_W f(\boldsymbol{x}, \boldsymbol{y}) \, \mathrm{d}\boldsymbol{x}\mathrm{d}\boldsymbol{y}. \tag{8.5.7}$$

特别地, 当 D 可测, $\varphi : D \to \mathbb{R}$ 非负, W 为 "曲顶柱体" $W = \big\{(\boldsymbol{x}, y) \big| 0 \leqslant y \leqslant \varphi(\boldsymbol{x}), \boldsymbol{x} \in D \big\}$ 时, 结合第 3 节中的讨论可知, W 可测当且仅当 φ 可测. 此时有

$$\iint_W \mathrm{d}\boldsymbol{x}\mathrm{d}y = \int_D \varphi(\boldsymbol{x}) \, \mathrm{d}\boldsymbol{x}. \tag{8.5.8}$$

这说明了 $n+1$ 维空间中, "曲顶柱体" 体积的两种定义方式的一致性.

计算实例

在 $\mathbb{R}^2$ 中, 形如 $\big\{(x, y) \big| \psi(x) \leqslant y \leqslant \varphi(x), x \in I \big\}$ 的集合称为 X **型区域**, 而形如 $\big\{(x, y) \big| \psi(y) \leqslant x \leqslant \varphi(y), y \in I \big\}$ 的集合称为 Y **型区域** (如图 8.9 所示). 通常, 其中的 I 为有界闭区间, ψ 和 φ 为连续函数.

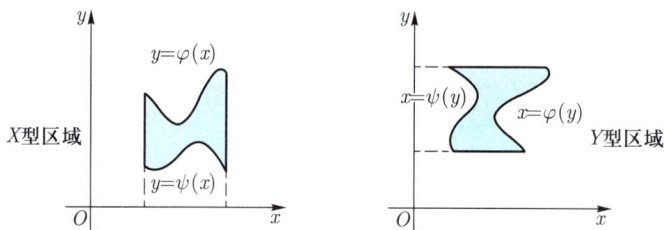

图 8.9　X 型区域, Y 型区域

类似地, 在 $\mathbb{R}^3$ 中, 形如

$$\big\{(x, y, z) \big| \psi(x, y) \leqslant z \leqslant \varphi(x, y), (x, y) \in D \big\}$$

的集合称为 XY **型区域**, 这里 D 通常是 $\mathbb{R}^2$ 中的有界闭区域 (如图 8.10 所示).

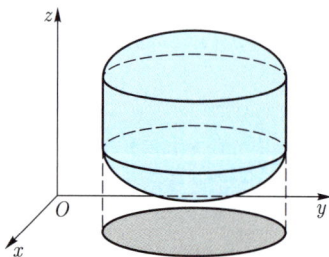

图 8.10　XY 型区域

引入上述名词是为了帮助我们运用 Fubini 定理化重积分为累次积分. 具体地, 若 $D \subseteq \mathbb{R}^n$ 可测, ψ, φ 为 D 上函数, 满足 $\psi \leqslant \varphi$,

$$W = \left\{(\boldsymbol{x}, y) \big| \psi(\boldsymbol{x}) \leqslant y \leqslant \varphi(\boldsymbol{x}), \boldsymbol{x} \in D\right\},$$

则当 f 在 W 上可积时, 我们有

$$\iint\limits_{W} f(\boldsymbol{x}, y) \, \mathrm{d}\boldsymbol{x}\mathrm{d}y = \int_{D} \mathrm{d}\boldsymbol{x} \int_{\psi(\boldsymbol{x})}^{\varphi(\boldsymbol{x})} f(\boldsymbol{x}, y) \, \mathrm{d}y. \tag{8.5.9}$$

X 型区域, Y 型区域等不是一个严格的概念. 在 Lebesgue 积分中, 我们并不要求积分区域有界, 因此, 自然可以把上述用词运用到更一般的情形——I, D 改换成一般的可测集, φ, ψ 为一般的可测函数.

例 8.5.1 设 $a > 0$, 计算 $\iint\limits_{D} (x^2 + y^2) \, \mathrm{d}x\mathrm{d}y$, 其中 D 为四条直线 $y = x, y = x + a$, $y = a$ 和 $y = 3a$ 所围的有界区域.

解 区域是一个 Y 型区域 (如图 8.11 所示):

$$D = \left\{(x, y) | y - a \leqslant x \leqslant y, a \leqslant y \leqslant 3a\right\}.$$

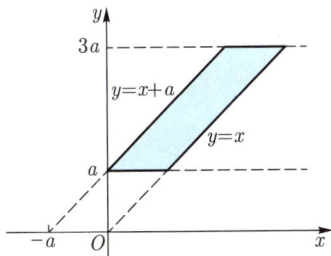

图 8.11

从被积函数看, 无论是先对 x 积分还是先对 y 积分都不存在困难. 从积分区域来看, 虽然该区域也可以看作 X 型区域, 但把它视为 Y 型区域先对 x 积分更为自然. 我们有

$$\begin{aligned}
\iint\limits_{D} (x^2 + y^2) \, \mathrm{d}x\mathrm{d}y &= \int_{a}^{3a} \mathrm{d}y \int_{y-a}^{y} (x^2 + y^2) \, \mathrm{d}x \\
&= \int_{a}^{3a} \left(\frac{y^3 - (y-a)^3}{3} + ay^2\right) \mathrm{d}y \\
&= \left.\left(\frac{1}{12}y^4 - \frac{1}{12}(y-a)^4 + \frac{1}{3}ay^3\right)\right|_{a}^{3a} = 14a^4.
\end{aligned}$$

例 8.5.2   计算 $\iint\limits_{D} y\,\mathrm{d}x\mathrm{d}y$，其中 D 为摆线的一拱 $\begin{cases} x = a(t - \sin t), \\ y = a(1 - \cos t) \end{cases}$ $(0 \leqslant t \leqslant 2\pi)$ 与 x 轴所围的有界区域.

解   先画出区域的草图 (如图 8.12 所示). 我们可以看到 $x(\cdot)$ 是单调增加的, $y(\cdot)$ 是非负的. 区域是一个 X 型区域. 可以看到先对 y 积分是比较方便的.

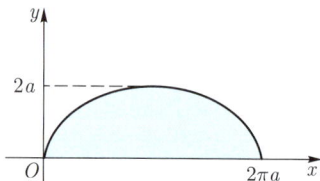

图 8.12

设摆线方程为 $y = \varphi(x)$. 注意到 x 的变化范围是 0 到 $2\pi a$, 我们有

$$\iint\limits_{D} y\,\mathrm{d}x\mathrm{d}y = \int_0^{2\pi a} \mathrm{d}x \int_0^{\varphi(x)} y\,\mathrm{d}y = \int_0^{2\pi a} \frac{1}{2}\varphi^2(x)\,\mathrm{d}x$$

$$= \int_0^{2\pi} \frac{1}{2} y^2(t) x'(t)\,\mathrm{d}t = \int_0^{2\pi} \frac{1}{2} a^3 (1 - \cos t)^3\,\mathrm{d}t$$

$$= \int_0^{\pi} \frac{1}{2} a^3 \Big[(1 - \cos t)^3 + (1 + \cos t)^3 \Big]\,\mathrm{d}t$$

$$= \int_0^{\pi} a^3 (1 + 3\cos^2 t)\,\mathrm{d}t = \frac{5\pi}{2} a^3.$$

计算中, 我们使用了一维情形积分的变量代换, 其合理性由 Newton–Leibniz 公式及不定积分的变量代换公式保证. 另外, 读者也可以尝试通过先对 x 积分来进行计算.

例 8.5.3   计算 $\iiint\limits_{\Omega} x\,\mathrm{d}x\mathrm{d}y\mathrm{d}z$, 其中 Ω 是由坐标面和平面 $x + 2y + z = 1$ 围成的有界区域.

解   积分区域比较简单 (如图 8.13 所示), 可以用各种方法计算. 一般说来, 被积函数含有 x, 我们应该尽量延后对 x 的积分. 但本题反而是先对 x 积分更加方便. 为此, 我们把积分区域写成

$$\Omega = \{(x, y, z) | x + y + z \leqslant 1,\, x \geqslant 0,\, y \geqslant 0,\, z \geqslant 0\}$$

$$= \{(x, y, z) | 0 \leqslant x \leqslant 1 - 2y - z,\, (y, z) \in D\},$$

其中

$$D = \{(y, z) | y + z \leqslant 1,\, y \geqslant 0,\, z \geqslant 0\}$$

$$= \left\{ (x, y, z) | 0 \leqslant y \leqslant \frac{1-z}{2}, 0 \leqslant z \leqslant 1 \right\}.$$

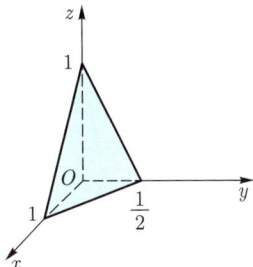

图 8.13

我们有

$$\iiint\limits_{\Omega} x \, \mathrm{d}x \mathrm{d}y \mathrm{d}z = \iint\limits_{D} \mathrm{d}y \mathrm{d}z \int_{0}^{1-2y-z} x \, \mathrm{d}x$$

$$= \int_{0}^{1} \mathrm{d}z \int_{0}^{\frac{1-z}{2}} \mathrm{d}y \int_{0}^{1-2y-z} x \, \mathrm{d}x$$

$$= \int_{0}^{1} \mathrm{d}z \int_{0}^{\frac{1-z}{2}} \frac{1}{2}(1-2y-z)^2 \, \mathrm{d}y$$

$$= \int_{0}^{1} \frac{1}{12}(1-z)^3 \, \mathrm{d}z = \frac{1}{48}.$$

注意计算过程中不要展开被积项.

对于某些积分, 积分次序选择不当, 可导致积分不易计算. 例如

例 8.5.4 计算 $\iint\limits_{D} \mathrm{e}^{x^2} \, \mathrm{d}x \mathrm{d}y$, 其中 D 是由 x 轴, $x = 1$ 与 $y = x$ 所围成的有界区域.

解 积分区域既是 X 型又是 Y 型的, 但是被积函数先对 x 积分不好积, 因此, 我们先对 y 积分, 即把区域看作 X 型的. 我们有

$$\iint\limits_{D} \mathrm{e}^{x^2} \, \mathrm{d}x \mathrm{d}y = \int_{0}^{1} \mathrm{d}x \int_{0}^{x} \mathrm{e}^{x^2} \, \mathrm{d}y = \int_{0}^{1} x \mathrm{e}^{x^2} \, \mathrm{d}x = \frac{\mathrm{e}-1}{2}.$$

尽管先对 x 积分时第一个积分不好积出来, 但利用分部积分法, 我们仍然可以得到结果:

$$\iint\limits_{D} \mathrm{e}^{x^2} \, \mathrm{d}x \mathrm{d}y = \int_{0}^{1} \left(\int_{y}^{1} \mathrm{e}^{x^2} \, \mathrm{d}x \right) \mathrm{d}y$$

$$= y \int_{y}^{1} \mathrm{e}^{x^2} \, \mathrm{d}x \bigg|_{0}^{1} + \int_{0}^{1} y \mathrm{e}^{y^2} \, \mathrm{d}y = \frac{\mathrm{e}-1}{2}.$$

在计算积分时, 刻意地把一维情形的积分化为累次积分, 再交换积分次序, 是一种常用的技巧.

例 8.5.5   设 $b, a > 0$, $\alpha \in \mathbb{R}$. 计算 $\displaystyle\int_0^1 \frac{x^b - x^a}{\ln x} \cos(\alpha \ln x)\,\mathrm{d}x$.

解   注意到对于 $x \in (0,1)$, $\dfrac{x^b - x^a}{\ln x} = \displaystyle\int_a^b x^y\,\mathrm{d}y$, 我们有

$$\int_0^1 \frac{x^b - x^a}{\ln x} \cos(\alpha \ln x)\,\mathrm{d}x$$

$$= \int_0^1 \mathrm{d}x \int_a^b x^y \cos(\alpha \ln x)\,\mathrm{d}y = \int_a^b \mathrm{d}y \int_0^1 x^y \cos(\alpha \ln x)\,\mathrm{d}x$$

$$= \mathrm{Re} \int_a^b \mathrm{d}y \int_0^1 x^{y+\alpha\mathrm{i}}\,\mathrm{d}x = \mathrm{Re} \int_a^b \frac{1}{y+1+\alpha\mathrm{i}}\,\mathrm{d}y$$

$$= \int_a^b \frac{y+1}{(y+1)^2 + \alpha^2}\,\mathrm{d}y = \frac{1}{2} \ln \frac{(b+1)^2 + \alpha^2}{(a+1)^2 + \alpha^2}.$$

例 8.5.6   计算 $\displaystyle\int_0^1 \frac{\ln(1+x)}{1+x^2}\,\mathrm{d}x$.

解   利用 $\ln(1+x) = \displaystyle\int_0^1 \frac{x}{1+xy}\,\mathrm{d}y$ 而不是 $\ln(1+x) = \displaystyle\int_0^x \frac{1}{1+y}\,\mathrm{d}y$ 使得我们得到最后结果. 这是定积分计算的复杂而迷人之处.

$$\int_0^1 \frac{\ln(1+x)}{1+x^2}\,\mathrm{d}x = \int_0^1 \mathrm{d}x \int_0^1 \frac{x}{(1+xy)(1+x^2)}\,\mathrm{d}y$$

$$= \frac{1}{2} \int_0^1 \mathrm{d}y \int_0^1 \left(\frac{x}{(1+xy)(1+x^2)} + \frac{y}{(1+xy)(1+y^2)} \right)\mathrm{d}x$$

$$= \frac{1}{2} \int_0^1 \mathrm{d}y \int_0^1 \frac{x+y}{(1+y^2)(1+x^2)}\,\mathrm{d}x = \frac{\pi \ln 2}{8}.$$

推广的 Young 不等式

对于对偶数 p, q, 以及正数 a, b, $\dfrac{1}{p}a^p = \displaystyle\int_0^a x^{p-1}\,\mathrm{d}x$ 是 $y = \varphi(x) = x^{p-1}$ 与 $y = 0$ 和 $x = a$ 所围平面图形的面积, $\dfrac{1}{q}b^q = \displaystyle\int_0^b y^{q-1}\,\mathrm{d}y$ 是 $x = \psi(y) = y^{q-1}$ 与 $x = 0$ 和 $y - b$ 所围平面图形的面积. 而 ψ 恰好是 φ 的反函数. 这样, 在几何上, 很明显有 Young 不等式

$$ab \leqslant \frac{1}{p}a^p + \frac{1}{q}b^q,$$

$x \in \mathbb{R}^n \setminus E_0$, $\{\boldsymbol{f}_j(\boldsymbol{x}, \cdot)\}$ 是 $\mathbb{R}^m$ 上的可测函数列. 由 Lévy 单调收敛定理, $\{\varphi_j\}$ 在 $\mathbb{R}^n \setminus E_0$ 上收敛于 φ, 其中

$$\varphi(\boldsymbol{x}) = \int_{\mathbb{R}^m} |\boldsymbol{f}(\boldsymbol{x}, \boldsymbol{y})| \, \mathrm{d}\boldsymbol{y}.$$

而由 (i) 的结论, 对任何 $j \geqslant 1$,

$$\|\boldsymbol{g}_j\|_{L^p(\mathbb{R}^n)} \leqslant \|\varphi_j\|_{L^p(\mathbb{R}^n)} \leqslant \int_{\mathbb{R}^m} \left(\int_{\mathbb{R}^n} |\boldsymbol{f}_j(\boldsymbol{x}, \boldsymbol{y})|^p \, \mathrm{d}\boldsymbol{x} \right)^{\frac{1}{p}} \mathrm{d}\boldsymbol{y} \leqslant M. \quad (8.5.14)$$

令 $j \to +\infty$, 对 $\{\varphi_j\}$ 运用 Lévy 单调收敛定理, 可得 $\|\varphi\|_{L^p(\mathbb{R}^n)} \leqslant M$. 因此, 存在零测度集 E_1, 使得 $E_0 \subseteq E_1 \subset \mathbb{R}^n$, 且对任何 $\boldsymbol{x} \in \mathbb{R}^n \setminus E_1$, $\varphi(\boldsymbol{x})$ 有限, 即 $|\boldsymbol{f}(\boldsymbol{x}, \cdot)|$ 在 $\mathbb{R}^m$ 上可积. 由 Lebesgue 控制收敛定理,

$$\lim_{j \to +\infty} \boldsymbol{g}_j(\boldsymbol{x}) = \int_{\mathbb{R}^m} \boldsymbol{f}(\boldsymbol{x}, \boldsymbol{y}) \, \mathrm{d}\boldsymbol{y}, \quad \forall \boldsymbol{x} \in \mathbb{R}^n \setminus E_1.$$

注意到, $|\boldsymbol{g}_j| \leqslant \varphi$, 由 Lebesgue 控制收敛定理和 (8.5.14) 式得到 (8.5.13) 式. $\qquad \square$

习题 8.5.$\mathcal{A}$

1. 计算重积分 $\iiint\limits_{\Omega} \dfrac{\mathrm{d}x\mathrm{d}y\mathrm{d}z}{(1+x+y+z)^3}$, 其中 Ω 为由平面 $x=0$, $y=0$, $z=0$ 和 $x+y+z=1$ 所围成的有界区域.

2. 计算重积分 $\iiint\limits_{\Omega} z^2 \, \mathrm{d}x\mathrm{d}y\mathrm{d}z$, 其中 Ω 为 $x^2+y^2+z^2 \leqslant 1$ 与 $x^2+y^2+z^2 \leqslant 2z$ 相交部分.

3. 设 $R > 0$, 计算牟合方盖 $\{(x,y,z) | x^2+y^2 \leqslant R^2, y^2+z^2 \leqslant R^2\}$ 的体积.

4. 当 φ 连续可导时, 利用求导得到单调性来证明定理 8.5.2.

5. 设 f, g 在 $[0,1]$ 上单调. 若 f, g 均单增或均单减, 证明: $\displaystyle\int_0^1 f(x)g(x)\mathrm{d}x \geqslant \int_0^1 f(x)\mathrm{d}x \int_0^1 g(x)\mathrm{d}x$. 若 f, g 之一单增, 另一个单减, 则上述不等式的不等号反向.

6. 求证: $\displaystyle\int_0^1 \sqrt[3]{\frac{\ln(1+x)}{x}} \, \mathrm{d}x \int_0^1 \sqrt[3]{\frac{\ln^2(1+x)}{x^2}} \, \mathrm{d}x < \frac{\pi^2}{12}$.

7. 令 Σ 为平面直角坐标系中以点 $A(1,0)$, $B(0,1)$, $C(-1,0)$, $D(0,-1)$ 为顶点的正方形区域. 证明: $\left(\displaystyle\iint\limits_{\Sigma} \mathrm{e}^{|x|+|y|} \, \mathrm{d}x\mathrm{d}y \right)^{\frac{1}{2}} < 2 \int_0^{\frac{\sqrt{2}}{2}} \mathrm{e}^x \, \mathrm{d}x$.

8. 设函数 $f \in C[a,b]$, 且 $0 < m \leqslant f(x) \leqslant M$ ($\forall x \in [a,b]$). 证明:

$$(b-a)^2 \leqslant \int_a^b f(x) \, \mathrm{d}x \cdot \int_a^b \frac{1}{f(x)} \, \mathrm{d}x \leqslant \frac{(m+M)^2}{4mM}(b-a)^2.$$

9. 对以下的闭区域 W, 计算 $E = \{(y, z) \mid \exists\, x \in \mathbb{R}, \text{ s.t. } (x, y, z) \in W\}$, 以及 $F_{y,z} = \{x \mid (x, y, z) \in W\}$ $(\forall\, (y, z) \in E)$. 进而化 $\displaystyle\iiint\limits_W f(x, y, z)\, \mathrm{d}x\mathrm{d}y\mathrm{d}z$ 为先对 x 积分再对 (y, z) 积分的累次积分:

(1) $W = \{(x, y, z) \mid x, y \geqslant 0, x + y \leqslant 1, 0 \leqslant z \leqslant xy\}$;

(2) $W = \{(x, y, z) \mid x, y \geqslant 0, 0 \leqslant z \leqslant x + y \leqslant 1\}$.

习题 $\bm{8.5.\mathcal{B}}$

1. 设 $f \in C(\mathbb{R})$ 是双射, 有不动点, 又满足 $f(2x - f(x)) = x$ $(\forall\, x \in \mathbb{R})$. 证明: $f(x) \equiv x$.

2. 如果 φ 是 $[0, +\infty)$ 上单调增加的非负函数, 特别地, $\varphi(0)$ 不一定为零, φ 不一定严格单调, 且 $\varphi(+\infty)$ 不一定为 $+\infty$. 尝试建立相应的 Young 不等式.

3. 设 $f \in C^1[0, h]$, $f(0) = f(h) = 0$, 证明: $\displaystyle\int_0^h |f(x)f'(x)|\, \mathrm{d}x \leqslant \frac{h}{4} \int_0^h |f'(x)|^2\, \mathrm{d}x$, 且系数 $\dfrac{h}{4}$ 不可改进.

4. 设 F 在 $[0, 1] \times [0, 1]$ 上有连续的四阶偏导数, 满足 $\left| \dfrac{\partial^4 F(x, y)}{\partial x^2 \partial y^2} \right| \leqslant M$, $F(x, 0) = F(x, 1) = 0 = F(0, y) = F(1, y) = 0$ $(\forall\, x, y \in [0, 1])$. 证明: $\left| \displaystyle\iint\limits_{[0,1] \times [0,1]} F(x, y)\, \mathrm{d}x\mathrm{d}y \right| \leqslant \dfrac{M}{144}$.

§6 重积分变量代换

利用不定积分的变量代换公式以及 Newton–Leibniz 公式可以得到定积分的变量代换公式. 对于重积分, 变量代换公式的建立要复杂一些. 但总的说来, 变量代换公式的建立并不是特别困难的工作[1]. 本节将给出的证明思路是通过局部线性化把线性变换的结果推广到非线性变换, 这是一个自然的思路.

定理 8.6.1 设可逆映射 $\boldsymbol{u} \mapsto \boldsymbol{\varphi}(\boldsymbol{u})$ 将 $\mathbb{R}^n$ 中的区域 Ω_0 映成 $\mathbb{R}^n$ 中的区域 D_0, 映射 $\boldsymbol{\varphi}$ 和它的逆映射 $\boldsymbol{x} \mapsto \boldsymbol{\psi}(\boldsymbol{x})$ 均连续可微. 若 f 在 D_0 上可积, 则 $(f \circ \boldsymbol{\varphi})|\det(\boldsymbol{\varphi_u})|$ 在 Ω_0 上可积且对任何可测集 $D \subseteq D_0$ 以及相应的 $\Omega = \boldsymbol{\varphi}^{-1}(D)$, 有

$$\int_D f(\boldsymbol{x})\,\mathrm{d}\boldsymbol{x} = \int_\Omega f(\boldsymbol{\varphi}(\boldsymbol{u}))|\det(\boldsymbol{\varphi_u}(\boldsymbol{u}))|\,\mathrm{d}\boldsymbol{u}. \tag{8.6.1}$$

证明 易证有单增的可测集列 $\{D_k\}$ 使得 $\lim\limits_{k \to +\infty} D_k = D$, 其中, 对任何 $k \geqslant 1$, D_k 紧包含于 D_0 (进而 $\boldsymbol{\varphi}^{-1}(D_k)$ 紧包含于 Ω_0). 为证 (8.6.1) 式, 我们只需证

$$\int_{D_k} f(\boldsymbol{x})\,\mathrm{d}\boldsymbol{x} = \int_{\boldsymbol{\varphi}^{-1}(D_k)} f(\boldsymbol{\varphi}(\boldsymbol{u}))|\det(\boldsymbol{\varphi_u}(\boldsymbol{u}))|\,\mathrm{d}\boldsymbol{u}, \quad \forall k \geqslant 1. \tag{8.6.2}$$

基于上述讨论, 为证明定理, 不妨假设 Ω 紧包含于 Ω_0. 此时存在连续模 ω 使得

$$\left\|\boldsymbol{\varphi_u}^{-1}(\boldsymbol{v})\big(\boldsymbol{\varphi}(\boldsymbol{u}) - \boldsymbol{\varphi}(\boldsymbol{v})\big) - (\boldsymbol{u} - \boldsymbol{v})\right\| \leqslant \|\boldsymbol{u} - \boldsymbol{v}\|\omega(\|\boldsymbol{u} - \boldsymbol{v}\|), \quad \forall \boldsymbol{u}, \boldsymbol{v} \in \overline{\Omega}, \tag{8.6.3}$$

其中对于 $\boldsymbol{\xi} \in \mathbb{R}^n$, $\|\boldsymbol{\xi}\|$ 表示 $\|\boldsymbol{\xi}\|_\infty$.

我们分五步证明定理.

(i) Ω 为边长为 $2a$ 的轴平行方体 (包括 Ω 介于开方体与闭方体之间的情形), 我们来证明

$$|D| = \int_\Omega \big|\det(\boldsymbol{\varphi_u}(\boldsymbol{u}))\big|\,\mathrm{d}\boldsymbol{u}. \tag{8.6.4}$$

任取 $\delta > 0$ 使得 $\omega(\delta) < 1$, 令 Q 为 $\overline{\Omega}$ 中以 2δ 为边长的轴平行 (闭) 方体. 不妨设 $\boldsymbol{0}$ 为 Q 的中心, 且 $\boldsymbol{\varphi}(\boldsymbol{0}) = \boldsymbol{0}$. 记 $\boldsymbol{A} = \boldsymbol{\varphi_u}(\boldsymbol{0})$.

由假设, $\boldsymbol{\psi_x}$ 非奇异. 因此, 由多元向量值隐函数存在定理, 对于 Q 的内点 $\boldsymbol{u}_0$, $\boldsymbol{\psi}$

---

1 本书不讨论假设条件过于一般的变量代换公式.

在 $\boldsymbol{\varphi}(\boldsymbol{u}_0)$ 的一个邻域 V 内有定义, 且 $\boldsymbol{\psi}(V) \subset Q$. 这表明 $\boldsymbol{u}_0$ 的像 $\boldsymbol{\varphi}(\boldsymbol{u}_0)$ 是 $\boldsymbol{\varphi}(Q)$ 的内点. 同理, 对于 $\boldsymbol{\varphi}(Q)$ 的内点 $\boldsymbol{x}_1$, $\boldsymbol{\psi}(\boldsymbol{x}_1)$ 是 Q 的内点. 所以, $\boldsymbol{\varphi}(\partial Q) = \partial \boldsymbol{\varphi}(Q)$. 进而 $\boldsymbol{A}^{-1} \boldsymbol{\varphi}(\partial Q) = \partial \big(\boldsymbol{A}^{-1} \boldsymbol{\varphi}(Q)\big)$.

对于 $\boldsymbol{u} \in \partial Q$, 即 $\|\boldsymbol{u}\| = \delta$, 由 (8.6.3) 式,

$$\|\boldsymbol{A}^{-1} \boldsymbol{\varphi}(\boldsymbol{u}) - \boldsymbol{u}\| \leqslant \delta \omega(\delta).$$

从而

$$(1 - \omega(\delta))\delta \leqslant \|\boldsymbol{A}^{-1} \boldsymbol{\varphi}(\boldsymbol{u})\| \leqslant (1 + \omega(\delta))\delta.$$

这表明

$$(1 - \omega(\delta))\boldsymbol{A}Q \subseteq \boldsymbol{\varphi}(Q) \subseteq (1 + \omega(\delta))\boldsymbol{A}Q.$$

进而

$$\big(1 - \omega(\delta)\big)^n \leqslant \frac{|\boldsymbol{\varphi}(Q)|}{|\det(\boldsymbol{A})|\,|Q|} \leqslant \big(1 + \omega(\delta)\big)^n.$$

取 m 足够大, 并将 Ω 等分成 m^n 个轴平行方体 $Q_1, Q_2, \cdots, Q_{m^n}$, 设其中心依次为 $\boldsymbol{u}_1, \boldsymbol{u}_2, \cdots, \boldsymbol{u}_{m^n}$, 则

$$\left(1 - \omega\left(\frac{a}{m}\right)\right)^n \sum_{k=1}^{m^n} |\det(\boldsymbol{\varphi}_{\boldsymbol{u}}(\boldsymbol{u}_k))|\,|Q_k| \leqslant |D|$$

$$\leqslant \left(1 + \omega\left(\frac{a}{m}\right)\right)^n \sum_{k=1}^{m^n} |\det(\boldsymbol{\varphi}_{\boldsymbol{u}}(\boldsymbol{u}_k))|\,|Q_k|.$$

由于 $\boldsymbol{\varphi}$ 连续可微, 从而 $|\det(\boldsymbol{\varphi}_{\boldsymbol{u}})|$ 在 Ω 上 Riemann 可积, 令 $m \to +\infty$ 即得 (8.6.4) 式. 若令 $\omega_1(\cdot)$ 为 $|\det(\boldsymbol{\varphi}_{\boldsymbol{u}}(\cdot))|$ 在 $\overline{\Omega}$ 上的连续模, 则 (8.6.4) 式也可直接利用上式和如下不等式得到:

$$-\omega_1\left(\frac{2\sqrt{n}a}{m}\right)(2a)^n \leqslant \sum_{k=1}^{m^n} |\det(\boldsymbol{\varphi}_{\boldsymbol{u}}(\boldsymbol{u}_k))|\,|Q_k| - \int_\Omega |\det(\boldsymbol{\varphi}_{\boldsymbol{u}}(\boldsymbol{u}))|\,\mathrm{d}\boldsymbol{u}$$

$$\leqslant \omega_1\left(\frac{2\sqrt{n}a}{m}\right)(2a)^n.$$

(ii) 我们来证明 Ω 为开集时, 成立

$$|\boldsymbol{\varphi}(\Omega)| = \int_\Omega \big|\det(\boldsymbol{\varphi}_{\boldsymbol{u}}(\boldsymbol{u}))\big|\,\mathrm{d}\boldsymbol{u}. \tag{8.6.5}$$

根据开集的分解定理, Ω 可表示为至多可列个两两不交的半开半闭二进方体的并. 从而由 (i) 的结论知 (8.6.5) 式成立.

(iii) 我们来证明 (8.6.5) 式当 Ω 为可测集时也成立.

此时, 对于任何 $\varepsilon > 0$, 有开集 U_ε 使得 $\Omega \subseteq U_\varepsilon \subset\subset \Omega_0$, $|U_\varepsilon| \leqslant |\Omega| + \varepsilon$. 从而

$$|\boldsymbol{\varphi}(\Omega)| \leqslant |\boldsymbol{\varphi}(U_\varepsilon)| = \int_{U_\varepsilon} \big| \det(\boldsymbol{\varphi_u}(\boldsymbol{u})) \big| \, \mathrm{d}\boldsymbol{u}.$$

令 $\varepsilon \to 0^+$ 即得

$$|\boldsymbol{\varphi}(\Omega)| \leqslant \int_\Omega \big| \det(\boldsymbol{\varphi_u}(\boldsymbol{u})) \big| \, \mathrm{d}\boldsymbol{u}. \tag{8.6.6}$$

类似地, 取开集 Ω_1 使得 $\Omega \subset \Omega_1 \subset\subset \Omega_0$, 则

$$|\boldsymbol{\varphi}(\Omega_1 \setminus \Omega)| \leqslant \int_{\Omega_1 \setminus \Omega} \big| \det(\boldsymbol{\varphi_u}(\boldsymbol{u})) \big| \, \mathrm{d}\boldsymbol{u}.$$

结合 $|\boldsymbol{\varphi}(\Omega_1)| = \int_{\Omega_1} \big| \det(\boldsymbol{\varphi_u}(\boldsymbol{u})) \big| \, \mathrm{d}\boldsymbol{u}$ 得到 (8.6.5) 式.

(iv) 设 $f \in L^1(D)$ 非负. 对于 $k \geqslant 1$, $j \geqslant 0$, 记 $D_{k,j} = D\left\{ \dfrac{j}{k} \leqslant f < \dfrac{j+1}{k} \right\}$, $\Omega_{k,j} = \Omega\left\{ \dfrac{j}{k} \leqslant f \circ \boldsymbol{\varphi} < \dfrac{j+1}{k} \right\}$, 则 $D_{k,j} = \boldsymbol{\varphi}(\Omega_{k,j})$. 由 (ii),

$$\sum_{j=0}^\infty \frac{j}{k} |D_{k,j}| = \sum_{j=0}^\infty \frac{j}{k} \int_{\Omega_{k,j}} \big| \det(\boldsymbol{\varphi_u}(\boldsymbol{u})) \big| \, \mathrm{d}\boldsymbol{u}.$$

令 $k \to +\infty$ 即得 (8.6.1) 式.

(v) 最后, $f \in L^1(D)$ 的一般情形直接通过积分的可加性得到. $\qquad\square$

定理中的 $\boldsymbol{\varphi_u}$ 及 $\boldsymbol{\psi_x}$ 称为 **Jacobi**[2] **(雅可比) 矩阵**, $\det(\boldsymbol{\varphi_u})$ 和 $\det(\boldsymbol{\psi_x})$ 称为 **Jacobi 行列式**.

从 (8.6.1) 式来看, 在 $\boldsymbol{\varphi_u}$ 出现退化时, 该式似乎没有理由会失效. 事实上, 基于定理 11.2.1 (亦即定理 11.7.3, 同时参见定理 11.2.3), 我们有

> **定理 8.6.2** 设 $\Omega_0 \subseteq \mathbb{R}^n$ 为区域, 单射 $\boldsymbol{\varphi} : \Omega_0 \to \mathbb{R}^n$ 连续可微. 又设 Ω 为 Ω_0 的可测子集, $D = \boldsymbol{\varphi}(\Omega)$, 函数 $f \in L^1(D)$, 则 $(f \circ \boldsymbol{\varphi})|\det(\boldsymbol{\varphi_u})|$ 在 Ω 上可积且
>
> $$\int_D f(\boldsymbol{x}) \, \mathrm{d}\boldsymbol{x} = \int_\Omega f(\boldsymbol{\varphi}(\boldsymbol{u})) |\det(\boldsymbol{\varphi_u}(\boldsymbol{u}))| \, \mathrm{d}\boldsymbol{u}.$$

> **注 8.6.1** 在实际问题中, 时常遇到这样的情形: $\boldsymbol{\varphi}|_S$ 不是双射, 但 $\boldsymbol{\varphi_u}$ 在 $\Omega \setminus S$ 上非奇异, 且 S 和 $\boldsymbol{\varphi}(S)$ 分别为 Ω 和 D 中的闭零测度集, 则在其他条件不变的情况下,

---

2 Jacobi, C G J, 1804—1851 年.

$$\int_{D\backslash\boldsymbol{\varphi}(S)} f(\boldsymbol{x})\,\mathrm{d}\boldsymbol{x} = \int_{\Omega\backslash S} f(\boldsymbol{\varphi}(\boldsymbol{u}))|\det(\boldsymbol{\varphi_u}(\boldsymbol{u}))|\,\mathrm{d}\boldsymbol{u}.$$

进而 (8.6.1) 式依然成立.

常用的变量代换

极坐标变换　在 $\mathbb{R}^2$ 中, 变换

$$\begin{cases} x = r\cos\theta, \\ y = r\sin\theta, \end{cases} \quad r \geqslant 0, \theta \in [0, 2\pi) \tag{8.6.7}$$

称为**极坐标变换** (如图 8.15 所示).

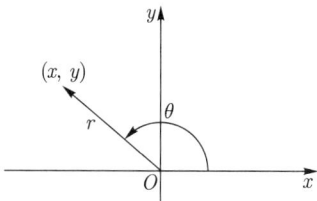

图 8.15　极坐标变换

该变换对应的 Jacobi 行列式为

$$\left|\det\left(\frac{\partial(x,y)}{\partial(r,\theta)}\right)\right| = \left|\det\begin{pmatrix} \dfrac{\partial x}{\partial r} & \dfrac{\partial x}{\partial \theta} \\ \dfrac{\partial y}{\partial r} & \dfrac{\partial y}{\partial \theta} \end{pmatrix}\right| = \left|\det\begin{pmatrix} \cos\theta & -r\sin\theta \\ \sin\theta & r\cos\theta \end{pmatrix}\right| = r.$$

在极坐标下, 该 Jacobi 行列式仅在 $r = 0$ 时为零, 因此由注 8.6.1, 若 f 在区域 D 上可积, 设 G 为 D 的极坐标变换 (8.6.7) 的原像, 则

$$\iint\limits_{D} f(x,y)\,\mathrm{d}x\mathrm{d}y = \iint\limits_{G} f(r\cos\theta, r\sin\theta)\,r\mathrm{d}r\mathrm{d}\theta. \tag{8.6.8}$$

　　从几何意义上来看, 变换 (8.6.7) 中变量 r 表示的是 (x,y) 到原点的距离, 而 θ 是 x 轴正向逆时针转到向量 (x,y) 的转角.

　　在变换 (8.6.7) 中, θ 的限制范围可以用任何一个长为 2π 的区间来代替. 另一方面, 变换中 θ 的取值范围不包括 2π. 但由于增加 $\theta = 2\pi$ 不影响积分, 因此我们时常把 θ 的取值范围写成 $[0, 2\pi]$ 或其他长为 2π 的闭区间. 由于在第四章第 4 节, 我们已经严格地给出了 $\sin$ 与 $\cos$ 的定义——弦振动方程 (4.4.6) 和 (4.4.7) 的解, 而 2π 是 $\sin$ 和 $\cos$ 的最小正周期. 又或者, 我们可以采用本章第 3 节的方法利用积分定义 $\cos, \sin$ 以及 π. 因此, 以下例题中, 单位圆面积和单位球体积的推导没有循环论证.

与圆面积与球体积不同, 我们已经在第 3 节看到, 圆周长的定义反而不如前两者那么理所当然, 球面积的定义也是如此. 原因在于圆面积与球体积都可以基于以下两条加以 "推导": 其一, 边长为 a 的正方形的面积为 a^2(边长为 a 的正方体的体积为 a^3); 其二, 面积、体积具有平移不变性、可加性以及单调性——即在 E, F 均有面积 (体积) 的前提下, 若 $E \subseteq F$, 则 E 的面积 (体积) 不大于 F 的面积 (体积). 这样, 就可以推导出圆面积和球体积是我们定义的积分. 而相反, 对于圆周长, 或者球面积, 我们做不到这种推导.

例 8.6.1 计算单位圆中扇形 $D = \{(r\cos\theta, r\sin\theta)|0 \leqslant r \leqslant 1, 0 \leqslant \theta \leqslant \alpha\}$ 的面积 (如图 8.16 所示), 其中 $\alpha \in (0, 2\pi]$.

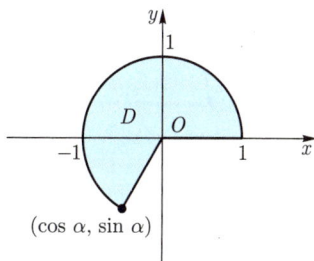

图 8.16 扇形面积

解 作极坐标变换 (8.6.7), 区域 G 由以下不等式确定:

$$0 \leqslant r \leqslant 1, 0 \leqslant \theta \leqslant \alpha.$$

因此,

$$|D| = \iint\limits_D \mathrm{d}x\mathrm{d}y = \iint\limits_G r\,\mathrm{d}r\mathrm{d}\theta = \int_0^\alpha \mathrm{d}\theta \int_0^1 r\,\mathrm{d}r = \frac{\alpha}{2}.$$

特别地, 当 $\alpha = 2\pi$ 时, 我们得到单位圆面积为 π.

例 8.6.2 计算积分 $\iint\limits_D \sqrt{x^2+y^2}\,\mathrm{d}x\mathrm{d}y$, 其中 D 为圆 $\{(x,y) \in \mathbb{R}^2|x^2+y^2 \leqslant 2x\}$.

解 作极坐标变换

$$\begin{cases} x = r\cos\theta, \\ y = r\sin\theta, \end{cases} \quad r \geqslant 0, \theta \in [-\pi, \pi]. \tag{8.6.9}$$

当我们熟悉极坐标变换的几何意义之后, 新区域 G 可以根据其几何意义来确定 (如图 8.17 所示). 自然, 我们也可以直接用以下不等式确定:

$$r^2 \leqslant 2r\cos\theta, r \geqslant 0, -\pi \leqslant \theta \leqslant \pi.$$

要注意第一个不等式是原积分区域对应的不等式, 而后两个不等式则是变换本身蕴涵的. 进一步, 要注意第一个不等式并非对所有 $\theta \in [-\pi, \pi]$ 有意义. 因此, 需要确定 θ 和 r 真正的取值范围.

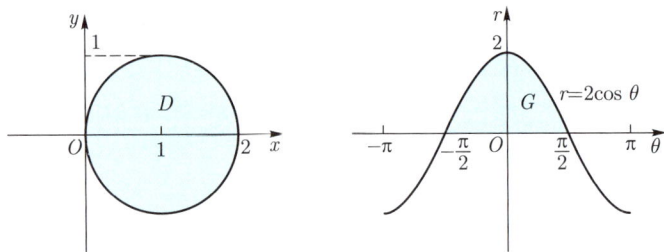

图 8.17   变量代换后积分区域的确定

我们有,

$$\iint\limits_{D} \sqrt{x^2 + y^2}\, \mathrm{d}x\mathrm{d}y = \iint\limits_{G} r^2\, \mathrm{d}r\mathrm{d}\theta = \int_{-\frac{\pi}{2}}^{\frac{\pi}{2}} \mathrm{d}\theta \int_0^{2\cos\theta} r^2\, \mathrm{d}r$$

$$= \frac{16}{3} \int_0^{\frac{\pi}{2}} \cos^3 \theta\, \mathrm{d}t = \frac{32}{9}.$$

自然, 我们也可以这样计算:

$$\iint\limits_{D} \sqrt{x^2 + y^2}\, \mathrm{d}x\mathrm{d}y = \iint\limits_{G} r^2\, \mathrm{d}r\mathrm{d}\theta = \int_0^2 \mathrm{d}r \int_{-\arccos\frac{r}{2}}^{\arccos\frac{r}{2}} r^2 \mathrm{d}\theta$$

$$= 2 \int_0^2 r^2 \arccos\frac{r}{2}\, \mathrm{d}r = \frac{32}{9}.$$

广义极坐标变换   当确定积分区域的不等式中或被积函数中含有 $\dfrac{x^2}{a^2} + \dfrac{y^2}{b^2}$ 这种项时, 可考虑引入**广义极坐标变换**: 给定 $a, b > 0$,

$$\begin{cases} x = ar\cos\theta, \\ y = br\sin\theta, \end{cases} \quad r \geqslant 0,\, \theta \in [0, 2\pi). \tag{8.6.10}$$

这一变换的 Jacobi 行列式为 abr.

柱面坐标变换和广义柱面坐标变换   给定 $a, b > 0$, 在 $\mathbb{R}^3$ 中, 如下变换称为**广义柱面坐标变换**:

$$\begin{cases} x = ar\cos\theta, \\ y = br\sin\theta, \\ z = z, \end{cases} \quad r \geqslant 0,\, \theta \in [0, 2\pi). \tag{8.6.11}$$

这一变换的 Jacobi 行列式为 abr. 当 $a = b = 1$ 时, 称为**柱面坐标变换**.

旋转体的体积   设实函数 f 是 $[a, b]$ 上的连续函数, 则平面曲线 $y = f(x)$ 绕 x

轴旋转得到的旋转体可以表示为 $Oxyz$ 中的

$$\Omega = \left\{(x,y,z) \mid y^2 + z^2 \leqslant f^2(x), a \leqslant x \leqslant b\right\}. \tag{8.6.12}$$

用累次积分的结论直接得到

$$|\Omega| = \int_a^b \mathrm{d}x \iint_{y^2+z^2 \leqslant f^2(x)} \mathrm{d}y\mathrm{d}z = \pi \int_a^b f^2(x)\,\mathrm{d}x. \tag{8.6.13}$$

如果作柱面坐标变换:

$$\begin{cases} x = x, \\ y = r\cos\theta, \quad r \geqslant 0, \theta \in [0, 2\pi], \\ z = r\sin\theta, \end{cases} \tag{8.6.14}$$

则新区域由以下不等式确定:

$$0 \leqslant r \leqslant |f(x)|, 0 \leqslant \theta \leqslant 2\pi, a \leqslant x \leqslant b.$$

从而

$$|\Omega| = \int_0^{2\pi} \mathrm{d}\theta \int_a^b \mathrm{d}x \int_0^{|f(x)|} r\,\mathrm{d}r = \pi \int_a^b f^2(x)\,\mathrm{d}x. \tag{8.6.15}$$

球面坐标变换和广义球面坐标变换　给定 $a, b, c > 0$, 在 $\mathbb{R}^3$ 中, 如下变换称为**广义球面坐标变换**:

$$\begin{cases} x = ar\cos\theta\sin\varphi, \\ y = br\sin\theta\sin\varphi, \quad r \geqslant 0, \theta \in [0, 2\pi], 0 \leqslant \varphi \leqslant \pi. \\ z = cr\cos\varphi, \end{cases} \tag{8.6.16}$$

这一变换的 Jacobi 行列式为 $abcr^2\sin\varphi$. 当 $a = b = c = 1$ 时, 称为**球面坐标变换** (如图 8.18 所示).

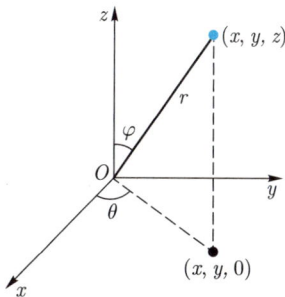

图 8.18　球面坐标变换

例 8.6.3　试计算单位球的体积.

解　法 I. 利用球面坐标变换, 可得单位球体积为

$$\int_0^{2\pi} \mathrm{d}\theta \int_0^\pi \mathrm{d}\varphi \int_0^1 r^2 \sin\varphi \, \mathrm{d}r = \frac{4\pi}{3}. \tag{8.6.17}$$

法 II. 我们也可以利用柱面坐标计算, 或者将单位球看作 $y = \sqrt{1-x^2}\,(x \in [-1,1])$ 绕 x 轴旋转得到的旋转体, 直接利用旋转体体积公式 (8.6.15) 得到单位球体积为

$$\pi \int_{-1}^1 (1-x^2) \, \mathrm{d}x = \frac{4\pi}{3}. \tag{8.6.18}$$

法 III. 从 (8.6.13) 式给出的旋转体体积公式来看, (8.6.18) 式本质上是把单位闭球表示为

$$\left\{ (x,y,z) \big| y^2 + z^2 \leqslant 1-x^2, \, -1 \leqslant x \leqslant 1 \right\}$$

之后再利用累次积分. 自然, 我们也可以将单位闭球表示成

$$\left\{ (x,y,z) \big| -\sqrt{1-x^2-y^2} \leqslant z \leqslant \sqrt{1-x^2-y^2}, \, x^2+y^2 \leqslant 1 \right\},$$

从而利用累次积分得到单位球体积为

$$\iint\limits_{x^2+y^2 \leqslant 1} 2\sqrt{1-x^2-y^2} \, \mathrm{d}x\mathrm{d}y = \int_0^{2\pi} \mathrm{d}\theta \int_0^1 2\sqrt{1-r^2}\, r \, \mathrm{d}r = \frac{4\pi}{3}.$$

虽然三种方法都不太困难, 但是复杂程度仍然有明显的区别.

高维球面坐标变换和广义高维球面坐标变换   若 $n \geqslant 4$, 类似地可以给出高维空间中的球面坐标变换和广义球面坐标变换. 具体地, 设 $a_k > 0 \, (1 \leqslant k \leqslant n)$, 高维的广义球面坐标变换如下:

$$\begin{cases} x_1 = a_1 r \sin\varphi_1 \cdots \sin\varphi_{n-2} \sin\varphi_{n-1}, \\ x_2 = a_2 r \sin\varphi_1 \cdots \sin\varphi_{n-2} \cos\varphi_{n-1}, \\ \qquad \cdots\cdots\cdots\cdots \\ x_{n-2} = a_{n-2} r \sin\varphi_1 \sin\varphi_2 \cos\varphi_3, \\ x_{n-1} = a_{n-1} r \sin\varphi_1 \cos\varphi_2, \\ x_n = a_n r \cos\varphi_1, \end{cases}$$

$$r \geqslant 0, \, \varphi_1, \varphi_2, \cdots, \varphi_{n-2} \in [0,\pi], \, \varphi_{n-1} \in [0, 2\pi]. \tag{8.6.19}$$

其几何意义是当 $a_1 = a_2 = \cdots = a_n = 1$ 时, r 为 $\boldsymbol{x} = (x_1, x_2, \cdots, x_n)$ 的长度, 而 φ_1 为 x_n 轴与 $\boldsymbol{x}$ 的夹角, φ_2 为 $\boldsymbol{x}$ 在超平面 $x_n = 0$ 上的投影 $\boldsymbol{x}_{n-1}$ 与 x_{n-1} 轴的夹角, φ_3 为 $\boldsymbol{x}$ (相当于 $\boldsymbol{x}_{n-1}$) 在低一维的超平面 $x_n = x_{n-1} = 0$ 上的投影 $\boldsymbol{x}_{n-2}$ 与 x_{n-2} 轴的夹角, $\cdots\cdots$, φ_{n-2} 是 $\boldsymbol{x}$ (相当于 $\boldsymbol{x}_4$) 在 $x_n = x_{n-1} = \cdots = x_4 = 0$ 的投影 $\boldsymbol{x}_3$ 与 x_3 轴的夹角, 而 φ_{n-1} 是 x_1 轴正向到 $\boldsymbol{x}$ (相当于 $\boldsymbol{x}_3$) 在 $x_n = x_{n-1} = \cdots = x_3 = 0$,

即 Ox_1x_2 平面上的投影 $\boldsymbol{x}_2$ 的转角[3].

现在来计算该变换的 Jacobi 行列式. 先考虑球面坐标变换情形. 在计算过程中不妨假设 $\cos \varphi_j \neq 0 \, (j = 1, 2, \cdots, n-1)$. 注意到

$$\frac{\partial x_1}{\partial r} \cos \varphi_{n-1} = \frac{\partial x_2}{\partial r} \sin \varphi_{n-1},$$

$$\frac{\partial x_1}{\partial \varphi_j} \cos \varphi_{n-1} = \frac{\partial x_2}{\partial \varphi_j} \sin \varphi_{n-1}, \quad j = 1, 2, \cdots, n-2$$

以及

$$\frac{\partial x_1}{\partial \varphi_{n-1}} \sin \varphi_{n-1} = -\frac{\partial x_2}{\partial \varphi_{n-1}} \cos \varphi_{n-1}.$$

以下行列式计算中, 将第二行乘 $-\tan \varphi_{n-1}$ 加到第一行, 有

$$\det \begin{pmatrix} \dfrac{\partial x_1}{\partial r} & \dfrac{\partial x_1}{\partial \varphi_1} & \dfrac{\partial x_1}{\partial \varphi_2} & \dfrac{\partial x_1}{\partial \varphi_3} & \cdots & \dfrac{\partial x_1}{\partial \varphi_{n-3}} & \dfrac{\partial x_1}{\partial \varphi_{n-2}} & \dfrac{\partial x_1}{\partial \varphi_{n-1}} \\[2mm] \dfrac{\partial x_2}{\partial r} & \dfrac{\partial x_2}{\partial \varphi_1} & \dfrac{\partial x_2}{\partial \varphi_2} & \dfrac{\partial x_2}{\partial \varphi_3} & \cdots & \dfrac{\partial x_2}{\partial \varphi_{n-3}} & \dfrac{\partial x_2}{\partial \varphi_{n-2}} & \dfrac{\partial x_2}{\partial \varphi_{n-1}} \\[2mm] \dfrac{\partial x_3}{\partial r} & \dfrac{\partial x_3}{\partial \varphi_1} & \dfrac{\partial x_3}{\partial \varphi_2} & \dfrac{\partial x_3}{\partial \varphi_3} & \cdots & \dfrac{\partial x_3}{\partial \varphi_{n-3}} & \dfrac{\partial x_3}{\partial \varphi_{n-2}} & 0 \\[2mm] \vdots & \vdots & \vdots & \vdots & & \vdots & \vdots & \vdots \\[2mm] \dfrac{\partial x_{n-1}}{\partial r} & \dfrac{\partial x_{n-1}}{\partial \varphi_1} & \dfrac{\partial x_{n-1}}{\partial \varphi_2} & 0 & \cdots & 0 & 0 & 0 \\[2mm] \dfrac{\partial x_n}{\partial r} & \dfrac{\partial x_n}{\partial \varphi_1} & 0 & 0 & \cdots & 0 & 0 & 0 \end{pmatrix}$$

$$= \det \begin{pmatrix} 0 & 0 & 0 & 0 & \cdots & 0 & 0 & \dfrac{1}{\cos^2 \varphi_{n-1}} \dfrac{\partial x_1}{\partial \varphi_{n-1}} \\[2mm] \dfrac{\partial x_2}{\partial r} & \dfrac{\partial x_2}{\partial \varphi_1} & \dfrac{\partial x_2}{\partial \varphi_2} & \dfrac{\partial x_2}{\partial \varphi_3} & \cdots & \dfrac{\partial x_2}{\partial \varphi_{n-3}} & \dfrac{\partial x_2}{\partial \varphi_{n-2}} & \dfrac{\partial x_2}{\partial \varphi_{n-1}} \\[2mm] \dfrac{\partial x_3}{\partial r} & \dfrac{\partial x_3}{\partial \varphi_1} & \dfrac{\partial x_3}{\partial \varphi_2} & \dfrac{\partial x_3}{\partial \varphi_3} & \cdots & \dfrac{\partial x_3}{\partial \varphi_{n-3}} & \dfrac{\partial x_3}{\partial \varphi_{n-2}} & 0 \\[2mm] \vdots & \vdots & \vdots & \vdots & & \vdots & \vdots & \vdots \\[2mm] \dfrac{\partial x_{n-1}}{\partial r} & \dfrac{\partial x_{n-1}}{\partial \varphi_1} & \dfrac{\partial x_{n-1}}{\partial \varphi_2} & 0 & \cdots & 0 & 0 & 0 \\[2mm] \dfrac{\partial x_n}{\partial r} & \dfrac{\partial x_n}{\partial \varphi_1} & 0 & 0 & \cdots & 0 & 0 & 0 \end{pmatrix}$$

---

3 我们用夹角表示考虑的角度为非负值, 取值于 $[0, \pi]$, 而用转角表示角度有方向, 逆时针方向为正, 顺时针方向为负.

$$=r\sin\varphi_1\cdots\sin\varphi_{n-2}\det\begin{pmatrix}\dfrac{\partial\tilde{x}_2}{\partial r}&\dfrac{\partial\tilde{x}_2}{\partial\varphi_1}&\dfrac{\partial\tilde{x}_2}{\partial\varphi_2}&\dfrac{\partial\tilde{x}_2}{\partial\varphi_3}&\cdots&\dfrac{\partial\tilde{x}_2}{\partial\varphi_{n-3}}&\dfrac{\partial\tilde{x}_2}{\partial\varphi_{n-2}}\\[2mm]\dfrac{\partial x_3}{\partial r}&\dfrac{\partial x_3}{\partial\varphi_1}&\dfrac{\partial x_3}{\partial\varphi_2}&\dfrac{\partial x_3}{\partial\varphi_3}&\cdots&\dfrac{\partial x_3}{\partial\varphi_{n-3}}&\dfrac{\partial x_3}{\partial\varphi_{n-2}}\\[2mm]\vdots&\vdots&\vdots&\vdots&&\vdots&\vdots\\[2mm]\dfrac{\partial x_{n-1}}{\partial r}&\dfrac{\partial x_{n-1}}{\partial\varphi_1}&\dfrac{\partial x_{n-1}}{\partial\varphi_2}&0&\cdots&0&0\\[2mm]\dfrac{\partial x_n}{\partial r}&\dfrac{\partial x_n}{\partial\varphi_1}&0&0&\cdots&0&0\end{pmatrix},$$

其中 $\tilde{x}_2=\dfrac{x_2}{\cos\varphi_{n-1}}$. 最后一个行列式具有与原先的行列式相同的形式, 反复实施这一过程, 可得所求 Jacobi 行列式为

$$r^{n-1}\sin^{n-2}\varphi_1\sin^{n-3}\varphi_2\cdots\sin\varphi_{n-2}.$$

注意到广义高维球面变换是一个伸缩变换

$$\begin{cases}x_1=a_1y_1,\\x_2=a_2y_2,\\\cdots\cdots\cdots\cdots\\x_n=a_ny_n\end{cases}\tag{8.6.20}$$

与球面坐标变换的复合, 而上述伸缩变换的 Jacobi 矩阵为 $\mathrm{diag}\{a_1,a_2,\cdots,a_n\}$. 因此, 广义高维球面变换 (8.6.19) 的 Jacobi 行列式为

$$a_1a_2\cdots a_nr^{n-1}\sin^{n-2}\varphi_1\sin^{n-3}\varphi_2\cdots\sin\varphi_{n-2}.$$

我们立即可得 n 维单位球的体积为

$$V_n=\begin{cases}\dfrac{(2\pi)^{n/2}}{n!!},&n=2k,k\geqslant 0,\\[3mm]\dfrac{2(2\pi)^{(n-1)/2}}{n!!},&n=2k+1,k\geqslant 0.\end{cases}\tag{8.6.21}$$

我们也可以利用累次积分得到递推公式

$$V_{n+1}=2V_n\int_0^1\left(1-x^2\right)^{\frac{n}{2}}\mathrm{d}x=2V_n\int_0^{\frac{\pi}{2}}\sin^{n+1}t\,\mathrm{d}t,\quad n\geqslant 1,\tag{8.6.22}$$

从而得到 (8.6.21) 式. 而利用 Euler 积分, (8.6.21) 式可以写为

$$V_n=\frac{\pi^{\frac{n}{2}}}{\Gamma\left(\dfrac{n}{2}+1\right)},\quad n\geqslant 1.\tag{8.6.23}$$

一元情形回顾　对于 $[a,b]$ 上的可积函数 f, 若变换的函数是单调下降的, 比如,

我们作变换 $x = -t$, 则有

$$\int_a^b f(x)\,\mathrm{d}x = \int_{-a}^{-b} f(-t) \cdot (-1)\,\mathrm{d}t = \int_{-b}^{-a} f(-t)\,\mathrm{d}t. \tag{8.6.24}$$

若按照定理 8.6.1 的观点, 则该变换把区域 $[a, b]$ 变为 $[-b, -a]$, 相应的 Jacobi 行列式为 $|-1| = 1$, 因此, 立即得到

$$\int_a^b f(x)\,\mathrm{d}x = \int_{-b}^{-a} f(-t)\,|-1|\,\mathrm{d}t = \int_{-b}^{-a} f(-t)\,\mathrm{d}t. \tag{8.6.25}$$

结果自然是一样的, 但我们更建议计算过程中按 (8.6.25) 式思考.

其他变量代换　在积分的计算中, 采用何种变量代换需要根据具体情况灵活选取. 一些简单的变量代换常常可以帮助我们简化计算. 尤其借助于积分的几何意义, 利用 (广义) 对称性, 有时候不仅可以简化计算, 往往还会起到关键的作用.

例 8.6.4　设 $0 < a < b$, $0 < \alpha < \beta$, 试计算由四条曲线 $y = ax^2$, $y = bx^2$, $xy = \alpha$, $xy = \beta$ 围成的有界区域 D (如图 8.19 所示) 的面积.

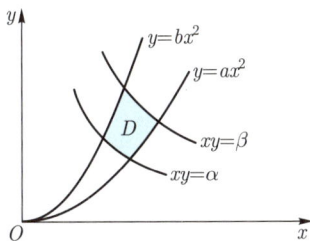

图 8.19

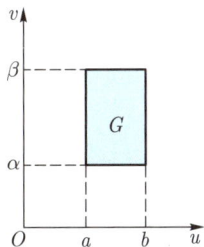

图 8.20

解　所围成的区域 D 由下述不等式确定:

$$ax^2 < y < bx^2, \quad \alpha < xy < \beta.$$

作变换

$$\begin{cases} u = \dfrac{y}{x^2}, \\ v = xy, \end{cases}$$

则区域 G 由以下不等式确定 (如图 8.20 所示):

$$a < u < b, \quad \alpha < v < \beta.$$

我们有

$$\det \begin{pmatrix} \dfrac{\partial u}{\partial x} & \dfrac{\partial u}{\partial y} \\ \dfrac{\partial v}{\partial x} & \dfrac{\partial v}{\partial y} \end{pmatrix} = \det \begin{pmatrix} -\dfrac{2y}{x^3} & \dfrac{1}{x^2} \\ y & x \end{pmatrix} = \det \begin{pmatrix} -\dfrac{2y}{x^3} & \dfrac{1}{x^2} \\ y & x \end{pmatrix} = -\dfrac{3y}{x^2} = -3u.$$

因此 (注意变换代换中是哪个 Jacobi 行列式),

$$|D| = \iint\limits_{G} \frac{1}{3u}\,\mathrm{d}u\mathrm{d}v = \int_{\alpha}^{\beta} \mathrm{d}v \int_{a}^{b} \frac{1}{3u}\,\mathrm{d}u = \frac{1}{3}(\beta - \alpha)\ln\frac{b}{a}.$$

例 8.6.5 计算积分

$$\iiint\limits_{x^2+4y^2+9z^2 \leqslant 4x+4y-12z} \left(x^2 + y^2 + z^2\right)\mathrm{d}x\mathrm{d}y\mathrm{d}z.$$

解 依次利用平移变换、伸缩变换以及对称性, 最后利用球面坐标变换, 有

$$\begin{aligned}
&\iiint\limits_{x^2+4y^2+9z^2 \leqslant 4x+4y-12z} \left(x^2 + y^2 + z^2\right)\mathrm{d}x\mathrm{d}y\mathrm{d}z \\
&= \iiint\limits_{(x-2)^2+(2y-1)^2+(3z+2)^2 \leqslant 4+1+4} \left(x^2 + y^2 + z^2\right)\mathrm{d}x\mathrm{d}y\mathrm{d}z \\
&= \iiint\limits_{x^2+4y^2+9z^2 \leqslant 9} \left(x^2 + 4x + 4 + y^2 + y + \frac{1}{4} + z^2 - \frac{4z}{3} + \frac{4}{9}\right)\mathrm{d}x\mathrm{d}y\mathrm{d}z \\
&= \iiint\limits_{x^2+4y^2+9z^2 \leqslant 9} \left(x^2 + y^2 + z^2 + \frac{169}{36}\right)\mathrm{d}x\mathrm{d}y\mathrm{d}z \\
&= \frac{9}{2} \iiint\limits_{x^2+y^2+z^2 \leqslant 1} \left(9x^2 + \frac{9}{4}y^2 + z^2 + \frac{169}{36}\right)\mathrm{d}x\mathrm{d}y\mathrm{d}z \\
&= \frac{9}{2} \iiint\limits_{x^2+y^2+z^2 \leqslant 1} \left(\frac{(9 + \frac{9}{4} + 1)(x^2 + y^2 + z^2)}{3} + \frac{169}{36}\right)\mathrm{d}x\mathrm{d}y\mathrm{d}z \\
&= \frac{9}{2} \int_0^{2\pi} \mathrm{d}\theta \int_0^{\pi} \mathrm{d}\varphi \int_0^1 \left(\frac{49r^2}{12} + \frac{169}{36}\right) r^2 \sin\varphi\,\mathrm{d}r \\
&= \frac{643\pi}{15}.
\end{aligned}$$

例 8.6.6 设 $a, b, c \in \mathbb{R}$, $A = \sqrt{a^2 + b^2 + c^2}$, f 在 $[-A, A]$ 上可积. 证明:

$$\iiint\limits_{x^2+y^2+z^2 \leqslant 1} f(ax+by+cz)\,\mathrm{d}x\mathrm{d}y\mathrm{d}z = \pi \int_{-1}^{1} (1-w^2)f(Aw)\,\mathrm{d}w. \quad (8.6.26)$$

证明 若 $A = 0$, 直接验证可得 (8.6.26) 式成立.

下设 $A > 0$, 令 $\boldsymbol{\xi}_3 = \dfrac{(a,b,c)^{\mathrm{T}}}{A}$, 并取单位向量 $\boldsymbol{\xi}_1, \boldsymbol{\xi}_2$ 使得 $\boldsymbol{\xi}_1, \boldsymbol{\xi}_2, \boldsymbol{\xi}_3$ 两两正交.

比如当 $a^2 + b^2 \neq 0$ 时, 可以取 $\boldsymbol{\xi}_1 = \dfrac{(b,-a,0)^{\mathrm{T}}}{\sqrt{a^2 + b^2}}$, $\boldsymbol{\xi}_2 = \dfrac{(ac,bc,-a^2-b^2)^{\mathrm{T}}}{A\sqrt{a^2 + b^2}}$. 记

$$\boldsymbol{P} = (\boldsymbol{\xi}_1, \boldsymbol{\xi}_2, \boldsymbol{\xi}_3),$$

则 $\boldsymbol{P}$ 为正交矩阵, $\boldsymbol{P}^{-1} = \boldsymbol{P}^{\mathrm{T}}$. 作正交变换

$$\begin{pmatrix} x \\ y \\ z \end{pmatrix} = \boldsymbol{P} \begin{pmatrix} u \\ v \\ w \end{pmatrix},$$

我们有 $ax + by + cz = Aw$ 以及

$$\iiint\limits_{x^2+y^2+z^2\leqslant 1} f(ax+by+cz)\,\mathrm{d}x\mathrm{d}y\mathrm{d}z = \iiint\limits_{u^2+v^2+w^2\leqslant 1} f(Aw)\,\mathrm{d}u\mathrm{d}v\mathrm{d}w$$

$$= \int_{-1}^{1} \mathrm{d}w \iint\limits_{u^2+v^2\leqslant 1-w^2} f(Aw)\,\mathrm{d}u\mathrm{d}v = \pi \int_{-1}^{1} (1-w^2) f(Aw)\,\mathrm{d}w.$$

这就证明了结论. □

习题 $8.6.\mathcal{A}$

1. 计算 $\displaystyle\iiint\limits_{4x^2+4y^2+z^2\leqslant 4x+4y+z} (4x^2+4y^2+z^2)\,\mathrm{d}x\mathrm{d}y\mathrm{d}z$.

2. 计算由 $(a_1x + b_1y + c_1)^2 + (a_2x + b_2y + c_2)^2 = 1$ 所围成的有界区域 D 的面积 (其中 $a_1b_2 - a_2b_1 \neq 0$).

3. 计算积分 $\displaystyle\int_0^1 \mathrm{d}x \int_0^{1-x} \mathrm{e}^{\frac{y}{x+y}}\,\mathrm{d}y$.

4. 设 f 在点 0 处可导, $f(0) = 0$, $\Omega_t = \{(x,y,z) | x^2+y^2+z^2 \leqslant 2tz\}$. 求 $\displaystyle\lim_{t\to 0^+} \frac{1}{t^5} \iiint\limits_{\Omega_t} f(x^2 + y^2 + z^2)\,\mathrm{d}x\mathrm{d}y\mathrm{d}z$.

5. 设 $R > 0$, 证明: $\displaystyle\sqrt{\frac{\pi}{4}(1-\mathrm{e}^{-R^2})} \leqslant \int_0^R \mathrm{e}^{-x^2}\,\mathrm{d}x \leqslant \sqrt{\frac{\pi}{4}\left(1-\mathrm{e}^{-\frac{4R^2}{\pi}}\right)}$.

习题 $8.6.\mathcal{B}$

1. 试求半径为 R 密度为常值 ρ 的球体对于质量为 m 的质点 P 的万有引力.

2. 设 $\Omega \subseteq \mathbb{R}^n$ 为区域, $\boldsymbol{\psi}: \Omega \to \mathbb{R}^m$ 连续可微. 若 E 为 Ω 的紧子集, 证明: 存在连续模 ω 使得

$$\big\| \boldsymbol{\psi}(\boldsymbol{y}) - \boldsymbol{\psi}(\boldsymbol{x}) - \boldsymbol{\psi}_{\boldsymbol{x}}(\boldsymbol{x})(\boldsymbol{y}-\boldsymbol{x}) \big\| \leqslant \|\boldsymbol{y}-\boldsymbol{x}\| \omega(\|\boldsymbol{y}-\boldsymbol{x}\|), \quad \forall \boldsymbol{x}, \boldsymbol{y} \in E.$$

§7 函数的光滑逼近

在对 B 类函数建立某种性质时, 先对具有较好性质的 A 类函数建立该性质, 然后将结论移植到 B 类函数上, 是一种非常重要的数学思想. 这种思想已经多次出现在我们的证明中, 比如, 在 Fubini 定理的证明和重积分变量代换公式的证明中. 要把 A 类函数的性质顺利地移植到 B 类函数, 需要 B 类函数可以在特定的意义下被 A 类函数逼近. 这其中, 时常用到可积函数用连续函数逼近, 连续函数用光滑函数逼近. 它们的特点都是提高函数的光滑性, 我们称之为**光滑逼近**. 由于引入了 Lebesgue 积分, 本节的讨论与在 Riemann 积分框架下讨论光滑逼近 (参见文献 [25]) 有很大的不同.

对于 $\mathbb{R}^n$ 中的函数 $\boldsymbol{f} : \mathbb{R}^n \to \mathbb{C}^m$, 称 $\overline{\{\boldsymbol{x} \in \mathbb{R}^n | \boldsymbol{f}(\boldsymbol{x}) \neq \boldsymbol{0}\}}$ 为 $\boldsymbol{f}$ 的**支集**, 记作 $\operatorname{supp} \boldsymbol{f}$. 若 $\operatorname{supp} \boldsymbol{f}$ 是紧集, 则称 $\boldsymbol{f}$ 具有**紧支集**. 今后我们用下标 c 来表示支集紧包含于定义域的函数类, 比如对于 $\mathbb{R}^n$ 中的区域 Ω, $C_c^k(\Omega)$ 表示 Ω 中支集紧包含于 Ω 且直到 k 阶偏导数都连续的实函数全体.

简单函数、连续函数逼近可积函数

除了上面提到的光滑逼近, 在 Lebsegue 积分理论中, 用简单函数逼近可积函数也是常用的方法. 我们有

定理 8.7.1 设 $1 \leqslant p < +\infty$, $f \in L^p(\mathbb{R}^n)$, 则对任何 $\varepsilon > 0$, 存在简单函数

$$g \equiv \sum_{k=1}^N c_k \chi_{E_k} \in L^p(\mathbb{R}^n) \text{ 使得}$$

$$\|g - f\|_p \leqslant \varepsilon. \tag{8.7.1}$$

进一步, 我们可以要求 $E_k \, (1 \leqslant k \leqslant N)$ 是紧集.

证明 不妨设 $f \in L^p(\mathbb{R}^n)$ 非负. 任取 $\varepsilon > 0$. 由控制收敛定理,

$$\lim_{m \to +\infty} \left\| f - \sum_{k=0}^\infty \frac{k}{m} \chi_{\left\{ \frac{k}{m} \leqslant f < \frac{k+1}{m} \right\}} \right\|_p = 0.$$

因此, 存在 $m \geqslant 1$ 使得

$$\left\| f - \sum_{k=0}^\infty \frac{k}{m} \chi_{\left\{ \frac{k}{m} \leqslant f < \frac{k+1}{m} \right\}} \right\|_p \leqslant \frac{\varepsilon}{3}.$$

同理, 有 $N \geqslant 1$ 使得

$$\left\| f - \sum_{k=1}^{N} \frac{k}{m} \chi_{\left\{ \frac{k}{m} \leqslant f < \frac{k+1}{m} \right\}} \right\|_p \leqslant \frac{2\varepsilon}{3}.$$

注意到 $\left| \left\{ \frac{k}{m} \leqslant f < \frac{k+1}{m} \right\} \right|$ 必有限, 结合积分的绝对连续性, 有紧集 $E_k \subset \left\{ \frac{k}{m} \leqslant f < \frac{k+1}{m} \right\}$ $(k = 1, 2, \cdots, N)$ 使得 $g = \sum_{k=1}^{N} \frac{k}{m} \chi_{E_k}$ 满足 (8.7.1) 式. 定理得证. $\quad\square$

在此基础上, 我们有如下定理.

定理 8.7.2 设 $1 \leqslant p < +\infty$, $f \in L^p(\mathbb{R}^n)$, 则对任何 $\varepsilon > 0$, 存在 $g \in C_c(\mathbb{R}^n)$ 使得 $\|g - f\|_p \leqslant \varepsilon$.

证明 任取 $\varepsilon > 0$, 由定理 8.7.1, 存在简单函数 $g_1 \equiv \sum_{k=1}^{N} c_k \chi_{E_k} \in L^p(\mathbb{R}^n)$ 使得 $\|g_1 - f\|_p \leqslant \frac{\varepsilon}{2}$, 其中 $E_k \, (1 \leqslant k \leqslant N)$ 是紧集.

对于 $\boldsymbol{x} \in \mathbb{R}^n$ 及非空集 $E \subset \mathbb{R}^n$, 记 $\rho(\boldsymbol{x}, E) = \inf_{\boldsymbol{y} \in E} |\boldsymbol{x} - \boldsymbol{y}|$, 则 $\boldsymbol{x} \mapsto \rho(\boldsymbol{x}, E)$ 是连续函数. 对于 $\alpha > 0$, 令 $h_\alpha(\boldsymbol{x}) = \sum_{k=1}^{N} c_k \left(1 - \frac{\rho(\boldsymbol{x}, E_k)}{\alpha} \right)^+ \, (\boldsymbol{x} \in \mathbb{R}^n)$, 则 $h_\alpha \in C_c(\mathbb{R}^n)$. 而当 $\alpha \to 0^+$ 时, h_α 逐点收敛到 g_1. 因此, 由控制收敛定理, 存在 $\alpha > 0$ 使得 $g = h_\alpha$ 满足 $\|g - g_1\|_p \leqslant \frac{\varepsilon}{2}$. 进而 $\|g - f\|_p \leqslant \varepsilon$. $\quad\square$

以下推论是一个看似平凡但非常有用的结果.

推论 8.7.3 设 $1 \leqslant p < +\infty$, $f \in L^p(\mathbb{R}^n)$, 则 $\lim_{\boldsymbol{u} \to 0} \int_{\mathbb{R}^n} |f(\boldsymbol{x} + \boldsymbol{u}) - f(\boldsymbol{x})|^p \, \mathrm{d}\boldsymbol{x} = 0$.

证明 任取 $\varepsilon > 0$, 由定理 8.7.2, 存在 $g \in C_c(\mathbb{R}^n)$ 使得 $\|f - g\|_p < \varepsilon$. 于是由 Minkowski 不等式,

$$\|f(\boldsymbol{u} + \cdot) - f(\cdot)\|_p \leqslant \|f(\boldsymbol{u} + \cdot) - g(\boldsymbol{u} + \cdot)\|_p +$$
$$\|g(\boldsymbol{u} + \cdot) - g(\cdot)\|_p + \|g(\cdot) - f(\cdot)\|_p$$
$$= \|g(\boldsymbol{u} + \cdot) - g(\cdot)\|_p + 2\|g(\cdot) - f(\cdot)\|_p$$
$$\leqslant \|g(\boldsymbol{u} + \cdot) - g(\cdot)\|_p + 2\varepsilon.$$

由 $g \in C_c(\mathbb{R}^n)$, 得 $\lim_{\boldsymbol{u} \to 0} \|g(\boldsymbol{u} + \cdot) - g(\cdot)\|_p = 0$. 于是

$$\varlimsup_{\boldsymbol{u} \to 0} \|f(\boldsymbol{u} + \cdot) - f(\cdot)\|_p \leqslant 2\varepsilon.$$

由 $\varepsilon > 0$ 的任意性, 即得结论. $\quad\square$

推论 8.7.4   设 $f \in L^1(\mathbb{R}^n)$, 则

$$\lim_{\delta \to 0^+} \int_{\mathbb{R}^n} \left(\frac{1}{|B_\delta(\boldsymbol{x})|} \int_{B_\delta(\boldsymbol{x})} |f(\boldsymbol{y}) - f(\boldsymbol{x})| \, \mathrm{d}\boldsymbol{y} \right) \mathrm{d}\boldsymbol{x} = 0. \tag{8.7.2}$$

特别地,

$$\lim_{\delta \to 0^+} \int_{\mathbb{R}^n} \left| \frac{1}{|B_\delta(\boldsymbol{x})|} \int_{B_\delta(\boldsymbol{x})} f(\boldsymbol{y}) \, \mathrm{d}\boldsymbol{y} - f(\boldsymbol{x}) \right| \mathrm{d}\boldsymbol{x} = 0. \tag{8.7.3}$$

证明   我们有

$$\int_{\mathbb{R}^n} \left(\frac{1}{|B_\delta(\boldsymbol{x})|} \int_{B_\delta(\boldsymbol{x})} |f(\boldsymbol{y}) - f(\boldsymbol{x})| \, \mathrm{d}\boldsymbol{y} \right) \mathrm{d}\boldsymbol{x}$$

$$= \frac{1}{|B_1(\boldsymbol{0})|} \int_{\mathbb{R}^n} \mathrm{d}\boldsymbol{x} \int_{B_1(\boldsymbol{0})} |f(\boldsymbol{x} + \delta\boldsymbol{y}) - f(\boldsymbol{x})| \, \mathrm{d}\boldsymbol{y}$$

$$= \frac{1}{|B_1(\boldsymbol{0})|} \int_{B_1(\boldsymbol{0})} \mathrm{d}\boldsymbol{y} \int_{\mathbb{R}^n} |f(\boldsymbol{x} + \delta\boldsymbol{y}) - f(\boldsymbol{x})| \, \mathrm{d}\boldsymbol{x}$$

$$\leqslant \sup_{|\boldsymbol{u}| \leqslant \delta} \int_{\mathbb{R}^n} |f(\boldsymbol{x} + \boldsymbol{u}) - f(\boldsymbol{x})| \, \mathrm{d}\boldsymbol{x}.$$

由推论 8.7.3 即得结论. $\qquad\qquad\qquad\qquad\qquad\qquad\qquad\qquad\qquad\qquad\qquad\qquad$ □

C^k 函数一致逼近连续函数

首先, 引入一致收敛性的定义.

定义 8.7.1   设 $E \subseteq \mathbb{R}^n$, f 是 E 上的函数, 我们称 E 上的函数列 $\{f_j\}$ 在 E 上**一致收敛于** (也称**一致逼近于**) f, 如果对任何 $\varepsilon > 0$, 存在 $N \geqslant 1$, 使得当 $j \geqslant N$ 时, 对任何 $\boldsymbol{x} \in E$ 成立 $|f_j(\boldsymbol{x}) - f(\boldsymbol{x})| < \varepsilon$.

若 $\{f_j\}$ 在 E 的任何紧子集上一致收敛于 f, 则称 $\{f_j\}$ 在 E 上**内闭一致收敛**[1] **于** f.

函数列 $\{f_j\}$ 在 E 上一致收敛也常称为 "$\{f_j(\boldsymbol{x})\}$ 关于 $\boldsymbol{x} \in E$ 一致收敛". 自然, 称函数项级数在 E 上一致收敛, 如果它的部分和组成的函数列一致收敛.

注 8.7.1   如果对每一点 $\boldsymbol{x} \in E$, 数列 $\{f_j(\boldsymbol{x})\}$ 收敛, 就称函数列 $\{f_j\}$ 在 E 上**逐点收敛**. 显然, 一致收敛强于逐点收敛. 一致性体现在定义中的 N 可以取到与 $\boldsymbol{x} \in E$ 无关.

若 E 是有限集, 则在 E 上逐点收敛等价于一致收敛. 因此, 一致收敛性只对 E 为无限集的情形有实质意义.

---

1 又称局部一致收敛.

注 8.7.2 易见, $\{f_k\}$ 在 E 上一致收敛到 f 当且仅当

$$\lim_{j \to +\infty} \sup_{\boldsymbol{x} \in E} |f_j(\boldsymbol{x}) - f(\boldsymbol{x})| = 0. \tag{8.7.4}$$

这又等价于

$$\varlimsup_{j \to +\infty} \sup_{\boldsymbol{x} \in E} |f_j(\boldsymbol{x}) - f(\boldsymbol{x})| = 0.$$

为了讨论一般集合上连续函数的 C^k 函数一致逼近, 我们时常需要函数的定义域能作适当的延伸, 例如在以下的定理 8.7.5 中, 我们要求函数在比我们关心的集合 Ω 更大的一个集合 D 上连续. 就结论而言, 定理 8.7.5 是 Weierstrass (魏尔斯特拉斯) 逼近定理的推论. 但由于经常需要寻找满足一些特殊要求的逼近函数, 定理 8.7.5 证明中的构造方法仍然值得掌握. 我们有

定理 8.7.5 设 Ω, D 均为 $\mathbb{R}^n$ 中的区域, $\Omega \subset\subset D$. 若实函数 f 在 D 上一致连续, 则对于任何 $k \geqslant 1$, 存在 Ω 上的 C^k 函数列 $\{f_j\}$ 在 Ω 上一致收敛到 f.

证明 设 $\delta_0 > 0$ 使得 $\Omega + B_{\delta_0}(\boldsymbol{0}) \subseteq D$, ω 为 f 在 D 上的连续模. 我们分两步证明.

(i) 任取 $0 < \delta < \dfrac{\delta_0}{\sqrt{n}}$, 则

$$f_\delta(\boldsymbol{x}) = \frac{1}{(2\delta)^n} \int_{Q_\delta(\boldsymbol{x})} f(\boldsymbol{y})\,\mathrm{d}\boldsymbol{y}, \quad \forall\, \boldsymbol{x} \in \Omega$$

适定. 进一步, 有

$$|f_\delta(\boldsymbol{x}) - f(\boldsymbol{x})| = \frac{1}{(2\delta)^n} \left| \int_{Q_\delta(\boldsymbol{x})} (f(\boldsymbol{y}) - f(\boldsymbol{x}))\,\mathrm{d}\boldsymbol{y} \right| \leqslant \omega(\sqrt{n}\,\delta), \quad \forall\, \boldsymbol{x} \in \Omega.$$

因此,

$$\lim_{\delta \to 0^+} \sup_{\boldsymbol{x} \in \Omega} |f_\delta(\boldsymbol{x}) - f(\boldsymbol{x})| = 0.$$

即当 $\delta \to 0^+$ 时, f_δ 在 Ω 上一致收敛到 f.

另一方面, 由累次积分的性质和变限积分的求导公式可得

$$\begin{aligned}
\frac{\partial f_\delta(\boldsymbol{x})}{\partial x_1} &= \frac{1}{(2\delta)^n} \int_{x_2-\delta}^{x_2+\delta} \mathrm{d}u_2 \cdots \int_{x_n-\delta}^{x_n+\delta} \Big(f(x_1+\delta, u_2, \cdots, u_n) - \\
&\qquad f(x_1-\delta, u_2, \cdots, u_n) \Big)\,\mathrm{d}u_n \\
&= \frac{1}{(2\delta)^n} \int_{-\delta}^{\delta} \mathrm{d}u_2 \cdots \int_{-\delta}^{\delta} \Big(f(x_1+\delta, x_2+u_2, \cdots, x_n+u_n) - \\
&\qquad f(x_1-\delta, x_2+u_2, \cdots, x_n+u_n) \Big)\,\mathrm{d}u_n.
\end{aligned}$$

从而又可得

$$\sup_{\substack{|\boldsymbol{x}-\boldsymbol{y}|\leqslant r \\ \boldsymbol{x},\boldsymbol{y}\in\Omega}} \left|\frac{\partial f_\delta}{\partial x_1}(\boldsymbol{x}) - \frac{\partial f_\delta}{\partial x_1}(\boldsymbol{y})\right| \leqslant \frac{1}{\delta}\omega(|\boldsymbol{x}-\boldsymbol{y}|).$$

因此, $\dfrac{\partial f_\delta}{\partial x_1}$ 在 Ω 上连续. 同理可证对任何 $1 \leqslant j \leqslant n$ 都有 $\dfrac{\partial f_\delta}{\partial x_j} \in C(\Omega)$.

(ii) 任取 $0 < \delta < \dfrac{\delta_0}{\sqrt{n}}$, 可以归纳地定义

$$f_{\delta,1}(\boldsymbol{x}) = \frac{1}{\delta^n} \int_{Q_{\frac{\delta}{2}}(\boldsymbol{x})} f(\boldsymbol{u})\,\mathrm{d}\boldsymbol{u}, \quad \boldsymbol{x} \in \Omega + Q_{\frac{\delta}{2}}(\boldsymbol{0}),$$

$$f_{\delta,j+1}(\boldsymbol{x}) = \frac{2^{jn}}{\delta^n} \int_{Q_{\frac{\delta}{2^{j+1}}}(\boldsymbol{x})} f_{\delta,j}(\boldsymbol{u})\,\mathrm{d}\boldsymbol{u}, \quad \boldsymbol{x} \in \Omega + Q_{\frac{\delta}{2^{j+1}}}(\boldsymbol{0}), \quad j \geqslant 1.$$

则利用 (i), 易证 $f_{\delta,k}$ 是 C^k 函数, 且当 $\delta \to 0^+$ 时, $f_{\delta,k}$ 在 Ω 上一致收敛到 f. □

自然地, 我们猜想 $g_\delta(\boldsymbol{x}) = \lim\limits_{k\to+\infty} f_{\delta,k}(\boldsymbol{x})$ 在 Ω 上存在, $g_\delta \in C^\infty(\Omega)$, 且当 $\delta \to 0^+$ 时 g_δ 在 Ω 上一致收敛到 f. 事实确实如此. 证明上述极限的存在性和一致收敛性并不困难. 其光滑性今后可利用一致收敛函数列的性质来证明.

卷积

进一步, 我们要研究用光滑函数在 L^p 意义下逼近 L^p 可积函数或在一致逼近意义下逼近连续函数. 为此, 对于 $\mathbb{R}^n$ 上的 (复值) 函数 f, g, 形式地定义其**卷积** $f * g$ 如下:

$$f * g(\boldsymbol{x}) = \int_{\mathbb{R}^n} f(\boldsymbol{x} - \boldsymbol{y}) g(\boldsymbol{y})\,\mathrm{d}\boldsymbol{y}. \tag{8.7.5}$$

由 Hölder 不等式, 当 p, q 为对偶数, $f \in L^p(\mathbb{R}^n)$, $g \in L^q(\mathbb{R}^n)$ 时, $f * g(\boldsymbol{x})$ 对任何 $\boldsymbol{x} \in \mathbb{R}^n$ 均有定义. 但让 $f * g$ 适定的范围要比以上情形广泛很多. 例如当 $f \in C_c^\infty(\mathbb{R}^n)$ 时, 若 $g \in L_{loc}^1(\mathbb{R}^n)$, 则 $f * g$ 也处处有定义. 今后甚至可以把卷积推广到 g 不是函数的情形.

卷积有很好的性质. 我们有

定理 8.7.6　设 p, q 为对偶数, $f \in L^p(\mathbb{R}^n)$, $g \in L^q(\mathbb{R}^n)$, 则

(i) (**卷积的可交换性**) $f * g = g * f$.

(ii) (**卷积的连续性**) $f * g$ 在 $\mathbb{R}^n$ 中一致连续.

(iii) (**卷积的导数**) 进一步, 若 $g \in C^1(\mathbb{R}^n)$, 且 $\nabla g \in L^q(\mathbb{R}^n; \mathbb{C}^n)$, 则 $f * g \in C^1(\mathbb{R}^n)$, 且

$$\frac{\partial}{\partial x_k}(f * g)(\boldsymbol{x}) = \left(f * \frac{\partial g}{\partial x_k}\right)(\boldsymbol{x}), \quad \boldsymbol{x} \in \mathbb{R}^n. \tag{8.7.6}$$

证明 (i) 作变量代换 $\boldsymbol{y} = \boldsymbol{x} - \boldsymbol{u}$, 则有

$$(f * g)(\boldsymbol{x}) = \int_{\mathbb{R}^n} f(\boldsymbol{y}) g(\boldsymbol{x} - \boldsymbol{y}) \, \mathrm{d}\boldsymbol{y} = \int_{\mathbb{R}^n} f(\boldsymbol{x} - \boldsymbol{u}) g(\boldsymbol{u}) \, \mathrm{d}\boldsymbol{u} = (g * f)(\boldsymbol{x}).$$

(ii) 不妨设 $1 \leqslant q < +\infty$, 则由 Hölder 不等式,

$$\begin{aligned}
\big|(f * g)(\boldsymbol{x}) - (f * g)(\boldsymbol{y})\big| &= \left| \int_{\mathbb{R}^n} f(\boldsymbol{u}) \big(g(\boldsymbol{x} - \boldsymbol{u}) - g(\boldsymbol{y} - \boldsymbol{u})\big) \, \mathrm{d}\boldsymbol{u} \right| \\
&\leqslant \left(\int_{\mathbb{R}^n} \big|g(\boldsymbol{x} - \boldsymbol{u}) - g(\boldsymbol{y} - \boldsymbol{u})\big|^q \, \mathrm{d}\boldsymbol{u} \right)^{\frac{1}{q}} \|f\|_p \\
&= \left(\int_{\mathbb{R}^n} \big|g(\boldsymbol{x} - \boldsymbol{y} + \boldsymbol{u}) - g(\boldsymbol{u})\big|^q \, \mathrm{d}\boldsymbol{u} \right)^{\frac{1}{q}} \|f\|_p.
\end{aligned}$$

由推论 8.7.3 即得 $f * g$ 一致连续.

(iii) 我们只要证明 (8.7.6) 式, $f * g$ 的连续可微性随之由 (ii) 的结论可得. 固定 $\boldsymbol{x} \in \mathbb{R}^n$, $1 \leqslant k \leqslant n$.

若 $q = +\infty$, 由中值定理, 对于任意 $t \neq 0$, 有

$$\left| f(\boldsymbol{y}) \frac{g(\boldsymbol{x} + t\boldsymbol{e}_k - \boldsymbol{y}) - g(\boldsymbol{x} - \boldsymbol{y})}{t} \right| \leqslant \left\| \frac{\partial g}{\partial x_k} \right\|_\infty |f(\boldsymbol{y})|, \quad \text{a.e. } \boldsymbol{y} \in \mathbb{R}^n,$$

于是由控制收敛定理, 即得 (8.7.6) 式.

若 $q < +\infty$, 则对于 $t \neq 0$, 由 Hölder 不等式及 Minkowski 不等式, 有

$$\begin{aligned}
&\left| \frac{(f * g)(\boldsymbol{x} + t\boldsymbol{e}_k) - (f * g)(\boldsymbol{x})}{t} - \left(f * \frac{\partial g}{\partial x_k}\right)(\boldsymbol{x}) \right| \\
&= \left| \int_{\mathbb{R}^n} \mathrm{d}\boldsymbol{y} \int_0^1 f(\boldsymbol{y}) \left(\frac{\partial g}{\partial x_k}(\boldsymbol{x} + ts\boldsymbol{e}_k - \boldsymbol{y}) - \frac{\partial g}{\partial x_k}(\boldsymbol{x} - \boldsymbol{y}) \right) \mathrm{d}s \right| \\
&\leqslant \|f\|_p \left[\int_{\mathbb{R}^n} \left| \int_0^1 \left(\frac{\partial g}{\partial x_k}(\boldsymbol{x} + ts\boldsymbol{e}_k - \boldsymbol{y}) - \frac{\partial g}{\partial x_k}(\boldsymbol{x} - \boldsymbol{y}) \right) \mathrm{d}s \right|^q \mathrm{d}\boldsymbol{y} \right]^{\frac{1}{q}} \\
&\leqslant \|f\|_p \int_0^1 \left[\int_{\mathbb{R}^n} \left| \frac{\partial g}{\partial x_k}(\boldsymbol{x} + ts\boldsymbol{e}_k - \boldsymbol{y}) - \frac{\partial g}{\partial x_k}(\boldsymbol{x} - \boldsymbol{y}) \right|^q \mathrm{d}\boldsymbol{y} \right]^{\frac{1}{q}} \mathrm{d}s \\
&\leqslant \|f\|_p \sup_{|\boldsymbol{u}| \leqslant |t|} \left[\int_{\mathbb{R}^n} \left| \frac{\partial g}{\partial x_k}(\boldsymbol{y} + \boldsymbol{u}) - \frac{\partial g}{\partial x_k}(\boldsymbol{y}) \right|^q \mathrm{d}\boldsymbol{y} \right]^{\frac{1}{q}}.
\end{aligned}$$

由推论 8.7.3 即得 (8.7.6) 式. $\qquad \square$

Young 不等式 卷积满足如下重要的 **Young 不等式**.

> **定理** 8.7.7 设 $q, p, r \in [1, +\infty]$ 满足
>
> $$\frac{1}{q} = \frac{1}{p} + \frac{1}{r} - 1, \tag{8.7.7}$$
>
> $f \in L^p(\mathbb{R}^n), g \in L^r(\mathbb{R}^n)$, 则 $f * g$ 几乎处处有定义, 且
>
> $$\|f * g\|_q \leqslant \|f\|_p \|g\|_r. \tag{8.7.8}$$

证明 记 q', p', r' 为 q, p, r 的对偶数.

(i) 首先, 设 $f * g$ 几乎处处有定义.

由于当 q, p, r 之一为 1 或 $+\infty$ 时证明是简单的, 不妨设 $q, p, r \in (0, +\infty)$. 要证明 (8.7.8) 式, 只要对 $h \in L^{q'}(\mathbb{R}^n)$ 证明 (参见 (8.3.25) 式)

$$\int_{\mathbb{R}^n} (f * g)(\boldsymbol{x}) h(\boldsymbol{x}) \, \mathrm{d}\boldsymbol{x} \leqslant \|f\|_p \|g\|_r \|h\|_{q'}.$$

即

$$\int_{\mathbb{R}^n} \mathrm{d}\boldsymbol{x} \int_{\mathbb{R}^n} f(\boldsymbol{y} - \boldsymbol{x}) g(\boldsymbol{y}) h(\boldsymbol{x}) \, \mathrm{d}\boldsymbol{y} \leqslant \|f\|_p \|g\|_r \|h\|_{q'}. \tag{8.7.9}$$

不妨设 f, g, h 均非负, 且 $\|f\|_p = \|g\|_r = \|h\|_{q'} = 1$. 若

$$\alpha, \beta, \gamma, u, v, w \in (0, 1), \quad u + v + w = 1, \tag{8.7.10}$$

则

$$f(\boldsymbol{y} - \boldsymbol{x}) g(\boldsymbol{y}) h(\boldsymbol{x}) \leqslant u f^{\frac{\alpha}{u}}(\boldsymbol{y} - \boldsymbol{x}) g^{\frac{\beta}{u}}(\boldsymbol{y}) + v f^{\frac{1-\alpha}{v}}(\boldsymbol{y} - \boldsymbol{x}) h^{\frac{\gamma}{v}}(\boldsymbol{x}) +$$

$$w g^{\frac{1-\beta}{w}}(\boldsymbol{y}) h^{\frac{1-\gamma}{w}}(\boldsymbol{x}). \tag{8.7.11}$$

进一步, 若

$$\frac{\alpha}{u} = \frac{1-\alpha}{v} = p, \quad \frac{\beta}{u} = \frac{1-\beta}{w} = r, \quad \frac{\gamma}{v} = \frac{1-\gamma}{w} = q', \tag{8.7.12}$$

则对 (8.7.11) 式积分即得 (8.7.9) 式. 幸运的是, (8.7.10) 式和 (8.7.12) 式有解:

$$\alpha = \frac{p}{q}, \quad \beta = \frac{r}{q}, \quad \gamma = \frac{q'}{r'}, \quad u = \frac{1}{q}, \quad v = \frac{1}{r'}, \quad w = \frac{1}{p'}. \tag{8.7.13}$$

(ii) 一般情形.

由 (i) 的讨论, 只要证明 $f * g$ 几乎处处有定义. 不妨设 f, g 均非负. 此时 $f * (g\chi_{\{g \leqslant k\}})$ 处处有定义, 且由 Lévy 单调收敛定理,

$$\lim_{k \to +\infty} \left(f * (g\chi_{\{g \leqslant k\}}) \right)(\boldsymbol{x}) = (f * g)(\boldsymbol{x}), \quad \boldsymbol{x} \in \mathbb{R}^n.$$

于是又有

$$\|f * g\|_q = \lim_{k \to +\infty} \|f * (g\chi_{\{g \leqslant k\}})\|_q$$

$$\leqslant \lim_{k \to +\infty} \|f\|_p \|(g\chi_{\{g \leqslant k\}})\|_r = \|f\|_p \|g\|_r.$$

因此, $f * g$ 几乎处处有定义. 定理得证. □

卷积的结合律 由 Young 不等式, 可得卷积的结合律. 具体地, 我们有

定理 8.7.8 设 $p, q, r \geqslant 1$ 满足 $\dfrac{1}{p} + \dfrac{1}{q} + \dfrac{1}{r} \geqslant 2$, $f \in L^p(\mathbb{R}^n)$, $g \in L^q(\mathbb{R}^n)$, $h \in L^r(\mathbb{R}^n)$, 则 $(f * g) * h = f * (g * h)$ 几乎处处成立.

证明 由定理 8.7.7, $(f * g) * h$ 和 $f * (g * h)$ 均几乎处处有定义. 例如, 有 $f * g \in L^{1/(p^{-1}+q^{-1}-1)}(\mathbb{R}^n)$, $(f * g) * h \in L^{1/(p^{-1}+q^{-1}+r^{-1}-2)}(\mathbb{R}^n)$.

于是, 对几乎所有的 $\boldsymbol{x} \in \mathbb{R}^n$, 有

$$\begin{aligned}
\big((f * g) * h\big)(\boldsymbol{x}) &= \int_{\mathbb{R}^n} (f * g)(\boldsymbol{y}) h(\boldsymbol{x} - \boldsymbol{y}) \,\mathrm{d}\boldsymbol{y} \\
&= \int_{\mathbb{R}^n} \mathrm{d}\boldsymbol{y} \int_{\mathbb{R}^n} f(\boldsymbol{z}) g(\boldsymbol{y} - \boldsymbol{z}) h(\boldsymbol{x} - \boldsymbol{y}) \,\mathrm{d}\boldsymbol{z} \\
&= \int_{\mathbb{R}^n} \mathrm{d}\boldsymbol{z} \int_{\mathbb{R}^n} f(\boldsymbol{z}) g(\boldsymbol{y} - \boldsymbol{z}) h(\boldsymbol{x} - \boldsymbol{y}) \,\mathrm{d}\boldsymbol{y} \\
&= \int_{\mathbb{R}^n} \mathrm{d}\boldsymbol{z} \int_{\mathbb{R}^n} f(\boldsymbol{z}) g(\boldsymbol{y}) h(\boldsymbol{x} - \boldsymbol{z} - \boldsymbol{y}) \,\mathrm{d}\boldsymbol{y} \\
&= \big(f * (g * h)\big)(\boldsymbol{x}).
\end{aligned}$$

定理得证. □

磨光算子

由定理 8.7.6 的 (iii), 不难看到, 若 $g \in C_c^\infty(\mathbb{R}^n)$, $f \in L_{loc}^1(\mathbb{R}^n)$, 则 $f * g \in C^\infty(\mathbb{R}^n)$.

现设

$$h(t) = \begin{cases} \mathrm{e}^{-\frac{1}{t}}, & t > 0, \\ 0, & t \leqslant 0. \end{cases}$$

不难验证 $h \in C^\infty(\mathbb{R})$. 令

$$\psi(\boldsymbol{x}) = h(|\boldsymbol{x}|^2) h(1 - |\boldsymbol{x}|^2), \quad \boldsymbol{x} \in \mathbb{R}^n, \tag{8.7.14}$$

则 $\psi \in C_c^\infty(\mathbb{R}^n)$.

注意到 ψ 非负且不恒为零, 利用它作卷积, 我们可以在局部范围内**磨光**一个函数. 特别地, 我们可以构造出如下函数.

例 8.7.1   任取 $\delta > 0$, 存在 $\eta \in C_c^\infty(\mathbb{R}^n)$, 使得当 $|\boldsymbol{x}| \leqslant 1$ 时, $\eta(\boldsymbol{x}) = 1$, 当 $1 < |\boldsymbol{x}| < 1 + 2\delta$ 时, $\eta(\boldsymbol{x}) \in (0,1)$, 当 $|\boldsymbol{x}| \geqslant 1 + 2\delta$ 时, $\eta(\boldsymbol{x}) = 0$.

解   设 ψ 由 (8.7.14) 式给出, $c = \displaystyle\int_{\mathbb{R}^n} \psi(\boldsymbol{x})\, \mathrm{d}\boldsymbol{x}$, $\psi_\delta(\boldsymbol{x}) = \dfrac{1}{c\delta^n}\psi\left(\dfrac{\boldsymbol{x}}{\delta}\right)$. 定义

$$\eta(\boldsymbol{x}) = \left(\chi_{B_{1+\delta}(\boldsymbol{0})} * \psi_\delta\right)(\boldsymbol{x}) \equiv \frac{1}{c\delta^n}\int_{B_{1+\delta}(\boldsymbol{0})} \psi\left(\frac{\boldsymbol{x}-\boldsymbol{u}}{\delta}\right)\mathrm{d}\boldsymbol{u}, \quad \forall \boldsymbol{x} \in \mathbb{R}^n,$$

则不难验证 η 满足要求.

一般地, 取 $\varphi \in C_c^\infty(\mathbb{R}^n)$ 满足

$$\int_{\mathbb{R}^n} \varphi(\boldsymbol{x})\, \mathrm{d}\boldsymbol{x} = 1, \tag{8.7.15}$$

对于 $\varepsilon > 0$, 令

$$\varphi_\varepsilon(\boldsymbol{x}) = \frac{1}{\varepsilon^n}\varphi\left(\frac{\boldsymbol{x}}{\varepsilon}\right), \quad \forall \boldsymbol{x} \in \mathbb{R}^n, \tag{8.7.16}$$

则 $\displaystyle\int_{\mathbb{R}^n} \varphi_\varepsilon(\boldsymbol{x})\, \mathrm{d}\boldsymbol{x} = 1$. 此时 $f_\varepsilon = f * \varphi_\varepsilon \in C^\infty(\mathbb{R}^n)$, 且 f_ε 在某种意义下收敛于 f. 称由下式定义的算子 T_ε 为**磨光算子**:

$$T_\varepsilon f(\boldsymbol{x}) = \int_{\mathbb{R}^n} f(\boldsymbol{x}-\boldsymbol{y})\varphi_\varepsilon(\boldsymbol{y})\, \mathrm{d}\boldsymbol{y}, \quad \forall \boldsymbol{x} \in \mathbb{R}^n. \tag{8.7.17}$$

在一维情形, 我们可以把图 8.21(a) 中的跳跃函数在跳跃点磨光成光滑函数.

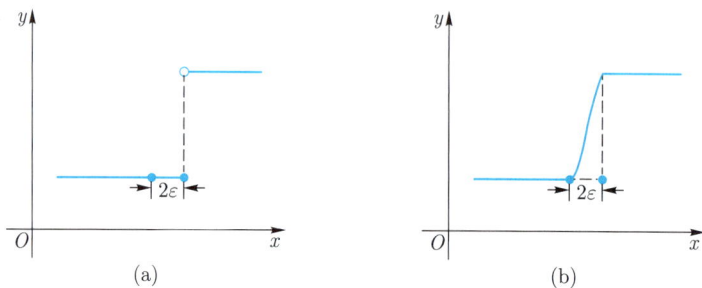

(a)   (b)

图 8.21

现在, 对于连续函数和可积函数, 我们来建立如下定理.

定理 8.7.9   设 f 为 $\mathbb{R}^n$ 上的函数, $\varphi \in C_c^\infty(\mathbb{R}^n)$ 满足 (8.7.15) 式. 对于 $\varepsilon > 0$, 记 $f_\varepsilon = f * \varphi_\varepsilon$, 其中 φ_ε 由 (8.7.16) 式给出.

(i) 若 $f \in C(\mathbb{R}^n)$, 则 $f_\varepsilon \in C^\infty(\mathbb{R}^n)$, 且当 $\varepsilon \to 0^+$ 时, f_ε 在 $\mathbb{R}^n$ 上内闭一致收敛于 f.

进一步, 若 f 在 $\mathbb{R}^n$ 上一致连续, 则当 $\varepsilon \to 0^+$ 时, f_ε 在 $\mathbb{R}^n$ 上一致收

敛于 f.

(ii) 若 $1 \leqslant p < +\infty$, $f \in L^p(\mathbb{R}^n)$, 则 $f_\varepsilon \in L^p(\mathbb{R}^n)$, 且

$$\lim_{\varepsilon \to 0^+} \|f_\varepsilon - f\|_p = 0. \tag{8.7.18}$$

特别地, 对任何 $g \in L^q(\mathbb{R}^n)$, 其中 q 为 p 的对偶数, 成立

$$\lim_{\varepsilon \to 0^+} \int_{\mathbb{R}^n} \big(f_\varepsilon(\boldsymbol{x}) - f(\boldsymbol{x})\big)g(\boldsymbol{x})\,\mathrm{d}\boldsymbol{x} = 0. \tag{8.7.19}$$

(iii) 若 $f \in L^\infty(\mathbb{R}^n)$, 则 $f_\varepsilon \in L^\infty(\mathbb{R}^n)$, 且对任何 $R > 0$ 以及 $1 \leqslant q < +\infty$, 成立

$$\lim_{\varepsilon \to 0^+} \|f_\varepsilon - f\|_{L^q(B_R(\boldsymbol{0}))} = 0. \tag{8.7.20}$$

进一步, 对任何 $g \in L^1(\mathbb{R}^n)$, (8.7.19) 式成立.

证明 不妨设 $\operatorname{supp}\varphi \subseteq \overline{B_1(\boldsymbol{0})}$. 由定理 8.7.7, $f_\varepsilon \in C^\infty(\mathbb{R}^n)$.

(i) 任取 $M > 0$, 设 f 在 $\overline{B_{M+1}(\boldsymbol{0})}$ 上的连续模为 ω_M. 对于 $|\boldsymbol{x}| \leqslant M$, 有

$$
\begin{aligned}
\big|f_\varepsilon(\boldsymbol{x}) - f(\boldsymbol{x})\big| &= \left|\int_{\mathbb{R}^n} \big(f(\boldsymbol{x} - \boldsymbol{u}) - f(\boldsymbol{x})\big)\varphi_\varepsilon(\boldsymbol{u})\,\mathrm{d}\boldsymbol{u}\right| \\
&= \left|\int_{B_1(\boldsymbol{0})} \big(f(\boldsymbol{x} - \varepsilon\boldsymbol{u}) - f(\boldsymbol{x})\big)\varphi(\boldsymbol{u})\,\mathrm{d}\boldsymbol{u}\right| \tag{8.7.21} \\
&\leqslant \omega_M(\varepsilon)\int_{B_1(\boldsymbol{0})} \big|\varphi(\boldsymbol{u})\big|\,\mathrm{d}\boldsymbol{u}. \tag{8.7.22}
\end{aligned}
$$

由此即得当 $\varepsilon \to 0^+$ 时, f_ε 在 $\overline{B_M(\boldsymbol{0})}$ 上一致收敛到 f. (8.7.22) 式同样表明, 当 f 在 $\mathbb{R}^n$ 上一致连续时, f_ε 在 $\mathbb{R}^n$ 上一致收敛到 f.

(ii) 类似于 (i), 由 (8.7.21) 式, 有

$$\big|f_\varepsilon(\boldsymbol{x}) - f(\boldsymbol{x})\big| \leqslant \|\varphi\|_\infty \int_{B_1(\boldsymbol{0})} \big|f(\boldsymbol{x} - \varepsilon\boldsymbol{u}) - f(\boldsymbol{x})\big|\,\mathrm{d}\boldsymbol{u}.$$

于是由 Minkowski 不等式得到

$$
\begin{aligned}
\|f_\varepsilon - f\|_p &\leqslant \|\varphi\|_\infty \int_{B_1(\boldsymbol{0})} \|f(\cdot - \varepsilon\boldsymbol{u}) - f(\cdot)\|_p\,\mathrm{d}\boldsymbol{u} \\
&\leqslant \|\varphi\|_\infty \sup_{|\boldsymbol{u}| \leqslant \varepsilon} \|f(\boldsymbol{u} + \cdot) - f(\cdot)\|_p. \tag{8.7.23}
\end{aligned}
$$

由推论 8.7.3 即得 (8.7.18) 式. 而 (8.7.19) 式是 (8.7.18) 式的直接推论.

(iii) 我们有

$$\|f_\varepsilon\|_\infty \leqslant \|f\|_\infty \|\varphi_\varepsilon\|_1 = \|f\|_\infty.$$

另一方面, 对于任何 $R > 0$, 类似于 (8.7.23) 式,

$$\|f_\varepsilon - f\|_{L^r(B_R(\mathbf{0}))} \leqslant \|\varphi\|_\infty \sup_{|\boldsymbol{u}| \leqslant \varepsilon} \|f(\boldsymbol{u} + \cdot) - f(\cdot)\|_{L^r(B_R(\mathbf{0}))}.$$

注意到 $L^\infty(\mathbb{R}^n) \subset L^q_{loc}(\mathbb{R}^n)\, (\forall q \in [1, +\infty))$, 由推论 8.7.3 即得 (8.7.20) 式. (8.7.20)
式意味着对任何 $R > 0$, f_ε 在 $B_R(\mathbf{0})$ 上按测度收敛于 f. 这样, 对任何 $g \in L^1(\mathbb{R}^n)$,
由于 $|(f_\varepsilon - f)g| \leqslant 2\|f\|_\infty |g|$, 由控制收敛定理, 得到

$$\lim_{\varepsilon \to 0^+} \int_{B_R(\mathbf{0})} \big(f_\varepsilon(\boldsymbol{x}) - f(\boldsymbol{x})\big) g(\boldsymbol{x}) \, \mathrm{d}\boldsymbol{x} = 0.$$

从而

$$\varlimsup_{\varepsilon \to 0^+} \left| \int_{\mathbb{R}^n} \big(f_\varepsilon(\boldsymbol{x}) - f(\boldsymbol{x})\big) g(\boldsymbol{x}) \, \mathrm{d}\boldsymbol{x} \right| \leqslant 2\|f\|_\infty \|g\|_{L^1(\mathbb{R}^n \setminus B_R(\mathbf{0}))}.$$

上式中令 $R \to +\infty$ 即得 (8.7.19) 式. □

Weierstrass 逼近定理

若 $T > 0$, f, g 是 $\mathbb{R}$ 上以 T 为周期的函数, 则类似地可以定义周期函数 f 和 g
的卷积:

$$(f * g)(x) = \int_0^T f(x - t) g(t) \, \mathrm{d}t, \quad \forall x \in \mathbb{R}. \tag{8.7.24}$$

可以类似地建立周期函数卷积的性质.

如下定理称为 **Weierstrass (第二) 逼近定理**.

定理 8.7.10　$\mathbb{R}$ 上周期为 2π 的连续函数可以用周期为 2π 的三角多项式一致逼近.

证明　在参考文献 [17] 中, 作者利用卷积给出了定理的一个简洁证明. 对于以
2π 为周期的连续函数 f, 定义

$$T_n f(x) = \frac{1}{H_n} \int_{-\pi}^{\pi} f(t) \cos^{2n} \frac{x - t}{2} \, \mathrm{d}t, \quad H_n = \int_{-\pi}^{\pi} \cos^{2n} \frac{t}{2} \, \mathrm{d}t. \tag{8.7.25}$$

则易见 $T_n f$ 是周期为 2π 的三角多项式. 设 ω 为 f 在 $\mathbb{R}$ 上的连续模, 则有

$$|T_n f(x) - f(x)| = \left| \frac{1}{H_n} \int_{-\pi}^{\pi} \big(f(x - t) - f(x)\big) \cos^{2n} \frac{t}{2} \, \mathrm{d}t \right|$$

$$\leqslant \frac{1}{H_n} \int_{-\pi}^{\pi} \big|f(x - t) - f(x)\big| \cos^{2n} \frac{t}{2} \, \mathrm{d}t$$

$$\leqslant \frac{2}{H_n} \left(\int_0^\delta \omega(\delta) \cos^{2n} \frac{t}{2} \, \mathrm{d}t + \int_\delta^\pi \omega(\pi) \cos^{2n} \frac{t}{2} \, \mathrm{d}t \right),$$

$$\forall x \in \mathbb{R}, \delta \in (0, \pi).$$

因此,

$$\varlimsup_{n\to+\infty} \sup_{x\in\mathbb{R}} |T_n f(x) - f(x)| \leqslant \omega(\delta), \quad \forall \delta \in (0,\pi).$$

再令 $\delta \to 0^+$, 即得 $\{T_n f\}$ 在 $\mathbb{R}$ 上一致收敛于 f. □

容易证明, Weierstrass 第二逼近定理等价于如下的 **Weierstrass (第一) 逼近定理**. 关于 Weierstrass 第一逼近定理和第二逼近定理的其他证明, 及其等价性可参见文献 [25].

定理 8.7.11　有界闭区间上的连续函数可用多项式一致逼近.

定理 8.7.10 和 8.7.11 很容易推广到多元情形. 例如, 我们有

定理 8.7.12　$\mathbb{R}^n$ 中有界凸闭集上的连续函数可用多项式一致逼近.

证明　仿参考文献 [17] 中对于定理 8.7.11 的证明, 我们证明如下.

设 f 为 $\mathbb{R}^n$ 中的有界凸闭集 E 上的连续函数. 不妨设 $E \subset B_M(\mathbf{0})$ 并含有内点 $\boldsymbol{x}_0$. 对于 E 外的点 $\boldsymbol{x}$, 连接 $\boldsymbol{x}_0$ 与 $\boldsymbol{x}$ 的直线段与 ∂E 有唯一的交点 $\boldsymbol{\xi_x}$. 补充定义 $f(\boldsymbol{x}) = f(\boldsymbol{\xi_x})$, 则 f 成为 $\mathbb{R}^n$ 上的连续函数. 再将扩充定义后的函数乘一个有紧支集但在 $B_M(\mathbf{0})$ 上为 1 的光滑函数, 则我们可以设 $f \in C_c(\mathbb{R}^n)$. 经伸缩变换, 不妨设 $\operatorname{supp} f \subset B_{\frac{1}{2}}(\mathbf{0})$. 令

$$\alpha_k = \int_{B_1(\mathbf{0})} (1 - |\boldsymbol{x}|^2)^k \mathrm{d}\boldsymbol{x}, \quad k \geqslant 1.$$

定义

$$f_k(\boldsymbol{x}) = \frac{1}{\alpha_k} \int_{B_1(\mathbf{0})} f(\boldsymbol{x} - \boldsymbol{u})(1 - |\boldsymbol{u}|^2)^k \, \mathrm{d}\boldsymbol{u}, \quad \boldsymbol{x} \in B_{\frac{1}{2}}(\mathbf{0}),$$

则同定理 8.7.12 的证明一样, 可证 $\{f_k\}$ 在 $B_{\frac{1}{2}}(\mathbf{0})$ 上一致收敛于 f. 而对于 $\boldsymbol{x} \in B_{\frac{1}{2}}(\mathbf{0})$,

$$
\begin{aligned}
f_k(\boldsymbol{x}) &= \frac{1}{\alpha_k} \int_{B_1(\mathbf{0})} f(\boldsymbol{x} - \boldsymbol{u})(1 - |\boldsymbol{u}|^2)^k \, \mathrm{d}\boldsymbol{u} \\
&= \frac{1}{\alpha_k} \int_{\mathbb{R}^n} f(\boldsymbol{x} - \boldsymbol{u})(1 - |\boldsymbol{u}|^2)^k \, \mathrm{d}\boldsymbol{u} \\
&= \frac{1}{\alpha_k} \int_{\mathbb{R}^n} f(\boldsymbol{u})(1 - |\boldsymbol{x} - \boldsymbol{u}|^2)^k \, \mathrm{d}\boldsymbol{u} \\
&= \frac{1}{\alpha_k} \int_{B_{\frac{1}{2}}(\mathbf{0})} f(\boldsymbol{u})(1 - |\boldsymbol{x} - \boldsymbol{u}|^2)^k \, \mathrm{d}\boldsymbol{u}.
\end{aligned}
$$

由此可见 $\{f_k\}$ 限制在 $B_{\frac{1}{2}}(\mathbf{0})$ 上是多元多项式. 定理证毕. □

闭集上连续函数的延拓

根据上面的讨论, 如果紧集上的连续函数可以延拓成一个凸紧集上的连续函数, 就可以证明紧集上的连续函数也可以用多项式一致逼近. 事实上, 我们有如下延拓定理.

定理 8.7.13   设 $E \subseteq \mathbb{R}^n$ 为闭集, $f \in C(E)$, 则存在 $\mathbb{R}^n$ 上的连续函数 g, 使得

$$g|_E = f.$$

证明   我们分三步证明.

(i) 首先, 设 E 为紧集, 要证存在 $[0, +\infty)$ 上非负连续的单增函数 ω, 满足

$$|f(\boldsymbol{x}) - f(\boldsymbol{y})| \leqslant \omega(|\boldsymbol{x} - \boldsymbol{y}|), \quad \forall \boldsymbol{x}, \boldsymbol{y} \in E, \tag{8.7.26}$$

$$\omega(0) = 0, \tag{8.7.27}$$

$$\omega(s + r) \leqslant \omega(s) + \omega(r), \quad \forall s, r \geqslant 0. \tag{8.7.28}$$

令 ω_0 为 f 在 E 上的连续模, 即

$$\omega_0(r) = \max_{\substack{|\boldsymbol{x} - \boldsymbol{y}| \leqslant r \\ \boldsymbol{x}, \boldsymbol{y} \in E}} |f(\boldsymbol{x}) - f(\boldsymbol{y})|, \quad r \geqslant 0,$$

则 ω_0 是 $[0, +\infty)$ 上的非负单增函数, 且 $\lim\limits_{r \to 0^+} \omega_0(r) = \omega_0(0) = 0$. 当 E 是凸紧集的时候, 取 $\omega = \omega_0$ 即可. 一般地, 定义 $\omega_1(0) = 0$ 以及

$$\omega_1(r) = \frac{1}{r} \int_r^{2r} \omega_0(s)\, \mathrm{d}s, \quad r > 0,$$

则 ω_1 是 $[0, +\infty)$ 上非负连续的单增函数, 且 $\omega_0(r) \leqslant \omega_1(r)\, (\forall r \geqslant 0)$. 最后, 令

$$\omega(r) = \max_{\substack{|s - t| \leqslant r \\ s, t \geqslant 0}} |\omega_1(s) - \omega_1(t)|, \quad r \geqslant 0,$$

则易见 ω 是 $[0, +\infty)$ 上的非负连续的单增函数, 满足 (8.7.26)—(8.7.28) 式.

(ii) 仍设 E 为紧集, 我们来构造函数 g. 令

$$g(\boldsymbol{x}) = \sup_{\boldsymbol{y} \in E} \big(f(\boldsymbol{y}) - \omega(|\boldsymbol{y} - \boldsymbol{x}|)\big), \quad \forall \boldsymbol{x} \in \mathbb{R}^n. \tag{8.7.29}$$

由 (8.7.26) 式, 当 $\boldsymbol{x} \in E$ 时, 对任何 $\boldsymbol{y} \in E$, 成立 $f(\boldsymbol{x}) \geqslant f(\boldsymbol{y}) - \omega(|\boldsymbol{y} - \boldsymbol{x}|)$, 因此, $g(\boldsymbol{x}) = f(\boldsymbol{x})$.

而对于 $\boldsymbol{x} \in \mathbb{R}^n$, 由于 $f(\cdot) - \omega(|\cdot - \boldsymbol{x}|)$ 在 E 上连续, 因此有 $\boldsymbol{\xi}_{\boldsymbol{x}} \in E$ 使得 $g(\boldsymbol{x}) = f(\boldsymbol{\xi}_{\boldsymbol{x}}) - \omega(|\boldsymbol{\xi}_{\boldsymbol{x}} - \boldsymbol{x}|)$. 这样, 对于 $\boldsymbol{y} \in \mathbb{R}^n$, 由 (8.7.28) 式, 有

$$\begin{aligned}
g(\boldsymbol{x}) - g(\boldsymbol{y}) &= f(\boldsymbol{\xi}_{\boldsymbol{x}}) - \omega(|\boldsymbol{\xi}_{\boldsymbol{x}} - \boldsymbol{x}|) - \sup_{\boldsymbol{z} \in E} \big(f(\boldsymbol{z}) - \omega(|\boldsymbol{z} - \boldsymbol{y}|)\big) \\
&\leqslant f(\boldsymbol{\xi}_{\boldsymbol{x}}) - \omega(|\boldsymbol{\xi}_{\boldsymbol{x}} - \boldsymbol{x}|) - \big(f(\boldsymbol{\xi}_{\boldsymbol{x}}) - \omega(|\boldsymbol{\xi}_{\boldsymbol{x}} - \boldsymbol{y}|)\big) \\
&\leqslant \omega(|\boldsymbol{x} - \boldsymbol{y}|).
\end{aligned}$$

同理, $g(\boldsymbol{y}) - g(\boldsymbol{x}) \leqslant \omega(|\boldsymbol{x} - \boldsymbol{y}|)$. 从而 $|g(\boldsymbol{x}) - g(\boldsymbol{y})| \leqslant \omega(|\boldsymbol{x} - \boldsymbol{y}|)$. 因此, g 在 $\mathbb{R}^n$ 上连续.

(iii) 一般地, 任取 $k \geqslant 1$, 由 (ii) 的结论, 存在 $\mathbb{R}^n$ 中连续函数 g_k 使得对于任意 $\boldsymbol{x} \in E \cap \overline{B_k(\boldsymbol{0})}$, 有 $g_k(\boldsymbol{x}) = f(\boldsymbol{x})$. 令 $g_0 = g_1$,

$$g(\boldsymbol{x}) = (k + 1 - |\boldsymbol{x}|)g_k(\boldsymbol{x}) + (|\boldsymbol{x}| - k)g_{k+1}(\boldsymbol{x}),$$

$$k \leqslant |\boldsymbol{x}| < k + 1, k = 0, 1, 2, \cdots,$$

则易见 g 是 $\mathbb{R}^n$ 上连续函数, 且对于任何 $\boldsymbol{x} \in E$, 有 $g(\boldsymbol{x}) = f(\boldsymbol{x})$. 这就证明了定理. $\square$

结合定理 8.7.12 和定理 8.7.13 即得如下定理.

定理 8.7.14 $\mathbb{R}^n$ 中紧集上的连续函数可用多项式一致逼近.

习题 8.7.$\mathcal{A}$

1. 证明函数

$$\varphi(x) = \begin{cases} \mathrm{e}^{-\frac{1}{x}}, & x > 0, \\ 0, & x \leqslant 0 \end{cases}$$

任意次可导.

2. 设 $b > a$, $n > \dfrac{4}{b-a}$. 证明: 存在 $g_n \in C_c^\infty((a,b);[0,1])$ 满足 $\operatorname{supp} g_n = \left[a + \dfrac{1}{n}, b - \dfrac{1}{n}\right]$, $g_n|_{\left[a+\frac{2}{n}, b-\frac{2}{n}\right]} \equiv 1$ 以及 $|g'| \leqslant nM$, 其中 M 是与 n 无关的一个常数.

3. 设 $\alpha > 0$, $f \in L_{loc}^1(\mathbb{R})$. 定义 $F(x) = \dfrac{1}{\alpha} \displaystyle\int_x^{x+\alpha} f(t) \, \mathrm{d}t \, (\forall x \in \mathbb{R})$. 证明:

   (i) 若 f 是单调函数, 则 F 也是单调函数.

   (ii) 若 f 是凸函数, 则 F 也是凸函数.

   (iii) 若 f 有连续的 n 阶导数, 且 $f^{(n)} \geqslant 0$, 则 $F^{(n)} \geqslant 0$.

4. 设 $f \in L_{loc}^1(\mathbb{R})$, $\varphi \in C_c^\infty(\mathbb{R})$ 非负且不恒为零. 定义 $F = f * \varphi$. 证明对于这样定义的函数 F, 也具有第 3 题中所列的性质.

5. 若对任何 $x, y \in \mathbb{R}$, $\mathbb{R}$ 上的一元实函数 f 满足 $f(x + y) = f(x) + f(y)$. 进一步, f 在一个区间内有界. 证明: 存在常数 c 使得 $f(x) = cx \, (\forall x \in \mathbb{R})$.

习题 8.7.$\mathcal{B}$

1. 试利用 Weierstrass 第一逼近定理证明 Weierstrass 第二逼近定理.

2. 试利用 Weierstrass 第二逼近定理证明 Weierstrass 第一逼近定理.

3. 将习题 8.7.$\mathcal{A}$ 中第 2 题推广到高维情形: 设 $D \subset \mathbb{R}^n$ 为有界区域. 对于 $\delta > 0$, 取区域 Ω 使得 $D \subset\subset \Omega$, $\displaystyle\inf_{\boldsymbol{x} \in D, \boldsymbol{y} \in \partial\Omega} |\boldsymbol{x} - \boldsymbol{y}| \geqslant \delta$. 证明: 存在 $\varphi \in C_c^\infty(\Omega)$, 满足 $0 \leqslant \varphi \leqslant 1$, $\varphi|_D \equiv 1$ 以及 $|\nabla\varphi| \leqslant \dfrac{M}{\delta}$, 其中 M 是与 δ 无关的一个常数.

4. 设 $\mathbb{R}$ 上可测实函数 f 满足 $f(x+y) = f(x) + f(y)$. 证明: 存在常数 c 使得 $f(x) = cx\,(\forall\, x \in \mathbb{R})$.

   提示: 存在闭集 $E \subset [0,1]$, 使得 $|E| > \dfrac{3}{4}$ 且 f 限制在 E 上连续. 证明: $\left(-\dfrac{1}{2}, \dfrac{1}{2}\right) \subset E - E$.

5. 设 R 上可测实函数 f 中点凸. 证明: f 是凸函数.

6. 在 Weierstrass 逼近定理的证明中, 一个重要思想是利用 **Bernstein**[2] **(伯恩斯坦) 多项式**. 设 f 是 $[0,1]$ 上的函数, 其 Bernstein 多项式定义为

$$B_n(f; x) = \sum_{k=0}^n \mathrm{C}_n^k f\left(\frac{k}{n}\right) x^k (1-x)^{n-k}, \quad x \in [0,1].$$

试证明:

(i) 对任何 $x \in [0,1]$, 有 $\displaystyle\sum_{k=0}^n \mathrm{C}_n^k (k - nx)^2 x^k (1-x)^{n-k} = nx(1-x)$.

(ii) 设 $f \in C[0,1]$, 证明: $\{B_n(f; x)\}$ 在 $[0,1]$ 上一致收敛到 $f(x)$.

7. 设 $T : C[a,b] \to C[a,b]$ 是线性算子, 若对任何非负的 $f \in C[a,b]$, 都有 Tf 非负, 则称 T 是**正线性算子**. 试证明如下的 **Korovkin (科罗夫金) 定理**: 设 $\{T_n\}$ 是 $C[a,b] \to C[a,b]$ 的一列正线性算子, 若对于 $f(x) = 1, x, x^2$, $\{T_n f\}$ 均在 $[a,b]$ 上一致收敛于 f, 则对任何 $f \in C[a,b]$, $\{T_n f\}$ 在 $[a,b]$ 上一致收敛于 f.

8. 验证第 5 题给出的 B_n 是 $C[0,1]$ 到 $C[0,1]$ 的正线性算子, 且对于 $f(x) = 1, x, x^2$, $\{T_n f\}$ 均在 $[0,1]$ 上一致收敛于 f.

---

2 Bernstein, S N, 1880—1968 年.

§8 光滑逼近的应用

本节介绍一些利用函数光滑逼近的例子. 其中一些结果在数学中起着非常重要的作用.

分部积分公式的推广

利用光滑逼近, 可以减弱分部积分时相关函数的光滑性.

命题 8.8.1 设实函数 $f, g \in L^1[a, b]$, F, G 满足 $F(x) = F(a) + \int_a^x f(t) \, dt$, $G(x) = G(a) + \int_a^x g(t) \, dt$, 则成立分部积分公式

$$\int_a^b F(x) g(x) \, dx = F(x) G(x) \Big|_a^b - \int_a^b f(x) G(x) \, dx. \tag{8.8.1}$$

证明 若 $f, g \in C[a, b]$, 则 (8.8.1) 式成立. 一般地, 可取连续函数列 $\{f_n\}, \{g_n\}$ 满足

$$\lim_{n \to +\infty} \|f_n - f\|_1 = \lim_{n \to +\infty} \|g_n - g\|_1 = 0.$$

令 $F_n(x) = F(a) + \int_a^x f_n(t) \, dt$, $G_n(x) = G(a) + \int_a^x g_n(t) \, dt$, 则

$$\int_a^b F_n(x) g_n(x) \, dx = F_n(x) G_n(x) \Big|_a^b - \int_a^b f_n(x) G_n(x) \, dx. \tag{8.8.2}$$

我们有

$$\|F_n - F\|_\infty = \max_{x \in [a,b]} \left| \int_a^x \big(f_n(t) - f(t) \big) \, dt \right| \leqslant \|f_n - f\|_1.$$

于是,

$$\left| \int_a^b F_n(x) g_n(x) \, dx - \int_a^b F(x) g(x) \, dx \right|$$

$$\leqslant \|F_n g_n - F g\|_1 \leqslant \|F_n\|_\infty \|g_n - g\|_1 + \|F_n - F\|_\infty \|g\|_1$$

$$\leqslant \|F\|_\infty \|g_n - g\|_1 + \|f_n - f\|_1 \|g_n - g\|_1 + \|f_n - f\|_1 \|g\|_1.$$

因此,

$$\lim_{n \to +\infty} \int_a^b F_n(x) g_n(x) \, dx = \int_a^b F(x) g(x) \, dx.$$

类似地有

$$\lim_{n \to +\infty} F_n(x)G_n(x)\Big|_a^b = F(x)G(x)\Big|_a^b$$

以及

$$\lim_{n \to +\infty} \int_a^b f_n(x)G_n(x)\,\mathrm{d}x = \int_a^b f(x)G(x)\,\mathrm{d}x.$$

于是在 (8.8.2) 式中令 $n \to +\infty$ 即得 (8.8.1) 式. $\square$

带积分型余项 Taylor 公式的推广

在定理 8.4.7 有关带积分型余项的 Taylor 公式中, 我们要求相关函数最高阶导数连续 (参见 (8.4.13) 式). 利用光滑逼近, 可以减弱其条件.

命题 8.8.2 设 $n \geqslant 0$, 若存在 $u \in L^1[a,b]$ 使得函数 f 在 $[a,b]$ 上的 n 阶导数满足

$$f^{(n)}(x) = f^{(n)}(a) + \int_a^x u(t)\,\mathrm{d}t \ (x \in [a,b]), \text{则对于任何 } x_0, x \in [a,b],$$
成立

$$f(x) = f(x_0) + f'(x_0)(x - x_0) + \cdots + \frac{f^{(n)}(x_0)}{n!}(x - x_0)^n +$$
$$\int_{x_0}^x \frac{(x-t)^n u(t)}{n!}\,\mathrm{d}t. \tag{8.8.3}$$

特别地, 当 f 在 $[a,b]$ 上有 $n+1$ 阶导数且 $f^{(n+1)}$ 可积时, 成立

$$f(x) = f(x_0) + f'(x_0)(x - x_0) + \cdots + \frac{f^{(n)}(x_0)}{n!}(x - x_0)^n +$$
$$\int_{x_0}^x \frac{(x-t)^n f^{(n+1)}(t)}{n!}\,\mathrm{d}t. \tag{8.8.4}$$

证明 可取 $[a,b]$ 上连续函数列 $\{u_k\}$ 使得

$$\lim_{k \to +\infty} \|u_k - u\|_1 = 0.$$

令 $\{f_k\}$ 满足

$$\begin{cases} f_k^{(n+1)}(x) = u_k(x), & x \in [a,b], \\ f_k^{(j)}(a) = f^{(j)}(a), & j = 0, 1, \cdots, n, \end{cases}$$

则

$$f_k(x) = f(x_0) + f'(x_0)(x - x_0) + \cdots + \frac{f^{(n)}(x_0)}{n!}(x - x_0)^n +$$
$$\int_{x_0}^x \frac{(x-t)^n u_k(t)}{n!}\,\mathrm{d}t. \tag{8.8.5}$$

我们有

$$\|f_k^{(n)} - f^{(n)}\|_{C[a,b]} = \max_{x \in [a,b]} \left| \int_a^x \left(u_k(t) - u(t) \right) \mathrm{d}t \right| \leqslant \|u_k - u\|_1, \quad \forall\, k \geqslant 1.$$

进而

$$\|f_k^{(n-1)} - f^{(n-1)}\|_{C[a,b]} = \max_{x \in [a,b]} \left| \int_a^x \left(f_k^{(n)}(t) - f^{(n)}(t) \right) \mathrm{d}t \right|$$
$$\leqslant \|u_k - u\|_1 (b - a), \quad \forall\, k \geqslant 1.$$

以此类推, 可以得到

$$\|f_k - f\|_{C[a,b]} \leqslant \|u_k - u\|_1 (b - a)^n, \quad \forall\, k \geqslant 1.$$

在 (8.8.5) 式中令 $k \to +\infty$ 即得 (8.8.3) 式.

当 f 在 $[a,b]$ 上有 $n+1$ 阶导数且导数可积时, 结合定理 8.4.9 即得 (8.8.4) 式. □

注 8.8.1 就命题 8.8.2 的证明而言, 通过累次积分证明是更方便的. 由 Fubini 定理, 我们可以方便地交换累次积分的次序.

当 $n = 0$ 时, (8.8.4) 式即为假设条件. 当 $n \geqslant 1$ 时, 不妨设 $x \geqslant x_0$, 我们有

$$f(x) - \left[f(x_0) + f'(x_0)(x - x_0) + \cdots + \frac{f^{(n-1)}(x_0)}{(n-1)!}(x - x_0)^{n-1} \right]$$
$$= \int_{x_0}^x \frac{(x-t)^{n-1} f^{(n)}(t)}{(n-1)!} \, \mathrm{d}t = \int_{x_0}^x \frac{(x-t)^{n-1}}{(n-1)!} \left(f^{(n)}(x_0) + \int_{x_0}^t u(s) \, \mathrm{d}s \right)$$
$$= \frac{f^{(n)}(x_0)}{n!}(x - x_0)^n + \int_{x_0}^x \mathrm{d}s \int_s^x \frac{(x-t)^{n-1}}{(n-1)!} u(s) \, \mathrm{d}t$$
$$= \frac{f^{(n)}(x_0)}{n!}(x - x_0)^n + \int_{x_0}^x \frac{(x-s)^n u(s)}{n!} \, \mathrm{d}s.$$

即 (8.8.4) 式成立.

同样, 可利用累次积分来证明命题 8.8.1, 而且从如下证明我们还可以看到为什么累次积分交换次序经常与分部积分有异曲同工之效. 为方便运用累次积分, 我们先作如下观察: 要证明命题, 不妨设 $F(a) = G(a) = 0$.

利用 Fubini 定理, 我们有

$$\int_a^b F(x)g(x) \, \mathrm{d}x + \int_a^b f(x)G(x) \, \mathrm{d}x$$
$$= \int_a^b \mathrm{d}x \int_a^x f(t)g(x) \, \mathrm{d}t + \int_a^b \mathrm{d}x \int_a^x f(x)g(t) \, \mathrm{d}t$$

$$= \int_a^b \mathrm{d}t \int_t^b f(t)g(x)\,\mathrm{d}x + \int_a^b \mathrm{d}x \int_a^x f(x)g(t)\,\mathrm{d}t$$

$$= \int_a^b \mathrm{d}x \int_x^b f(x)g(t)\,\mathrm{d}t + \int_a^b \mathrm{d}x \int_a^x f(x)g(t)\,\mathrm{d}t$$

$$= \int_a^b \mathrm{d}x \int_a^b f(x)g(t)\,\mathrm{d}t = F(b)G(b) = F(x)G(x)\Big|_a^b.$$

积分第二中值定理

以下结果称为**积分第二中值定理**, 它在反常积分收敛性的判别中起着重要作用.

定理 8.8.3 设 $f \in L^1[a,b]$, g 在 $[a,b]$ 上单调, 则存在 $\xi \in [a,b]$ 使得

$$\int_a^b f(x)g(x)\,\mathrm{d}x = g(a) \int_a^\xi f(x)\,\mathrm{d}x + g(b) \int_\xi^b f(x)\,\mathrm{d}x. \qquad (8.8.6)$$

特别地, 若 g 非负且单调减少, 则存在 $\xi \in [a,b]$ 使得

$$\int_a^b f(x)g(x)\,\mathrm{d}x = g(a) \int_a^\xi f(x)\,\mathrm{d}x. \qquad (8.8.7)$$

而当 g 非负且单调增加时, 存在 $\xi \in [a,b]$ 使得

$$\int_a^b f(x)g(x)\,\mathrm{d}x = g(b) \int_\xi^b f(x)\,\mathrm{d}x. \qquad (8.8.8)$$

证明 我们先对 g 连续可导的情形来证明 (8.8.6) 式. 此时, 不妨设 g 单调增加, 从而

$$g'(x) \geqslant 0, \quad \forall x \in [a,b].$$

令

$$F(x) = \int_a^x f(t)\,\mathrm{d}t, \quad \forall x \in [a,b],$$

则利用分部积分法, 并由积分第一中值定理, 知存在 $\xi \in [a,b]$ 使得

$$\int_a^b f(x)g(x)\,\mathrm{d}x = g(b)F(b) - \int_a^b F(x)g'(x)\,\mathrm{d}x$$

$$= g(b)F(b) - F(\xi) \int_a^b g'(x)\,\mathrm{d}x$$

$$= g(a) \int_a^\xi f(x)\,\mathrm{d}x + g(b) \int_\xi^b f(x)\,\mathrm{d}x.$$

即 (8.8.6) 式成立.

接下来, 我们利用上述结论来证明一般的结论.

对于 $[a, b]$ 上的单调函数 g, 可以找到 $[a, b]$ 上连续可导的单调函数列 $\{g_n\}$ 使得

$$g_n(a) = g(a), \quad g_n(b) = g(b),$$

且 $\lim_{n \to +\infty} \|g_n - g\|_1 = 0$. 这样, 由已证的结果, 存在 $\xi_n \in [a, b]$ 使得

$$\int_a^b f(x) g_n(x) \, \mathrm{d}x = g(a) \int_a^{\xi_n} f(x) \, \mathrm{d}x + g(b) \int_{\xi_n}^b f(x) \, \mathrm{d}x.$$

由致密性定理, 点列 $\{\xi_n\}$ 有收敛子列, 不妨设它本身收敛, 且极限为 ξ. 由

$$\left| \int_a^b f(x) g_n(x) \, \mathrm{d}x - \int_a^b f(x) g(x) \, \mathrm{d}x \right|$$

$$\leqslant M \|g_n - g\|_1 + 2 \|g\|_\infty \int_{|f| \geqslant M} |f(x)| \, \mathrm{d}x, \quad \forall\, n \geqslant 1, M > 0$$

得到

$$\overline{\lim_{n \to +\infty}} \left| \int_a^b f(x) g_n(x) \, \mathrm{d}x - \int_a^b f(x) g(x) \, \mathrm{d}x \right|$$

$$\leqslant 2 \|g\|_\infty \int_{|f| \geqslant M} |f(x)| \, \mathrm{d}x, \quad \forall\, M > 0.$$

令 $M \to +\infty$ 即得

$$\lim_{n \to +\infty} \int_a^b f(x) g_n(x) \, \mathrm{d}x = \int_a^b f(x) g(x) \, \mathrm{d}x.$$

结合

$$\lim_{n \to +\infty} \left[g(a) \int_a^{\xi_n} f(x) \, \mathrm{d}x + g(b) \int_{\xi_n}^b f(x) \, \mathrm{d}x \right]$$

$$= g(a) \int_a^{\xi} f(x) \, \mathrm{d}x + g(b) \int_{\xi}^b f(x) \, \mathrm{d}x.$$

得到 (8.8.6) 式.

最后, 若 g 非负且单调减少, 将 $g(b)$ 的定义修改为 0, 则新的 g 仍然是单调函数, 由此可得 (8.8.7) 式. 类似地可以证明当 g 非负且单调增加时, (8.8.8) 式成立. □

推广的 Riemann–Lebesgue 引理

Riemann–Lebesgue 引理在 Fourier[1] (傅里叶) 级数理论中起着重要作用. 另外, 它提供了函数列弱收敛而非强收敛的例子. 而如下的推广定理则进一步丰富了相关

---

1 Fourier, J B J, 1768—1830 年, 数学家, 物理学家.

结果.

定理 8.8.4 设 q, r 为对偶数, 函数 g 以 $T > 0$ 为周期, $g|_{[0,T]} \in L^r[0,T]$, $f \in L^q[a,b]$, 则

$$\lim_{p \to \infty} \int_a^b f(x)g(px)\,\mathrm{d}x = \frac{1}{T}\int_0^T g(x)\,\mathrm{d}x \int_a^b f(x)\,\mathrm{d}x. \tag{8.8.9}$$

证明 我们提供两种逼近方法来证明.

法 I. (i) 先假设 f 在 $[a,b]$ 上连续可导, 且 $\int_0^T g(x)\,\mathrm{d}x = 0$. 记

$$G(x) = \int_0^x g(t)\,\mathrm{d}t, \quad \forall x \in \mathbb{R},$$

则 G 是以 T 为周期的连续函数, 从而它在 $\mathbb{R}$ 上有界. 我们有

$$\int_a^b f(x)g(px)\,\mathrm{d}x = \frac{1}{p}\Big(f(b)G(pb) - f(a)G(pa)\Big) - \frac{1}{p}\int_a^b f'(x)G(px)\,\mathrm{d}x.$$

由 f, f' 和 G 的有界性得到

$$\lim_{p \to \infty} \int_a^b f(x)g(px)\,\mathrm{d}x = 0. \tag{8.8.10}$$

(ii) 仍设 $\int_0^T g(x)\,\mathrm{d}x = 0$. 若 $q < +\infty$, 取 $[a,b]$ 上连续可导的函数列 $\{f_n\}$ 使得 $\lim\limits_{n \to +\infty} \|f_n - f\|_q = 0$.

对于任何 $p \neq 0$, 容易验证 $\|g(p\cdot)\|_{L^r[a,b]} \leqslant \left(\dfrac{b-a}{T} + 1\right)\|g\|_{L^r[0,T]}$, 于是,

$$\varlimsup_{p \to \infty}\left|\int_a^b f(x)g(px)\,\mathrm{d}x\right|$$

$$\leqslant \varlimsup_{p \to \infty}\left|\int_a^b f_n(x)g(px)\,\mathrm{d}x\right| + \varlimsup_{p \to \infty}\left|\int_a^b \big(f_n(x) - f(x)\big)g(px)\,\mathrm{d}x\right|$$

$$\leqslant \left(\frac{b-a}{T} + 1\right)\|g\|_{L^r[0,T]}\|f_n - f\|_q, \quad \forall n \geqslant 1.$$

令 $n \to +\infty$ 即得 (8.8.10) 式.

若 $q = +\infty$, 对于 $M > 0$, 记 $g_M = g\chi_{|g| \leqslant M} + \dfrac{1}{T}\int_0^T g(t)\chi_{|g| > M}(t)\,\mathrm{d}t$, 则

$$\varlimsup_{p \to \infty}\left|\int_a^b f(x)g(px)\,\mathrm{d}x\right| = \varlimsup_{p \to \infty}\left|\int_a^b f(x)(g(px) - g_M(px))\,\mathrm{d}x\right|$$

$$\leqslant \left(\frac{b-a}{T} + 1\right)\|g - g_M\|_{L^1[0,T]}\|f\|_\infty, \quad \forall n \geqslant 1.$$

令 $M \to +\infty$ 即得 (8.8.10) 式.

(iii) 一般地, 由 (ii) 的结果, 立即有

$$\lim_{p \to \infty} \int_a^b f(x) \left(g(px) - \frac{1}{T} \int_0^T g(t)\,\mathrm{d}t \right) \mathrm{d}x = 0.$$

此即 (8.8.9) 式.

法 II. 我们也可以利用分段常值函数来逼近 f. 不妨只考虑 $p \to +\infty$ 的情形.

(i) 对于 $[c,d] \subseteq [a,b]$, $p > 0$, 令 N_p 为 $\dfrac{p(d-c)}{T}$ 的整数部分, 则

$$\lim_{p \to +\infty} \frac{N_p}{p} = \frac{d-c}{T},$$

$$\int_a^b \chi_{[c,d]}(x)g(px)\,\mathrm{d}x = \int_c^d g(px)\,\mathrm{d}x = \frac{1}{p} \int_{pc}^{pd} g(x)\,\mathrm{d}x$$

$$= \frac{N_p}{p} \int_0^T g(x)\,\mathrm{d}x + \frac{1}{p} \int_{pc+N_pT}^{pd} g(x)\,\mathrm{d}x.$$

从而

$$\lim_{p \to +\infty} \int_a^b \chi_{[c,d]}(x)g(px)\,\mathrm{d}x = \frac{d-c}{T} \int_0^T g(x)\,\mathrm{d}x.$$

即对于 $f = \chi_{[c,d]}$, (8.8.9) 式成立.

(ii) 由 (i) 立即得到当 $f = \sum_{j=1}^m \alpha_j \chi_{[c_j,d_j]}$ 时, (8.8.9) 式成立.

(iii) 最后, 对一般情形的证明与证法 I 的 (ii) 类似, 我们把它留给读者. □

定理中 g 取正弦函数或余弦函数时的结果称为 **Riemann–Lebesgue 引理**. 进一步, 当 f Riemann 可积或在基于 Riemann 积分的广义积分意义下绝对可积时, 称为 **Riemann 引理**.

(8.8.9) 式的几何意义是: 当 $p \to \infty$ 时, 在一个微小区间 (比如 $[x, x+\Delta x]$) 上, 近似地, f 为常数 $f(x)$, g 跑过 $\dfrac{|p\Delta x|}{T}$ 个周期, 因此 $g(p\cdot)$ 的作用相当于 g 的一个周期的平均值.

无理数之均匀分布[2]

如下定理是关于无理数一个有趣的性质.

---

2 本部分为选讲内容.

定理 8.8.5　设 s 是无理数, 则 $\{ks\}$ 在 $[0,1]$ 上是**均匀分布的**, 即对于任何 $0 \leqslant a \leqslant b \leqslant 1$, 成立

$$\lim_{n \to +\infty} \frac{\#\{k | a \leqslant \{ks\} \leqslant b, 1 \leqslant k \leqslant n\}}{n} = b - a, \tag{8.8.11}$$

其中 $\#E$ 表示集合 E 中元素的个数.

定理 8.8.5 是下述定理的特例.

定理 8.8.6　设 f 在 $[0,1]$ 上 Riemann 可积, s 是无理数, 则

$$\lim_{n \to +\infty} \frac{1}{n} \sum_{k=1}^{n} f(\{ks\}) = \int_0^1 f(x)\,\mathrm{d}x. \tag{8.8.12}$$

证明　我们仅给出证明的架构.

(i) 若 f 是以 1 为周期的三角多项式:

$$f(x) = T(x) = a_0 + \sum_{j=1}^{m}(a_j \cos 2j\pi x + b_j \sin 2j\pi x),$$

直接验证可知 (8.8.12) 式成立.

(ii) 若 $f \in C[0,1]$ 满足 $f(0) = f(1)$, 则有以 1 为周期的三角多项式列 $\{T_m\}$ 一致逼近 f. 通过取极限即把 (8.8.12) 式对 T_m 成立的结果推广到对 f 成立.

(iii) 考虑 $0 < a < b < 1$, I 为以 a, b 为端点的区间, $f(x) = \chi_I(x)$. 取 $\varepsilon > 0$ 足够小.

按图 8.22 所示构造边界上取零值的连续函数 f_ε 和 f^ε 使得 $f_\varepsilon \leqslant f \leqslant f^\varepsilon$. 从而

$$\frac{1}{n}\sum_{k=1}^{n} f_\varepsilon(\{ks\}) \leqslant \frac{1}{n}\sum_{k=1}^{n} f(\{ks\}) \leqslant \frac{1}{n}\sum_{k=1}^{n} f^\varepsilon(\{ks\}).$$

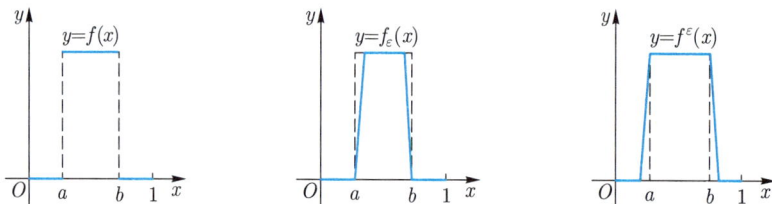

图 8.22

进而

$$\int_0^1 f_\varepsilon(x)\,\mathrm{d}x \leqslant \varliminf_{n \to +\infty} \frac{1}{n}\sum_{k=1}^{n} f(\{ks\}) \leqslant \varlimsup_{n \to +\infty} \frac{1}{n}\sum_{k=1}^{n} f(\{ks\})$$

$$\leqslant \int_0^1 f^\varepsilon(x)\,\mathrm{d}x.$$

令 $\varepsilon \to 0^+$ 即得 (8.8.12) 式对 $f = \chi_I$ 成立.

(iv) 立即可得 (8.8.12) 式对分段常值函数成立.

(v) 接下来将结果推广到 Riemann 可积函数. 对 $[0,1]$ 上的 Riemann 可积函数 f, 任取 $\varepsilon > 0$, 直接利用 Darboux 和, 可得存在分段常值函数 g_ε 以及 g^ε, 使得 $g_\varepsilon \leqslant f \leqslant g^\varepsilon$ 且

$$\int_0^1 g^\varepsilon(x)\,\mathrm{d}x - \varepsilon < \int_0^1 f(x)\,\mathrm{d}x < \int_0^1 g_\varepsilon(x)\,\mathrm{d}x + \varepsilon.$$

由 (8.8.12) 式对 $g_\varepsilon, g^\varepsilon$ 成立, 令 $\varepsilon \to 0^+$, 即得 (8.8.12) 式对 f 成立.   □

易见定理中 f Riemann 可积不能替换成 Lebesgue 可积.

其他例题

以下我们给出一些常见的例子.

例 8.8.1   设 $f \in C[a,b]$, $N \geqslant 0$, 且对任何 $n \geqslant N$, 成立 $\displaystyle\int_a^b f(x)x^n\,\mathrm{d}x = 0$, 则 $f \equiv 0$.

证明   记 $F(x) = x^N f(x)$, 则

$$\int_a^b F(x)x^n\,\mathrm{d}x = 0, \quad \forall n \geqslant 0.$$

由 Weierstrass 第一逼近定理, 对于任意 $\varepsilon > 0$, 存在多项式 Q 使得

$$|F(x) - Q(x)| \leqslant \varepsilon, \quad \forall x \in [a,b].$$

因此,

$$\begin{aligned}
\int_a^b F^2(x)\,\mathrm{d}x &= \int_a^b F(x)(F(x) - Q(x))\,\mathrm{d}x + \int_a^b F(x)Q(x)\,\mathrm{d}x \\
&= \int_a^b F(x)(F(x) - Q(x))\,\mathrm{d}x \\
&\leqslant \int_a^b |F(x)|\,|F(x) - Q(x)|\,\mathrm{d}x \leqslant \varepsilon\int_a^b |F(x)|\,\mathrm{d}x.
\end{aligned}$$

令 $\varepsilon \to 0^+$ 即得 $\displaystyle\int_a^b F^2(x)\,\mathrm{d}x = 0$. 于是由 F 的连续性, 可得 $F \equiv 0$. 由此结合 f 的连续性可得 $f \equiv 0$.   □

例 8.8.2   设 $f \in C[0,\pi]$, 且对 $n = 1, 2, \cdots$ 成立 $\displaystyle\int_0^\pi f(x)\cos nx\,\mathrm{d}x = 0$. 证明: f 在 $[0,\pi]$ 上恒等于常数.

证明   在 $[-\pi, 0)$ 上补充定义 $f(x) = f(-x)$, 则 f 成为 $[-\pi, \pi]$ 上连续的偶函

数. 令

$$F(x) = f(x) - \frac{1}{2\pi} \int_{-\pi}^{\pi} f(t)\,\mathrm{d}t, \quad \forall\, x \in [-\pi, \pi],$$

则 F 在 $[-\pi, \pi]$ 上连续, $F(-\pi) = F(\pi)$, 且

$$\int_{-\pi}^{\pi} F(x) \cos nx\,\mathrm{d}x = \int_{-\pi}^{\pi} F(x) \sin nx\,\mathrm{d}x = 0, \quad \forall\, n = 0, 1, 2, \cdots.$$

这样, 对任何以 2π 为周期的三角多项式 Q, 我们有

$$\int_{-\pi}^{\pi} F^2(x)\,\mathrm{d}x = \int_{-\pi}^{\pi} F(x)\big(F(x) - Q(x)\big)\,\mathrm{d}x$$

$$\leqslant \|F - Q\|_\infty \int_{-\pi}^{\pi} |F(x)|\,\mathrm{d}x.$$

由 Weierstrass 第二逼近定理, 上式关于 Q 取下确界得 $\int_{-\pi}^{\pi} F^2(x)\,\mathrm{d}x = 0$. 于是由 F 的连续性, 可得 $F \equiv 0$. 即 f 在 $[0, \pi]$ 上恒等于常数. □

例 8.8.3　设 $f \in L^1[a, b]$, $\int_a^b f(t)\,\mathrm{d}t = 0$, 且 $\int_a^x f(t)\,\mathrm{d}t \geqslant 0$ ($\forall\, x \in [a, b]$). 又设 g 为 $[a, b]$ 上的单调增加函数. 证明: $\int_a^b f(x)g(x)\,\mathrm{d}x \leqslant 0$.

证明　**法 I.** 先假设 g 有连续的一阶导数, 记 $F(x) = \int_a^x f(t)\,\mathrm{d}t$, 则

$$\int_a^b f(x)g(x)\,\mathrm{d}x = g(x)F(x)\Big|_a^b - \int_a^b g'(x)F(x)\,\mathrm{d}x$$

$$= -\int_a^b g'(x)F(x)\,\mathrm{d}x \leqslant 0.$$

一般地, 有由连续可导且一致有界的单增函数构成的函数列 $\{g_n\}$ 使得

$$\lim_{n \to +\infty} \int_a^b |g_n(x) - g(x)|\,\mathrm{d}x = 0.$$

由此可得

$$\int_a^b f(x)g(x)\,\mathrm{d}x = \lim_{n \to +\infty} \int_a^b g_n(x)f(x)\,\mathrm{d}x \leqslant 0.$$

法 II. 由积分第二中值定理, $\exists\, \xi \in [a, b]$, 使得

$$\int_a^b f(x)g(x)\,\mathrm{d}x = g(a) \int_a^\xi f(x)\,\mathrm{d}x + g(b) \int_\xi^b f(x)\,\mathrm{d}x$$

$$= \big(g(a) - g(b)\big) \int_a^\xi f(x)\,\mathrm{d}x \leqslant 0. \qquad □$$

例 8.8.4 设 f 是 $[0,1]$ 上的非负凹函数, 证明: $\displaystyle\int_0^1 f^2(x)\,\mathrm{d}x \leqslant \frac{4}{3}\left(\int_0^1 f(x)\,\mathrm{d}x\right)^2$.

证明 对于凹函数 f, 其非负当且仅当 $f(0), f(1) \geqslant 0$.

先考虑 $f \in C^2[0,1]$ 且 $f(0) = f(1) = 0$. 此时 $f'' \leqslant 0$. 我们有

$$f(x) = f'(0)x + \int_0^x (x-t)f''(t)\,\mathrm{d}t, \quad x \in [0,1].$$

由 $f(1) = 0$ 解出 $f'(0) = -\displaystyle\int_0^1 (1-t)f''(t)\,\mathrm{d}t$. 从而

$$f(x) = -\int_0^1 G(x,t)\,f''(t)\,\mathrm{d}t, \quad x \in [0,1],$$

其中

$$G(x,t) = t(1-x)\chi_{[0,x]}(t) + x(1-t)\chi_{(x,1]}(t), \quad t,x \in [0,1].$$

由 Minkowski 不等式,

$$\begin{aligned}
\left(\int_0^1 f^2(x)\,\mathrm{d}x\right)^{\frac{1}{2}} &= \left[\int_0^1 \left(\int_0^1 G(x,t)\,f''(t)\,\mathrm{d}t\right)^2 \mathrm{d}x\right]^{\frac{1}{2}} \\
&\leqslant \int_0^1 \left(\int_0^1 |G(x,t)\,f''(t)|^2\,\mathrm{d}x\right)^{\frac{1}{2}} \mathrm{d}t \\
&= \frac{\sqrt{3}}{3}\int_0^1 t(1-t)|f''(t)|\,\mathrm{d}t.
\end{aligned}$$

而

$$\int_0^1 f(x)\,\mathrm{d}x = -\int_0^1 \mathrm{d}x \int_0^1 G(x,t)\,f''(t)\,\mathrm{d}t = \frac{1}{2}\int_0^1 t(1-t)|f''(t)|\,\mathrm{d}t.$$

结合上两式得到 $f \in C^2[0,1]$ 时结论成立.

一般情形的结果可以通过逼近得到. 对于满足题设条件的 f, 先取足够小的 $\varepsilon > 0$, 定义 f_ε 如下: 在 $[\varepsilon, 1-\varepsilon]$ 上, 令 f_ε 为 f; 在 $(-\varepsilon, \varepsilon)$ 上, 定义 f_ε 的图像是经过 $P_\varepsilon(\varepsilon, f(\varepsilon))$ 与 $Q(0,0)$ 的直线段; 在 $(1-\varepsilon, 1+\varepsilon)$ 上, 定义 f_ε 的图像是经过 $Q_\varepsilon(1-\varepsilon, f(1-\varepsilon))$ 与 $(1,0)$ 的直线段 (如图 8.23 所示). 再用

$$F_\alpha(x) = \frac{1}{4\alpha^2}\int_{-\alpha}^{\alpha} \mathrm{d}t \int_{-\alpha}^{\alpha} f_\varepsilon(t+s+x)\,\mathrm{d}s$$

来逼近 f_ε, 此时 F_α 是二阶连续可微的凹函数, 且当 $\alpha \in \left(0, \dfrac{\varepsilon}{2}\right)$ 时, $F_\alpha(0) = F_\alpha(1) = 0$. 从而例题结论对 F_α 成立. 令 $\alpha \to 0^+$, 得到结论对 f_ε 成立. 再令 $\varepsilon \to 0^+$, 得到结

论对 f 成立. 自然, 我们也可以直接取 $\alpha = \dfrac{\varepsilon}{3}$, 令 $\varepsilon \to 0^+$ 得到结论.

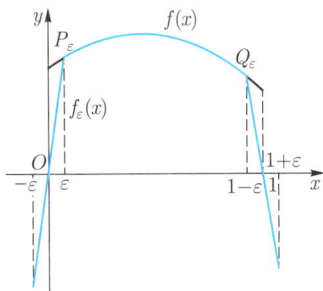

图 8.23

也可以利用其他形式的光滑凹函数逼近.   □

习题 8.8.$\mathcal{A}$

1. 计算极限 $\displaystyle\lim_{n \to +\infty} \int_0^1 \frac{x^2 |\sin nx|}{1 + x^2} \, \mathrm{d}x$.

2. 设 $[0, +\infty)$ 上的非负连续函数 f 单调递减, $F(x) = \displaystyle\int_0^x (x - 2t) f(t) \, \mathrm{d}t \, (\forall\, x \geqslant 0)$. 证明 F 是 $[0, +\infty)$ 上的凸函数.

3. 设 g 为 $[a, b]$ 上的单调函数, 证明存在 $[a, b]$ 上连续可导的单调函数列 $\{g_n\}$ 使得 $g_n(a) = g(a), g_n(b) = g(b)$, $\displaystyle\max_{x \in [a,b]} |g_n(x)| \leqslant M_g = \sup_{x \in [a,b]} |g(x)|$ 以及 $\displaystyle\lim_{n \to +\infty} \int_a^b |g_n(x) - g(x)| \, \mathrm{d}x = 0$.

4. 将定理 8.8.4 推广到高维情形. 设 p, q 为对偶数, $E \subset \mathbb{R}^n$ 为有界可测集, $f \in L^p(E)$. Q 为矩形 $[0, a_1] \times [0, a_2] \times \cdots \times [0, a_n]$, 函数 g 以 Q 为周期, 即对任何 $\boldsymbol{x} \in \mathbb{R}^n$ 以及 $1 \leqslant k \leqslant n$ 成立 $g(\boldsymbol{x} + a_k \boldsymbol{e}_k) = g(\boldsymbol{x})$. 证明: 若 $g\big|_Q \in L^q(Q)$, 则

$$\lim_{p \to \infty} \int_E f(\boldsymbol{x}) g(p\boldsymbol{x}) \, \mathrm{d}\boldsymbol{x} = \frac{1}{|Q|} \int_Q g(\boldsymbol{x}) \, \mathrm{d}\boldsymbol{x} \int_E f(\boldsymbol{x}) \, \mathrm{d}\boldsymbol{x}.$$

5. 设 $f \in C(a, b)$, 证明:

    (i) 若对任何 $a < x_1 < x_2 < b$, 成立 $f\left(\dfrac{x_1 + x_2}{2}\right) \leqslant \dfrac{1}{x_2 - x_1} \displaystyle\int_{x_1}^{x_2} f(x) \, \mathrm{d}x$, 则 f 为凸函数;

    (ii) 若对任何 $a < x_1 < x_2 < b$, 成立 $\dfrac{1}{x_2 - x_1} \displaystyle\int_{x_1}^{x_2} f(x) \, \mathrm{d}x \leqslant \dfrac{f(x_1) + f(x_2)}{2}$, 则 f 为凸函数.

6. 设 $f \in C[0, 1]$, 且对任何 $n \geqslant 0$, 成立 $\displaystyle\int_0^1 f(x) x^{2n} \, \mathrm{d}x = 0$. 证明 $f \equiv 0$.

7. 设 $f \in L^1[a, b]$, $N \geqslant 0$, 且对任何 $n \geqslant N$, 成立 $\displaystyle\int_a^b f(x) x^n \, \mathrm{d}x = 0$. 证明: f 在 $[a, b]$ 上几乎处处等于 0.

8. 设 $f \in L^1[0, \pi]$, 且对 $n = 1, 2, \cdots$ 成立 $\displaystyle\int_0^\pi f(x) \cos nx \, \mathrm{d}x = 0$. 证明: f 在 $[0, \pi]$ 上几乎处处恒等于某个常数.

9. 对于 $\varphi \in C_c^\infty(\mathbb{R})$ 及 $k \in \mathbb{N}$, 记 $M_k(\varphi) = \displaystyle\int_{\mathbb{R}} t^k \varphi(t) \, \mathrm{d}t$. 设 $\eta \in C_c^\infty(\mathbb{R})$ 满足 $M_0(\eta) = 1$. 证明:

(i) $\varphi \in C_c^\infty(\mathbb{R})$ 是某个 $\psi \in C_c^\infty(\mathbb{R})$ 的导函数的充要条件是 $M_0(\varphi) = 0$.

(ii) 对任何 $\varphi \in C_c^\infty(\mathbb{R})$, $\varphi - M_0(\varphi)\eta$ 是某个 $\psi \in C_c^\infty(\mathbb{R})$ 的导函数.

(iii) $\varphi \in C_c^\infty(\mathbb{R})$ 是某个 $\psi \in C_c^\infty(\mathbb{R})$ 的二阶导数的充要条件是 $M_0(\varphi) = M_1(\varphi) = 0$.

(iv) 对任何 $\varphi \in C_c^\infty(\mathbb{R})$, $\varphi - M_0(\varphi)\eta + \big(M_1(\varphi) - M_0(\varphi)M_1(\eta)\big)\eta'$ 是某个 $\psi \in C_c^\infty(\mathbb{R})$ 的二阶导数.

10. 设 $f \in L_{loc}^1(\mathbb{R})$, $g \in C(\mathbb{R})$, 且对任何 $\varphi \in C_c^\infty(\mathbb{R})$, 成立

$$\int_{\mathbb{R}} f(x)\varphi''(x)\,\mathrm{d}x = \int_{\mathbb{R}} g(x)\varphi(x)\,\mathrm{d}x.$$

证明: f 几乎处处等于某个二阶连续可微的函数 G, 其中 $G'' = g$.

习题 8.8.$\mathcal{B}$

1. 设 $\lambda_1, \lambda_2, \cdots, \lambda_m \in \mathbb{R}$ 两两不同, $\alpha_1, \alpha_2, \cdots, \alpha_m \in \mathbb{C}$, 且 $\displaystyle\lim_{x \to +\infty} \sum_{k=1}^m \alpha_k \mathrm{e}^{\mathrm{i}x\lambda_k} = 0$, 试用多种方法证明: $\alpha_1 = \alpha_2 = \cdots = \alpha_m = 0$.

2. 设 $\boldsymbol{A} \in \mathbb{R}^{n \times n}$, 证明: 对任何 $\boldsymbol{x}_0 \in \mathbb{R}^n$, 方程 $\boldsymbol{x}'(t) = \boldsymbol{A}\boldsymbol{x}(t)$ 满足初值 $\boldsymbol{x}(0) = \boldsymbol{x}_0$ 的解 $\boldsymbol{x}(\cdot; \boldsymbol{x}_0)$ 均满足 $\displaystyle\lim_{t \to +\infty} \boldsymbol{x}(t; \boldsymbol{x}_0) = \boldsymbol{0}$ 的充要条件是 $\boldsymbol{A}$ 的所有特征值具有负实部.

3. 对于 $k \geqslant 2$, 仿习题 8.8.$\mathcal{A}$ 第 9 题给出 $\varphi \in C_c^\infty(\mathbb{R})$ 是某个 $\psi \in C_c^\infty(\mathbb{R})$ 的 k 阶导数的充要条件, 并计算 $c_0, c_1, \cdots, c_k$ 使得 $\displaystyle\varphi - \sum_{j=0}^k \frac{(-1)^j}{j!} c_j \eta^{(j)}$ 是某个 $\psi \in C_c^\infty(\mathbb{R})$ 的 k 阶导数, 其中 $\eta \in C_c^\infty(\mathbb{R})$ 满足 $\displaystyle\int_{\mathbb{R}} \eta(t)\,\mathrm{d}t = 1$.

4. 设 $f, g \in L_{loc}^1(\mathbb{R})$, $k \geqslant 1$, 且对任何 $\varphi \in C_c^\infty(\mathbb{R})$, 成立

$$\int_{\mathbb{R}} f(x)\varphi^{(k)}(x)\,\mathrm{d}x = (-1)^k \int_{\mathbb{R}} g(x)\varphi(x)\,\mathrm{d}x.$$

试仿习题 8.8.$\mathcal{A}$ 第 4 题和第 10 题给出 f 与 g 的关系并给出证明.

5. 推广定理 8.8.6: 设 f 在 $[0,1]^m$ 上 Riemann 可积, 又对任何不全为零的整数 $n_1, n_2, \cdots, n_m$, $\displaystyle\sum_{k=1}^m n_k s_k$ 均为无理数, 则

$$\lim_{n \to +\infty} \frac{1}{n} \sum_{k=1}^n f(\{ks_1\}, \{ks_2\}, \cdots, \{ks_m\}) = \int_{[0,1]^n} f(\boldsymbol{x})\,\mathrm{d}\boldsymbol{x}.$$

6. 证明: 在第 1 题中, 将条件 $\displaystyle\lim_{x \to +\infty} \sum_{k=1}^m \alpha_k \mathrm{e}^{\mathrm{i}x\lambda_k} = 0$ 减弱为 $\displaystyle\lim_{\substack{x \to +\infty \\ x \in \mathbb{Q}}} \sum_{k=1}^m \alpha_k \mathrm{e}^{\mathrm{i}x\lambda_k} = 0$, 结论仍然成立.

7. 试进一步减弱第 1 题或它的一些特例的条件.

§9　附录

本节给出的是可供教师选讲和读者进一步阅读的内容, 包括一些定理的证明.

Lebesgue 判据

我们来讨论 Riemann 积分与 Lebesgue 积分之间的关系. 在这一部分的讨论中, 我们用积分元 $\mathrm{d}\boldsymbol{x}$ 表示 Riemann 积分, 用 $\mathrm{d}m$ 表示 Lebesgue 积分. 对于集合 F, 它的 Jordan 测度用 $|F|$ 表示, 而 Lebesgue 测度用 mF 表示. 我们有如下的 **Lebesgue 判据** (即定理 8.3.6).

> **定理 8.9.1**　设 f 是 Jordan 可测的有界集 E 上的有界实函数, 则 f 在 E 上 Riemann 可积当且仅当 f 的不连续点全体是 Lebesgue 零测度集.
>
> 进一步, E 必定 Lebesgue 可测. 当 f 在 E 上 Riemann 可积时, f 在 E 上的 Riemann 积分等于 f 在 E 上的 Lebesgue 积分, 即
>
> $$\int_E f(\boldsymbol{x})\,\mathrm{d}\boldsymbol{x} = \int_E f(\boldsymbol{x})\,\mathrm{d}m. \tag{8.9.1}$$

证明　考虑包含 E 的轴平行矩形 R, 在 $R\setminus E$ 上补充定义 f 的值为零.

I. 我们先对 R 来证明定理的结果.

记 $M=\sup\limits_{\boldsymbol{x}\in R}|f(\boldsymbol{x})|$. 令 P_k 为将 R 的每条棱 2^k 等分得到的划分, 并视之为所有分矩形的集族. 用 $\omega_F=\sup\limits_{x\in F}f(x)-\inf\limits_{x\in F}f(x)$ 表示 f 在 $F\subseteq R$ 上的振幅, 记

$$\varepsilon_k = \sum_{F\in P_k}\omega_F|F| = U_R(f;P_k)-L_R(f;P_k), \quad \forall\,k\geqslant 1. \tag{8.9.2}$$

对于 $j\geqslant 1$, 记 $A_{j,k}=\left\{F\in P_k\,\middle|\,\omega_F\geqslant\dfrac{1}{j}\right\}$, $B_{j,k}=\bigcup\limits_{F\in A_{j,k}}F$, 则 $B_{j,k+1}\subseteq B_{j,k}$, $|B_{j,k}|=\sum\limits_{F\in A_{j,k}}|F|$.

令 $B_j=\bigcap\limits_{k=1}^{\infty}B_{m,k}$, $B=\bigcup\limits_{j=1}^{\infty}B_j$ 我们来说明集合 B 是 f (作为 R 上的函数) 的不连续点全体.

若 $\boldsymbol{x}_0$ 是 f 的不连续点, 则存在 $j\geqslant 1$ 使得对任何 $\delta>0$, 在 $B_\delta(\boldsymbol{x}_0)\cap R$ 内均有点 $\boldsymbol{\xi}$ 使得 $|f(\boldsymbol{\xi})-f(\boldsymbol{x}_0)|>\dfrac{1}{j}$. 因此, 对任何 $k\geqslant 1$, 若 $\boldsymbol{x}_0$ 是 P_k 划出的某个分矩

形的内点, 则 f 在这个 F 上的振幅必大于 $\dfrac{1}{j}$; 若 $\boldsymbol{x}_0$ 属于 P_k 的多个分矩形, 则其中必有一个, 使得在其上, f 的振幅大于 $\dfrac{1}{j}$. 总之, $\boldsymbol{x}_0 \in B_{j,k}$, 进而 $\boldsymbol{x}_0 \in B_j \subseteq B$.

另一方面, 若 $\boldsymbol{x}_0 \in B$, 则存在 $j \geqslant 1$ 使得 $\boldsymbol{x}_0 \in B_j$. 这意味着对每个 $k \geqslant 1$, 都有 $F_k \in P_k$ 使得 $\boldsymbol{x}_0 \in F_k$ 且 $\omega_{F_k} \geqslant \dfrac{1}{j}$. 从而 $\boldsymbol{x}_0$ 一定不是 f 的连续点.

这样就证明了 B 是 f 的不连续点全体.

充分性. 设 f 在 R 上不可积, 则存在常数 $\delta_0 > 0$, 使得 $\forall k \geqslant 1, \varepsilon_k > 2\delta_0$. 从而

$$2\delta_0 < \sum_{F \in P_k} \omega_F |F| \leqslant \frac{1}{j}|R| + 2M|B_{j,k}|, \quad \forall j, k \geqslant 1.$$

任取 $j \geqslant \dfrac{|R|}{\delta_0}$, 则 $M > 0$, $|B_{j,k}| \geqslant \dfrac{\delta_0}{2M}$ $(\forall k \geqslant 1)$. 注意到对于固定的 j, $B_{j,k}$ 单调下降, 因此, $mB_j = \lim\limits_{k \to +\infty} |B_{j,k}| \geqslant \dfrac{\delta_0}{2M}$. 所以 B_j 不是零测度集. 从而 B 不是零测度集.

必要性. 现设 f 在 R 上可积, 则 $\lim\limits_{k \to +\infty} \varepsilon_k = 0$. 进一步,

$$\frac{1}{j}|B_{j,k}| \leqslant U_R(f; P_k) - L_R(f; P_k) = \varepsilon_k, \tag{8.9.3}$$

则对任何 $k \geqslant 1$, $B_j \subseteq B_{j,k} = \bigcup\limits_{F \in A_{j,k}} F$. 即 B_j 被总体积不超过 $j\varepsilon_k$ 的有限个矩形覆盖. 因此 B_j 是零测度集. 进而 $B = \bigcup\limits_{j=1}^{\infty} B_j$ 是零测度集.

接下来, 我们来说明此时 f 的 Riemann 积分就是 Lebesgue 积分. 由于 f 在 $R \setminus B$ 上连续, 因此, f 在 $R \setminus B$ 上可测. 结合 B 为零测度集得到 f 在 R 上可测. 进而 f 在 R 上 Lebesgue 可积.

现在取 R 的轴平行划分 $P = \{E_1, E_2, \cdots, E_N\}$, 则

$$\begin{aligned}
L(f; P) &= \int_R \sum_{k=1}^{N} \inf_{\boldsymbol{x} \in E_k} f(\boldsymbol{x}) |E_k| \mathrm{d}\boldsymbol{x} \\
&= \int_R \sum_{k=1}^{N} \inf_{\boldsymbol{y} \in E_k} f(\boldsymbol{y}) \chi_{E_k^\circ}(\boldsymbol{x}) \, \mathrm{d}\boldsymbol{x} \\
&\leqslant \int_R f(\boldsymbol{x}) \, \mathrm{d}m.
\end{aligned}$$

同理, $U(f; P) \geqslant \int_R f(\boldsymbol{x}) \, \mathrm{d}m$. 因此, $\int_R f(\boldsymbol{x}) \, \mathrm{d}\boldsymbol{x} = \int_R f(\boldsymbol{x}) \, \mathrm{d}m$. 即 f 的 Riemann 积分等于它的 Lebesgue 积分.

II. 一般情形, E 上的结果.

由于 E 是 Jordan 可测集, 因此, χ_E 是 R 上的 Riemann 可积函数. 由已经证明的结果, χ_E Lebesgue 可测, 因此 $E = \{\chi_E > 0\}$ Lebesgue 可测. 又 χ_E 的不连续点全体是零测度集, 即 ∂E 是零测度集.

令 B_R 为 f (在整个 R 上) 的不连续点全体, B_E 为 $f|_E$ (在 E 上) 的不连续点全体. 由于 f 在 $(R \setminus E)^o$ 内连续, 因此, $B_E \subseteq B_R \subseteq B_E \cup \partial E$. 因此, B_R 为零测度集当且仅当 B_E 为零测度集. 这就是说, f 在 Jordan 可测集 E 上可积当且仅当 f 作为 E 上的函数的不连续点全体是零测度集. 最后由 E Lebesgue 可测得到

$$\int_E f(\boldsymbol{x}) \, \mathrm{d}\boldsymbol{x} = \int_R f(\boldsymbol{x}) \, \mathrm{d}\boldsymbol{x} = \int_R f(\boldsymbol{x}) \, \mathrm{d}m = \int_E f(\boldsymbol{x}) \, \mathrm{d}m.$$

即 (8.9.1) 式成立.   □

从上述结果立即可得 $E \subset \mathbb{R}^n$ Jordan 可测当且仅当 ∂E 为零测度集. 而当 E Jordan 可测时, 我们已经知道 E 的 Jordan 测度等于 Lebesgue 测度.

非 Jordan 可测的有界区域   在一维情形, 区域就是开区间, 闭区域就是闭区间, 因此, 它们是 Jordan 可测的.

当 $n \geqslant 2$ 时, 很容易构造不是 Jordan 可测的有界区域. 以二维情形为例, 设 $\{q_k\}_{k=1}^{\infty}$ 为包含 $[0,1]$ 中所有有理数的数列. 考虑

$$D = \big((0,1) \times (1,3)\big) \cup \bigcup_{k=1}^{\infty} \big(V_k \times (0,2)\big), \tag{8.9.4}$$

其中 $V_k = \left(q_k - \dfrac{1}{2^{k+3}}, q_k + \dfrac{1}{2^{k+3}}\right) \cap (0,1)$, 则不难看到 D 是区域, 其边界不是零测度集, 从而 D 不是 Jordan 可测集. 然而, 构造非 Jordan 可测的有界闭区域要困难很多. 困难在于非 Jordan 可测的区域, 其闭包可以是 Jordan 可测的. 例如, 由 (8.9.4) 式给出的区域 D, 其闭包 $\overline{D}$ 为 $[0,1] \times [0,3]$, 是 Jordan 可测的. 关于非 Jordan 可测的有界闭区域的构造, 参见文献 [2] 或 [25].

L^p 空间的完备性

Minkowski 不等式保证了 L^p 空间成为赋范线性空间, 进而成为距离空间. 我们将说明 L^p 空间是完备的, 即其中的 Cauchy 列一定有极限.

首先, 下例表明, 在 Riemann 积分意义下, 这种完备性不成立. 而造成 Riemann 积分缺乏完备性的一大原因在于 Jordan 可测性不具备可列可加性.

例 8.9.1　存在 $[0,1]$ 上一致有界且 Riemann 可积的函数列 $\{f_n\}$ 在 2 范数下为 Cauchy 列, 即

$$\lim_{n\to+\infty}\sup_{k,j\geqslant n}\int_0^1|f_k(x)-f_j(x)|^2\,\mathrm{d}x=0, \tag{8.9.5}$$

但不存在 $[0,1]$ 上 Riemann 可积的函数 f 使得

$$\lim_{n\to+\infty}\int_0^1|f_n(x)-f(x)|^2\,\mathrm{d}x=0. \tag{8.9.6}$$

解　将 $[0,1]$ 中所有有理数排列成 $x_1,x_2,\cdots$. 令 $V=(0,1)\cap\bigcup_{k=1}^\infty\left(x_k-\dfrac{1}{2^{k+2}}, x_k+\dfrac{1}{2^{k+2}}\right)$, 则 V 为开集, 且 $[0,1]\setminus V=\partial V$. 我们有

$$|\partial V|=1-|V|\geqslant 1-\sum_{k=1}^\infty\frac{1}{2^{k+1}}=\frac{1}{2}.$$

从而 V 非 Jordan 可测.

另一方面, V 可以表示为至多可列个两两不交的开区间的并. 由于 ∂V 不是零测度集, V 不可能是有限个开区间的并. 因此, V 是可列个两两不交的开区间的并:
$V=\bigcup_{k=1}^\infty(a_k,b_k)$. 进而 $\sum_{k=1}^\infty(b_k-a_k)$ 收敛.

记 $E_n=\bigcup_{k=1}^n(a_k,b_k)$, $f_n=\chi_{E_n}$, 则对于 $k>j\geqslant 1$, $\|f_k-f_j\|_2=\left(\sum_{i=j+1}^k(b_i-a_i)\right)^{\frac{1}{2}}$.
因此, $\{f_n\}$ 一致有界且在 2 范数下为 Cauchy 列.

现设 f Riemann 可积且 $\lim\limits_{n\to+\infty}\|f_n-f\|_2=0$, 则注意到对任何 $k,j\geqslant 1$, 成立

$$\int_{a_k}^{b_k}|f_j(x)-f(x)|\,\mathrm{d}x\leqslant\int_0^1|f_j(x)-f(x)|\,\mathrm{d}x\leqslant\|f_j-f\|_2,$$

可得 $\displaystyle\int_{a_k}^{b_k}|1-f(x)|\,\mathrm{d}x=0$. 因此, 除去一个零测度集外, f 在 $[a_k,b_k]$ 上为 1. 进而 f 在 V 中除去一个零测度集外取值为 1. 由于 f 的不连续点全体为零测度集, 而 $\overline{V}=[0,1]$, 我们立即得到 f 在 $[0,1]$ 上除去一个零测度集外取值为 1. 此时, 直接验证, 有 $\|f_n-f\|_2\geqslant\dfrac{1}{2}$. 得到矛盾.

总之, 不存在 Riemann 可积函数 f 满足 $\lim\limits_{n\to+\infty}\|f_n-f\|_2=0$.

对于 Lebesgue 积分, 我们有如下定理 (即定理 8.3.7).

定理 8.9.2   设 $E \subseteq \mathbb{R}^n$ 可测, 且测度非零, $1 \leqslant p \leqslant +\infty$, 则 $\left(L^p(E; \mathbb{R}^m), \|\cdot\|_p\right)$ 完备.

证明   设 $\{\boldsymbol{f}_k\}$ 是 $\left(L^p(E; \mathbb{R}^m), \|\cdot\|_p\right)$ 中的 Cauchy 列. 只需证明 $\{\boldsymbol{f}_k\}$ 在 L^p 中有子列收敛. 因此, 不妨设 $\|\boldsymbol{f}_{k+1} - \boldsymbol{f}_k\|_p < \dfrac{1}{2^k}$.

(i) 设 $p = +\infty$, 则对任何 $k \geqslant 1$, $F_k = \left\{ |\boldsymbol{f}_{k+1} - \boldsymbol{f}_k| \geqslant \dfrac{1}{2^k} \right\}$ 为零测度集. 进而 $F = \bigcup\limits_{k=1}^{\infty} F_k$ 也是零测度集.

于是, 对于 $\boldsymbol{x} \notin F$, $\{\boldsymbol{f}_k(\boldsymbol{x})\}$ 是 $\mathbb{R}^m$ 中的 Cauchy 列, 从而有极限, 设极限为 $\boldsymbol{f}(\boldsymbol{x})$. 则 $\boldsymbol{f}$ 是 E 上的可测函数[1], 且

$$|\boldsymbol{f}_k(\boldsymbol{x}) - \boldsymbol{f}(\boldsymbol{x})| \leqslant \sum_{j=k}^{\infty} |\boldsymbol{f}_{j+1}(\boldsymbol{x}) - \boldsymbol{f}_j(\boldsymbol{x})| \leqslant \frac{1}{2^{k-1}}, \quad \forall \boldsymbol{x} \notin F; k \geqslant 1. \quad (8.9.7)$$

从而, $\lim\limits_{k \to +\infty} \|\boldsymbol{f}_k - \boldsymbol{f}\|_\infty = 0$.

(ii) 设 $1 \leqslant p < +\infty$. 令 $\varphi_k = \sum\limits_{j=1}^{k} |\boldsymbol{f}_{j+1} - \boldsymbol{f}_j| \, (k \geqslant 1)$, $\varphi = \sum\limits_{j=1}^{\infty} |\boldsymbol{f}_{j+1} - \boldsymbol{f}_j|$. 由 Minkowski 不等式,

$$\|\varphi_k\|_p \leqslant \sum_{j=1}^{k} \|\boldsymbol{f}_{j+1} - \boldsymbol{f}_j\|_p \leqslant \sum_{j=1}^{k} \frac{1}{2^j} \leqslant 1, \quad \forall k \geqslant 1.$$

于是由 Lévy 单调收敛定理, $\|\varphi\|_p = \lim\limits_{k \to +\infty} \|\varphi_k\|_p \leqslant 1$. 即 $|\varphi|^p$ 可积. 特别地, φ 几乎处处有限, 进而 $\sum\limits_{j=1}^{\infty} |\boldsymbol{f}_{j+1} - \boldsymbol{f}_j|$ 几乎处处收敛, 从而 $\{\boldsymbol{f}_k\}$ 几乎处处收敛, 设极限为 $\boldsymbol{f}$. 由 $|\boldsymbol{f}_k|^p \leqslant \left(|\boldsymbol{f}_1| + |\varphi|\right)^p$ 及 Lebesgue 控制收敛定理, 得到 $\lim\limits_{k \to +\infty} \|\boldsymbol{f}_k - \boldsymbol{f}\|_p = 0$. 定理得证.   □

Lebesgue 基本定理

Lebesgue 可积函数满足如下重要的 **Lebesgue 基本定理**.

定理 8.9.3   设 $f \in L^1_{loc}(\mathbb{R}^n)$, 则

$$\lim_{\delta \to 0^+} \frac{1}{|B_\delta(\boldsymbol{x})|} \int_{B_\delta(\boldsymbol{x})} f(\boldsymbol{y}) \, \mathrm{d}\boldsymbol{y} = f(\boldsymbol{x}), \quad \text{a.e. } \boldsymbol{x} \in \mathbb{R}^n. \quad (8.9.8)$$

---

[1] 这里, 我们允许函数在一个零测度集上没有定义. 我们也可以在 F 上补充定义 $\boldsymbol{f}$ 为 $\boldsymbol{0}$.

满足 (8.9.8) 式的点称为 f 的 **Lebesgue 点**. 利用上述定理, 我们还可以进一步证明

$$\lim_{\delta \to 0^+} \frac{1}{|B_\delta(\boldsymbol{x})|} \int_{B_\delta(\boldsymbol{x})} |f(\boldsymbol{y}) - f(\boldsymbol{x})| \, \mathrm{d}\boldsymbol{y} = 0, \quad \text{a.e. } \boldsymbol{x} \in \mathbb{R}^n. \tag{8.9.9}$$

通常, 证明 Lebesgue 基本定理主要的思想是用如下的 **Vitali 型覆盖引理**. 应该说证明思路是相当自然的 —— 尽管看起来不那么基本.

引理 8.9.4 设 $E \subseteq \mathbb{R}^n$ 可测, $\mathscr{F}$ 是以半径不大于 d 的一些球体为元素的集族, $\mathscr{F}$ 覆盖集合 E, 则存在 $\mathscr{F}$ 的至多可列且两两不交的子集族 $\{B_k | k \in J\}$ 使得 $\sum_{k \in J} |B_k| \geqslant 5^{-n} |E|$.

证明 对于球 $B \equiv B_r(\boldsymbol{x}_0)$ 以及 $a > 0$, 用 aB 表示 $B_{ar}(\boldsymbol{x}_0)$.

首先, 取 $B_1 \in \mathscr{F}$ 使得 $\mathrm{diam}\,(B_1) > \dfrac{1}{2} \sup_{B \in \mathscr{F}} \mathrm{diam}\,(B)$.

若已经取定 $B_1, B_2, \cdots, B_k$, 当 $\mathscr{F}_k = \left\{ B \in \mathscr{F} \middle| B \cap \bigcup_{j=1}^{k} B_j = \varnothing \right\}$ 非空时, 取 $B_{k+1} \in \mathscr{F}_k$ 使得 $\mathrm{diam}\,(B_{k+1}) > \dfrac{1}{2} \sup_{B \in \mathscr{F}_k} \mathrm{diam}\,(B)$. 当 $\mathscr{F}_k$ 为空时, 终止这一过程,

这样, 我们取出了 $\mathscr{F}$ 的子集族 $\mathscr{G} = \{B_k | k \in J\}$, 其中 $J = \{1, 2, \cdots, N\}$ 或 $J = \mathbb{Z}_+$.

若 $\sum_{k \in J} |B_k| = +\infty$, 则引理结论成立. 因此, 下设 $\sum_{k \in J} |B_k| < +\infty$, 则当 $J = \mathbb{Z}_+$ 时, $\lim_{k \to +\infty} \mathrm{diam}\,(B_k) = 0$.

任取 $\boldsymbol{x} \in E$, 则有 $B_r(\boldsymbol{x}_0) \in \mathscr{F}$ 使得 $\boldsymbol{x} \in B_r(\boldsymbol{x}_0)$. 根据 $\mathscr{G}$ 的构造, 易见 $B_r(\boldsymbol{x}_0)$ 必定和 $\mathscr{G}$ 中某个元相交. 设 $B_j \equiv B_s(\boldsymbol{\xi})$ 为 $B_1, B_2, \cdots$ 中第一个与 $B_r(\boldsymbol{x}_0)$ 相交的集合 (设 $\boldsymbol{y}$ 为一个交点), 则 $s > \dfrac{r}{2}$. 进而

$$|\boldsymbol{x} - \boldsymbol{\xi}| \leqslant |\boldsymbol{x} - \boldsymbol{x}_0| + |\boldsymbol{x}_0 - \boldsymbol{y}| + |\boldsymbol{y} - \boldsymbol{\xi}| < 2r + s < 5s.$$

因此, $\boldsymbol{x} \in \bigcup_{k \in J} 5B_k$. 特别地, $|E| \leqslant \sum_{k \in J} |5B_k| = 5^n \sum_{k \in J} |B_k|$. $\qquad\square$

现在我们来给出 Lebesgue 基本定理的证明.

定理 8.9.3 的证明 我们分三步直接证明 (8.9.9) 式.

(i) 设 $f \in L^1_{loc}(\mathbb{R}^n)$, f 在可测集 E 上为零. 要证

$$\lim_{\delta \to 0^+} \frac{1}{|B_\delta(\boldsymbol{x})|} \int_{B_\delta(\boldsymbol{x})} |f(\boldsymbol{y})| \, \mathrm{d}\boldsymbol{y} = 0, \quad \text{a.e. } \boldsymbol{x} \in E. \tag{8.9.10}$$

这只要证明, 对于任何 $\varepsilon > 0$,

$$\varlimsup_{\delta \to 0^+} \frac{1}{|B_\delta(\boldsymbol{x})|} \int_{B_\delta(\boldsymbol{x})} |f(\boldsymbol{y})| \,\mathrm{d}\boldsymbol{y} \leqslant \varepsilon, \quad \text{a.e. } \boldsymbol{x} \in E. \tag{8.9.11}$$

如若不然, 则有正测度的紧集 $F \subseteq E$ 使得

$$\varlimsup_{\delta \to 0^+} \frac{1}{|B_\delta(\boldsymbol{x})|} \int_{B_\delta(\boldsymbol{x})} |f(\boldsymbol{y})| \,\mathrm{d}\boldsymbol{y} > \varepsilon, \quad \text{a.e. } \boldsymbol{x} \in F. \tag{8.9.12}$$

由测度的性质以及积分的绝对连续性, 可得开集 $V \supset F$ 使得

$$\int_V |f(\boldsymbol{x})| \,\mathrm{d}\boldsymbol{x} \leqslant 6^{-n} \varepsilon |F|. \tag{8.9.13}$$

由 Borel 有限覆盖定理, 不难证明, 存在 $\delta_0 > 0$, 使得对任何 $\boldsymbol{x} \in F$, 成立 $B_{\delta_0}(\boldsymbol{x}) \subset V$.

进一步, 对任何 $\boldsymbol{x} \in F$, 有 $\delta_{\boldsymbol{x}} \in \left(0, \dfrac{\delta_0}{5}\right)$ 使得 $\dfrac{1}{|B_\delta(\boldsymbol{x})|} \displaystyle\int_{B_\delta(\boldsymbol{x})} |f(\boldsymbol{y})| \,\mathrm{d}\boldsymbol{y} > \varepsilon$. 由 Vitali 型覆盖引理, 存在至多可列集 J 以及 $\boldsymbol{x}_j \in F\,(j \in J)$ 使得 $\{B_j | j \in J\}$ 两两不交且 $\displaystyle\sum_{j \in J} |B_j| \geqslant 5^{-n}|F|$, 其中 $B_j = B_{\delta_{\boldsymbol{x}_j}}(\boldsymbol{x}_j)\,(j \in J)$. 于是

$$6^{-n} \varepsilon |F| \geqslant \int_V |f(\boldsymbol{x})| \,\mathrm{d}\boldsymbol{x} \geqslant \sum_{j \in J} \int_{B_j} |f(\boldsymbol{x})| \,\mathrm{d}\boldsymbol{x} \geqslant \varepsilon \sum_{j \in J} |B_j| \geqslant 5^{-n} \varepsilon |F|.$$

得到矛盾. 因此, (8.9.10) 式成立.

(ii) 设有两两不交的可测集 $\{E_k\}$ 使得 $f = \displaystyle\sum_{k=1}^\infty c_k \chi_{E_k}$, 则由 (i), 对于任何 $k \geqslant 1$,

$$\varlimsup_{\delta \to 0^+} \frac{1}{|B_\delta(\boldsymbol{x})|} \int_{B_\delta(\boldsymbol{x})} |f(\boldsymbol{y}) - c_k| \,\mathrm{d}\boldsymbol{y} = 0, \quad \text{a.e. } \boldsymbol{x} \in E_k. \tag{8.9.14}$$

进而 (8.9.9) 式成立.

(iii) 一般地, 不妨设 f 非负, 对于任何 $k \geqslant 1$, 定义

$$f_k = \sum_{j=0}^\infty \frac{j}{k} \chi_{f \in [\frac{j}{k}, \frac{j+1}{k})},$$

则 $f_k \in L^1_{loc}(\mathbb{R}^n)$, 且 $\|f_k - f\|_\infty \leqslant \dfrac{1}{k}\,(k \geqslant 1)$. 从而由 (ii) 的结论, 对任何 $k \geqslant 1$, 成立

$$\begin{aligned}
&\varlimsup_{\delta \to 0^+} \frac{1}{|B_\delta(\boldsymbol{x})|} \int_{B_\delta(\boldsymbol{x})} |f(\boldsymbol{y}) - f(\boldsymbol{x})| \,\mathrm{d}\boldsymbol{y} \\
&\leqslant \varlimsup_{\delta \to 0^+} \frac{1}{|B_\delta(\boldsymbol{x})|} \int_{B_\delta(\boldsymbol{x})} \Big(|f(\boldsymbol{y}) - f_k(\boldsymbol{y})| + |f_k(\boldsymbol{y}) - f_k(\boldsymbol{x})| + |f_k(\boldsymbol{x}) - f(\boldsymbol{x})|\Big) \,\mathrm{d}\boldsymbol{y} \\
&\leqslant \frac{2}{k}, \quad \text{a.e. } \boldsymbol{x} \in \mathbb{R}^n.
\end{aligned}$$

令 $k \to +\infty$ 即得 (8.9.9) 式. □

由 Lebesgue 基本定理立即可得如下推论.

推论 8.9.5 设 $E \subseteq \mathbb{R}^n$ 为可测集, 则对几乎所有的 $\boldsymbol{x} \in E$, 成立

$$\lim_{\delta \to 0^+} \frac{\left| \{ B_\delta(\boldsymbol{x}) \cap E \} \right|}{|B_\delta(\boldsymbol{x})|} = 1. \tag{8.9.15}$$

我们称满足 (8.9.15) 式的点 $\boldsymbol{x} \in E$ 为 E 的**密点**.

定理 8.9.6 设 $f \in L^1[a,b]$, $F(x) = \displaystyle\int_a^x f(t)\,\mathrm{d}t$ $(x \in [a,b])$, 则 F 在 $[a,b]$ 上几乎处处可导, 且

$$F'(x) = f(x), \quad \text{a.e. } x \in [a,b]. \tag{8.9.16}$$

证明 设 $x \in (a,b)$ 满足 (8.9.9) 式, 即

$$\lim_{\delta \to 0^+} \frac{1}{2\delta} \int_{x-\delta}^{x+\delta} |f(t) - f(x)|\,\mathrm{d}t = 0. \tag{8.9.17}$$

此时

$$\varlimsup_{\delta \to 0^+} \left| \frac{F(x+\delta) - F(x)}{\delta} - f(x) \right| = \varlimsup_{\delta \to 0^+} \left| \frac{1}{\delta} \int_x^{x+\delta} f(t)\,\mathrm{d}t - f(x) \right|$$

$$\leqslant \varlimsup_{\delta \to 0^+} \frac{1}{\delta} \int_x^{x+\delta} |f(t) - f(x)|\,\mathrm{d}t = 0.$$

因此, $F'_+(x) = f(x)$. 同理, $F'_-(x) = f(x)$. 从而 $F'(x) = f(x)$. 于是, 在 $[a,b]$ 上 (8.9.16) 式几乎处处成立. □

Newton–Leibniz 公式成立的充要条件

定理 8.4.9 表明当 F 的导函数 f 可积时, Newton–Leibniz 公式 (8.4.1) 成立.

接下来的问题自然是当 F 几乎处处可导时, Newton–Leibniz 公式是否成立. 具体地, 涉及 F 的导函数 f 是否可积, 以及是否成立 (8.4.1) 式. 然而, 这一问题的回答是否定的. 事实上, 存在一种被称为奇异函数的连续函数, 它几乎处处可导且导数为零, 但是函数本身不为常数.

为描述 Newton–Leibniz 公式成立的充要条件, 我们引入函数的绝对连续性.

定义 8.9.1 称区间 I 上的函数 $\boldsymbol{f}: [a,b] \to \mathbb{R}^m$ 是**绝对连续函数**, 如果存在 $\boldsymbol{\varphi} \in L^1([a,b]; \mathbb{R}^m)$ 使得

$$f(x) = f(a) + \int_a^x \varphi(t)\,\mathrm{d}t, \quad \forall\, x \in [a,b]. \tag{8.9.18}$$

若 f 绝对连续, 满足 (8.9.18) 式, 则由定理 8.9.6, f 几乎处处可导, 且 f' 几乎处处等于 φ. 因此, 我们把 φ 称为 f 的导函数, 仍然记为 f'. 自然, 我们有如下定理.

定理 8.9.7　区间 $[a,b]$ 上连续函数 F 几乎处处可导并成立 Newton–Leibniz 公式:

$$F(x) - F(a) = \int_a^x F'(t)\,\mathrm{d}t, \quad \forall\, x \in [a,b]$$

的充要条件是 F 在 $[a,b]$ 上绝对连续.

我们把 $[a,b]$ 上取值于 $\mathbb{R}^m$ 的绝对连续函数全体记为 $AC([a,b];\mathbb{R}^m)$.

由积分的绝对连续性可得, 若 f 在 $[a,b]$ 上绝对连续, 则对于任何 $\varepsilon > 0$, 存在 $\delta > 0$, 使得当 $(\alpha_1,\beta_1),(\alpha_2,\beta_2),\cdots,(\alpha_N,\beta_N)$ 是 I 中两两不交且满足 $\sum\limits_{k=1}^N (\beta_k - \alpha_k) < \delta$ 的子区间时, 成立 $\sum\limits_{k=1}^N |f(\beta_k) - f(\alpha_k)| < \varepsilon$.

今后可以证明 f 的上述性质是 f 为绝对连续函数的充分条件. 事实上, 大多数实变函数教材把绝对连续函数定义为满足上述性质的函数.

对偶问题

对于 $1 < p < +\infty$, 设 q 为 p 的对偶数, $E \subseteq \mathbb{R}^n$ 为测度非零的可测集, 则

$$\|f\|_{L^p(E)} = \sup_{\substack{g \in L^q(E) \\ \|g\|_{L^q(E)} \neq 0}} \frac{\displaystyle\int_E f(\boldsymbol{x})g(\boldsymbol{x})\,\mathrm{d}\boldsymbol{x}}{\|g\|_{L^q(E)}} = \sup_{\|g\|_{L^q(E)}=1} \int_E f(\boldsymbol{x})g(\boldsymbol{x})\,\mathrm{d}\boldsymbol{x}. \tag{8.9.19}$$

事实上, 上式对 $p = 1, +\infty$ 的情形也成立.

利用这一关系式, 我们可以把关于线性算子的积分不等式转换成其对偶算子的积分不等式. 例如, 设 $p,q > 1$, $E \subseteq \mathbb{R}^n$ 以及 $F \subseteq \mathbb{R}^m$ 均是测度非零的可测集, T 是一个把 $L^p(E)$ 中的函数映成 F 上局部可积函数的线性映射, 若 S 是它的**对偶算子**, 即 S 把 $L^{p'}(F)$ 中的函数映成 E 上的局部可积函数, 且

$$\int_F Tf(\boldsymbol{x})g(\boldsymbol{x})\,\mathrm{d}\boldsymbol{x} = \int_E f(\boldsymbol{x})\,Sg(\boldsymbol{x})\,\mathrm{d}\boldsymbol{x}. \tag{8.9.20}$$

则不等式

$$\|Tf\|_{L^q(F)} \leqslant C\|f\|_{L^p(E)}, \quad \forall f \in L^p(E) \tag{8.9.21}$$

成立当且仅当

$$\|Sg\|_{L^{p'}(E)} \leqslant C\|g\|_{L^{q'}(F)}, \quad \forall g \in L^{q'}(F), \tag{8.9.22}$$

其中 p', q' 依次为 p, q 的对偶数. 这是因为

$$\begin{aligned}
\sup_{\|f\|_{L^p(E)}=1} \|Tf\|_{L^q(F)} &= \sup_{\substack{\|f\|_{L^p(E)}=1 \\ \|g\|_{L^{q'}(F)}=1}} \int_F Tf(\boldsymbol{x})g(\boldsymbol{x})\,\mathrm{d}\boldsymbol{x} \\
&= \sup_{\substack{\|f\|_{L^p(E)}=1 \\ \|g\|_{L^{q'}(F)}=1}} \int_E f(\boldsymbol{x})\,Sg(\boldsymbol{x})\,\mathrm{d}\boldsymbol{x} \\
&= \sup_{\|g\|_{L^{q'}(F)}=1} \|Sg\|_{L^{p'}(E)}.
\end{aligned} \tag{8.9.23}$$

在实际问题中, 通常我们关心的是 T 是否将 $L^p(E)$ 映到 $L^q(F)$, 而这基本上等价于是否存在常数 $C > 0$ 使得不等式 (8.9.21) 成立. 因此, 关系式 (8.9.20) 是否对所有 $f \in L^p(E)$ 以及 $g \in L^{q'}(F)$ 有意义本身是一个问题. 为此, 我们可以利用函数的光滑逼近, 先把讨论限制在较好的函数类中, 比如, 在 $\mathbb{R}^n$ 中, 有

$$\|f\|_{L^p(\mathbb{R}^n)} = \sup_{\substack{g \in C_c^\infty(\mathbb{R}^n) \\ \|g\|_{L^q(E)}=1}} \int_E f(\boldsymbol{x})g(\boldsymbol{x})\,\mathrm{d}\boldsymbol{x}. \tag{8.9.24}$$

这样, 引入 S 时, 可以只要求 (8.9.20) 式当 f, g 有比较好的光滑性和较好的可积性的时候成立. 在 (8.9.23) 式的推导中, 我们也可以只对 f, g 性质较好时加以讨论.

今后, 在引入曲线、曲面积分后, 这一思想也可用于定义曲线、曲面上函数空间的线性算子.

线性算子定义域的延拓

在定理 8.7.7 中, 固定 f, 我们可以把 $Tg = f * g$ 看成一个线性算子. 当 q, r 互为对偶数时, $f * g$ 有限. 而在定义条件下, q, r 不一定是对偶数, 因此, $f * g$ 是否几乎处处有意义 (有限), 就不是那么显然. 尽管如此, 利用 $f * g$ 的保号性, 我们证明了 $f * g$ 是几乎处处有限的. 但今后对于更一般的线性算子, 不一定可以做到这一点. 更一般的思路是利用完备性来拓广有界线性算子的定义域.

具体地, 设 $p, q \in [1, +\infty]$, $\mathbb{R}^n$, $T : X \to L^q(\mathbb{R}^m)$ 是一个线性算子, 其中 X 是 $L^p(\mathbb{R}^n)$ 的一个稠密线性子空间, 即对任何 $f \in L^p(\mathbb{R}^n)$, 成立 $\inf_{g \in X} \|g - f\|_p = 0$. 若

T 是 X 上的**有界线性算子**, 即存在常数 $M > 0$ 使得

$$\|Tf\|_q \leqslant M\|f\|_p, \quad \forall f \in X, \tag{8.9.25}$$

则易证线性算子 T 在 X 上有界等价于它是**连续的**:

$$\lim_{\|g-f\|_p \to 0^+} \|Tg - Tf\|_q = 0, \quad \forall f \in X. \tag{8.9.26}$$

由稠密性, 对于任何 $f \in L^p(\mathbb{R}^n)$, 存在 X 中的函数列 $\{f_k\}$ 使得 $\lim\limits_{k \to +\infty} \|f_k - f\|_p = 0$, 于是由 T 的有界性, 得到 $\{Tf_k\}$ 是 $L^q(\mathbb{R}^m)$ 上的 Cauchy 列, 由 L^q 空间的完备性, $\{Tf_k\}$ 收敛于某个 $\varphi \in L^q(\mathbb{R}^m)$. 不难证明, φ 与 $\{f_k\}$ 的选取无关, 因此可以定义 $Tf = \varphi$. 进一步, 还成立

$$\|Tf\|_q \leqslant M\|f\|_p, \quad \forall f \in L^p(\mathbb{R}^n). \tag{8.9.27}$$

插值定理

证明定理 8.7.7 有一种更常用的思路, 就是利用插值定理. 更重要的是, 插值定理指导我们从已知的不等式通过 "插值" 得到新的不等式.

具体地, 固定 r, 当 $q = +\infty, p = r'$ 时, 利用 Hölder 不等式, 可得定理 8.7.7. 而当 $q = r, p = 1$ 时, 利用 Minkowski 不等式, 可得定理 8.7.7. 由如下的 **Marcinkiewicz**[2] **(马钦凯维奇) 插值定理**可得: 当 $\left(\dfrac{1}{p}, \dfrac{1}{q}\right)$ 是 $\left(1, \dfrac{1}{r}\right)$ 和 $\left(\dfrac{1}{r'}, 0\right)$ 的凸组合时 (如图 8.24 所示), 亦即当 (8.7.7) 式成立时, (8.7.8) 式成立.

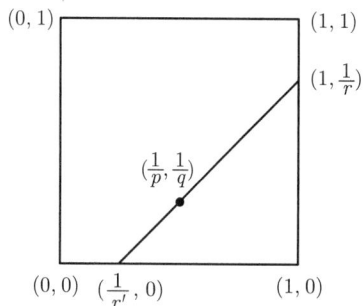

图 8.24 Young 不等式, 插值定理

现设 $p_1, p_2, q_1, q_2 \in [1, +\infty]$, T 是 $L^{p_j}(\mathbb{R}^n)$ 映到 $L^{q_j}(\mathbb{R}^m)$ 的有界线性算子 $(j = 1, 2)$, 则对于 $f \in L^{p_1}(\mathbb{R}^n) + L^{p_2}(\mathbb{R}^n)$, 可定义

$$(Tf)(\boldsymbol{y}) = (Tf_1)(\boldsymbol{y}) + (Tf_2)(\boldsymbol{y}), \quad \boldsymbol{y} \in \mathbb{R}^m, \tag{8.9.28}$$

---

2 Marcinkiewicz, J, 1910—1940 年.

其中 $f_1 \in L^{p_1}(\mathbb{R}^n), f_2 \in L^{p_2}(\mathbb{R}^n)$ 满足 $f = f_1 + f_2$. 易见上述定义与 f_1, f_2 的选取无关.

另一方面, 若 p 介于 p_1, p_2 之间, 则 $L^p(\mathbb{R}^n) \subseteq L^{p_1}(\mathbb{R}^n) + L^{p_2}(\mathbb{R}^n)$.

对于 $\mathbb{R}^n$ 上的可测函数 f, 定义

$$\lambda(\alpha) \equiv \lambda_f(\alpha) = \big| \{|f| > \alpha\} \big|, \quad \forall \alpha > 0, \tag{8.9.29}$$

称为 f 的**分布函数**. 易见当 $1 \leqslant p < +\infty$, $f \in L^p(\mathbb{R}^n)$ 时, 对任何 $\alpha > 0$, $\lambda(\alpha)$ 有限, $\lim\limits_{\alpha \to +\infty} \alpha^p \lambda(\alpha) = 0$. 对于任何 $k \geqslant 1$, 我们有

$$
\begin{aligned}
I_k &\equiv \lim_{N \to +\infty} \sum_{j=1}^{N} \left(\frac{j}{k}\right)^p \left(\lambda\left(\frac{j}{k}\right) - \lambda\left(\frac{j+1}{k}\right)\right) \\
&= \lim_{N \to +\infty} \left[\sum_{j=1}^{N} \left(\left(\frac{j}{k}\right)^p - \left(\frac{j-1}{k}\right)^p\right) \lambda\left(\frac{j}{k}\right) - \left(\frac{N}{k}\right)^p \lambda\left(\frac{N+1}{k}\right)\right] \\
&= \sum_{j=1}^{\infty} \left(\left(\frac{j}{k}\right)^p - \left(\frac{j-1}{k}\right)^p\right) \lambda\left(\frac{j}{k}\right) \\
&= \sum_{j=1}^{\infty} \lambda\left(\frac{j}{k}\right) \int_{(j-1)/k}^{j/k} p\alpha^{p-1}\, \mathrm{d}\alpha.
\end{aligned}
$$

注意到

$$I_k \leqslant \sum_{j=1}^{\infty} \int_{(j-1)/k}^{j/k} p\alpha^{p-1} \lambda(\alpha)\, \mathrm{d}\alpha = \int_0^\infty p\alpha^{p-1} \lambda(\alpha)\, \mathrm{d}\alpha$$

以及对于 $m \geqslant 1$,

$$
\begin{aligned}
I_k &\geqslant \left(\frac{m-1}{m}\right)^{p-1} \sum_{j=m}^{\infty} \lambda\left(\frac{j}{k}\right) \int_{j/k}^{(j+1)/k} p\alpha^{p-1}\, \mathrm{d}\alpha \\
&\geqslant \left(\frac{m-1}{m}\right)^{p-1} \int_{m/k}^{+\infty} p\alpha^{p-1} \lambda(\alpha)\, \mathrm{d}\alpha,
\end{aligned}
$$

不难得到

$$\int_{\mathbb{R}^n} |f(\boldsymbol{x})|^p\, \mathrm{d}\boldsymbol{x} = \lim_{k \to +\infty} I_k = \int_0^{+\infty} p\alpha^{p-1} \lambda(\alpha)\, \mathrm{d}\alpha. \tag{8.9.30}$$

若 $f \in L^\infty(\mathbb{R}^n)$, 则易见

$$\|f\|_\infty = \inf \{\alpha | \lambda(\alpha) = 0\}. \tag{8.9.31}$$

若存在常数 $M > 0$ 使得 (8.9.27) 式成立, 我们就称算子 T 是 (p, q) **型**的. 由 (8.9.27) 式, 当 $1 \leqslant q < +\infty$ 时可得

$$\left| \{ |Tf| > \alpha \} \right| \leqslant \left(\frac{M \|f\|_p}{\alpha} \right)^q, \quad \forall f \in L^p(\mathbb{R}^n). \tag{8.9.32}$$

当 $q = +\infty$ 时, 上式理解为 $\|Tf\|_q \leqslant M \|f\|_p$. 称满足 (8.9.32) 式的 T 是**弱 (p, q) 型**的. 根据定义, 弱 $(p, +\infty)$ 型即为 $(p, +\infty)$ 型.

现在我们来给出 Marcinkiewicz 插值定理, 证明参见文献 [34].

定理 8.9.8　设 $p_1, p_2, q_1, q_2 \in [1, +\infty]$, 满足 $p_j \leqslant q_j, p_1 < p_2$ 以及 $q_1 \neq q_2$. 又设 T 是 $L^{p_1}(\mathbb{R}^n) + L^{p_2}(\mathbb{R}^n)$ 上的次可加算子[3], 且同时是弱 (p_j, q_j) 型的:

$$\left| \{ |Tf| > \alpha \} \right| \leqslant \left(\frac{A_j \|f\|_{p_j}}{\alpha} \right)^{q_j}, \quad \forall f \in L^{p_j}(\mathbb{R}^n); j = 1, 2. \tag{8.9.33}$$

若 $s \in (0, 1)$, $\dfrac{1}{p} = \dfrac{1-s}{p_1} + \dfrac{s}{p_2}, \dfrac{1}{q} = \dfrac{1-s}{q_1} + \dfrac{s}{q_2}$, 则 T 是 (p, q) 型的, 且存在仅与 A_j, s, p_j, q_j $(j = 1, 2)$ 有关的常数 A 使得

$$\|Tf\|_q \leqslant A \|f\|_p, \quad \forall f \in L^p(\mathbb{R}^n). \tag{8.9.34}$$

对数函数的积分定义

我们已经给出了指数函数、对数函数的两种定义方式. 其一是利用上确界存在定理依次定义 $a^{\frac{1}{n}}, a^q, a^b, \log_a b$ (参见定理 1.4.7 以及习题 1.4 中的相关习题). 其二是利用极限直接定义 e^x, 再定义 $\ln x, \log_a b$ 以及 a^b 等 (参见第 3 章 §3). 现在介绍另一种方法, 利用积分先定义对数函数, 然后将指数函数定义为对数函数的反函数并进一步定义一般的实指数幂 a^b. 自然, 在这一过程中, 我们也将重新建立而不是直接承认对数函数与指数函数的性质.

对数函数　对于 $x > 0$, 定义

$$\varphi(x) = \int_1^x \frac{1}{t} \, \mathrm{d}t. \tag{8.9.35}$$

利用积分的变量代换, 有

$$\int_x^{xy} \frac{1}{t} \, \mathrm{d}t = \varphi(y), \quad \forall x, y > 0.$$

从而

$$\varphi(xy) = \int_1^x \frac{1}{t} \, \mathrm{d}t + \int_x^{xy} \frac{1}{t} \, \mathrm{d}t = \varphi(x) + \varphi(y), \quad \forall x, y > 0,$$

3　即 T 满足 $|T(f_1 + f_2)| \leqslant |Tf_1| + |Tf_2|$.

这表明 φ 是一个化积为和的函数, 而这正是对数函数的特点, 我们记之为 $\ln$. $\ln(x)$ 可以简写为 $\ln x$. 立即可得 $\ln$ 函数的如下基本性质.

(1) 对于任何 $x, y > 0$,

$$\ln(xy) = \ln x + \ln y, \tag{8.9.36}$$

特别地 $\ln 1 = 0$.

(2) $\ln$ 在 $(0, +\infty)$ 内连续可导, 且

$$(\ln x)' = \frac{1}{x}. \tag{8.9.37}$$

进而 $\ln$ 在 $(0, +\infty)$ 内无限次可导.

(3) $\ln$ 在 $(0, +\infty)$ 上严格单增.

(4)
$$\lim_{x \to +\infty} \ln x = +\infty, \tag{8.9.38}$$

$$\lim_{x \to 0^+} \ln x = -\infty. \tag{8.9.39}$$

证明 由 (8.9.36) 式可见 (8.9.39) 式与 (8.9.38) 式等价. 为此我们只要证明 (8.9.38) 式. 对任何正整数 m, 当 $x > 2^m$ 时, 有

$$\ln x \geqslant \ln 2^m = m \ln 2.$$

注意到 $\ln 2 > 0$, 即得 (8.9.38) 式. $\Box$

对于一般的 $a > 0$, $a \neq 1$ 以及 $x > 0$, 定义 $\log_a x = \dfrac{\ln x}{\ln a}$.

指数函数 我们把指数函数 $\exp$ 定义为对数函数 $\ln$ 的反函数, 则 $\exp$ 的定义域为 $\mathbb{R}$ 而值域为 $(0, +\infty)$, 且 $\exp$ 化和为积: $\exp(x + y) = \exp(x) \exp(y)$. 而且以下的结果表明 $\exp(x)$ 可简记为[4] e^x, 其中 $\mathrm{e} = \exp(1)$.

由对数函数的性质, 立即可得指数函数 $\exp$ 的性质.

(5) 对任何 $x \in \mathbb{R}$,

$$\ln \exp(x) = x. \tag{8.9.40}$$

对任何 $y > 0$,

$$\exp(\ln y) = y. \tag{8.9.41}$$

特别地 $\exp(0) = 1$.

(6) 对于任何 $x, y \in \mathbb{R}$,

$$\exp(x + y) = \exp(x) \exp(y). \tag{8.9.42}$$

---

4 严格说来, 这一记号应该在建立 (8.9.49) 式以后引入.

(7) exp 在 $\mathbb{R}$ 上无限次可导, 且

$$(\exp(x))' = \exp(x). \tag{8.9.43}$$

由此结合 Taylor 展开式不难得到

$$\exp(x) = \sum_{n=0}^{\infty} \frac{x^n}{n!}, \quad \forall\, x \in \mathbb{R}. \tag{8.9.44}$$

(8) exp 在 $\mathbb{R}$ 上严格单增.

(9) $\displaystyle\lim_{x\to+\infty} \exp(x) = +\infty,$ \hfill (8.9.45)

$$\lim_{x\to-\infty} \exp(x) = 0. \tag{8.9.46}$$

无理指数幂 a^b 现在对于 $a > 0$ 和 $b \in \mathbb{R}$, 定义 $\varPhi(a, b) = \exp(b \ln a)$, 则当 m, n 为整数, $b = \dfrac{m}{n}$ 时, 我们有

$$\left(\varPhi\left(a, \frac{m}{n}\right) \right)^n = \left(\exp\left(\frac{m \ln a}{n} \right) \right)^n = \exp(m \ln a) = a^m.$$

即此时 $x = \varPhi\left(a, \dfrac{m}{n}\right)$ 是 $x^n = a^m$ 的正数解. 因此, 我们把 $\varPhi(a, b)$ 记为 a^b. 记 $\mathrm{e} = \exp(1)$, 立即可得 $\exp(x) = \mathrm{e}^x$ 以及 $a^x = \mathrm{e}^{x \ln a}$. 这样就得到 a^b 的各种性质. 例如, 有

$$(x^\alpha)' = (\mathrm{e}^{\alpha \ln x})' = \mathrm{e}^{\alpha \ln x} \cdot \frac{\alpha}{x} = \alpha x^{\alpha - 1}, \quad \forall\, x > 0. \tag{8.9.47}$$

进一步, 我们有

(10) 对任何 $x > 0$, 以及 $\alpha \in \mathbb{R}$, 成立

$$\ln x^\alpha = \alpha \ln x. \tag{8.9.48}$$

证明   不妨设 $\alpha \neq 0$, 则作变量代换 $t = s^\alpha$, 得到

$$\ln x^\alpha = \int_1^{x^\alpha} \frac{1}{t}\,\mathrm{d}t = \int_1^{x} \frac{1}{s^\alpha} \cdot \alpha s^{\alpha - 1}\,\mathrm{d}s = \alpha \ln x. \qquad \square$$

(11) 对于任何 $x \in \mathbb{R}$ 以及 $\alpha \in \mathbb{R}$,

$$\mathrm{e}^{\alpha x} = (\mathrm{e}^x)^\alpha. \tag{8.9.49}$$

证明   由 (8.9.36) 式,

$$\ln((\mathrm{e}^x)^\alpha) = \alpha \ln \mathrm{e}^x = \alpha x = \ln \mathrm{e}^{\alpha x}.$$

由此即得 (8.9.49) 式. \hfill $\square$

曲线的弧长与三角函数的积分定义

曲线的弧长 为了说明三角函数的几何意义, 我们要考察单位圆及其上圆弧的长度, 为此引入空间曲线长度的定义. 本节中, 对曲线长度的性质的讨论暂不展开.

定义 8.9.2 设 $n \geqslant 2$, $\mathbb{R}^n$ 中曲线 $\boldsymbol{\tau} : [a,b] \to \mathbb{R}^n$ 的弧长 L 定义为折线长度的极限:

$$L = \lim_{\|P\| \to 0^+} \sum_{k=1}^{m} |\boldsymbol{\tau}(t_k) - \boldsymbol{\tau}(t_{k-1})|, \tag{8.9.50}$$

其中 $P : a = t_0 < t_1 < \cdots < t_m = b$ 为 $[a,b]$ 的划分. 若这一极限存在, 我们就称曲线 $\boldsymbol{\tau}$ 是**可求长的**, 否则就称曲线是**不可求长的**.

我们有

定理 8.9.9 若 $n \geqslant 2$, $\mathbb{R}^n$ 中曲线 $\boldsymbol{\tau} : [a,b] \to \mathbb{R}^n$ 连续可导, 则曲线 $\boldsymbol{\tau}$ 可求长, 且

$$L = \int_a^b |\boldsymbol{\tau}'(t)| \, \mathrm{d}t. \tag{8.9.51}$$

证明 设 ω 为 $\boldsymbol{\tau}'$ 的连续模: 对于 $[a,b]$ 的划分 $P : a = t_0 < t_1 < t_2 < \cdots < t_m = b$, 有

$$\sum_{k=1}^{m} |\boldsymbol{\tau}(t_k) - \boldsymbol{\tau}(t_{k-1})| = \sum_{k=1}^{m} \left| \int_{t_{k-1}}^{t_k} \boldsymbol{\tau}'(t) \, \mathrm{d}t \right|$$
$$= \sum_{k=1}^{m} \left| \boldsymbol{\tau}'(t_k)(t_k - t_{k-1}) + \int_{t_{k-1}}^{t_k} \left(\boldsymbol{\tau}'(t) - \boldsymbol{\tau}'(t_k) \right) \mathrm{d}t \right|.$$

于是立即可得

$$L(|\boldsymbol{\tau}'|; P) - \omega(\|P\|)(b-a) \leqslant \sum_{k=1}^{m} |\boldsymbol{\tau}(t_k) - \boldsymbol{\tau}(t_{k-1})|$$
$$\leqslant U(|\boldsymbol{\tau}'|; P) + \omega(\|P\|)(b-a).$$

由 $\boldsymbol{\tau}$ 的连续可导性得到 $|\boldsymbol{\tau}'|$ 的可积性, 继而在上式中令 $\|P\| \to 0^+$ 即得结论. $\qquad \square$

由定理, 不难看到平面上的单位圆周 $x^2 + y^2 = 1$ 是可求长的.

三角函数的积分定义 现在我们利用积分来定义三角函数. 也就是说, 我们要放下第 3 章 §4 中利用微分方程对三角函数的定义, 另起炉灶. 用 $\boldsymbol{\pi}$ 表示单位圆周的半周长, 对于单位圆周上两点 A, B, 用 (单位圆周上) 圆弧 $\overset{\frown}{AB}$ 的长度表示角 AOB, 称为角 AOB 的**弧度**.

单位圆的上半圆周可以表示为 $y = \sqrt{1-x^2}$ ($x \in [-1,1]$). 对于上半圆周上一点 $(x, \sqrt{1-x^2})$, 定义 $\arccos x$ 为点 $(1,0)$ 逆时针转到该点的圆弧的长度. 按定理 8.9.9,

我们有

$$\arccos x = \int_x^1 \frac{1}{\sqrt{1-t^2}} \, \mathrm{d}t, \quad x \in [-1, 1]. \tag{8.9.52}$$

该函数在 $[-1, 1]$ 上连续, 严格单减, $\arccos 1 = 0$, $\arccos(-1) = \pi$. 进一步, 该函数在 $(-1, 1)$ 内连续可导, 且

$$(\arccos x)' = -\frac{1}{\sqrt{1-x^2}}, \quad x \in (-1, 1). \tag{8.9.53}$$

在 $[0, \pi]$ 上, 可定义 $\arccos$ 的反函数, 记为 $\cos$, 称为余弦函数. 我们有 $\cos 0 = 1, \cos \pi = -1$, 以及

$$\frac{\mathrm{d}\cos t}{\mathrm{d}t} = -\sqrt{1 - \cos^2 t}, \quad t \in [0, \pi]. \tag{8.9.54}$$

其中 $\cos$ 在 $0, \pi$ 处的可导性由它在这两点的连续性以及导数的极限存在得到. 特别地 $(\cos t)'$ 在 $t = 0$ 处的值为 0. 进一步可得

$$\frac{\mathrm{d}^2 \cos t}{\mathrm{d}t^2} = \frac{\cos t}{\sqrt{1 - \cos^2 t}}(\cos t)' = -\cos t. \tag{8.9.55}$$

这意味着 $\cos t$ 正是方程 (4.4.7) 的解. 即我们现在定义的余弦函数 (在目前的定义范围内) 与第三章 §4 中利用微分的定义是一致的, 且不难证明半周长 π 与第三章 §4 中定义的 π 是一致的. 自然, 我们也可以直接用 Newton–Leibniz 公式说明第三章 §4 中定义的 $\arccos$ 与现在用 (8.9.53) 式的定义是一致的.

现在我们可以看到, 对于 $x \in [-1, 1]$, $\arccos x$ 就是点 $(1, 0)$ 与点 $(x, \sqrt{1-x^2})$ 各自与原点 O 连线的夹角的弧度, 而对于 $t \in [0, \pi]$, $\cos t$ 就是使得上述夹角的弧度为 t 的那个点的横坐标 x —— 我们还可以据此把 $\cos$ 的定义域扩充到整个 $\mathbb{R}$: 对于 $\theta \in \mathbb{R}$, 若 $\theta \geqslant 0$, 则从点 $(1, 0)$ 出发, 沿单位圆周逆时针走过长为 θ 的弧长 (若 $\theta > 2\pi$ 表示走过一圈还多), 最后落点的横坐标定义为 $\cos \theta$. 而当 $\theta < 0$ 时, 则从点 $(1, 0)$ 出发, 沿单位圆周顺时针走过长为 $-\theta$ 的弧长, 最后落点的横坐标定义为 $\cos \theta$. 易见 $\cos$ 以单位圆周的周长 2π 为周期, 且有 $\cos(-\theta) = \cos \theta$.

类似地, 对于单位圆右半圆周上一点 $(\sqrt{1-y^2}, y)$, 定义 $\arcsin y$ 为点 $(1, 0)$ 逆时针转到该点的圆弧的有向长度 (逆时针为正, 顺时针为负). 我们有

$$\arcsin y = \int_0^y \frac{1}{\sqrt{1-t^2}} \, \mathrm{d}t, \quad y \in [-1, 1]. \tag{8.9.56}$$

在其值域 $\left[-\frac{\pi}{2}, \frac{\pi}{2}\right]$ 上定义其反函数 $\sin$, 称为正弦函数. 同样可证, (在目前的定义域内) 我们现在定义的正弦函数与第三章 §4 中利用微分定义的正弦函数是一致的.

而因为 $\sin\theta$ 就是相应点 (x, y) 的纵坐标, 我们可以把 $\sin$ 的定义域扩充到整个 $\mathbb{R}$: 从点 $(1, 0)$ 出发, 沿单位圆周走过长为 $|\theta|$ 的弧长 ($\theta > 0$ 为逆时针, $\theta < 0$ 为顺时针), 最后落点的纵坐标定义为 $\sin\theta$. 易见 $\sin$ 以单位圆周的周长 2π 为周期, 且有 $\sin(-\theta) = -\sin\theta$ (如图 8.25 所示).

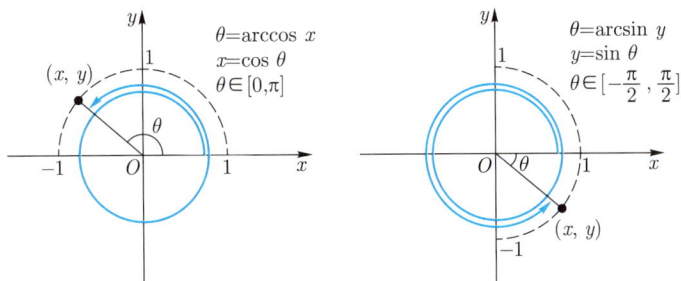

图 8.25

习题 8.9.$\mathcal{A}$

1. (1) 试构造 $\mathbb{R}$ 上严格单增的 C^∞ 函数 f, 使得 $E = \{f' = 0\}$ 具有正测度.

   (2) 证明: $f(E)$ 是闭零测度集.

   (3) 令 $F = \mathbb{R} \setminus f(E)$, $g = \chi_F$. 证明: g 在 $\mathbb{R}$ 上局部 Riemann 可积, 当有界闭区间 $[a, b]$ 与 E 的交集测度非零时, $g \circ f$ 在 $[a, b]$ 上不是 Riemann 可积的.

习题 8.9.$\mathcal{B}$

1. 设 f 是有界闭区间 $[a, b]$ 上的连续可微函数, $\{f' = 0\}$ 是零测度集, $f([a, b]) = [c, d]$. 证明: 对于 $[c, d]$ 上的 Riemann 可积函数 g, 复合函数 $g \circ f$ 在 $[a, b]$ 上 Riemann 可积.

第九章 函数列与函数项级数

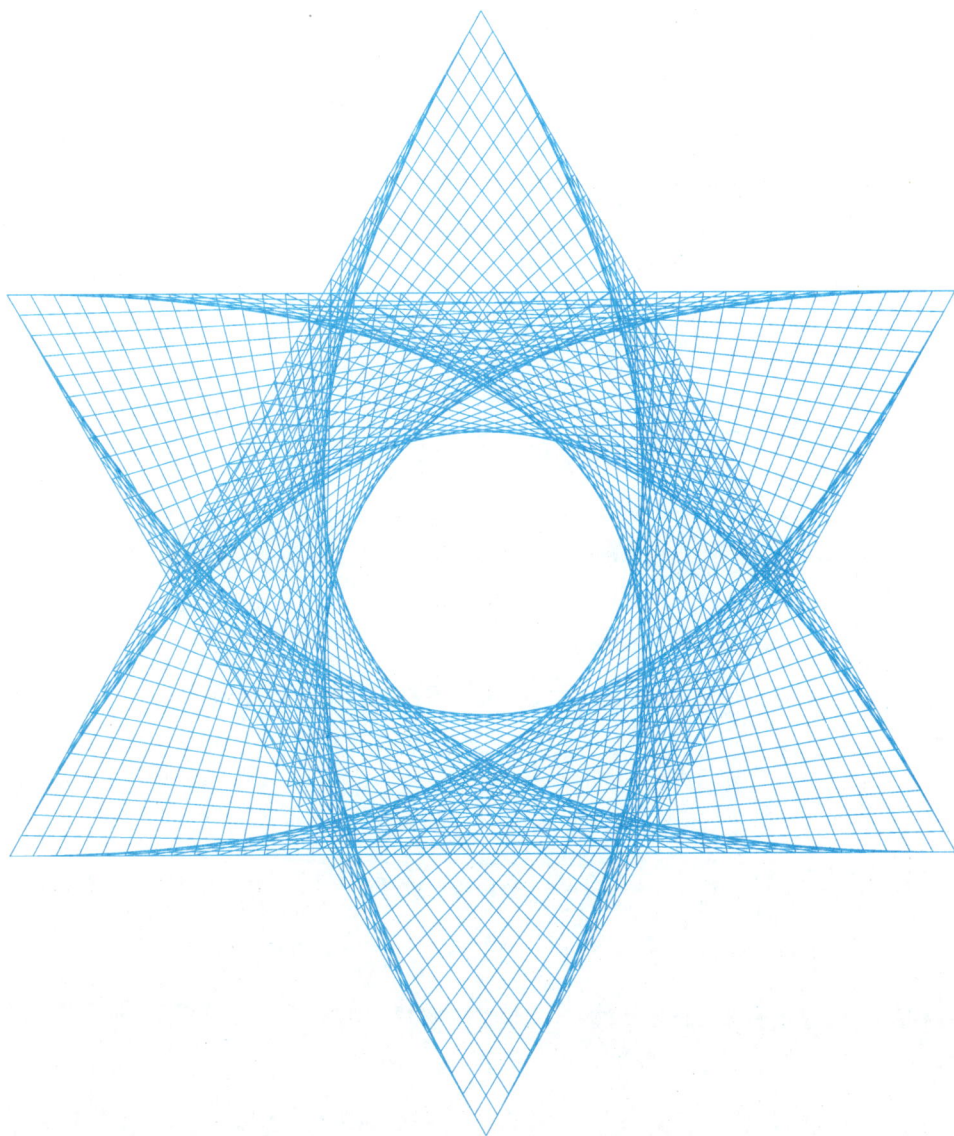

§1 函数列与函数项级数的一致收敛及其性质

函数列与函数项级数的一致收敛及其性质, Cauchy 准则

§2 函数项级数一致收敛性的判别法

Weierstrass 判别法, Abel 判别法, Dirichlet 判别法

§3 幂级数与函数的幂级数展开

幂级数的收敛半径, Abel 第一定理, Cauchy–Hadamard 公式, 幂级数的性质, Abel 第二定理, 函数的幂级数展开, Taylor 级数, Maclaurin 级数, 直接法, 间接法, 幂级数在复数域内的性质, 非切向极限, 实解析函数, 复解析函数, 复区域上函数的复导数, Cauchy–Riemann 条件

§4 幂级数的应用

数项级数的计算, 幂级数与三角级数, Abel 和, Cesáro 和, Tauber 型定理, 母函数, Bernoulli 多项式, Bernoulli 数, 幂级数的抽象应用, Hardy–Littlewood 定理

§5 常微分方程初值问题解的存在性

Picard 迭代, 等度连续, Arzelà–Ascoli 定理, 非 Lipschitz 条件下解的存在性, 积分方程的解, 解的延伸

§1 函数列与函数项级数的一致收敛及其性质

本章将主要研究函数列的极限 (函数项级数的和) 的性质[1]. 具体地, 是研究函数列的极限是否保持函数列的某些性质. 以一维情形为例, 主要有:

1. **连续性:** 函数列 $\{f_n\}$ 在点 x_0 处连续, 其极限函数 f 是否也在点 x_0 处连续? 即是否有 $\lim_{x \to x_0} f(x) = f(x_0)$. 这相当于是否成立

$$\lim_{x \to x_0} \lim_{n \to +\infty} f_n(x) = \lim_{n \to +\infty} \lim_{x \to x_0} f_n(x)\,? \tag{9.1.1}$$

2. **可微性:** 函数列 $\{f_n\}$ 可导, 其极限函数是否也可导, 且

$$\frac{\mathrm{d}}{\mathrm{d}x}\Big(\lim_{n \to +\infty} f_n(x) \Big) = \lim_{n \to +\infty} \frac{\mathrm{d}}{\mathrm{d}x} f_n(x)\,? \tag{9.1.2}$$

3. **可积性:** 函数列 $\{f_n\}$ 在 $[a,b]$ 上可积, 其极限函数是否也可积, 且成立

$$\int_a^b \lim_{n \to +\infty} f_n(x)\,\mathrm{d}x = \lim_{n \to +\infty} \int_a^b f_n(x)\,\mathrm{d}x\,? \tag{9.1.3}$$

由于 Lebesgue 积分的引入, (9.1.3) 式可以在较弱的条件下成立. 而要使得 (9.1.1) 式和 (9.1.2) 式成立, 一个重要的充分条件就是一致收敛性.

由于向量值函数或复值函数情形在此问题上并无特殊之处, 我们仅考虑实函数的情形.

关于一致收敛性 (参见定义 8.7.1), 我们有如下的 Cauchy 准则.

定理 9.1.1 设 $E \subseteq \mathbb{R}^n$, 函数列 $\{f_k\}$ 在 E 上一致收敛当且仅当对任何 $\varepsilon > 0$, 存在 $N \geqslant 1$, 使得当 $k, j \geqslant N$ 时, 对任何 $\boldsymbol{x} \in E$ 成立 $\big| f_k(\boldsymbol{x}) - f_j(\boldsymbol{x}) \big| < \varepsilon$.

按上确界的写法, 这等价于

$$\lim_{\substack{k \to +\infty \\ j \to +\infty}} \sup_{\boldsymbol{x} \in E} \big| f_k(\boldsymbol{x}) - f_j(\boldsymbol{x}) \big| = 0.$$

亦即

$$\varlimsup_{\substack{k \to +\infty \\ j \to +\infty}} \sup_{\boldsymbol{x} \in E} \big| f_k(\boldsymbol{x}) - f_j(\boldsymbol{x}) \big| = 0.$$

例 9.1.1 考察函数列 $\{x^n\}$ 在 $[0,1]$ 上的一致收敛性.

---

[1] 级数的性质与反常积分的性质是相互交织的. 有关级数的一些讨论, 若借助反常积分, 会带来很多方便, 反之亦然. 读者可以适当预习反常积分的内容, 并在讨论中加以运用.

解 函数列的极限函数为

$$f(x) = \begin{cases} 0, & x \in [0,1), \\ 1, & x = 1. \end{cases}$$

而当 $n \to +\infty$ 时,

$$\sup_{x \in [0,1]} |x^n - f(x)| = \sup_{x \in [0,1)} |x^n| = 1 \not\to 0.$$

因此, 函数列非一致收敛.

例 9.1.2 考察函数列 $\left\{ \dfrac{1}{nx} \right\}$ 在 $(0, +\infty)$ 内的一致收敛性.

解 该函数列的极限函数为零函数. 由于当 $n \to +\infty$ 时,

$$\sup_{x \in (0,+\infty)} \left| \frac{1}{nx} \right| = +\infty \not\to 0,$$

函数列在 $(0, +\infty)$ 内非一致收敛.

另一方面, 对任何 $E \subset\subset (0, +\infty)$, 有 $b > a > 0$ 使得 $E \subset [a,b]$, 此时当 $n \to +\infty$ 时,

$$\sup_{x \in E} \left| \frac{1}{nx} \right| \leqslant \sup_{x \in [a,b]} \left| \frac{1}{nx} \right| = \frac{1}{na} \to 0.$$

因此, 函数列 $\left\{ \dfrac{1}{nx} \right\}$ 在 E 上一致收敛. 即 $\left\{ \dfrac{1}{nx} \right\}$ 在 $(0, +\infty)$ 中内闭一致收敛.

例 9.1.3 考察函数列 $\{x(1-x)^n\}$, $\{nx(1-x)^n\}$, $\{nx(1-x)^{n^2}\}$ 在 $[0,1]$ 区间上的一致收敛性.

解 三个函数列的极限函数均为零函数. 当 $n \to +\infty$ 时, 我们有

$$\sup_{x \in [0,1]} |x(1-x)^n| = \frac{1}{n+1} \left(1 - \frac{1}{n+1} \right)^n \to 0,$$

$$\sup_{x \in [0,1]} |nx(1-x)^n| = \frac{n}{n+1} \left(1 - \frac{1}{n+1} \right)^n \to e^{-1} \neq 0,$$

$$\sup_{x \in [0,1]} |nx(1-x)^{n^2}| = \frac{n}{n^2+1} \left(1 - \frac{1}{n^2+1} \right)^{n^2} \to 0.$$

因此, $\{x(1-x)^n\}$ 和 $\{nx(1-x)^{n^2}\}$ 在 $[0,1]$ 上一致收敛, 而 $\{nx(1-x)^n\}$ 在 $[0,1]$ 上非一致收敛. 我们也可以根据以下不等式得到结论, 而不必精确地计算出上确界: 当 $n \to +\infty$ 时,

$$\sup_{x \in [0,1]} |x(1-x)^n| \leqslant \frac{1}{\sqrt{n}} + \left(1 - \frac{1}{\sqrt{n}} \right)^n \to 0,$$

$$\sup_{x \in [0,1]} \left| nx(1-x)^n \right| \geqslant \left(1 - \frac{1}{n} \right)^n \to \mathrm{e}^{-1} \neq 0,$$

$$\sup_{x \in [0,1]} \left| nx(1-x)^{n^2} \right| \leqslant \frac{1}{\sqrt{n}} + \left(1 - \frac{1}{n\sqrt{n}} \right)^{n^2} \to 0.$$

例 9.1.4 考察函数项级数 $\displaystyle\sum_{n=0}^{\infty} x^n$, $\displaystyle\sum_{n=0}^{\infty} (1-x)x^n$, $\displaystyle\sum_{n=0}^{\infty} (1-x)^2 x^n$ 在 $[0,1)$ 上的一致收敛性.

解 当 $n \to +\infty$ 时,

$$\sup_{x \in [0,1)} \left| \sum_{k=n}^{\infty} x^k \right| = \sup_{x \in [0,1)} \frac{x^n}{1-x} = +\infty \nrightarrow 0,$$

$$\sup_{x \in [0,1)} \left| \sum_{k=n}^{\infty} (1-x)x^k \right| = \sup_{x \in [0,1)} x^n = 1 \nrightarrow 0,$$

$$\sup_{x \in [0,1)} \left| \sum_{k=n}^{\infty} (1-x)^2 x^k \right| = \sup_{x \in [0,1)} (1-x)x^n = \frac{1}{n+1} \left(1 - \frac{1}{1+n} \right)^n \to 0.$$

因此, $\displaystyle\sum_{n=0}^{\infty} (1-x)^2 x^n$ 在 $[0,1)$ 上一致收敛, 而 $\displaystyle\sum_{n=0}^{\infty} x^n$ 和 $\displaystyle\sum_{n=0}^{\infty} (1-x)x^n$ 在 $[0,1)$ 上非一致收敛.

例 9.1.5 考察函数项级数 $\displaystyle\sum_{n=0}^{\infty} n(1-x)x^{n^2}$, $\displaystyle\sum_{n=0}^{\infty} n(1-x)x^{n^3}$ 在 $[0,1)$ 上的一致收敛性.

解 当 $n \to +\infty$ 时,

$$\sup_{x \in [0,1)} \left| \sum_{k=n}^{\infty} k(1-x)x^{k^2} \right| = \sup_{x \in [0,1)} \sum_{k=n}^{\infty} \int_k^{k+1} k(1-x)x^{k^2} \, \mathrm{d}t$$

$$\geqslant \sup_{x \in [0,1)} \sum_{k=n}^{\infty} \int_k^{k+1} \frac{t(1-x)}{2} x^{t^2} \, \mathrm{d}t$$

$$= \sup_{x \in [0,1)} \int_n^{+\infty} \frac{t(1-x)}{2} x^{t^2} \, \mathrm{d}t$$

$$= \sup_{x \in [0,1)} \frac{x-1}{4 \ln x} x^{n^2} \geqslant \lim_{x \to 1^-} \frac{x-1}{4 \ln x} x^{n^2} = \frac{1}{4} \nrightarrow 0,$$

$$\sup_{x \in [0,1)} \left| \sum_{k=n+1}^{\infty} k(1-x)x^{k^3} \right| \leqslant \sup_{x \in [0,1)} \sum_{k=n+1}^{\infty} \int_{k-1}^k \frac{k^2(1-x)}{n} x^{k^3} \, \mathrm{d}t$$

$$\leqslant \sup_{x \in [0,1)} \sum_{k=n+1}^{\infty} \int_{k-1}^k \frac{3t^2(1-x)}{n} x^{t^3} \, \mathrm{d}t$$

$$= \sup_{x \in [0,1)} \int_n^{+\infty} \frac{3t^2(1-x)}{n} x^{t^3} \, dt$$

$$= \sup_{x \in [0,1)} \frac{x-1}{n \ln x} x^{n^3} \leqslant \sup_{x \in [0,1)} \frac{x-1}{n \ln x} \leqslant \frac{C}{n} \to 0.$$

因此, $\sum\limits_{n=0}^{\infty} n(1-x)x^{n^2}$ 在 $[0,1)$ 上非一致收敛, 而 $\sum\limits_{n=0}^{\infty} n(1-x)x^{n^3}$ 在 $[0,1)$ 上一致收敛.

例 9.1.6   设 $\{f_n\}$ 在 $[a,b]$ 上收敛, f_n 可微, 且 $|f_n'| \leqslant M < +\infty$. 试证: $\{f_n\}$ 在 $[a,b]$ 上一致收敛.

证明   对于 $m, n \geqslant 1$, 任取 $k \geqslant 2$, 令 $x_j = a + \dfrac{j(b-a)}{k}$, 则对任何 j,

$$|f_m(x) - f_n(x)| \leqslant |f_m(x) - f_m(x_j)| + |f_n(x_j) - f_n(x)| + |f_m(x_j) - f_n(x_j)|$$

$$\leqslant 2M|x - x_j| + \sum_{i=0}^{k} |f_m(x_i) - f_n(x_i)|.$$

从而, 取 j 使得 $|x - x_j| \leqslant \dfrac{b-a}{k}$ 可得

$$\sup_{x \in [a,b]} |f_m(x) - f_n(x)| \leqslant \frac{2M(b-a)}{k} + \sum_{i=0}^{k} |f_m(x_i) - f_n(x_i)|.$$

因此,

$$\varlimsup_{\substack{m \to +\infty \\ n \to +\infty}} \sup_{x \in [a,b]} |f_m(x) - f_n(x)| \leqslant \frac{2M(b-a)}{k}.$$

令 $k \to +\infty$ 得到

$$\varlimsup_{\substack{m \to +\infty \\ n \to +\infty}} \sup_{x \in [a,b]} |f_m(x) - f_n(x)| \leqslant 0.$$

即得 $\{f_n\}$ 在 $[a,b]$ 上一致收敛.   □

以下是关于极限函数连续性的结果.

定理 9.1.2   设 $E \subseteq \mathbb{R}^n$, 函数列 $\{f_k\}$ 在 E 上一致收敛到 f. 若 f_k 在点 $\boldsymbol{x}_0 \in E$ 连续, 则 f 在点 $\boldsymbol{x}_0$ 连续. 特别地, 若 $\{f_k\}$ 在 E 上连续, 则 f 在 E 上连续.

证明   任取 $\boldsymbol{x} \in E$, 则 $\forall k \geqslant 1$,

$$|f(\boldsymbol{x}) - f(\boldsymbol{x}_0)| \leqslant |f(\boldsymbol{x}) - f_k(\boldsymbol{x})| + |f_k(\boldsymbol{x}) - f_k(\boldsymbol{x}_0)| + |f_k(\boldsymbol{x}_0) - f(\boldsymbol{x}_0)|$$

$$\leqslant 2 \sup_{\boldsymbol{y} \in E} |f_k(\boldsymbol{y}) - f(\boldsymbol{y})| + |f_k(\boldsymbol{x}) - f_k(\boldsymbol{x}_0)|. \tag{9.1.4}$$

令 $\boldsymbol{x} \to \boldsymbol{x}_0$ 并利用 f_k 在点 $\boldsymbol{x}_0$ 的连续性得到

$$\varlimsup_{\substack{\boldsymbol{x} \to \boldsymbol{x}_0 \\ \boldsymbol{x} \in E}} |f(\boldsymbol{x}) - f(\boldsymbol{x}_0)| \leqslant 2 \sup_{\boldsymbol{y} \in E} |f_k(\boldsymbol{y}) - f(\boldsymbol{y})|.$$

再令 $k \to +\infty$ 得 $\varlimsup\limits_{\substack{\boldsymbol{x} \to \boldsymbol{x}_0 \\ \boldsymbol{x} \in E}} |f(\boldsymbol{x}) - f(\boldsymbol{x}_0)| \leqslant 0$. 这就证明了定理. □

利用上极限的写法, 容易使我们在 (9.1.4) 式的基础上找到正确的证明路径. 在得到 (9.1.4) 式以后, 我们面临两个选择——先令 $\boldsymbol{x} \to \boldsymbol{x}_0$ 或先令 $k \to +\infty$. 如果选择后者, 将得到正确但无意义的结果. 这帮助我们看到前者就是正确的证明路径.

定理 9.1.2 的结果可以写成

$$\lim_{\substack{\boldsymbol{x} \to \boldsymbol{x}_0 \\ \boldsymbol{x} \in E}} \lim_{k \to +\infty} f_k(\boldsymbol{x}) = \lim_{k \to +\infty} \lim_{\substack{\boldsymbol{x} \to \boldsymbol{x}_0 \\ \boldsymbol{x} \in E}} f_k(\boldsymbol{x}), \tag{9.1.5}$$

即在定理条件下, 极限 $\boldsymbol{x} \to \boldsymbol{x}_0$ 与极限 $k \to +\infty$ 可交换次序.

仔细观察 (9.1.5) 式, 我们发现其中没有直接出现 $f(\boldsymbol{x}_0)$ 以及 $f_k(\boldsymbol{x}_0)$. 事实上, 我们可以把定理 9.1.2 写为如下形式.

定理 9.1.3 设 $E \subseteq \mathbb{R}^n$, $\boldsymbol{x}_0 \in E'$, 函数列 $\{f_k\}$ 在 $E \setminus \{\boldsymbol{x}_0\}$ 上一致收敛到 f, 且对每一个 $k \geqslant 1$, $\lim\limits_{\substack{\boldsymbol{x} \to \boldsymbol{x}_0 \\ \boldsymbol{x} \in E}} f_k(\boldsymbol{x})$ 存在, 则 $\lim\limits_{\substack{\boldsymbol{x} \to \boldsymbol{x}_0 \\ \boldsymbol{x} \in E}} f(\boldsymbol{x})$ 和 $\lim\limits_{k \to +\infty} \lim\limits_{\substack{\boldsymbol{x} \to \boldsymbol{x}_0 \\ \boldsymbol{x} \in E}} f_k(\boldsymbol{x})$ 均存在且相等.

证明 补充定义 $f_k(\boldsymbol{x}_0) = \lim\limits_{\substack{\boldsymbol{x} \to \boldsymbol{x}_0 \\ \boldsymbol{x} \in E}} f_k(\boldsymbol{x})$. 由于

$$|f_k(\boldsymbol{x}) - f_j(\boldsymbol{x})| \leqslant \sup_{\boldsymbol{y} \in E \setminus \{\boldsymbol{x}_0\}} |f_k(\boldsymbol{y}) - f_j(\boldsymbol{y})|, \quad \forall k, j \geqslant 1, \boldsymbol{x} \in E \setminus \{\boldsymbol{x}_0\},$$

令 $\boldsymbol{x} \to \boldsymbol{x}_0 (\boldsymbol{x} \in E)$ 即得

$$|f_k(\boldsymbol{x}_0) - f_j(\boldsymbol{x}_0)| \leqslant \sup_{\boldsymbol{y} \in E \setminus \{\boldsymbol{x}_0\}} |f_k(\boldsymbol{y}) - f_j(\boldsymbol{y})|, \quad \forall k, j \geqslant 1.$$

从而由 $\{f_k\}$ 的一致收敛性得到 $\{f_k(\boldsymbol{x}_0)\}$ 收敛. 设极限为 $f(\boldsymbol{x}_0)$, 它就是 $\lim\limits_{k \to +\infty} \lim\limits_{\substack{\boldsymbol{x} \to \boldsymbol{x}_0 \\ \boldsymbol{x} \in E}} f_k(\boldsymbol{x})$.

易见补充定义后, $\{f_k\}$ 在点 $\boldsymbol{x}_0$ 连续, 在 E 上一致收敛到 f.

于是, 由定理 9.1.2 即得结论. □

有趣的是, 一致收敛性在单调条件下, 也是保持极限函数连续的必要条件. 这就是如下的 **Dini**[2] **(迪尼) 定理**.

定理 9.1.4 设 $E \subseteq \mathbb{R}^n$ 是有界闭集, $\{f_k\}$ 是 E 上的连续函数列, 对于每一个 $\boldsymbol{x} \in E$, 数列 $\{f_k(\boldsymbol{x})\}$ 单调收敛到 $f(\boldsymbol{x})$. 若 f 在 E 上连续, 则 $\{f_k\}$ 在 E 上一致收敛到 f.

---

2 Dini, U, 1845－1918 年, 数学家, 政治家.

证明 如若不然, 则存在 $\delta > 0$ 使得

$$\varlimsup_{k \to +\infty} \sup_{\boldsymbol{x} \in E} |f_k(\boldsymbol{x}) - f(\boldsymbol{x})| > \delta.$$

从而有 $m_k \to +\infty$ 使得

$$\sup_{\boldsymbol{x} \in E} |f_{m_k}(\boldsymbol{x}) - f(\boldsymbol{x})| > \delta.$$

进而有 $\boldsymbol{x}_k \in E$ 使得

$$|f_{m_k}(\boldsymbol{x}_k) - f(\boldsymbol{x}_k)| > \delta.$$

由于 E 为有界闭集, $\{\boldsymbol{x}_k\}$ 是有界列, 它有收敛子列, 不妨设它本身收敛到 $\boldsymbol{\xi} \in E$.

固定 $j \geqslant 1$, 当 $k \geqslant j$ 时, $m_k \geqslant j$, 由单调性, 我们有

$$|f_j(\boldsymbol{x}_k) - f(\boldsymbol{x}_k)| \geqslant |f_{m_k}(\boldsymbol{x}_k) - f(\boldsymbol{x}_k)| > \delta.$$

令 $k \to +\infty$, 得到 $|f_j(\boldsymbol{\xi}) - f(\boldsymbol{\xi})| \geqslant \delta$. 这与 $\{f_k\}$ 在 E 上逐点收敛于 f 矛盾.

因此, $\{f_k\}$ 必在 E 上一致收敛于 f. $\qquad\square$

关于可积性, 以下定理是 Lebesgue 控制收敛定理的简单推论.

定理 9.1.5 设 $E \subset \mathbb{R}^n$ 是有界可测集, 可积函数列 $\{f_k\}$ 在 E 上一致收敛到 f, 则 f 在 E 上可积, 且

$$\int_E f(\boldsymbol{x}) \, \mathrm{d}\boldsymbol{x} = \int_E \lim_{k \to +\infty} f_k(\boldsymbol{x}) \, \mathrm{d}\boldsymbol{x} = \lim_{k \to +\infty} \int_E f_k(\boldsymbol{x}) \, \mathrm{d}\boldsymbol{x}. \tag{9.1.6}$$

证明 由一致收敛性, 存在 $N \geqslant 1$ 使得

$$|f_k(\boldsymbol{x})| \leqslant |f_N(\boldsymbol{x})| + 1, \quad \forall \boldsymbol{x} \in E; k \geqslant N.$$

于是由 Lebesgue 控制收敛定理, 即得结论. $\qquad\square$

从定理 9.1.5 的证明可见, 要使得 (9.1.6) 式成立, 定理的条件显得过于强了 (参见定理 10.3.1).

极限函数的可导性本质上涉及的是一维情形, 因此我们只叙述一元函数的结果.

定理 9.1.6 设 $[a,b]$ 上的可微函数列 $\{f_n\}$ 在 $x = a$ 收敛, 且 $\{f_n'\}$ 在 $[a,b]$ 上一致收敛, 则 $\{f_n\}$ 一致收敛, 且其极限 f 处处可微, 满足

$$f'(x) = \lim_{n \to +\infty} f_n'(x), \quad \forall x \in [a,b]. \tag{9.1.7}$$

证明 对任何 $x \in [a,b]$, 对函数 $f_m(x) - f_n(x)$ 运用中值定理, 有 $\eta \in (0,1)$ 使得

$$|f_m(x) - f_n(x)|$$

$$\leqslant |(f_m(x) - f_n(x)) - (f_m(a) - f_n(a))| + |f_m(a) - f_n(a)|$$

$$= |(f'_m(a + \eta(x-a)) - f'_n(a + \eta(x - a)))(x - a)| + |f_m(a) - f_n(a)|$$

$$\leqslant (b - a) \sup_{t \in [a,b]} |f'_m(t) - f'_n(t)| + |f_m(a) - f_n(a)|.$$

因此, 由 $\{f'_n\}$ 的一致收敛性与 $\{f_n(a)\}$ 的收敛性得到

$$\lim_{\substack{m \to +\infty \\ n \to +\infty}} \sup_{x \in [a,b]} |f_m(x) - f_n(x)| = 0.$$

即 $\{f_n\}$ 在 $[a,b]$ 上一致收敛.

令

$$F_n(h) = \frac{f_n(a+h) - f_n(a)}{h}, \quad h \in (0, b-a],$$

则 $\lim\limits_{h \to 0^+} F_n(h) = f'_n(a)$ 存在. 另一方面, 对任何 $h \in (0, b-a]$, 由中值定理, 存在 $\theta \in (0,1)$ 使得

$$|F_m(h) - F_n(h)| = \left| \frac{(f_m(a+h) - f_n(a+h)) - ((f_m(a) - f_n(a))}{h} \right|$$

$$= |f'_m(a + \theta h) - f'_n(a + \theta h))|$$

$$\leqslant \sup_{x \in [a,b]} |f'_m(x) - f'_n(x)|.$$

于是 $\{F_n(h)\}$ 关于 $h \in (0, b-a]$ 一致收敛. 由定理 9.1.3, $\lim\limits_{h \to 0^+} \lim\limits_{n \to +\infty} F_n(h)$ 与 $\lim\limits_{n \to +\infty} \lim\limits_{h \to 0^+} F_n(h)$ 存在且相等. 即

$$f'(a) = \lim_{h \to 0^+} \frac{f(a+h) - f(a)}{h} = \lim_{h \to 0^+} \lim_{n \to +\infty} F_n(h)$$

$$= \lim_{n \to +\infty} \lim_{h \to 0^+} F_n(h) = \lim_{n \to +\infty} f'_n(a).$$

类似地, 可证 f 在 $[a,b]$ 上可导且 (9.1.7) 式成立. □

作为常用的特例, 我们有

定理 9.1.7　若 $[a,b]$ 上连续可微的函数列 $\{f_n\}$ 逐点收敛到 f, 而 $\{f'_n\}$ 一致收敛, 则 f 可导, 且 (9.1.7) 式成立.

相比定理 9.1.6, 定理 9.1.7 的证明可以简单一些. 利用连续性定理, $\{f'_n\}$ 的极限 g 在 $[a,b]$ 上连续, 而利用极限函数的积分性质可得 $f(x) = f(a) + \int_a^x g(t)\,\mathrm{d}t\,(\forall x \in [a,b])$. 由此即得定理 9.1.7.

利用以上证明定理 9.1.6 和 9.1.7 的思想, 还可以把可微性结果作一些推广, 我们把它们留作习题 (请见习题 9.1.$\mathcal{A}$ 第 5 题).

最后, 对于函数项级数, 我们对相关结果作一个复述.

定理 9.1.8 设 $E \subseteq \mathbb{R}^n$, $\boldsymbol{x}_0 \in E'$, 函数项级数 $\sum\limits_{k=1}^{\infty} u_k$ 在 $E \backslash \{\boldsymbol{x}_0\}$ 上一致收敛, 且对

每一个 $k \geqslant 1$, $\lim\limits_{\substack{\boldsymbol{x} \to \boldsymbol{x}_0 \\ \boldsymbol{x} \in E}} u_k(\boldsymbol{x})$ 存在, 则 $\lim\limits_{\substack{\boldsymbol{x} \to \boldsymbol{x}_0 \\ \boldsymbol{x} \in E}} \sum\limits_{k=1}^{\infty} u_k(\boldsymbol{x})$ 和 $\sum\limits_{k=1}^{\infty} \lim\limits_{\substack{\boldsymbol{x} \to \boldsymbol{x}_0 \\ \boldsymbol{x} \in E}} u_k(\boldsymbol{x})$

均存在且相等.

定理 9.1.9 设 $E \subseteq \mathbb{R}^n$ 是有界闭集, $\{u_k\}$ 是 E 上的连续函数列, 对于每一个

$\boldsymbol{x} \in E$, 级数 $\sum\limits_{k=1}^{\infty} u_k(\boldsymbol{x})$ 收敛且一般项恒非负或恒非正. 若 $\sum\limits_{k=1}^{\infty} u_k$ 在 E

上连续, 则 $\sum\limits_{k=1}^{\infty} u_k$ 在 E 上一致收敛.

定理 9.1.10 设 $E \subset \mathbb{R}^n$ 是有界可测集, 函数项级数 $\sum\limits_{k=1}^{\infty} u_k$ 在 E 上一致收敛, 且

其一般项均在 E 上可积, 则 $\sum\limits_{k=1}^{\infty} u_k$ 在 E 上可积, 且

$$\sum_{k=1}^{\infty} \int_E u_k(\boldsymbol{x}) \, \mathrm{d}\boldsymbol{x} = \int_E \sum_{k=1}^{\infty} u_k(\boldsymbol{x}) \, \mathrm{d}\boldsymbol{x}. \tag{9.1.8}$$

定理 9.1.11 设 $\{u_n\}$ 是 $[a,b]$ 上的可微函数列, $\sum\limits_{k=1}^{\infty} u_k(a)$ 收敛, $\sum\limits_{k=1}^{\infty} u_k'$ 在 $[a,b]$ 上

一致收敛, 则 $\sum\limits_{k=1}^{\infty} u_k$ 在 $[a,b]$ 上一致收敛, 且处处可微, 满足

$$\left(\sum_{k=1}^{\infty} u_k(x) \right)' = \sum_{k=1}^{\infty} u_k'(x), \quad \forall x \in [a,b]. \tag{9.1.9}$$

习题 9.1.$\mathcal{A}$

1. 利用有限覆盖定理证明 Dini 定理.

2. 试考察本节例题中哪些函数列 (函数项级数) 的一致收敛性可用 Dini 定理解决.

3. 设函数 $f \in C^{\infty}(\mathbb{R})$, 而且 $\forall x \in \mathbb{R}, n \geqslant 1$, 有 $|f^{(n)}(x) - f^{(n-1)}(x)| < \dfrac{1}{n^2}$. 证明: $\lim\limits_{n \to +\infty} f^{(n)}(x) = C\mathrm{e}^x$, 其中 C 为一常数.

4. 计算 $\lim\limits_{n \to +\infty} \left(1 + \dfrac{1^2}{n^3} \right) \left(1 + \dfrac{2^2}{n^3} \right) \cdots \left(1 + \dfrac{n^2}{n^3} \right)$.

5. 设 $\{g_n\}$ 是 $[a,b]$ 上一致有界的可测函数列, $f_n(x) = \alpha_n + \int_a^x g_n(t)\,\mathrm{d}t\,(x \in [a,b]; n \geqslant 1)$, $\{\alpha_n\}$ 收敛. 进一步, 以下条件之一成立:

(i) $\{g_n\}$ 在 $[a,b]$ 上一致收敛到 g, 且对每个 $n \geqslant 1$, $\lim\limits_{x \to a^+} \dfrac{1}{x-a} \int_a^x g_n(t)\,\mathrm{d}t = g_n(a)$.

(ii) $\{g_n\}$ 在 $[a,b]$ 上几乎处处收敛到 g, 且 $\lim\limits_{x \to a^+} \dfrac{1}{x-a} \int_a^x g(t)\,\mathrm{d}t = g(a)$.

证明: $\{f_n\}$ 在 $[a,b]$ 上一致收敛到某个函数 f, 且 f 在点 a 的右导数等于 $g(a)$.

习题 9.1.$\mathcal{B}$

1. 设 $\sum\limits_{n=1}^{\infty} u_n(\cdot)$ 在 $[a,b]$ 上收敛. 若对任何 $\varepsilon > 0$ 及 $N \geqslant 1$, 存在区间 (a_1, b_1), (a_2, b_2), $\cdots$, (a_k, b_k) 以及 $n_1, n_2, \cdots, n_k \geqslant N$ 使得 $\bigcup\limits_{j=1}^{k} (a_j, b_j) \supset [a,b]$, 且

$$\left| \sum_{l=n_j}^{\infty} u_l(x) \right| \leqslant \varepsilon, \quad \forall x \in (a_j, b_j) \cap [a,b]; j = 1, 2, \cdots, k,$$

则称 $\sum\limits_{n=1}^{\infty} u_n(\cdot)$ 在 $[a,b]$ 上**拟一致收敛**.

证明: 若 u_n 都在 $[a,b]$ 上连续 $(n \geqslant 0)$, 则 $\sum\limits_{n=0}^{\infty} u_n$ 在 $[a,b]$ 上连续当且仅当它在 $[a,b]$ 上拟一致收敛.

2. 试将上一题的结果推广到 $\mathbb{R}^n$ 中.

3. 设 $\{f_k\}$ 是 $\mathbb{R}^n$ 中的实连续函数列, 它在 $\mathbb{R}^n$ 上逐点收敛于 f. 试证明以下结论:

(i) $F = \bigcup\limits_{\substack{p < q \\ p,q \in \mathbb{Q}}} [f^{-1}(p,q) \setminus (f^{-1}(p,q))^o]$ 是 f 的不连续点全体.

(ii) 对于 $p < q$,

$$f^{-1}((p,q)) = \left\{ \boldsymbol{x} \in \mathbb{R}^n \middle| \exists\, m, k \geqslant 1,\, \text{s.t.}\ p + \frac{1}{m} \leqslant f_j(\boldsymbol{x}) \leqslant q - \frac{1}{m}, \forall j \geqslant k \right\}$$
$$= \bigcup_{m=1}^{\infty} \bigcup_{k=1}^{\infty} \bigcap_{j=k}^{\infty} \left\{ \boldsymbol{x} \in \mathbb{R}^n \middle| p + \frac{1}{m} \leqslant f_j(\boldsymbol{x}) \leqslant q - \frac{1}{m} \right\}.$$

(iii) 集合 F 是一列无处稠密集的并.

(iv) 函数 f 一定有连续点.

4. 设 f 在区间 (a,b) 内处处可导, 证明: f' 必有连续点.

5. 设 $\{a_n\}$ 是递增数列, $a_1 > 1$. 求证: 级数 $\sum\limits_{n=1}^{\infty} \dfrac{a_{n+1} - a_n}{a_n \ln a_{n+1}}$ 收敛的充要条件是 $\{a_n\}$ 有界. 又问级数通项分母中的 a_n 能不能换成 a_{n+1}?

6. 对于二元函数 f, 考虑以下各种情形中两种运算的次序交换问题. 利用已学的结果, 你可以给出哪些情形的结果:

	关于 y 的极限	关于 y 的积分	关于 y 的导数
关于 x 的极限	$\displaystyle\lim_{x\to x_0}\lim_{y\to y_0}f(x,y)$ $\displaystyle=\lim_{y\to y_0}\lim_{x\to x_0}f(x,y)$	$\displaystyle\lim_{x\to x_0}\int_c^d f(x,y)\,\mathrm{d}y$ $\displaystyle=\int_c^d \lim_{x\to x_0}f(x,y)\,\mathrm{d}y$	$\displaystyle\lim_{x\to x_0}\frac{\partial}{\partial y}f(x,y)$ $\displaystyle=\frac{\partial}{\partial y}\lim_{x\to x_0}f(x,y)$
关于 x 的积分		$\displaystyle\int_a^b\left(\int_c^d f(x,y)\,\mathrm{d}y\right)\mathrm{d}x$ $\displaystyle=\int_c^d\left(\int_a^b f(x,y)\,\mathrm{d}x\right)\mathrm{d}y$	$\displaystyle\int_a^b\frac{\partial}{\partial y}f(x,y)\,\mathrm{d}x$ $\displaystyle=\frac{\partial}{\partial y}\int_a^b f(x,y)\,\mathrm{d}x$
关于 x 的导数			$\displaystyle\frac{\partial}{\partial x}\left(\frac{\partial}{\partial y}f(x,y)\right)$ $\displaystyle=\frac{\partial}{\partial y}\left(\frac{\partial}{\partial x}f(x,y)\right)$

7. 设 $a_n > 0$. $\displaystyle\sum_{n=1}^{\infty}\frac{1}{a_n}$ 收敛. 证明: $\displaystyle\sum_{n=1}^{\infty}\frac{n}{a_1+a_2+\cdots+a_n}$ 收敛.

8. 推广第 5 题. 比如考察单调增加趋于无穷的函数 f 以及 $\displaystyle\sum_{n=1}^{\infty}\big(f(S_n)-f(S_{n-1})\big)$; 又或者考察

   在 $(0,M)$ 内单调下降且 $F(0^+)=+\infty$ 的函数 F 以及 $\displaystyle\sum_{n=1}^{\infty}\big(F(S_n^{-1})-F(S_{n-1}^{-1})\big)$.

§2 函数项级数一致收敛性的判别法

除了利用定义、Cauchy 准则与 Dini 定理判断函数项级数的一致收敛性外, 以下几个定理是常用的判别方法. 其中 Weierstrass 判别法可以与正项级数的比较定理类比, Abel (阿贝尔) 判别法与 Dirichlet (狄利克雷) 判别法与数项级数的情形完全类似.

利用 Cauchy 准则易得如下的 **Weierstrass 判别法**, 又称**大 M 判别法**.

定理 9.2.1 设 $E \subseteq \mathbb{R}^n$, 对任何 $\boldsymbol{x} \in E$, $|u_k(\boldsymbol{x})| \leqslant M_k$, 而数项级数 $\sum\limits_{k=1}^{\infty} M_k$ 收敛, 则 $\sum\limits_{k=1}^{\infty} u_k(\boldsymbol{x})$ 关于 $\boldsymbol{x} \in E$ 一致收敛.

易见, 上述定理可以推广为如下定理.

定理 9.2.2 设 $E \subseteq \mathbb{R}^n$, 对任何 $\boldsymbol{x} \in E$, $|u_k(\boldsymbol{x})| \leqslant M_k(\boldsymbol{x})$, 而函数项级数 $\sum\limits_{k=1}^{\infty} M_k(\boldsymbol{x})$ 关于 $\boldsymbol{x} \in E$ 一致收敛, 则 $\sum\limits_{k=1}^{\infty} u_k(\boldsymbol{x})$ 关于 $\boldsymbol{x} \in E$ 一致收敛.

例 9.2.1 级数 $\sum\limits_{n=1}^{\infty} \dfrac{\sin 2^n x}{2^n}$ 的和函数在 $\mathbb{R}$ 上连续.

证明 由 Weierstrass 判别法, 易见 $\sum\limits_{n=1}^{\infty} \dfrac{\sin 2^n x}{2^n}$ 关于 $x \in \mathbb{R}$ 一致收敛. 由一致收敛级数的性质即得其和函数在 $\mathbb{R}$ 上连续. □

进一步, 易见上述级数形式求导以后的级数 $\sum\limits_{n=1}^{\infty} \cos 2^n x$ 在每一点的一般项均不趋于零, 从而是处处发散的级数. 因此, 人们猜想 $S(x) = \sum\limits_{n=1}^{\infty} \dfrac{\sin 2^n x}{2^n}$ 是一个在 $\mathbb{R}$ 上处处连续且处处不可导的函数. 事实也确实如此, 相关证明我们将在 Fourier 变换这一节给出. 类似地, 人们也猜想 $W(x) = \sum\limits_{n=1}^{\infty} \dfrac{\sin n^2 x}{n^2}$ 是 $\mathbb{R}$ 上一个处处连续且处处不可导的函数, 只是这一次, 事实并非如此, W 在某些特殊点是可导的.

由 Abel 变换, 易得如下关于一致收敛性的 **Abel 判别法**和 **Dirichlet 判别法**.

定理 9.2.3 考虑 $E \subseteq \mathbb{R}^n$ 上的函数项级数 $\sum\limits_{k=1}^{\infty} u_k(\cdot)v_k(\cdot)$. 设 $\{v_k(\cdot)\}$ 在 E 上一致有界, 对每个 $\boldsymbol{x} \in E$, 数列 $\{v_k(\boldsymbol{x})\}$ 单调.

(i) (**Abel 判别法**) 若 $\sum\limits_{k=1}^{\infty} u_k(\cdot)$ 在 E 上一致收敛, 则 $\sum\limits_{k=1}^{\infty} u_k(\cdot)v_k(\cdot)$ 在 E 上一致收敛.

(ii) (**Dirichlet 判别法**) 若 $\sum\limits_{k=1}^{\infty} u_k(\cdot)$ 的部分和函数列 $\left\{\sum\limits_{j=1}^{k} u_j(\cdot)\right\}$ 在 E 上一致有界, $\{v_k(\cdot)\}$ 在 E 上一致收敛到零, 则 $\sum\limits_{k=1}^{\infty} u_k(\cdot)v_k(\cdot)$ 在 E 上一致收敛.

类似于定理 2.7.5, 我们也可以将 Abel 判别法与 Dirichlet 判别法推广为如下定理.

定理 9.2.4 考虑 $E \subseteq \mathbb{R}^n$ 上的函数项级数 $\sum\limits_{k=1}^{\infty} u_k(\cdot)v_k(\cdot)$. 设 $\{v_k(\cdot)\}$ 在 E 上一致有界.

(i) (**Abel 判别法的推广**) 若 $\sum\limits_{k=1}^{\infty} u_k(\cdot)$ 在 E 上一致收敛, $\sum\limits_{k=1}^{\infty} \big| v_{k+1}(\cdot) - v_k(\cdot) \big|$ 的和函数在 E 上有界, 则 $\sum\limits_{k=1}^{\infty} u_k(\cdot)v_k(\cdot)$ 在 E 上一致收敛.

(ii) (**Dirichlet 判别法的推广**) 若 $\sum\limits_{k=1}^{\infty} u_k(\cdot)$ 的部分和函数在 E 上一致有界, $\sum\limits_{k=1}^{\infty} \big| v_{k+1}(\cdot) - v_k(\cdot) \big|$ 在 E 上一致收敛, 且 $\{v_k(\cdot)\}$ 在 E 上 (一致) 收敛于 0, 则 $\sum\limits_{k=1}^{\infty} u_k(\cdot)v_k(\cdot)$ 在 E 上一致收敛.

证明 记 $\sum\limits_{k=1}^{\infty} u_k(\cdot)$ 的部分和为 $\{S_k(\cdot)\}$. 由 Abel 变换, 对于 $k > j \geqslant 1$ 以及 $\boldsymbol{x} \in E$,

$$\sum_{i=j+1}^{k} u_i(\boldsymbol{x})v_i(\boldsymbol{x})$$
$$= (S_k(\boldsymbol{x}) - S_j(\boldsymbol{x}))v_k(\boldsymbol{x}) + \sum_{i=j+1}^{k-1} \big(S_i(\boldsymbol{x}) - S_j(\boldsymbol{x})\big)\big(v_i(\boldsymbol{x}) - v_{i+1}(\boldsymbol{x})\big).$$

因此,

$$\sup_{\boldsymbol{x} \in E} \left| \sum_{i=j+1}^{k} u_i(\boldsymbol{x})v_i(\boldsymbol{x}) \right|$$

$$\leqslant \sup_{i \geqslant j} \sup_{\boldsymbol{x} \in E} |S_i(\boldsymbol{x}) - S_j(\boldsymbol{x})| \cdot \left(\sup_{i \geqslant j} \sup_{\boldsymbol{x} \in E} |v_i(\boldsymbol{x})| + \sup_{\boldsymbol{x} \in E} \sum_{i=j}^{\infty} |v_{i+1}(\boldsymbol{x}) - v_i(\boldsymbol{x})| \right).$$

这样, 无论是条件 (i) 还是 (ii), 均蕴涵

$$\lim_{\substack{k,j \to +\infty \\ k > j}} \sup_{\boldsymbol{x} \in E} \left| \sum_{i=j+1}^{k} u_i(\boldsymbol{x}) v_i(\boldsymbol{x}) \right| = 0.$$

从而由 Cauchy 准则, $\sum\limits_{k=1}^{\infty} u_k(\cdot) v_k(\cdot)$ 在 E 上一致收敛. $\qquad\square$

例 9.2.2 考察 $\sum\limits_{n=1}^{\infty} \dfrac{\sin nx}{n^2}$ 的连续性, 可微性.

解 由 Weierstrass 判别法, $\sum\limits_{n=1}^{\infty} \dfrac{\sin nx}{n^2}$ 在 $\mathbb{R}$ 上一致收敛, 因此和函数在 $\mathbb{R}$ 上连续.

考察 $\sum\limits_{n=1}^{\infty} \dfrac{\sin nx}{n^2}$ 形式求导后的级数 $\sum\limits_{n=1}^{\infty} \dfrac{\cos nx}{n}$. 对于 $x \in (0, 2\pi)$, 我们有

$$\sum_{k=1}^{n} \cos kx = \frac{\sin \dfrac{(2n+1)x}{2} - \sin \dfrac{x}{2}}{2 \sin \dfrac{x}{2}}.$$

因此, 由 Dirichlet 判别法易见 $\sum\limits_{n=1}^{\infty} \dfrac{\cos nx}{n}$ 关于 $x \in (0, 2\pi)$ 内闭一致收敛, 从而 $\sum\limits_{n=1}^{\infty} \dfrac{\sin nx}{n^2}$ 在 $(0, 2\pi)$ 内连续可导.

为考察和函数 S 在点 0 的可微性, 我们用两种方法加以讨论.

法 I. 对于 $x \in (0, \pi)$, 以及 $m \geqslant 1$, 我们有

$$\left| \sum_{n=m+1}^{\infty} \frac{\sin nx}{n^2} \right| = \left| \sum_{n=m+1}^{\infty} \frac{\cos \left(n - \dfrac{1}{2} \right) x - \cos \left(n + \dfrac{1}{2} \right) x}{2n^2 \sin \dfrac{x}{2}} \right|$$

$$= \left| \sum_{n=m}^{\infty} \frac{\cos \left(n + \dfrac{1}{2} \right) x}{2(n+1)^2 \sin \dfrac{x}{2}} - \sum_{n=m+1}^{\infty} \frac{\cos \left(n + \dfrac{1}{2} \right) x}{2n^2 \sin \dfrac{x}{2}} \right|$$

$$\leqslant \frac{1}{2(m+1)^2 \sin \dfrac{x}{2}} + \frac{1}{\sin \dfrac{x}{2}} \sum_{n=m+1}^{\infty} \left(\frac{1}{2n^2} - \frac{1}{2(n+1)^2} \right)$$

$$= \frac{1}{(m+1)^2 \sin \dfrac{x}{2}}.$$

由此,

$$m\left(S\left(\frac{1}{m}\right)-S(0)\right)\geqslant m\sum_{n=1}^{m}\frac{\sin\dfrac{n}{m}}{n^2}-\frac{m}{(m+1)^2\sin\dfrac{1}{2m}}$$

$$\geqslant\frac{2}{\pi}\sum_{n=1}^{m}\frac{1}{n}-\frac{1}{(m+1)\sin\dfrac{1}{2m}}.$$

因此 $\lim\limits_{m\to+\infty}m\left(S\left(\dfrac{1}{m}\right)-S(0)\right)=+\infty.$ 这表明 S 在点 0 不可导.

法 II. 若 S 在点 0 可导, 则

$$\lim_{x\to0^+}\frac{\displaystyle\int_0^x S(t)\,\mathrm{d}t}{x^2}=\lim_{x\to0^+}\frac{S(x)}{2x}=\frac{1}{2}S'(0).$$

另一方面, 对于 $x\in(0,\pi)$ 以及 $m\geqslant1$,

$$\frac{\displaystyle\int_0^x S(t)\,\mathrm{d}t}{x^2}=\sum_{n=1}^{\infty}\frac{1-\cos nx}{n^3x^2}\geqslant\sum_{n=1}^{m}\frac{1-\cos nx}{n^3x^2}.$$

因此, $\lim\limits_{x\to0^+}\dfrac{\displaystyle\int_0^x S(t)\,\mathrm{d}t}{x^2}\geqslant\sum\limits_{n=1}^{m}\dfrac{1}{n}.$ 从而 $\lim\limits_{x\to0^+}\dfrac{\displaystyle\int_0^x S(t)\,\mathrm{d}t}{x^2}=+\infty.$ 得到矛盾.

总之, $\sum\limits_{n=1}^{\infty}\dfrac{\sin nx}{n^2}$ 在 $\mathbb{R}$ 上连续, 在 $x=2k\pi$ 不可导, 在其他点可导.

对 $x\neq2k\pi$ 的更高阶导数的存在性的讨论, 直接抽象地加以讨论存在困难. 今后我们可以通过求得和函数的显式表达得到其可导性.

习题 9.2.$\mathcal{A}$

1. 考察 $\sum\limits_{n=1}^{\infty}\dfrac{\cos nx}{n^2}$ 的连续性, 可微性.

2. 求实数 a 的取值范围, 使得 $\sum\limits_{n=20}^{+\infty}\dfrac{(-1)^n x}{n^{ax}+(-1)^n x}$ 关于 $x\in[1,+\infty)$ 一致收敛.

3. 求实数 a 的取值范围, 使得函数项级数 $\sum\limits_{n=2}^{+\infty}\dfrac{\sin nx}{n^{ax}+\sin nx}$ 关于 $x\in[\pi,+\infty)$ 一致收敛.

4. 证明定理 9.2.3, 即 Abel 判别法和 Dirichlet 判别法.

5. 设 $S(x)=\sum\limits_{n=1}^{\infty}\dfrac{\sin 2^n x}{2^n}.$ 证明: 对于任意 $j,k\in\mathbb{Z}$, S 在点 $\dfrac{j}{2^k}$ 不可导.

习题 9.2.$\mathcal{B}$

1. 设 $S(x) = \sum\limits_{n=1}^{\infty} \dfrac{\sqrt{x}}{\sqrt{n}} \mathrm{e}^{-nx}$, 求 S 的定义域并讨论其连续性, 可微性.

2. 设 $x = -a_n$ 是方程 $1 + x + \dfrac{x^2}{2!} + \dfrac{x^3}{3!} + \cdots + \dfrac{x^{2n-1}}{(2n-1)!} = 0$ 的解, $f(x) = \sum\limits_{n=1}^{\infty} a_n x^p \mathrm{e}^{-a_n x}$, 其中 $p \in \mathbb{R}$ 为常数. 证明:

   (1) 存在正常数 C_1, C_2 使得 $C_1 n \leqslant a_n \leqslant C_2 n \ (n = 1, 2, \cdots)$;

   (2) f 在 $(0, +\infty)$ 内连续.

§3 幂级数与函数的幂级数展开

形如 $\sum\limits_{n=0}^{\infty} a_n(x-x_0)^n$ 的函数项级数称为幂级数, 其中 $x_0 \in \mathbb{R}$ 给定, $\{a_n\}$ 是给定的实数列, 规定 x^0 当 $x=0$ 时为 1. 更一般地, 我们可以考虑复值情形, 即 $x_0, x \in \mathbb{C}$, 而 $\{a_n\}$ 是给定的复数列. 由于 $x_0 \neq 0$ 的情形可以通过一个简单的平移化为 $x_0 = 0$ 的情形, 我们主要叙述 $x_0 = 0$ 时的结果.

幂级数的收敛半径

视角 1. 以下的 **Abel 第一定理**表明幂级数收敛半径的存在性.

定理 9.3.1 设有实系数的幂级数 $\sum\limits_{n=0}^{\infty} a_n x^n$, $x_0 \in \mathbb{R}$.

(i) 若 $\sum\limits_{n=0}^{\infty} a_n x^n$ 在点 $x_0 \neq 0$ 收敛, 则当 $|x| < |x_0|$ 时, $\sum\limits_{n=0}^{\infty} a_n x^n$ 收敛.

(ii) 若 $\sum\limits_{n=0}^{\infty} a_n x^n$ 在点 $x_0 \neq 0$ 发散, 则当 $|x| > |x_0|$ 时, $\sum\limits_{n=0}^{\infty} a_n x^n$ 发散.

证明 (i) 由 $\sum\limits_{n=0}^{\infty} a_n x_0^n$ 的收敛性得到 $\{a_n x_0^n\}$ 有界. 即存在 $M > 0$ 使得对任何 $n \geqslant 0$ 成立 $|a_n x_0^n| \leqslant M$, 于是由 $|a_n x^n| \leqslant M \left(\dfrac{|x|}{|x_0|} \right)^n$ 得到当 $|x| < |x_0|$ 时, $\sum\limits_{n=0}^{\infty} a_n x^n$ 绝对收敛.

(ii) 与 (i) 是等价的. $\square$

记

$$R = \sup \left\{ |x| \,\middle|\, \sum_{n=0}^{\infty} a_n x^n \text{ 收敛} \right\},$$

则 $R = 0$ 当且仅当幂级数仅在点 0 收敛. 若 $R = +\infty$, 则级数在 $\mathbb{R}$ 上任一点收敛. 若 $0 < R < +\infty$, 则当 $|x| < R$ 时级数绝对收敛, 当 $|x| > R$ 时级数发散.

视角 2. Cauchy–Hadamard 公式.

记 $L = \varlimsup\limits_{n \to +\infty} \sqrt[n]{|a_n|}$, 由 Cauchy 判别法, 立即得到当 $L|x| < 1$ 时级数绝对收敛, 当 $L|x| > 1$ 时级数发散. 因此, $R = \dfrac{1}{L}$ 即为幂级数 $\sum\limits_{n=0}^{\infty} a_n x^n$ 的收敛半径.

我们看到幂级数可能的收敛域有五种情形 (其中 $r \in (0, +\infty)$):

$$\{0\}, \quad (-r, r), \quad [-r, r), \quad (-r, r], \quad [-r, r], \quad (-\infty, +\infty).$$

幂级数在收敛域内的性质

根据 Abel 判别法, 我们有如下的 **Abel 第二定理**.

定理 9.3.2 若 $\sum\limits_{n=0}^{\infty} a_n x^n$ 在点 $x = A \in (0, +\infty)$ 收敛, 则 $\sum\limits_{n=0}^{\infty} a_n x^n$ 在 $[0, A]$ 上一致收敛, 从而 $\sum\limits_{n=0}^{\infty} a_n A^n = \lim\limits_{x \to A^-} \sum\limits_{n=0}^{\infty} a_n x^n$.

证明 注意到 $a_n x^n = a_n A^n \left(\dfrac{x}{A}\right)^n$, 结合 Abel 判别法以及一致收敛的函数项级数的性质即得结论. □

基于 Abel 第二定理, 结合一致收敛的函数项级数的性质, 以及关系式

$$\varlimsup_{n \to +\infty} \sqrt[n]{\left|\frac{a_{n-1}}{n}\right|} = \varlimsup_{n \to +\infty} \sqrt[n]{|(n+1)a_{n+1}|} = \varlimsup_{n \to +\infty} \sqrt[n]{|a_n|}, \tag{9.3.1}$$

易得如下结果.

定理 9.3.3 对于级数 $\sum\limits_{n=0}^{\infty} a_n x^n$, 称 $\sum\limits_{n=1}^{\infty} n a_n x^{n-1}$ 和 $\sum\limits_{n=0}^{\infty} \dfrac{a_n}{n+1} x^{n+1}$ 分别为其**逐项求导后的 (幂) 级数与逐项积分后的 (幂) 级数**. 我们有

(i) 级数在其收敛域上内闭一致收敛.

(ii) 级数在其收敛域上连续.

(iii) 级数在其收敛域的有界闭子区间上逐项可积. 级数逐项积分后的级数收敛半径不变.

(iv) 级数在收敛域内部连续可导, 且逐项可导. 级数逐项求导后的级数的收敛半径不变.

定理 9.3.3 表明幂级数逐项积分后, 收敛域不会减小, 逐项求导后收敛域不会增大. 考察级数 $\sum\limits_{n=1}^{\infty} \dfrac{x^n}{n}$ 以及 $\sum\limits_{n=1}^{\infty} \dfrac{x^{n+1}}{n(n+1)}$ 在 $x = 1$ 处的收敛性, 可见当原级数在收敛域一边界点上发散时, 逐项积分后的级数在该点有可能收敛. 等价地, 当原级数在收敛域的一边界点上收敛时, 逐项求导后的级数在该点有可能发散.

函数的幂级数展开

定义 9.3.1 设 f 是区间 I 上的实函数, $x_0 \in I$. 若存在 $\delta > 0$ 使得在 $(x_0 - \delta, x_0 + \delta)$ 内, f 等于一个幂级数:

$$f(x) = \sum_{n=0}^{\infty} a_n (x - x_0)^n, \quad \forall x \in (x_0 - \delta, x_0 + \delta), \tag{9.3.2}$$

则称 f 在点 x_0 可以展开成幂级数[1].

唯一性 由幂级数在收敛域内的性质立即可得, 若 f 在点 x_0 可以展开成幂级数, 则 f 在该收敛域内部任意次可导, 且相应的系数 (见 (9.3.2) 式) 满足

$$a_n = \frac{f^{(n)}(x_0)}{n!}, \quad \forall n \geqslant 0. \tag{9.3.3}$$

这就表示 f 在点 x_0 的幂级数展开式是唯一的. 易见它是相应的 Taylor 多项式的极限, 我们称之为 f 的 **Taylor 级数**, $x_0 = 0$ 时的 Taylor 级数称为 f 的 **Maclaurin (麦克劳林) 级数**.

自然, 可直接计算函数的各阶导数得到其 Taylor 级数. 这种方法称为 (函数幂级数展开的) **直接法**. 然而, 直接法时常并不可行或过于繁杂. 由函数幂级数展开式的唯一性, 可利用已知的幂级数展开式通过各种变换得到 (9.3.2) 式. 这种不直接计算各阶导数而把函数展开成 Taylor 级数的方法称为**间接法**.

对于函数

$$f(x) = \begin{cases} \mathrm{e}^{-\frac{1}{x^2}}, & x > 0, \\ 0, & x \leqslant 0, \end{cases}$$

我们有 $f^{(n)}(0) = 0 \, (n \geqslant 0)$. 这意味着该函数在点 0 的 Taylor 级数恒等于零. 但 f 在点 0 附近不恒为零. 因此, 该函数在点 0 不能展开成幂级数.

以下是一个判断函数在一点可否展开成幂级数的平凡而实用的判别方法.

定理 9.3.4 设区间 I 上的函数 f 在点 $x_0 \in I$ 有任意阶的导数,

$$r_n(x) = f(x) - \sum_{k=0}^{n} \frac{f^{(k)}(x_0)}{k!}(x - x_0)^k, \quad \forall x \in I, \tag{9.3.4}$$

则

$$f(x) = \sum_{n=0}^{\infty} \frac{f^{(n)}(x_0)}{n!}(x - x_0)^n, \quad \forall x \in I \tag{9.3.5}$$

---

1 稳妥的说法是 f 在点 x_0 附近 (即, 在点 x_0 的一个邻域内) 可以展开成幂级数.

当且仅当

$$\lim_{n \to +\infty} r_n(x) = 0, \quad \forall x \in I. \tag{9.3.6}$$

幂函数的幂级数展开 鉴于 x^α 在点 0 的幂级数展开的结果是平凡的, 我们仅讨论 x^α 在 $x_0 \neq 0$ 处的幂级数展开. 注意到当 x^α 在点 x_0 有定义时, 成立

$$x^\alpha = x_0^\alpha \left(1 + \frac{x - x_0}{x_0} \right)^\alpha,$$

因此只需要讨论 $(1+x)^\alpha$ 在点 0 的展开. 我们来考察以下等式是否成立:

$$(1+x)^\alpha = \sum_{n=0}^{\infty} \binom{\alpha}{n} x^n, \quad \forall x \in (-1, 1). \tag{9.3.7}$$

尽管易得 $(1+x)^\alpha$ 的各阶导数的表达式, 但要说明对应的 (9.3.6) 式成立, 并不容易, 在某些情形下还特别困难.

以 $\alpha = -1$ 为例, 我们知道 $\dfrac{1}{1+x}$ 的 Maclaurin 展开式的余项为

$$r_n(x) = \frac{1}{1+x} - \sum_{k=0}^{n} (-x)^k = \frac{(-x)^{n+1}}{1+x}, \quad x > -1. \tag{9.3.8}$$

由此易见 $\dfrac{1}{1+x}$ 在 $(-1, 1)$ 内可展开为幂级数. 然而, 若利用 Lagrange 型余项, $r_n(x) = \dfrac{(-1)^{n+1} x^{n+1}}{(1 + \theta x)^{n+2}}$, 则当 $x \in (-1, 0)$ 时, 并不能看出是否成立 $\lim\limits_{n \to +\infty} r_n(x) = 0$. 而若用积分型余项, $r_n(x) = \displaystyle\int_0^x \frac{(-1)^{n+1}(n+1)(x-t)^n}{(1+t)^{n+2}} \, \mathrm{d}t$, 要由此看出 (9.3.8) 式或直接分析 $x \in (-1, 0)$ 时是否有 $\lim\limits_{n \to +\infty} r_n(x) = 0$ 也不容易.

鉴于余项估计遇到的困难, 以下我们借助于微分方程直接证明 (9.3.7) 式.

若 α 为非负整数, 则 (9.3.7) 式是 Newton 二项展开式. 下设 α 不是非负整数. 此时, 易由 d'Alembert (达朗贝尔) 判别法得到 (9.3.7) 式右端幂级数的收敛半径为 1. 因此我们不能指望这种情形下 $(1+x)^\alpha$ 与它的 Maclaurin 级数在 $[-1, 1]$ 之外相等. 而在收敛域的边界点, 即在 1 或 -1 处, 由 Abel 定理可知, 只要幂级数在该点是收敛的, 则和函数在该点连续. 这就是为什么在 (9.3.7) 式中, 我们只考虑了开区间 $(-1, 1)$.

现对于 $x \in (-1, 1)$, 记 $f(x) = (1+x)^\alpha, g(x) = \sum\limits_{n=0}^{\infty} \binom{\alpha}{n} x^n$.

为证明 $g(x) = f(x) \, (x \in (-1, 1))$, 我们尝试证明 g 与 f 满足一个相同的微分

方程. 鉴于 $f'(x) = \dfrac{\alpha}{1+x}f(x)$, 我们来计算 $(1+x)g'(x)$.

$$
\begin{aligned}
(1+x)g'(x) &= (1+x)\sum_{n=1}^{\infty} n\binom{\alpha}{n}x^{n-1} \\
&= \alpha + \sum_{n=1}^{\infty}\left[(n+1)\binom{\alpha}{n+1} + n\binom{\alpha}{n}\right]x^n \\
&= \alpha g(x), \quad x \in (-1,1).
\end{aligned}
$$

结合 $f(0) = g(0)$ 及常微分方程初值问题解的唯一性得到 $g \equiv f$. 自然, 也可直接求解

$$
\left[(1+x)^{-\alpha}g(x)\right]' = 0, \quad \forall x \in (-1,1).
$$

结合 $g(0) = 1$ 得到

$$
(1+x)^{-\alpha}g(x) = 1, \quad \forall x \in (-1,1).
$$

从而 (9.3.7) 式成立.

作为特例, 当 $\alpha = -1$ 时,

$$
\frac{1}{1+x} = \sum_{n=0}^{\infty}(-1)^n x^n, \quad x \in (-1,1). \tag{9.3.9}
$$

自然, 上式可以简单地得到, 而不需要前面那样的讨论. 当 $\alpha = -\dfrac{1}{2}$ 时, 有

$$
\frac{1}{\sqrt{1+x}} = \sum_{n=0}^{\infty}(-1)^n \frac{\mathrm{C}_{2n}^{n}}{4^n}x^n, \quad x \in (-1,1]. \tag{9.3.10}
$$

上式中, 由于左端在 $x = -1$ 处的右极限不存在, 因此, 可以断定右端的幂级数在 $x = -1$ 处发散. 而在 $x = 1$ 处, 由

$$
\frac{\mathrm{C}_{2(n+1)}^{n+1}/4^{n+1}}{\mathrm{C}_{2n}^{n}/4^n} = \frac{2n+1}{2(n+1)} \leqslant \sqrt{\frac{n+1}{n+2}}, \quad n \geqslant 1
$$

可得

$$
\frac{\mathrm{C}_{2n}^{n}}{4^n} \leqslant \frac{1}{\sqrt{2(n+1)}}, \quad n \geqslant 1.
$$

因此, 由 Dirichlet 判别法可见 $\displaystyle\sum_{n=0}^{\infty}(-1)^n\frac{\mathrm{C}_{2n}^{n}}{4^n}$ 收敛. 因此 (9.3.10) 式成立.

指数函数的幂级数展开   固定 $x \in \mathbb{R}$, 对任何 $n \geqslant 1$, 有 $\theta_{n,x} \in (0,1)$ 使得

$$
\mathrm{e}^x = \sum_{k=0}^{n}\frac{x^k}{k!} + \frac{\mathrm{e}^{\theta_{n,x}x}}{(n+1)!}x^{n+1}.
$$

注意到

$$\varlimsup_{n \to +\infty} \left| \frac{e^{\theta_{n,x}x}}{(n+1)!} x^{n+1} \right| \leqslant \lim_{n \to +\infty} \frac{|x|^{n+1}e^{|x|}}{(n+1)!} = 0,$$

得到

$$e^x = \sum_{n=0}^{\infty} \frac{x^n}{n!}, \quad \forall x \in \mathbb{R}. \tag{9.3.11}$$

事实上, (9.3.11) 式就是我们在第三章得到的 (3.2.14) 式. 一般情形下, 对于 $a > 0$, a^x 在点 x_0 的幂级数展开式可由上式轻易得到.

三角函数的幂级数展开 类似地, 我们可以得到

$$\sin x = \sum_{n=0}^{\infty} \frac{(-1)^n}{(2n+1)!} x^{2n+1}, \quad \cos x = \sum_{n=0}^{\infty} \frac{(-1)^n}{(2n)!} x^{2n}, \quad \forall x \in \mathbb{R}. \tag{9.3.12}$$

这就是我们在第四章 §4 给出的 (4.4.14) 式. 在那里, 我们还定义了复指数函数 $e^z = \sum_{n=0}^{\infty} \frac{z^n}{n!} \ (z \in \mathbb{C})$, 给出了 Euler 公式 $e^{it} = \cos t + i\sin t \ (t \in \mathbb{R})$ (参见 (4.4.1) 式和 (4.4.10) 式).

我们还可以定义**复三角函数**:

$$\sin z = \sum_{n=0}^{\infty} \frac{(-1)^n}{(2n+1)!} z^{2n+1}, \quad \cos z = \sum_{n=0}^{\infty} \frac{(-1)^n}{(2n)!} z^{2n}, \quad \forall z \in \mathbb{C}. \tag{9.3.13}$$

这样, 就把 Euler 公式拓展到了复数情形:

$$e^{iz} = \cos z + i\sin z, \quad \forall z \in \mathbb{C}. \tag{9.3.14}$$

对于正切、余切、正割、余割等函数的幂级数展开, 无论是表达式还是收敛域的确定都不是那么容易. 要确定这些函数的幂级数展开式的系数, 一个方法是采用递推公式 (参见例 6.6.1), 另外也可以利用 Bernoulli (伯努利) 多项式[2] (参见文献 [25]).

对数函数的幂级数展开 对数函数的幂级数展开可以转化为 $\ln(1+x)$ 在点 0 的展开. 对任何 $x \in (-1, 1)$, 有

$$\ln(1+x) = \int_0^x \frac{1}{1+t} \, dt = \int_0^x \sum_{n=0}^{\infty} (-1)^n t^n \, dt = \sum_{n=0}^{\infty} \frac{(-1)^n}{n+1} x^{n+1}.$$

注意到 $\sum_{n=0}^{\infty} \frac{(-1)^n}{n+1}$ 收敛, 有

---

2 最早由 Jacob Bernoulli 引入.

$$\ln(1+x) = \sum_{n=0}^{\infty} \frac{(-1)^n}{n+1} x^{n+1}, \quad \forall\, x \in (-1, 1]. \tag{9.3.15}$$

反三角函数的幂级数展开　对于 $x \in (-1, 1)$, 有

$$\arctan x = \int_0^x \frac{1}{1+t^2}\,\mathrm{d}t = \int_0^x \sum_{n=0}^{\infty} (-1)^n t^{2n}\,\mathrm{d}t = \sum_{n=0}^{\infty} \frac{(-1)^n x^{2n+1}}{2n+1},$$

$$\arcsin x = \int_0^x \frac{1}{\sqrt{1-t^2}}\,\mathrm{d}t = \int_0^x \sum_{n=0}^{\infty} \frac{\mathrm{C}_{2n}^n}{4^n} t^{2n}\,\mathrm{d}t = \sum_{n=0}^{\infty} \frac{\mathrm{C}_{2n}^n}{4^n(2n+1)} x^{2n+1}.$$

由于 $\displaystyle\sum_{n=0}^{\infty} \frac{(-1)^n}{2n+1}$ 收敛, 有

$$\arctan x = \sum_{n=0}^{\infty} \frac{(-1)^n x^{2n+1}}{2n+1}, \quad \forall\, x \in [-1, 1]. \tag{9.3.16}$$

另一方面, 由 Stirling 公式, $\displaystyle\lim_{n \to +\infty} n^{\frac{3}{2}} \frac{\mathrm{C}_{2n}^n}{4^n(2n+1)} = \frac{1}{2\sqrt{\pi}}$. 因此, 级数 $\displaystyle\sum_{n=0}^{\infty} \frac{\mathrm{C}_{2n}^n}{4^n(2n+1)}$

收敛. 这一收敛性也可以利用 Raabe (拉比) 判别法得到. 因此,

$$\arcsin x = \sum_{n=0}^{\infty} \frac{\mathrm{C}_{2n}^n}{4^n(2n+1)} x^{2n+1}, \quad \forall\, x \in [-1, 1]. \tag{9.3.17}$$

一般说来, 函数展开成 Taylor 级数所用到的方法与之前计算函数的 Taylor 多项式的方法是一样的. 我们来看一些例题.

例 9.3.1　将 $\mathrm{e}^{2x} \sin x$ 展开成 Maclaurin 级数.

解　利用复指数函数, 有

$$\mathrm{e}^x \sin 2x = \operatorname{Im} \mathrm{e}^{(1+2\mathrm{i})x} = \operatorname{Im} \sum_{n=0}^{\infty} \frac{(1+2\mathrm{i})^n x^n}{n!} = \operatorname{Im} \sum_{n=0}^{\infty} \frac{5^{\frac{n}{2}} \mathrm{e}^{\mathrm{i}n \arcsin \frac{2\sqrt{5}}{5}}}{n!} x^n$$

$$= \sum_{n=0}^{\infty} \frac{5^{\frac{n}{2}} \sin\left(n \arcsin \dfrac{2\sqrt{5}}{5}\right)}{n!} x^n, \quad \forall\, x \in \mathbb{R}.$$

例 9.3.2　将 $\dfrac{x}{(1-2x)^2}$ 展开成 Maclaurin 级数.

解　$\displaystyle\frac{x}{(1-2x)^2} = x\left(\frac{1}{1-t}\right)'\bigg|_{t=2x} = x\left(\sum_{n=0}^{\infty} t^n\right)'\bigg|_{t=2x} = x\left(\sum_{n=0}^{\infty} (n+1)t^n\right)\bigg|_{t=2x}$

$$= \sum_{n=0}^{\infty} 2^n(n+1)x^{n+1}, \quad \forall\, x \in \left(-\frac{1}{2}, \frac{1}{2}\right).$$

例 9.3.3 将 $\dfrac{x^2+3}{x^2-3x-4}$ 展开成 Maclaurin 级数.

解 计算分式的 Taylor 级数, 宜先将其化为最简分式.

$$
\begin{aligned}
\frac{x^2+3}{x^2-3x-4} &= \frac{x^2+3}{(x-4)(x+1)} = 1 + \frac{19}{5(x-4)} - \frac{4}{5(x+1)}\\
&= 1 - \frac{19/20}{1-x/4} - \frac{4/5}{1+x} = 1 - \frac{19}{20}\sum_{n=0}^{\infty}\frac{x^n}{4^n} - \frac{4}{5}\sum_{n=0}^{\infty}(-1)^n x^n\\
&= -\frac{3}{4} - \sum_{n=1}^{\infty}\left(\frac{19}{20\cdot 4^n} + \frac{4\cdot(-1)^n}{5}\right)x^n, \quad |x|<\min\{1,4\}=1.
\end{aligned}
$$

自然, 我们也可以利用等式 $\dfrac{x^2+3}{x^2-3x-4} = (x^2+3)\left(\dfrac{1}{5(x-4)} - \dfrac{1}{5(x+1)}\right)$ 来
展开.

例 9.3.4 将 $\dfrac{1}{1+x+x^2}$ 展开成 Maclaurin 级数.

解 **法 I .** 与上例一样, 我们可以先在复数域内将函数化为最简分式进行计算.

$$
\begin{aligned}
\frac{1}{1+x+x^2} &= \frac{1}{\left(x+\dfrac{1+\mathrm{i}\sqrt{3}}{2}\right)\left(x+\dfrac{1-\mathrm{i}\sqrt{3}}{2}\right)}\\
&= \frac{\mathrm{i}\sqrt{3}}{3}\left(\frac{1}{x+\dfrac{1+\mathrm{i}\sqrt{3}}{2}} - \frac{1}{x+\dfrac{1-\mathrm{i}\sqrt{3}}{2}}\right)\\
&= \sum_{n=0}^{\infty}(-1)^n\frac{\mathrm{i}\sqrt{3}}{3}\left[\left(\frac{2}{1+\mathrm{i}\sqrt{3}}\right)^{n+1} - \left(\frac{2}{1-\mathrm{i}\sqrt{3}}\right)^{n+1}\right]x^n\\
&= \sum_{n=0}^{\infty}(-1)^n\frac{\mathrm{i}\sqrt{3}}{3}\left[\mathrm{e}^{-\frac{\mathrm{i}(n+1)\pi}{3}} - \mathrm{e}^{\frac{\mathrm{i}(n+1)\pi}{3}}\right]x^n\\
&= \sum_{n=0}^{\infty}(-1)^n\frac{2\sqrt{3}}{3}\left(\sin\frac{(n+1)\pi}{3}\right)x^n\\
&= \sum_{n=0}^{\infty}x^{3n} - \sum_{n=0}^{\infty}x^{3n+1}, \quad \forall x\in(-1,1).
\end{aligned}
$$

法 II . 我们可以采用待定系数法计算. 设

$$
\frac{1}{1+x+x^2} = \sum_{n=0}^{\infty}a_n x^n, \quad \forall |x|<1,
$$

则

$$
1 = (1+x+x^2)\sum_{n=0}^{\infty}a_n x^n = a_0 + (a_0+a_1)x + \sum_{n=2}^{\infty}(a_{n-2}+a_{n-1}+a_n)x^n.
$$

所以 $a_0 = 1$, $a_1 = -1$, $a_{n+2} = -a_n - a_{n+1} (n \geqslant 0), \cdots$. 解该差分方程求得系数. 但采用待定系数法, 需要事先知道函数可以展开成幂级数. 另一方面, 收敛域需要另外确定.

以上方法反过来用, 则是利用幂级数来求解差分方程.

法 III. 由于本例的特殊性, 事实上, 我们可以简单地计算如下:

$$\frac{1}{1 + x + x^2} = \frac{1 - x}{1 - x^3} = \sum_{n=0}^{\infty} x^{3n} - \sum_{n=0}^{\infty} x^{3n+1}, \quad \forall x \in (-1, 1).$$

复数域内幂级数的非切向极限

我们已经从复指数函数的引入看到, 在复数域内讨论幂级数会带来不少好处. 一般地, 很容易将幂级数的相关性质在复数域内建立起来. 例如对于复系数的幂级数 $\sum_{n=0}^{\infty} c_n z^n$, 同样有收敛半径 $R = \dfrac{1}{L}$, 其中 $L = \varlimsup_{n \to +\infty} \sqrt[n]{|c_n|}$. 在收敛域的内部, 幂级数连续. 而在边界点, 我们有

定理 9.3.5 设幂级数 $\sum_{n=0}^{\infty} c_n z^n$ 在点 $z_0 \neq 0$ 收敛, 则对任何 $\beta \in (0, 1]$, **非切向极限** $\lim\limits_{\substack{z \to z_0 \\ z \in D_\beta(z_0)}} \sum_{n=0}^{\infty} c_n z^n$ 存在且等于 $\sum_{n=0}^{\infty} c_n z_0^n$ (如图 9.1 所示), 其中

$$D_\beta(z_0) = \left\{ z \in \mathbb{C} \,\middle|\, 2\beta|z_0| \, |z - z_0| \leqslant |z_0|^2 + |z - z_0|^2 - |z|^2, |z| < |z_0| \right\}.$$

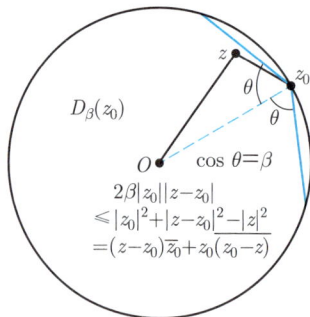

图 9.1 非切向极限

证明 不妨设 $z_0 = 1$ 以及 $\sum_{n=0}^{\infty} c_n = 0$. 对于 $z \in D_\beta(1)$, 有

$$2\beta|1 - z| \leqslant 1 + |1 - z|^2 - |z|^2.$$

从而当 $|z-1| \leqslant \beta$ 时, 有

$$\frac{|1-z|}{1-|z|} \leqslant \frac{1+|z|}{2\beta - |1-z|} \leqslant \frac{2}{\beta}.$$

记 $S_n = \sum\limits_{k=0}^{n} c_k \, (n \geqslant 0)$. 对于满足上述条件的 z 以及 $m \geqslant 1$, 有

$$\left| \sum_{n=0}^{\infty} c_n z^n \right| = \left| (1-z) \sum_{n=0}^{\infty} S_n z^n \right| \leqslant \sum_{n=0}^{\infty} |1-z| \, |S_n| \, |z|^n$$

$$\leqslant m|1-z| \sup_{n \geqslant 0} |S_n| + \frac{|1-z|}{1-|z|} \sup_{n \geqslant m} |S_n|$$

$$\leqslant m|1-z| \sup_{n \geqslant 0} |S_n| + \frac{2}{\beta} \sup_{n \geqslant m} |S_n|.$$

于是

$$\varlimsup_{\substack{z \to 1 \\ z \in D_\beta(1)}} \left| \sum_{n=0}^{\infty} c_n z^n \right| \leqslant \frac{2}{\beta} \sup_{n \geqslant m} |S_n|.$$

再令 $m \to +\infty$, 可得

$$\lim_{\substack{z \to 1 \\ z \in D_\beta(1)}} \sum_{n=0}^{\infty} c_n z^n = 0.$$

定理得证. □

在复数域内考虑幂级数会带来很多深刻的结果. 设幂级数 $\sum\limits_{n=0}^{\infty} c_n z^n$ 的收敛半径为 $R > 0$, 其和函数为 $S(z)$, 则级数在 $\{z \, | \, |z| < R\}$ 中内闭一致收敛, 特别地, 固定 $r \in (0, R)$, $\sum\limits_{n=0}^{\infty} c_n r^n \mathrm{e}^{\mathrm{i}n\theta}$ 关于 $\theta \in [0, 2\pi]$ 一致收敛. 由逐项可积性立即得到

$$c_n = \frac{1}{2\pi r^n} \int_0^{2\pi} \mathrm{e}^{-\mathrm{i}n\theta} S(r\mathrm{e}^{\mathrm{i}\theta}) \, \mathrm{d}\theta, \quad \forall \, n \geqslant 0. \tag{9.3.18}$$

解析函数

定义 9.3.2　设 D 是复平面 $\mathbb{C}$ 中的区域, $f : D \to \mathbb{C}$ 在点 $z_0 \in D$ 处可展开为幂级数, 即存在 $\delta > 0$, 使得 f 在 $B_\delta(z_0) = \{z \in \mathbb{C} \, | \, |z - z_0| < \delta\}$ 内等于某个幂级数 $\sum\limits_{n=0}^{\infty} c_n (z - z_0)^n$, 则称 f 在点 z_0 **复解析**. 若 f 在 D 中每一点复解析, 则称 f 为 D 内的**复解析函数**.

若 f 是开区间 I 内的实函数, 且 f 在 I 内每一点可以展开成幂级数, 则称 f 为 I 内的**实解析函数**.

更一般地, 对于高维情形, 若 f 是区域 $\Omega \subseteq \mathbb{R}^n$ 上的实函数, 且 f 在 Ω 内每一点可以展开成幂级数, 即对每个 $\boldsymbol{x}_0 \in \Omega$, 存在 $\delta > 0$ 使得

$$f(\boldsymbol{x}) = \sum_{k=0}^{\infty} \sum_{|\alpha|=k} a_\alpha (\boldsymbol{x} - \boldsymbol{x}_0)^\alpha, \quad \forall\, |\boldsymbol{x} - \boldsymbol{x}_0| < \delta, \tag{9.3.19}$$

则称 f 为 Ω 内的实解析函数.

对于 $\mathbb{C}$ 的子集 E, 我们时常也视它为 $\mathbb{R}^2$ 中的子集: 规定 $(x, y) \in E$ 当且仅当 $x + \mathrm{i}y \in E$.

易见解析函数是 C^∞ 函数, 但反之不然, 例如 C_c^∞ 函数. 以下定理表明幂级数在其收敛域内是解析的. 也可以看到实解析函数本质上是复解析函数的特例 (参见习题 $9.3.\mathcal{B}$ 第 6 题).

定理 9.3.6 设 $R > 0$,

$$f(z) = \sum_{n=0}^{\infty} c_n z^n, \quad \forall\, |z| < R, \tag{9.3.20}$$

则对于 $|z_0| < R$, 成立

$$f(z) = \sum_{n=0}^{\infty} b_n (z - z_0)^n, \quad \forall\, |z - z_0| < R - |z_0|, \tag{9.3.21}$$

其中[3]

$$b_n = \frac{f^{(n)}(z_0)}{n!} = \sum_{k=n}^{\infty} \mathrm{C}_k^n c_k z_0^{k-n}, \quad n \geqslant 0. \tag{9.3.22}$$

证明 当 $|z - z_0| < R - |z_0|$ 时,

$$\sum_{k=0}^{\infty} \sum_{n=0}^{k} \left| \mathrm{C}_k^n c_k z_0^{k-n} (z - z_0)^n \right| \leqslant \sum_{k=0}^{\infty} \sum_{n=0}^{k} \mathrm{C}_k^n |c_k| |z_0|^{k-n} |z - z_0|^n$$

$$= \sum_{k=0}^{\infty} |c_k| \big(|z_0| + |z - z_0| \big)^k < +\infty.$$

即累级数 $\displaystyle\sum_{k=0}^{\infty} \sum_{n=0}^{k} \mathrm{C}_k^n c_k z_0^{k-n} (z - z_0)^n$ 绝对收敛, 从而

3　(9.3.22) 式中的导数是复导数.

$$\sum_{n=0}^{\infty} b_n (z - z_0)^n = \sum_{n=0}^{\infty} \sum_{k=n}^{\infty} \mathrm{C}_k^n c_k z_0^{k-n} (z - z_0)^n$$

$$= \sum_{k=0}^{\infty} \sum_{n=0}^{k} \mathrm{C}_k^n c_k z_0^{k-n} (z - z_0)^n = \sum_{k=0}^{\infty} c_k z^k = f(z).$$

定理得证. $\qquad\qquad\qquad\qquad\qquad\qquad\qquad\qquad\qquad\qquad\qquad\qquad$ □

解析函数的一个重要性质是它的唯一性.

定理 9.3.7 设 f 在复区域[4] D 内解析, 且 f 的零点有聚点 $z_0 \in D$, 则 f 在 D 内恒为零.

证明 设 $\{z_k\}$ 为 D 中收敛于 z_0 的点列, $z_k \neq z_0$, $f(z_k) = 0$, 则有 $\delta > 0$ 使得

$$f(z) = \sum_{n=0}^{\infty} c_n (z - z_0)^n, \quad \forall |z - z_0| < \delta.$$

于是 $c_0 = f(z_0) = \lim\limits_{k \to +\infty} f(z_k) = 0$. 进而

$$c_1 = \lim_{k \to +\infty} \sum_{n=1}^{\infty} c_n (z_k - z_0)^{n-1} = \lim_{k \to +\infty} \frac{f(z_k)}{z_k - z_0} = 0.$$

依次, 可得对任何 $n \geqslant 0$ 均有 $c_n = 0$. 所以

$$f(z) = 0, \quad \forall |z - z_0| < \delta.$$

现考虑 $E = (f^{-1}(0))^o$. 以上讨论表明 E 非空, 且对于 $z \in E' \cap D$, 成立 $z \in E$. 因此 $\overline{E} \cap D = E$, 即 E 相对于 D 是闭的. 由 D 为区域及 E 为非空开集即得 $E = D$. 即 f 在 D 上恒为零. $\qquad\qquad\qquad\qquad\qquad\qquad\qquad\qquad\qquad\qquad$ □

当函数零点的聚点是收敛域的边界点时, 我们不能得出类似的结论.

例 9.3.5 函数 $f(x) = \sin \dfrac{1}{1-x}$ 在 $(-1, 1)$ 内解析, 其零点以 1 为聚点.

证明 对于 $x \in (-1, 1)$,

$$\sum_{n=0}^{\infty} \sum_{k=0}^{\infty} \left| \frac{(-1)^n}{(2n+1)!} \mathrm{C}_{2n+k}^k x^k \right| = \sum_{k=0}^{\infty} \sum_{n=0}^{\infty} \frac{1}{(2n+1)!} \mathrm{C}_{2n+k}^k |x|^k$$

$$= \sum_{k=0}^{\infty} \frac{1}{(2n+1)!} (1 - |x|)^{-2n-1} < +\infty.$$

因此,

$$f(x) = \sum_{n=0}^{\infty} \frac{(-1)^n}{(2n+1)!} (1-x)^{-2n-1} = \sum_{n=0}^{\infty} \sum_{k=0}^{\infty} \frac{(-1)^n}{(2n+1)!} \mathrm{C}_{2n+k}^k x^k$$

––––––––––––––––––––

4 即 $\mathbb{C}$ 中的非空连通开集.

$$= \sum_{k=0}^{\infty} \sum_{n=0}^{\infty} \frac{(-1)^n}{(2n+1)!} C_{2n+k}^k x^k, \quad x \in (-1, 1),$$

这表明 f 在 $(-1, 1)$ 内可展开成幂级数, 因此 f 在 $(-1, 1)$ 内解析. 另一方面, 对任何 $k \geqslant 1$, $1 - \frac{1}{k\pi}$ 是 f 的零点, 从而 1 是 f 零点的聚点, 但显然 f 不恒为零.   □

解析延拓   设 f, g 分别是复区域 D, D_0 内的解析函数, $D \subset D_0$, $g|_D = f$, 则称 g 为 f 的**解析延拓**.

类似地, 若 f 是区间 I 内的实解析函数, g 是区间 I_0 (或复区域 D_0) 内的解析函数, $I \subset I_0$ (或 $I \subset D_0$) $g|_I = f$, 则称 g 为 f 的**解析延拓**.

易见, 一个区域内的解析函数 (或区间内的实解析函数) 能够解析延拓的最大复区域和相应的解析函数存在且唯一.

利用解析延拓拓展函数的定义域是一种常用的方法. 例如著名的 Riemann ζ 函数, 对于 $\mathrm{Re}\, z > 1$ 的复数, 可以定义 $\zeta(z) = \sum_{n=1}^{\infty} \frac{1}{n^z}$. 该级数当 $\mathrm{Re}\, z \leqslant 1$ 时发散. 但我们可以将 ζ 解析延拓到 $\mathbb{C} \setminus \{1\}$ 上.

复导数

对于复区域 D 上的复函数 $f : D \to \mathbb{C}$, 定义其**复导数**为 $f'(z) = \lim\limits_{\substack{w \to z \\ w \in \mathbb{C}}} \frac{f(w) - f(z)}{w - z}$.

若 f 在点 z_0 处的复导数存在, 则称 f 在点 z_0 处复可导. 在和、差、积、商与复合函数的导数方面, 复导数与实导数有着完全类似的性质. 具体地, 当复函数 f, g 均在点 z_0 处复可导时, f 与 g 的和、差、积、商 (分母在点 z_0 处不为零) 仍然是复可导的, 其求导公式与实函数求导公式形式上完全一样. 同样, 复合函数的复导数也满足链式法则: 其一, 若 g 在点 ω_0 处复可导, f 在点 $g(\omega_0)$ 处复可导, 则 $f \circ g$ 在点 ω_0 处复可导, 且 $(f \circ g)'(\omega_0) = f'(g(\omega_0))g'(\omega_0)$; 其二, 若 Ω 是 $\mathbb{R}^n$ 中的区域, $h : \Omega \to \mathbb{C}$ 在点 $\boldsymbol{x}_0 \in \Omega$ 处可微, f 在点 $h(\boldsymbol{x}_0)$ 处复可导, 则 $f \circ h$ 在点 $\boldsymbol{x}_0$ 处可微, 且 $\frac{\partial}{\partial \boldsymbol{x}}(f \circ h)(\boldsymbol{x}_0) = f'(h(\boldsymbol{x}_0))h_{\boldsymbol{x}}(\boldsymbol{x}_0)$.

若记 $z = x + y\mathrm{i}$, 把 f 看作 (x, y) 的二元函数, 则 f 在点 $z_0 = x_0 + y_0\mathrm{i}$ 复可导等价于

$$f(x+y\mathrm{i}) - f(x_0+y_0\mathrm{i}) = f'(z_0)\big((x-x_0) + (y-y_0)\mathrm{i}\big) +$$
$$o\big(\sqrt{(x-x_0)^2 + (y-y_0)^2}\big), \quad (x, y) \to (x_0, y_0).$$

因此, f 在点 z_0 复可导等价于 f 在点 (x_0, y_0) 可微且

$$\frac{\partial f}{\partial y}(z_0) = \mathrm{i}\frac{\partial f}{\partial x}(z_0). \tag{9.3.23}$$

通常, 把 $f(x+\mathrm{i}y)$ 的实部与虚部依次记为 $u(x,y), v(x,y)$, 则条件 (9.3.23) 可写为

$$u_x(x_0, y_0) = v_y(x_0, y_0), \quad u_y(x_0, y_0) = -v_x(x_0, y_0). \tag{9.3.24}$$

此时 $f'(z_0) = \dfrac{\partial f}{\partial x}(z_0) = u_x(x_0, y_0) + \mathrm{i}v_x(x_0, y_0)$, 或写成 $f'(z_0) = \dfrac{1}{\mathrm{i}}\dfrac{\partial f}{\partial y}(z_0) = v_y(x_0, y_0) - \mathrm{i}u_y(x_0, y_0)$.

复函数 f 复可导的充分必要条件 (9.3.24) (亦即 (9.3.23)) 称为 **Cauchy-Riemann 条件**. 今后利用第二型曲线积分的性质, 可以证明复函数在复区域内复解析等价于在该区域内复可导 (参见定理 11.6.9).

我们立即可以得到的是复解析函数的复可导性.

定理 9.3.8 设 $\delta > 0$,

$$f(z) = \sum_{n=0}^{\infty} c_n(z - z_0)^n, \quad \forall\, |z - z_0| < \delta, \tag{9.3.25}$$

则

$$f'(z) = \sum_{n=1}^{\infty} nc_n(z - z_0)^{n-1}, \quad \forall\, |z - z_0| < \delta. \tag{9.3.26}$$

特别地, 复解析函数在收敛域内有任意阶的复导数.

定理的证明是容易的, 我们把它留给读者.

函数幂级数展开的收敛半径

利用 (9.3.18) 式和 (9.3.23) 式可得如下关于解析函数幂级数展开式收敛半径的有趣结果.

定理 9.3.9 设 $\delta > 0$, f 在复圆盘 $B_\delta(z_0) = \{z \in \mathbb{C}\,|\,|z - z_0| < \delta\}$ 内解析, 则 f 在点 z_0 的幂级数展开式的收敛半径不小于 δ 且在 $B_\delta(z_0)$ 内等于 f.

证明 由幂级数在收敛域内解析以及解析函数的唯一性, 我们只需要证明 f 在点 z_0 的幂级数展开式的收敛半径不小于 δ. 以下不妨设 $z_0 = 0$. 由解析性, 存在 $\eta > 0$ 使得

$$f(z) = \sum_{n=0}^{\infty} c_n z^n, \quad |z| < \eta. \tag{9.3.27}$$

由 (9.3.18) 式, 对任何 $r \in (0, \eta)$, 成立

$$c_n = \frac{1}{2\pi r^n} \int_0^{2\pi} \mathrm{e}^{-in\theta} f(re^{i\theta}) \, \mathrm{d}\theta, \quad \forall\, n \geqslant 0. \tag{9.3.28}$$

固定 $n \geqslant 0$, 考虑

$$h_n(r) = \frac{1}{2\pi r^n} \int_0^{2\pi} \mathrm{e}^{-in\theta} f(re^{i\theta}) \, \mathrm{d}\theta,$$

则 h_n 在 $(0,\delta)$ 内有定义, 而在 $(0,\eta)$ 内为 c_n. 进一步,

$$h_n'(r) = \frac{1}{2\pi r^n} \int_0^{2\pi} \mathrm{e}^{-i(n-1)\theta} f'(re^{i\theta}) \, \mathrm{d}\theta - \frac{n}{2\pi r^{n+1}} \int_0^{2\pi} \mathrm{e}^{-in\theta} f(re^{i\theta}) \, \mathrm{d}\theta$$

$$= -\frac{i}{2\pi r^{n+1}} \int_0^{2\pi} \frac{\partial}{\partial \theta} (\mathrm{e}^{-in\theta} f(re^{i\theta})) \, \mathrm{d}\theta = 0, \quad \forall\, r \in (0,\delta).$$

因此, (9.3.28) 式对任何 $r \in (0,\delta)$ 成立. 进一步, 对于 $r \in (0,\delta)$, 记 $M_r = \max\limits_{|z| \leqslant r} |f(z)|$, 则 $\forall\, n \geqslant 0$,

$$|c_n| \leqslant \frac{1}{2\pi r^n} \int_0^{2\pi} \left| \mathrm{e}^{-in\theta} f(re^{i\theta}) \right| \, \mathrm{d}\theta \leqslant \frac{M_r}{r^n}.$$

这表明 $\sum\limits_{n=0}^{\infty} c_n z^n$ 的收敛半径不小于 r. 从而由 $r \in (0,\delta)$ 的任意性得到 $\sum\limits_{n=0}^{\infty} c_n z^n$ 的收敛半径不小于 δ. 最后, 结合解析函数的唯一性得到在 $B_\delta(0)$ 内, $\sum\limits_{n=0}^{\infty} c_n z^n$ 恒等于 $f(z)$. □

直接从解析函数的幂级数定义出发, 可以证明当 f, g 均为复区域 D 上的复解析函数时, $f \pm g$, fg 以及 $\dfrac{f}{g}$ (分母 g 在 D 上没有零点) 也是 D 上的复解析函数. 目前, 证明 $\dfrac{f}{g}$ 的解析性要困难一些 (参见本节习题 $\mathcal{A}$ 第 8 题). 今后, 利用定理 11.6.9, 我们只需要证明 $\dfrac{f}{g}$ 复可导.

现设函数 f 在点 z_0 处解析, f 在点 z_0 处的 Taylor 展开式的半径为 $R \in (0, +\infty]$, 则一方面, f 可以解析延拓到复圆盘 $\{z \mid |z - z_0| < R\}$ ($R = +\infty$ 时理解为 $\mathbb{C}$) 上, 另一方面, 若 f 可以解析延拓到复圆盘 $\{z \mid |z - z_0| < r\}$ 上, 则 $R \geqslant r$. 因此, 设 D 是 f 能解析延拓的最大复区域, 则 R 就是 D 所包含的以 z_0 为心的 (开) 圆盘的最大半径.

例 9.3.6 考虑 $f(x) = \dfrac{1}{1 + x^2}$. 该函数在整个 $\mathbb{R}$ 上实解析, 但它的 Maclaurin 级数的收敛半径是 1.

不难看到 f 可解析延拓的最大复区域为 $D = \mathbb{C} \setminus \{i, -i\}$,

$$f(z) = \frac{1}{1+z^2}, \quad z \in D.$$

包含于 D 且以 0 为心的最大圆盘是 $\{z \mid |z| < 1\}$. 因此, f 的 Maclaurin 级数的收敛半径是 1.

类似地, f 在点 $x = \dfrac{1}{2}$ 处的 Taylor 展开式的收敛半径是 $\min\left\{\left|\mathrm{i} - \dfrac{1}{2}\right|, \left|-\mathrm{i} - \dfrac{1}{2}\right|\right\} = \dfrac{\sqrt{5}}{2}$.

例 9.3.7   对 $f(x) = \tan x$, 我们来考察它的 Maclaurin 级数的收敛半径, 有

$$\tan x = \frac{\mathrm{e}^{\mathrm{i}x} - \mathrm{e}^{-\mathrm{i}x}}{\mathrm{i}(\mathrm{e}^{\mathrm{i}x} + \mathrm{e}^{-\mathrm{i}x})} = \frac{\mathrm{e}^{2\mathrm{i}x} - 1}{\mathrm{i}(\mathrm{e}^{2\mathrm{i}x} + 1)}, \quad |x| < \frac{\pi}{2}.$$

由此易见 f 可解析延拓的最大复区域是 $D = \mathbb{C} \setminus \left\{k\pi + \dfrac{\pi}{2} \mid k \in \mathbb{Z}\right\}$, 在其上延拓为

$$f(z) = \frac{\mathrm{e}^{2\mathrm{i}z} - 1}{\mathrm{i}(\mathrm{e}^{2\mathrm{i}z} + 1)}.$$

因此, $\tan x$ 的 Maclaurin 级数的收敛半径为 $\dfrac{\pi}{2}$.

习题 9.3.$\mathcal{A}$

1. 举例说明存在幂级数使得其收敛域分别为
$$\{0\}, \quad (-1,1), \quad [-1,1), \quad (-1,1], \quad [-1,1], \quad (-\infty,+\infty).$$

2. 考虑收敛半径为 1 的幂级数 $\displaystyle\sum_{n=0}^{\infty} a_n x^n$. 举例或证明:

(1) 是否存在例子使得 $\displaystyle\sum_{n=0}^{\infty} a_n x^n$ 及其形式求导后的级数均在 $[-1,1]$ 上收敛?

(2) 是否存在例子使得 $\displaystyle\sum_{n=0}^{\infty} a_n x^n$ 在 $[-1,1]$ 上收敛, 而其形式求导后的级数的收敛域是 $(-1,1]$?

(3) 当 $\displaystyle\sum_{n=0}^{\infty} a_n x^n$ 的收敛域是 $(-1,1]$ 时, 使得级数形式求导 k 次后的级数的收敛域依然为 $(-1,1]$, 这样的 k 可以有多大?

3. 试将以下函数展开成 Maclaurin 级数, 并求其收敛域:

(1) $\dfrac{x^2 + x + 4}{x^2 + 3x + 2}$;

(2) $\dfrac{x}{x^2 + 2x + 2}$;

(3) $\dfrac{1}{x^4 + 4x^2 + 4}$;

(4) $\mathrm{e}^x \cos x$;

(5) $\displaystyle\int_0^x \frac{e^t - 1}{t}\,dt$; (6) $\ln(x + \sqrt{1 + x^2})$.

4. 试给出 $\arctan x$ 在点 1 处的 Taylor 展开式及其收敛域.

5. 设 f 的 Maclaurin 展开式在点 $x = 1$ 处绝对收敛, 证明 f^2 的 Maclaurin 展开式在点 $x = -1$ 处绝对收敛.

6. 证明: 对任何 $n \geqslant 1$, $(1 - x)^n e^{\frac{1}{1-x}}$ 的 Maclaurin 展开式的收敛半径为 1, 但在点 $x = 1$ 处发散.

7. 考虑 $\dfrac{1}{1 - x}$ 的 Maclaurin 展开式的余项, 可得

$$\int_0^x \frac{(n+1)(x-t)^n}{(1-t)^{n+2}}\,dt = \frac{x^{n+1}}{1-x}, \quad x \in [0, 1).$$

试利用上式估计 $(1 + x)^\alpha$ 的 n 阶 Maclaurin 展开式的余项

$$r_n(x) = \int_0^x (n+1)(x-t)^n \binom{\alpha}{n+1}(1+t)^{\alpha-n-1}\,dt, \quad x \in (-1, 1).$$

进而, 证明 $(1 + x)^\alpha$ 在 $(-1, 1)$ 内可展开成 Maclaurin 级数.

8. 设 $\displaystyle\sum_{n=0}^\infty a_n x^n$ 的收敛半径大于 1, 其和函数为 f, 满足 $\displaystyle\min_{x \in [-1,1]} |f(x)| \geqslant 1$. 设 $g = \dfrac{1}{f}$. 依次证明:

(1) 存在常数 $C > 0$ 使得

$$\left| \frac{f^{(n)}(x)}{n!} \right| \leqslant \frac{C^n}{(1 - |x|)^n}, \quad n \geqslant 0,\ |x| \leqslant 1.$$

(2) 记 $A = C + 1$, 则

$$\left| \frac{g^{(n)}(x)}{n!} \right| \leqslant \frac{A^{n+1}}{(1 - |x|)^n}, \quad n \geqslant 0,\ |x| \leqslant 1.$$

(3) g 在点 0 可以展开成幂级数.

9. 设 R 为正实数, 若 f 在 $(-R, R)$ 内实解析, 其 Maclaurin 展开式的收敛半径是 $r \in (0, R]$. 问: 在收敛域内, f 的 Maclaurin 展开式是否等于 f.

习题 $9.3.\mathcal{B}$

1. 举例说明存在收敛半径为 1 的幂级数 $\displaystyle\sum_{n=0}^\infty a_n x^n$, 它任意次逐项求导后的级数均在点 $x = 1$ 处收敛. 进一步, 证明: 此类级数也一定在点 -1 处收敛.

2. 举例说明存在收敛半径为 1 的幂级数 $\displaystyle\sum_{n=0}^\infty a_n x^n$, 它任意次逐项积分后得到的级数均在点 $x = 1$ 处发散. 进一步, 证明: 此类级数也一定在点 -1 处发散.

3. 设 $x_0 \in \left(0, \dfrac{\pi}{2}\right)$, 试考察 $\tan x$ 在点 x_0 处的 Taylor 展开式的收敛半径.

4. 对于 Riemann ζ 函数 $\zeta(x) = \displaystyle\sum_{n=1}^\infty \frac{1}{n^x}$. 证明: ζ 在 $(1, +\infty)$ 上实解析.

5. 考察是否存在 $n \geqslant 1$, 使得 $(1-x)^n \sin \dfrac{1}{1-x}$ 的 Maclaurin 展开式在点 $x = 1$ 处收敛.

6. 证明: (a, b) 上的实解析函数是一个复区域 D 上的复解析函数在 (a, b) 上的限制.

7. 设 $\varphi \in C_c^\infty(\mathbb{R})$ 满足 $\operatorname{supp} \varphi \subseteq [-2, 2]$ 以及 $\varphi\big|_{[-1,1]} = 1$. 对于实数列 $\{a_k\}_{k=0}^\infty$, 定义

$$f(x) = \sum_{n=0}^\infty \frac{a_n}{n!} \varphi(a_n x) x^n, \quad \forall x \in \mathbb{R}.$$

证明: $f \in C^\infty(\mathbb{R})$, 且 $f^{(n)}(0) = a_n \,(\forall n \geqslant 0)$. 此结果表明任何幂级数都是某个函数的 Taylor 展开式.

§4 幂级数的应用

利用幂级数计算数项级数

把数项级数视为幂级数在一点的特例, 使得我们可以利用幂级数的性质来计算数项级数. 其中常用的方法包括: 先求导后积分, 先积分后求导以及求导后得到微分方程并求解. 自然, 第一种方法可以视为第三种方法的特例.

例 9.4.1 计算 $\sum\limits_{n=0}^{\infty}\dfrac{(-1)^n}{3n+1}$.

解 考虑 $f(x) = \sum\limits_{n=0}^{\infty}\dfrac{(-1)^n}{3n+1}x^{3n+1}$, 则 f 在 $(-1,1]$ 上有定义,

$$f'(x) = \sum_{n=0}^{\infty}(-1)^n x^{3n} = \frac{1}{1+x^3}, \quad x \in (-1,1).$$

所以[1]

$$f(x) = \int_0^x \frac{\mathrm{d}t}{1+t^3}, \quad x \in (-1,1].$$

因此 $\sum\limits_{n=0}^{\infty}\dfrac{(-1)^n}{3n+1} = f(1) = \int_0^1 \dfrac{\mathrm{d}t}{1+t^3}$. 上述过程可以简写为

$$\sum_{n=0}^{\infty}\frac{(-1)^n}{3n+1} = \int_0^1 \left(\sum_{n=0}^{\infty}\frac{(-1)^n}{3n+1}x^{3n+1}\right)' \mathrm{d}x = \int_0^1 \frac{\mathrm{d}x}{1+x^3} = \frac{\ln 2}{3} + \frac{\pi\sqrt{3}}{9}.$$

例 9.4.2 计算 $\sum\limits_{n=0}^{\infty}\dfrac{2n+1}{2^n}$.

解 考虑 $f(x) = \sum\limits_{n=0}^{\infty}(2n+1)x^{2n}$, 则 f 在 $(-1,1)$ 中有定义, 且

$$\int_0^x f(t)\,\mathrm{d}t = \sum_{n=0}^{\infty}x^{2n+1} = \frac{x}{1-x^2}, \quad x \in (-1,1).$$

所以

$$f(x) = \left(\frac{x}{1-x^2}\right)' = \frac{1+x^2}{(1-x^2)^2}, \quad x \in (-1,1).$$

---

1 注意 x 取值范围的变化并明了了各步成立的理由.

因此 $\displaystyle\sum_{n=0}^{\infty} \frac{2n+1}{2^n} = f\left(\frac{1}{\sqrt{2}}\right) = 6.$ 上述过程可以简写为

$$\sum_{n=0}^{\infty} \frac{2n+1}{2^n} = \sum_{n=0}^{\infty}(2n+1)x^{2n}\bigg|_{x=\frac{1}{\sqrt{2}}} = \left(\sum_{n=0}^{\infty} x^{2n+1}\right)'\bigg|_{x=\frac{1}{\sqrt{2}}}$$

$$= \left(\frac{x}{1-x^2}\right)'\bigg|_{x=\frac{1}{\sqrt{2}}} = 6.$$

例 9.4.3   计算 $\displaystyle\sum_{n=0}^{\infty} \frac{1}{(2n)!}$.

解   考虑 $f(x) = \displaystyle\sum_{n=0}^{\infty} \frac{x^{2n}}{(2n)!} \ (x \in \mathbb{R})$, 则

$$f'(x) = \sum_{n=1}^{\infty} \frac{x^{2n-1}}{(2n-1)!}, \quad x \in \mathbb{R}.$$

进而

$$f''(x) = f(x), \quad x \in \mathbb{R}.$$

所以

$$f(x) = C_1 \mathrm{e}^x + C_2 \mathrm{e}^{-x}, \quad x \in \mathbb{R}.$$

结合 $f(0) = 1, f'(0) = 0$ 得到 $f(x) = \mathrm{ch}\, x$. 因此, $\displaystyle\sum_{n=0}^{\infty} \frac{1}{(2n)!} = \mathrm{ch}\, 1.$

利用幂级数计算近似值

利用

$$\ln(1+x) = \sum_{n=0}^{\infty} \frac{(-1)^n}{n+1} x^{n+1}, \quad x \in (-1, 1]$$

可得

$$\ln 2 = \sum_{n=0}^{\infty} \frac{(-1)^n}{n+1}.$$

但由于收敛速度太慢, 上式不适合用来计算 $\ln 2$. 为此, 利用

$$\ln \frac{1+x}{1-x} = \sum_{n=0}^{\infty} \frac{2}{2n+1} x^{2n+1}, \quad x \in (-1, 1)$$

得到

$$\ln 2 = \ln \frac{1 + \dfrac{1}{3}}{1 - \dfrac{1}{3}} = \sum_{n=0}^{\infty} \frac{2}{(2n+1)3^{2n+1}},$$

则级数的收敛性大为提高.

再如, 利用

$$\arctan x = \sum_{n=0}^{\infty} \frac{(-1)^n}{2n+1} x^{2n+1}, \quad x \in [-1, 1] \tag{9.4.1}$$

可得

$$\frac{\pi}{4} = \arctan 1 = \sum_{n=0}^{\infty} \frac{(-1)^n}{2n+1}.$$

同样由于收敛速度太慢, 上式不适合用来计算 π. 注意到 $\lim\limits_{x \to 0^+} \dfrac{\arctan x}{x} = 1$, 我们来考察 $4 \arctan \dfrac{1}{5}$, $5 \arctan \dfrac{1}{5}$ 与 $6 \arctan \dfrac{1}{5}$ 中哪一个更接近 $\arctan 1$. 利用倍角公式得到

$$\tan \left(2 \arctan \frac{1}{5} \right) = \frac{2/5}{1 - 1/25} = \frac{5}{12},$$
$$\tan \left(4 \arctan \frac{1}{5} \right) = \frac{5/6}{1 - 25/144} = \frac{120}{119}.$$

据此可看出 $4 \arctan \dfrac{1}{5}$ 较其他两个更接近 $\arctan 1$. 计算得到

$$\tan \left(4 \arctan \frac{1}{5} - \arctan 1 \right) = \frac{120/119 - 1}{1 + 120/119} = \frac{1}{239}.$$

从而得到 **Machin**[2] **(梅钦) 公式**:

$$\frac{\pi}{4} = 4 \arctan \frac{1}{5} - \arctan \frac{1}{239}. \tag{9.4.2}$$

用该式结合 (9.4.1) 式来计算 π, 收敛速度就快很多. 同理, 我们可以继续这一过程得到

$$\frac{\pi}{4} = 8 \arctan \frac{1}{10} - \arctan \frac{1}{239} - 4 \arctan \frac{1}{515}. \tag{9.4.3}$$

关于 π 的计算, 还有一些很奇妙的公式, 例如 Ramanujan[3] (拉马努金) 于 1914 年给出的 **Ramanujan 公式**:

$$\frac{1}{\pi} = \frac{2\sqrt{2}}{99^2} \sum_{n=0}^{\infty} \frac{(4n)!}{(n!)^4} \frac{26390n + 1103}{396^{4n}}. \tag{9.4.4}$$

---

2 Machin, J, 1680—1751 年, 数学家, 天文学家.

3 Ramanujan, S A, 1887—1920 年.

该级数的第一项就给出了 $\pi \approx 3.1415927$, 之后每增加一项, 大概增加有效数字 8 位. 以上公式经 Chudnovsky (丘德诺夫斯基) 兄弟[4] 改进为如下的 **Chudnovsky 公式**:

$$\frac{1}{\pi} = \frac{1}{426880\sqrt{10005}} \sum_{n=0}^{\infty} \frac{(6n)!}{(3n!)(n!)^3} \frac{545140134n + 13591409}{(-640320)^{3n}}, \quad (9.4.5)$$

每增加一项, 约增加有效数字 14 位. 这些公式可利用广义超几何函数得到.

1995 年, 三位美国算法学家 David Bailey (大卫·贝利), Peter Borwein (彼得·博温) 和 Simon Plouffe (西蒙·普劳夫) 发表了以下的 **BBP 公式**:

$$\pi = \sum_{n=0}^{\infty} \frac{1}{16^n} \left(\frac{4}{8n+1} - \frac{2}{8n+4} - \frac{1}{8n+5} - \frac{1}{8n+6} \right). \quad (9.4.6)$$

这个公式可以在 16 进制 (从而二进制) 下方便地直接计算 π 的某一给定位数的数字. 1997 年, Fabrice Bellard (法布里斯·贝拉德) 找到了一个比 BBP 快 40% 的计算公式:

$$\pi = \frac{1}{64} \sum_{n=0}^{\infty} \frac{(-1)^n}{1024^n} \Big(-\frac{32}{4n+1} - \frac{1}{4n+3} + \frac{256}{10n+1} - \frac{64}{10n+3} -$$
$$\frac{4}{10n+5} - \frac{4}{10n+7} + \frac{1}{10n+9} \Big). \quad (9.4.7)$$

BBP 公式的证明: 我们有

$$\sum_{n=0}^{\infty} \frac{1}{16^n} \left(\frac{4}{8n+1} - \frac{2}{8n+4} - \frac{1}{8n+5} - \frac{1}{8n+6} \right)$$

$$= \int_0^{1/\sqrt{2}} \sum_{n=0}^{\infty} \left(4\sqrt{2}x^{8n} - 8x^{8n+3} - 4\sqrt{2}x^{8n+4} - 8x^{8n+5} \right) \mathrm{d}x$$

$$= \int_0^{1/\sqrt{2}} \frac{4\sqrt{2} - 8x^3 - 4\sqrt{2}x^4 - 8x^5}{1-x^8} \mathrm{d}x$$

$$= \int_0^{1/\sqrt{2}} \frac{4\sqrt{2}}{1+x^4} \mathrm{d}x - \int_0^{1/\sqrt{2}} \frac{8x^3}{(1-x^2)(1+x^4)} \mathrm{d}x$$

$$= (\ln 5 + 2\arctan 2) - \left(\ln 5 - 2\arctan \frac{1}{2} \right) = \pi. \quad (9.4.8)$$

幂级数与三角级数

根据 Euler 公式, 三角级数

---

4 David Chudnovsky 及 Gregory Chudnovsky, 数学家, 工程师.

$$\frac{a_0}{2} + \sum_{n=1}^{\infty} \left(a_n \cos nx + b_n \sin nx \right)$$

可以化为复形式的幂级数:

$$\frac{a_0}{2} + \sum_{n=1}^{\infty} \left(a_n \frac{e^{inx} + e^{-inx}}{2} + b_n \frac{e^{inx} - e^{-inx}}{2i} \right).$$

这使得我们可以利用幂级数来研究三角级数. 但另一方面, 在研究三角级数时, 我们关心的时常是相应幂级数收敛域的边界点. 因此, 一般说来, 处理相关问题时, Fourier 分析会更有效.

例 9.4.4 利用幂级数计算 $\displaystyle\sum_{n=1}^{\infty} \frac{\sin nx}{n}, \sum_{n=1}^{\infty} \frac{\cos nx}{n}$ 以及 $\displaystyle\sum_{n=1}^{\infty} \frac{\cos nx}{n^2}$.

解 固定 $x \in (0, 2\pi)$, 由 Dirichlet 判别法, 我们知道 $\displaystyle\sum_{n=1}^{\infty} \frac{e^{inx}}{n}$ 收敛. 于是由 Abel 定理,

$$\sum_{n=1}^{\infty} \frac{e^{inx}}{n} = \lim_{t \to 1^-} \sum_{n=1}^{\infty} \frac{e^{inx} t^n}{n} = \int_0^1 \sum_{n=1}^{\infty} t^{n-1} e^{inx} \, dt = \int_0^1 \frac{e^{ix}}{1 - t e^{ix}} \, dt$$

$$= \int_0^1 \frac{e^{ix} - t}{(t - \cos x)^2 + \sin^2 x} \, dt = -\ln\left(2 \sin \frac{x}{2} \right) + \frac{i(\pi - x)}{2}.$$

即

$$\sum_{n=1}^{\infty} \frac{\sin nx}{n} = \frac{\pi - x}{2}, \quad \forall\, x \in (0, 2\pi), \tag{9.4.9}$$

$$\sum_{n=1}^{\infty} \frac{\cos nx}{n} = -\ln\left(2 \sin \frac{x}{2} \right), \quad \forall\, x \in (0, 2\pi). \tag{9.4.10}$$

注意到 $\displaystyle\sum_{n=1}^{\infty} \frac{\sin nx}{n}$ 在 $(0, 2\pi)$ 中内闭一致收敛, 对 (9.4.9) 式两端积分得到

$$\sum_{n=1}^{\infty} \frac{\cos nx - \cos n\pi}{n^2} = \frac{(x - \pi)^2}{4}, \quad x \in (0, 2\pi).$$

注意到级数在区间端点处的连续性可得

$$\sum_{n=1}^{\infty} \frac{\cos nx + (-1)^{n-1}}{n^2} = \frac{(x - \pi)^2}{4}, \quad x \in [0, 2\pi]. \tag{9.4.11}$$

上式两端在 $[0, 2\pi]$ 上积分得到

$$\sum_{n=1}^{\infty} \frac{(-1)^{n-1}}{n^2} = \frac{1}{2\pi} \int_0^{2\pi} \frac{(x - \pi)^2}{4} \, dx = \frac{\pi^2}{12}. \tag{9.4.12}$$

从而

$$\sum_{n=1}^{\infty} \frac{\cos nx}{n^2} = \frac{\pi^2}{6} - \frac{x(2\pi - x)}{4}, \quad \forall x \in [0, 2\pi]. \tag{9.4.13}$$

例 9.4.5 利用幂级数计算 $\displaystyle\sum_{n=1}^{\infty} \frac{\sin nx}{n!}$.

解 我们有

$$\sum_{n=1}^{\infty} \frac{\sin nx}{n!} = \operatorname{Im} \sum_{n=0}^{\infty} \frac{e^{inx}}{n!} = \operatorname{Im} e^{e^{ix}} = \operatorname{Im} e^{\cos x + i \sin x}$$

$$= e^{\cos x} \sin \sin x, \quad \forall x \in \mathbb{R}.$$

类似地,

$$\sum_{n=0}^{\infty} \frac{\cos nx}{n!} = \operatorname{Re} \sum_{n=0}^{\infty} \frac{e^{inx}}{n!} = \operatorname{Re} e^{e^{ix}} = \operatorname{Re} e^{\cos x + i \sin x}$$

$$= e^{\cos x} \cos \sin x, \quad \forall x \in \mathbb{R}.$$

若把讨论限制在实数范围内, 令

$$f(x) = \sum_{n=1}^{\infty} \frac{\sin nx}{n!}, \quad g(x) = \sum_{n=0}^{\infty} \frac{\cos nx}{n!}, \quad x \in \mathbb{R},$$

则可得

$$f'(x) = \sum_{n=1}^{\infty} \frac{\cos nx}{(n-1)!} = \sum_{n=0}^{\infty} \frac{\cos x \cos nx - \sin x \sin nx}{n!}$$

$$= g(x) \cos x - f(x) \sin x.$$

$$g'(x) = -\sum_{n=1}^{\infty} \frac{\sin nx}{(n-1)!} = -\sum_{n=0}^{\infty} \frac{\cos x \sin nx + \sin x \cos nx}{n!}$$

$$= -f(x) \cos x - g(x) \sin x.$$

虽然可以通过求解上述方程得到结果, 但会比较复杂.

Abel 和, Cesáro 和

在这部分的讨论中, 对于级数 $\displaystyle\sum_{n=0}^{\infty} a_n$, 总是记 $S_n = \displaystyle\sum_{k=0}^{n} a_k$, $\sigma_n = \dfrac{1}{n+1} \displaystyle\sum_{j=0}^{n} S_j$ $(n \geqslant 0)$.

若 $\displaystyle\sum_{n=0}^{\infty} a_n$ 收敛, 即 $S = \lim_{n \to +\infty} S_n$ 存在, 则由 Stolz–Cesáro (施托尔茨–切萨罗) 定理,

$$\lim_{n\to+\infty}\frac{1}{n+1}\sum_{k=0}^{n}S_k = S. \tag{9.4.14}$$

一般地, 若 (9.4.14) 式成立, 则称 $\displaystyle\sum_{n=0}^{\infty}a_n$ **Cesáro 可和**, S 称为 $\displaystyle\sum_{n=0}^{\infty}a_n$ 的 **Cesáro**

和. 易见级数 $\displaystyle\sum_{n=0}^{\infty}(-1)^n$ Cesáro 可和, 但它不收敛. 因此, 级数可和 (即收敛) 严

格强于 Cesáro 可和. 同理, 由 Cesáro 可和可得到 $\displaystyle\lim_{n\to+\infty}\frac{\displaystyle\sum_{j=0}^{n}(j+1)\sigma_j}{\displaystyle\sum_{j=0}^{n}(j+1)}$ 存在, 即

$$\lim_{n\to+\infty}\frac{\displaystyle\sum_{j=0}^{n}(n+1-j)S_j}{\mathrm{C}_{n+2}^2}$$ 存在, 此时称级数 $(\mathrm{C},2)$ 可和. 一般地可以定义 (C,k) 和

为 $\displaystyle\lim_{n\to+\infty}\frac{\displaystyle\sum_{j=0}^{n}\mathrm{C}_{n+k-1-j}^{k-1}S_j}{\mathrm{C}_{n+k}^{k}}$ 存在. Cesáro 可和称为 $(\mathrm{C},1)$ 可和. 以上求和方法统称为

Cesáro 求和法.

类似地, 若 $\displaystyle\sum_{n=0}^{\infty}a_n$ 收敛到 S, 则由 Abel 定理,

$$\lim_{x\to1^-}\sum_{n=0}^{\infty}a_n x^n = S. \tag{9.4.15}$$

一般地, 若 (9.4.15) 式成立, 则称 $\displaystyle\sum_{n=0}^{\infty}a_n$ 是 **Abel 可和**的, 称 S 为 $\displaystyle\sum_{n=0}^{\infty}a_n$ 的 **Abel**

和. 同样, 易见级数 $\displaystyle\sum_{n=0}^{\infty}(-1)^n$ Abel 可和. 因此, 级数可和也严格强于 Abel 可和.

对于 Cesáro 可和与 Abel 可和间的关系, 我们有

定理 9.4.1 设 $\displaystyle\sum_{n=0}^{\infty}a_n$ Cesáro 可和, 则 $\displaystyle\sum_{n=0}^{\infty}a_n$ 也 Abel 可和, 且其 Abel 和等于 Cesáro 和.

证明 不妨设 $\displaystyle\sum_{n=0}^{\infty}a_n$ 的 Cesáro 和为零. 任取 $m\geqslant 1$, 对于 $x\in(0,1)$, 我们有

$$\left|\sum_{n=0}^{\infty}a_n x^n\right| = \left|(1-x)\sum_{n=0}^{\infty}S_n x^n\right| = \left|(1-x)^2\sum_{n=0}^{\infty}(n+1)\sigma_n x^n\right|$$

$$\leqslant (1-x)^2\sum_{n=0}^{m}(n+1)|\sigma_n|x^n + (1-x)^2\sup_{k\geqslant m}|\sigma_k|\sum_{n=m+1}^{\infty}(n+1)x^n$$

$$\leqslant (1-x)^2 \sum_{n=0}^{m} (n+1)|\sigma_n|x^n + \sup_{k \geqslant m} |\sigma_k|.$$

因此 $\varlimsup\limits_{x \to 1^-} \left| \sum\limits_{n=0}^{\infty} a_n x^n \right| \leqslant \sup\limits_{k \geqslant m} |\sigma_k|.$ 再令 $m \to +\infty$ 即得 $\lim\limits_{x \to 1^-} \sum\limits_{n=0}^{\infty} a_n x^n = 0.$ □

不难证明当 $\sum\limits_{n=0}^{\infty} a_n$ Cesáro 可和时, $\left\{ \dfrac{a_n}{n+1} \right\}$ 有界. 而通过对 $\dfrac{1}{1+x} = \sum\limits_{n=0}^{\infty} (-1)^n x^n$ 多次求导, 可得 $\left\{ \dfrac{a_n}{n+1} \right\}$ 无界而 $\sum\limits_{n=0}^{\infty} a_n$ Abel 可和的例子. 因此, Cesáro 可和严格强于 Abel 可和.

在一定条件下, 由 Abel 可和得到 Cesáro 可和, 或由 Cesáro 可和得到可和的结果, 称为 **Tauber**[5] **(陶伯) 型定理**. 本节习题 $\mathcal{B}$ 第 3 题和第 4 题是几个基本的 Tauber 型定理.

现在, 我们来考察级数 $\sum\limits_{n=0}^{\infty} a_n$ 和 $\sum\limits_{n=0}^{\infty} b_n$ 的 Cauchy 乘积 $\sum\limits_{n=0}^{\infty} c_n$ 的收敛性.

众所周知, 当 $\sum\limits_{n=0}^{\infty} a_n$ 和 $\sum\limits_{n=0}^{\infty} b_n$ 均绝对收敛时, $\sum\limits_{n=0}^{\infty} c_n$ 也绝对收敛且

$$\sum_{n=0}^{\infty} a_n \sum_{n=0}^{\infty} b_n = \sum_{n=0}^{\infty} c_n. \tag{9.4.16}$$

而由 Mertens (梅尔滕斯) 定理, 当 $\sum\limits_{n=0}^{\infty} a_n$ 和 $\sum\limits_{n=0}^{\infty} b_n$ 均收敛, 且其中之一绝对收敛时, $\sum\limits_{n=0}^{\infty} c_n$ 收敛且 (9.4.16) 式成立. 利用 $\dfrac{1}{\sqrt{1+x}}$ 的 Maclaurin 级数在点 $x = 1$ 处收敛, 而 $\dfrac{1}{1+x}$ 的 Maclaurin 级数在点 $x = 1$ 处发散, 易见两个条件收敛的级数的 Cauchy 乘积不一定收敛. 但是, 我们有如下的 **Cesáro 定理**.

定理 9.4.2 设级数 $\sum\limits_{n=0}^{\infty} a_n$ 和 $\sum\limits_{n=0}^{\infty} b_n$ 分别收敛到 A 和 B, 则它们的柯西乘积 $\sum\limits_{n=0}^{\infty} c_n$ Cesáro 可和, 且和为 AB.

证明 记

$$A_n = \sum_{k=0}^{n} a_k, \quad B_n = \sum_{k=0}^{n} b_k, \quad C_n = \sum_{k=0}^{n} c_k, \quad H_n = \sum_{k=0}^{n} C_k, \quad n \geqslant 0.$$

5 Tauber, A, 1866－1942 年.

由定理假设, $\lim\limits_{n\to+\infty} A_n = A$, $\lim\limits_{n\to+\infty} B_n = B$. 而 $\forall x \in (-1, 1)$,

$$
\begin{aligned}
(1-x)^2 \sum_{n=0}^{\infty} H_n x^n &= \sum_{n=0}^{\infty} c_n x^n = \left(\sum_{n=0}^{\infty} a_n x^n\right)\left(\sum_{n=0}^{\infty} b_n x^n\right) \\
&= \left((1-x)\sum_{n=0}^{\infty} A_n x^n\right)\left((1-x)\sum_{n=0}^{\infty} B_n x^n\right) \\
&= (1-x)^2 \sum_{n=0}^{\infty} \sum_{k=0}^{n} A_k B_{n-k} x^n.
\end{aligned}
$$

所以

$$
\lim_{n\to+\infty} \frac{H_n}{n+1} = \lim_{n\to+\infty} \frac{1}{n+1} \sum_{k=0}^{n} A_k B_{n-k} = AB.
$$

定理得证. $\qquad\qquad\qquad\qquad\qquad\qquad\qquad\qquad\qquad\qquad\qquad\qquad\qquad$ □

利用 Abel 定理, 有如下结果.

定理 9.4.3　设 $\sum\limits_{n=0}^{\infty} a_n$, $\sum\limits_{n=0}^{\infty} b_n$ 以及它们的 Cauchy 乘积 $\sum\limits_{n=0}^{\infty} c_n$ 均收敛, 则 (9.4.16) 式成立.

证明　由 Abel 定理,

$$
\begin{aligned}
\sum_{n=0}^{\infty} c_n &= \lim_{x\to 1^-} \sum_{n=0}^{\infty} c_n x^n = \lim_{x\to 1^-} \left(\sum_{n=0}^{\infty} a_n x^n \cdot \sum_{n=0}^{\infty} b_n x^n\right) \\
&= \lim_{x\to 1^-} \sum_{n=0}^{\infty} a_n x^n \cdot \lim_{x\to 1^-} \sum_{n=0}^{\infty} b_n x^n = \sum_{n=0}^{\infty} a_n \cdot \sum_{n=0}^{\infty} b_n. \qquad □
\end{aligned}
$$

定理 9.4.3 的证明事实上利用了如下结果.

定理 9.4.4　设 $\sum\limits_{n=0}^{\infty} a_n$ 和 $\sum\limits_{n=0}^{\infty} b_n$ 均 Abel 可和, 且它们的 Abel 和为 A 和 B, 则 $\sum\limits_{n=0}^{\infty} a_n$ 和 $\sum\limits_{n=0}^{\infty} b_n$ 的 Cauchy 乘积也 Abel 可和, 且 Abel 和为 AB.

母函数

对于数列 $\{a_n\}_{n=0}^{\infty}$, 称幂级数 $\sum\limits_{n=0}^{\infty} a_n x^n$ 为数列 $\{a_n\}_{n=0}^{\infty}$ 的**母函数**, 又称**生成函数**. 利用母函数研究数列是非常有用的方法.

例 9.4.6　设 $a_0 = 1, a_1 = 2, a_{n+2} = 3a_{n+1} + 4a_n\,(n \geqslant 0)$, 试求 $\{a_n\}$ 的通项公式.

解 易证 $|a_n| \leqslant 4^n \, (n \geqslant 0)$, 因此 $\{a_n\}$ 的母函数 $S(x) = \sum_{n=0}^{\infty} a_n x^n$ 在 $\left(-\dfrac{1}{4}, \dfrac{1}{4}\right)$ 内有定义. 由 $\sum_{n=0}^{\infty} (a_{n+2} - 3a_{n+1} - 4a_n)x^{n+2} = 0$ 得到

$$(1 - 3x - 4x^2)S(x) = a_0 + a_1 x - 3a_0 x, \quad x \in \left(-\frac{1}{4}, \frac{1}{4}\right).$$

从而

$$S(x) = \frac{1-x}{1-3x-4x^2} = \frac{1-x}{(1+x)(1-4x)} = \frac{2}{5(1+x)} + \frac{3}{5(1-4x)}$$

$$= \frac{2}{5}\sum_{n=0}^{\infty}(-1)^n x^n + \frac{3}{5}\sum_{n=0}^{\infty}4^n x^n, \quad x \in \left(-\frac{1}{4}, \frac{1}{4}\right).$$

因此

$$a_n = \frac{3 \cdot 4^n + 2 \cdot (-1)^n}{5}, \quad \forall n \geqslant 0.$$

我们也可以处理更复杂的情形.

例 9.4.7 设 $a_0 = 0, a_1 = \dfrac{2}{3}, a_{n+1} = \dfrac{2}{3n}a_n + a_{n-1} \, (n \geqslant 1)$. 考察 a_n 的阶.

解 利用母函数, 考虑幂级数 $S(x) = \sum_{n=1}^{\infty} a_n x^{n-1}$. 归纳可得 $\dfrac{4}{9} \leqslant a_n \leqslant n \, (n \geqslant 1)$. 因此, S 在 $(-1, 1)$ 内有定义, 且在 $(-1, 1)$ 内,

$$\sum_{n=1}^{\infty} \frac{2}{3n}a_n x^n = \sum_{n=1}^{\infty} a_{n+1} x^n - \sum_{n=1}^{\infty} a_{n-1} x^n = S(x) - a_1 - a_0 x - x^2 S(x).$$

两边求导得到

$$((1-x^2)S(x))' = \frac{2}{3}S(x) = \frac{1}{3}\left(\frac{1}{1-x} + \frac{1}{1+x}\right)((1-x^2)S(x)).$$

即

$$\left(\sqrt[3]{\frac{1-x}{1+x}}(1-x^2)S(x)\right)' = 0.$$

结合 $S(0) = \dfrac{2}{3}$ 得到

$$S(x) = \frac{2}{3}(1+x)^{-\frac{2}{3}}(1-x)^{-\frac{4}{3}}. \tag{9.4.17}$$

进一步的讨论需要用到 Euler 积分. 具体地, 我们可以由 (9.4.17) 式利用 Cauchy 乘

积得到 a_n 的表达式, 再利用 Euler 积分, 得到

$$a_n = \frac{n}{\Gamma\left(\frac{2}{3}\right)\Gamma\left(\frac{1}{3}\right)} \int_{-1}^{1} \frac{\sqrt[3]{1+s}}{\sqrt[3]{1-s}} s^{n-1}\,\mathrm{d}s, \quad n \geqslant 1. \tag{9.4.18}$$

今后有了复变函数的知识, 也可以直接利用 (9.3.18) 式来得到上式.

由 (9.4.18) 式, 进一步可得

$$a_n \sim \frac{\sqrt[3]{2}n^{\frac{1}{3}}}{\Gamma\left(\frac{1}{3}\right)}, \quad n \to +\infty. \tag{9.4.19}$$

我们把以上结果的证明留作今后的习题.

Bernoulli 多项式

众所周知, 对于 $n \geqslant 1$, 成立以下等式:

$$1 + 2 + \cdots + n = \frac{n(n+1)}{2},$$
$$1^2 + 2^2 + \cdots + n^2 = \frac{n(n+1)(2n+1)}{6}.$$

那么, 有没有比较好的方法来得到

$$S_k(n) = \sum_{j=1}^{n-1} j^k, \quad n \geqslant 2, k \geqslant 0$$

的表达式呢? 以下我们利用母函数的思想考虑

$$\sum_{k=0}^{\infty} S_k(n)\frac{t^k}{k!}, \quad t \in \mathbb{C}.$$

易见 $S_k(n) \leqslant n^{k+1}$, 因此上述级数对于任何 $t \in \mathbb{C}$ 都绝对收敛. 我们有

$$\sum_{k=0}^{\infty} S_k(n)\frac{t^k}{k!} = \sum_{k=0}^{\infty}\sum_{j=1}^{n-1} \frac{j^k t^k}{k!} = \sum_{j=1}^{n-1}\sum_{k=0}^{\infty} \frac{j^k t^k}{k!} = \sum_{j=1}^{n-1} \mathrm{e}^{jt} = \frac{\mathrm{e}^{nt} - \mathrm{e}^{t}}{\mathrm{e}^{t} - 1}.$$

考虑

$$f(z) = \begin{cases} \dfrac{z}{\mathrm{e}^z - 1}, & z \neq 0, \\ 1 & z = 0, \end{cases}$$

则 f 是 $B_{2\pi}(0)$ 内的解析函数 (参见定理 11.6.9 或习题 9.3.$\mathcal{A}$ 第 8 题). 于是可设[6]

6　在函数的可去间断点, 补充定义使之连续.

$$\frac{t\mathrm{e}^{xt}}{\mathrm{e}^t - 1} = \sum_{k=0}^{\infty} B_k(x)\frac{t^k}{k!}, \quad |t| < 2\pi, \tag{9.4.20}$$

进一步可证 (参见 (9.4.23) 式), B_k 是多项式, 称为 **Bernoulli 多项式**, $b_k \equiv B_k(0)$ 称为 **Bernoulli 数**[7]. 它们最早由 Jacob Bernoulli 引入. 我们有

$$S_k(n) = \frac{B_{k+1}(n) - B_{k+1}(1)}{k + 1}. \tag{9.4.21}$$

利用 Cauchy 乘积可得

$$\sum_{k=0}^{\infty} B_k(x)\frac{t^k}{k!} = \frac{t}{\mathrm{e}^t - 1}\mathrm{e}^{xt} = \sum_{k=0}^{\infty} b_k\frac{t^k}{k!}\sum_{j=0}^{\infty}\frac{(xt)^j}{j!}$$

$$= \sum_{k=0}^{\infty}\sum_{j=0}^{k}\mathrm{C}_k^j b_j x^{k-j}\frac{t^k}{k!}. \tag{9.4.22}$$

于是

$$B_k(x) = \sum_{j=0}^{k}\mathrm{C}_k^j b_j x^{k-j}. \tag{9.4.23}$$

不难证明当 $k \neq 1$ 时, $B_k(1) = b_k$. 这样, 由 (9.4.21) 式和 (9.4.23) 式得到

$$1^k + 2^k + \cdots + (n-1)^k = S_k(n) = \frac{1}{k+1}\sum_{j=0}^{k}\mathrm{C}_{k+1}^j b_j n^{k+1-j}, \quad \forall\, k \geqslant 1. \tag{9.4.24}$$

注 9.4.1 如果采用第二 Bernoulli 数 $\left(\text{即采用 } b_1 = \dfrac{1}{2}\right)$, 则

$$1 + 2^k + \cdots + n^k = \frac{1}{k+1}\sum_{j=0}^{k}\mathrm{C}_{k+1}^j b_j n^{k+1-j}. \tag{9.4.25}$$

关于 Bernoulli 数与 Bernoulli 多项式的许多有趣性质, 我们留作习题.

幂级数的抽象应用

利用 e^x 的幂级数表示, 对于 n 阶方阵 $\boldsymbol{A}$, 我们在第五章用 $\displaystyle\sum_{k=0}^{\infty}\frac{\boldsymbol{A}^k}{k!}$ 定义 $\mathrm{e}^{\boldsymbol{A}}$, 得到了 n 阶齐次线性方程组 $\boldsymbol{x}'(t) = \boldsymbol{A}\boldsymbol{x}(t)$ 的通解 $\boldsymbol{x}(t) = \mathrm{e}^{t\boldsymbol{A}}\boldsymbol{\xi}$.

类似地, 可以把函数的幂级数展开式用于抽象的算子. 仍以矩阵为例, 当方阵 $\boldsymbol{A}$

---

7 这样定义的 Bernoulli 数称为第一 Bernoulli 数, 此时 $b_1 = -\dfrac{1}{2}$. 当定义 $b_1 = \dfrac{1}{2}$, 其他 b_k 不变时, 称为第二 Bernoulli 数.

的范数 $\|\boldsymbol{A}\| < 1$ 时, 可得

$$(\boldsymbol{I} - \boldsymbol{A})^{-1} = \sum_{k=0}^{\infty} \boldsymbol{A}^k. \tag{9.4.26}$$

更一般地, 对于 $\alpha \in \mathbb{R}$, 可以定义

$$(\boldsymbol{I} - \boldsymbol{A})^{\alpha} = \sum_{k=0}^{\infty} (-1)^k \binom{\alpha}{k} \boldsymbol{A}^k. \tag{9.4.27}$$

利用绝对收敛级数的 Cauchy 乘积的性质, 不难得到: 对于正整数 k,

$$((\boldsymbol{I} - \boldsymbol{A})^{\alpha})^k = (\boldsymbol{I} - \boldsymbol{A})^{k\alpha}.$$

特别地, 对于非零整数 k, j,

$$((\boldsymbol{I} - \boldsymbol{A})^{\frac{j}{k}})^k = (\boldsymbol{I} - \boldsymbol{A})^j.$$

若 $\boldsymbol{A}(\cdot) \in C^k([a,b]; \mathbb{R}^{n\times n})$, 且 $\|\boldsymbol{A}(x)\| < 1\,(x \in [a,b])$, 则 $(\boldsymbol{I}-\boldsymbol{A}(\cdot))^{\alpha} \in C^k([a,b]; \mathbb{R}^{n\times n})$.

若 $\boldsymbol{A}$ 是正定对称矩阵, 其最大特征值为 Λ, 最小特征值为 $\lambda > 0$, 则 $\left\| \boldsymbol{I} - \dfrac{\boldsymbol{A}}{\Lambda} \right\| = 1 - \dfrac{\lambda}{\Lambda} < 1$, 从而

$$\boldsymbol{A}^{\alpha} = \Lambda^{\alpha} \sum_{k=0}^{\infty} (-1)^k \binom{\alpha}{k} \left(\boldsymbol{I} - \frac{\boldsymbol{A}}{\Lambda} \right)^k. \tag{9.4.28}$$

这样, 当 $\boldsymbol{A}(\cdot)$ 是区间 $[a,b]$ 上取值为正定矩阵的 C^k 函数时, $\boldsymbol{A}^{\alpha}(\cdot)$ 也是取值为正定矩阵的 C^k 函数.

习题 $9.4.\mathcal{A}$

1. 利用幂级数计算级数 $\displaystyle\sum_{n=1}^{\infty} \frac{1}{(2n-1)(2n+1)(2n+3)}$ 的和.

2. 计算 $\displaystyle\sum_{n=0}^{\infty} \frac{(-1)^n}{4n+1}$.

3. 计算 $\displaystyle\sum_{n=1}^{\infty} \frac{1}{n^4}$.

4. 计算 $\displaystyle\sum_{n=1}^{\infty} \frac{(n+1)H_n}{2^n}$, $\displaystyle\sum_{n=1}^{\infty} \frac{H_n}{2^n}$, $\displaystyle\sum_{n=1}^{\infty} \frac{H_n}{2^n(n+1)}$, 其中 $H_n = \displaystyle\sum_{k=1}^{n} \frac{1}{k}$.

5. 证明: 若级数 $\displaystyle\sum_{n=0}^{\infty} a_n$ Cesáro 可和, 则 $\left\{ \dfrac{a_n}{n+1} \right\}$ 有界.

6. 举例说明存在 Abel 可和但不 Cesáro 可和的级数.

7. 证明 (9.4.7) 式.

习题 9.4.$\mathcal{B}$

1. 计算积分 $\displaystyle\int_0^1 \frac{\ln(1+x)}{x}\,\mathrm{d}x$.

2. 试讨论级数 $\displaystyle\sum_{n=0}^{\infty} a_n$ 和 $\displaystyle\sum_{n=0}^{\infty} b_n$ 在各种收敛情形下 (绝对收敛, 条件收敛, 发散), 它们的 Cauchy 乘积的收敛情况. 并给出证明或反例.

3. (小 o Tauber 定理) 设 $\displaystyle\sum_{n=0}^{\infty} a_n$ 的 Abel 和为 A. 证明:

   (1) 若 $\displaystyle\lim_{n\to+\infty} na_n = 0$, 则 $\displaystyle\sum_{n=0}^{\infty} a_n = A$.

   (2) $\displaystyle\sum_{n=0}^{\infty} a_n$ 收敛当且仅当 $\displaystyle\lim_{n\to+\infty} \frac{a_1 + 2a_2 + \cdots + na_n}{n} = 0$.

4. **Hardy–Littlewood**[8] (哈代–利特尔伍德) **定理**: 设 $S_n \geqslant 0$, $\displaystyle\lim_{x\to 1^-}(1-x)\sum_{n=0}^{\infty} S_n x^n = A$, 则 $\displaystyle\lim_{n\to+\infty}\frac{1}{n}\sum_{k=0}^{n} S_k = A$. 请按以下步骤证明该定理.

   (1) 当 f 为多项式时, 成立

   $$\lim_{x\to 1^-}(1-x)\sum_{n=0}^{\infty} S_n x^n f(x^n) = A\int_0^1 f(x)\,\mathrm{d}x. \tag{9.4.29}$$

   (2) 对任何 $f\in C[0,1]$, (9.4.29) 式成立.

   (3) 对任何分段常值函数 f, (9.4.29) 式成立.

   (4) 取 $f(x) = \dfrac{1}{x}\chi_{[\frac{1}{\mathrm{e}},1]}(x)$, $x_n = 1-\dfrac{1}{n}$, 证明 $\dfrac{1}{n}\displaystyle\sum_{k=0}^{n} S_k = (1-x_n)\sum_{k=0}^{\infty} S_k x_n^k f(x_n^k)$ 并结束定理的证明.

5. 利用 $\displaystyle\sum_{k=0}^{n} \mathrm{C}_{2k}^{k}\mathrm{C}_{2(n-k)}^{n-k} = 4^n$ 证明: $\displaystyle\sum_{k=0}^{n}\frac{\mathrm{C}_{2k}^{k}\mathrm{C}_{2n-2k}^{n-k}}{(2k+1)(2n-2k+1)} = \frac{4^{2(n+1)}}{8(n+1)^2\mathrm{C}_{2n+2}^{n+1}}$. 进一步, 计算 $\arcsin^2 x$ 和 $\ln^2(x+\sqrt{1+x^2})$ 的 Maclaurin 级数.

6. 试计算级数 $\displaystyle\sum_{n=0}^{\infty}\frac{(2n)!}{2^{2n}(2n+1)(n!)^2}$.

7. 设 $|x| < 1$, 考虑**第一类完全椭圆积分** $K(x) = \displaystyle\int_0^{\frac{\pi}{2}}\frac{\mathrm{d}\theta}{\sqrt{1-x^2\cos^2\theta}}$. 依次证明:

   (1) 对任何 $x\in(-1,1)$, 成立 $K(x) = \dfrac{\pi}{2}\displaystyle\sum_{n=0}^{\infty}\frac{(\mathrm{C}_{2n}^{n})^2 x^{2n}}{4^{2n}}$.

   (2) 对任何 $x\in(-1,1)$, $\theta\in[0,2\pi)$, 有 $\dfrac{1}{|1-x\mathrm{e}^{\mathrm{i}\theta}|} = \displaystyle\sum_{k=0}^{\infty}\frac{\mathrm{C}_{2k}^{k}x^k}{4^k}\mathrm{e}^{\mathrm{i}k\theta}\sum_{j=0}^{\infty}\frac{\mathrm{C}_{2j}^{j}x^j}{4^j}\mathrm{e}^{-\mathrm{i}j\theta}$.

   提示: 可先证明两边平方后的等式相等.

   (3) 对任何 $x\in[0,1)$, 有 $\dfrac{1}{1+x}K\left(\dfrac{2\sqrt{x}}{1+x}\right) = \dfrac{\pi}{2}\displaystyle\sum_{n=0}^{\infty}\frac{(\mathrm{C}_{2n}^{n})^2 x^{2n}}{4^{2n}} = K(x)$.

---

8 Littlewood, J E, 1885—1977 年.

8. 对于 $a, b > 0$, 令 $M(a,b) = \int_0^{\frac{\pi}{2}} \dfrac{\mathrm{d}\theta}{\sqrt{a^2 \cos^2\theta + b^2 \sin^2\theta}}$. 另一方面, 令 $a_0 = a, b_0 = b$, 并归纳

定义 $a_{n+1} = \sqrt{a_n b_n}, b_{n+1} = \dfrac{a_n + b_n}{2}$ $(n \geqslant 0)$. 依次证明:

(1) $\{a_n\}, \{b_n\}$ 收敛到同一值, 记为 $AGM(a,b)$, 我们称之为 a, b 的**算术几何平均**.

(2) $AGM\left(\sqrt{ab}, \dfrac{a+b}{2}\right) = AGM(a,b), \ M\left(\sqrt{ab}, \dfrac{a+b}{2}\right) = M(a,b)$.

(3) 成立如下的 **Gauss (高斯) 公式**: $AGM(a,b) = \dfrac{\pi}{2M(a,b)}$.

9. 设 b_k 和 B_k $(k \geqslant 0)$ 为 Bernoulli 数与 Bernoulli 多项式, ζ 为 Riemann ζ 函数.

(1) 利用 $\dfrac{te^t}{e^t - 1} = t + \dfrac{t}{e^t - 1}$, 证明: 当 $k \neq 1$ 时, $B_k(1) = b_k$. 另一方面, 有 $b_0 = 1, b_1 = -\dfrac{1}{2}$,

$B_1(1) = \dfrac{1}{2}$.

(2) 利用 $\dfrac{te^{(1-x)t}}{e^t - 1} = \dfrac{-te^{-xt}}{e^{-t} - 1}$ 证明对任何 $k \geqslant 0$, 成立 $B_k(1-x) = (-1)^k B_k(x)$.

(3) 利用 $\dfrac{-te^{xt}}{e^{-t} - 1} = te^{xt} + \dfrac{te^{xt}}{e^t - 1}$ 证明对任何 $k \geqslant 1$, 成立 $B_k(-x) = (-1)^k B_k(x) + (-1)^k kx^{k-1}$.

(4) 证明对任何 $k \geqslant 1$, 成立 $b_{2k+1} = 0$.

(5) 证明对任何 $k \geqslant 0$, $B_k\left(\dfrac{1}{2} - x\right) = (-1)^k\left(\dfrac{1}{2^{k-1}}B_k(2x) - B_k(x)\right)$.

(6) 证明对任何 $k \geqslant 0$, $B'_{k+1}(x) = (k+1)B_k(x)$, 进而 $\int_0^x B_k(s)\,\mathrm{d}s = \dfrac{B_{k+1}(x) - B_{k+1}}{k+1}$.

(7) 设 $n \geqslant 1$, 证明 Euler 公式: $\zeta(2n) = (-1)^{n-1}\dfrac{2^{2n-1}b_{2n}}{(2n)!}\pi^{2n}$.

提示: 对于 $x \in [0,1]$, 令 $T_0(x) = 0$,

$$T_n(x) = \dfrac{(-1)^{n-1}}{2(2n)!}B_{2n}(x) - \dfrac{1}{(2\pi)^{2n}}H_n(2\pi x), \quad \forall\, n \geqslant 1,$$

其中

$$H_n(x) = \sum_{k=1}^{\infty} \dfrac{\cos kx}{k^{2n}}, \quad x \in [0, 2\pi],$$

特别地,

$$H_1(x) = \zeta(2) - \dfrac{\pi x}{2} + \dfrac{x^2}{4}, \quad x \in [0, 2\pi].$$

验证 $T_n''(x) = -T_{n-1}(x)$.

10. 利用 Bernoulli 数与 Bernoulli 多项式求以下函数的 Maclaurin 级数:

(1) $\tan x$.　　　　　　　　　　(2) $\sec x$.

(3) $\tanh x$.　　　　　　　　　　(4) $x \cot x$ (在 $x = 0$ 处定义为 1).

11. 对于 n 阶正定矩阵 $\boldsymbol{A}$, 证明存在唯一的正定矩阵 $\boldsymbol{B}$, 使得 $e^{\boldsymbol{B}} = \boldsymbol{A}$.

12. 是否有 $\delta > 0$ 以及 $(0, \delta)$ 上的 n 阶正定矩阵值函数 $\boldsymbol{Y}(\cdot)$, 在 $(0, \delta)$ 上满足 $\boldsymbol{Y}(t) < \boldsymbol{I}$, $\boldsymbol{Y}'(t) = (\boldsymbol{I} - \boldsymbol{Y}^2(t))^{\frac{1}{2}}$ 以及 $\lim\limits_{t \to 0^+} \boldsymbol{Y}(t) = 0$?

13. 考察各基本初等函数, 思考可以把它们的定义推广到什么样的 n 阶方阵?

§5 常微分方程初值问题解的存在性

Picard 迭代

利用函数列的一致收敛性, 容易由 **Picard**[1] **(皮卡) 迭代**得到如下常微分方程初值问题解的存在性定理.

定理 9.5.1 设 $\boldsymbol{x}_0 \in \mathbb{R}^n$, $D = [t_0 - \eta, t_0 + \eta] \times \overline{B_h(\boldsymbol{x}_0)}$, $\boldsymbol{f} : D \to \mathbb{R}^n$ 连续, 且 $\boldsymbol{f}(t, \boldsymbol{x})$ 在 D 上关于 $\boldsymbol{x}$ 满足一致 Lipschitz (利普希茨) 条件, 即存在常数 $K > 0$ 使得

$$|\boldsymbol{f}(t, \boldsymbol{x}) - \boldsymbol{f}(t, \boldsymbol{y})| \leqslant K|\boldsymbol{x} - \boldsymbol{y}|, \quad \forall (t, \boldsymbol{x}), (t, \boldsymbol{y}) \in D. \tag{9.5.1}$$

记 $M = \max\limits_{(t, \boldsymbol{x}) \in D} |\boldsymbol{f}(t, \boldsymbol{x})|$, $\delta = \min\left\{\dfrac{h}{M}, \eta\right\}$, 则**初值问题**[2]

$$\begin{cases} \boldsymbol{x}'(t) = \boldsymbol{f}(t, \boldsymbol{x}(t)), \\ \boldsymbol{x}(t_0) = \boldsymbol{x}_0 \end{cases} \tag{9.5.2}$$

在 $[t_0 - \delta, t_0 + \delta]$ 上存在唯一解.

证明 解的唯一性由定理 6.1.9 给出. 下证存在性. 注意 $\boldsymbol{x}(\cdot)$ 满足方程 (9.5.2) 意味着 $\boldsymbol{x}(\cdot)$ 在 $[t_0 - \delta, t_0 + \delta]$ 上连续可导, 进而 $\boldsymbol{f}(\cdot, \boldsymbol{x}(\cdot))$ 在 $[t_0 - \delta, t_0 + \delta]$ 上连续. 于是, $\boldsymbol{x}(\cdot)$ 满足积分方程

$$\boldsymbol{x}(t) = \boldsymbol{x}_0 + \int_{t_0}^t \boldsymbol{f}(s, \boldsymbol{x}(s)) \, \mathrm{d}s, \quad \forall t \in [t_0 - \delta, t_0 + \delta]. \tag{9.5.3}$$

作 Picard 迭代: 对于 $t \in [t_0 - \delta, t_0 + \delta]$, 定义

$$\begin{cases} \boldsymbol{\varphi}_0(t) = \boldsymbol{x}_0, \\ \boldsymbol{\varphi}_{k+1}(t) = \boldsymbol{x}_0 + \int_{t_0}^t \boldsymbol{f}(s, \boldsymbol{\varphi}_k(s)) \, \mathrm{d}s, \quad \forall k \geqslant 0. \end{cases} \tag{9.5.4}$$

归纳可证 $\boldsymbol{\varphi}_k \in C^1\big([t_0 - \delta, t_0 + \delta]; \overline{B_h(\boldsymbol{x}_0)}\big) \, (k \geqslant 0)$. 进一步, 对于 $t \in [t_0, t_0 + \delta]$,

$$|\boldsymbol{\varphi}_1(t) - \boldsymbol{\varphi}_0(t)| = \left| \int_{t_0}^t \boldsymbol{f}(s, \boldsymbol{x}_0) \, \mathrm{d}s \right| \leqslant M(t - t_0),$$

$$|\boldsymbol{\varphi}_2(t) - \boldsymbol{\varphi}_1(t)| = \left| \int_{t_0}^t \big(\boldsymbol{f}(s, \boldsymbol{\varphi}_1(s)) - \boldsymbol{f}(s, \boldsymbol{\varphi}_0(s))\big) \, \mathrm{d}s \right|$$

---

1 Picard, C É, 1856—1941 年.

2 习惯上, 称 $(t_0, \boldsymbol{x}_0)$ 为初值, 其中 t_0 为初始时间, $\boldsymbol{x}_0$ 为初始状态. 但 (在 t_0 明确的情况下) 初值也常指 $\boldsymbol{x}_0$.

$$\leqslant K \int_{t_0}^{t} |\varphi_1(s) - \varphi_0(s)| \, \mathrm{d}s \leqslant K \int_{t_0}^{t} M(s - t_0) \, \mathrm{d}s$$
$$= \frac{KM(t - t_0)^2}{2}.$$

一般地, 归纳可得

$$|\varphi_{k+1}(t) - \varphi_k(t)| \leqslant K \int_{t_0}^{t} |\varphi_k(s) - \varphi_{k-1}(s)| \, \mathrm{d}s$$
$$\leqslant K \int_{t_0}^{t} \frac{MK^k(s - t_0)^k}{k!} \, \mathrm{d}s$$
$$= \frac{MK^{k+1}(t - t_0)^{k+1}}{(k+1)!}, \quad \forall k \geqslant 1. \tag{9.5.5}$$

于是 $\{\varphi_k\}$ 在 $[t_0, t_0 + \delta]$ 上一致收敛. 同理, $\{\varphi_k\}$ 在 $[t_0 - \delta, t_0 + \delta]$ 上一致收敛. 设其极限为 φ, 则在 (9.5.4) 式中令 $k \to +\infty$ 即得 φ 是方程 (9.5.3) 的解. □

注 9.5.1   积分方程 (9.5.3) 比微分方程 (9.5.2) 有更广的适用性. 当 f 关于 t 缺乏连续性时, 积分方程 (9.5.3) 仍有可能适定, 而微分方程 (9.5.2) 在解处处可导意义下可能不适定.

注 9.5.2   容易把高阶常微分方程 (组) 化为等价的一阶积分常微分方程 (组), 比如, 对于方程 $x'''(t) = f(t, x(t), x'(t), x''(t))$, 可以通过引入变量 $y_1(\cdot) = x(\cdot), y_2(\cdot) = x'(\cdot), y_3(\cdot) = x''(\cdot)$, 把方程等价地化为

$$\frac{\mathrm{d}}{\mathrm{d}t} \begin{pmatrix} y_1(t) \\ y_2(t) \\ y_3(t) \end{pmatrix} = \begin{pmatrix} y_2(t) \\ y_3(t) \\ f(t, y_1(t), y_2(t), y_3(t)) \end{pmatrix}. \tag{9.5.6}$$

Arzelà–Ascoli 定理

当 $E \subset \mathbb{R}^n$ 为非空紧集时, $d(f, g) = \|f - g\|_{C(E)} = \max\limits_{\boldsymbol{x} \in E} |f(\boldsymbol{x}) - g(\boldsymbol{x})|$ 定义了 $C(E)$ 上的一个距离, 则 $C(E)$ 中的函数列 $\{f_k\}$ 在 E 上一致收敛到 f 就是 $\{f_k\}$ 在距离空间 $C(E)$ 中收敛到 f, 即 $\lim\limits_{k \to +\infty} \|f_k - f\|_{C(E)} = 0$. 容易看到, 当 E 为无限集时, $C(E)$ 中的有界列可以没有收敛子列. 这样, 为了在 $C(E)$ 中建立类似于 $\mathbb{R}^n$ 中 Weierstrass 致密性定理的结果, 我们需要减弱结论——例如考虑所谓的弱收敛性, 或增加条件——例如如下的 **Arzelà–Ascoli**[3] (阿尔泽拉–阿斯科利) **定理**.

---

3 Ascoli, G, 1843—1896 年.

定理 9.5.2 设 $E \subset \mathbb{R}^n$ 为紧集, 函数列 $\{f_k\}$ 在 E 上一致有界, 即存在 $M > 0$ 使得

$$|f_k(\boldsymbol{x})| \leqslant M, \quad \forall \boldsymbol{x} \in E, k \geqslant 1. \tag{9.5.7}$$

进一步, 设 $\{f_k\}$ 在 E 上等度连续, 即存在连续模 ω 使得

$$|f_k(\boldsymbol{x}) - f_k(\boldsymbol{y})| \leqslant \omega(|\boldsymbol{x} - \boldsymbol{y}|), \quad \forall \boldsymbol{x}, \boldsymbol{y} \in E, k \geqslant 1, \tag{9.5.8}$$

则 $\{f_k\}$ 在 E 上有一致收敛的子列.

在证明定理之前, 我们引入如下引理.

引理 9.5.3 设 $E \subseteq \mathbb{R}^n$, 则存在 E 的至多可列的子集 F 使得 $E \subseteq \overline{F}$.

证明 对于 $k \geqslant 1$, 将方体 $Q_k(\boldsymbol{0})$ 作 k^{2n} 等分, 得到边长为 $\dfrac{2}{k}$ 的小方体 $Q_{k,1} Q_{k,2}, \cdots, Q_{k,k^{2n}}$. 若 $Q_{k,j} \cap E$ 非空, 则在其中任取一点 $\boldsymbol{\xi}_{k,j}$, 记 F_k 为这些点组成的集合. 令 $F = \bigcup_{k=1}^{\infty} F_k$, 则易见 F 至多可列. 而对于任何 $\boldsymbol{x}_0 \in E$ 以及 $k \geqslant |\boldsymbol{x}_0|$, 都有 $\boldsymbol{\xi}_{k,j} \in F_k$ 使得 $|\boldsymbol{\xi}_{k,j} - \boldsymbol{x}_0| \leqslant \dfrac{2}{k}$. 因此 $\overline{F} \supseteq E$. $\qquad\square$

定理 9.5.2 的证明 由引理 9.5.3, 可设 $\{\boldsymbol{x}_k\}$ 为 E 中点列, 满足 $\overline{\{\boldsymbol{x}_k | k \geqslant 1\}} = E$. 我们分两步证明定理.

第一步. 首先证明 $\{f_k\}$ 有子列在每一点 $\boldsymbol{x}_m$ 收敛. 证明的关键是用到所谓的对角线法.

由一致有界性, $\{f_k\}$ 有子列 $\{f_{1,k}\}$ 在点 $\boldsymbol{x}_1$ 收敛, 即 $\{f_{1,k}(\boldsymbol{x}_1)\}$ 收敛.

再次利用一致有界性, $\{f_{1,k}\}$ 有子列 $\{f_{2,k}\}$ 在点 $\boldsymbol{x}_2$ 收敛.

一般地, 对任何 $m \geqslant 1$, 可以取到 $\{f_{m,k}\}$ 的子列 $\{f_{m+1,k}\}$ 在点 $\boldsymbol{x}_{m+1}$ 收敛.

易见, 对任何 $m \geqslant 1$, $\{f_{k,k}\}_{k=m}^{\infty}$ 是 $\{f_{m,k}\}_{k=1}^{\infty}$ 的子列, 因此, $\{f_{k,k}\}$ 在点 $\boldsymbol{x}_m$ 收敛.

这样, 我们就得到 $\{f_k\}$ 的子列 $\{f_{k,k}\}$ 在 $\{x_m | m \geqslant 1\}$ 上收敛.

第二步. 我们来证明 $\{f_{k,k}\}$ 在 E 上一致收敛. 任取 $\varepsilon > 0$, 我们有 $E \subseteq \bigcup_{m \geqslant 1} B_{\varepsilon}(\boldsymbol{x}_m)$. 由 Borel 有限覆盖定理, 存在 $N = N_{\varepsilon}$ 使得 $E \subseteq \bigcup_{m=1}^{N} B_{\varepsilon}(\boldsymbol{x}_m)$. 这样, 对任何 $\boldsymbol{x} \in E$ 以及 $k, j \geqslant 1$, 存在 $1 \leqslant m_{\boldsymbol{x}} \leqslant N$ 使得 $|\boldsymbol{x} - \boldsymbol{x}_{m_{\boldsymbol{x}}}| < \varepsilon$, 因此,

$$|f_{k,k}(\boldsymbol{x}) - f_{j,j}(\boldsymbol{x})|$$
$$\leqslant |f_{k,k}(\boldsymbol{x}_{m_{\boldsymbol{x}}}) - f_{j,j}(\boldsymbol{x}_{m_{\boldsymbol{x}}})| + |f_{k,k}(\boldsymbol{x}) - f_{k,k}(\boldsymbol{x}_{m_{\boldsymbol{x}}})| + |f_{j,j}(\boldsymbol{x}_{m_{\boldsymbol{x}}}) - f_{j,j}(\boldsymbol{x})|$$
$$\leqslant \sum_{m=1}^{N} |f_{k,k}(\boldsymbol{x}_m) - f_{j,j}(\boldsymbol{x}_m)| + 2\omega(\varepsilon).$$

因此,

$$\varlimsup_{k,j\to+\infty} \sup_{\boldsymbol{x}\in E} |f_{k,k}(\boldsymbol{x}) - f_{j,j}(\boldsymbol{x})| \leqslant 2\omega(\varepsilon).$$

由 $\varepsilon > 0$ 的任意性, 即得

$$\lim_{k,j\to+\infty} \sup_{\boldsymbol{x}\in E} |f_{k,k}(\boldsymbol{x}) - f_{j,j}(\boldsymbol{x})| = 0.$$

即 $\{f_{k,k}\}$ 在 E 上一致收敛. □

注意到当 $\{f_k\}$ 满足一致 Lipschitz 条件时, 它是等度连续的. 特别地, 当 E 为凸 (闭) 区域且 $\{\nabla f_k\}$ 一致有界时, $\{f_k\}$ 是等度连续的.

当 E 是有界集时, E 上一致有界且等度连续的函数列可以看成 $\overline{E}$ 上一致有界且等度连续的函数列在 E 上的限制, 因此, 定理中 E 为紧集的条件可以减弱为 E 是有界集. 另外, 定理自然也适用于 $\{f_k\}$ 为向量值函数列的情形.

非 Lipschitz 条件下初值问题解的存在性

现在, 我们来建立非 Lipschitz 条件下常微分方程初值问题解的存在性结果.

定理 9.5.4 设 $\boldsymbol{x}_0 \in \mathbb{R}^n$, $D = [t_0 - \eta, t_0 + \eta] \times \overline{B_h(\boldsymbol{x}_0)}$, $\boldsymbol{f} : D \to \mathbb{R}^n$ 连续. 记 $M = \max\limits_{(t,\boldsymbol{x})\in D} |\boldsymbol{f}(t,\boldsymbol{x})|$, $\delta = \min\left\{\dfrac{h}{M}, \eta\right\}$, 则方程 (9.5.2) 的解在 $[t_0 - \delta, t_0 + \delta]$ 上存在.

证明 对于 $k > 0$, 可取到 $\boldsymbol{f}_k \in C^1(D)$ 使得

$$\max_{(t,\boldsymbol{x})\in D} |\boldsymbol{f}_k(t,\boldsymbol{x}) - \boldsymbol{f}(t,\boldsymbol{x})| \leqslant \frac{1}{k}, \quad \max_{(t,\boldsymbol{x})\in D} |\boldsymbol{f}_k(t,\boldsymbol{x})| = M. \tag{9.5.9}$$

此时, 由定理 9.5.1, 有唯一的 $\boldsymbol{\varphi}_k \in C^1([t_0 - \delta, t_0 + \delta]; \mathbb{R}^n)$ 满足

$$\boldsymbol{\varphi}_k(t) = \boldsymbol{x}_0 + \int_{t_0}^{t} \boldsymbol{f}_k(s, \boldsymbol{\varphi}_k(s))\,\mathrm{d}s, \quad \forall\, t \in [t_0 - \delta, t_0 + \delta] \tag{9.5.10}$$

以及

$$|\boldsymbol{\varphi}_k(t) - \boldsymbol{x}_0| \leqslant h, \quad t \in [t_0 - \delta, t_0 + \delta]. \tag{9.5.11}$$

由 (9.5.10) 式以及 (9.5.9) 式可得

$$|\boldsymbol{\varphi}_k(t) - \boldsymbol{\varphi}_k(s)| \leqslant M|t - s|, \quad t, s \in [t_0 - \delta, t_0 + \delta].$$

因此, $\{\boldsymbol{\varphi}_k\}$ 是 $[t_0 - \delta, t_0 + \delta]$ 上一致有界且等度连续的函数列. 从而由 Arzelà–Ascoli 定理, 它有一致收敛的子列. 不妨设它本身收敛到 $\boldsymbol{\varphi}$. 注意到

$$|\boldsymbol{f}_k(s, \boldsymbol{\varphi}_k(s)) - \boldsymbol{f}(s, \boldsymbol{\varphi}(s))| \leqslant \frac{1}{k} + |\boldsymbol{f}(s, \boldsymbol{\varphi}_k(s)) - \boldsymbol{f}(s, \boldsymbol{\varphi}(s))|,$$

在 (9.5.10) 式中令 $k \to +\infty$ 即得

$$\boldsymbol{\varphi}(t) = \boldsymbol{x}_0 + \int_{t_0}^{t} \boldsymbol{f}(s, \boldsymbol{\varphi}(s)) \,\mathrm{d}s, \quad \forall t \in [t_0 - \delta, t_0 + \delta]. \tag{9.5.12}$$

即 $\boldsymbol{\varphi}$ 是方程 (9.5.2) 的解. □

需要注意, 当方程右端不满足 Lipschitz 条件时, 方程 (9.5.2) 的解可能不唯一. 例如方程 $x' = x^{\frac{2}{3}}$ 在零点附近满足初值条件 $x(0) = 0$ 的解不唯一.

积分方程的解

对于积分方程 (9.5.3), 要使得左右两端有意义, 并不需要假设 $\boldsymbol{x}$ 连续可微, 从而也不需要假设 $\boldsymbol{f}$ 连续. 查验定理 9.5.1 的证明, 略加修改, 容易得到如下定理.

定理 9.5.5 设 $\boldsymbol{x}_0 \in \mathbb{R}^n$, $D = [t_0 - \eta, t_0 + \eta] \times \overline{B_h(\boldsymbol{x}_0)}$, $\boldsymbol{f} : D \to \mathbb{R}^n$, 对任何 $\boldsymbol{x} \in \overline{B_h(\boldsymbol{x}_0)}$, $\boldsymbol{f}(\cdot, \boldsymbol{x})$ 可测. 进一步, 有 $\psi, \gamma \in L^1[t_0 - \eta, t_0 + \eta]$ 使得

$$\big|\boldsymbol{f}(t, \boldsymbol{x}) - \boldsymbol{f}(t, \boldsymbol{y})\big| \leqslant \psi(t)|\boldsymbol{x} - \boldsymbol{y}|, \quad \forall \boldsymbol{x}, \boldsymbol{y} \in \overline{B_h(\boldsymbol{x}_0)}, t \in [t_0 - \eta, t_0 + \eta], \tag{9.5.13}$$

$$\sup_{\boldsymbol{x} \in \overline{B_h(\boldsymbol{x}_0)}} |\boldsymbol{f}(t, \boldsymbol{x})| \leqslant \gamma(t), \quad \text{a.e. } t \in [t_0 - \eta, t_0 + \eta]. \tag{9.5.14}$$

又设 $\delta \in (0, \eta]$ 满足

$$\int_{t_0}^{t_0 + \delta} \gamma(t) \,\mathrm{d}t \leqslant h, \ \int_{t_0 - \delta}^{t_0} \gamma(t) \,\mathrm{d}t \leqslant h, \tag{9.5.15}$$

则积分方程 (9.5.3)

$$\boldsymbol{x}(t) = \boldsymbol{x}_0 + \int_{t_0}^{t} \boldsymbol{f}(s, \boldsymbol{x}(s)) \,\mathrm{d}s$$

在 $[t_0 - \delta, t_0 + \delta]$ 上存在唯一解.

证明 先证存在性. 对于 $t \in [t_0 - \delta, t_0 + \delta]$, 记 $\Psi(t) = \int_{t_0}^{t} \psi(s) \,\mathrm{d}s$. 作 Picard 迭代, 定义

$$\begin{cases} \boldsymbol{\varphi}_0(t) = \boldsymbol{x}_0, \\ \boldsymbol{\varphi}_{k+1}(t) = \boldsymbol{x}_0 + \int_{t_0}^{t} \boldsymbol{f}(s, \boldsymbol{\varphi}_k(s)) \,\mathrm{d}s, \quad \forall k \geqslant 0, \end{cases} \tag{9.5.16}$$

则 $\boldsymbol{\varphi}_k \in C\big([t_0 - \delta, t_0 + \delta]; \overline{B_h(\boldsymbol{x}_0)}\big)$. 对于 $t \in [t_0, t_0 + \delta]$, 有

$$|\boldsymbol{\varphi}_1(t) - \boldsymbol{\varphi}_0(t)| = \left|\int_{t_0}^{t} \boldsymbol{f}(s, \boldsymbol{x}_0) \,\mathrm{d}s\right| \leqslant h,$$

$$|\boldsymbol{\varphi}_2(t) - \boldsymbol{\varphi}_1(t)| = \left| \int_{t_0}^{t} \Big(\boldsymbol{f}(s, \boldsymbol{\varphi}_1(s)) - \boldsymbol{f}(s, \boldsymbol{\varphi}_0(s)) \Big) \mathrm{d}s \right|$$

$$\leqslant \int_{t_0}^{t} \psi(s) |\boldsymbol{\varphi}_1(s) - \boldsymbol{\varphi}_0(s)| \, \mathrm{d}s \leqslant \int_{t_0}^{t} h\psi(s) \, \mathrm{d}s = h\Psi(t).$$

一般地, 归纳可得

$$|\boldsymbol{\varphi}_{k+1}(t) - \boldsymbol{\varphi}_k(t)| \leqslant \int_{t_0}^{t} \psi(s) |\boldsymbol{\varphi}_k(s) - \boldsymbol{\varphi}_{k-1}(s)| \, \mathrm{d}s$$

$$\leqslant \int_{t_0}^{t} \psi(s) \frac{h\Psi^{k-1}(s)}{(k-1)!} \, \mathrm{d}s = \frac{h\Psi^k(t)}{k!}, \quad \forall k \geqslant 1. \quad (9.5.17)$$

于是 $\{\boldsymbol{\varphi}_k\}$ 在 $[t_0, t_0 + \delta]$ 上一致收敛. 一般地, $\{\boldsymbol{\varphi}_k\}$ 在 $[t_0 - \delta, t_0 + \delta]$ 上一致收敛. 设其极限为 $\boldsymbol{\varphi}$, 则在 (9.5.16) 式中令 $k \to +\infty$ 即得 $\boldsymbol{\varphi}$ 是方程 (9.5.3) 的解.

下证唯一性. 设 $\tilde{\boldsymbol{\varphi}}$ 也是方程 (9.5.3) 在 $[t_0 - \delta, t_0 + \delta]$ 上的解, 则 $\forall t \in [t_0 - \delta, t_0 + \delta]$,

$$|\tilde{\boldsymbol{\varphi}}(t) - \boldsymbol{\varphi}(t)| \leqslant \int_{t_0}^{t} \psi(s) |\tilde{\boldsymbol{\varphi}}(s) - \boldsymbol{\varphi}(s)| \, \mathrm{d}s. \quad (9.5.18)$$

利用上式反复迭代, 可得

$$|\tilde{\boldsymbol{\varphi}}(t) - \boldsymbol{\varphi}(t)| \leqslant \frac{\Psi^k(t)}{k!} \max_{s \in [t_0, t_0 + \delta]} |\tilde{\boldsymbol{\varphi}}(s) - \boldsymbol{\varphi}(s)|, \quad \forall k \geqslant 1. \quad (9.5.19)$$

令 $k \to +\infty$, 得到在 $[t_0, t_0 + \delta]$ 上, $\tilde{\boldsymbol{\varphi}} = \boldsymbol{\varphi}$. 同理可证在 $[t_0 - \delta, t_0]$ 上, $\tilde{\boldsymbol{\varphi}} = \boldsymbol{\varphi}$. 这就证明了唯一性[4]. □

对应于定理 9.5.4, 类似地可得如下定理.

定理 9.5.6　设 $\boldsymbol{x}_0 \in \mathbb{R}^n$, $D = [t_0 - \eta, t_0 + \eta] \times \overline{B_h(\boldsymbol{x}_0)}$, $\boldsymbol{f} : D \to \mathbb{R}^n$, 对任何 $\boldsymbol{x} \in \overline{B_h(\boldsymbol{x}_0)}$, $\boldsymbol{f}(\cdot, \boldsymbol{x})$ 可测, 对任何 $t \in [t_0 - \eta, t_0 + \eta]$, $\boldsymbol{f}(t, \cdot)$ 连续. 进一步, 有 $\gamma \in L^1[t_0 - \eta, t_0 + \eta]$ 以及 $\delta \in (0, \eta]$ 使得 (9.5.14) 式和 (9.5.15) 式成立. 则积分方程 (9.5.3) 的解在 $[t_0 - \delta, t_0 + \delta]$ 上存在.

解的延伸

若 $D \subseteq \mathbb{R} \times \mathbb{R}^n$ 是一个区域, 而连续函数 $\boldsymbol{f} : D \to \mathbb{R}^n$ 关于 $\boldsymbol{x}$ 满足局部 Lipschitz 条件, 即对于任何 $(t, \boldsymbol{x}) \in D$, 存在 $\delta > 0$ 以及 $M_{t, \boldsymbol{x}} > 0$ 使得

$$|\boldsymbol{f}(s, \boldsymbol{y}_1) - \boldsymbol{f}(s, \boldsymbol{y}_2)| \leqslant M_{t, \boldsymbol{x}} |\boldsymbol{y}_1 - \boldsymbol{y}_2|, \quad \forall s \in (t - \delta, t + \delta); \boldsymbol{y}_1, \boldsymbol{y}_2 \in B_\delta(\boldsymbol{x}),$$

则方程 (初值问题) (9.5.2) 的解有唯一性. 这样, 我们就可以从 t_0 的一个小邻域出

4　唯一性的证明可以视为利用了 Gronwall (格朗沃尔) 不等式 (参见本节习题 $\mathcal{A}$ 第 3 题)

发, 将方程 (9.5.2) 的解延伸到更大的区间 I 上. 即 $t_0 \in I^o$, 且有 I 上的函数 φ 满足

$$(t, \boldsymbol{x}(t)) \in D, \quad \forall t \in I, \tag{9.5.20}$$

$$\varphi'(t) = \boldsymbol{f}(t, \varphi(t)), \quad \forall t \in I, \tag{9.5.21}$$

以及

$$\varphi(t_0) = \boldsymbol{x}_0. \tag{9.5.22}$$

若 φ_1 和 φ_2 分别在 $[a, b]$ 和 $[b, c]$ 上满足 (9.5.20) 式和 (9.5.21) 式, 且 $\varphi_1(b) = \varphi_2(b)$, 则 $\varphi(t) = \begin{cases} \varphi_1(t), & t \in [a, b], \\ \varphi_2(t), & t \in (b, c] \end{cases}$ 亦满足 (9.5.20) 式和 (9.5.21) 式. 鉴于此, 我们可以定义使得 (9.5.20)—(9.5.22) 式成立的最大的区间 I 为方程 (9.5.2) 解的**最大存在区间**.

当 $t_0 \in (a, b)$, $b < c$ 时, 若有定义在 $[a, b] \cup [c, d]$ 上的函数 φ 满足 (9.5.20)—(9.5.22) 式, 此时 $\varphi|_{[c,d]}$ 事实上与初值 $(t_0, \boldsymbol{x}_0)$ 没有依赖关系, 因此, 将 $\varphi|_{[c,d]}$ 作为初值问题 (9.5.2) 的解的一部分没有意义. 换言之, 我们在讨论定义方程解的时候, 总是指其定义域是一个区间.

由上面的讨论已经可以清楚地看到, 由于 D 是开的, 方程 (9.5.2) 的解的最大存在区间必然是某个开区间, 设为 (α, β). 这里 α 有可能是 $-\infty$, 而 β 有可能是 $+\infty$. 进一步, 我们有

定理 9.5.7 设 $\boldsymbol{f}$ 为区域 $D \subseteq \mathbb{R} \times \mathbb{R}^n$ 上的连续函数, $\boldsymbol{f}(t, \boldsymbol{x})$ 在 D 中关于 $\boldsymbol{x}$ 满足局部 Lipschitz 条件, (α, β) 为方程 (9.5.2) 的解的最大存在区间. 若 $\beta < +\infty$, 则

$$\lim_{t \to \beta^-} \min \left\{ d_{\partial D}(t, \boldsymbol{x}(t)), \frac{1}{|\boldsymbol{x}(t)|} \right\} = 0, \tag{9.5.23}$$

其中 $d_\varnothing(t, \boldsymbol{x})$ 和 $\dfrac{1}{0}$ 均理解为 $+\infty$.

证明 若 (9.5.23) 式不成立, 则存在 $\varepsilon_0 > 0$ 以及 (α, β) 中趋于 β 的点列 $\{t_k\}$ 使得 $d_{\partial D}(t_k, \boldsymbol{x}(t_k)) \geqslant \varepsilon_0$, $\dfrac{1}{|\boldsymbol{x}(t_k)|} \geqslant \varepsilon_0$. 于是 $\{\boldsymbol{x}(t_k)\}$ 有界, 进而有收敛子列. 不妨设 $\boldsymbol{x}_k$ 本身收敛到 $\boldsymbol{\xi}$. 此时必有 $d_{\partial D}(\beta, \boldsymbol{\xi}) \geqslant \varepsilon_0$. 即 $B_{\varepsilon_0/2}(\beta, \boldsymbol{\xi}) \subset D$.

进一步, 存在 $K \geqslant 1$ 使得对于 $k \geqslant K$, 有 $(t_k, \boldsymbol{x}(t_k)) \in B_{\varepsilon_0/4}(\beta, \boldsymbol{\xi})$. 由定理 9.5.1, 存在 $\delta > 0$, 使得对任何 $k \geqslant K$, 方程 $\varphi'(t) = f(t, \varphi(t))$ 在 $[t_k - \delta, t_k + \delta]$ 上

有满足 $\varphi(t_k) = \boldsymbol{x}(t_k)$ 的解. 特别地, 可得 $\beta > t_k + \delta$. 这与 $\lim\limits_{k \to +\infty} t_k = \beta$ 矛盾. 因此, (9.5.23) 式成立. □

从定理 9.5.7 可以看到, 当 $\partial D = \varnothing$, 即 $D = \mathbb{R} \times \mathbb{R}^n$ 时, $\beta = +\infty$ 或 $\lim\limits_{t \to \beta^-} |\boldsymbol{x}(t)| = +\infty$. 特别地, $\beta = +\infty$ 当且仅当对于任何 $T \in [t_0, \beta)$, $\boldsymbol{x}$ 在 $[t_0, T]$ 上有界. 这样, 研究解的局部有界性就成为一个重要的课题[5]. 此时, Gronwall 不等式将发挥重要作用 (参见习题 $\mathcal{A}$ 第 3 题).

例 9.5.1 设 $\alpha > 1$, 求证: 不存在 $[0, +\infty)$ 上正的可导函数 f 满足

$$f'(x) \geqslant f^\alpha(x), \quad \forall\, x \in [0, +\infty).$$

证明 若这样的函数存在, 则

$$\left(x + \frac{1}{\alpha - 1} f^{1-\alpha}(x) \right)' = 1 - \frac{f'(x)}{f^\alpha(x)} \leqslant 0, \quad \forall\, x \in [0, +\infty).$$

因此,

$$x \leqslant x + \frac{1}{\alpha - 1} f^{1-\alpha}(x) \leqslant \frac{1}{\alpha - 1} f^{1-\alpha}(0), \quad \forall\, x \in [0, +\infty).$$

矛盾. 因此, 要证的结论成立. □

例 9.5.2 证明: 方程

$$\begin{cases} y' = xy(1 - \sin^2 y), \\ y(0) = \dfrac{1}{2} \end{cases} \tag{9.5.24}$$

的解在 $(-\infty, +\infty)$ 上存在唯一.

证明 记 $f(x, y) = xy(1 - \sin^2 y)$, 则 f 在 $\mathbb{R}^2$ 上连续, 且关于 y 满足局部 Lipschitz 条件. 因此, 方程 (9.5.24) 存在唯一解, 设最大存在区间为 (α, β). 我们要证明 $\alpha = -\infty, \beta = +\infty$.

首先, 若对某个 $x_0 \in (\alpha, \beta)$ 成立 $y(x_0) > \dfrac{\pi}{2}$, 则由介值定理, 存在 $\xi \in (\alpha, \beta)$ 使得 $y(\xi) = \dfrac{\pi}{2}$. 由唯一性可得 $y \equiv \dfrac{\pi}{2}$. 与 $y(0) = \dfrac{1}{2}$ 矛盾. 因此, 在 (α, β) 内必有 $y < \dfrac{\pi}{2}$. 同理可证, 在 (α, β) 内有 $y > -\dfrac{\pi}{2}$.

若 $\beta < +\infty$, 则由 (9.5.23) 式, 必有 $\lim\limits_{x \to \beta^-} |y(x)| = +\infty$. 这与 $|y| < \dfrac{\pi}{2}$ 矛盾. 因此, $\beta = +\infty$. 同理 $\alpha = -\infty$. □

---

5 在假设解存在的情况下, 对解的大小加以估计, 称为**先验估计**, 是研究方程尤其是偏微分方程的重要方法.

习题 9.5.$\mathcal{A}$

1. 设 $\boldsymbol{f} : \mathbb{R} \times \mathbb{R}^n \to \mathbb{R}^n$ 连续可微. 证明:

   (1) 设 $a < b < c$. 若在 $[a,b]$ 上, $\boldsymbol{\varphi}'(t) = f(t, \boldsymbol{\varphi}(t))$ 且 $\boldsymbol{\varphi}(a) = \boldsymbol{x}_0$, 而在 $[b,c]$ 上, $\boldsymbol{\psi}'(t) = f(t, \boldsymbol{\psi}(t))$ 且 $\boldsymbol{\psi}(b) = \boldsymbol{\varphi}(b)$, 则 $\boldsymbol{x}(t) = \begin{cases} \boldsymbol{\varphi}(t), & t \in [a,b], \\ \boldsymbol{\psi}(t), & t \in (b,c] \end{cases}$ 是方程组 $\begin{cases} \boldsymbol{x}'(t) = f(t, \boldsymbol{x}(t)), \\ \boldsymbol{x}(a) = \boldsymbol{x}_0, \end{cases} t \in [a,c]$ 的解.

   (2) 方程组 (9.5.2) 的解的最大存在区间存在, 且为开区间.

2. 证明方程 $x'(t) = (1 - x^2(t))(\cos t^2 + \sin x(t))$ 的满足初值条件 $x(0) = 0$ 的解的最大存在区间是 $(-\infty, +\infty)$.

3. 证明 **Gronwall**[6] – **Bellman**[7] (**格朗沃尔 – 贝尔曼**) **不等式**:

   设 $\alpha \in \mathbb{R}$, 而 $\varphi \in C[t_0, T]$, $\psi, \beta \in L^1[t_0, T]$, ψ 非负, 满足

   $$\varphi(t) \leqslant \alpha + \int_{t_0}^t \Big(\psi(s)\varphi(s) + \beta(s) \Big) \, \mathrm{d}s, \quad \forall t \in [t_0, T].$$

   证明:

   $$\varphi(t) \leqslant \alpha e^{\int_{t_0}^t \psi(s) \, \mathrm{d}s} + \int_{t_0}^t e^{\int_s^t \psi(r) \, \mathrm{d}r} \beta(s) \, \mathrm{d}s, \quad \forall t \in [t_0, T].$$

   提示: 考虑满足以下等式的函数 Φ:

   $$\Phi(t) = \alpha + \int_{t_0}^t \Big(\psi(s)\Phi(s) + \beta(s) \Big) \, \mathrm{d}s, \quad \forall t \in [t_0, T].$$

4. 设 $\boldsymbol{f} : \mathbb{R} \times \mathbb{R}^n \to \mathbb{R}^n$ 连续可微, 且 $\boldsymbol{f}(t, \boldsymbol{x})$ 关于 $\boldsymbol{x}$ 满足**线性增长条件**, 即存在常数 $K > 0$ 使得

   $$|f(t, \boldsymbol{x})| \leqslant K(|\boldsymbol{x}| + 1), \quad \forall (t, \boldsymbol{x}) \in \mathbb{R} \times \mathbb{R}^n.$$

   证明: 对于任何初值条件, 方程 $\boldsymbol{x}'(t) = f(t, \boldsymbol{x}(t))$ 的解的最大存在区间是 $(-\infty, +\infty)$.

5. 设 $\delta > 0$, f 是 $(-\delta, \delta)$ 内的连续可微函数, 满足 $f'(x) = f^4(x) - x^8$ 以及 $f(0) = 0$. 试证明 $f \in C^\infty(-\delta, \delta)$, 并讨论 f 取正负值的情况. 进一步, 讨论 f 的解析性.

习题 9.5.$\mathcal{B}$

1. 构造函数 f 使得方程 $\begin{cases} x'(t) = f(t, x(t)), \\ x(0) = 0 \end{cases}$ 的解的最大存在区间为 $(-\infty, 1)$, 且其解 x 满足

   $$\varliminf_{x \to 1^-} x(t) = -\infty, \quad \varlimsup_{x \to 1^-} x(t) = +\infty.$$

2. 设 $\{f_k\}$ 是 $\mathbb{R}^n$ 的紧子集 E 上的一列一致有界且等度连续的函数列, $f \in C(E)$. 证明: 若以下条件之一成立, 则 $\{f_k\}$ 本身在 E 上一致收敛到 f.

---

6 Gronwall, T H, 1877—1932 年.

7 Bellman, R E, 1920—1984 年.

(i) $\{f_k\}$ 的任何在 E 上逐点收敛的子列均收敛到 f.

(ii) 对于 $\{f_k\}$ 的满足

$$\lim_{j \to +\infty} \int_E f_{k_j}(\boldsymbol{x}) h(\boldsymbol{x}) \, \mathrm{d}\boldsymbol{x} = \int_E g(\boldsymbol{x}) h(\boldsymbol{x}) \, \mathrm{d}\boldsymbol{x}, \quad \forall h \in C(E)$$

的子列 $\{f_{k_j}\}$ 和相应的 $g \in C(E)$, 均成立 $g = f$.

3. 设 $T > 0$, $\boldsymbol{f} : [0,T] \times \mathbb{R}^n \to \mathbb{R}^n$ 连续, 且 $\boldsymbol{f}_{\boldsymbol{x}}(t, \boldsymbol{x})$ 也在 $[0,T] \times \mathbb{R}^n$ 上连续且一致有界. 设 $\boldsymbol{x}_0 \in \mathbb{R}^n$, 记 $\boldsymbol{x}(\cdot; \boldsymbol{x}_0)$ 为方程

$$\begin{cases} \boldsymbol{x}'(t) = \boldsymbol{f}(t, \boldsymbol{x}(t)), & t \in [0,T], \\ \boldsymbol{x}(0) = \boldsymbol{x}_0 \end{cases}$$

的解. 任取 $\boldsymbol{e} \in S^{n-1}$, 证明: 当 $\varepsilon \to 0^+$ 时, $\boldsymbol{X}_\varepsilon(\cdot; \boldsymbol{e}) = \dfrac{\boldsymbol{x}(\cdot; \boldsymbol{x}_0 + \varepsilon\boldsymbol{e}) - \boldsymbol{x}(\cdot; \boldsymbol{x}_0)}{\varepsilon}$ 在 $[0,T]$ 上一致收敛到方程

$$\begin{cases} \boldsymbol{X}'(t) = \boldsymbol{f}_{\boldsymbol{x}}(t, \boldsymbol{x}(t; \boldsymbol{x}_0))\boldsymbol{X}(t), & t \in [0,T], \\ \boldsymbol{X}(0) = \boldsymbol{e} \end{cases}$$

的解 $\boldsymbol{X}(\cdot)$.

4. 设 $T > 0$, $\boldsymbol{x}_0 \in \mathbb{R}^n$, $\boldsymbol{f} : [0,T] \times \mathbb{R}^n \times \mathbb{R}^m \to \mathbb{R}^n$ 连续, 且 $\boldsymbol{f}_{\boldsymbol{x}}(t, \boldsymbol{x}, \boldsymbol{u})$, $\boldsymbol{f}_{\boldsymbol{u}}(t, \boldsymbol{x}, \boldsymbol{u})$ 也在 $[0,T] \times \mathbb{R}^n \times \mathbb{R}^m$ 上连续且一致有界. 设 $\boldsymbol{\varphi} \in C([0,T]; \mathbb{R}^m)$, 记 $\boldsymbol{x}(\cdot; \boldsymbol{\varphi})$ 为方程

$$\begin{cases} \boldsymbol{x}'(t) = \boldsymbol{f}(t, \boldsymbol{x}(t), \boldsymbol{\varphi}(t)), & t \in [0,T], \\ \boldsymbol{x}(0) = \boldsymbol{x}_0 \end{cases}$$

的解. 任取 $\boldsymbol{\psi} \in C([0,T]; \mathbb{R}^m)$, 证明: 当 $\varepsilon \to 0^+$ 时, $\boldsymbol{Y}_\varepsilon(\cdot) = \dfrac{\boldsymbol{x}(\cdot; \boldsymbol{\varphi} + \varepsilon\boldsymbol{\psi}) - \boldsymbol{x}(\cdot; \boldsymbol{\varphi})}{\varepsilon}$ 在 $[0,T]$ 上一致收敛到方程

$$\begin{cases} \boldsymbol{Y}'(t) = \boldsymbol{f}_{\boldsymbol{x}}(t, \boldsymbol{x}(t; \boldsymbol{\varphi}), \boldsymbol{\varphi}(t))\boldsymbol{Y}(t) + \boldsymbol{f}_{\boldsymbol{u}}(t, \boldsymbol{x}(t; \boldsymbol{\varphi}), \boldsymbol{\varphi}(t))\boldsymbol{\psi}(t), & t \in [0,T], \\ \boldsymbol{Y}(0) = \boldsymbol{0} \end{cases}$$

的解 $\boldsymbol{Y}(\cdot)$.

5. 试讨论方程 $f'(x) = f^4(x) - x^8$ 在何种初值条件下解的最大存在区间为整个 $\mathbb{R}$.

第十章 反常积分与含参变量积分

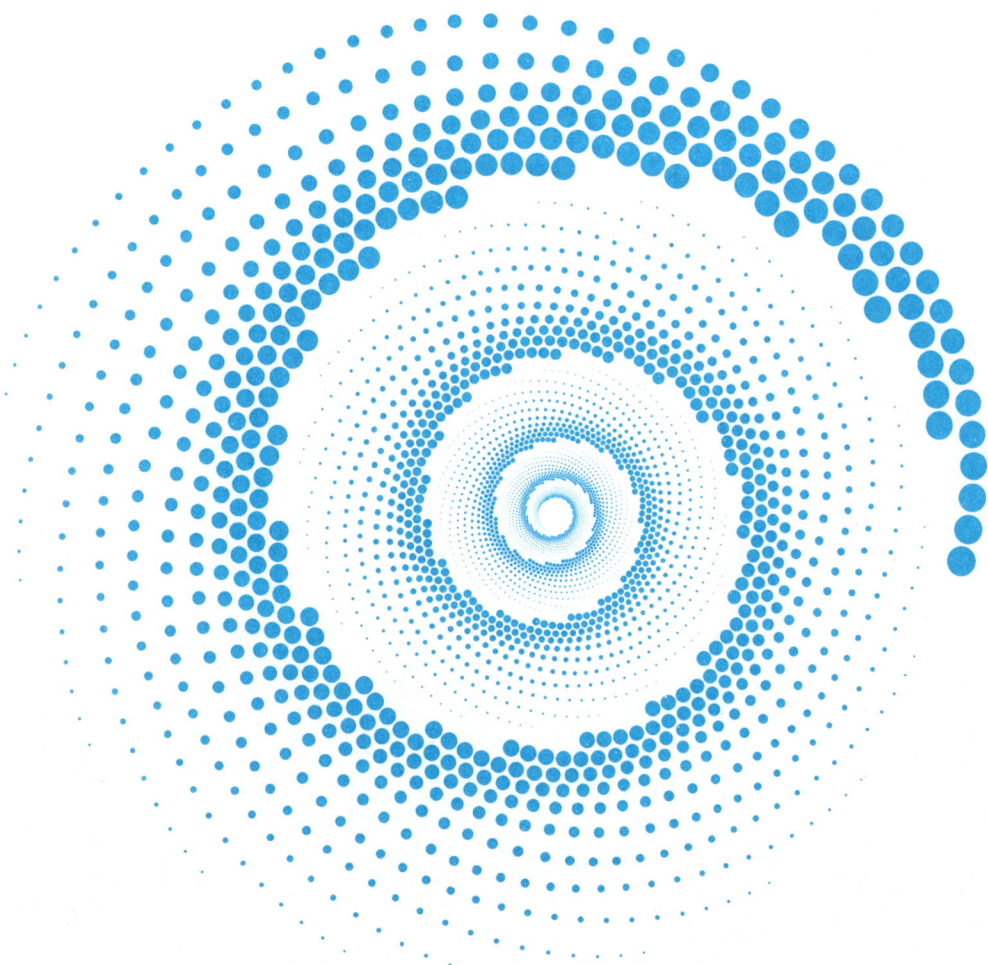

§1　基于 Riemann 积分的反常积分

瑕积分, 无穷积分, 反常重积分, 非负函数反常积分的收敛性, Cauchy 准则, 绝对收敛与条件收敛, Abel 判别法, Dirichlet 判别法, 概率积分, Cauchy 主值积分, 数项级数收敛的 Cauchy 积分判别法

§2　含参变量反常积分的一致收敛性及判别法

含参变量反常积分的一致收敛性, Cauchy 准则, Weierstrass 判别法, Abel 判别法, Dirichlet 判别法

§3　含参变量积分的性质

含参变量积分的极限与连续性, 含参变量积分的可微性, 含参变量积分的积分, 积分的计算

§4　Euler 积分

Γ 函数, Γ 函数的递推公式, log–凸, Stirling 公式及其改进, Euler 公式, Gauss 叠乘定理, 倍元公式, Bohr–Mollerup 定理, 余元公式, B 函数, B 函数和 Γ 函数的关系, 多重对数函数, 双 Γ 函数, 利用 Euler 积分计算

§5　变分法初步

最优解的必要条件, Euler–Lagrange 方程, 特殊情形 Euler–Lagrange 方程的求解, 捷线问题, 最优解的充要条件, 存在性问题简介, Poincaré 不等式, 弱收敛, 强收敛, Clarkson 不等式, 凸集分离定理, Mazur 定理, Riesz 表示定理

本章要介绍的反常积分基本上是从 Riemann 积分发展而来的. 定义 Riemann 积分时有两个限制, 一是积分区域的有界性, 二是被积函数的有界性. 通过极限过程, 我们可以把积分概念拓广到积分区域无界或函数无界的情形, 相关积分称为**反常积分**或**广义积分**. 为避免混淆, 必要时把 Riemann 积分称为**常义积分**.

然而, Lebesgue 积分对积分区域和被积函数均无有界性限制. 因此, 很多基于 Riemann 积分的反常积分在 Lebesgue 积分意义下, 并无必要把它们看作反常积分. 而另一方面, 确有一些反常积分并不是 Lebesgue 可积的, 即在 Lebesgue 积分意义下, 它们也需要作为反常积分加以对待.

在通常的体系下, 反常积分在数学分析课程内讲授. 而 Lebesgue 积分在实变函数课程中讲授, 但通常实变函数课程中并不专门讲授相应的反常积分. 因此, 尽管没有实质困难, 事实上人们回避了在 Lebesgue 积分框架下定义类似于本章所研究的反常积分.

为了让读者既能熟悉基于 Riemann 积分的反常积分概念又能充分利用 Lebesgue 积分, 我们在前两节将基于 Riemann 积分讨论反常积分, 而之后将转向基于 Lebesgue 积分讨论反常积分.

§1 基于 Riemann 积分的反常积分

积分区域无界的反常积分称为**无穷积分**, 被积函数无界的反常积分称为**瑕积分**. 可以看到, 这两类积分 (及混合型) 的性质是类似的, 而且可以通过简单的变量代换互相转换.

设 $E \subseteq \mathbb{R}^n$, 对于函数 $f: E \to \mathbb{R}$ 以及 $\boldsymbol{x}_0 \in E'$, 若 f 在 $\boldsymbol{x}_0$ 的任何一个邻域内无界, 即 $\varlimsup\limits_{\substack{\boldsymbol{x} \to \boldsymbol{x}_0 \\ \boldsymbol{x} \in E}} |f(\boldsymbol{x})| = +\infty$, 则称 $\boldsymbol{x}_0$ 为 f 的**瑕点**.

一元函数的反常积分

首先, 我们来定义一元函数的反常积分.

单一的瑕积分

定义 10.1.1   设 a 是有界区间[1] $(a, b]$ 上实函数 f 的唯一瑕点, $f \in \mathcal{R}_{loc}(a, b]$.

若 $L = \lim\limits_{\delta \to 0^+} \int_{a+\delta}^b f(x) \, \mathrm{d}x$ 存在, 则称瑕积分 $\int_a^b f(x) \, \mathrm{d}x$ 收敛 (到 L),

并记 $\int_a^b f(x) \, \mathrm{d}x = L$. 否则, 称瑕积分 $\int_a^b f(x) \, \mathrm{d}x$ 发散.

若 $\lim\limits_{\delta \to 0^+} \int_{a+\delta}^b f(x) \, \mathrm{d}x = \pm\infty$, 则称瑕积分 $\int_a^b f(x) \, \mathrm{d}x$ 发散到 $\pm\infty$.

类似地, 可对 b 为 f 的唯一瑕点的情形, 定义瑕积分的敛散性.

自然, 需要考察是否有 $[a, b]$ 上的有界函数 $f \in \mathcal{R}_{loc}(a, b] \setminus \mathcal{R}[a, b]$, 使极限 $\lim\limits_{\delta \to 0^+} \int_{a+\delta}^b f(x) \, \mathrm{d}x$ 存在. 容易证明, 尤其由 Lebesgue 判据可知, 这样的函数不存在.

单一的无穷积分

定义 10.1.2   设 $f \in \mathcal{R}_{loc}[a, +\infty)$.

若 $L = \lim\limits_{A \to +\infty} \int_a^A f(x) \, \mathrm{d}x$ 存在, 则称无穷积分 $\int_a^{+\infty} f(x) \, \mathrm{d}x$ 收敛 (到 L), 并记 $\int_a^{+\infty} f(x) \, \mathrm{d}x = L$. 否则, 称无穷积分 $\int_a^{+\infty} f(x) \, \mathrm{d}x$ 发散.

若 $\lim\limits_{A \to +\infty} \int_a^A f(x) \, \mathrm{d}x = \pm\infty$, 则称无穷积分 $\int_a^{+\infty} f(x) \, \mathrm{d}x$ 发散到 $\pm\infty$.

类似地, 可定义无穷积分 $\int_{-\infty}^a f(x) \, \mathrm{d}x$ 的敛散性. 另一方面, 我们指出, 在讨论无穷积分时, 并不要求函数在整个 $[a, +\infty)$ 上是有界的.

简单的混合型反常积分   以下几种情形的反常积分是前述单一情形的简单组合, 其敛散性以及积分值的定义均通过将它们分解为两个单一型的反常积分来

---

[1] 通常, 积分区间写成 $(a, b]$ 和 $[a, b]$ 并无本质区别. 但 $\mathcal{R}_{loc}[a, b]$ 即为 $\mathcal{R}[a, b]$, 而 $\mathcal{R}_{loc}(a, b]$ 不是 $\mathcal{R}(a, b]$.

处理.

情形 1: 两个边界点是瑕点的瑕积分. 设 $f \in \mathcal{R}_{loc}(a, b)$, 区间的端点 a, b 为 f 的瑕点. 任取 $c \in (a, b)$, f 在 (a, b) 上的瑕积分可以简单地定义为

$$\int_a^b f(x)\,\mathrm{d}x = \int_a^c f(x)\,\mathrm{d}x + \int_c^b f(x)\,\mathrm{d}x. \tag{10.1.1}$$

其含义是: 瑕积分 $\int_a^b f(x)\,\mathrm{d}x$ 收敛当且仅当瑕积分 $\int_a^c f(x)\,\mathrm{d}x$ 和 $\int_c^b f(x)\,\mathrm{d}x$ 都收敛. 而当瑕积分 $\int_a^b f(x)\,\mathrm{d}x$ 收敛时, 其值定义为 $\int_a^c f(x)\,\mathrm{d}x + \int_c^b f(x)\,\mathrm{d}x$.

易见, 以上定义与 $c \in (a, b)$ 的选取无关.

情形 2: 含一个瑕点的无穷积分. 设 $f \in \mathcal{R}_{loc}(a, +\infty)$, 端点 a 为 f 的瑕点. 任取 $c \in (a, +\infty)$, f 在 $[a, +\infty)$ 上的反常积分可以定义为

$$\int_a^{+\infty} f(x)\,\mathrm{d}x = \int_a^c f(x)\,\mathrm{d}x + \int_c^{+\infty} f(x)\,\mathrm{d}x. \tag{10.1.2}$$

其含义是: 反常积分 $\int_a^{+\infty} f(x)\,\mathrm{d}x$ 收敛当且仅当瑕积分 $\int_a^c f(x)\,\mathrm{d}x$ 和无穷积分 $\int_c^{+\infty} f(x)\,\mathrm{d}x$ 都收敛. 而当反常积分 $\int_a^{+\infty} f(x)\,\mathrm{d}x$ 收敛时, 其值定义为 $\int_a^c f(x)\,\mathrm{d}x + \int_c^{+\infty} f(x)\,\mathrm{d}x$.

易见, 以上定义与 $c \in (a, +\infty)$ 的选取无关.

情形 3: 瑕点是内点的瑕积分. 设 $f \in \mathcal{R}_{loc}([a, c] \cup (c, b])$, 其中 $c \in (a, b)$ 是 f 的瑕点[2], 则 f 在 $[a, b]$ 上的瑕积分定义为

$$\int_a^b f(x)\,\mathrm{d}x = \int_a^c f(x)\,\mathrm{d}x + \int_c^b f(x)\,\mathrm{d}x. \tag{10.1.3}$$

情形 4: 整个实轴上的无穷积分. 设 $f \in \mathcal{R}_{loc}(-\infty, +\infty)$, 则 f 在 $(-\infty, +\infty)$ 上的反常积分定义为

$$\int_{-\infty}^{+\infty} f(x)\,\mathrm{d}x = \int_{-\infty}^0 f(x)\,\mathrm{d}x + \int_0^{+\infty} f(x)\,\mathrm{d}x. \tag{10.1.4}$$

易见, 右端积分限中的 0 可以换成任何其他实数.

更一般的反常积分. 很容易定义具有有限个瑕点的反常积分, 进一步, 容易对在任何有界区间中瑕点的聚点个数为有限的情形定义反常积分. 但在本教材中, 我们

---

2 可允许 f 在瑕点 c 处没有定义.

不准备讨论究竟能够对多复杂的情形 (利用类似的方式) 定义反常积分.

反常积分收敛也称为该**反常积分存在**, 或称相应的被积函数**广义可积**[3].

当我们难以确定有没有瑕点, 即难以确定一个积分是不是瑕积分的时候, 为方便起见, 我们约定也用收敛表示积分存在. 例如, 当 a 是 f 在 $[a,b]$ 上唯一**可能的**瑕点时, 无论是 $\int_a^b f(x)\,\mathrm{d}x$ 作为瑕积分收敛还是作为常义积分存在, 我们都可以说成 $\int_a^b f(x)\,\mathrm{d}x$ 收敛. 同样, 我们也时常说成 $\int_a^b f(x)\,\mathrm{d}x$ 存在. 这样, 在用词上把常义积分作为反常积分的特例, 可以方便我们讨论[4].

反常重积分

反常重积分的定义与一元情形有所不同. 为遵循长期以来的习惯, 我们先在区域上考虑反常重积分, 并把它视为区域上 Riemann 积分的极限. 然而, 以这种方式定义反常重积分会遇到很多困难. 比如, 对于无穷积分, 其中一个困难就是存在 Jordan 可测的无界区域, 它不能用包含于它的有界区域逼近. 确切地讲, 当 $n \geqslant 2$ 时, 存在 $\mathbb{R}^n$ 中的 Jordan 可测的无界区域 Ω, 使得对于 Ω 的任何有界子区域 D, 均不成立 $\Omega \cap B_1(\mathbf{0}) \subseteq D$ (参见图 10.1, 区域 Ω 为阴影部分). 鉴于此, 我们在用这种方法定义反常重积分时, 需要对区域作一些限制 (参见条件 (PB 1) 和 (PI 1)). 另一方面, 由于反常重积分收敛即绝对收敛 (参见定理 10.1.7), 进而它就是 Lebesgue 积分的特例, 在我们已经建立了 Lebesgue 积分理论的情况下, 它也就失去了进行单独研究的必要性.

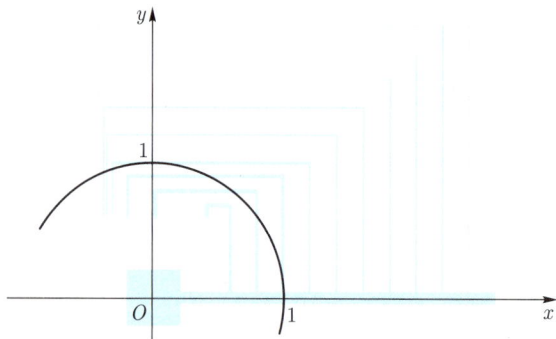

图 10.1   有界子区域不包含 $B_1(\mathbf{0}) \cap \Omega$ 的区域 Ω

---

3   在不引起混淆的情况下, 可简称积分存在, 以及被积函数可积.

4   但这并非是学界一致的约定.

单一的瑕积分

定义 10.1.3   设 $n \geqslant 2$, $\Omega \subseteq \mathbb{R}^n$ 为 Jordan 可测的有界区域, $\boldsymbol{x}_0 \in \Omega'$, $f : \Omega \to \mathbb{R}$, $\boldsymbol{x}_0$ 为 f 的瑕点. 又设成立如下条件 (如图 10.2 所示):

(**PB 1**) $\forall \delta > 0$, 存在 Jordan 可测的区域 $D \subset \Omega$, 使得 $\Omega \backslash B_\delta(\boldsymbol{x}_0) \subseteq D$, $\boldsymbol{x}_0 \notin D'$.

(**PB 2**) $\forall \delta > 0$, f 在 $\Omega \backslash B_\delta(\boldsymbol{x}_0)$ 上 Riemann 可积.

记 $\rho_D = \inf\limits_{\Omega \backslash B_\delta(\boldsymbol{x}_0) \subseteq D} \delta$. 若极限 $L = \lim\limits_{\rho_D \to 0^+} \int_D f(\boldsymbol{x}) \, \mathrm{d}\boldsymbol{x}$ 存在, 则称瑕积分 $\int_\Omega f(\boldsymbol{x}) \, \mathrm{d}\boldsymbol{x}$ 收敛 (到 L), 并记为 $\int_\Omega f(\boldsymbol{x}) \, \mathrm{d}\boldsymbol{x} = L$. 否则, 称瑕积分 $\int_\Omega f(\boldsymbol{x}) \, \mathrm{d}\boldsymbol{x}$ 发散.

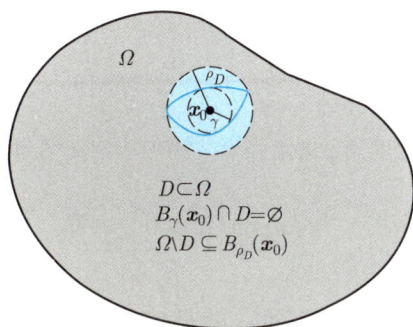

图 10.2   多重瑕积分的收敛性定义

单一的无穷积分

定义 10.1.4   设 $n \geqslant 2$, $\boldsymbol{x}_0 \in \mathbb{R}^n$, $\Omega \subseteq \mathbb{R}^n$ 为 Jordan 可测的无界区域, $f : \Omega \to \mathbb{R}$. 又设成立如下条件:

(**PI 1**) $\forall R > 0$, 存在 Jordan 可测的有界区域 $D \subset \Omega$, 使得 $\Omega \cap B_R(\boldsymbol{x}_0) \subseteq D$.

(**PI 2**) $\forall R > 0$, f 在 $B_R(\boldsymbol{x}_0) \cap \Omega$ 上 Riemann 可积.

记 $r_D = \sup\limits_{B_R(\boldsymbol{x}_0) \cap \Omega \subseteq D} R$. 若极限 $L = \lim\limits_{r_D \to +\infty} \int_D f(\boldsymbol{x}) \, \mathrm{d}\boldsymbol{x}$ 存在, 则称无穷积分 $\int_\Omega f(\boldsymbol{x}) \, \mathrm{d}\boldsymbol{x}$ 收敛 (到 L), 并记为 $\int_\Omega f(\boldsymbol{x}) \, \mathrm{d}\boldsymbol{x} = L$. 否则, 称无穷积分 $\int_\Omega f(\boldsymbol{x}) \, \mathrm{d}\boldsymbol{x}$ 发散.

易见, 定义 10.1.4 中, 无穷重积分的收敛性与 $\boldsymbol{x}_0$ 的选取无关.

若定义 10.1.3 中, 允许 $n = 1$, 则当瑕点是区间 Ω 的端点时, 它与定义 10.1.1 是一致的. 但当瑕点是区间 Ω 的内点时, 就不存在区间 D 使得 ρ_D 足够小, 即此时定义 10.1.3 不是一个合理的定义.

若定义 10.1.4 中, 允许 $n = 1$, 则它与定义 10.1.2 是一致的.

非负函数反常积分的收敛性

非负函数反常积分的收敛性类似于正项级数的收敛性. 此时, 一元情形与多元情形并无特别的区别. 易证有以下定理.

定理 10.1.1　设 $n \geqslant 1$, $\Omega \subset \mathbb{R}^n$ 为 Jordan 可测的有界区域, 满足条件 (PB 1), $f : \Omega \to \mathbb{R}$ 非负, 满足条件 (PB 2), $\boldsymbol{x}_0$ 为 f 唯一的瑕点, 则瑕积分 $\int_\Omega f(\boldsymbol{x}) \, d\boldsymbol{x}$ 收敛当且仅当 $\left\{ \left. \int_{\Omega \setminus B_\delta(\boldsymbol{x}_0)} f(\boldsymbol{x}) \, d\boldsymbol{x} \right| \delta > 0 \right\}$ 有界.

定理 10.1.2　设 $n \geqslant 1$, $\Omega \subseteq \mathbb{R}^n$ 为 Jordan 可测的无界区域, 满足条件 (PI 1), $f : \Omega \to \mathbb{R}$ 非负, 满足条件 (PI 2), 则无穷积分 $\int_\Omega f(\boldsymbol{x}) \, d\boldsymbol{x}$ 收敛当且仅当 $\left\{ \left. \int_{\Omega \cap B_R(\boldsymbol{x}_0)} f(\boldsymbol{x}) \, d\boldsymbol{x} \right| R > 0 \right\}$ 有界.

类似于级数情形, 对于非负函数的反常积分, $\int_\Omega f(\boldsymbol{x}) \, d\boldsymbol{x}$ 收敛可以记作 $\int_\Omega f(\boldsymbol{x}) \, d\boldsymbol{x} < +\infty$. $\int_\Omega f(\boldsymbol{x}) \, d\boldsymbol{x}$ 发散则可以记作 $\int_\Omega f(\boldsymbol{x}) \, d\boldsymbol{x} = +\infty$. 同样, 由上述定理, 我们立即可得如下的比较定理.

推论 10.1.3　设 $n \geqslant 1$, $\Omega \subset \mathbb{R}^n$ 为 Jordan 可测的有界区域, 满足条件 (PB 1), $f, g : \Omega \to \mathbb{R}$ 非负, 均满足条件 (PB 2), 且 $f \leqslant g$, 则当积分 $\int_\Omega g(\boldsymbol{x}) \, d\boldsymbol{x}$ 收敛时, 积分 $\int_\Omega f(\boldsymbol{x}) \, d\boldsymbol{x}$ 收敛.

推论 10.1.4　设 $n \geqslant 1$, $\Omega \subseteq \mathbb{R}^n$ 为 Jordan 可测的无界区域, 满足条件 (PI 1), $f, g : \Omega \to \mathbb{R}$ 非负, 均满足条件 (PI 2), 且 $f \leqslant g$, 则当积分 $\int_\Omega g(\boldsymbol{x}) \, d\boldsymbol{x}$ 收敛时, 积分 $\int_\Omega f(\boldsymbol{x}) \, d\boldsymbol{x}$ 收敛.

犹如 p 级数时常用于正项级数的比较, $|\boldsymbol{x}|^\alpha$ 也经常用于反常积分的比较.

考虑 $\mathbb{R}^n$ 中的单位球 $B_1(\boldsymbol{0})$ 以及锥 $V_\beta = \left\{ \boldsymbol{x} \in \mathbb{R}^n \,\middle|\, \langle \boldsymbol{x}, \boldsymbol{e} \rangle \geqslant \beta |\boldsymbol{x}| \right\}$, 其中 $\boldsymbol{e} \in S^{n-1}$, $\beta \in [0, 1)$.

易见, 当 $\alpha > -n$ 时, $\displaystyle\int_{B_1(\boldsymbol{0})} |\boldsymbol{x}|^{\alpha} \mathrm{d}\boldsymbol{x} < +\infty$; 而当 $\alpha \leqslant -n$ 时, $\displaystyle\int_{V_\beta \cap B_1(\boldsymbol{0})} |\boldsymbol{x}|^{\alpha} \mathrm{d}\boldsymbol{x} = +\infty$.

另一方面, 当 $\alpha < -n$ 时, $\displaystyle\int_{\mathbb{R}^n \setminus B_1(\boldsymbol{0})} |\boldsymbol{x}|^{\alpha} \mathrm{d}\boldsymbol{x} < +\infty$; 而当 $\alpha \geqslant -n$ 时, $\displaystyle\int_{V_\beta \setminus B_1(\boldsymbol{0})} |\boldsymbol{x}|^{\alpha} \mathrm{d}\boldsymbol{x} = +\infty$.

Cauchy 准则, 绝对收敛与条件收敛

类似地, 可以建立反常积分的 Cauchy 准则. 以一元函数的无穷积分为例, 我们有

定理 10.1.5 设 $f \in \mathcal{R}_{loc}[a, +\infty)$, 则无穷积分 $\displaystyle\int_a^{+\infty} f(x)\,\mathrm{d}x$ 收敛当且仅当对任何 $\varepsilon > 0$, 存在 $X > a$, 使得当 $X'' \geqslant X' \geqslant X$ 时, 成立 $\left| \displaystyle\int_{X'}^{X''} f(x)\,\mathrm{d}x \right| < \varepsilon$. 这等价于

$$\lim_{A \to +\infty} \sup_{t,s \geqslant A} \left| \int_s^t f(x)\,\mathrm{d}x \right| = 0. \tag{10.1.5}$$

由 Cauchy 准则立即得到如下推论.

推论 10.1.6 设 $f \in \mathcal{R}_{loc}[a, +\infty)$, 若无穷积分 $\displaystyle\int_a^{+\infty} |f(x)|\,\mathrm{d}x$ 收敛, 则无穷积分 $\displaystyle\int_a^{+\infty} f(x)\,\mathrm{d}x$ 收敛.

在这一推论的基础上, 我们引入反常积分绝对收敛和条件收敛的定义. 同样, 我们以无穷积分作为例子. 对于其他反常积分可类似地定义.

定义 10.1.5 设 $f \in \mathcal{R}_{loc}[a, +\infty)$. 若无穷积分 $\displaystyle\int_a^{+\infty} |f(x)|\,\mathrm{d}x$ 收敛, 则称无穷积分 $\displaystyle\int_a^{+\infty} f(x)\,\mathrm{d}x$ **绝对收敛** (又称 f 在 $[a, +\infty)$ 上绝对可积). 若 $\displaystyle\int_a^{+\infty} f(x)\mathrm{d}x$ 收敛, 而 $\displaystyle\int_a^{+\infty} |f(x)|\,\mathrm{d}x$ 发散, 则称无穷积分 $\displaystyle\int_a^{+\infty} f(x)\mathrm{d}x$ **条件收敛** (又称 f 在 $[a, +\infty)$ 上条件可积).

例 10.1.1 证明积分 $\displaystyle\int_1^{+\infty} \frac{\sin x}{x}\,\mathrm{d}x$ 条件收敛.

证明 任取 $A > 1$, 由分部积分法, 我们有

$$\int_1^A \frac{\sin x}{x}\,\mathrm{d}x = \cos 1 - \frac{\cos A}{A} - \int_1^A \frac{\cos x}{x^2}\,\mathrm{d}x.$$

注意到 $\left|\dfrac{\cos x}{x^2}\right| \leqslant \dfrac{1}{x^2}$, 得到 $\displaystyle\int_1^{+\infty} \dfrac{\cos x}{x^2}\,\mathrm{d}x$ 绝对收敛. 因此

$$\lim_{A\to+\infty}\int_1^A \frac{\sin x}{x}\,\mathrm{d}x = \cos 1 - \int_1^{+\infty}\frac{\cos x}{x^2}\,\mathrm{d}x.$$

即 $\displaystyle\int_1^{+\infty}\dfrac{\sin x}{x}\,\mathrm{d}x$ 收敛. 另一方面, 对于 $k \geqslant 2$,

$$\int_1^{k\pi}\left|\frac{\sin x}{x}\right|\,\mathrm{d}x \geqslant \sum_{j=1}^{k-1}\int_{j\pi+\frac{\pi}{4}}^{j\pi+\frac{3\pi}{4}}\frac{1}{(j+1)\pi\sqrt{2}}\,\mathrm{d}x = \frac{\sqrt{2}}{4}\sum_{j=1}^{k-1}\frac{1}{(j+1)}.$$

从而 $\displaystyle\int_1^{+\infty}\left|\dfrac{\sin x}{x}\right|\,\mathrm{d}x$ 发散. 因此, $\displaystyle\int_1^{+\infty}\dfrac{\sin x}{x}\,\mathrm{d}x$ 条件收敛.   □

注 10.1.1   命题 10.1.6 容易被理解为 $|f(x)|$ 广义可积蕴涵 f 广义可积. 但事实上这一论断的前提是 $f \in \mathcal{R}_{loc}[a, +\infty)$.

另一方面, 关于绝对收敛一词的含义, 也有分歧. 一些教材直接把 $\displaystyle\int_a^{+\infty} f(x)\,\mathrm{d}x$ 绝对收敛理解为 $\displaystyle\int_a^{+\infty}|f(x)|\,\mathrm{d}x$ 收敛. 我们知道 $|f|$ Riemann 可积不蕴涵 f Riemann 可积, 而通过拓展函数的定义域并在原定义域外补充定义函数值为零, 有界闭区间 $[a,b]$ 上的函数可以看作 $[a, +\infty)$ 上的函数, 而常义积分 $\displaystyle\int_a^b f(x)\,\mathrm{d}x$ 也可以看作无穷积分 $\displaystyle\int_a^{+\infty} f(x)\,\mathrm{d}x$ 的特例. 在这种意义上, 不同于定义 10.1.5, 积分绝对可积就不蕴涵积分可积.

虽然是一个简单的用词问题, 但它给我们带来不少麻烦, 尤其是在讲述 Fourier 分析的结果时. 为避免这一麻烦, 本教材中, 我们不把绝对可积一词用于 $|f|$ 可积而 f 不可积的情形 —— 无论是反常积分还是常义积分.

在梅加强《数学分析》[26] 中, 则直接定义 f 绝对可积为 f^+ 与 f^- 均可积, 这等价于定义 10.1.5, 但更简洁并适合更一般的情形.

可对反常重积分建立相应于推论 10.1.6 的结果并引入反常重积分绝对可积的概念. 然而, 事实上, 对于反常重积分, 可积与绝对可积是等价的. 以无穷积分为例, 我们有

定理 10.1.7   设 $n \geqslant 2$, $\Omega \subseteq \mathbb{R}^n$ 为 Jordan 可测的无界区域, 满足条件 (PI 1), $f: \Omega \to \mathbb{R}$ 满足条件 (PI 2), 则 f (广义) 可积当且仅当 f 绝对可积,

即 f^+ 与 f^- 均 (广义) 可积.

证明 只要证明可积蕴涵绝对可积. 为此, 设 f 在 Ω 上可积. 我们要证 f^+ 与 f^- 均可积. 如若不然, 必有 f^+, f^- 均不可积.

任取 $m \geqslant 1$, 由 (PI 1), 有 Jordan 可测的有界区域 $D \subset \Omega$ 使得 $B_m(\mathbf{0}) \cap \Omega \subseteq D$. 设 $r_m > m$ 使得 $D \subset B_{r_m}(\mathbf{0})$. 我们有 $R_m > r_m$ 使得

$$\int_D f(\boldsymbol{x})\,\mathrm{d}\boldsymbol{x} + \int_{\Omega \cap (B_{R_m}(\mathbf{0}) \setminus B_{r_m}(\mathbf{0}))} f^+(\boldsymbol{x})\,\mathrm{d}\boldsymbol{x} > m + 2. \tag{10.1.6}$$

利用 Darboux 下和, 不难得到 $\Omega \cap (B_{R_m}(\mathbf{0}) \setminus B_{r_m}(\mathbf{0}))$ 的有限个两两不交 Jordan 可测的开区域子集 $V_1, V_2, \cdots, V_{k_m}$ 使得 f^+ 在 $V = \bigcup\limits_{j=1}^{k_m} V_j$ 上为正, 且

$$\int_D f(\boldsymbol{x})\,\mathrm{d}\boldsymbol{x} + \int_V f^+(\boldsymbol{x})\,\mathrm{d}\boldsymbol{x} > m + 1. \tag{10.1.7}$$

注意到在 V 上, $f^+ = f$, 我们有

$$\int_{D \cup V} f(\boldsymbol{x})\,\mathrm{d}\boldsymbol{x} > m + 1. \tag{10.1.8}$$

取 $\boldsymbol{x}_m \in D$. 对每个 $j = 1, 2, \cdots, k_m$, 取 $\boldsymbol{x}_{m,j} \in V_j$. 由于 $\boldsymbol{x}_m, \boldsymbol{x}_{m,j} \in \Omega$, 因此, 在 Ω 内可找到一条连续曲线连接 $\boldsymbol{x}_m$ 和 $\boldsymbol{x}_{m,j}$. 进而在 Ω 内可找到一条折线[5] 连接 $\boldsymbol{x}_m$ 和 $\boldsymbol{x}_{m,j}$. 令 $M_{m,j}$ 为这条折线上 $|f| + 1$ 的上确界, 则可以将这些折线的每一段拓展成 Ω 内的一个 (开) 平行多面体, 这些平行多面体的并集是一个含有点 $\boldsymbol{x}_m, \boldsymbol{x}_{m,j}$ 的区域 $U_{m,j}$, 其总体积小于 $\dfrac{1}{k_m M_{m,j}}$. 记 $U = \bigcup\limits_{j=1}^{k_m} U_{m,j}$, 则 $D \cup V \cup U$ 是 Ω 的子区域, 且

$$\int_{D \cup V \cup U} f(\boldsymbol{x})\,\mathrm{d}\boldsymbol{x} > m. \tag{10.1.9}$$

这与 f 在 Ω 上广义可积矛盾. 因此, f 必绝对可积. $\qquad\square$

对于有瑕点的反常重积分, 在条件 (PB 1) 和 (PB 2) 下, 同理可证其广义可积等价于绝对可积. 根据这一性质, 我们可以将反常重积分推广到更一般的 Jordan 可测集上. 然而, 由于 Lebesgue 积分的出现, 反常重积分乃至这种推广都已经没有必要加以专门的研究.

常义积分的四则运算, 变量代换等很容易推广到反常积分. 对此, 我们不再赘述.

---

5 今后建立曲线弧长的性质后, 这里不必引入折线来构造.

Abel 判别法和 Dirichlet 判别法

反常重积分收敛等价于绝对收敛, 因此, 关于反常积分收敛性的 Abel 判别法和 Dirichlet 判别法仅仅适用于一元函数的反常积分 (自然, 可以类似地用于主值积分).

以一元函数的无穷积分为例, 我们有

定理 10.1.8　设 $f, g \in \mathcal{R}_{loc}[a, +\infty)$, g 在 $[a, +\infty)$ 上单调.

(i) **(Abel 判别法)** 若 g 有界, $\displaystyle\int_a^{+\infty} f(x)\mathrm{d}x$ 收敛, 则 $\displaystyle\int_a^{+\infty} f(x)g(x)\mathrm{d}x$ 收敛.

(ii) **(Dirichlet 判别法)** 若 $\displaystyle\lim_{x\to+\infty} g(x) = 0$, 又 $\displaystyle\int_a^A f(x)\,\mathrm{d}x$ 有界, 则 $\displaystyle\int_a^{+\infty} f(x)g(x)\,\mathrm{d}x$ 收敛.

证明　两个判别法的证明都基于 Cauchy 准则与积分第二中值定理 (参见定理 8.8.3). 对任何 $A'' > A' > a$, 我们有 $\xi \in [A', A'']$ 使得

$$\left| \int_{A'}^{A''} f(x)g(x)\,\mathrm{d}x \right| = \left| g(A') \int_{A'}^{\xi} f(x)\,\mathrm{d}x + g(A'') \int_{\xi}^{A''} f(x)\,\mathrm{d}x \right|$$

$$\leqslant 2 \sup_{t>s>A'} \left| \int_s^t f(x)\,\mathrm{d}x \right| \sup_{x\geqslant A'} |g(x)|.$$

这样, 无论是 (i) 的条件成立还是 (ii) 的条件成立, 均有

$$\lim_{A\to+\infty} \sup_{t,s\geqslant A} \left| \int_s^t f(x)g(x)\,\mathrm{d}x \right| = 0.$$

因此, $\displaystyle\int_a^{+\infty} f(x)g(x)\,\mathrm{d}x$ 收敛.　　　　□

积分第二中值定理可以用分部积分法和光滑逼近证明. 因此, 当被积函数足够光滑时, 能够利用 Abel 判别法和 Dirichlet 判别法证明收敛性的, 本质上都可以通过分部积分来证明收敛性 (参见例 10.1.1).

例 10.1.2　考察反常积分 $\displaystyle\int_0^{+\infty} \frac{\sin x}{x} \mathrm{e}^{\alpha x}\,\mathrm{d}x$ 的收敛性, 其中 α 为实常数.

解　注意到被积函数在 $x = 0$ 附近有界, 因此, 所考察的反常积分仅仅是一个无穷积分. 于是, 我们只需要考察积分 $\displaystyle\int_1^{+\infty} \frac{\sin x}{x} \mathrm{e}^{\alpha x}\,\mathrm{d}x$ 的收敛性.

情形 1. $\alpha = 0$. 我们已经在例 10.1.1 中利用分部积分法证明了积分收敛. 注意到积分 $\displaystyle\int_1^A \sin x\,\mathrm{d}x = \cos 1 - \cos A$ 有界, 以及 $\dfrac{1}{x}$ 单调有界且 $\displaystyle\lim_{x\to+\infty} \dfrac{1}{x} = 0$, 则可由

Dirichlet 判别法得到收敛性. 这两种证明本质上是一样的.

进一步, 对于 $n \geqslant 2$,

$$\int_\pi^{n\pi} \left| \frac{\sin x}{x} \right| \, \mathrm{d}x \geqslant \sum_{k=1}^{n-1} \frac{1}{(k+1)\pi} \int_{k\pi}^{(k+1)\pi} |\sin x| \, \mathrm{d}x$$

$$= \sum_{k=1}^{n-1} \frac{2}{(k+1)\pi} \to +\infty, \quad k \to +\infty.$$

因此, $\displaystyle\int_0^{+\infty} \left| \frac{\sin x}{x} \right| \, \mathrm{d}x$ 发散, 从而 $\displaystyle\int_0^{+\infty} \frac{\sin x}{x} \, \mathrm{d}x$ 条件收敛.

情形 2. $\alpha > 0$. 对于 $k \geqslant 1$,

$$\left| \int_{k\pi}^{(k+1)\pi} \frac{\sin x}{x} \mathrm{e}^{\alpha x} \, \mathrm{d}x \right| = \int_0^\pi \frac{\sin x}{x + k\pi} \mathrm{e}^{\alpha x + \alpha k\pi} \, \mathrm{d}x$$

$$\geqslant \frac{2\mathrm{e}^{k\pi}}{(k+1)\pi} \to +\infty, \quad n \to +\infty.$$

因此, 积分发散.

情形 3. $\alpha < 0$. 此时,

$$\lim_{x \to +\infty} x^2 \left| \frac{\sin x}{x} \mathrm{e}^{\alpha x} \right| = 0.$$

因此, 积分绝对收敛.

例 10.1.3 说明积分 $\displaystyle\int_0^\pi \ln \sin x \, \mathrm{d}x$ 收敛并求其值.

解 易见, 积分有两个瑕点 0 以及 π. 进一步, 被积函数非正. 于是由

$$\lim_{x \to 0^+} \sqrt{x} \ln \sin x = \lim_{x \to \pi^-} \sqrt{\pi - x} \ln \sin x = 0$$

即得积分收敛. 我们有

$$I \equiv \int_0^\pi \ln \sin x \, \mathrm{d}x = \int_0^{\frac{\pi}{2}} 2 \ln \sin 2x \, \mathrm{d}x$$

$$= \pi \ln 2 + 2 \int_0^{\frac{\pi}{2}} \ln \sin x \, \mathrm{d}x + 2 \int_0^{\frac{\pi}{2}} \ln \cos x \, \mathrm{d}x$$

$$= \pi \ln 2 + 2 \int_0^\pi \ln \sin x \, \mathrm{d}x = \pi \ln 2 + 2I.$$

因此, $I = -\pi \ln 2$.

例 10.1.4 设 $\displaystyle\int_0^{+\infty} f(x^2) \, \mathrm{d}x$ 收敛, $A, B > 0$, 证明:

$$\int_0^{+\infty} f\left[\left(Ax - \frac{B}{x}\right)^2\right] \mathrm{d}x = \frac{1}{A} \int_0^{+\infty} f(x^2)\,\mathrm{d}x. \qquad (10.1.10)$$

证明 作变量代换

$$t = Ax - \frac{B}{x}, \quad x \in (0, +\infty),$$

则

$$x = \frac{t + \sqrt{t^2 + 4AB}}{2A}, \quad t \in (-\infty, +\infty).$$

因此,

$$\int_0^{+\infty} f\left[\left(Ax - \frac{B}{x}\right)^2\right] \mathrm{d}x = \frac{1}{2A} \int_{-\infty}^{+\infty} f(t^2)\left(1 + \frac{t}{\sqrt{t^2 + 4AB}}\right) \mathrm{d}t. \quad (10.1.11)$$

由 Abel 判别法以及 $\int_0^{+\infty} f(x^2)\,\mathrm{d}x$ 的收敛性易见 $\int_0^{+\infty} f(t^2)\left(1 + \dfrac{t}{\sqrt{t^2 + 4AB}}\right) \mathrm{d}t$

与 $\int_{-\infty}^0 f(t^2)\left(1 + \dfrac{t}{\sqrt{t^2 + 4AB}}\right) \mathrm{d}t$ 收敛. 进而 $\int_0^{+\infty} f\left[\left(Ax - \dfrac{B}{x}\right)^2\right] \mathrm{d}x$ 收敛[6].

利用对称性可得

$$\int_{-\infty}^{+\infty} f(t^2)\frac{t}{\sqrt{t^2 + 4AB}}\,\mathrm{d}t = 0, \quad \int_{-\infty}^{+\infty} f(t^2)\,\mathrm{d}t = 2\int_0^{+\infty} f(t^2)\,\mathrm{d}t.$$

结合 (10.1.11) 式即得 (10.1.10) 式.   □

例 10.1.5 设 f 在 $[a, +\infty)$ 上非负且单调减少. 试证 $\int_a^{+\infty} f(x)\sin^2 x\,\mathrm{d}x$ 收敛当

且仅当 $\int_a^{+\infty} f(x)\,\mathrm{d}x$ 收敛.

证明 若 $\int_a^{+\infty} f(x)\,\mathrm{d}x$ 收敛, 则 $\int_a^{+\infty} f(x)\sin^2 x\,\mathrm{d}x$ 收敛.

以下设 $\int_a^{+\infty} f(x)\sin^2 x,\mathrm{d}x$ 收敛. 我们用两种方法证明 $\int_a^{+\infty} f(x)\,\mathrm{d}x$ 收敛.

法 I. 由于 f 非负, 我们只要证明 $\int_a^A f(x)\,\mathrm{d}x$ 有界. 进一步, 取 m 使得 $(m -$

$1)\pi \geqslant a$, 则只要证明 $\int_{m\pi}^{k\pi} f(x)\,\mathrm{d}x$ 关于 $k > m$ 有界. 利用 f 单减, 我们有

---

6 易见, 积分的变量代换不影响积分的收敛性.

$$\int_{m\pi}^{k\pi} f(x)\,\mathrm{d}x = \sum_{j=m-1}^{k-2} \int_{(j+1)\pi}^{(j+2)\pi} f(x)\,\mathrm{d}x \leqslant 2\sum_{j=m-1}^{k-2} \int_{(j+\frac{1}{4})\pi}^{(j+\frac{3}{4})\pi} f(x)\,\mathrm{d}x$$

$$\leqslant 4\sum_{j=m-1}^{k-2} \int_{(j+\frac{1}{4})\pi}^{(j+\frac{3}{4})\pi} f(x)\sin^2 x\,\mathrm{d}x$$

$$\leqslant 4\int_{(m-\frac{3}{4})\pi}^{(k-\frac{5}{4})\pi} f(x)\sin^2 x\,\mathrm{d}x.$$

由 $\displaystyle\int_a^{+\infty} f(x)\sin^2 x\,\mathrm{d}x$ 收敛, 得到 $\displaystyle\int_{m\pi}^{k\pi} f(x)\,\mathrm{d}x$ 有界. 从而 $\displaystyle\int_a^{+\infty} f(x)\,\mathrm{d}x$ 收敛.

法 II. 由于 f 非负单减, 因此 $\displaystyle\lim_{x\to+\infty} f(x)$ 存在. 若 $\displaystyle\lim_{x\to+\infty} f(x) \neq 0$, 则易见

$\displaystyle\int_a^{+\infty} f(x)\,\mathrm{d}x$ 和 $\displaystyle\int_a^{+\infty} f(x)\sin^2 x\,\mathrm{d}x$ 均发散到无穷大.

以下设 $\displaystyle\lim_{x\to+\infty} f(x) = 0$. 我们有

$$f(x)\sin^2 x = \frac{f(x)}{2} - \frac{f(x)\cos 2x}{2}. \tag{10.1.12}$$

由假设, f 单调有界并趋于 0, 而积分

$$\int_a^A \cos 2x\,\mathrm{d}x = \frac{\sin 2A - \sin 2a}{2}$$

关于 $A \geqslant a$ 有界, 从而由 Dirichlet 判别法, $\displaystyle\int_a^{+\infty} \frac{f(x)\cos 2x}{2}\,\mathrm{d}x$ 收敛. 于是由 (10.1.12)

式可知 $\displaystyle\int_a^{+\infty} f(x)\,\mathrm{d}x$ 收敛当且仅当 $\displaystyle\int_a^{+\infty} f(x)\sin^2 x\,\mathrm{d}x$ 收敛. □

例 10.1.6 试计算极限 $\displaystyle\lim_{n\to+\infty} \frac{1}{\sqrt{n}}\left(\frac{1}{\sqrt{1}} + \frac{1}{\sqrt{2}} + \cdots + \frac{1}{\sqrt{n}}\right)$.

解 利用

$$\int_{\frac{k}{n}}^{\frac{k+1}{n}} \frac{\mathrm{d}x}{\sqrt{x}} \leqslant \int_{\frac{k}{n}}^{\frac{k+1}{n}} \frac{\mathrm{d}x}{\sqrt{\frac{k}{n}}} \leqslant \int_{\frac{k-1}{n}}^{\frac{k}{n}} \frac{\mathrm{d}x}{\sqrt{x}}, \quad k = 1, 2, \cdots, n$$

得

$$\int_{\frac{1}{n}}^{\frac{n+1}{n}} \frac{\mathrm{d}x}{\sqrt{x}} \leqslant \frac{1}{\sqrt{n}}\left(\frac{1}{\sqrt{1}} + \frac{1}{\sqrt{2}} + \cdots + \frac{1}{\sqrt{n}}\right) \leqslant \int_0^1 \frac{\mathrm{d}x}{\sqrt{x}}.$$

进而

$$\lim_{n\to+\infty} \frac{1}{\sqrt{n}}\left(\frac{1}{\sqrt{1}} + \frac{1}{\sqrt{2}} + \cdots + \frac{1}{\sqrt{n}}\right) = \int_0^1 \frac{\mathrm{d}x}{\sqrt{x}} = 2.$$

例 10.1.7 设 $f(0^+)$ 及 $f(+\infty)$ 存在, 且对任何 $0 < \varepsilon < A < +\infty$, $\int_\varepsilon^A \dfrac{f(x)}{x}\,\mathrm{d}x$ 存

在, 试求 **Frullani (弗鲁拉尼) 积分** $\displaystyle\int_0^{+\infty} \dfrac{f(ax) - f(bx)}{x}\,\mathrm{d}x$, 其中 $a, b > 0$ 为常数.

解 不妨设 $a > b$, 则对任何 $A > \varepsilon > 0$,

$$
\begin{aligned}
\int_\varepsilon^A \frac{f(ax) - f(bx)}{x}\,\mathrm{d}x &= \int_\varepsilon^A \frac{f(ax)}{x}\,\mathrm{d}x - \int_\varepsilon^A \frac{f(bx)}{x}\,\mathrm{d}x \\
&= \int_{a\varepsilon}^{aA} \frac{f(x)}{x}\,\mathrm{d}x - \int_{b\varepsilon}^{bA} \frac{f(x)}{x}\,\mathrm{d}x \\
&= \int_{bA}^{aA} \frac{f(x)}{x}\,\mathrm{d}x - \int_{b\varepsilon}^{a\varepsilon} \frac{f(x)}{x}\,\mathrm{d}x.
\end{aligned}
$$

注意到对于 $B > 0$,

$$
\inf_{x \in [bB, aB]} f(x) \ln \frac{a}{b} \leqslant \int_{bB}^{aB} \frac{f(x)}{x}\,\mathrm{d}x \leqslant \sup_{x \in [bB, aB]} f(x) \ln \frac{a}{b},
$$

我们有

$$
\lim_{A \to +\infty} \int_{bA}^{aA} \frac{f(x)}{x}\,\mathrm{d}x = f(+\infty) \ln \frac{a}{b}
$$

以及

$$
\lim_{\varepsilon \to 0^+} \int_{b\varepsilon}^{a\varepsilon} \frac{f(x)}{x}\,\mathrm{d}x = f(0^+) \ln \frac{a}{b}.
$$

从而

$$
\int_0^{+\infty} \frac{f(ax) - f(bx)}{x}\,\mathrm{d}x = \big(f(+\infty) - f(0^+)\big) \ln \frac{a}{b}.
$$

例 10.1.8 试计算**概率积分** $\displaystyle\int_0^{+\infty} \mathrm{e}^{-x^2}\,\mathrm{d}x$.

解 对于 $R > 0$, 我们有

$$
\iint\limits_{x^2 + y^2 \leqslant R^2} \mathrm{e}^{-x^2 - y^2}\,\mathrm{d}x\mathrm{d}y \leqslant \iint\limits_{|x| \leqslant R, |y| \leqslant R} \mathrm{e}^{-x^2 - y^2}\,\mathrm{d}x\mathrm{d}y
$$

$$
\leqslant \iint\limits_{x^2 + y^2 \leqslant 2R^2} \mathrm{e}^{-x^2 - y^2}\,\mathrm{d}x\mathrm{d}y.
$$

即

$$
\iint\limits_{x^2 + y^2 \leqslant R^2} \mathrm{e}^{-x^2 - y^2}\,\mathrm{d}x\mathrm{d}y \leqslant 4\left(\int_0^R \mathrm{e}^{-x^2}\,\mathrm{d}x\right)^2 \leqslant \iint\limits_{x^2 + y^2 \leqslant 2R^2} \mathrm{e}^{-x^2 - y^2}\,\mathrm{d}x\mathrm{d}y.
$$

因此,

$$4 \left(\int_0^{+\infty} \mathrm{e}^{-x^2} \, \mathrm{d}x \right)^2 = \lim_{R \to +\infty} \iint_{x^2+y^2 \leqslant R^2} \mathrm{e}^{-x^2-y^2} \, \mathrm{d}x\mathrm{d}y$$

$$= 2\pi \lim_{R \to +\infty} \int_0^R r\mathrm{e}^{-r^2} \, \mathrm{d}r = \pi.$$

所以

$$\int_0^{+\infty} \mathrm{e}^{-x^2} \, \mathrm{d}x = \frac{\sqrt{\pi}}{2}.$$

Cauchy 主值积分

在一些情形, 尤其是一些物理问题中, 一些量的值表现为对称形式的积分的极限, 而相应的反常积分并不收敛. 在数学理论中, 也会有类似的需要. 为此, 我们引入 **Cauchy 主值积分**.

定义 10.1.6　设 $f : \mathbb{R}^n \to \mathbb{R}$ 局部可积, 若 $A = \lim\limits_{R \to +\infty} \int_{B_R(\mathbf{0})} f(\boldsymbol{x}) \, \mathrm{d}\boldsymbol{x}$ 存在, 则称

它为 $\int_{\mathbb{R}^n} f(\boldsymbol{x}) \, \mathrm{d}\boldsymbol{x}$ 的 **Cauchy 主值 (积分)**, 记作 V. P. $\int_{\mathbb{R}^n} f(\boldsymbol{x}) \, \mathrm{d}\boldsymbol{x}$.

同样, 可以引入瑕积分的 Cauchy 主值积分.

定义 10.1.7　设 $E \subseteq \mathbb{R}^n$ 为有界的 Jordan 可测集, $\boldsymbol{x}_0 \in E^o$ 为 $f : E \to \mathbb{R}$ 的

唯一瑕点. 对任何 $\delta > 0$, f 在 $E \setminus B_\delta(\boldsymbol{x}_0)$ 上 Riemann 可积. 若

$A = \lim\limits_{\delta \to 0^+} \int_{E \setminus B_\delta(\boldsymbol{x}_0)} f(\boldsymbol{x}) \, \mathrm{d}\boldsymbol{x}$ 存在, 则称它为 $\int_E f(\boldsymbol{x}) \, \mathrm{d}\boldsymbol{x}$ 的 Cauchy

主值 (积分), 记作 V. P. $\int_E f(\boldsymbol{x}) \, \mathrm{d}\boldsymbol{x}$.

数项级数收敛的 Cauchy 积分判别法

对于一般项单调的数项级数, 易见成立如下的 **Cauchy 积分判别法**.

定理 10.1.9　设 f 在 $[1, +\infty)$ 上单调, 则级数 $\sum\limits_{n=1}^{\infty} f(n)$ 收敛当且仅当反常积分

$\int_1^{+\infty} f(x) \, \mathrm{d}x$ 收敛.

定理的证明是容易的. 事实上, 我们已经多次利用这种思想去作估计.

习题 10.1.$\mathcal{A}$

1. 设 f 在 $(0,1]$ 上非负单调, 证明: $\lim\limits_{n \to +\infty} \dfrac{1}{n} \sum\limits_{k=1}^{n} f\left(\dfrac{k}{n}\right) = \displaystyle\int_0^1 f(x)\,\mathrm{d}x$, 这里右端积分可能是 $+\infty$.

2. 讨论以下积分的敛散性[7]:

   (1) $\displaystyle\int_0^{+\infty} \frac{\ln x}{x^a(x-1)^{2b}}\,\mathrm{d}x$;

   (2) $\displaystyle\int_0^{+\infty} \sin\left(x^p + \frac{1}{x^q}\right)\mathrm{d}x$, $\quad p, q > 0$;

   (3) $\displaystyle\int_0^{+\infty} \frac{\sin \pi x}{x^\alpha |x-1|^\beta}\,\mathrm{d}x$;

   (4) $\displaystyle\int_0^{+\infty} \frac{\mathrm{d}x}{x^p \sqrt[3]{\sin^2 x}}$;

   (5) $\displaystyle\int_0^{+\infty} (\ln x)\,\sin(x^p)\,\mathrm{d}x$.

3. 说明以下积分收敛并求其值:

   (1) $\displaystyle\int_0^{+\infty} \frac{1}{(1+x^2)(1+x^\alpha)}\,\mathrm{d}x$;

   (2) $\displaystyle\int_0^{\pi} x \ln \sin x\,\mathrm{d}x$;

   (3) $\displaystyle\int_0^{\pi} \ln(1 - 2r\cos x + r^2)\,\mathrm{d}x$;

   (4) $\displaystyle\int_0^{+\infty} \mathrm{e}^{-(x^2 + \frac{1}{x^2})}\,\mathrm{d}x$.

4. 利用 (9.4.10) 式说明 $\displaystyle\int_0^{\pi} \ln \sin x\,\mathrm{d}x = -\pi \ln 2$.

5. 设 f 在 $[0, +\infty)$ 上非负, 严格单调下降, 证明: $\displaystyle\int_0^x f(t)\sin t\,\mathrm{d}t > 0$. 特别地, 对于任何 $x > 0$ 成立 $\displaystyle\int_0^x \mathrm{e}^{-t} \sin t\,\mathrm{d}t > 0$.

6. 若 $f(0^+)$ 存在, $\forall A > 0$, $\displaystyle\int_A^{+\infty} \frac{f(x)}{x}\,\mathrm{d}x$ 收敛, 试计算 Frullani 积分 $\displaystyle\int_0^{+\infty} \frac{f(ax) - f(bx)}{x}\,\mathrm{d}x$, 其中 $a, b > 0$.

7. 若 $f(+\infty)$ 存在, $\forall \varepsilon > 0$, $\displaystyle\int_0^\varepsilon \frac{f(x)}{x}\,\mathrm{d}x$ 收敛, 试计算 Frullani 积分 $\displaystyle\int_0^{+\infty} \frac{f(ax) - f(bx)}{x}\,\mathrm{d}x$, 其中 $a, b > 0$.

8. 设 $f \in C[0, +\infty)$, $f > 0$. 若 $\displaystyle\int_0^{+\infty} \frac{1}{f(x)}\,\mathrm{d}x$ 收敛. 证明: $\lim\limits_{A \to +\infty} \dfrac{1}{A^2} \displaystyle\int_0^A f(x)\,\mathrm{d}x = +\infty$.

9. 证明: $\lim\limits_{n \to +\infty} \displaystyle\int_0^{+\infty} \frac{\cos\left(nx + \dfrac{1}{x}\right)}{1 + x^2}\,\mathrm{d}x = 0$.

10. 推广习题 8.3.$\mathcal{A}$ 第 6 题如下: 设 $f \in C[a, b]$ 非负, 且在 $c \in [a, b]$ 取得唯一的最大值 $f(c) > 0$, φ 在 $[a, b]$ 上绝对可积, 并在点 c 连续. 证明: $\lim\limits_{n \to +\infty} \dfrac{\displaystyle\int_a^b f^n(x)\varphi(x)\,\mathrm{d}x}{\displaystyle\int_a^b f^n(x)\,\mathrm{d}x} = \varphi(c)$.

7 　注: 在讨论含参数的问题时, 一开始不妨对参数的分类分得细一点, 最后再作适当的合并.

习题 $10.1.\mathcal{B}$

1. 尝试给出比习题 $\mathcal{A}$ 第 1 题的题设更弱的条件, 使得结论仍然成立.

2. 试讨论更一般的反常重积分的定义. 特别地, 考虑在定义反常重积分时, 瑕点集可以一般到什么程度.

3. 求 $\sum_{n=1}^{\infty} x^{n^2}$ 当 $x \to 1^-$ 时的阶.

4. (1) 举例说明, 存在恒正的 f 使得 $\int_0^{+\infty} f(x)\,\mathrm{d}x$ 收敛, 但 $\lim\limits_{x \to +\infty} f(x) = 0$ 不存在.

   (2) 举例说明存在恒正的无穷次可导函数 f 使得 $\int_0^{+\infty} f(x)\,\mathrm{d}x$ 收敛, 但 $\overline{\lim\limits_{x \to +\infty}} f(x) = +\infty$.

   (3) 若 f 一致连续, 且 $\int_0^{+\infty} f(x)\,\mathrm{d}x$ 收敛, 证明: $\lim\limits_{x \to +\infty} f(x) = 0$.

5. 证明: $\lim\limits_{n \to +\infty} \int_0^{\frac{\pi}{2}} \sin x^n\,\mathrm{d}x = 0$.

6. 证明: $\lim\limits_{n \to +\infty} \int_0^{\frac{\pi}{2}} \cos x^n\,\mathrm{d}x = 1$.

7. 设函数 $f:(0,+\infty) \to (0,+\infty)$ 连续且严格单调, 证明: "g 在 $[0,1]$ 上非负可积蕴涵 $f \circ g$ 在 $[0,1]$ 上非负可积" 等价于 $\overline{\lim\limits_{x \to +\infty}} \dfrac{f(x)}{x} < +\infty$.

8. 证明: $f(x) = \int_0^{+\infty} \mathrm{e}^{-xt^2} \sin t\,\mathrm{d}t$ 在 $(0,+\infty)$ 上有界.

9. 设 $\int_0^{+\infty} f(x)\,\mathrm{d}x$ 收敛. 求 $\lim\limits_{x \to +\infty} \dfrac{\displaystyle\int_0^x tf(t)\,\mathrm{d}t}{x}$.

10. 设 f 是 $[0,+\infty)$ 上非负可导函数. $f(0) = 0$, $f'(x) \leqslant \dfrac{1}{2}$, $\int_0^{+\infty} f(x)\,\mathrm{d}x$ 收敛. 求证: 对任何 $p > 1$, $\int_0^{+\infty} f^p(x)\,\mathrm{d}x$ 也收敛, 且 $\int_0^{+\infty} f^p(x)\,\mathrm{d}x \leqslant \left(\int_0^{+\infty} f(x)\,\mathrm{d}x\right)^{\frac{p+1}{2}}$.

11. 设 $\alpha \in (0,1)$, $\beta \in (0,1]$, $\sum_{n=1}^{\infty} \dfrac{\sin n^\alpha}{n^\beta}$ 的收敛性如何?

12. 设 $\alpha > 1$, $\beta \in (0,1]$, 对于 $\sum_{n=1}^{\infty} \dfrac{\sin n^\alpha}{n^\beta}$ 的收敛性, 你能够说些什么?

13. 设 $\alpha > 0$, $\beta > 0$, 对于 $\sum_{n=1}^{\infty} \dfrac{1}{n^\beta \sin n^\alpha}$ 的收敛性, 你能够说些什么?

14. 设 $f \in C^1[0,1]$, $f(0) = f(1) = 0$. 证明: $\left(\int_0^1 f(x)\,\mathrm{d}x\right)^2 \leqslant \dfrac{1}{12} \int_0^1 |f'(x)|^2\,\mathrm{d}x$. 进一步, 如何把条件放宽到 $f \in C_0^1(0,1)$? 其中 $C_0^1(0,1) = \left\{ f \in C[0,1] \cap C^1(0,1) \,\middle|\, f(0) = f(1) = 0 \right\}$.

§2　含参变量反常积分的一致收敛性及判别法

很多函数以含参变量的积分形式出现. 本节中, 我们仍然基于 Riemann 积分来讨论含参变量反常积分. 我们需要考察含参变量反常积分的可积性、连续性和可微性. 以含参变量无穷积分的连续性为例, 我们来考察什么条件可以保证 $F(\boldsymbol{y}) = \int_a^{+\infty} f(x, \boldsymbol{y}) \, \mathrm{d}x$ 连续.

假设 $E \subseteq \mathbb{R}^n$, f 在 $[a, +\infty) \times E$ 上有定义. 为使得 F 连续, 自然, 对于固定的 x, 假设 $f(x, \cdot)$ 连续是合理的, 而对于每个 $\boldsymbol{y} \in E$, 假设 $f(\cdot, \boldsymbol{y})$ 在 $[a, +\infty)$ 上的反常积分收敛则是必须的. 若对任何 $A > a$, f 在 $[a, A] \times E$ 上有界, 则由 Lebesgue 控制收敛定理 (或 Riemann 积分的 Arzelà 有界收敛定理), $\int_a^A f(x, \boldsymbol{y}) \, \mathrm{d}x$ 在 E 上连续. 这样, 设 $\boldsymbol{y}_0 \in E'$, 则

$$
\varlimsup_{\substack{\boldsymbol{y} \to \boldsymbol{y}_0 \\ \boldsymbol{y} \in E}} \left| \int_a^{+\infty} f(x, \boldsymbol{y}) \, \mathrm{d}x - \int_a^{+\infty} f(x, \boldsymbol{y}_0) \, \mathrm{d}x \right|
$$

$$
= \varlimsup_{\substack{\boldsymbol{y} \to \boldsymbol{y}_0 \\ \boldsymbol{y} \in E}} \left| \int_A^{+\infty} f(x, \boldsymbol{y}) \, \mathrm{d}x - \int_A^{+\infty} f(x, \boldsymbol{y}_0) \, \mathrm{d}x \right|
$$

$$
\leqslant 2 \sup_{\boldsymbol{y} \in E} \left| \int_A^{+\infty} f(x, \boldsymbol{y}) \, \mathrm{d}x \right|, \quad \forall A > a.
$$

于是, 若

$$
\lim_{A \to +\infty} \sup_{\boldsymbol{y} \in E} \left| \int_A^{+\infty} f(x, \boldsymbol{y}) \, \mathrm{d}x \right| = 0, \tag{10.2.1}
$$

便可得到 F 的连续性.

若 (10.2.1) 式成立, 我们称无穷积分 $\int_a^{+\infty} f(x, \boldsymbol{y}) \, \mathrm{d}x$ 关于 $\boldsymbol{y} \in E$ **一致收敛**[1]. 这等价于, $\forall \varepsilon > 0$, 存在 $X > a$, 使得当 $A \geqslant X$ 时, 对任何 $\boldsymbol{y} \in E$, 成立 $\left| \int_A^{+\infty} f(x, \boldsymbol{y}) \, \mathrm{d}x \right| \leqslant \varepsilon$.

类似地, 可以定义含参变量瑕积分的一致收敛性.

对于含参变量反常重积分, 一样可以引入一致收敛性. 以含参变量无穷重积分为例, 我们可以这样定义一致收敛性: 设 $n \geqslant 2$, $\Omega \subseteq \mathbb{R}^n$ 是 Jordan 可测的无界集,

---

1　自然, 它首先要求对每个 $\boldsymbol{y} \in E$, 反常积分 $\int_a^{+\infty} f(x, \boldsymbol{y}) \, \mathrm{d}x$ 收敛.

$E \subseteq \mathbb{R}^m$, $f : \Omega \times E \to \mathbb{R}$ 满足: 对任何 $\boldsymbol{y} \in E$, 无穷积分 $\displaystyle\int_\Omega f(\boldsymbol{x}, \boldsymbol{y}) \, \mathrm{d}\boldsymbol{x}$ 收敛, 且对任何 $\varepsilon > 0$, 存在 $R > 0$, 使得对任何包含 $B_R(\boldsymbol{0})$ 的 Jordan 可测的有界集 D, 以及 $\boldsymbol{y} \in E$, 都成立 $\left| \displaystyle\int_{\Omega \setminus D} f(\boldsymbol{x}, \boldsymbol{y}) \, \mathrm{d}\boldsymbol{x} \right| \leqslant \varepsilon$, 则称含参变量无穷重积分 $\displaystyle\int_\Omega f(\boldsymbol{x}, \boldsymbol{y}) \, \mathrm{d}\boldsymbol{x}$ 关于 $\boldsymbol{y} \in E$ 一致收敛.

以上条件等价于

$$\lim_{R \to +\infty} \sup_{\substack{B_R(\boldsymbol{0}) \subseteq D \\ D \text{ 有界可测}}} \sup_{\boldsymbol{y} \in E} \int_{\Omega \setminus D} \left| f(\boldsymbol{x}, \boldsymbol{y}) \right| \mathrm{d}\boldsymbol{x} = 0. \tag{10.2.2}$$

但事实上, 我们很少用到反常重积分的一致收敛性. 一来是因为理论上来讲, 在讨论 $\displaystyle\int_\Omega f(\boldsymbol{x}, \boldsymbol{y}) \, \mathrm{d}\boldsymbol{x}$ 的连续性时, (10.2.2) 式可以用以下较弱的条件代替:

$$\lim_{R \to +\infty} \sup_{\boldsymbol{y} \in E} \left| \int_{\Omega \setminus B_R(\boldsymbol{0})} f(\boldsymbol{x}, \boldsymbol{y}) \, \mathrm{d}\boldsymbol{x} \right| = 0. \tag{10.2.3}$$

另一方面, 除了 Weierstrass 判别法 (参见定理 10.2.2), 也没有什么好的判别法判断 (10.2.2) 式成立. 而当 Weierstrass 判别法的条件满足时, 就可运用 Lebesgue 控制收敛定理.

鉴此, 对于反常积分的一致收敛性以及判别法, 我们仅对一元情形加以讨论. 以下我们将以含参变量无穷积分为例叙述相关结果.

需要注意的是, 在考虑含参变量瑕积分时, 我们需要把 $\sup\limits_{\boldsymbol{y} \in E} |f(\cdot, \boldsymbol{y})|$ 的瑕点看作含参变量积分 $\displaystyle\int_a^b f(x, \boldsymbol{y}) \, \mathrm{d}x$ 的瑕点. 例如, 对于每个 $\alpha > 0$, 积分 $\displaystyle\int_0^1 \frac{\alpha}{x^2 + \alpha^2} \, \mathrm{d}x$ 均无瑕点. 由于 $\sup\limits_{\alpha > 0} \dfrac{\alpha}{x^2 + \alpha^2} = \dfrac{1}{2x}$ $(x > 0)$, 我们将点 0 看作含参变量积分 $\displaystyle\int_0^1 \frac{\alpha}{x^2 + \alpha^2} \, \mathrm{d}x$ 的瑕点.

Cauchy 准则, Weierstrass 判别法

含参变量无穷积分一致收敛的 Cauchy 准则可叙述如下:

定理 10.2.1 设 $E \subseteq \mathbb{R}^n$, $f : [a, +\infty) \times E \to \mathbb{R}$, $\forall \boldsymbol{\alpha} \in E$, $f(\cdot, \boldsymbol{\alpha}) \in \mathcal{R}_{loc}[a, +\infty)$, 则含参变量无穷积分[2] $\displaystyle\int_a^{+\infty} f(x, \boldsymbol{\alpha}) \, \mathrm{d}x$ 关于 $\boldsymbol{\alpha} \in E$ 一致收敛当且仅当对任何 $\varepsilon > 0$, 存在 $X > a$, 使得当 $X'' \geqslant X' \geqslant X$ 时, 对任何

---

2 这里默认没有瑕点.

$$\boldsymbol{\alpha} \in E \text{ 成立 } \left| \int_{X'}^{X''} f(x, \boldsymbol{\alpha}) \, dx \right| < \varepsilon. \text{ 这等价于}$$

$$\lim_{A \to +\infty} \sup_{\substack{t, s \geqslant A \\ \boldsymbol{\alpha} \in E}} \left| \int_s^t f(x, \boldsymbol{\alpha}) \, dx \right| = 0. \tag{10.2.4}$$

由 Cauchy 准则立即得到如下的 **Weierstrass 判别法**, 又称**大 M 判别法**.

定理 10.2.2　设 $E \subseteq \mathbb{R}^n$, $f : [a, +\infty) \times E \to \mathbb{R}$, $\forall \boldsymbol{\alpha} \in E$, $f(\cdot, \boldsymbol{\alpha}) \in \mathcal{R}_{loc}[a, +\infty)$. 若存在绝对可积函数 $M : [a, +\infty) \to \mathbb{R}$ 使得

$$|f(x, \boldsymbol{\alpha})| \leqslant M(x), \quad \forall (x, \boldsymbol{\alpha}) \in [a, +\infty) \times E, \tag{10.2.5}$$

则含参变量无穷积分 $\displaystyle\int_a^{+\infty} f(x, \boldsymbol{\alpha}) \, dx$ 关于 $\boldsymbol{\alpha} \in E$ 一致收敛.

注 10.2.1　易见, 当使用 Weierstrass 判别法处理含参变量瑕积分 (或既是无穷积分又是瑕积分的反常积分) 时, 不必刻意去关注哪些点是瑕点.

同样易见, 若在定理 10.2.2 中, 用

$$|f(x, \boldsymbol{\alpha})| \leqslant M(x, \boldsymbol{\alpha}), \quad \forall (x, \boldsymbol{\alpha}) \in [a, +\infty) \times E \tag{10.2.6}$$

代替, 而含参变量无穷积分 $\displaystyle\int_a^{+\infty} M(x, \boldsymbol{\alpha}) \, dx$ 关于 $\boldsymbol{\alpha} \in E$ 一致收敛, 则 $\displaystyle\int_a^{+\infty} f(x, \boldsymbol{\alpha}) \, dx$ 关于 $\boldsymbol{\alpha} \in E$ 一致收敛.

Abel 判别法, Dirichlet 判别法

含参变量反常积分一致收敛性的 Abel 判别法和 Dirichlet 判别法, 无论是结果还是证明都与判断反常积分收敛性的 Abel 判别法和 Dirichlet 判别法类似. 以无穷积分为例, 我们叙述如下, 而把证明留给读者.

定理 10.2.3　设 $E \subseteq \mathbb{R}^n$, $f, g : [a, +\infty) \times E \to \mathbb{R}$, 含参变量积分 $\displaystyle\int_a^{+\infty} f(x, \boldsymbol{\alpha}) \, dx$ 没有瑕点, 对任何 $\boldsymbol{\alpha} \in E$, $f(\cdot, \boldsymbol{\alpha}), g(\cdot, \boldsymbol{\alpha}) \in \mathcal{R}_{loc}[a, +\infty)$.

(i) **(Abel 判别法)** 若对于每个 $\boldsymbol{\alpha} \in E$, $g(\cdot, \boldsymbol{\alpha})$ 在 $[a, +\infty)$ 上单调, 且关于 $\boldsymbol{\alpha} \in E$ 一致有界——即 g 在 $[a, +\infty) \times E$ 上有界, $\displaystyle\int_a^{+\infty} f(x, \boldsymbol{\alpha}) \, dx$ 关于 $\boldsymbol{\alpha} \in E$ 一致收敛, 则 $\displaystyle\int_a^{+\infty} f(x, \boldsymbol{\alpha}) g(x, \boldsymbol{\alpha}) \, dx$ 关于 $\boldsymbol{\alpha} \in E$ 一致收敛.

(ii) **(Dirichlet 判别法)** 设对于每个 $\boldsymbol{\alpha} \in E$, $g(\cdot, \boldsymbol{\alpha})$ 在 $[a, +\infty)$

上单调, 且当 $x \to +\infty$ 时, $g(x, \boldsymbol{\alpha})$ 关于 $\boldsymbol{\alpha} \in E$ 一致趋于零, 即 $\lim\limits_{x \to +\infty} \sup\limits_{\boldsymbol{\alpha} \in E} |g(x, \boldsymbol{\alpha})| = 0$. 又设对于 $A \in [a, +\infty)$, $\int_a^A f(x, \boldsymbol{\alpha}) \, \mathrm{d}x$ 关于 $\boldsymbol{\alpha} \in E$ 一致有界, 即 $\int_a^A f(x, \boldsymbol{\alpha}) \, \mathrm{d}x$ 关于 $(A, \boldsymbol{\alpha}) \in [a, +\infty) \times E$ 有界, 则 $\int_a^{+\infty} f(x, \boldsymbol{\alpha}) g(x, \boldsymbol{\alpha}) \, \mathrm{d}x$ 关于 $\boldsymbol{\alpha} \in E$ 一致收敛.

例 10.2.1 考察积分 $\int_0^{+\infty} \dfrac{\sin x}{x} \mathrm{e}^{-\alpha x} \, \mathrm{d}x$ 关于 $\alpha \geqslant 0$ 的一致收敛性.

解 由于 $\int_0^{+\infty} \dfrac{\sin x}{x} \, \mathrm{d}x$ 收敛且不含 α, 该积分自然关于 $\alpha \geqslant 0$ 一致收敛.

而对于固定的 $\alpha \geqslant 0$, $\mathrm{e}^{-\alpha x}$ 关于 x 单调. 又 $0 \leqslant \mathrm{e}^{-\alpha x} \leqslant 1$, 因此 $\mathrm{e}^{-\alpha x}$ 在 $[0, +\infty)$ 上关于 $\alpha \geqslant 0$ 一致有界. 于是由 Abel 判别法, $\int_0^{+\infty} \dfrac{\sin x}{x} \mathrm{e}^{-\alpha x} \, \mathrm{d}x$ 关于 $\alpha \geqslant 0$ 一致收敛.

例 10.2.2 考察积分 $\int_0^{+\infty} \dfrac{\alpha}{x^2 + \alpha^2} \, \mathrm{d}x$ 关于 $\alpha > 0$ 的一致收敛性.

解 易见 0 是该积分唯一的瑕点, 且对任何 $\alpha > 0$, 积分收敛.

对于 $A > 1$, 我们有

$$\sup_{\alpha > 0} \int_A^{+\infty} \frac{\alpha}{x^2 + \alpha^2} \, \mathrm{d}x = \sup_{\alpha > 0} \int_{\frac{A}{\alpha}}^{+\infty} \frac{1}{x^2 + 1} \, \mathrm{d}x = \int_0^{+\infty} \frac{1}{x^2 + 1} \, \mathrm{d}x = \frac{\pi}{2}.$$

因此, 无穷积分 $\int_1^{+\infty} \dfrac{\alpha}{x^2 + \alpha^2} \, \mathrm{d}x$ 关于 $\alpha > 0$ 非一致收敛.

另一方面, 对于任何 $X > 0$,

$$\lim_{A \to +\infty} \sup_{0 < \alpha \leqslant X} \int_A^{+\infty} \frac{\alpha}{x^2 + \alpha^2} \, \mathrm{d}x = \lim_{A \to +\infty} \int_{\frac{A}{X}}^{+\infty} \frac{1}{x^2 + 1} \, \mathrm{d}x = 0.$$

因此, 无穷积分 $\int_1^{+\infty} \dfrac{\alpha}{x^2 + \alpha^2} \, \mathrm{d}x$ 关于 $\alpha \in (0, X]$ 一致收敛.

类似地, 对任何 $\alpha_0 > 0$, $\int_0^1 \dfrac{\alpha}{x^2 + \alpha^2} \, \mathrm{d}x$ 关于 $\alpha \geqslant \alpha_0$ 一致收敛. 而 $\int_0^1 \dfrac{\alpha}{x^2 + \alpha^2} \, \mathrm{d}x$ 关于 $\alpha > 0$ 非一致收敛[3].

总之, $\int_0^{+\infty} \dfrac{\alpha}{x^2 + \alpha^2} \, \mathrm{d}x$ 关于 $\alpha \in (0, +\infty)$ 内闭一致收敛, 但非一致收敛.

---

3 值得注意的是, $\int_0^{+\infty} \dfrac{\alpha}{x^2 + \alpha^2} \, \mathrm{d}x = \dfrac{\pi}{2} \ (\forall \, \alpha > 0)$.

习题 10.2.$\mathcal{A}$

1. 证明以下含参变量积分关于所考虑的参数内闭一致收敛, 但非一致收敛:

   (1) $\displaystyle\int_0^{+\infty} x^{\alpha-1}\mathrm{e}^{-x}\,\mathrm{d}x, \quad \alpha > 0;$ (2) $\displaystyle\int_0^{+\infty} x^{\alpha-1}\mathrm{e}^{-x}\ln^3 x\,\mathrm{d}x, \quad \alpha > 0;$

   (3) $\displaystyle\int_0^1 x^{p-1}(1-x)^{q-1}\mathrm{d}x, \quad p,q > 0;$ (4) $\displaystyle\int_0^1 x^{p-1}(1-x)^{q-1}(\ln x)\ln^2(1-x)\mathrm{d}x, \quad p,q > 0;$

   (5) $\displaystyle\int_0^{+\infty} \alpha\mathrm{e}^{-\alpha x}\,\mathrm{d}x, \quad \alpha > 0;$ (6) $\displaystyle\int_0^{+\infty} \alpha\mathrm{e}^{-\alpha^2 x^2}\,\mathrm{d}x, \quad \alpha > 0.$

2. 考察以下含参变量积分关于所考虑的参数的一致收敛性[4]:

   (1) $\displaystyle\int_0^{\pi} \ln(1 - 2\alpha\cos x + \alpha^2)\,\mathrm{d}x, \quad \alpha \in \mathbb{R};$ (2) $\displaystyle\int_0^1 x^{\alpha}\sin\frac{1}{x^{\beta}}\,\mathrm{d}x, \quad \alpha > -2, \beta > 0;$

   (3) $\displaystyle\int_1^{+\infty} \frac{y^2 - x^2}{(x^2+y^2)^2}\,\mathrm{d}x, \quad y \in \mathbb{R};$ (4) $\displaystyle\int_0^1 \frac{y^2 - x^2}{(x^2+y^2)^2}\,\mathrm{d}x, \quad y > 0.$

3. 设 $f \in C(0, +\infty)$, $\displaystyle\int_0^{+\infty} t^{\lambda}f(t)\,\mathrm{d}t$ 当 $\lambda = a, \lambda = b$ 时都收敛. 证明: $\displaystyle\int_0^{+\infty} t^{\lambda}f(t)\,\mathrm{d}t$ 关于 $\lambda \in [a, b]$ 一致收敛.

习题 10.2.$\mathcal{B}$

1. 考察使得以下积分收敛的参数 α, p, q 以及积分一致收敛的范围:

   (1) $\displaystyle\int_0^1 x^{\alpha}\sin\left(x^p + \frac{1}{x^q}\right)\mathrm{d}x;$ (2) $\displaystyle\int_1^{+\infty} x^{\alpha}\sin\left(x^p + \frac{1}{x^q}\right)\mathrm{d}x.$

2. 试讨论变量代换对于反常积分收敛性与一致收敛性的影响.

4　习题中讨论一致收敛性需包括内闭一致收敛性, 或者说需要讨论关于一致收敛性能够得到的最好结果.

§3　含参变量积分的性质

相对于 Lebesgue 积分, 通常认为 Riemann 积分有两个缺陷, 其一是一列一致有界的可积函数列的极限函数不一定 Riemann 可积; 其二是对于含参变量积分, 即使是研究常义积分, 讨论其积分、连续性、可微性等性质时也时常需要一致收敛性条件. 但引入 Lebesgue 积分后, 研究极限函数的可积性, 以及求极限、求积分和求导三种运算次序的交换都变得相对容易. 因此, 从本节开始, 我们将转向基于 Lebesgue 积分来讨论含参变量积分以及含参变量反常积分.

基于 Riemann 积分的反常积分概念回顾

反常重积分　　反常重积分完全是 Lebesgue 积分的特例. 基本上, 比之于把一个积分视为 Lebesgue 积分, 把它视为反常重积分并没有带来什么便利. 从这种意义上来讲, 第一节中提及的反常重积分这一概念可以抛弃.

高维 Cauchy 主值积分　　主值积分本质上其 "广义" 部分是一维的. 例如, 对于主值积分 V. P. $\int_{\mathbb{R}^n} f(\boldsymbol{x}) \, d\boldsymbol{x}$, 可以视为 $F(r) = \int_{|\boldsymbol{s}|=r} f(\boldsymbol{s}) \, d\boldsymbol{s}$ 的无穷积分 $\int_0^\infty F(r) \, dr$ (参见高维球面坐标变换公式 (8.6.19) 或余面积公式 (11.2.24)).

反常 (一元) 积分　　同反常重积分一样, 绝对收敛的反常积分是 Lebesgue 积分的特例. 因此, 我们事实上不必把它们看作 "反常积分". 换言之, 对我们来说, 只有条件收敛的积分才是真正 "广义" 的.

对于 Riemann 积分来讲, 在任何小邻域内函数都无界的点就是一个瑕点. 但对于这样的瑕点, 如果存在一个小邻域, 在 Lebesgue 积分意义下是可积的, 那么在 Lebesgue 积分的框架下, 就没有必要把它视为一个瑕点. 同样对于没有瑕点的无穷积分 $\int_a^\infty f(x) \, dx$ 来讲, 若积分是绝对收敛的, 则它就是 "正常的" (Lebesgue) 积分.

基于 Lebesgue 积分的反常积分与含参变量反常积分

引入 Lebesgue 积分后, 在反常积分的定义中, 首先可以把函数 "在不含瑕点的有界闭区间上 Riemann 可积" 的条件减弱为 "在不含瑕点的有界闭区间上 Lebesgue 可积". 若 f 在点 x_0 附近无界, 但存在 $\delta > 0$ 使得 f 在 $[x_0 - \delta, x_0 + \delta]$ 上 Lebesgue

可积, 则是否仍然应该把 x_0 视为瑕点, 可能会有不同意见. 在我们看来, 没有必要把这样的 x_0 视为瑕点. 因此, 我们按以下方式重新定义反常积分.

瑕点   设 f 在区间 I 上 (几乎处处有定义且) 可测. 若 $x_0 \in I$ 使得对任何 $\delta > 0$, f 在 $[x_0 - \delta, x_0 + \delta] \cap I$ 上都不是 Lebesgue 可积的, 则称 x_0 为积分 $\int_I f(x)\,\mathrm{d}x$ 的瑕点.

单一的瑕积分   设 f 在区间 I 上可测, a 是 f 唯一的瑕点. 若 $\displaystyle\lim_{\delta \to 0^+} \int_{a+\delta}^b f(x)\,\mathrm{d}x$ 收敛到 $L \in \mathbb{R}$, 则称反常积分 (瑕积分) $\int_a^b f(x)\,\mathrm{d}x$ 收敛到 L, 此时也称反常积分 $\int_a^b f(x)\,\mathrm{d}x$ 存在, 或 f 在 $[a,b]$ 上广义可积. 否则称 $\int_a^b f(x)\,\mathrm{d}x$ 发散. 若 $L = \pm\infty$, 则称 $\int_a^b f(x)\,\mathrm{d}x$ 发散到 $\pm\infty$.

单一的无穷积分   设 f 在 $[a, +\infty)$ 上可测, f 在 $[a, +\infty)$ 的任何有界子区间上 Lebesgue 可积, 而在 $[a, +\infty)$ 上不 Lebesgue 可积. 若 $\displaystyle\lim_{A \to +\infty} \int_a^A f(x)\,\mathrm{d}x$ 收敛到 $L \in \mathbb{R}$, 则称反常积分 (无穷积分) $\int_a^{+\infty} f(x)\,\mathrm{d}x$ 收敛到 L, 此时也称反常积分 $\int_a^{+\infty} f(x)\,\mathrm{d}x$ 存在, 或 f 在 $[a, +\infty)$ 上广义可积. 否则称 $\int_a^{+\infty} f(x)\,\mathrm{d}x$ 发散. 若 $L = \pm\infty$, 则称 $\int_a^{+\infty} f(x)\,\mathrm{d}x$ 发散到 $\pm\infty$.

读者可自行给出混合型的反常积分及其收敛性的定义.

含参变量积分的瑕点   设 $E \subseteq \mathbb{R}^n$, I 为 $\mathbb{R}$ 中的区间, $x_0 \in \overline{I}$, $f : I \times E \to \mathbb{R}$. 若对于任何 $\delta > 0$, 均不存在 $g \in L^1([x_0 - \delta, x_0 + \delta] \cap I)$ 使得

$$|f(x, \boldsymbol{y})| \leqslant g(x), \quad \forall \boldsymbol{y} \in E, \text{ a.e. } x \in [x_0 - \delta, x_0 + \delta] \cap I,$$

则称 x_0 为含参变量积分 $\int_I f(x, \boldsymbol{y})\,\mathrm{d}x$ 的瑕点.

关于积分收敛性的约定

一个含参变量积分, 可能对某些参数是反常积分, 而对另一些参数是常义积分. 鉴此, 若把常义积分看成反常积分的特例, 并相应地使用 "收敛" 和 "一致收敛" 等用词, 无疑能够给我们带来叙述上的方便. 在以下的叙述中, 相应积分未必一定是反常积分.

单一瑕点的积分的收敛性 设 $f : [a, b] \to \mathbb{R}$, 且对任何 $\delta > 0$, 有 $f \in L^1[a + \delta, b]$, 且

$$\lim_{\delta \to 0^+} \int_{a+\delta}^b f(x) \, \mathrm{d}x \tag{10.3.1}$$

存在, 则称积分 $\int_a^b f(x) \, \mathrm{d}x$ 收敛 (又称积分存在).

这里我们默认 a 是唯一可能的瑕点, 但未必一定是瑕点.

单一的无穷积分的收敛性 设 $f : [a, +\infty] \to \mathbb{R}$, 且对任何 $A > a$, 有 $f \in L^1[a, A]$. 若

$$\lim_{A \to +\infty} \int_a^A f(x) \, \mathrm{d}x \tag{10.3.2}$$

存在, 则称无穷积分 (未必一定是反常积分) $\int_a^{+\infty} f(x) \, \mathrm{d}x$ 收敛 (又称积分存在).

读者可自行给出混合型的积分收敛性的约定.

含参变量积分一致收敛性的重新定义

类似地, 以下把含参变量常义积分看成含参变量反常积分的特例, 并在此基础上谈论它们的一致收敛性.

单一瑕点含参变量积分的一致收敛性 设 $E \subseteq \mathbb{R}^n$, $f : [a, b] \times E \to \mathbb{R}$, 且对任何 $\delta > 0$, 必有 $g \in L^1[a + \delta, b]$ 使得

$$|f(x, \boldsymbol{y})| \leqslant g(x), \quad \forall \, \boldsymbol{y} \in E, \text{ a.e. } x \in [a + \delta, b]. \tag{10.3.3}$$

若对每个 $\boldsymbol{y} \in E$, 积分 $\int_a^b f(x, \boldsymbol{y}) \, \mathrm{d}x$ 存在, 且

$$\lim_{\delta \to 0^+} \sup_{\boldsymbol{y} \in E} \left| \int_a^{a+\delta} f(x, \boldsymbol{y}) \, \mathrm{d}x \right| = 0, \tag{10.3.4}$$

则称含参变量积分 $\int_a^b f(x, \boldsymbol{y}) \, \mathrm{d}x$ 关于 $\boldsymbol{y} \in E$ 一致收敛.

在上面的定义中我们默认 a 是唯一可能的瑕点, 但未必一定是瑕点.

单一的含参变量无穷积分的一致收敛性 设 $E \subseteq \mathbb{R}^n$, $f : [a, +\infty) \times E \to \mathbb{R}$, 且对任何 $A > a$, 有 $g \in L^1[a, A]$ 使得

$$|f(x, \boldsymbol{y})| \leqslant g(x), \quad \forall \, \boldsymbol{y} \in E, \text{ a.e. } x \in [a, A], \tag{10.3.5}$$

对每个 $\boldsymbol{y} \in E$, 积分 $\int_a^{+\infty} f(x, \boldsymbol{y}) \, \mathrm{d}x$ 存在,

$$\lim_{A \to +\infty} \sup_{\boldsymbol{y} \in E} \left| \int_A^{+\infty} f(x, \boldsymbol{y}) \, \mathrm{d}x \right| = 0, \tag{10.3.6}$$

则称含参变量无穷积分 $\int_a^{+\infty} f(x, \boldsymbol{y}) \, \mathrm{d}x$ 关于 $\boldsymbol{y} \in E$ 一致收敛.

读者可自行给出混合型的含参变量积分一致收敛性的定义.

若存在 $\varphi \in L^1[a, +\infty)$ 使得

$$|f(x, \boldsymbol{y})| \leqslant \varphi(x), \quad \forall \boldsymbol{y} \in E, \text{ a.e. } x \in [a, +\infty), \tag{10.3.7}$$

则易见 $\int_a^{+\infty} f(x, \boldsymbol{y}) \, \mathrm{d}x$ 关于 $\boldsymbol{y} \in E$ 一致收敛. 因此, 存在控制函数 (即满足 (10.3.7) 式的函数) φ 要强于反常积分的一致收敛性[1]. 而这正是研究含参变量积分时, 虽然有 Lebesgue 控制收敛定理, 一致收敛性仍然是一个重要工具的原因. 与之相对应的, 对于紧集上处处收敛的函数列, 其一致收敛性本质上要强于存在控制函数.

注 10.3.1 存在控制函数正是把相应的含参变量积分不看作反常积分的条件. 例如, 当条件 (10.3.7) 成立时, 就不必视含参变量积分 $\int_a^{+\infty} f(x, \boldsymbol{y}) \, \mathrm{d}x$ 为含参变量反常积分.

这样, 一方面, 在 Lebesgue 积分意义下, 我们不必把一些在 Riemann 积分意义下是 (含参变量) 反常积分的积分视为 (含参变量) 反常积分. 另一方面, 为了方便叙述, 我们又允许把 (含参变量) 常义积分纳入 (含参变量) 反常积分的范围内考虑.

从而, 反常积分和含参变量反常积分概念的重新定义, 除了涉及名称合理性问题外, 并没有给研究积分性质带来实质性的不同.

基于 Lebesgue 控制收敛定理的性质

基于 Lebesgue 控制收敛定理, 我们可以方便地建立一大类含参变量积分的连续性、可微性以及累次积分的可交换性.

含参变量积分连续性 首先, 结合 Heine (海涅) 定理, 立即可得连续性定理.

定理 10.3.1 设 $E \subset \mathbb{R}^n$ 可测, $F \subseteq \mathbb{R}^m$, $f : E \times F \to \mathbb{R}$. 又设 $\boldsymbol{y}_0 \in F$, 对于固定的 $\boldsymbol{y} \in F$, $f(\cdot, \boldsymbol{y})$ 可测, 对几乎所有的 $\boldsymbol{x} \in E$, $f(\boldsymbol{x}, \cdot)$ 在点 $\boldsymbol{y}_0$ 连续. 若存在 $g \in L^1(E)$, 使得

---

1 事实上, 按本节的观点, 此时我们不把 $\int_a^{+\infty} f(\boldsymbol{x}, \boldsymbol{y}) \, \mathrm{d}\boldsymbol{x}$ 看作反常积分.

$$|f(\boldsymbol{x}, \boldsymbol{y})| \leqslant g(\boldsymbol{x}), \quad \forall \boldsymbol{y} \in F, \text{ a.e. } \boldsymbol{x} \in E, \tag{10.3.8}$$

则 $\varphi(\boldsymbol{y}) = \displaystyle\int_E f(\boldsymbol{x}, \boldsymbol{y}) \, \mathrm{d}\boldsymbol{x}$ 在点 $\boldsymbol{y}_0$ 连续.

进一步, 若对几乎所有的 $\boldsymbol{x} \in E$, $f(\boldsymbol{x}, \cdot)$ 在 F 上连续, 则 $\varphi(\boldsymbol{y}) = \displaystyle\int_E f(\boldsymbol{x}, \boldsymbol{y}) \, \mathrm{d}\boldsymbol{x}$ 在 F 上连续.

含参变量积分的可微性　关于含参变量积分的可微性, 我们有

定理 10.3.2　设 $f : E \times \Omega \to \mathbb{R}$, 其中 $E \subseteq \mathbb{R}^n$ 可测, $\Omega \subseteq \mathbb{R}^m$ 为区域, 且存在 $\boldsymbol{y}_0 \in \Omega$, 使得 $f(\cdot, \boldsymbol{y}_0) \in L^1(E)$. 对几乎所有的 $\boldsymbol{x} \in E$, $f(\boldsymbol{x}, \cdot)$ 在 Ω 内 (连续) 可微, 且存在 $g \in L^1(E)$ 使得

$$|f_{\boldsymbol{y}}(\boldsymbol{x}, \boldsymbol{y})| \leqslant g(\boldsymbol{x}), \quad \forall \boldsymbol{y} \in \Omega, \text{ a.e. } \boldsymbol{x} \in E, \tag{10.3.9}$$

则 $\varphi(\boldsymbol{y}) = \displaystyle\int_E f(\boldsymbol{x}, \boldsymbol{y}) \, \mathrm{d}\boldsymbol{x}$ 在 Ω 上 (连续) 可微, 且

$$\varphi_{\boldsymbol{y}}(\boldsymbol{y}) = \int_E f_{\boldsymbol{y}}(\boldsymbol{x}, \boldsymbol{y}) \, \mathrm{d}\boldsymbol{x}, \quad \boldsymbol{y} \in \Omega. \tag{10.3.10}$$

证明　设使得 $f(\boldsymbol{x}, \cdot)$ 在 Ω 内不可微或 $|f_{\boldsymbol{y}}(\boldsymbol{x}, \boldsymbol{y})| \leqslant g(\boldsymbol{x}) \, (\forall \boldsymbol{y} \in E)$ 不成立的 $\boldsymbol{x}$ 的全体为 W. 根据定理假设, W 为零测度集.

设 $\delta > 0$ 使得 $B_\delta(\boldsymbol{y}_0) \subseteq \Omega$, 则对任何 $\boldsymbol{y} \in B_\delta(\boldsymbol{y}_0)$, 存在 $\boldsymbol{\xi} \in B_\delta(\boldsymbol{y}_0)$, 使得

$$\begin{aligned} |f(\boldsymbol{x}, \boldsymbol{y}) - f(\boldsymbol{x}, \boldsymbol{y}_0)| &= |\langle f_{\boldsymbol{y}}(\boldsymbol{x}, \boldsymbol{\xi}), \boldsymbol{y} - \boldsymbol{y}_0 \rangle| \\ &\leqslant |\boldsymbol{y} - \boldsymbol{y}_0| g(\boldsymbol{x}), \quad \forall \boldsymbol{x} \in E \setminus W. \end{aligned} \tag{10.3.11}$$

由控制收敛定理可得

$$\lim_{\boldsymbol{y} \to \boldsymbol{y}_0} \frac{1}{|\boldsymbol{y} - \boldsymbol{y}_0|} \left(\varphi(\boldsymbol{y}) - \varphi(\boldsymbol{y}_0) - \int_E f_{\boldsymbol{y}}(\boldsymbol{x}, \boldsymbol{y}_0)(\boldsymbol{y} - \boldsymbol{y}_0) \, \mathrm{d}\boldsymbol{x} \right)$$

$$= \lim_{\boldsymbol{y} \to \boldsymbol{y}_0} \int_E \frac{f(\boldsymbol{x}, \boldsymbol{y}) - f(\boldsymbol{x}, \boldsymbol{y}_0) - f_{\boldsymbol{y}}(\boldsymbol{x}, \boldsymbol{y}_0)(\boldsymbol{y} - \boldsymbol{y}_0)}{|\boldsymbol{y} - \boldsymbol{y}_0|} \, \mathrm{d}\boldsymbol{x} = 0.$$

即 φ 在点 $\boldsymbol{y}_0$ 可微且 (10.3.10) 式在点 $\boldsymbol{y}_0$ 成立.

另一方面, 由 (10.3.11) 式也可得 $f(\cdot, \boldsymbol{y}) \in L^1(E)$ 对任何 $\boldsymbol{y} \in B_\delta(\boldsymbol{y}_0)$ 成立. 进而又可知 φ 在 $B_\delta(\boldsymbol{y}_0)$ 内可微且 (10.3.10) 式在 $B_\delta(\boldsymbol{y}_0)$ 内成立.

由 Ω 为区域并利用有限覆盖定理, 即可证明在 Ω 内, φ 可微且 (10.3.10) 式成立.

最后, 利用定理 10.3.1 可知当 $f(\boldsymbol{x}, \cdot)$ 在 Ω 内连续可微时, φ 连续可微.　□

易见, 如果只给出被积函数关于参数在某给定点的可微性, 也可以建立如下结果.

定理 10.3.3 设 $f : E \times B_\delta(\boldsymbol{y}_0) \to \mathbb{R}$, 其中 $E \subseteq \mathbb{R}^n$ 可测, $\boldsymbol{y}_0 \in \mathbb{R}^m$, $\delta > 0$. 若对每个 $\boldsymbol{y} \in B_\delta(\boldsymbol{y}_0)$, $f(\cdot, \boldsymbol{y})$ 可测, 对几乎所有的 $\boldsymbol{x} \in E$, $f(\boldsymbol{x}, \cdot)$ 在点 $\boldsymbol{y}_0$ 可微, 又 $f(\cdot, \boldsymbol{y}_0) \in L^1(E)$, 且存在 $g \in L^1(E)$ 使得

$$|f(\boldsymbol{x}, \boldsymbol{y}) - f(\boldsymbol{x}, \boldsymbol{y}_0)| \leqslant g(\boldsymbol{x})|\boldsymbol{y} - \boldsymbol{y}_0|, \quad \forall \boldsymbol{y} \in B_\delta(\boldsymbol{y}_0), \text{ a.e. } \boldsymbol{x} \in E, \quad (10.3.12)$$

则 $\varphi(\boldsymbol{y}) = \displaystyle\int_E f(\boldsymbol{x}, \boldsymbol{y}) \,\mathrm{d}\boldsymbol{x}$ 在点 $\boldsymbol{y}_0$ 可微, 且

$$\varphi_{\boldsymbol{y}}(\boldsymbol{y}_0) = \int_E f_{\boldsymbol{y}}(\boldsymbol{x}, \boldsymbol{y}_0) \,\mathrm{d}\boldsymbol{x}. \tag{10.3.13}$$

含参变量积分的积分 结合注 8.5.1 和 Fubini 定理, 我们可以得到如下结果.

定理 10.3.4 设 $E \subseteq \mathbb{R}^n$ 和 $F \subseteq \mathbb{R}^m$ 可测, $f : E \times F \to \mathbb{R}$ 可测. 若

$$\int_E \mathrm{d}\boldsymbol{x} \int_F |f(\boldsymbol{x}, \boldsymbol{y})| \,\mathrm{d}\boldsymbol{y} < +\infty,$$

则 $\varphi(\cdot) = \displaystyle\int_F f(\cdot, \boldsymbol{y}) \,\mathrm{d}\boldsymbol{y}$ 在 E 上可积, $\psi(\cdot) = \displaystyle\int_E f(\boldsymbol{x}, \cdot) \,\mathrm{d}\boldsymbol{x}$ 在 F 上可积且

$$\int_E \mathrm{d}\boldsymbol{x} \int_F f(\boldsymbol{x}, \boldsymbol{y}) \,\mathrm{d}\boldsymbol{y} = \int_F \mathrm{d}\boldsymbol{y} \int_E f(\boldsymbol{x}, \boldsymbol{y}) \,\mathrm{d}\boldsymbol{x}. \tag{10.3.14}$$

基于一致收敛性的性质

如果仅用 Lebesgue 控制收敛定理难以解决问题, 可以考虑积分的一致收敛性. 以下, 我们主要考虑积分变量为一元的情形.

含参变量积分的极限与连续性 首先给出关于函数列积分极限的结果.

定理 10.3.5 设 $\{f_k\}$ 为 $[a, +\infty)$ 上可测函数列, $\displaystyle\lim_{k \to +\infty} f_k = f$ 在 $[a, +\infty)$ 上几乎处处成立. 对任何 $A > a$, 存在 $g_A \in L^1[a, A]$ 使得

$$|f_k(x)| \leqslant g_A(x), \quad \text{a.e. } x \in [a, A], \ \forall k \geqslant 1. \tag{10.3.15}$$

进一步, 积分 $\displaystyle\int_a^{+\infty} f_k(x) \,\mathrm{d}x$ 关于 $k \geqslant 1$ 一致收敛, 则 $\displaystyle\int_a^{+\infty} f(x) \,\mathrm{d}x$ 收敛, 且

$$\lim_{k \to +\infty} \int_a^{+\infty} f_k(x) \,\mathrm{d}x = \int_a^{+\infty} f(x) \,\mathrm{d}x. \tag{10.3.16}$$

证明 对于 $A > a$, 由控制收敛定理, $f \in L^1[a, A]$ 且

$$\varlimsup_{k\to+\infty}\int_a^{+\infty}f_k(x)\,\mathrm{d}x\leqslant\varlimsup_{k\to+\infty}\int_a^A f_k(x)\,\mathrm{d}x+\sup_{j\geqslant1}\left|\int_A^{+\infty}f_j(x)\,\mathrm{d}x\right|$$

$$=\int_a^A f(x)\,\mathrm{d}x+\sup_{j\geqslant1}\left|\int_A^{+\infty}f_j(x)\,\mathrm{d}x\right|.$$

因此, $\varlimsup\limits_{k\to+\infty}\displaystyle\int_a^{+\infty}f_k(x)\,\mathrm{d}x<+\infty$. 令 $A\to+\infty$ 得

$$\varlimsup_{k\to+\infty}\int_a^{+\infty}f_k(x)\,\mathrm{d}x\leqslant\varliminf_{A\to+\infty}\int_a^A f(x)\,\mathrm{d}x. \tag{10.3.17}$$

同理可得 $\varliminf\limits_{k\to+\infty}\displaystyle\int_a^{+\infty}f_k(x)\,\mathrm{d}x>-\infty$ 以及

$$\varliminf_{k\to+\infty}\int_a^{+\infty}f_k(x)\,\mathrm{d}x\geqslant\varlimsup_{A\to+\infty}\int_a^A f(x)\,\mathrm{d}x. \tag{10.3.18}$$

结合 (10.3.17) 式和 (10.3.18) 式即得定理结论. □

利用上述定理与 Heine 定理, 可得

定理 10.3.6 设 $E\subset\mathbb{R}^n$ 可测, $f:[a,+\infty)\times E\to\mathbb{R}$. 又设 $\boldsymbol{y}_0\in E$, 对于固定的 $\boldsymbol{y}\in E$, $f(\cdot,\boldsymbol{y})$ 可测, 对几乎所有的 $x\in[a,+\infty)$, $f(x,\cdot)$ 在点 $\boldsymbol{y}_0$ 连续. 若对任意 $A>a$, 存在 $g_A\in L^1[a,A]$, 使得

$$|f(x,\boldsymbol{y})|\leqslant g_A(x),\quad\forall\boldsymbol{y}\in E,\text{ a.e. }x\in[a,A], \tag{10.3.19}$$

且 $\displaystyle\int_a^{+\infty}f(x,\boldsymbol{y})\,\mathrm{d}x$ 关于 $\boldsymbol{y}\in E$ 一致收敛, 则 $\varphi(\boldsymbol{y})=\displaystyle\int_a^{+\infty}f(x,\boldsymbol{y})\,\mathrm{d}x$ 在点 $\boldsymbol{y}_0$ 连续[2].

进一步, 若对几乎所有的 $\boldsymbol{x}\in E$, $f(\boldsymbol{x},\cdot)$ 在 E 上连续, 则 φ 在 E 上连续.

类似地, 对于可能的瑕积分, 有

定理 10.3.7 设 $\{f_k\}$ 为 $(a,b]$ 上可测函数列, $\lim\limits_{k\to+\infty}f_k=f$ 在 $(a,b]$ 上几乎处处成立. $\forall\delta\in(0,b-a)$, 存在 $g_\delta\in L^1[a+\delta,b]$ 使得

$$|f_k(x)|\leqslant g_\delta(x),\quad\text{a.e. }x\in[a+\delta,b],\ \forall k\geqslant1. \tag{10.3.20}$$

进一步, 积分 $\displaystyle\int_a^b f_k(x)\,\mathrm{d}x$ 关于 $k\geqslant1$ 一致收敛, 则 $\displaystyle\int_a^b f(x)\,\mathrm{d}x$ 收敛, 且

$$\lim_{k\to+\infty}\int_a^b f_k(x)\,\mathrm{d}x=\int_a^b f(x)\,\mathrm{d}x. \tag{10.3.21}$$

---

2 根据定义, 若 $\boldsymbol{y}_0$ 是 E 的孤立点, φ 自然在点 $\boldsymbol{y}_0$ 连续.

定理 10.3.8 设 $E \subset \mathbb{R}^n$ 可测, $f : (a,b) \times E \to \mathbb{R}$. 又设 $\boldsymbol{y}_0 \in E$, 对于固定的 $\boldsymbol{y} \in E$, $f(\cdot, \boldsymbol{y})$ 可测, 对几乎所有的 $x \in (a,b)$, $f(x, \cdot)$ 在点 $\boldsymbol{y}_0$ 连续. 若对任意 $\delta \in (0, b-a)$, 存在 $g_\delta \in L^1[a+\delta, b]$, 使得

$$|f(x, \boldsymbol{y})| \leqslant g_\delta(x), \quad \forall \, \boldsymbol{y} \in E, \text{ a.e. } x \in [a+\delta, b], \tag{10.3.22}$$

且 $\displaystyle\int_a^b f(x, \boldsymbol{y}) \, \mathrm{d}x$ 关于 $\boldsymbol{y} \in E$ 一致收敛, 则 $\varphi(\boldsymbol{y}) = \displaystyle\int_a^b f(x, \boldsymbol{y}) \, \mathrm{d}x$ 在点 $\boldsymbol{y}_0$ 连续.

进一步, 若对几乎所有的 $\boldsymbol{x} \in E$, $f(\boldsymbol{x}, \cdot)$ 在 E 上连续, 则 φ 在 E 上连续.

注 10.3.2 以无穷积分的极限 $\displaystyle\lim_{n \to +\infty} \int_a^{+\infty} f_n(x) \, \mathrm{d}x$ 为例, 要使得

$$\lim_{n \to +\infty} \int_a^{+\infty} f_n(x) \, \mathrm{d}x = \int_a^{+\infty} f(x) \, \mathrm{d}x$$

成立, 通常, 数学分析中要求: (1) 对任何 $A > a$, $\{f_n\}$ 在 $[a, A]$ 上一致收敛到 f; (2) 无穷积分 $\displaystyle\int_a^{+\infty} f_n(x) \, \mathrm{d}x$ 一致收敛.

两个条件都涉及一致收敛性, 但前者是函数列的一致收敛, 后者则是反常积分的一致收敛. 与控制函数的存在性相比, (1) 要强于在 $[a, A]$ 上存在控制函数. 而 (2) 要弱于在 $[a, +\infty)$ 上存在控制函数.

含参变量积分的可微性   在定理 10.3.3 和 10.3.6 的基础上, 可得以下可微性结果.

定理 10.3.9 设 $f : [a, +\infty) \times \Omega \to \mathbb{R}$, 其中 $\Omega \subseteq \mathbb{R}^n$ 为区域, 且存在 $\boldsymbol{y}_0 \in \Omega$, 使得 $\displaystyle\int_a^{+\infty} f(x, \boldsymbol{y}_0) \, \mathrm{d}x$ 收敛. 对几乎所有的 $x \in [a, +\infty)$, $f(x, \cdot)$ 在 Ω 内 (连续) 可微. 对任何 $A > a$, 存在 $g_A \in L^1[a, A]$ 使得

$$|f_{\boldsymbol{y}}(x, \boldsymbol{y})| \leqslant g_A(x), \quad \forall \, \boldsymbol{y} \in \Omega, \text{ a.e. } x \in [a, A]. \tag{10.3.23}$$

进一步, $\displaystyle\int_a^{+\infty} f_{\boldsymbol{y}}(x, \boldsymbol{y}) \, \mathrm{d}x$ 关于 $\boldsymbol{y} \in \Omega$ 一致收敛, 则对任何 $\boldsymbol{y} \in \Omega$, $\displaystyle\int_a^{+\infty} f(x, \boldsymbol{y}) \, \mathrm{d}x$ 收敛, 而 $\varphi(\boldsymbol{y}) = \displaystyle\int_a^{+\infty} f(x, \boldsymbol{y}) \, \mathrm{d}x$ 在 Ω 内 (连续) 可微, 且

$$\varphi_{\boldsymbol{y}}(\boldsymbol{y}) = \int_a^{+\infty} f_{\boldsymbol{y}}(x, \boldsymbol{y}) \, \mathrm{d}x, \quad \forall \, \boldsymbol{y} \in \Omega. \tag{10.3.24}$$

另外, 当 Ω 为有界凸区域时, $\displaystyle\int_a^{+\infty} f(x, \boldsymbol{y})\, \mathrm{d}x$ 关于 $\boldsymbol{y} \in \Omega$ 一致收敛.

证明 不妨考虑 Ω 为有界凸区域的情形.

由定理 10.3.3, 对任何 $A > B > a$, $\boldsymbol{y} \mapsto \displaystyle\int_B^A f(x, \boldsymbol{y})\, \mathrm{d}x$ 在 Ω 内可微. 从而, 对任何 $\boldsymbol{y} \in \Omega$, 存在 $\boldsymbol{\xi} \in \Omega$ 使得

$$\left| \int_B^A \frac{f(x, \boldsymbol{y}) - f(x, \boldsymbol{y}_0)}{|\boldsymbol{y} - \boldsymbol{y}_0|}\, \mathrm{d}x \right| = \left| \frac{\displaystyle\int_B^A f(x, \boldsymbol{y})\, \mathrm{d}x - \int_B^A f(x, \boldsymbol{y}_0)\, \mathrm{d}x}{|\boldsymbol{y} - \boldsymbol{y}_0|} \right|$$

$$= \left| \left\langle \int_B^A f_{\boldsymbol{y}}(x, \boldsymbol{\xi})\, \mathrm{d}x, \frac{\boldsymbol{y} - \boldsymbol{y}_0}{|\boldsymbol{y} - \boldsymbol{y}_0|} \right\rangle \right| \leqslant \sup_{\boldsymbol{z} \in \Omega} \left| \int_B^A f_{\boldsymbol{y}}(x, \boldsymbol{z})\, \mathrm{d}x \right|.$$

由 Cauchy 准则和 $\displaystyle\int_a^{+\infty} f_{\boldsymbol{y}}(x, \boldsymbol{y})\, \mathrm{d}x$ 关于 $\boldsymbol{y} \in \Omega$ 的一致收敛性得到

$$\int_a^{+\infty} \frac{f(x, \boldsymbol{y}) - f(x, \boldsymbol{y}_0) - \langle f_{\boldsymbol{y}}(x, \boldsymbol{y}_0), \boldsymbol{y} - \boldsymbol{y}_0 \rangle}{|\boldsymbol{y} - \boldsymbol{y}_0|}\, \mathrm{d}x$$

关于 $\boldsymbol{y} \in \Omega \setminus \{\boldsymbol{y}_0\}$ 一致收敛. 进而又有 $\displaystyle\int_a^{+\infty} f(x, \boldsymbol{y})\, \mathrm{d}x$ 关于 $\boldsymbol{y} \in \Omega$ 一致收敛.

于是由定理 10.3.6 即得 φ 可微且 (10.3.24) 式成立.

最后, 若对任意 $x \in [a, +\infty)$, $f(x, \cdot)$ 在 Ω 内连续可微, 则由 (10.3.24) 式右端积分关于 $\boldsymbol{y} \in \Omega$ 的连续性得到 φ 连续可微. $\qquad\square$

读者可自行给出对应于单点可微以及对应于瑕积分的相关结果.

含参变量积分的积分 在 Riemann 积分框架下, 即使积分 $\displaystyle\int_c^{+\infty} \mathrm{d}y \int_a^{+\infty} |f(x, y)|\, \mathrm{d}x$ 及 $\displaystyle\int_a^{+\infty} \mathrm{d}x \int_c^{+\infty} |f(x, y)|\, \mathrm{d}y$ 均有限, 要说明 $\displaystyle\int_c^{+\infty} \mathrm{d}y \int_a^{+\infty} f(x, y)\, \mathrm{d}x$ 以及 $\displaystyle\int_a^{+\infty} \mathrm{d}x \int_c^{+\infty} f(x, y)\, \mathrm{d}y$ 相等也非常困难. 但在 Lebesgue 积分框架下, 由定理 10.3.4 可知, 在函数可测的前提下, 只要 $\displaystyle\int_c^{+\infty} \mathrm{d}y \int_a^{+\infty} |f(x, y)|\, \mathrm{d}x$ 有限, 上述结论就是肯定的. 但反常积分交换次序依然是一个比较复杂的问题. 例如我们很容易由条件收敛的级数构造出如下例题.

例 10.3.1 设 $\displaystyle\sum_{n=1}^{\infty} a_n$ 条件收敛到 L, 其重排 $\displaystyle\sum_{n=1}^{\infty} a_{k_n}$ 收敛到 $\ell \neq L$. 考虑

$$f(x, y) = \sum_{n=1}^{\infty} a_{k_n} \chi_{[n-1, n)}(x) \chi_{[k_n-1, k_n)}(y), \quad (x, y) \in [0, +\infty) \times [0, +\infty), \quad (10.3.25)$$

则易见

$$\int_0^{+\infty} \mathrm{d}y \int_0^{+\infty} f(x,y)\,\mathrm{d}x = L, \qquad \int_0^{+\infty} \mathrm{d}x \int_0^{+\infty} f(x,y)\,\mathrm{d}y = \ell.$$

关于含参变量反常积分的积分, 以含参变量无穷积分为例, 我们给出如下定理.

定理 10.3.10 设 $E \subset \mathbb{R}^n$ 可测, 测度有限, $f : [a, +\infty) \times E \to \mathbb{R}$ 可测. 对任何 $A > a$, f 在 $[a, A] \times E$ 上 Lebesgue 可积, 积分 $\displaystyle\int_a^{+\infty} f(x, \boldsymbol{y})\,\mathrm{d}x$ 关于 $\boldsymbol{y} \in E$ 一致收敛. 令 $\varphi(\boldsymbol{y}) = \displaystyle\int_a^{+\infty} f(x, \boldsymbol{y})\,\mathrm{d}x$, $\psi(x) = \displaystyle\int_E f(x, \boldsymbol{y})\,\mathrm{d}\boldsymbol{y}$, 则 $\displaystyle\int_a^{+\infty} \psi(x)\,\mathrm{d}x$ 收敛, $\displaystyle\int_E \varphi(\boldsymbol{y})\,\mathrm{d}\boldsymbol{y}$ 存在, 且两者相等, 即

$$\int_a^{+\infty} \mathrm{d}x \int_E f(x, \boldsymbol{y})\,\mathrm{d}\boldsymbol{y} = \int_E \mathrm{d}\boldsymbol{y} \int_a^{+\infty} f(x, \boldsymbol{y})\,\mathrm{d}x. \tag{10.3.26}$$

证明 由一致收敛性, 存在 $X > a$ 使得

$$\left| \int_0^{+\infty} f(x, \boldsymbol{y})\,\mathrm{d}x \right| \leqslant \left| \int_0^X f(x, \boldsymbol{y})\,\mathrm{d}x \right| + 1, \quad \forall\, \boldsymbol{y} \in E.$$

由假设条件, 这意味着在 E 上 φ 受一个可积函数加一个常数控制, 结合 E 测度有限, 得到 $\varphi \in L^1(E)$.

任取 $A > a$, 我们有

$$\left| \int_a^A \mathrm{d}x \int_E f(x, \boldsymbol{y})\,\mathrm{d}\boldsymbol{y} - \int_E \mathrm{d}\boldsymbol{y} \int_a^{+\infty} f(x, \boldsymbol{y})\,\mathrm{d}x \right|$$

$$= \left| \int_E \mathrm{d}\boldsymbol{y} \int_a^A f(x, \boldsymbol{y})\,\mathrm{d}x - \int_E \mathrm{d}\boldsymbol{y} \int_a^{+\infty} f(x, \boldsymbol{y})\,\mathrm{d}x \right|$$

$$\leqslant |E| \sup_{\boldsymbol{y} \in E} \left| \int_A^{+\infty} f(x, \boldsymbol{y})\,\mathrm{d}x \right|.$$

由此即得 $\displaystyle\int_a^{+\infty} \psi(x)\,\mathrm{d}x$ 收敛且 (10.3.26) 式成立. $\qquad\square$

积分的计算

例 10.3.2 计算 $\displaystyle\lim_{n \to +\infty} n\sqrt{n} \int_0^{+\infty} \frac{\sin x^2}{(1 + x^2)^n}\,\mathrm{d}x$.

解 作变量代换可得

$$n\sqrt{n}\int_0^{+\infty}\frac{\sin x^2}{(1+x^2)^n}\,\mathrm{d}x=\int_0^{+\infty}\frac{n\sin\dfrac{x^2}{n}}{\left(1+\dfrac{x^2}{n}\right)^n}\,\mathrm{d}x.$$

注意到当 $n\geqslant 2$ 时,

$$\left|\frac{n\sin\dfrac{x^2}{n}}{\left(1+\dfrac{x^2}{n}\right)^n}\right|\leqslant\frac{x^2}{1+\dfrac{n-1}{2n}x^4}\leqslant\frac{4x^2}{4+x^4},\quad\forall\,x\in[0,+\infty).$$

由控制收敛定理即得

$$\lim_{n\to+\infty}n\sqrt{n}\int_0^{+\infty}\frac{\sin x^2}{(1+x^2)^n}\,\mathrm{d}x=\int_0^{+\infty}x^2\mathrm{e}^{-x^2}\,\mathrm{d}x=\frac{\sqrt{\pi}}{4}.$$

利用含参变量积分的性质计算积分是一种常用的方法. 计算的常规方法是首先引入恰当的参数. 在此基础上, 通常的方法是以下三类: 利用积分交换次序, 先积分后求导, 或先求导再积分 (包含求导后得到微分方程). 其中通过先积分后求导计算积分的例子中不平凡的例子往往要用到一些特殊的知识, 例如利用 Euler 积分 (参见例 10.4.7).

例 10.3.3 设 $a,b>0$, 计算 $\displaystyle\int_0^1\frac{x^b-x^a}{\ln x}\,\mathrm{d}x$.

解 事实上, 所求积分为常义积分. 我们用两种方法计算.

法 I . 注意到 x^y 在 $[0,1]\times[a,b]$ 上连续, 我们有

$$\int_0^1\frac{x^b-x^a}{\ln x}\,\mathrm{d}x=\int_0^1\mathrm{d}x\int_a^b x^y\,\mathrm{d}y=\int_a^b\mathrm{d}y\int_0^1 x^y\,\mathrm{d}x$$
$$=\int_a^b\frac{1}{y+1}\,\mathrm{d}y=\ln\frac{b+1}{a+1}.$$

法 II . 固定 $a>0$, 记

$$F(b)=\int_0^1\frac{x^b-x^a}{\ln x}\,\mathrm{d}x,\quad b\geqslant a,$$

则

$$\frac{\mathrm{d}F(b)}{\mathrm{d}b}=\int_0^1 x^b\,\mathrm{d}x=\frac{1}{b+1}.$$

于是

$$F(b)=\ln(b+1)+C,\quad\forall\,b\geqslant a.$$

这样, 由 $F(a) = 0$ 得到

$$F(b) = \ln \frac{b+1}{a+1}.$$

不难看到, 本例中, 这两种方法并无本质区别.

例 10.3.4   计算 Dirichlet 积分 $\displaystyle\int_0^{+\infty} \frac{\sin x}{x} \,\mathrm{d}x.$

解   考虑

$$f(\alpha) = \int_0^{+\infty} \mathrm{e}^{-\alpha x} \frac{\sin x}{x} \,\mathrm{d}x, \quad \forall \alpha \geqslant 0.$$

由于 $\displaystyle\int_0^{+\infty} \mathrm{e}^{-\alpha x} \frac{\sin x}{x} \,\mathrm{d}x$ 关于 $\alpha \in [0, +\infty)$ 一致收敛, 可得 f 在 $[0, +\infty)$ 上连续.

另一方面, 上述积分形式求导后的积分 $\displaystyle\int_0^{+\infty} \mathrm{e}^{-\alpha x} \sin x \,\mathrm{d}x$ 关于 $\alpha \in (0, +\infty)$ 内闭一致收敛, 从而

$$f'(\alpha) = -\int_0^{+\infty} \mathrm{e}^{-\alpha x} \sin x \,\mathrm{d}x = -\frac{1}{1 + \alpha^2}, \quad \forall \alpha > 0.$$

两边求积分得到

$$f(\alpha) = -\arctan \alpha + C, \quad \forall \alpha > 0.$$

由 f 在 $[0, +\infty)$ 上的连续性, 得到

$$f(\alpha) = -\arctan \alpha + C, \quad \forall \alpha \geqslant 0.$$

而当 $\alpha > 0$ 时,

$$|f(\alpha)| \leqslant \int_0^{+\infty} \mathrm{e}^{-\alpha x} \,\mathrm{d}x = \frac{1}{\alpha}.$$

从而

$$C = \lim_{\alpha \to +\infty} \Big(f(\alpha) + \arctan \alpha \Big) = \frac{\pi}{2}.$$

由此即得

$$f(\alpha) = \frac{\pi}{2} - \arctan \alpha, \quad \forall \alpha \geqslant 0.$$

特别地,

$$\int_0^{+\infty} \frac{\sin x}{x} \,\mathrm{d}x = f(0) = \frac{\pi}{2}.$$

在积分的计算中, 对称性的利用是非常重要的. 以下是一个有趣的例子.

例 10.3.5 设 $\alpha \in (-\infty, +\infty)$. 计算 $\int_0^\pi \ln(1 - 2\alpha \cos x + \alpha^2) \, dx$.

解 首先, 从含参变量积分的瑕点定义来看, 当 α 取值于整个 $\mathbb{R}$ 时, $[0, \pi]$ 上所有点都是积分的瑕点. 但当我们把 α 限制在 $\mathbb{R}$ 的有界集上时, 积分可能的瑕点只有 0 和 π. 我们有

$$\sin^2 x \leqslant 1 - 2\alpha \cos x + \alpha^2 \leqslant 2 + 2\alpha^2.$$

因此,

$$|\ln(1 - 2\alpha \cos x + \alpha^2)| \leqslant |\ln \sin^2 x| + \ln(2 + 2\alpha^2), \quad \forall\, x \in (0, \pi).$$

于是, 由 Weierstrass 判别法, $\int_0^\pi \ln(1 - 2\alpha \cos x + \alpha^2) \, dx$ 关于 $\alpha \in (-\infty, +\infty)$ 内闭一致收敛. 于是利用一致收敛性的性质或 Lebesgue 控制收敛定理,

$$F(\alpha) = \int_0^\pi \ln(1 - 2\alpha \cos x + \alpha^2) \, dx$$

在 $(-\infty, +\infty)$ 上连续. 我们有

$$
\begin{aligned}
F(\alpha) = F(-\alpha) &= \frac{1}{2}(F(\alpha) + F(-\alpha)) \\
&= \frac{1}{2} \int_0^\pi \ln\left((1 + \alpha^2)^2 - 4\alpha^2 \cos^2 x\right) dx \\
&= \frac{1}{2} \int_0^\pi \ln\left((1 + \alpha^2)^2 - 2\alpha^2 \cos 2x - 2\alpha^2\right) dx \\
&= \frac{1}{4} \int_0^{2\pi} \ln\left(1 + \alpha^4 - 2\alpha^2 \cos x\right) dx \\
&= \frac{1}{2} \int_0^\pi \ln\left(1 + \alpha^4 - 2\alpha^2 \cos x\right) dx \\
&= \frac{1}{2} F(\alpha^2).
\end{aligned}
$$

因此, $F(\pm 1) = 0$. 更一般地, 反复运用上式可得

$$F(\alpha) = \frac{1}{2^n} F(\alpha^{2^n}), \quad \forall\, |\alpha| < 1, \, n \geqslant 1.$$

所以

$$F(\alpha) = \lim_{n \to +\infty} \frac{1}{2^n} F(\alpha^{2^n}) = 0 \cdot F(0) = 0, \quad \forall\, |\alpha| < 1.$$

最后, 结合 $F\left(\dfrac{1}{\alpha}\right) = -2\pi \ln|\alpha| + F(\alpha)$ 可得

$$F(\alpha) = \begin{cases} 2\pi \ln|\alpha|, & |\alpha| > 1, \\ 0, & |\alpha| \leqslant 1. \end{cases}$$

习题 10.3.$\mathcal{A}$

1. 求极限: $\displaystyle\lim_{n\to+\infty}\int_0^{\frac{\pi}{2}}\frac{\sin^n x + \cos^n x}{\sin^{n+1}x + \cos^{n+1}x}\,\mathrm{d}x$.

2. 通过引入参数并利用积分号下求导计算 $\displaystyle\int_0^1 \frac{\ln(1+x)}{1+x^2}\,\mathrm{d}x$.

3. 对应于定理 10.3.9, 给出并证明含参变量无穷积分被积函数关于参数仅在单点可微时的结果.

4. 对应于定理 10.3.9, 给出可能含有瑕点的含参变量积分可微性的结果并证明.

5. 证明 $\displaystyle\int_0^\pi \frac{\sin x}{x^\alpha(\pi-x)^{2-\alpha}}\,\mathrm{d}x$ 是区间 $(0,2)$ 内关于 α 的无界、连续函数.

6. 计算 $\displaystyle\lim_{n\to+\infty}\int_0^2 \frac{x^n\ln x}{1+x^n}\,\mathrm{d}x$ 并说明计算过程合理.

7. 设 $a,b>0$, 利用 Frullani 积分计算 $\displaystyle\int_0^1 \frac{x^b-x^a}{\ln x}\,\mathrm{d}x$.

8. 考察以下积分与例 10.3.5 的联系, 并尝试以各种方法计算这些积分:

    (1) $\displaystyle\int_0^{\frac{\pi}{2}}\ln(a^2-\sin^2 x)\,\mathrm{d}x, \quad a\geqslant 1$.

    (2) $\displaystyle\int_0^\pi \ln(1+a\cos x)\,\mathrm{d}x, \quad |a|\leqslant 1$.

    (3) $\displaystyle\int_0^\pi \ln(a^2\cos^2 x + b^2\sin^2 x)\,\mathrm{d}x, \quad a^2+b^2>0$.

9. 证明 $\displaystyle\lim_{\alpha\to+\infty}\int_0^{+\infty}\frac{\sin x}{x\sqrt{x}}\,\mathrm{e}^{-\alpha x}\,\mathrm{d}x = 0$.

10. 计算 $\displaystyle\lim_{n\to+\infty}\int_0^1 \frac{\cos(\pi x)-\mathrm{e}^{-n^2 x^2}}{n\arcsin x}\frac{\mathrm{d}x}{\ln(1+x)}$ 并说明计算过程成立的理由.

11. 计算 $\displaystyle\lim_{n\to+\infty}\sqrt{n}\int_0^{+\infty}\frac{\cos x}{(1+x^2)^n}\,\mathrm{d}x$ 并说明计算过程的正确性.

12. 证明或证伪: 当 $n\to+\infty$ 时, $\displaystyle\int_0^\pi \mathrm{e}^{xt}\left(\frac{\cos\left(n+\dfrac{1}{2}\right)t}{\ln(1+t)} - \frac{\cos nt}{t}\right)\mathrm{d}t$ 关于 $x\in[0,1]$ 一致收敛

    于零.

13. 设 f 是 $[0,1)$ 上的连续可微函数, $f(0)=0$, $f'\in L^2(0,1)$. 证明:

$$\int_0^1 \frac{|f(x)|^2}{x^2}\,\mathrm{d}x \leqslant 4\int_0^1 |f'(x)|^2\,\mathrm{d}x.$$

14. 设 f 为以 π 为周期且在 $[0,\pi]$ 上可积的偶函数. 证明:

    (1) $\displaystyle\int_0^{+\infty} f(x)\frac{\sin x}{x}\,\mathrm{d}x = \int_0^{\frac{\pi}{2}} f(x)\,\mathrm{d}x$.

    (2) $\displaystyle\int_0^{+\infty} f(x)\left(\frac{\sin x}{x}\right)^2\,\mathrm{d}x = \int_0^{\frac{\pi}{2}} f(x)\,\mathrm{d}x$.

15. 设 f 为以 2π 为周期在 $[0,2\pi]$ 上可积的偶函数. 证明:

$$\int_0^{+\infty} f(x) \frac{\sin x}{x} \, \mathrm{d}x = \frac{1}{2} \int_0^\pi f(x)(1 + \cos x) \, \mathrm{d}x.$$

16. 证明 $\displaystyle\int_0^1 \frac{1}{x^x} \, \mathrm{d}x = \sum_{n=1}^\infty \frac{1}{n^n}$.

17. 对于 $E \subseteq \mathbb{R}^n$, 用 $L \ln L(E)$ 表示满足 $\displaystyle\int_E |f(\boldsymbol{x})| \ln(1 + |f(\boldsymbol{x})|) \, \mathrm{d}\boldsymbol{x} < +\infty$ 的函数 f 的全体.

   现设 $a > 0$, $f : [0,1] \to [a, +\infty)$, $f \in L \ln L[0,1]$. 证明:

$$\int_0^1 f(x) \ln f(x) \, \mathrm{d}x \geqslant \int_0^1 f(x) \, \mathrm{d}x \int_0^1 \ln f(x) \, \mathrm{d}x.$$

18. 试利用 $\displaystyle\frac{1}{2} + \sum_{k=1}^n \cos kx = \frac{\sin\left(n + \dfrac{1}{2}\right)x}{2\sin\dfrac{x}{2}}$ 证明:

$$\frac{\pi}{2} = \lim_{n \to +\infty} \int_0^\pi \frac{\sin\left(n + \dfrac{1}{2}\right)x}{2\sin\dfrac{x}{2}} \, \mathrm{d}x = \lim_{n \to +\infty} \int_0^\pi \frac{\sin\left(n + \dfrac{1}{2}\right)x}{x} \, \mathrm{d}x = \int_0^{+\infty} \frac{\sin x}{x} \, \mathrm{d}x.$$

习题 10.3.$\mathcal{B}$

1. 设 $\alpha > 0$, 求 $n \to +\infty$ 时 $\displaystyle\int_{n\pi}^{(n+1)\pi} \frac{x}{1 + x^a \sin^2 x} \, \mathrm{d}x$ 的阶.

2. 计算 $\displaystyle\int_0^{+\infty} \frac{(1 - x^2) \arctan x^2}{x^4 + 4x^2 + 1} \, \mathrm{d}x$.

3. 设 $a \in [0,1]$, 计算 $\displaystyle\int_0^{\frac{\pi}{2}} \ln |a^2 - \sin^2 x| \, \mathrm{d}x$.

4. 试寻找一些线性算子的积分不等式, 给出与之对偶的不等式.

5. 构造 $[0,1]$ 上的函数 f, 使得 $\overline{\{(x, f(x)) | x \in [0,1]\}} = [0,1] \times [0,1]$.

6. 设 $p > 1$, $f \in L^p(0, +\infty)$ 且 f 非负. 证明 **Hardy 不等式**:

$$\int_0^{+\infty} \left(\frac{1}{x} \int_0^x f(t) \, \mathrm{d}t\right)^p \mathrm{d}x \leqslant \left(\frac{p}{p-1}\right)^p \int_0^{+\infty} f^p(x) \, \mathrm{d}x,$$

   其中 $\left(\dfrac{p}{p-1}\right)^p$ 为最佳常数, 等号成立当且仅当 $\displaystyle\int_0^{+\infty} f(x) \, \mathrm{d}x = 0$.

7. 设 $p > 1$, $f \in L^p(0, +\infty)$ 且 f 非负. 又设 $r > 0$, $r \neq 1$. 证明 Hardy 不等式的推广:

   若 $r > 1$, 则

$$\int_0^{+\infty} x^{-r} \left(\int_0^x f(t) \, \mathrm{d}t\right)^p \mathrm{d}x \leqslant \left(\frac{p}{r-1}\right)^p \int_0^{+\infty} x^{p-r} f^p(x) \, \mathrm{d}x;$$

   若 $0 < r < 1$, 则

$$\int_0^{+\infty} x^{-r} \left(\int_x^{+\infty} f(t) \, \mathrm{d}t\right)^p \mathrm{d}x \leqslant \left(\frac{p}{1-r}\right)^p \int_0^{+\infty} x^{p-r} f^p(x) \, \mathrm{d}x.$$

8. 设 $p, q > 1$ 为对偶数, $f \in L^q(0, +\infty)$ 且 f 非负. 令 $F(f)(x) = \displaystyle\int_x^{+\infty} \frac{f(t)}{t} \, \mathrm{d}t$. 利用 Hardy 不等式以及对偶关系证明: $\|F(f)\|_{L^q(0, +\infty)} \leqslant \dfrac{p}{p-1} \|f\|_{L^q(0, +\infty)}$.

§4 Euler 积分

本节介绍 Γ (伽马) 函数, B (贝塔) 函数及双 Γ 函数.

Γ 函数

Γ 函数的定义 函数

$$\Gamma(s) = \int_0^{+\infty} x^{s-1}\mathrm{e}^{-x}\,\mathrm{d}x, \quad s > 0 \tag{10.4.1}$$

称为 **Γ 函数**, 又称为**第二类 Euler 积分**.

易见对于任何 $k \geqslant 0$, 积分 $\int_0^{+\infty} x^{s-1}\mathrm{e}^{-x}\ln^k x\,\mathrm{d}x$ 关于 $s \in (0, +\infty)$ 内闭一致收敛, 因此, Γ 在 $(0, +\infty)$ 中有定义, 且有任意阶导数.

Γ 函数的递推公式 由分部积分立即得到

$$\Gamma(s+1) = s\Gamma(s), \quad \forall s > 0. \tag{10.4.2}$$

特别地,

$$\Gamma(n+1) = n!, \quad \forall n = 0, 1, \cdots. \tag{10.4.3}$$

利用 (10.4.2) 式, 可把 Γ 函数的定义域扩大到除 0 和负整数以外的所有实数.

log 凸性 由 Hölder 不等式, 立即可得 Γ 是**严格 log 凸**的, 即 $\ln\Gamma$ 是严格凸函数:

$$\begin{aligned}
\Gamma(\alpha x + (1-\alpha)y) &= \int_0^{+\infty} t^{\alpha x + (1-\alpha)y - 1}\mathrm{e}^{-t}\,\mathrm{d}t \\
&< \left(\int_0^{+\infty} t^{x-1}\mathrm{e}^{-t}\,\mathrm{d}t\right)^{\alpha}\left(\int_0^{+\infty} t^{y-1}\mathrm{e}^{-t}\,\mathrm{d}t\right)^{1-\alpha} \\
&= \Gamma(x)^{\alpha}\Gamma(y)^{1-\alpha}, \quad \forall\alpha \in (0,1), x > y > 0.
\end{aligned} \tag{10.4.4}$$

利用 log 凸性, 我们有

$$\begin{cases} \Gamma(x+s) \leqslant \Gamma(x)^{1-s}\Gamma(x+1)^s, \\ \Gamma(x+1) \leqslant \Gamma(x+s)^s\Gamma(x+s+1)^{1-s}, \end{cases} \quad \forall x > 0,\, s \in [0,1]. \tag{10.4.5}$$

结合递推公式得到

$$\left(\frac{x}{x+s}\right)^{1-s} \leqslant \frac{\Gamma(x+s)}{\Gamma(x)x^s} \leqslant 1, \quad \forall x > 0, s \in [0,1]. \tag{10.4.6}$$

因此

$$\lim_{x \to +\infty} \frac{\Gamma(x+s)}{\Gamma(x)x^s} = 1 \tag{10.4.7}$$

对 $s \in [0,1]$ 成立, 进而可得对任何 $s \in \mathbb{R}$ 成立. 对 (10.4.7) 式的另一证明参见命题 11.6.15.

Γ 函数在点 0 附近的阶 利用递推公式和连续性可得

$$\Gamma(s) \sim \frac{1}{s}, \quad s \to 0^+. \tag{10.4.8}$$

Stirling 公式, Γ 函数在无穷远处的阶 现在我们来给出连续情形的 Stirling 公式 (离散情形参见 (8.4.16) 式):

$$\Gamma(s+1) \sim \left(\frac{s}{e}\right)^s \sqrt{2\pi s}, \quad s \to +\infty. \tag{10.4.9}$$

证明 法 I . 利用 (10.4.6) 式可得

$$\left(\frac{[s]+1}{s+1}\right)^{1-s+[s]} \leqslant \frac{\Gamma(s+1)}{\Gamma([s]+1)([s]+1)^{s-[s]}} \leqslant 1, \quad \forall s > 0.$$

因此, $\displaystyle\lim_{s \to +\infty} \frac{\Gamma(s+1)}{\Gamma([s]+1)s^{s-[s]}} = 1$. 结合离散形式的 Stirling 公式可得

$$\lim_{s \to +\infty} \frac{\Gamma(s+1)}{\left(\frac{s}{e}\right)^s \sqrt{2\pi s}} = \lim_{s \to +\infty} \frac{\Gamma([s]+1)e^s}{s^{[s]}\sqrt{2\pi s}} = \lim_{s \to +\infty} e^{s-[s]} \left(\frac{[s]}{s}\right)^{[s]+\frac{1}{2}} = 1.$$

法 II . 令 $s > 0$. 作变量代换 $t = s(x+1)$ 得

$$\Gamma(s+1) = \int_0^{+\infty} t^s e^{-t} \, dt = \frac{s^{s+1}}{e^s} \int_{-1}^{+\infty} e^{-s(x-\ln(1+x))} \, dx.$$

考虑

$$g(x) = x - \ln(1+x), \quad \forall x \in (-1, +\infty),$$

则 g 在 $(-1, 0]$ 上严格单减, 在 $[0, +\infty)$ 上严格单增, $\displaystyle\lim_{x \to -1^+} g(x) = \lim_{x \to +\infty} g(x) = +\infty$.

注意到 $\displaystyle\lim_{x \to 0} \frac{g(x)}{x^2} = \frac{1}{2}$, 易见 $v(x) = \sqrt{g(x)}\,\text{sgn}\,x$ 是 $(-1, +\infty)$ 上严格单增且值域为 $(-\infty, +\infty)$ 的连续可微函数. 设其反函数为 $x = f(v)$, 则其定义域为 $(-\infty, +\infty)$, 且.

$$\frac{df(v)}{dv} = \begin{cases} 2\left(\dfrac{v}{f(v)} + v\right), & v \neq 0, \\ \sqrt{2}, & v = 0. \end{cases}$$

于是

$$\Gamma(s+1) = \frac{s^{s+1}}{\mathrm{e}^s} \int_{-\infty}^{+\infty} 2\left(\frac{v}{f(v)} + v\right) \mathrm{e}^{-sv^2}\,\mathrm{d}v$$

$$= \left(\frac{s}{\mathrm{e}}\right)^s \sqrt{s} \int_{-\infty}^{+\infty} 2\left(\frac{\frac{u}{\sqrt{s}}}{f\left(\frac{u}{\sqrt{s}}\right)} + \frac{u}{\sqrt{s}}\right) \mathrm{e}^{-u^2}\,\mathrm{d}u$$

$$= \left(\frac{s}{\mathrm{e}}\right)^s \sqrt{s} \int_0^{+\infty} 2\left(y\left(\frac{u}{\sqrt{s}}\right) + y\left(-\frac{u}{\sqrt{s}}\right)\right) \mathrm{e}^{-u^2}\,\mathrm{d}u,$$

其中

$$y(v) = \begin{cases} \dfrac{v}{f(v)}, & v \neq 0, \\ \dfrac{\sqrt{2}}{2}, & v = 0. \end{cases} \tag{10.4.10}$$

容易验证 y 连续. 进一步, 结合 f 严格单增可得

$$0 < y(v) \leqslant C(|v| + 1), \quad \forall v \in \mathbb{R}, \tag{10.4.11}$$

其中 $C > 0$ 为常数. 这样, 由 (10.4.11) 式及控制收敛定理得到

$$\lim_{s \to +\infty} \int_0^{+\infty} 2\left(y\left(\frac{u}{\sqrt{s}}\right) + y\left(-\frac{u}{\sqrt{s}}\right)\right) \mathrm{e}^{-u^2}\,\mathrm{d}u$$

$$= \int_0^{+\infty} 4y(0)\mathrm{e}^{-u^2}\,\mathrm{d}u = \sqrt{2\pi}.$$

这就得到了 Stirling 公式 (10.4.9).

Stirling 公式的改进[1]   沿着以上证明的思路, 我们可以得到更精细的结果. 注意到

$$G(x) = \begin{cases} \dfrac{g(x)}{x^2}, & x \neq 0, \\ \dfrac{1}{2}, & x = 0 \end{cases}$$

是 $(-1, +\infty)$ 内恒正的光滑函数, 而 $y = y(v)$ 是方程

$$y(v) = \sqrt{G\left(\frac{v}{y(v)}\right)}, \quad \forall v \in \mathbb{R}$$

的唯一解. 于是 y 的光滑性可由 $\sqrt{G}$ 的光滑性和下式得到:

$$\left[\frac{\partial}{\partial y}\left(y - \sqrt{G\left(\frac{v}{y}\right)}\right)\right]\bigg|_{y=y(v)} = \frac{1}{2(1+f(v))y^2(v)} > 0.$$

---

1   本部分内容为选讲内容.

令 $\displaystyle\sum_{k=0}^{\infty} a_k v^k$ 为 y 的 Maclaurin 级数, 则

$$y(v) + y(-v) = \sum_{k=0}^{n} 2a_{2k}v^{2k} + o(v^{2n}), \quad v \to 0.$$

类似于 (10.4.11) 式, 存在常数 $C_n > 0$ $(n = 1, 2, \cdots)$ 满足

$$\left| y(v) + y(-v) - \sum_{k=0}^{n} 2a_{2k}v^{2k} \right| \leqslant C_n v^{2n}, \quad \forall v \in \mathbb{R}.$$

从而由控制收敛定理得

$$\lim_{s \to +\infty} s^n \int_0^{+\infty} \left(y\left(\frac{u}{\sqrt{s}}\right) + y\left(-\frac{u}{\sqrt{s}}\right) - \sum_{k=0}^{n} 2a_{2k}\frac{u^{2k}}{s^k} \right) \mathrm{e}^{-u^2}\, \mathrm{d}u$$

$$= \int_0^{+\infty} \lim_{s \to +\infty} s^n \left(y\left(\frac{u}{\sqrt{s}}\right) + y\left(-\frac{u}{\sqrt{s}}\right) - \sum_{k=0}^{n} 2a_{2k}\frac{u^{2k}}{s^k} \right) \mathrm{e}^{-u^2}\, \mathrm{d}u$$

$$= \int_0^{+\infty} 0\, \mathrm{d}u = 0.$$

于是

$$\Gamma(s+1) = \left(\frac{s}{\mathrm{e}}\right)^s \sqrt{s} \left[\int_0^{+\infty} \sum_{k=0}^{n} 4a_{2k}\frac{u^{2k}}{s^k} \mathrm{e}^{-u^2}\, \mathrm{d}u + o\left(\frac{1}{s^n}\right) \right]$$

$$= \left(\frac{s}{\mathrm{e}}\right)^s \sqrt{s} \left[\sum_{k=0}^{n} 2a_{2k}\Gamma\left(k + \frac{1}{2}\right)\frac{1}{s^k} + o\left(\frac{1}{s^n}\right) \right], \quad s \to +\infty. \quad (10.4.12)$$

例如, 我们有

$$\Gamma(s+1) = \left(\frac{s}{\mathrm{e}}\right)^s \sqrt{2\pi s}\left(1 + \frac{1}{12s} + \frac{1}{288s^2} - \frac{139}{51840s^3} + o\left(\frac{1}{s^3}\right) \right), \quad s \to +\infty. \quad (10.4.13)$$

Euler 公式　由递推公式得到

$$\Gamma(s) = \frac{(n-1)!}{s(s+1)\cdots(s+n-1)}\frac{\Gamma(s+n)}{\Gamma(n)}, \quad s > 0.$$

结合 (10.4.7) 式, 我们有如下的 **Euler 公式**:

$$\Gamma(s) = \lim_{n \to +\infty} n^s \cdot \frac{(n-1)!}{s(s+1)\cdots(s+n-1)}. \quad (10.4.14)$$

时常, 也用上式来定义 $\Gamma(s)$.

Gauss 叠乘定理, 倍元公式　设 $k \geqslant 2$, 则 $\forall s > 0$, 成立 **Gauss**[2] **(高斯) 叠乘**

2　Gauss, C F, 1777—1855 年, 数学家, 物理学家, 天文学家, 几何学家, 大地测量学家.

定理:

$$\Gamma(s)\Gamma\left(s+\frac{1}{k}\right)\cdots\Gamma\left(s+\frac{k-1}{k}\right) = (2\pi)^{\frac{k-1}{2}} k^{\frac{1}{2}-ks}\Gamma(ks). \qquad (10.4.15)$$

当 $k=2$ 时, 又称为 **Legendre**[3] **(勒让德) 公式、倍元公式**.

证明 考虑

$$\varphi(s) = \frac{\Gamma(s)\Gamma\left(s+\dfrac{1}{k}\right)\cdots\Gamma\left(s+\dfrac{k-1}{k}\right)}{(2\pi)^{\frac{k-1}{2}} k^{\frac{1}{2}-ks}\Gamma(ks)}, \quad \forall s > 0,$$

则利用递推公式立即可得 φ 以 $\dfrac{1}{k}$ 为周期. 而利用 Stirling 公式, 可得 $\lim\limits_{s\to+\infty} \varphi(s) = 1$. 从而 $\varphi \equiv 1$. $\qquad\square$

Bohr – Mollerup 定理 以下的 **Bohr**[4] **– Mollerup**[5] **(玻尔 – 莫勒鲁普) 定理** 表明, Γ 函数是满足定理中三个条件的唯一解.

定理 10.4.1 满足下述三个条件的函数唯一:

(i) $\psi(x+1) = x\psi(x)$.

(ii) $\ln\psi$ 在 $(0, +\infty)$ 上为凸函数.

(iii) $\psi(1) = 1$.

证明 首先, Γ 满足定理中的条件. 而把推导 (10.4.5)—(10.4.7) 式和 (10.4.14) 式时的 Γ 换成 ψ, 即得满足定理中条件的 ψ 等于 Γ. $\qquad\square$

Euler 余元公式 我们有如下重要的**余元公式**:

$$\Gamma(s)\Gamma(1-s) = \frac{\pi}{\sin s\pi}, \quad \forall s \in (0,1). \qquad (10.4.16)$$

证明 余元公式有很多证明方法, 其简洁与否同 Γ 函数采用何种方式定义有关.

法 I. 对于 $s \in (0,1)$, 由 (10.4.14) 式以及 (8.4.15) 式 (参见习题 2.7.$\mathcal{B}$ 第 5 题),

$$\begin{aligned}
\Gamma(s)\Gamma(1-s) &= \lim_{n\to+\infty}\left(n\cdot\frac{(n-1)!}{s(s+1)\cdots(s+n-1)}\frac{(n-1)!}{(1-s)(2-s)\cdots(n-s)}\right)\\
&= \lim_{n\to+\infty}\frac{(n!)^2}{s(1-s^2)(2^2-s^2)\cdots(n^2-s^2)}\\
&= \frac{1}{s\displaystyle\prod_{n=1}^{\infty}\left(1-\frac{s^2}{n^2}\right)} = \frac{\pi}{\sin s\pi}.
\end{aligned}$$

---

3 Legendre, A M, 1752—1833 年.

4 Bohr, H, 1887—1951 年, 数学家, 足球运动员, 曾于 1908 年代表丹麦国家队参加夏季奥运会并获银牌.

5 Mollerup, J, 1872—1937 年.

法 II. 以下采用 Artin[6] (阿廷) *The Gamma Function*[1] 中的证明. 定义

$$g(x) = \begin{cases} \Gamma(x)\Gamma(1-x)\sin\pi x, & x \in (0,1), \\ \pi, & x = 0, 1. \end{cases} \tag{10.4.17}$$

我们可以重写 g 为

$$g(x) = \begin{cases} \Gamma(1+x)\Gamma(2-x)\dfrac{\sin\pi x}{x(1-x)}, & x \in (0,1), \\ \pi, & x = 0, 1, \end{cases} \tag{10.4.18}$$

则易见 $g \in C^2[0,1]$. 又 g 恒正, 因此我们可以定义 $h = \ln g$.

由倍元公式

$$\Gamma\left(\frac{x}{2}\right)\Gamma\left(\frac{1+x}{2}\right) = (2\pi)^{\frac{1}{2}}2^{\frac{1}{2}-x}\Gamma(x), \quad \forall x > 0 \tag{10.4.19}$$

可得

$$\Gamma\left(1 - \frac{1+x}{2}\right)\Gamma\left(1 - \frac{x}{2}\right) = (2\pi)^{\frac{1}{2}}2^{-\frac{1}{2}+x}\Gamma(1-x), \quad \forall x \in (0,1). \tag{10.4.20}$$

另一方面,

$$\sin\frac{\pi x}{2}\sin\frac{\pi(1+x)}{2} = \frac{1}{2}\sin\pi x, \quad \forall x \in \mathbb{R}. \tag{10.4.21}$$

由 $(10.4.19)$ — $(10.4.21)$ 式得到

$$h\left(\frac{x}{2}\right) + h\left(\frac{1+x}{2}\right) = h(x) + \ln\pi, \quad \forall x \in [0,1]. \tag{10.4.22}$$

求导两次, 得到

$$\frac{1}{4}\left(h''\left(\frac{x}{2}\right) + h''\left(\frac{1+x}{2}\right)\right) = h''(x), \quad \forall x \in [0,1]. \tag{10.4.23}$$

记 $M = \max\limits_{x \in [0,1]} |h''(x)|$, 则

$$|h''(x)| = \frac{1}{4}\left|h''\left(\frac{x}{2}\right) + h''\left(\frac{1+x}{2}\right)\right| \leqslant \frac{M}{2}, \quad \forall x \in [0,1]. \tag{10.4.24}$$

于是 $M \leqslant \dfrac{M}{2}$. 所以 $M = 0$. 即 $h''(x) \equiv 0$. 注意到 $h(0) = h(1) = \ln\pi$, 立即得到 $h(x) \equiv \ln\pi$, 从而余元公式成立.   □

---

6   Artin, E, 1898—1962 年.

B 函数

B 函数的定义　函数

$$B(p,q) = \int_0^1 x^{p-1}(1-x)^{q-1}\,dx, \quad \forall p,q>0 \tag{10.4.25}$$

称为 B **函数**, 又称为**第一类 Euler 积分**.

易见对任何整数 $k,j \geqslant 0$, 积分 $\int_0^1 x^{p-1}(1-x)^{q-1}\ln^k x \ln^j(1-x)\,dx$ 关于 $(p,q) \in (0,+\infty) \times (0,+\infty)$ 内闭一致收敛, 因此, $B(p,q)$ 对任何 $p,q>0$ 均有定义, 且在定义域内的各阶偏导数均连续.

B 函数和 Γ 函数的关系　由下述关系式, B 函数的很多性质可以通过 Γ 函数得到. 因此, 我们不赘述关于 B 函数的其他性质. 我们有

$$B(p,q) = \frac{\Gamma(p)\Gamma(q)}{\Gamma(p+q)}, \quad \forall p,q>0. \tag{10.4.26}$$

证明　对 $\Gamma(p) = \int_0^{+\infty} t^{p-1}e^{-t}\,dt$ 作变量代换 $t=x^2$ 可得

$$\Gamma(p) = 2\int_0^{+\infty} x^{2p-1}e^{-x^2}\,dx.$$

于是可得 (参见定理 10.3.4)

$$\begin{aligned}
\Gamma(p)\Gamma(q) &= 4\int_0^{+\infty}dx\int_0^{+\infty}x^{2p-1}y^{2q-1}e^{-x^2-y^2}\,dy\\
&= 4\iint\limits_{[0,+\infty)\times[0,+\infty)}x^{2p-1}y^{2q-1}e^{-x^2-y^2}\,dxdy\\
&= 4\int_0^{\frac{\pi}{2}}d\theta\int_0^{+\infty}r^{2p+2q-1}e^{-r^2}\cos^{2p-1}\theta\sin^{2q-1}\theta\,dr\\
&= 2\Gamma(p+q)\int_0^{\frac{\pi}{2}}\cos^{2p-1}\theta\sin^{2q-1}\theta\,d\theta\\
&= B(p,q)\Gamma(p+q),
\end{aligned}$$

其中最后一个等式通过变量代换 $\sin\theta = \sqrt{s}$ 得到 (参见例 10.4.1). □

多重对数函数[7]

对于 $p>1, |x|\leqslant 1$, 可引入**多重对数函数**:

$$\mathrm{Li}_p(x) = \sum_{n=1}^{\infty}\frac{x^n}{n^p}. \tag{10.4.27}$$

7　本部分内容为选讲内容.

当 $p=2$ 时, 成立以下的 **Euler 公式**, 这是多重对数函数的余元公式:

$$\mathrm{Li}_2(x) + \mathrm{Li}_2(1-x) = \frac{\pi^2}{6} - \ln x \ln(1-x), \quad x \in (0,1). \qquad (10.4.28)$$

证明 我们有

$$\big(\mathrm{Li}_2(x) + \mathrm{Li}_2(1-x) + \ln x \ln(1-x)\big)'$$

$$= \sum_{n=1}^{\infty} \frac{x^{n-1}}{n} - \sum_{n=1}^{\infty} \frac{(1-x)^{n-1}}{n} + \frac{\ln(1-x)}{x} - \frac{\ln x}{1-x} = 0, \quad x \in (0,1).$$

于是

$$\mathrm{Li}_2(x) + \mathrm{Li}_2(1-x) + \ln x \ln(1-x) = C, \quad \forall x \in (0,1).$$

而

$$C = \lim_{x \to 0^+} \big(\mathrm{Li}_2(x) + \mathrm{Li}_2(1-x) + \ln x \ln(1-x)\big) = \sum_{n=1}^{\infty} \frac{1}{n^2} = \frac{\pi^2}{6}.$$

结论得证. $\qquad\qquad\square$

双 Γ 函数[8]

定义**双 Γ 函数** $\psi(x)$ 如下:

$$\psi(x) = \big(\ln \Gamma(x)\big)', \quad \forall x > 0. \qquad (10.4.29)$$

该函数也称为 ψ 函数[9], 它具有如下性质:

(i) 利用 $\Gamma(x+1) = x\Gamma(x)$ 立即得到

$$\psi(x+1) = \psi(x) + \frac{1}{x}, \quad x > 0. \qquad (10.4.30)$$

(ii) 设 $x, y > 0$, 则

$$\psi(x) - \psi(y) = \sum_{k=0}^{\infty} \left(\frac{1}{y+k} - \frac{1}{x+k} \right). \qquad (10.4.31)$$

证明 利用 (i) 可得

$$\psi(x+1) = \frac{1}{x} + \psi(x), \quad \forall x > 0. \qquad (10.4.32)$$

从而 $\forall n \geqslant 1$,

$$\psi(x) - \psi(y) = \psi(x+1) - \psi(y+1) - \left(\frac{1}{x} - \frac{1}{y} \right) = \cdots$$

---

8 本部分内容为选讲内容.
9 另有多个函数也被称为 ψ 函数.

$$= \psi(x+n) - \psi(y+n) - \sum_{k=0}^{n-1} \left(\frac{1}{x+k} - \frac{1}{y+k} \right). \quad (10.4.33)$$

另一方面, 由于 Γ log 凸, 因此 ψ 单调增加, 所以当 $y \leqslant x \leqslant y + 1$ 时,

$$0 \leqslant \psi(x+n) - \psi(y+n)$$
$$= \frac{1}{x+n-1} + \psi(x+n-1) - \psi(y+n)$$
$$\leqslant \frac{1}{x+n-1}, \quad \forall n \geqslant 1.$$

由此得到

$$\lim_{n \to +\infty} \big(\psi(x+n) - \psi(y+n) \big) = 0. \quad (10.4.34)$$

结合 (10.4.32) 式知 (10.4.34) 式对所有 $x, y > 0$ 成立. 于是, 在 (10.4.33) 式中令 $n \to +\infty$ 即得 (10.4.31) 式. $\square$

(iii) 对 (10.4.31) 式关于 x 求导即得

$$\psi'(x) = \sum_{n=0}^{\infty} \frac{1}{(n+x)^2}, \quad x > 0. \quad (10.4.35)$$

(iv) 对 (10.4.35) 式求导得

$$\psi''(x) = -\sum_{n=0}^{\infty} \frac{2}{(n+x)^3}, \quad x > 0. \quad (10.4.36)$$

(v) 对余元公式 (10.4.16) 两边取对数后求导可得[10]

$$\psi(x) - \psi(1-x) = -\pi \cot \pi x, \quad \forall x \in (0,1). \quad (10.4.37)$$

(vi) 对 (10.4.15) 式两边取对数后求导可得: 对于 $k \geqslant 2$, 成立

$$\sum_{j=0}^{k-1} \psi \left(x + \frac{j}{k} \right) = k(\psi(kx) - \ln k), \quad \forall x > 0. \quad (10.4.38)$$

(vii) $\Gamma'(1) = \psi(1) = -\gamma$, 其中 $\gamma = \lim\limits_{n \to +\infty} \left(\sum\limits_{k=1}^{n} \frac{1}{k} - \ln n \right)$ 为 Euler 常数.

证明   有多种方法证明 $\Gamma'(1) = -\gamma$. 以下是一个简洁的证明. 我们有

$$\Gamma'(1) = \psi(1) = \psi(n+1) - \sum_{k=1}^{n} \frac{1}{k}, \quad \forall n \geqslant 1.$$

另一方面, 因为 $\ln \Gamma(x)$ 是凸函数, 可得

$$\psi(x) \leqslant \ln \Gamma(x+1) - \ln \Gamma(x) \leqslant \psi(x+1), \quad \forall x > 0.$$

---

10   通过其他方式, 比如利用 Fourier 级数得到 (10.4.37) 式, 即可得到余元公式的另一种证明.

由此可得

$$\ln n \leqslant \psi(n+1) \leqslant \ln(n+1).$$

因此,

$$\ln n - \sum_{k=1}^{n} \frac{1}{k} \leqslant \Gamma'(1) \leqslant \ln(n+1) - \sum_{k=1}^{n} \frac{1}{k}, \quad \forall n \geqslant 1.$$

在上式中令 $n \to +\infty$ 即得 $\Gamma'(1) = -\gamma$. $\qquad\qquad\qquad\qquad\qquad\qquad\square$

(viii) 可由上述性质得到 ψ 在 $\dfrac{1}{2}, \dfrac{1}{3}, \dfrac{2}{3}, \dfrac{1}{4}, \dfrac{3}{4}, \dfrac{1}{6}, \dfrac{5}{6}$ 等点的值. 例如 $\psi\left(\dfrac{1}{2}\right) = -2\ln 2 - \gamma$.

利用 Euler 积分计算

例 10.4.1 设 $p > -1, q > -1$, 则

$$\int_{0}^{\frac{\pi}{2}} \sin^p x \cos^q x \, \mathrm{d}x = \int_{0}^{1} t^p (1-t^2)^{\frac{q-1}{2}} \, \mathrm{d}t = \frac{1}{2} \int_{0}^{1} s^{\frac{p-1}{2}} (1-s)^{\frac{q-1}{2}} \, \mathrm{d}s$$

$$= \frac{1}{2} \mathrm{B}\left(\frac{p+1}{2}, \frac{q+1}{2}\right) = \frac{1}{2} \frac{\Gamma\left(\dfrac{p+1}{2}\right) \Gamma\left(\dfrac{q+1}{2}\right)}{\Gamma\left(\dfrac{p+q}{2}+1\right)}.$$

作为特例, 对于 $\alpha \in (0,1)$, 我们有 $\displaystyle\int_{0}^{\frac{\pi}{2}} \tan^\alpha x \, \mathrm{d}x = \frac{1}{2}\Gamma\left(\frac{1+\alpha}{2}\right)\Gamma\left(\frac{1-\alpha}{2}\right) = \dfrac{\pi}{2\cos\dfrac{\alpha\pi}{2}}.$

例 10.4.2 设 $p > -1; q, r > 0; qr > p+1$, 则作变量代换 $t = \dfrac{1}{1+x^q}$ 得

$$\int_{0}^{+\infty} \frac{x^p}{(1+x^q)^r} \, \mathrm{d}x = \int_{0}^{1} \left(\frac{1}{t}-1\right)^{\frac{p}{q}} t^r \left[\frac{1}{q}\left(\frac{1}{t}-1\right)^{\frac{1}{q}-1} \frac{1}{t^2}\right] \mathrm{d}t$$

$$= \frac{1}{q} \int_{0}^{1} \left(\frac{1}{t}-1\right)^{\frac{p+1}{q}-1} t^{r-2} \, \mathrm{d}t$$

$$= \frac{1}{q} \int_{0}^{1} (1-t)^{\frac{p+1}{q}-1} t^{r-1-\frac{p+1}{q}} \, \mathrm{d}t$$

$$= \frac{1}{q} \mathrm{B}\left(\frac{p+1}{q}, r - \frac{p+1}{q}\right)$$

$$= \frac{1}{q} \frac{\Gamma\left(\dfrac{p+1}{q}\right) \Gamma\left(r - \dfrac{p+1}{q}\right)}{\Gamma(r)}.$$

作为特例, 对于 $a \in (0,1)$, 有[11]

$$\int_0^{+\infty} \frac{1}{(1+x)x^a}\,\mathrm{d}x = \int_0^{+\infty} \frac{1}{(1+x)x^{1-a}}\,\mathrm{d}x = \frac{\pi}{\sin a\pi}. \tag{10.4.39}$$

例 10.4.3　设 $p, q > 1$ 互为对偶数, $f \in L^p(0, +\infty)$, $g \in L^q(0, +\infty)$, 证明 **Hardy–Hilbert (哈代–希尔伯特) 不等式**:

$$\iint\limits_{\mathbb{R}_+ \times \mathbb{R}_+} \frac{f(x)g(y)}{x+y}\,\mathrm{d}x\mathrm{d}y \leqslant \frac{\pi}{\sin\dfrac{\pi}{p}} \|f\|_p \|g\|_q. \tag{10.4.40}$$

进一步, 以上不等式右端的系数是最佳的.

证明　由 Hölder 不等式, 我们有

$$\iint\limits_{\mathbb{R}_+ \times \mathbb{R}_+} \frac{f(x)g(y)}{x+y}\,\mathrm{d}x\mathrm{d}y$$

$$\leqslant \left(\iint\limits_{\mathbb{R}_+ \times \mathbb{R}_+} \frac{|f(x)|^p}{x+y} \cdot \left(\frac{x}{y}\right)^{\frac{1}{q}} \mathrm{d}x\mathrm{d}y \right)^{\frac{1}{p}} \left(\iint\limits_{\mathbb{R}_+ \times \mathbb{R}_+} \frac{|g(y)|^q}{x+y} \cdot \left(\frac{y}{x}\right)^{\frac{1}{p}} \mathrm{d}x\mathrm{d}y \right)^{\frac{1}{q}}$$

$$= \frac{\pi}{\sin\dfrac{\pi}{p}} \|f\|_p \|g\|_q.$$

进一步, 设使得 Hardy–Hilbert 不等式成立的最佳常数为 B. 任取 $\alpha \in (0,1)$, $A > 1$, 令 $f_A(x) = x^{-\frac{1}{p}}\chi_{[A^{-\alpha}, A^{\alpha}]}(x)$, $g_A(x) = x^{-\frac{1}{q}}\chi_{[1/A, A]}(x)$, 则

$$B \geqslant \frac{\alpha^{\frac{1}{p}}}{\|f_A\|_p \|g_A\|_q} \iint\limits_{\mathbb{R}_+ \times \mathbb{R}_+} \frac{f_A(x)g_A(y)}{x+y}\,\mathrm{d}x\mathrm{d}y$$

$$= \frac{1}{2\ln A} \int_{A^{-\alpha}}^{A^{\alpha}} \mathrm{d}x \int_{1/A}^{A} \frac{1}{x^{\frac{1}{p}} y^{\frac{1}{q}}(x+y)}\,\mathrm{d}y$$

$$= \frac{1}{2\ln A} \int_{A^{-\alpha}}^{A^{\alpha}} \mathrm{d}x \int_{1/(xA)}^{A/x} \frac{1}{xy^{\frac{1}{q}}(1+y)}\,\mathrm{d}y$$

$$\geqslant \frac{1}{2\ln A} \int_{A^{-\alpha}}^{A^{\alpha}} \mathrm{d}x \int_{A^{\alpha-1}}^{A^{1-\alpha}} \frac{1}{xy^{\frac{1}{q}}(1+y)}\,\mathrm{d}y$$

$$= \alpha \int_{A^{\alpha-1}}^{A^{1-\alpha}} \frac{1}{y^{\frac{1}{q}}(1+y)}\,\mathrm{d}y.$$

令 $A \to +\infty$ 得到 $B \geqslant \alpha\dfrac{\pi}{\sin\dfrac{\pi}{p}}$. 再令 $\alpha \to 1^-$ 即得 $B \geqslant \dfrac{\pi}{\sin\dfrac{\pi}{p}}$.　　$\square$

---

[11]　用其他方式计算 $\displaystyle\int_0^{+\infty} \frac{1}{(1+x)x^a}\,\mathrm{d}x$, 也就得到了余元公式的另一种证明.

例 10.4.4   设 $a, b \in \mathbb{R}, p > 0, q > 0$, 则作变量代换 $x = a + t(b-a)$ 可得

$$\int_a^b (b-x)^{p-1}(x-a)^{q-1}\,\mathrm{d}x = (b-a)^{p+q-1}\int_0^1 (1-t)^{p-1}t^{q-1}\,\mathrm{d}t$$
$$= (b-a)^{p+q-1}\mathrm{B}(p,q).$$

特别地,

$$\int_{-1}^1 (1-x)^{p-1}(1+x)^{q-1}\,\mathrm{d}x = 2^{p+q-1}\mathrm{B}(p,q).$$

例 10.4.5   设 $0 < \alpha < 1$, 计算 $\displaystyle\sum_{n=1}^{\infty}\frac{1}{n^2 - \alpha^2}$.

解
$$\sum_{n=1}^{\infty}\frac{1}{n^2 - \alpha^2} = \frac{1}{2\alpha}\sum_{n=1}^{\infty}\left(\frac{1}{n-\alpha} - \frac{1}{n+\alpha}\right)$$
$$= \frac{1}{2\alpha}\big(\psi(1+\alpha) - \psi(1-\alpha)\big)$$
$$= \frac{1}{2\alpha}\left(\frac{1}{\alpha} + \psi(\alpha) - \psi(1-\alpha)\right)$$
$$= \frac{1}{2\alpha^2} + \frac{1}{2\alpha}\frac{\mathrm{d}}{\mathrm{d}\alpha}\ln\big(\Gamma(\alpha)\Gamma(1-\alpha)\big)$$
$$= \frac{1}{2\alpha^2} - \frac{\pi\cot(\alpha\pi)}{2\alpha}. \tag{10.4.41}$$

例 10.4.6   设 $0 < \alpha \leqslant 1$, 计算 $\displaystyle\sum_{n=1}^{\infty}\frac{1}{n^2 + \alpha^2}$.

解   可以由上一题结果猜想:

$$\sum_{n=1}^{\infty}\frac{1}{n^2 + \alpha^2} = \frac{1}{2(\mathrm{i}\alpha)^2} - \frac{\pi\cos(\mathrm{i}\alpha\pi)}{2\mathrm{i}\alpha\sin(\mathrm{i}\alpha\pi)} = -\frac{1}{2\alpha^2} + \frac{\pi}{2\alpha\tanh(\alpha\pi)}.$$

利用解析函数的唯一性, 可得上述结果的准确性 (参见习题 11.6.$\mathcal{B}$ 第 2 题). 在实数范围内的解答可参见文献 [25] 以及例 12.2.3.

例 10.4.7   对于 $\alpha > 0$, 计算 $\displaystyle\int_0^1 \frac{x^{\alpha-1}\ln x}{1-x}\,\mathrm{d}x$.

解   我们有

$$\int_0^1 \frac{x^{\alpha-1}\ln x}{1-x}\,\mathrm{d}x = \frac{\mathrm{d}}{\mathrm{d}\alpha}\left(\int_0^1 \frac{x^{\alpha-1}-1}{1-x}\,\mathrm{d}x\right)$$
$$= \frac{\mathrm{d}}{\mathrm{d}\alpha}\left(\int_0^1 \sum_{n=0}^{\infty}(x^{\alpha-1}-1)x^n\,\mathrm{d}x\right)$$

$$= \frac{\mathrm{d}}{\mathrm{d}\alpha} \sum_{n=0}^{\infty} \left(\frac{1}{n+\alpha} - \frac{1}{n+1} \right)$$

$$= \frac{\mathrm{d}}{\mathrm{d}\alpha} \big(\psi(1) - \psi(\alpha) \big) = -\psi'(\alpha).$$

也可以利用

$$\int_0^1 \frac{x^{\alpha-1} \ln x}{1-x} \mathrm{d}x = \lim_{\beta \to 1^-} \frac{\mathrm{d}}{\mathrm{d}\alpha} \int_0^1 \frac{x^{\alpha-1}}{(1-x)^\beta} \mathrm{d}x = \lim_{\beta \to 1^-} \frac{\mathrm{d}}{\mathrm{d}\alpha} \mathrm{B}(\alpha, 1-\beta)$$

或

$$\int_0^1 \frac{x^{\alpha-1} \ln x}{1-x} \mathrm{d}x = \frac{\mathrm{d}}{\mathrm{d}\alpha} \lim_{\beta \to 1^-} \int_0^1 \frac{x^{\alpha-1}-1}{(1-x)^\beta} \mathrm{d}x$$

$$= \frac{\mathrm{d}}{\mathrm{d}\alpha} \lim_{\beta \to 1^-} \big(\mathrm{B}(\alpha, 1-\beta) - \mathrm{B}(1, 1-\beta) \big)$$

进行计算. 作为特例,

$$\int_0^1 \frac{\ln x}{1-x} \mathrm{d}x = -\psi'(1) = -\frac{\pi^2}{6}.$$

习题 $10.4.\mathcal{A}$

1. 求实数 a 的取值范围, 使得积分 $\displaystyle\int_0^{+\infty} \frac{1}{x^a(x+1)(x+2)(x+3)} \mathrm{d}x$ 收敛, 并计算该积分.

2. 试计算如下积分:

(1) $\displaystyle\int_0^1 \frac{\ln(1+x)}{x} \mathrm{d}x$;

(2) $\displaystyle\int_0^1 \frac{\ln(1+x^2)}{x} \mathrm{d}x$, $\quad p, q > 0$;

(3) $\displaystyle\int_0^1 \frac{\ln(1+x+x^2)}{x} \mathrm{d}x$;

(4) $\displaystyle\int_0^1 \frac{\ln(1-x+x^2)}{x} \mathrm{d}x$.

3. 设 $n \geqslant 2$, 试用多种方法证明 $\displaystyle\prod_{k=0}^{n-1} \sin(x + \frac{k\pi}{n}) = \frac{\sin nx}{2^{n-1}}$.

4. 设 $n \geqslant 2$, 证明: $\displaystyle\prod_{k=1}^{n-1} \sin \frac{k\pi}{n} = \frac{n}{2^{n-1}}$.

5. 设 $n \geqslant 2$, 证明: $\displaystyle\prod_{k=1}^{n-1} \Gamma(\frac{k}{n}) = \frac{1}{\sqrt{n}} (2\pi)^{\frac{n-1}{2}}$.

6. 计算 $\displaystyle\int_0^1 \ln \Gamma(x) \mathrm{d}x$.

7. 设 $f \in C^1(\mathbb{R})$ 以 1 为周期, $f(x) + f\left(x + \frac{1}{2}\right) = f(2x)$. 证明: $f \equiv 0$.

习题 10.4.$\mathcal{B}$

1. 证明: $\displaystyle\int_0^{+\infty} \frac{\mathrm{e}^{-x} - \cos x}{x}\,\mathrm{d}x = 0$.

2. 计算 $\displaystyle\int_0^{+\infty} \frac{\cos x - \cos x^2}{x}\,\mathrm{d}x$.

3. 计算 $\displaystyle\int_{-\infty}^{+\infty} \sin t^2\,\mathrm{d}t$.

4. 计算 $\displaystyle\lim_{x \to 0^+} \sum_{n=1}^{\infty} \frac{nx^2}{1 + n^3 x^3}$.

5. 计算 $\displaystyle\int_0^{+\infty} \frac{\ln x}{x^2 - 1}\,\mathrm{d}x$.

6. 设 $p, q > 1$ 为对偶数, $\displaystyle\sum_{n=1}^{\infty} |a_n|^p$ 和 $\displaystyle\sum_{n=1}^{\infty} |b_n|^p$ 收敛. 证明如下离散型的 Hardy–Hilbert 不等式:
$$\sum_{m=1}^{\infty} \sum_{n=1}^{\infty} \frac{a_m b_n}{m + n} \leqslant \frac{\pi}{\sin \frac{\pi}{p}} \left(\sum_{n=1}^{\infty} |a_n|^p \right)^{\frac{1}{p}} \left(\sum_{n=1}^{\infty} |b_n|^q \right)^{\frac{1}{q}}.$$

7. 计算 ψ 在 $\dfrac{1}{2}, \dfrac{1}{3}, \dfrac{2}{3}, \dfrac{1}{4}, \dfrac{3}{4}, \dfrac{1}{6}, \dfrac{5}{6}$ 等点的值.

8. 证明 Γ 函数在定义域内解析.

9. 证明例 9.4.7 中的结论.

§5　变分法初步[1]

变分学研究的是泛函极值问题. 通常, 所研究的泛函的定义域是函数空间, 即泛函的自变量是函数. 鉴于变分思想非常重要, 但是很多读者不见得有机会学习变分法, 我们在本节中对它作一简单的介绍.

考虑泛函

$$J(\boldsymbol{y}) = \int_a^b F(x, \boldsymbol{y}(x), \boldsymbol{y}'(x), \cdots, \boldsymbol{y}^{(n)}(x)) \, \mathrm{d}x, \tag{10.5.1}$$

其中 $\boldsymbol{y}$ 满足一定的约束条件:

$$\boldsymbol{y} \in Y \subseteq C^n([a,b]; \mathbb{R}^m). \tag{10.5.2}$$

我们的变分问题为

问题 (P)　寻找 $\bar{\boldsymbol{y}} \in Y$ 使得

$$J(\bar{\boldsymbol{y}}) = \inf_{\boldsymbol{y} \in Y} J(\boldsymbol{y}). \tag{10.5.3}$$

必要条件, Euler – Lagrange 方程

为简单起见, 给定 $\boldsymbol{y}_1, \boldsymbol{y}_2 \in \mathbb{R}^m$, 考虑 $n = 1$ 以及

$$Y = \left\{ \boldsymbol{y} \in C^1([a,b]; \mathbb{R}^m) \big| \boldsymbol{y}(a) = \boldsymbol{y}_1, \boldsymbol{y}(b) = \boldsymbol{y}_2 \right\}. \tag{10.5.4}$$

此时,

$$J(\boldsymbol{y}) = \int_a^b F(x, \boldsymbol{y}(x), \boldsymbol{y}'(x)) \, \mathrm{d}x. \tag{10.5.5}$$

我们视 F 为 $(x, \boldsymbol{y}, \boldsymbol{z}) \in \mathbb{R} \times \mathbb{R}^m \times \mathbb{R}^m$ 的函数.

关于问题 (P) 的解所满足的必要条件, 我们有如下的定理.

定理 10.5.1　设 $F \in C^1([a,b] \times \mathbb{R}^m \times \mathbb{R}^m)$, 而 Y 和 J 由 (10.5.4) 式与 (10.5.5) 式定义. 若 $\bar{\boldsymbol{y}} \in Y$ 是问题 (P) 的解, 则 $x \mapsto \nabla_{\boldsymbol{z}} F(x, \bar{\boldsymbol{y}}(x), \bar{\boldsymbol{y}}'(x))$ 连续可微, 且

$$\nabla_{\boldsymbol{y}} F(x, \bar{\boldsymbol{y}}(x), \bar{\boldsymbol{y}}'(x)) - \frac{\mathrm{d}}{\mathrm{d}x} \left(\nabla_{\boldsymbol{z}} F(x, \bar{\boldsymbol{y}}(x), \bar{\boldsymbol{y}}'(x)) \right) = \boldsymbol{0}. \tag{10.5.6}$$

1　本节为选讲内容.

方程 (10.5.6) 称为 **Euler–Lagrange 方程**. 定理中关于 $x \mapsto \nabla_z F(x, \bar{\boldsymbol{y}}(x),$ $\bar{\boldsymbol{y}}'(x))$ 连续可微的结论表明变分问题的最优解通常具有较好的光滑性. 记

$$C_0^1([a,b];\mathbb{R}^m) = \left\{ \boldsymbol{\varphi} \in C^1([a,b];\mathbb{R}^m) \big| \boldsymbol{\varphi}(a) = \boldsymbol{\varphi}(b) = \boldsymbol{0} \right\}. \qquad (10.5.7)$$

当 $m = 1$ 时, $C_0^1([a,b];\mathbb{R}^m)$ 简写为 $C_0^1[a,b]$. 在证明定理之前, 我们给出如下引理.

引理 10.5.2 设 $\boldsymbol{f} \in L^1([a,b];\mathbb{R}^m)$ 满足

$$\int_a^b \boldsymbol{f}(x) \cdot \boldsymbol{\varphi}'(x)\, \mathrm{d}x = 0, \quad \forall\, \boldsymbol{\varphi} \in C_0^1([a,b];\mathbb{R}^m), \qquad (10.5.8)$$

则 $\boldsymbol{f}$ 在 $[a,b]$ 上几乎处处等于常量.

证明 易见只需考虑 $m = 1$ 的情形. 在本引理证明中, 一般地, 对于函数 $\eta \in L^1[a,b]$, 用 $\bar{\eta}$ 表示 η 在 $[a,b]$ 上的平均值 $\dfrac{1}{b-a}\displaystyle\int_a^b \eta(x)\,\mathrm{d}x$. 任取 $\psi \in C[a,b]$, 令

$$\varphi(x) = \int_a^x \big(\psi(t) - \bar{\psi}\big)\,\mathrm{d}t, \quad x \in [a,b],$$

则 $\varphi \in C_0^1[a,b]$. 因此 $\displaystyle\int_a^b f(x)\big(\psi(x) - \bar{\psi}\big)\,\mathrm{d}x = 0$. 于是

$$\int_a^b (f(x) - \bar{f})\psi(x)\,\mathrm{d}x = \int_a^b f(x)\psi(x)\,\mathrm{d}x - \frac{1}{b-a}\int_a^b f(x)\,\mathrm{d}x \int_a^b \psi(x)\,\mathrm{d}x$$

$$= \int_a^b f(x)\big(\psi(x) - \bar{\psi}\big)\,\mathrm{d}x = 0.$$

取 $[a,b]$ 上一致有界的连续函数列 $\{\psi_k\}$, 使其几乎处处收敛到 $\operatorname{sgn}(f - \bar{f})$, 则

$$\int_a^b |f(x) - \bar{f}|\,\mathrm{d}x = \lim_{k \to +\infty} \int_a^b \big(f(x) - \bar{f}\big)\psi_k(x)\,\mathrm{d}x = 0.$$

因此, 在 $[a,b]$ 上几乎处处有 $f = \bar{f}$. $\qquad\qquad \square$

定理 10.5.1 的证明 任取 $\boldsymbol{\varphi} \in C_0^1([a,b];\mathbb{R}^m)$, 则对任何 $\alpha \in \mathbb{R}$, $\bar{\boldsymbol{y}} + \alpha\boldsymbol{\varphi} \in Y$. 考虑

$$G(\alpha) = J(\bar{\boldsymbol{y}} + \alpha\boldsymbol{\varphi})$$
$$= \int_a^b F(x, \bar{\boldsymbol{y}}(x) + \alpha\boldsymbol{\varphi}(x), \bar{\boldsymbol{y}}'(x) + \alpha\boldsymbol{\varphi}'(x))\,\mathrm{d}x, \quad \alpha \in \mathbb{R}, \quad (10.5.9)$$

则 G 在 $\alpha = 0$ 处取到最小值. 我们有

$$G'(\alpha) = \int_a^b \Big(\nabla_{\boldsymbol{y}} F(x, \bar{\boldsymbol{y}}(x) + \alpha\boldsymbol{\varphi}(x), \bar{\boldsymbol{y}}'(x) + \alpha\boldsymbol{\varphi}'(x)) \cdot \boldsymbol{\varphi}(x) +$$
$$\nabla_{\boldsymbol{z}} F(x, \bar{\boldsymbol{y}}(x) + \alpha\boldsymbol{\varphi}(x), \bar{\boldsymbol{y}}'(x) + \alpha\boldsymbol{\varphi}'(x)) \cdot \boldsymbol{\varphi}'(x)\Big)\,\mathrm{d}x. \ (10.5.10)$$

从而

$$
\begin{aligned}
0 &= G'(0) \\
&= \int_a^b \Big(\nabla_{\boldsymbol{y}} F(x, \bar{\boldsymbol{y}}(x), \bar{\boldsymbol{y}}'(x)) \cdot \boldsymbol{\varphi}(x) + \nabla_{\boldsymbol{z}} F(x, \bar{\boldsymbol{y}}(x), \bar{\boldsymbol{y}}'(x)) \cdot \boldsymbol{\varphi}'(x) \Big) \, \mathrm{d}x \\
&= \int_a^b \Big(-\boldsymbol{H}(x) + \nabla_{\boldsymbol{z}} F(x, \bar{\boldsymbol{y}}(x), \bar{\boldsymbol{y}}'(x)) \Big) \cdot \boldsymbol{\varphi}'(x) \, \mathrm{d}x,
\end{aligned}
$$

其中

$$
\boldsymbol{H}(x) = \int_a^x \nabla_{\boldsymbol{y}} F(t, \bar{\boldsymbol{y}}(t), \bar{\boldsymbol{y}}'(t)) \, \mathrm{d}t, \quad x \in [a, b].
$$

于是, 由引理 10.5.2 以及 $F, \bar{\boldsymbol{y}}$ 的连续可微性, 存在 $\boldsymbol{C} \in \mathbb{R}^m$ 使得

$$
-\boldsymbol{H}(x) + \nabla_{\boldsymbol{z}} F(x, \bar{\boldsymbol{y}}(x), \bar{\boldsymbol{y}}'(x)) = \boldsymbol{C}, \quad \forall\, x \in [a, b].
$$

因此 $x \to \nabla_{\boldsymbol{z}} F(x, \bar{\boldsymbol{y}}(x), \bar{\boldsymbol{y}}'(x))$ 连续可微, 且 (10.5.6) 式成立. $\qquad \Box$

进一步, 有如下的二阶必要条件.

定理 10.5.3 设 $F \in C^2([a, b] \times \mathbb{R}^m \times \mathbb{R}^m)$, 而 Y 和 J 由 (10.5.4) 式与 (10.5.5) 式定义. 若 $\bar{\boldsymbol{y}} \in Y$ 是问题 (P) 的解, 则 $\forall\, \boldsymbol{\varphi} \in C_0^1([a, b]; \mathbb{R}^m)$,

$$
\int_a^b \begin{pmatrix} \boldsymbol{\varphi}(x) \\ \boldsymbol{\varphi}'(x) \end{pmatrix}^{\mathrm{T}} \begin{pmatrix} F_{\boldsymbol{yy}}(x, \bar{\boldsymbol{y}}(x), \bar{\boldsymbol{y}}'(x)) & F_{\boldsymbol{yz}}(x, \bar{\boldsymbol{y}}(x), \bar{\boldsymbol{y}}'(x)) \\ F_{\boldsymbol{zy}}(x, \bar{\boldsymbol{y}}(x), \bar{\boldsymbol{y}}'(x)) & F_{\boldsymbol{zz}}(x, \bar{\boldsymbol{y}}(x), \bar{\boldsymbol{y}}'(x)) \end{pmatrix} \begin{pmatrix} \boldsymbol{\varphi}(x) \\ \boldsymbol{\varphi}'(x) \end{pmatrix} \, \mathrm{d}x \geqslant 0.
$$

$$
\tag{10.5.11}
$$

特别地,

$$
F_{\boldsymbol{zz}}(x, \bar{\boldsymbol{y}}(x), \bar{\boldsymbol{y}}'(x)) \geqslant 0, \quad \forall\, x \in [a, b]. \tag{10.5.12}
$$

证明 延续定理 10.5.1 的证明过程, $\forall\, \boldsymbol{\varphi} \in C_0^1([a, b]; \mathbb{R}^m)$, 相应的 G 在点 0 的二阶导数非负. 这样, 在 (10.5.10) 式的基础上求导即得 (10.5.11) 式.

为证明 (10.5.12) 式, 记

$$
\begin{aligned}
M = \max_{x \in [0,1]} \Big(&\|F_{\boldsymbol{yy}}(x, \bar{\boldsymbol{y}}(x), \bar{\boldsymbol{y}}'(x))\| + \|F_{\boldsymbol{yz}}(x, \bar{\boldsymbol{y}}(x), \bar{\boldsymbol{y}}'(x))\| + \\
&\|F_{\boldsymbol{zy}}(x, \bar{\boldsymbol{y}}(x), \bar{\boldsymbol{y}}'(x))\| + \|F_{\boldsymbol{zz}}(x, \bar{\boldsymbol{y}}(x), \bar{\boldsymbol{y}}'(x))\| \Big).
\end{aligned}
$$

任取 $x_0 \in (a, b)$, $\boldsymbol{\xi} \in \mathbb{R}^m$ 以及 $0 < \delta < b - x_0$.

对于 $\varepsilon \in \left(0, \dfrac{1}{4} \right)$, 取 $\psi_\varepsilon \in C^\infty(\mathbb{R})$ 使得 $\operatorname{supp} \psi_\varepsilon \subseteq \left[0, \dfrac{1}{2} \right]$, $0 \leqslant \psi_\varepsilon \leqslant 1$ 以及在 $\left[\varepsilon, \dfrac{1}{2} - \varepsilon \right]$ 上, $\psi_\varepsilon(x) = 1$. 令

$$\eta_\varepsilon(x) = \begin{cases} \psi_\varepsilon(x), & x \in \left[0, \dfrac{1}{2}\right], \\ -\psi_\varepsilon\left(x - \dfrac{1}{2}\right), & x \in \left(\dfrac{1}{2}, 1\right]. \end{cases}$$

对于正整数 k, 令 $\boldsymbol{\varphi}_{k,\varepsilon}(a) = \mathbf{0}$,

$$\boldsymbol{\varphi}'_{k,\varepsilon}(x) = \begin{cases} \eta_\varepsilon\left(\left\{\dfrac{k(x - x_0)}{\delta}\right\}\right)\boldsymbol{\xi}, & x \in [x_0, x_0 + \delta], \\ \mathbf{0}, & x \notin [x_0, x_0 + \delta], \end{cases}$$

则结合 $\displaystyle\int_0^1 \eta_\varepsilon(x)\,\mathrm{d}x = 0$ 可得 $\boldsymbol{\varphi}_{k,\varepsilon} \in C_0^1([a,b]; \mathbb{R}^m)$. 进一步,

$$|\boldsymbol{\varphi}_{k,\varepsilon}(x)| \leqslant \frac{\delta|\boldsymbol{\xi}|}{k}, \quad \forall x \in [a, b].$$

由 (10.5.11) 式得到

$$\begin{aligned}
0 \leqslant &\int_{x_0}^{x_0+\delta} \boldsymbol{\varphi}_{k,\varepsilon}(x)^{\mathrm{T}} F_{\boldsymbol{yy}}(x, \bar{\boldsymbol{y}}(x), \bar{\boldsymbol{y}}'(x))\boldsymbol{\varphi}_{k,\varepsilon}(x)\,\mathrm{d}x + \\
&2\int_{x_0}^{x_0+\delta} \boldsymbol{\varphi}_{k,\varepsilon}(x)^{\mathrm{T}} F_{\boldsymbol{yz}}(x, \bar{\boldsymbol{y}}(x), \bar{\boldsymbol{y}}'(x))\boldsymbol{\varphi}'_{k,\varepsilon}(x)\,\mathrm{d}x + \\
&\int_{x_0}^{x_0+\delta} (\boldsymbol{\varphi}'_{k,\varepsilon}(x))^{\mathrm{T}} F_{\boldsymbol{zz}}(x, \bar{\boldsymbol{y}}(x), \bar{\boldsymbol{y}}'(x))\boldsymbol{\varphi}'_{k,\varepsilon}(x)\,\mathrm{d}x \\
\leqslant &\, M\delta\left(\frac{\delta^2|\boldsymbol{\xi}|^2}{k^2} + 2\frac{\delta|\boldsymbol{\xi}|}{k}\right) + 4M\delta\varepsilon + \int_{x_0}^{x_0+\delta} \boldsymbol{\xi}^{\mathrm{T}} F_{\boldsymbol{zz}}(x, \bar{\boldsymbol{y}}(x), \bar{\boldsymbol{y}}'(x))\boldsymbol{\xi}\,\mathrm{d}x.
\end{aligned}$$

令 $k \to +\infty$, $\varepsilon \to 0^+$ 得到

$$\int_{x_0}^{x_0+\delta} \boldsymbol{\xi}^{\mathrm{T}} F_{\boldsymbol{zz}}(x, \bar{\boldsymbol{y}}(x), \bar{\boldsymbol{y}}'(x))\boldsymbol{\xi}\,\mathrm{d}x \geqslant 0.$$

上式除以 δ 再令 $\delta \to 0^+$ 得到

$$\boldsymbol{\xi}^{\mathrm{T}} F_{\boldsymbol{zz}}(x_0, \bar{\boldsymbol{y}}(x_0), \bar{\boldsymbol{y}}'(x_0))\boldsymbol{\xi} \geqslant 0.$$

由 $\boldsymbol{\xi}$ 的任意性得到

$$F_{\boldsymbol{zz}}(x_0, \bar{\boldsymbol{y}}(x_0), \bar{\boldsymbol{y}}'(x_0)) \geqslant 0.$$

即 (10.5.12) 式成立. $\qquad\qquad\square$

特殊情形的 Euler–Lagrange 方程

将 Euler–Lagrange 方程 (10.5.6) 展开, 得到

$$\nabla_{\boldsymbol{y}} F(x, \bar{\boldsymbol{y}}(x), \bar{\boldsymbol{y}}'(x)) = F_{\boldsymbol{zx}}(x, \bar{\boldsymbol{y}}(x), \bar{\boldsymbol{y}}'(x)) +$$

$$F_{zy}(x, \bar{\boldsymbol{y}}(x), \bar{\boldsymbol{y}}'(x))\bar{\boldsymbol{y}}'(x)+$$
$$F_{zz}(x, \bar{\boldsymbol{y}}(x), \bar{\boldsymbol{y}}'(x))\bar{\boldsymbol{y}}''(x). \tag{10.5.13}$$

情形 I. 函数 F 不依赖于 $\boldsymbol{y}$: $F(x, \boldsymbol{y}, \boldsymbol{z}) = G(x, \boldsymbol{z})$.

此时, 直接利用 Euler – Lagrange 方程 (10.5.6) 得到

$$\frac{\mathrm{d}}{\mathrm{d}x}(\nabla_{\boldsymbol{z}} G(x, \bar{\boldsymbol{y}}'(x))) = \boldsymbol{0}.$$

从而

$$\nabla_{\boldsymbol{z}} G(x, \bar{\boldsymbol{y}}'(x)) = \boldsymbol{C}, \tag{10.5.14}$$

其中 $\boldsymbol{C} \in \mathbb{R}^n$ 是常向量.

情形 II. 函数 F 不依赖于 x: $F(x, \boldsymbol{y}, \boldsymbol{z}) = G(\boldsymbol{y}, \boldsymbol{z})$.

由 (10.5.13) 式, 我们有

$$\frac{\mathrm{d}}{\mathrm{d}x}\big(G(\bar{\boldsymbol{y}}(x), \bar{\boldsymbol{y}}'(x)) - \langle\nabla_{\boldsymbol{z}} G(\bar{\boldsymbol{y}}(x), \bar{\boldsymbol{y}}'(x)), \bar{\boldsymbol{y}}'(x)\rangle\big)$$
$$= \langle\nabla_{\boldsymbol{y}} G(\bar{\boldsymbol{y}}(x), \bar{\boldsymbol{y}}'(x)), \bar{\boldsymbol{y}}'(x)\rangle + \langle\nabla_{\boldsymbol{z}} G(\bar{\boldsymbol{y}}(x), \bar{\boldsymbol{y}}'(x)), \bar{\boldsymbol{y}}''(x)\rangle -$$
$$\langle G_{zy}(\bar{\boldsymbol{y}}(x), \bar{\boldsymbol{y}}'(x))\bar{\boldsymbol{y}}'(x), \bar{\boldsymbol{y}}'(x)\rangle - \langle G_{zz}(\bar{\boldsymbol{y}}(x), \bar{\boldsymbol{y}}'(x))\bar{\boldsymbol{y}}''(x), \bar{\boldsymbol{y}}'(x)\rangle -$$
$$\langle\nabla_{\boldsymbol{z}} G(\bar{\boldsymbol{y}}(x), \bar{\boldsymbol{y}}'(x)), \bar{\boldsymbol{y}}''(x)\rangle = 0.$$

从而

$$G(\bar{\boldsymbol{y}}(x), \bar{\boldsymbol{y}}'(x)) - \langle\nabla_{\boldsymbol{z}} G(\bar{\boldsymbol{y}}(x), \bar{\boldsymbol{y}}'(x)), \bar{\boldsymbol{y}}'(x)\rangle = C, \tag{10.5.15}$$

其中 C 是常数.

情形 III. 函数 F 不依赖于 $x, \boldsymbol{y}$: $F(x, \boldsymbol{y}, \boldsymbol{z}) = G(\boldsymbol{z})$, 且 G_{zz} 非奇异.

由 (10.5.13) 式即得

$$G_{zz}\bar{\boldsymbol{y}}''(x) = \boldsymbol{0},$$

从而由 G_{zz} 非奇异得到

$$\bar{\boldsymbol{y}}''(x) = \boldsymbol{0},$$

即

$$\bar{\boldsymbol{y}}(x) = \boldsymbol{\xi} + x\boldsymbol{\eta}, \tag{10.5.16}$$

其中 $\boldsymbol{\xi}, \boldsymbol{\eta} \in \mathbb{R}^n$ 是常向量.

情形 IV. 函数 F 不依赖于 $\boldsymbol{z}$: $F(x, \boldsymbol{y}, \boldsymbol{z}) = G(x, \boldsymbol{y})$.

此时, 在 Y 取 (10.5.4) 式的情况下, 问题 (P) 本质上退化为函数极值问题. 更准确地讲, 变分问题的解 $\bar{\boldsymbol{y}}$ 满足

$$G(x, \bar{\boldsymbol{y}}(x)) = \min_{\boldsymbol{y} \in \mathbb{R}^n} G(x, \bar{\boldsymbol{y}}), \quad \forall x \in [a, b].$$

易见, 这样的问题通常是没有多大意义的.

但是, 若变分问题有其他的约束, 比如积分约束, 则即使 F 不依赖于 z, 相应的变分问题仍然是有意义的.

捷线问题

在变分学的发展中, **捷线问题 (最速降线问题)** 的提出和解决是一个重要的标志点. 1662 年, Fermat (费马) 在他的文章中利用最小化光线通过两种不同媒介的时间, 得到现在称为 **Fermat 最短时间原理**的结果. 按 Goldstein[2] [12] (戈德斯坦) 的观点, 这很可能是变分学诞生的标志 (尽管在 Fermat 的时代, 不曾有变分学一词). 1685 年, Newton 研究了刻画最小阻尼的旋转刚体问题. 更让人感兴趣的是在 1696 年 6 月, Johann Bernoulli (约翰·伯努利) 以求解捷线问题挑战当时的数学界. 捷线问题最早是由 Galileo[3] (伽利略) 提出的, 但给出的解答是错误的. 该问题的解在 1697 年由 Johann Bernoulli, 其兄 Jacob Bernoulli (雅各·伯努利), Leibniz, Newton, L'Hôpital (洛必达) 以及 Tschirnhaus[4] (奇恩豪斯) 各自独立解决. 1744 年, Euler 得到了临界点的一阶必要条件——现在称为 **Euler 方程** (或 **Euler–Lagrange 方程**). 1755 年, Lagrange 引入了所谓的 δ **变分**, 开创了该领域的新纪元. 1756 年, Euler 在得知 Lagrange 的工作后, 把该学科称为**变分学**.

捷线问题可描述如下: 考虑一个铅直平面, 在其上建立直角坐标系, 纵轴 (y 轴) 指向下方. 给定两点 $(0,0)$ 及 (a,b), $a>0$, $b>0$. 令 $y(\cdot)$ 为连接这两个点的一条 C^1 曲线 (如图 10.3 所示), 即 $y(0)=0$, $y(a)=b$. 一质点受重力作用以初速度 0 沿曲线 $y(\cdot)$ 从 $(0,0)$ 点滑向 (a,b). 我们关心的问题是如何选择 $y(\cdot)$ 使得该质点从 $(0,0)$ 滑

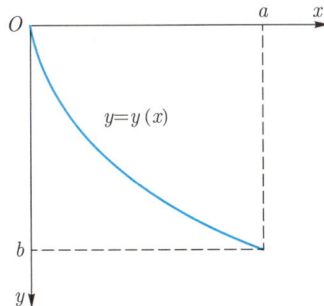

图 10.3

2　Goldstein, H H, 1913—2004 年.

3　Galilei, Galileo, 1564—1642 年, 物理学家.

4　Tschirnhaus, E W, 1651—1708 年.

到 (a, b) 的时间最短.

假设质点的质量为 m, 曲线为 $y = y(x)$. 用 $(\varphi(t), \psi(t))$ 表示质点在时刻 t 的位置, $s(t)$ 表示该质点从点 $(0, 0)$ 出发后在时间段 $[0, t]$ 内沿曲线走过的路程, 则
$$\begin{cases} x = \varphi(t), \\ y = \psi(t) \end{cases}$$
为曲线的参数方程, $v(t) = s'(t)$ 是质点在时刻 t 的线速度. 由能量守恒定律, 我们有
$$\frac{1}{2} m v^2(t) = m g \psi(t).$$

因此, $\dfrac{\mathrm{d}s(t)}{\mathrm{d}t} = \sqrt{2g\psi(t)}$. 另一方面 (参见第十一章 §1), 曲线的弧长微元
$$\mathrm{d}s(t) = \sqrt{(\varphi'(t))^2 + (\psi'(t))^2}\, \mathrm{d}t = \sqrt{1 + (y'(x))^2}\, \mathrm{d}x.$$

于是
$$\mathrm{d}t = \frac{\mathrm{d}s(t)}{\sqrt{2g\psi(t)}} = \frac{\sqrt{1 + (y'(x))^2}}{\sqrt{2gy(x)}}\, \mathrm{d}x.$$

所以, 质点移动到 (a, b) 所需的时间为
$$T = J(y(\cdot)) = \int_0^a \frac{\sqrt{1 + (y'(x))^2}}{\sqrt{2gy(x)}}\, \mathrm{d}x.$$

即原始问题就化为在条件 $y(\cdot) \in Y = \left\{ y \in C^1[0, a] \big| y(0) = 0, y(a) = b \right\}$ 下, 最小化泛函 $J(y(\cdot))$ 的变分问题.

设最优解为 $\bar{y}(\cdot)$. 由于 J 的被积函数不显含 x, 由 (10.5.15) 式, 有常数 C 使得
$$\frac{\sqrt{1 + (\bar{y}'(x))^2}}{\sqrt{\bar{y}(x)}} - \frac{1}{\sqrt{\bar{y}(x)}} \frac{(\bar{y}'(x))^2}{\sqrt{1 + (\bar{y}'(x))^2}} = C.$$

即
$$\sqrt{\bar{y}(x)} \sqrt{1 + (\bar{y}'(x))^2} = \frac{1}{C}. \tag{10.5.17}$$

根据题意, 我们有
$$\sqrt{\frac{\bar{y}(x)}{2r - \bar{y}(x)}} \bar{y}'(x) = 1,$$

其中 $r = \dfrac{1}{2C^2}$. 作变换 $\bar{y} = 2r \sin^2 \dfrac{\theta}{2}$, 则
$$2r \sin^2 \frac{\theta}{2} \theta'(x) = 1.$$

结合 $\bar{y}(0) = 0$ 可得

$$x = r(\theta - \sin\theta), \quad \bar{y} = r(1 - \cos\theta), \quad \theta \in [0, \Theta], \tag{10.5.18}$$

其中 r, Θ 由

$$a = r(\Theta - \sin\Theta), \quad b = r(1 - \cos\Theta) \tag{10.5.19}$$

确定.

从最后的结果可以看到,

$$\bar{y}'_+(0) = \lim_{\theta \to 0^+} \frac{r(1 - \cos\theta)}{r(\theta - \sin\theta)} = +\infty.$$

这意味着我们得到的解在 $[0, a]$ 上并不连续可导, 即不满足 $\bar{y} \in Y$ 这一要求. 对此, 我们可以对 $\delta \in (0, a)$ 在区间 $[\delta, a]$ 上考察最优解, 同样可以得到 Euler – Lagrange 方程.

进一步, 可以说明原问题在严格意义上没有最优解. 换言之, 我们需要改变问题的提法, 把 $y(\cdot)$ 的选取范围至少扩大到在闭区间上连续, 在区间内部连续可导的函数类. 由于这种情况绝非个例, 因此, 我们通常在逐段光滑函数类[5] 中考虑变分问题.

最优解的充要条件

对于变分问题最优解的存在性, 一开始人们并没有引起足够的重视. Gauss 曾说: 如果在任何情况下, 积分泛函总是非负的, 那么一定会有一个函数使积分达到最小值.

然而, 事实并非如此. 19 世纪末, Weierstrass 给出了一个变分问题取不到最小值的例子. 考虑 $[-1, 1]$ 上的连续可微函数 $y(\cdot)$, 满足 $y(1) = 1, y(-1) = -1$. 变分问题是在满足以上条件的函数类中最小化积分

$$I(y(\cdot)) = \int_{-1}^{1} \left| x \frac{\mathrm{d}y(x)}{\mathrm{d}x} \right|^2 \mathrm{d}x.$$

对于任何 $\varepsilon > 0$, 取

$$y_\varepsilon(x) = \frac{\arctan\left(\dfrac{x}{\varepsilon}\right)}{\arctan\left(\dfrac{1}{\varepsilon}\right)},$$

则由控制收敛定理,

---

5 通常指满足以下条件的函数: 首先, 函数在整个区间上连续. 其次, 存在区间的一个划分, 使得该函数在划分产生的每个小区间上是 k 次 (连续) 可导的.

$$\lim_{\varepsilon \to 0^+} I(y_\varepsilon(\cdot)) = \lim_{\varepsilon \to 0^+} \int_{-1}^1 \left| \frac{\varepsilon x}{(\varepsilon^2 + x^2) \arctan^2 \left(\frac{1}{\varepsilon} \right)} \right|^2 \mathrm{d}x = 0.$$

这样, Weierstrass 发现 I 在所考虑的函数类中的下确界为 0, 但是不存在满足条件的函数 $y(\cdot)$ 使得 $I(y(\cdot))$ 为 0. 换言之, 该变分问题不存在最优解.

当 F 关于 $(\boldsymbol{y}, \boldsymbol{z})$ 为凸函数时, Euler–Lagrange 方程也是最优解的充分条件. 具体地, 我们有

定理 10.5.4 设 $F \in C^1([a,b] \times \mathbb{R}^m \times \mathbb{R}^m)$, 而 Y 和 J 由 (10.5.4) 式与 (10.5.5) 式定义. 若 $F(x, \boldsymbol{y}, \boldsymbol{z})$ 是关于 $(\boldsymbol{y}, \boldsymbol{z})$ 的凸函数, 则 (10.5.6) 式是 $\bar{\boldsymbol{y}} \in Y$ 为问题 (P) 的解的充要条件.

证明 我们只需证明充分性. 设 $\bar{\boldsymbol{y}} \in Y$ 满足 (10.5.6) 式, 任取 $\boldsymbol{y} \in Y$, 记 $\boldsymbol{\varphi} = \boldsymbol{y} - \bar{\boldsymbol{y}}$, 则 $\boldsymbol{\varphi} \in C_0^1([a,b]; \mathbb{R}^m)$. 由 F 的凸性,

$$F(x, \boldsymbol{y}(x), \boldsymbol{y}'(x)) \geqslant F(x, \bar{\boldsymbol{y}}(x), \bar{\boldsymbol{y}}'(x)) + \nabla_{\boldsymbol{y}} F(x, \bar{\boldsymbol{y}}(x), \bar{\boldsymbol{y}}'(x)) \cdot \boldsymbol{\varphi}(x) +$$
$$\nabla_{\boldsymbol{z}} F(x, \bar{\boldsymbol{y}}(x), \bar{\boldsymbol{y}}'(x)) \cdot \boldsymbol{\varphi}'(x), \quad \forall x \in [a, b].$$

而 (10.5.6) 式蕴涵

$$\int_a^b \left(\nabla_{\boldsymbol{y}} F(x, \bar{\boldsymbol{y}}(x), \bar{\boldsymbol{y}}'(x)) \cdot \boldsymbol{\varphi}(x) + \nabla_{\boldsymbol{z}} F(x, \bar{\boldsymbol{y}}(x), \bar{\boldsymbol{y}}'(x)) \cdot \boldsymbol{\varphi}'(x) \right) \mathrm{d}x = 0,$$

因此,

$$\int_a^b F(x, \boldsymbol{y}(x), \boldsymbol{y}'(x)) \, \mathrm{d}x \geqslant \int_a^b F(x, \bar{\boldsymbol{y}}(x), \bar{\boldsymbol{y}}'(x)) \, \mathrm{d}x.$$

即 $\bar{\boldsymbol{y}}$ 为问题 (P) 的解.   □

例 10.5.1 试在 $Y = \left\{ y \in C^1[0,1] \big| y(0) = 0, y(1) = 1 \right\}$ 中, 求 $\int_0^1 \left(|f'(x)|^2 + |f(x) - 1|^2 \right) \mathrm{d}x$ 的最小值.

解 我们先求解 Euler–Lagrange 方程:

$$\bar{f}(x) - 1 - \bar{f}''(x) = 0.$$

结合 $\bar{f}(0) = 0$ 和 $\bar{f}(1) = 1$ 解得

$$\bar{f}(x) = 1 - \frac{\mathrm{e}^{1-x} - \mathrm{e}^{x-1}}{\mathrm{e} - \mathrm{e}^{-1}}, \quad \forall x \in [0, 1].$$

这样, 利用定理 10.5.4, 可知以上得到的 $\bar{f}$ 即为变分问题的解.

我们有

$$\inf_{f \in Y} \int_0^1 \left(|f'(x)|^2 + |f(x) - 1|^2 \right) \mathrm{d}x$$

$$= \int_0^1 \left(|\bar{f}'(x)|^2 + |\bar{f}(x) - 1|^2 \right) \mathrm{d}x$$

$$= \bar{f}'(1) + \int_0^1 \left(-\bar{f}'(x)\bar{f}(x) + |\bar{f}(x) - 1|^2 \right) \mathrm{d}x$$

$$= \bar{f}'(1) + \int_0^1 \left(1 - \bar{f}(x) \right) \mathrm{d}x = \frac{\mathrm{e}^2 + 1}{\mathrm{e}^2 - 1}.$$

在其他一些较为简单的情形, 我们也可以通过必要条件找到变分问题最优解并说明其最优性.

例 10.5.2 试求以下不等式的最佳常数 B:

$$\int_0^1 f(x)\,\mathrm{d}x \leqslant B \left(\int_0^1 |f'(x)|^2\,\mathrm{d}x \right)^{\frac{1}{2}}, \quad \forall f \in C_0^1[0,1]. \tag{10.5.20}$$

解 若最佳常数 B 是可达的, 即存在不恒为零的 $\bar{f} \in C_0^1[0,1]$ 使得

$$B = \frac{\displaystyle\int_0^1 \bar{f}(x)\,\mathrm{d}x}{\left(\displaystyle\int_0^1 |\bar{f}'(x)|^2\,\mathrm{d}x \right)^{\frac{1}{2}}} = \sup_{\substack{f \in C_0^1[a,b] \\ f \neq 0}} \frac{\displaystyle\int_0^1 f(x)\,\mathrm{d}x}{\left(\displaystyle\int_0^1 |f'(x)|^2\,\mathrm{d}x \right)^{\frac{1}{2}}},$$

则对任何 $f \in C_0^1[0,1]$,

$$F(\alpha; f) = \frac{\displaystyle\int_0^1 \left(\bar{f}(x) + \alpha f(x) \right) \mathrm{d}x}{\left(\displaystyle\int_0^1 \left(\bar{f}'(x) + \alpha f'(x) \right)^2 \mathrm{d}x \right)^{\frac{1}{2}}}$$

在 $\alpha = 0$ 取到最大值. 从而

$$0 = F'(0; f) = \frac{\displaystyle\int_0^1 f(x)\,\mathrm{d}x}{\left(\displaystyle\int_0^1 |\bar{f}'(x)|^2\,\mathrm{d}x \right)^{\frac{1}{2}}} - \frac{\displaystyle\int_0^1 \bar{f}(x)\,\mathrm{d}x \cdot \int_0^1 \bar{f}'(x)f'(x)\,\mathrm{d}x}{\left(\displaystyle\int_0^1 |\bar{f}'(x)|^2\,\mathrm{d}x \right)^{\frac{3}{2}}}.$$

由此可得存在常数 $\lambda > 0$ 使得

$$\bar{f}''(x) + \lambda = 0, \quad \forall x \in [0,1].$$

结合 $\bar{f}(0) = \bar{f}(1) = 0$ 解得 $\bar{f}(x) = \dfrac{\lambda}{2} x(1-x)$.

至此, 我们得到了 $\bar{f}(x) = \dfrac{\lambda}{2} x(1-x)$ 是以下变分问题可能的最优解:

在 $C_0^1[a,b] \setminus \{0\}$ 中最大化 $\dfrac{\displaystyle\int_0^1 f(x)\,\mathrm{d}x}{\left(\displaystyle\int_0^1 |f'(x)|^2\,\mathrm{d}x\right)^{\frac{1}{2}}}$.

由于还没有证明该变分问题最优解的存在性, 还不能断定上述函数是最优解. 但已经得到的信息可以帮助我们给出最优性证明: 记 $g = \dfrac{x(1-x)}{2}$, 则

$$
\int_0^1 f(x)\,\mathrm{d}x = -\int_0^1 f(x)g''(x)\,\mathrm{d}x = \int_0^1 f'(x)g'(x)\,\mathrm{d}x
$$

$$
\leqslant \left(\int_0^1 |g'(x)|^2\,\mathrm{d}x\right)^{\frac{1}{2}} \left(\int_0^1 |f'(x)|^2\,\mathrm{d}x\right)^{\frac{1}{2}}
$$

$$
= \frac{1}{\sqrt{12}} \left(\int_0^1 |f'(x)|^2\,\mathrm{d}x\right)^{\frac{1}{2}}, \quad \forall f \in C_0^1[0,1].
$$

当且仅当存在非负常数 C 使得 $f(x) = Cx(1-x)$ 时, 上面的不等式成为等式. 因此, 使得 (10.5.20) 式成立的最佳常数是 $\dfrac{1}{\sqrt{12}}$, 且 (10.5.20) 式中等号当且仅当 $f(x) = Cx(1-x)$ 时取到, 其中 C 为非负常数.

仅就解题而言, 在上例求解中, 前面大半部分的讨论可以去除, 但从思想上来讲, 这一部分的讨论对求解类似问题有重要的启发作用.

存在性问题简介

通过必要条件求得变分问题可能的最优解, 然后去证明这个解确是最优的, 是一条可行的途径. 然而这种验证时常存在很大的困难. 因此直接研究变分问题最优解的存在性是非常必要的.

Hilbert 在 1900 年的国际数学家大会上, 提出了著名的 23 个数学问题, 其中第 23 个问题提得非常笼统, 不是一个明确的问题, 涉及的是变分学的进一步发展. 另外, 第 19 和第 20 个问题也与变分学紧密相关.

Hilbert 提及的变分学的进一步发展, 很重要的一部分就是关于变分问题最优解的存在性.

研究变分问题最优解的存在性的一般思路如图 10.4.

为理解上述思路及遇到的困难, 我们考察 **Poincaré**[6] **(庞加莱) 不等式** (的特例) 的最佳常数.

---

6 Poincaré, J H, 1854—1912 年, 数学家, 天体力学家, 数学物理学家, 科学哲学家.

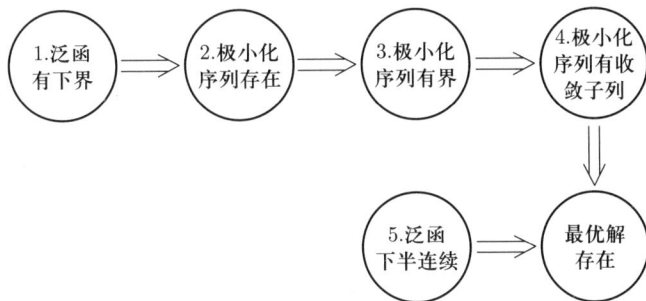

图 10.4

$$\int_a^b |f(x)|^p \,\mathrm{d}x \leqslant C_p \int_a^b |f'(x)|^p \,\mathrm{d}x, \quad \forall f \in C_0^1[a,b], \tag{10.5.21}$$

其中 $1 < p < +\infty$. 为寻找使 (10.5.21) 式成立的最佳常数 C_p, 可以考虑如下变分问题:

变分问题 $(\mathcal{V}_p)$ 令 $X_p = \{f \in C_0^1[a,b] \mid \|f\|_{L^p[a,b]} = 1\}$, 寻找 $\bar{f} \in X_p$ 使得

$$\int_a^b |\bar{f}'(x)|^p \,\mathrm{d}x = \inf_{f \in X_p} \int_a^b |f'(x)|^p \,\mathrm{d}x. \tag{10.5.22}$$

研究变分问题 $(\mathcal{V}_p)$ 最优解存在性的困难 对比图 10.4, 同通常的变分问题一样, 泛函 $J_p(f) = \int_a^b |f'(x)|^p \,\mathrm{d}x$ 有下界, 从而有 (X_p 中的) 极小化序列 $\{f_k\}$ 满足

$$\lim_{k \to +\infty} J_p(f_k) = \inf_{f \in X_p} J_p(f). \tag{10.5.23}$$

在考虑图 10.4 中的第 3、4、5 条时, 就涉及 X_p 中用什么范数和收敛性. 其中所谓泛函的下半连续性是指若 g_k 收敛于 g, 则

$$J_p(g) \leqslant \varliminf_{k \to +\infty} J_p(g_k). \tag{10.5.24}$$

若采用 $C_0^1[a,b]$ 中通常的范数 $\|f\| = \max_{x \in [a,b]} \sqrt{|f'(x)|^2 + |f(x)|^2}$ (或等价的范数 $\|\|f\|\| = \max_{x \in [a,b]} |f'(x)|$), 则得不到极小化序列 $\{f_k\}$ 的有界性.

同样地, 若采用 $C_0^1[a,b]$ 中通常的收敛性: $g_k \to 0$ 定义为 $\|g_k\| \to 0$, 则通常遇到的泛函在此收敛性下具有下半连续性. 但是, 即使 $\{f_k\}$ 有界, 我们也得不到它有子列收敛. 因此, 泛函具有的下半连续性就用不上.

变分问题 $(\mathcal{V}_p)$ 的 "弱解" 我们将会看到, Lebesgue 积分是较 Riemann 积分更适合研究变分问题解的存在性的工具. 不难看到, 若 (10.5.21) 式成立, 则对于任何满足 $\int_a^b h(x) \,\mathrm{d}x = 0$ 的 $h \in L^p[a,b]$, 若记

$$f(x) = f(a) + \int_a^x h(t) \,\mathrm{d}t, \quad \forall x \in [a,b], \tag{10.5.25}$$

那么

$$\int_a^b |f(x)|^p \, \mathrm{d}x \leqslant C_p \int_0^1 |h(x)|^p \, \mathrm{d}x. \tag{10.5.26}$$

此时, 在几乎处处意义下, $f' = h$, 而 $h \in L^1[a,b]$. 因此, $f \in AC[a,b]$. 记[7]

$$W_0^{1,p}(a,b) = \left\{ f \in AC[a,b] \big| f(a) = f(b) = 0, f' \in L^p[0,1] \right\}.$$

我们可以扩大变分问题 $(\mathcal{V}_p)$ 中泛函的定义域 X_p 为

$$Y_p = \left\{ f \in W_0^{1,p}(a,b) \big| \|f\|_{L^p[a,b]} = 1 \right\},$$

并在此基础上引入**变分问题** $(\mathcal{L}_p)$:

寻找 $\bar{f} \in Y_p$ 使得

$$\int_a^b |\bar{f}'(x)|^p \, \mathrm{d}x = \inf_{f \in Y_p} \int_a^b |f'(x)|^p \, \mathrm{d}x. \tag{10.5.27}$$

易见 $X_p \subset Y_p$, 而

$$\inf_{f \in X_p} \int_a^b |f'(x)|^p \, \mathrm{d}x = \inf_{f \in Y_p} \int_a^b |f'(x)|^p \, \mathrm{d}x. \tag{10.5.28}$$

这样, 若变分问题 $(\mathcal{V}_p)$ 有最优解 $\bar{f}$, 则 $\bar{f}$ 也是变分问题 $(\mathcal{L}_p)$ 的最优解. 反之, 若变分问题 $(\mathcal{L}_p)$ 有最优解 $\bar{f}$, 且 $\bar{f} \in C_0^1[a,b]$, 则 $\bar{f}$ 也是变分问题 $(\mathcal{V}_p)$ 的最优解.

若变分问题 $(\mathcal{L}_p)$ 的所有最优解均不属于 $C_0^1[a,b]$, 则变分问题 $(\mathcal{V}_p)$ 没有最优解. 通常, 我们称变分问题 $(\mathcal{L}_p)$ 的最优解为变分问题 $(\mathcal{V}_p)$ 的**弱解**.

然而, 在讨论变分问题 $(\mathcal{L}_p)$ 时, 我们仍然遇到不少困难. 首先, 为克服研究变分问题 $(\mathcal{V}_p)$ 时, 难以得到极小化序列的有界性的问题, 我们在 Y_p 中引入范数 $\|f\|_{Y_p} = \|f'\|_p$, 则可得变分问题 $(\mathcal{L}_p)$ 的极小化序列按这一范数有界. 但如果在 Y_p 中把 $g_k \to g$ 定义为 $\|g_k - g\|_p \to 0$, 极小化序列不一定有收敛子列. 而要解决这一问题, 我们要引入更弱的收敛性——**弱收敛性**[8].

具体地, 对于 $p \in (1, +\infty)$ 以及 $\mathbb{R}^n$ 中测度非零的可测集 E, 我们称 $\{g_k\}$ 在 $L^p(E)$ 中弱收敛[9] 于 g, 如果对任何 $\varphi \in L^q(E)$, 成立

$$\lim_{k \to +\infty} \int_{\mathbb{R}^n} g_k(\boldsymbol{x}) \varphi(\boldsymbol{x}) \, \mathrm{d}\boldsymbol{x} = \int_{\mathbb{R}^n} g(\boldsymbol{x}) \varphi(\boldsymbol{x}) \, \mathrm{d}\boldsymbol{x}, \tag{10.5.29}$$

其中 q 为 p 的对偶数. 此时 g 称为 $\{g_k\}$ 的**弱极限**. 若

---

7 习惯上不写成 $W_0^{1,p}[a,b]$.

8 完整的理论涉及赋范线性空间的对偶空间理论. 其中包括强收敛, 弱收敛和弱 * 收敛的相互关系与性质. 本教材对此不作展开.

9 为避免过于复杂, 本教材中, 我们不考虑 $p = 1$ 和 $p = +\infty$ 的情形.

$$\lim_{k \to +\infty} \|g_k - g\|_{L^p(E)} = 0, \tag{10.5.30}$$

则称 $\{g_k\}$ 在 $L^p(E)$ 中**强收敛**于 g. 此时 g 称为 $\{g_k\}$ 的 (**强**) **极限**. 由 Hölder 不等式, 易见强收敛蕴涵弱收敛.

我们称 $L^p(E)$ 中集合 A 是**弱闭**的, 如果 A 中弱收敛点列的弱极限均属于 A. 称 A 是闭的, 如果 A 中的 Cauchy 列的 (强) 极限均属于 A. 为区别于弱闭, $L^p(E)$ 中的闭集又称为**强闭集**.

由于 $L^p(E)$ 完备, 若 $L^p(E)$ 中一个变分问题的极小化序列按 L^p 范数是 Cauchy 列, 则通常就可得到变分问题解的存在性. 在给出相应例题之前, 我们来引入 **Clarkson**[10] (**克拉克森**) **不等式**, 它是内积空间中平行四边形公式的推广. 首先, 我们给出如下引理.

引理 10.5.5 设 $q \in [2, +\infty)$, $p = \dfrac{q}{q-1}$, 则对任何 $\boldsymbol{\xi}, \boldsymbol{\eta} \in \mathbb{R}^n$, 有

$$\left(\frac{|\boldsymbol{\xi} + \boldsymbol{\eta}|}{2} \right)^q + \left(\frac{|\boldsymbol{\xi} - \boldsymbol{\eta}|}{2} \right)^q \leqslant \left(\frac{|\boldsymbol{\xi}|^p + |\boldsymbol{\eta}|^p}{2} \right)^{\frac{q}{p}}. \tag{10.5.31}$$

$$\left(\frac{|\boldsymbol{\xi} + \boldsymbol{\eta}|}{2} \right)^q + \left(\frac{|\boldsymbol{\xi} - \boldsymbol{\eta}|}{2} \right)^q \leqslant \frac{|\boldsymbol{\xi}|^q + |\boldsymbol{\eta}|^q}{2}. \tag{10.5.32}$$

证明 易于证明 (10.5.32) 式, 且它是 (10.5.31) 式和幂平均不等式的直接推论. 因此, 只需证 (10.5.31) 式. 鉴于 $q = 2$ 时, (10.5.31) 式为等式, 不妨设 $q > 2$. 对于 $r, s \geqslant 0$, 我们有

$$\sup_{|\boldsymbol{\xi}| = r, |\boldsymbol{\eta}| = s} \left[\left(\frac{|\boldsymbol{\xi} + \boldsymbol{\eta}|}{2} \right)^q + \left(\frac{|\boldsymbol{\xi} + \boldsymbol{\eta}|}{2} \right)^q - \left(\frac{|\boldsymbol{\xi}|^p + |\boldsymbol{\eta}|^p}{2} \right)^{\frac{q}{p}} \right]$$

$$= \sup_{t \in [-1,1]} \left[\frac{(r^2 + s^2 + 2rst)^{\frac{q}{2}}}{2^q} + \frac{(r^2 + s^2 - 2rst)^{\frac{q}{2}}}{2^q} - \left(\frac{r^p + s^p}{2} \right)^{\frac{q}{p}} \right]$$

$$= \left(\frac{|r + s|}{2} \right)^q + \left(\frac{|r - s|}{2} \right)^q - \left(\frac{r^p + s^p}{2} \right)^{q-1}.$$

由此易见, 要证明 (10.5.31) 式, 我们只需证明

$$|r + s|^q + |r - s|^q \leqslant 2(r^p + s^p)^{q-1}, \quad \forall r, s \in [0, 1]. \tag{10.5.33}$$

但要找到 (10.5.33) 式的简捷证明并不容易. 在 Clarkson 的原始文献 [7] 中, 采用了幂级数展开的方法加以证明. 一个漂亮的证明由文献 [11] 给出, 作者引入了如下函数:

---

10 Clarkson, J A, ?—2014 年.

$$f(r,s) = (1+r^{1-q}s)(1+rs)^{q-1} + (1-r^{1-q}s)(1-rs)^{q-1}, \quad r,s \in (0,1], \quad (10.5.34)$$

则

$$f_r(r,s) = (q-1)s(1-r^{-q})((1+rs)^{q-2} - (1-rs)^{q-2}) \leqslant 0, \quad r,s \in (0,1]. \quad (10.5.35)$$

因此, 注意到 $(p-1)(q-1) = 1$, 立即可得

$$(1+s)^q + (1-s)^q = f(1,s) \leqslant f(s^{p-1}, s) = 2(1+s^p)^{q-1}, \quad \forall s \in (0,1].$$

由此即得 (10.5.33) 式成立. 从而引理得证. $\qquad\square$

现在, 我们来给出 Clarkson 不等式.

定理 10.5.6 设 $p \in (1, +\infty)$, $E \subseteq \mathbb{R}^n$ 且测度非零, 则 $\forall \boldsymbol{\varphi}, \boldsymbol{\psi} \in L^p(E; \mathbb{R}^m)$, 有

$$\int_E \left| \frac{\boldsymbol{\varphi}(\boldsymbol{x}) + \boldsymbol{\psi}(\boldsymbol{x})}{2} \right|^p \mathrm{d}\boldsymbol{x} + \int_E \left| \frac{\boldsymbol{\varphi}(\boldsymbol{x}) - \boldsymbol{\psi}(\boldsymbol{x})}{2} \right|^p \mathrm{d}\boldsymbol{x}$$

$$\leqslant \frac{1}{2} \int_E |\boldsymbol{\varphi}(\boldsymbol{x})|^p \mathrm{d}\boldsymbol{x} + \frac{1}{2} \int_E |\boldsymbol{\psi}(\boldsymbol{x})|^p \mathrm{d}\boldsymbol{x}, \quad 2 \leqslant p < +\infty, \quad (10.5.36)$$

$$\left(\int_E \left| \frac{\boldsymbol{\varphi}(\boldsymbol{x}) + \boldsymbol{\psi}(\boldsymbol{x})}{2} \right|^p \mathrm{d}\boldsymbol{x} \right)^{\frac{1}{p-1}} + \left(\int_E \left| \frac{\boldsymbol{\varphi}(\boldsymbol{x}) - \boldsymbol{\psi}(\boldsymbol{x})}{2} \right|^p \mathrm{d}\boldsymbol{x} \right)^{\frac{1}{p-1}}$$

$$\leqslant \left(\frac{1}{2} \int_E |\boldsymbol{\varphi}(\boldsymbol{x})|^p \mathrm{d}\boldsymbol{x} + \frac{1}{2} \int_E |\boldsymbol{\psi}(\boldsymbol{x})|^p \mathrm{d}\boldsymbol{x} \right)^{\frac{1}{p-1}}, \quad 1 < p \leqslant 2. \quad (10.5.37)$$

证明 易见 (10.5.36) 式是 (10.5.32) 式的直接推论. 现证 (10.5.37) 式. 不妨设 $1 < p < 2$, q 为 p 的对偶数, 则 $q > 2$. 记 u 为 $\dfrac{q}{p} = \dfrac{1}{p-1}$ 的对偶数, $D_u = \{(a,b) | a,b \geqslant 0, a^u + b^u = 1\}$, 则

$$\left(|A|^{\frac{q}{p}} + |B|^{\frac{q}{p}} \right)^{\frac{p}{q}} = \max_{(a,b) \in D_u} \left(a|A| + b|B| \right),$$

由此可见 (10.5.37) 式等价于对任何 $(a,b) \in D_u$ 以及 $\boldsymbol{\varphi}, \boldsymbol{\psi} \in L^p(E)$, 有

$$a \int_E \left| \frac{\boldsymbol{\varphi}(\boldsymbol{x}) + \boldsymbol{\psi}(\boldsymbol{x})}{2} \right|^p \mathrm{d}\boldsymbol{x} + b \int_E \left| \frac{\boldsymbol{\varphi}(\boldsymbol{x}) - \boldsymbol{\psi}(\boldsymbol{x})}{2} \right|^p \mathrm{d}\boldsymbol{x}$$

$$\leqslant \frac{1}{2} \int_E |\boldsymbol{\varphi}(\boldsymbol{x})|^p \mathrm{d}\boldsymbol{x} + \frac{1}{2} \int_E |\boldsymbol{\psi}|^p \mathrm{d}\boldsymbol{x}. \quad (10.5.38)$$

这等价于对任何 $(a,b) \in D_u$ 以及 $\boldsymbol{\xi}, \boldsymbol{\eta} \in \mathbb{R}^m$, 有

$$a \left| \frac{\boldsymbol{\xi} + \boldsymbol{\eta}}{2} \right|^p + b \left| \frac{\boldsymbol{\xi} - \boldsymbol{\eta}}{2} \right|^p \leqslant \frac{|\boldsymbol{\xi}|^p + |\boldsymbol{\eta}|^p}{2}. \quad (10.5.39)$$

而 (10.5.39) 式成立等价于 (10.5.31) 式成立. 这样, 由引理 10.5.5 即得定理的证明.$\square$

作为 Clarkson 不等式的应用, 我们给出以下两个重要而有趣的定理. 首先给出的是关于凸集分离定理在 L^p 空间中的特例.

定理 10.5.7 设 $p \in (1, +\infty)$, q 为 p 的对偶数, $E \subseteq \mathbb{R}^n$ 可测且测度非零, X 为 $L^q(E)$ 中的非空凸闭集. 又设 $g_0 \in L^q(E) \setminus X$, 则存在唯一的 $g^* \in X$ 使得

$$\int_E |g^*(\boldsymbol{x}) - g_0(\boldsymbol{x})|^q \,\mathrm{d}\boldsymbol{x} = L \equiv \inf_{g \in X} \int_E |g(\boldsymbol{x}) - g_0(\boldsymbol{x})|^q \,\mathrm{d}\boldsymbol{x}. \quad (10.5.40)$$

进一步, g^* 由下式刻画[11]:

$$\int_E |g_0(\boldsymbol{x}) - g^*(\boldsymbol{x})|^{q-2} (g_0(\boldsymbol{x}) - g^*(\boldsymbol{x}))(g(\boldsymbol{x}) - g^*(\boldsymbol{x})) \,\mathrm{d}\boldsymbol{x} \leqslant 0, \quad \forall g \in X.$$

$$(10.5.41)$$

记 $f = |g_0 - g^*|^{q-2}(g_0 - g^*)$, 则 $f \in L^p(E)$, 且 $\displaystyle\int_E f(\boldsymbol{x})(g_0(\boldsymbol{x}) - g^*(\boldsymbol{x})) \,\mathrm{d}\boldsymbol{x} = L$.

特别地, 当 X 是闭线性子空间时,

$$\int_E f(\boldsymbol{x}) g(\boldsymbol{x}) \,\mathrm{d}\boldsymbol{x} = 0, \quad \forall g \in X. \quad (10.5.42)$$

而 $\displaystyle\int_E f(\boldsymbol{x}) g_0(\boldsymbol{x}) \,\mathrm{d}\boldsymbol{x} = L$.

证明 为方便阅读, 我们把证明分成几部分. 记

$$J(g) = \int_E |g(\boldsymbol{x}) - g_0(\boldsymbol{x})|^q \,\mathrm{d}\boldsymbol{x}, \quad g \in X.$$

1. 令 $\{g_k\}$ 为 J 在 X 上的极小化序列, 即 $g_k \in X$ $(k \geqslant 1)$ 且

$$\lim_{k \to +\infty} \int_E |g_k(\boldsymbol{x}) - g_0(\boldsymbol{x})|^q \,\mathrm{d}\boldsymbol{x} = L.$$

注意到 X 为凸集, $\dfrac{g_k + g_j}{2} \in X$ $(\forall k, j \geqslant 1)$. 由 Clarkson 不等式, 若 $q \geqslant 2$, 我们有

$$\varlimsup_{k,j \to +\infty} \int_E \left| \frac{g_k(\boldsymbol{x}) - g_j(\boldsymbol{x})}{2} \right|^q \,\mathrm{d}\boldsymbol{x}$$

$$\leqslant \varlimsup_{k,j \to +\infty} \left(\frac{1}{2} \|g_k - g_0\|^q_{L^q(E)} + \frac{1}{2} \|g_j - g_0\|^q_{L^q(E)} - \left\| \frac{g_k + g_j}{2} - g_0 \right\|^q_{L^q(E)} \right)$$

$$\leqslant \varlimsup_{k,j \to +\infty} \left(\frac{1}{2} \|g_k - g_0\|^q_{L^q(E)} + \frac{1}{2} \|g_j - g_0\|^q_{L^q(E)} - L \right) = 0;$$

若 $q \leqslant 2$, 则

---

[11] 一般地, 对于 $q > 1$ 以及 $\boldsymbol{\xi} \in \mathbb{R}^n$, 当 $\boldsymbol{\xi} = \boldsymbol{0}$ 时, 约定 $|\boldsymbol{\xi}|^{q-2}\boldsymbol{\xi} = \boldsymbol{0}$.

$$\varlimsup_{k,j\to+\infty}\left(\int_E\left|\frac{g_k(\boldsymbol{x})-g_j(\boldsymbol{x})}{2}\right|^q\,\mathrm{d}\boldsymbol{x}\right)^{\frac{1}{q-1}}$$

$$\leqslant\varlimsup_{k,j\to+\infty}\left[\left(\frac{1}{2}\|g_k-g_0\|_{L^q(E)}^q+\frac{1}{2}\|g_j-g_0\|_{L^q(E)}^q\right)^{\frac{1}{q-1}}-\right.$$

$$\left.\left(\left\|\frac{g_k+g_j}{2}-g_0\right\|_{L^q(E)}^q\right)^{\frac{1}{q-1}}\right]$$

$$\leqslant\varlimsup_{k,j\to+\infty}\left[\left(\frac{1}{2}\|g_k-g_0\|_{L^q(E)}^q+\frac{1}{2}\|g_j-g_0\|_{L^q(E)}^q\right)^{\frac{1}{q-1}}-L^{\frac{1}{q-1}}\right]=0.$$

从而 $\{g_k\}$ 为 $L^q(E)$ 中的 Cauchy 列. 设 g^* 为 $\{g_k\}$ 的极限, 则 $g^*\in X$, 且

$$\int_E|g^*(\boldsymbol{x})-g_0(\boldsymbol{x})|^q\,\mathrm{d}\boldsymbol{x}=\lim_{k\to+\infty}\int_E|g_k(\boldsymbol{x})-g_0(\boldsymbol{x})|^q\,\mathrm{d}\boldsymbol{x}=L.$$

即 (10.5.40) 式成立. 进一步, 易见 $f=|g_0-g^*|^{q-2}(g_0-g^*)\in L^p(E)$, 且 $\displaystyle\int_E f(\boldsymbol{x})(g_0(\boldsymbol{x})-g^*(\boldsymbol{x}))\,\mathrm{d}\boldsymbol{x}=L$.

2. 设 $g^*\in X$ 为 J 的最小值点. 任取 $g\in X$, 则对于 $\alpha\in[0,1]$, $g^*+\alpha(g-g^*)\in X$. 令

$$F(\alpha)=\int_E\left|g^*(\boldsymbol{x})+\alpha(g(\boldsymbol{x})-g^*(\boldsymbol{x}))-g_0(\boldsymbol{x})\right|^q\,\mathrm{d}\boldsymbol{x},\quad\alpha\in[0,1],$$

则

$$0\leqslant\lim_{\alpha\to0^+}\frac{F(\alpha)-F(0)}{\alpha}$$
$$=\int_E\left|g_0(\boldsymbol{x})-g^*(\boldsymbol{x})\right|^{q-2}(g_0(\boldsymbol{x})-g^*(\boldsymbol{x}))(g(\boldsymbol{x})-g^*(\boldsymbol{x}))\,\mathrm{d}\boldsymbol{x}.$$

即 (10.5.41) 式成立.

3. 若 $\hat{g},g^*\in X$ 均是 J 在 X 上的最小值点, 则 $g^*,\hat{g},g^*,\hat{g},\cdots$ 构成了 J 在 X 上的一个极小化序列. 由上面的讨论, 它是 Cauchy 列. 因此, 必有 $\hat{g}=g^*$. 即证满足 (10.5.40) 式的 $g^*\in X$ 唯一.

4. 另一方面, 若 $g^*\in X$ 满足 (10.5.41) 式, 则对任何 $g\in X$,

$$\int_E|g_0(\boldsymbol{x})-g^*(\boldsymbol{x})|^q\,\mathrm{d}\boldsymbol{x}$$
$$\leqslant\int_E|g_0(\boldsymbol{x})-g^*(\boldsymbol{x})|^{q-2}(g_0(\boldsymbol{x})-g^*(\boldsymbol{x}))(g_0(\boldsymbol{x})-g(\boldsymbol{x}))\,\mathrm{d}\boldsymbol{x}$$
$$\leqslant\left(\int_E|g_0(\boldsymbol{x})-g^*(\boldsymbol{x})|^q\,\mathrm{d}\boldsymbol{x}\right)^{\frac{1}{p}}\left(\int_E|g_0(\boldsymbol{x})-g(\boldsymbol{x})|^q\,\mathrm{d}\boldsymbol{x}\right)^{\frac{1}{q}}.$$

因此,

$$\int_E |g_0(\boldsymbol{x}) - g^*(\boldsymbol{x})|^q \, \mathrm{d}\boldsymbol{x} \leqslant \int_E |g_0(\boldsymbol{x}) - g(\boldsymbol{x})|^q \, \mathrm{d}\boldsymbol{x}, \quad \forall g \in X.$$

即 g^* 满足 (10.5.40) 式.

5. 最后, 若 X 是闭线性子空间, 而 $g^* \in X$ 为 J 的最小值点, 则对于任何 $g \in X$, 有 $\pm g + g^* \in X$. 于是, 由 (10.5.41) 式得到

$$\pm \int_E f(\boldsymbol{x}) g(\boldsymbol{x}) \, \mathrm{d}\boldsymbol{x} \leqslant 0, \quad \forall g \in X,$$

即 (10.5.42) 式成立. □

以下定理则是 L^p 范数关于弱收敛的下半连续性以及 **Mazur**[12] (马祖尔) 定理在 L^p 空间中的特例.

定理 10.5.8 设 $1 < p < +\infty$, $E \subseteq \mathbb{R}^n$ 为测度非零的可测集, $\{f_k\}$ 在 $L^p(E)$ 中弱收敛于 f, 则

(i) 成立

$$\|f\|_{L^p(E)} \leqslant \varliminf_{k \to +\infty} \|f_k\|_{L^p(E)}. \tag{10.5.43}$$

(ii) 设 $X = \overline{\mathrm{co}}\, F$ 为 $F = \{f_k \mid k \geqslant 1\}$ 在 $L^p(E)$ 中的凸闭包, 则 $f \in X$.

(iii) 存在 $\{f_k\}$ 的凸组合序列在 $L^p(E)$ 中强收敛于 f.

证明 设 q 为 p 的对偶数.

(i) 对任何 $g \in L^q(E)$, 我们有

$$\int_E f(\boldsymbol{x}) g(\boldsymbol{x}) \, \mathrm{d}\boldsymbol{x} = \lim_{k \to +\infty} \int_E f_k(\boldsymbol{x}) g(\boldsymbol{x}) \, \mathrm{d}\boldsymbol{x} \leqslant \varliminf_{k \to +\infty} \|f_k\|_{L^p(E)} \|g\|_{L^q(E)}.$$

由此立即可得 (10.5.43) 式.

(ii) 若 $f \notin X$, 则由定理 10.5.7, 存在 $\bar{f} \in X$ 以及 $g \in L^q(E)$ 使得

$$\int_E g(\boldsymbol{x}) \big(f(\boldsymbol{x}) - \bar{f}(\boldsymbol{x})\big) \, \mathrm{d}\boldsymbol{x} > 0,$$

且

$$\int_E g(\boldsymbol{x}) \big(h(\boldsymbol{x}) - \bar{f}(\boldsymbol{x})\big) \, \mathrm{d}\boldsymbol{x} \leqslant 0, \quad \forall h \in X. \tag{10.5.44}$$

于是

$$0 < \int_E \big(f(\boldsymbol{x}) - \bar{f}(\boldsymbol{x})\big) g(\boldsymbol{x}) \, \mathrm{d}\boldsymbol{x} = \lim_{k \to +\infty} \int_E \big(f_k(\boldsymbol{x}) - \bar{f}(\boldsymbol{x})\big) g(\boldsymbol{x}) \, \mathrm{d}\boldsymbol{x} \leqslant 0.$$

---

12 Mazur, S, 1905—1981 年.

得到矛盾. 因此, $f \in X$.

(iii) 由 (ii) 的结论. 对任何 $k \geqslant 1$, 均有 f 属于 $\overline{\mathrm{co}} \{f_j | j \geqslant k\}$. 特别地, 有 $N_k > k$ 以及满足 $\sum\limits_{i=k}^{N_k} \alpha_{k,i} = 1$ 的非负数 $\alpha_{k,k}, \alpha_{k,2}, \cdots, \alpha_{k,N_k}$, 使得 $\left\| \sum\limits_{i=k}^{N_k} \alpha_{k,i} f_i - f \right\|_{L^p(E)} \leqslant \dfrac{1}{k}$. 这就表示由 $\{f_k\}$ 的凸组合构成的函数列 $\left\{ \sum\limits_{i=k}^{N_k} \alpha_{k,i} f_i \right\}$ 在 $L^p(E)$ 中强收敛于 f. $\qquad\qquad\square$

定理 10.5.8 表明, 在 $L^p(E)$ 中, 对于凸集, 强闭等价于弱闭.

称 T 是 $L^p(E)$ 上的**线性泛函**, 如果 $T : L^p(E) \to \mathbb{R}$ 是线性的:

$$T(\alpha g + \beta h) = \alpha T(g) + \beta T(h), \quad \forall g, h \in L^p(E); \alpha, \beta \in \mathbb{R}. \quad (10.5.45)$$

进一步, 若存在常数 $M > 0$ 使得

$$|T(g)| \leqslant M \|g\|_{L^q(E)}, \quad \forall g \in L^p(E), \quad (10.5.46)$$

则称 T 是 $L^p(E)$ 上的**有界线性泛函**. 我们来建立有界线性泛函的 **Riesz 表示定理**.

定理 10.5.9　设 $1 < p < +\infty$, q 是 p 的对偶数, $E \subseteq \mathbb{R}^n$ 为测度非零的可测集. 又设 T 是 $L^q(E)$ 上的有界线性泛函, 则存在 $f \in L^p(E)$ 使得

$$T(g) = \int_E f(\boldsymbol{x}) g(\boldsymbol{x}) \, \mathrm{d}\boldsymbol{x}, \quad \forall g \in L^q(E). \quad (10.5.47)$$

证明　记 $X = \mathcal{N}(T) \equiv \{g \in L^q(E) \big| T(g) = 0\}$. 若 $X = L^q(E)$, 则取 $f = 0$ 即可.

若 $X \neq L^q(E)$, 则 X 是 $L^q(E)$ 的真线性子空间, 且由 T 的有界性可得 X 是 $L^q(E)$ 的闭子空间. 任取 $g_0 \notin X$, 由定理 10.5.7, 有 $\bar{f} \in L^p(E)$, 使得

$$\langle \bar{f}, g_0 \rangle \equiv \int_E \bar{f}(\boldsymbol{x}) g_0(\boldsymbol{x}) \, \mathrm{d}\boldsymbol{x} \neq 0, \quad (10.5.48)$$

$$\int_E \bar{f}(\boldsymbol{x}) g(\boldsymbol{x}) \, \mathrm{d}\boldsymbol{x} = 0, \quad \forall g \in X. \quad (10.5.49)$$

令 $f = \dfrac{T(g_0)}{\langle \bar{f}, g_0 \rangle} \bar{f}$, 则 $f \in L^p(E)$, $\langle f, g_0 \rangle = T(g_0)$. 对于任何 $g \in L^q(E)$, 由于

$$T \left(g - \frac{T(g)}{T(g_0)} g_0 \right) = T(g) - \frac{T(g)}{T(g_0)} T(g_0) = 0,$$

因此, $g - \dfrac{T(g)}{T(g_0)} g_0 \in X$, 从而 $\left\langle f, g - \dfrac{T(g)}{T(g_0)} g_0 \right\rangle = 0$. 于是

$$\int_E f(\boldsymbol{x})g(\boldsymbol{x})\,\mathrm{d}\boldsymbol{x} = \langle f, g\rangle = \left\langle f, \frac{T(g)}{T(g_0)}g_0 \right\rangle = \frac{T(g)}{T(g_0)}\langle f, g_0\rangle = T(g).$$

定理得证. □

接下来, 我们要证明 $L^p[a,b]$ 中的有界列有弱收敛子列[13].

定理 10.5.10 　设 $1 < p < +\infty$, $E \subseteq \mathbb{R}^n$ 为测度非零的可测集, 则 $L^p(E)$ 中的有界列有弱收敛子列.

证明　设 q 为 p 的对偶数, $\{f_k\}$ 为 $L^p(E)$ 中的有界列. 记 $M = \sup\limits_{k \geqslant 1}\|f_k\|_{L^p(E)}$.

首先要证明的是 $\{f_k\}$ 有子列 $\{\tilde{f}_k\}$ 使得对任何 $g \in L^q(E)$, $\left\{\displaystyle\int_E \tilde{f}_k(\boldsymbol{x})g(\boldsymbol{x})\,\mathrm{d}\boldsymbol{x}\right\}$

收敛. 证明的关键是利用 $L^q(E)$ 的可分性和对角线法. $L^q(E)$ 的可分性是指, 存在 $L^q(E)$ 中的可列集 G, 使得对任何 $g \in L^q(E)$, 都有 G 中的函数列 $\{g_k\}$ 使得 $\lim\limits_{k \to +\infty}\|g_k - g\|_{L^q(E)} = 0$. 例如, 我们可以取

$$G = \left\{ \sum_{k=1}^N c_k \chi_{E \cap Q_{a_k}(\boldsymbol{x}_k)} \Bigg| c_k \in \mathbb{Q}, a_k \in \mathbb{Q}_+, \boldsymbol{x}_k \in \mathbb{Q}^n, 1 \leqslant k \leqslant N, N \in \mathbb{N} \right\}. \quad (10.5.50)$$

记 $G = \{\varphi_k | k \geqslant 1\}$. 我们利用对角线法来抽取满足要求的子列. 由 $\{f_k\}$ 在 $L^p(E)$ 中的有界性, 对每一个固定的 $j \geqslant 1$, $\left\{\displaystyle\int_E f_k(\boldsymbol{x})\varphi_j(\boldsymbol{x})\,\mathrm{d}\boldsymbol{x}\right\}$ 都是有界数列. 因此,

$\{f_k\}$ 有子列 $\{f_{1,k}\}$ 使得 $\left\{\displaystyle\int_E f_{1,k}(\boldsymbol{x})\varphi_1(\boldsymbol{x})\,\mathrm{d}\boldsymbol{x}\right\}$ 收敛;

$\{f_{1,k}\}$ 有子列 $\{f_{2,k}\}$ 使得 $\left\{\displaystyle\int_E f_{2,k}(\boldsymbol{x})\varphi_2(\boldsymbol{x})\,\mathrm{d}\boldsymbol{x}\right\}$ 收敛;

一般地, 对于 $j \geqslant 1$, $\{f_{j,k}\}$ 有子列 $\{f_{j+1,k}\}$ 使得 $\left\{\displaystyle\int_E f_{j+1,k}(\boldsymbol{x})\varphi_{j+1}(\boldsymbol{x})\,\mathrm{d}\boldsymbol{x}\right\}$

收敛.

这样, 有 $\{f_k\}$ 的子列 $\{f_{k,k}\}$ 使得对任何 $j \geqslant 1$, $\left\{\displaystyle\int_E f_{k,k}(\boldsymbol{x})\varphi_j(\boldsymbol{x})\,\mathrm{d}\boldsymbol{x}\right\}$ 收敛.

现任取 $g \in L^q(E)$, 我们有

$$\varlimsup_{k,j \to +\infty} \left| \int_E f_{k,k}(\boldsymbol{x})g(\boldsymbol{x})\,\mathrm{d}\boldsymbol{x} - \int_E f_{j,j}(\boldsymbol{x})g(\boldsymbol{x})\,\mathrm{d}\boldsymbol{x} \right|$$

$$\leqslant 2 \varlimsup_{k \to +\infty} \left| \int_E f_{k,k}(\boldsymbol{x})(g(\boldsymbol{x}) - \varphi(\boldsymbol{x}))\,\mathrm{d}\boldsymbol{x} \right| \leqslant 2M\|g - \varphi\|_{L^q(E)}, \quad \forall \varphi \in G.$$

13　在 Riemann 积分框架下, 不成立这样的结果, 这是我们讨论变分问题存在性时, 通常使用 Lebesgue 积分的主要原因.

因此,

$$\lim_{k,j\to+\infty}\left|\int_E f_{k,k}(\boldsymbol{x})g(\boldsymbol{x})\,\mathrm{d}\boldsymbol{x}-\int_E f_{j,j}(\boldsymbol{x})g(\boldsymbol{x})\,\mathrm{d}\boldsymbol{x}\right|=0.$$

即 $\left\{\displaystyle\int_E f_{k,k}(\boldsymbol{x})g(\boldsymbol{x})\,\mathrm{d}\boldsymbol{x}\right\}$ 收敛.

令

$$T(g)=\lim_{k\to+\infty}\int_E f_{k,k}(\boldsymbol{x})g(\boldsymbol{x})\,\mathrm{d}\boldsymbol{x},\quad\forall\,g\in L^q(E),\tag{10.5.51}$$

则易见 T 是线性的. 进一步, T 是有界的:

$$|T(g)|\leqslant\varliminf_{k\to+\infty}\|f_{k,k}\|_{L^p(E)}\|g\|_{L^q(E)}\leqslant M\|g\|_{L^q(E)},\quad\forall\,g\in L^q(E).\tag{10.5.52}$$

于是, 由 Riesz 表示定理, 存在 $f\in L^p(E)$ 使得

$$T(g)=\int_E f(\boldsymbol{x})g(\boldsymbol{x})\,\mathrm{d}\boldsymbol{x},\quad\forall\,g\in L^q(E).\tag{10.5.53}$$

结合 (10.5.51) 式就得到 $\{f_{k,k}\}$ 在 $L^p(E)$ 中弱收敛于 f.   □

在上述证明中, 事实上 (结合 Mazur 定理) 证明了 $L^q(E)$ 中的单位闭球是弱列紧的, 但这里本质上证明了如下结果: 设 X 为可分赋范线性空间, 则其对偶空间中的有界列有弱 * 收敛的子列.

问题 $(\mathcal{L}_p)$ 的求解　记 $L=\inf\limits_{f\in Y_p}\displaystyle\int_a^b|f'(x)|^p\,\mathrm{d}x$. 有了定理 10.5.10, 我们可以给出问题 $(\mathcal{L}_p)$ 解的存在性. 设 $\{f_k\}$ 是问题 $(\mathcal{L}_p)$ 的极小化序列, 则 $\{f_k'\}$ 在 $L^p[a,b]$ 中有界. 由定理 10.5.10, $\{f_k'\}$ 在 $L^p[a,b]$ 中有弱收敛的子列. 不妨设 f_k' 本身弱收敛于 $\bar{h}\in L^p[a,b]$. 令 $\bar{f}(x)=\displaystyle\int_a^x\bar{h}(t)\,\mathrm{d}t\ (x\in[a,b])$, 则 $\bar{f}\in AC[a,b]$, $\bar{f}'=\bar{h}$. 进一步, $\bar{f}(a)=0$,

$$\lim_{k\to+\infty}f_k(x)=\lim_{k\to+\infty}\int_a^x f_k'(t)\,\mathrm{d}t=\int_a^x\bar{f}'(t)\,\mathrm{d}t=\bar{f}(x),\quad\forall\,x\in[a,b].$$

特别地 $\bar{f}(b)=0$. 从而 $\bar{f}\in W_0^{1,p}(a,b)$. 另一方面,

$$|f_k(x)|=\left|\int_a^x f_k'(t)\,\mathrm{d}t\right|\leqslant\int_a^b|f_k'(t)|\,\mathrm{d}t$$

$$\leqslant(b-a)^{\frac{1}{q}}\|f_k'\|_{L^p[a,b]}^{\frac{1}{p}},\quad\forall\,x\in[a,b];k\geqslant1.$$

且由控制收敛定理,

$$\int_a^b\big|\bar{f}(x)\big|^p\,\mathrm{d}x=\lim_{k\to+\infty}\int_a^b\big|f_k(x)\big|^p\,\mathrm{d}x=1.$$

因此, $\bar{f} \in Y_p$. 而由定理 10.5.8,

$$\int_a^b |\bar{f}'(x)|^p \, \mathrm{d}x \leqslant \lim_{k \to +\infty} \int_a^b |f_k'(x)|^p \, \mathrm{d}x = L.$$

这就表明 $\bar{f}$ 是问题 $(\mathcal{L}_p)$ 的最优解.

进一步, 易见 $\bar{f}'$ 为 $L^p[a,b]$ 中的非零元. 任取 $f \in Y_p$, 则存在 $\delta > 0$ 使得当 $|\alpha| < \delta$ 时, $\bar{f}' + \alpha f'$ 为 $L^p[a,b]$ 中的非零元, 从而

$$\int_a^b |\bar{f}'(x)|^p \, \mathrm{d}x \leqslant \frac{\int_a^b |\bar{f}'(x) + \alpha f'(x)|^p \, \mathrm{d}x}{\int_a^b |\bar{f}(x) + \alpha f(x)|^p \, \mathrm{d}x} \equiv F(\alpha), \quad \forall \alpha \in (-\delta, \delta).$$

于是 $F'(0) = 0$. 直接计算可得

$$\int_a^b |\bar{f}'(x)|^{p-2} \bar{f}'(x) f'(x) \, \mathrm{d}x - L \int_a^b |\bar{f}(x)|^{p-2} \bar{f}(x) f(x) \, \mathrm{d}x = 0.$$

令 $H(x) = \int_a^x |\bar{f}(t)|^{p-2} \bar{f}(t) \, \mathrm{d}t$, 则对上式中第二项作分部积分得到

$$\int_a^b \left(|\bar{f}'(x)|^{p-2} \bar{f}'(x) + LH(x) \right) f'(x) \, \mathrm{d}x = 0.$$

由引理 10.5.2 可得 $|\bar{f}'|^{p-2} \bar{f}' + LH$ 在 $[a,b]$ 上几乎处处等于一个常数. 注意到 H 连续可微, 可得 $\bar{f}'$ 在 $[a,b]$ 上几乎处处等于一个连续函数, 因此, $\bar{f}$ 连续可微. 所以, $|\bar{f}'|^{p-2} \bar{f}' + LH$ 在 $[a,b]$ 上连续, 进而恒等于一常数. 于是又可得 $|\bar{f}'|^{p-2} \bar{f}'$ 连续可微, 从而

$$\left(|\bar{f}'(x)|^{p-2} \bar{f}'(x) \right)' + L|\bar{f}(x)|^{p-2} \bar{f}(x) = 0, \quad x \in [a,b]. \tag{10.5.54}$$

这里我们再一次得到变分问题的解具有较好的光滑性. 这也说明原变分问题 $(\mathcal{V}_p)$ 有解.

问题 $(\mathcal{V}_p)$ 的进一步求解 不失一般性, 设 $[a,b] = [0,1]$. 若 $p \geqslant 2$, 则由 (10.5.54) 式立即得到

$$(p-1)|\bar{f}'(x)|^{p-2} \bar{f}''(x) + L|\bar{f}(x)|^{p-2} \bar{f}(x) = 0, \quad x \in [0,1]. \tag{10.5.55}$$

两边乘 $p\bar{f}'(x)$ 并积分得到: 存在常数 M 使得

$$(p-1)|\bar{f}'(x)|^p + L|\bar{f}(x)|^p = M, \quad x \in [0,1]. \tag{10.5.56}$$

若 $p \in (1,2)$, 则 (10.5.55) 式会有问题. 但利用 $\bar{\psi} = |\bar{f}'|^{p-2} \bar{f}'$ 的连续可微性, 直接可得

$$\left((p-1)|\bar{f}'(x)|^p + L|\bar{f}(x)|^p \right)' = \left((p-1)|\bar{\psi}(x)|^{\frac{p}{p-1}} + L|\bar{f}(x)|^p \right)'$$

$$= p|\bar\psi(x)|^{\frac{p}{p-1}-2}\bar\psi(x)\bar\psi'(x) + pL|\bar f(x)|^{p-2}\bar f(x)\bar f'(x)$$

$$= (|\bar f'(x)|^{p-2}\bar f'(x))'\bar f'(x) + L|\bar f(x)|^{p-2}\bar f(x)\bar f'(x) = 0, \quad x \in [0,1].$$

因此, 无论 $p \geqslant 2$ 还是 $p < 2$, (10.5.56) 式都成立.

若 $M \leqslant 0$, 注意到 $L > 0$, 必有 $M = 0$, 进而 $\bar f \equiv 0$. 与 $\bar f$ 非零矛盾. 因此, $M > 0$, 且 $L|\bar f|^p \leqslant M$.

从直觉上来看, $\bar f$ 应该在 $[0,1]$ 上不变号——至少, 应该可以找到一个不变号的最优解. 具体地, 若将 $\bar f$ 奇延拓为 $[-1,1]$ 上的函数, 并令 $\hat f(x) = \bar f(2x-1)$ $(x \in [0,1])$, 则 $\hat f \in C_0^1[0,1]$. 此时, 必有 $\widehat L = \dfrac{\|\hat f'\|_p}{\|\hat f\|_p} \geqslant L$. 事实上, $\widehat L = 2^p L > L$. 同样的道理, 若有 $c \in (a,b)$ 使得 $\bar f(c) = 0$, 则 $(p-1)|\bar f'(c)|^p = C > 0$, 从而 $\bar f$ 在 $[0,c]$ 上不恒为零. 令 $\tilde f(x) = \bar f(cx)$ $(x \in [0,1])$, 则 $\tilde f \in C_0^1[0,1]$, 且 $\widetilde L = \dfrac{\|\tilde f'\|_p}{\|\tilde f\|_p} = c^p L < L$. 这与 $\bar f$ 为问题 $(\mathcal V_p)$ 的解矛盾. 因此, $\bar f$ 在 $(0,1)$ 上恒正或恒负[14]. 不妨设 $\bar f$ 恒正.

由 (10.5.54) 式, $|\bar f'|^{p-2}\bar f'$ 严格单减, 因此 $\bar f$ 有唯一的最大值点 $\alpha \in (0,1)$. 此时, $\bar f'$ 必在 $(0,\alpha)$ 内为正, 在 $(\alpha,1)$ 内为负. 记 $A = \bar f(\alpha)$, 则 $M = LA$,

$$(p-1)^{\frac{1}{p}}\bar f'(x) = L^{\frac{1}{p}}(A^p - \bar f^p(x))^{\frac{1}{p}}, \quad x \in [0,\alpha]. \tag{10.5.57}$$

令

$$F(s) = \int_0^s \frac{1}{(1-t^p)^{\frac{1}{p}}}\,\mathrm dt, \quad s \in [0,1],$$

则

$$\left(\frac{L}{p-1}\right)^{\frac{1}{p}} x = \int_0^x \frac{\bar f'(x)}{(A^p - \bar f^p(x))^{\frac{1}{p}}}\,\mathrm dx$$

$$= \int_0^{\frac{\bar f(x)}{A}} \frac{\mathrm dt}{(1-t^p)^{\frac{1}{p}}} = F\left(\frac{\bar f(x)}{A}\right), \quad x \in [0,\alpha].$$

特别地,

$$\left(\frac{L}{p-1}\right)^{\frac{1}{p}}\alpha = F(1) = \frac{1}{p}\int_0^1 (1-s)^{-\frac{1}{p}}s^{\frac{1}{p}-1}\,\mathrm ds = \frac{\pi}{p\sin\dfrac{\pi}{p}}.$$

同理, $\left(\dfrac{L}{p-1}\right)^{\frac{1}{p}}(1-\alpha) = \dfrac{\pi}{p\sin\dfrac{\pi}{p}}$. 因此, $\alpha = 1-\alpha = \dfrac{1}{2}$. 由此可见 $\bar f$ 关于 $x = \dfrac{1}{2}$

---

14 类似地, 可以证明 $\bar f$ 关于 $x = \frac{1}{2}$ 对称. 之后的计算将会显示出这一点.

是对称的. 从而 $L = \dfrac{(p-1)(2\pi)^p}{\left(p\sin\dfrac{\pi}{p}\right)^p}$. 这样, 我们得到了具有最佳常数的 Poincaré 不

等式

$$\int_0^1 |f(x)|^p\,\mathrm{d}x \leqslant \frac{\left(p\sin\dfrac{\pi}{p}\right)^p}{(p-1)(2\pi)^p}\int_0^1 |f'(x)|^p\,\mathrm{d}x, \quad \forall f \in C_0^1[0,1]. \quad (10.5.58)$$

而 (10.5.58) 式中等号成立当且仅当存在常数 C 使得

$$f(x) = CF^{-1}\left(\frac{\pi}{p\sin\dfrac{\pi}{p}}(1-|1-2x|)\right), \quad x \in [0,1].$$

易见, 当 $p = 2$ 时, 上述结果可以简单地通过求解方程 (10.5.54) 得到. 今后也可以由 Fourier 级数理论得到. 另外, 通过对偶方法, $p < 2$ 时的最佳常数可以通过 $p > 2$ 时的最佳常数求得. 反之亦然.

一般变分问题解的存在性的研究思路　一般地, 若变分问题的泛函为

$$J(f) = \int_a^b F(x, f(x), f'(x))\,\mathrm{d}x,$$

则在 $F(x, y, z)$ 关于 (y, z) 连续, 关于 z 凸, 以及其他一些常规条件下, $J(f)$ 在 f' 弱收敛的意义下是下半连续的, 进而相应的 (对应于问题 $(\mathcal{L}_p)$ 的) 变分问题有最优解.

但当 $F(x, y, z)$ 关于 z 缺乏凸性时, 变分问题的最优解的存在性会遇到更大的困难. 就需要我们进一步恰到好处地拓展泛函的定义域, 在更大的范围内寻找一种弱最优解.

研究变分问题存在性的主要思路可以归纳如下.

第一步. 设原问题为: 在集合 X 上最小化泛函 J.

首先考察直接研究原问题是否方便. 如果有困难, 则转入下一步.

第二步. 引入新问题: 使得新问题的最优解存在.

其间, 通常要做到以下几条:

1. 扩大 J 的定义域为 Y, 定义新的收敛性;

2. 使得极小化序列有收敛子列;

3. 使得 J 在新的收敛性意义下是下半连续的.

在大多数情况下, Y 的引入满足条件 $\inf\limits_{y \in Y} J(y) = \inf\limits_{x \in X} J(x)$. 但这不是必须的.

第三步. 研究新问题的最优解 $\bar{y}$ 的性质.

1. 若 $\bar{y} \in X$, 则原问题有最优解.

又若可以通过改造 $\bar{y}$, 产生一个 $\bar{x} \in X$ 使得 $J(\bar{x}) = J(\bar{y})$, 则原问题有最优解.

2. 若原问题和新问题中, 泛函有相同的下确界, 即 $\inf\limits_{y \in Y} J(y) = \inf\limits_{x \in X} J(x)$. 而且新问题的最优解均不属于 X, 则原问题无最优解.

习题 $10.5.\mathcal{A}$

1. 证明: 对于任何 $a, b > 0$, 存在唯一的 $r > 0$ 以及 $\theta \in (0, 2\pi]$ 使得 $a = r(\theta - \sin\theta)$, $b = r(1 - \cos\theta)$.

2. 证明 (10.5.28) 式.

3. 设 $f \in C[a, b]$. 若存在 $h_1, h_2 \in L^1[a, b]$ 使得

$$f(x) = f(a) + \int_a^x h_j(t)\,\mathrm{d}t, \quad \forall x \in [a, b], j = 1, 2.$$

证明: $\displaystyle\int_a^b |h_1(x) - h_2(x)|\,\mathrm{d}x = 0$.

4. 设 $1 < q < +\infty$, $E \subseteq \mathbb{R}^n$ 为测度非零的可测集, G 由 (10.5.50) 式给出. 证明: $\forall g \in L^q(E)$, 存在 $g_\varepsilon \in G$ 使得 $\|g_\varepsilon - g\|_{L^q(E)} < \varepsilon$.

习题 $10.5.\mathcal{B}$

1. 举例说明, 对于 $\boldsymbol{A} \in C([a, b]; \mathbb{R}^{(2m) \times (2m)})$, $\boldsymbol{A}^{\mathrm{T}}(x) = \boldsymbol{A}(x)$ $(\forall x \in [a, b])$, 条件

$$\int_a^b \begin{pmatrix} \boldsymbol{\varphi}(x) \\ \boldsymbol{\varphi}'(x) \end{pmatrix}^{\mathrm{T}} \boldsymbol{A}(x) \begin{pmatrix} \boldsymbol{\varphi}(x) \\ \boldsymbol{\varphi}'(x) \end{pmatrix} \mathrm{d}x \geqslant 0, \quad \forall \boldsymbol{\varphi} \in C_0^1([a, b]; \mathbb{R}^m)$$

并不蕴涵

$$\boldsymbol{A}(x) \geqslant 0, \quad \forall x \in [a, b].$$

第十一章 曲线积分与曲面积分

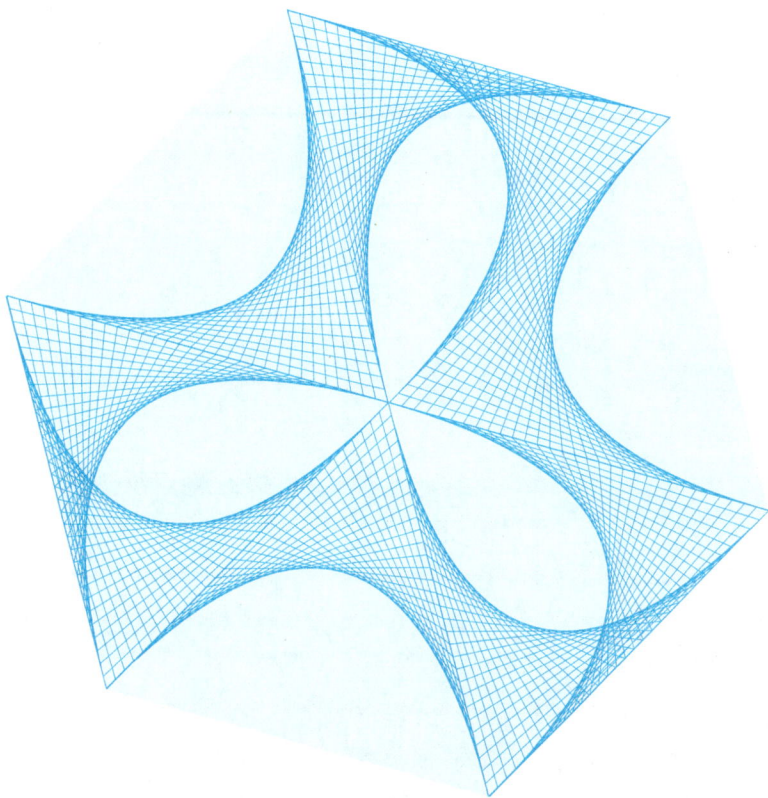

§1　第一型曲线积分

> 曲线, Peano 曲线, 简单曲线, 简单闭曲线, 曲线的弧长, 弧长参数, 第一型曲线积分

§2　第一型曲面积分

> 曲面, 同胚, k 维 C^m 曲面, Schwarz 的例子, 集合的面积, 分片 C^m 曲面, $\mathbb{R}^n$ 中子集的 k 维体积 (面积), 第一型曲面积分, 余面积公式, 楔积

§3　第二型曲线积分

> 第二型曲线积分, 第一、第二型曲线积分的关系, 曲线的方向, Jordan 闭曲线定理

§4　第二型曲面积分

> 第二型曲面积分, 第一、第二型曲面积分的关系, 通量, 曲面的侧

§5　Green 公式, Gauss 公式, Stokes 公式

> 向量场, 单连通区域, Ostrogradsky–Gauss 定理 (散度定理), Green 公式, Stokes 公式, 曲线积分和路径无关性, 原函数的存在性, 循环常数, 场论初步, 梯度场 (保守场), 散度场, 向量线, 环量, 旋度, 无源场, 无旋场, Hamilton 算子, Laplace 算子, 分部积分公式, Green 第一、第二公式

§6　调和函数与复解析函数

> 调和函数, 平均值公式, 最值原理, Poisson 公式, 复可导与复解析的等价性, Cauchy 定理, 最大模原理, Liouville 定理, 共轭函数, 利用解析函数计算

§7　附录: C^1 曲面的 Hausdorff 测度

> Binet–Cauchy 公式, C^1 曲面的 Hausdorff 测度公式

　　　　　　　　曲线、曲面积分理论是积分理论的重要组成部分,
　　　　　　它们在偏微分方程理论、复分析中起着非常重要的作
　　　　　　用. 然而, 在曲面积分的讨论中, 有很多基本的问题, 通
　　　　　　常涉及深刻的拓扑学问题, 难以在数学分析课程中讨论
　　　　　　清楚. 这其中涉及很多错误的直觉, 以及很多看起来显
　　　　　　然但实际证明非常困难的结论. 由于这些原因, 无论是
　　　　　　在定义还是定理之中, 假设条件和结论的普适程度如何
　　　　　　取舍也是一个难题. 在本章中, 我们将尝试适度地展示
　　　　　　建立相关理论时遇到的困难, 而将一些过于困难或复杂
　　　　　　的问题留给后继课程.

§1　第一型曲线积分

　　简单说来, 曲线积分就是在曲线段上定义积分. 为此, 需要定义曲线及其长度.

　　轴平行矩形的体积有 "公认的" 计算公式. 而对于一般集合的体积, 我们认为它
应该具有如下性质: Ⅰ. 集合的体积非负; Ⅱ. 两两不交的集合的并的体积是这些集
合体积的和.

　　当性质 Ⅱ 中的集合个数有限时, 一方面, 我们可以自然地导出集合的体积 (Jor-
dan 测度) 即为其特征函数的 Riemann 积分, 另一方面, 也让我们发现并非所有的
集合都可以定义体积. 换言之, 性质 Ⅰ 和 Ⅱ 的成立也只能限于可求体积的集合中.

　　当允许性质 Ⅱ 中的集合个数是可列多个时, 我们就得到集合的体积 (Lebesgue
测度) 为其特征函数的 Lebesguen 积分. 而此时不可求体积的集合的存在性则依赖
于选择公理.

　　对于曲线, 其长度定义为其内接折线长度的极限, 似乎是自然的事. 但细想之
下, 我们并不能利用与上述性质 Ⅰ, Ⅱ 类似的性质来导出这一点. 换言之, 一般集合
的体积定义更接近于一种推导, 而曲线长度的定义则是更原始的定义.

Peano 曲线, 充满正方形的曲线

要用数学分析研究曲线, 先得将曲线从几何直观中抽象出来. 自然地, 可以粗略地定义 (连续) 曲线为区间到空间的连续映射. 与之相关的一个问题是维数的定义. 人们早先认为, 一个集合的维数是 1 当且仅当它可以用一个参数 (连续地) 表示出来. 然而, 这些认识都是有缺陷的. 一方面, 我们知道区间 $[0,1]$ 与 $\mathbb{R}^n$ 是等势的, 另一方面, Peano 于 1890 年给出了著名的充满正方形的曲线——**Peano 曲线**. 以下我们来给出连续满射 $\boldsymbol{f} : [0,1] \to [0,1]^2$. 同样的方法可构造充满 $[0,1]^n$ 的曲线.

考虑区间 $[0,1]$ 的子集 W, 其元素是三进制小数表示中各小数位为 0 或 1 的数:

$$W = \left\{ \sum_{k=1}^{\infty} \frac{a_k}{3^k} \,\middle|\, \forall\, k \geqslant 1, a_k \in \{0,1\} \right\}.$$

我们的思路是构造 $\boldsymbol{f} = (f,g) \in C([0,1];[0,1]^2)$ 使得在 W 上成立

$$f\left(\sum_{k=1}^{\infty} \frac{a_k}{3^k}\right) = \sum_{k=1}^{\infty} \frac{a_{2k-1}}{2^k}, \quad g\left(\sum_{k=1}^{\infty} \frac{a_k}{3^k}\right) = \sum_{k=1}^{\infty} \frac{a_{2k}}{2^k}, \quad \forall\, \sum_{k=1}^{\infty} \frac{a_k}{3^k} \in W. \quad (11.1.1)$$

易见, 若 f,g 满足上述条件, 则 $\boldsymbol{f}(W) = [0,1] \times [0,1]$, 进而 $\boldsymbol{f}([0,1]) = [0,1] \times [0,1]$.

构造思路 I. 利用连续函数的延拓, 易见满足前述条件的连续函数 f,g 存在.

具体地, 若 $\{x_n\} = \left\{ \sum_{k=1}^{\infty} \dfrac{a_{n,k}}{3^k} \right\}$ 是 W 中收敛点列, 则对任何 $k \geqslant 1$, 有 $n_k \geqslant 1$ 使得当 $j \geqslant n_k$ 时, $|x_j - x_{n_k}| < \dfrac{1}{3^{k+1}}$. 由此可得 $a_{j,k} = a_k \equiv a_{n_k,k} \in \{0,1\}$. 这表明 $x \equiv \lim\limits_{n \to +\infty} x_n = \sum_{k=1}^{\infty} \dfrac{a_k}{3^k} \in W$. 因此, W 是一个闭集.

另一方面, 在 W 上用 (11.1.1) 式定义 f,g, 则易见当 $x,y \in W$, 且 $|x - y| < \dfrac{1}{3^{2k+1}}$ 时,

$$|f(x) - f(y)| \leqslant \sum_{j=k+1}^{\infty} \frac{1}{2^j}, \quad |g(x) - g(y)| \leqslant \sum_{j=k+1}^{\infty} \frac{1}{2^j}.$$

因此, f,g 是 W 上的连续函数. 于是由定理 8.7.13, 可将 f,g 延拓为 $[0,1]$ 上的连续函数. 同时, 不难看到, 在延拓时我们还可保持 f,g 的取值在 $[0,1]$ 中.

构造思路 II. 利用一致收敛函数项级数的性质, 我们来显式地构造 f,g. 首先, W 可以表示为

$$W = \left\{ \sum_{k=1}^{\infty} \frac{b_k}{9^k} \,\middle|\, \forall\, k \geqslant 1, b_k \in \{0,1,3,4\} \right\}.$$

函数 f 满足 (11.1.1)式, 则相当于对任何 $\sum\limits_{k=1}^{\infty}\dfrac{b_k}{9^k}\in W$, 有 $f\left(\sum\limits_{k=1}^{\infty}\dfrac{b_k}{9^k}\right)=\sum\limits_{k=1}^{\infty}\dfrac{\alpha_k}{2^k}$, 其中

$$\alpha_k=\begin{cases}1, & b_k=3,4,\\ 0, & b_k=0,1,\end{cases}\quad \forall\,k\geqslant 1.$$

为此, 可令

$$f(x)=\sum_{k=0}^{\infty}\frac{\varphi(9^k x)}{2^{k+1}},\quad x\in\mathbb{R},\tag{11.1.2}$$

其中 φ 是周期为 1 并取值于 $[0,1]$ 的连续函数, 满足

$$\begin{cases}\varphi\left(\dfrac{3+x}{9}\right)=\varphi\left(\dfrac{4+x}{9}\right)=1,\\[2mm] \varphi\left(\dfrac{x}{9}\right)=\varphi\left(\dfrac{1+x}{9}\right)=0,\end{cases}\quad \forall\,x\in W.\tag{11.1.3}$$

此时 f 以 1 为周期, 且由 Weierstrass 判别法和一致收敛级数的性质得到 f 的连续性. 接下来, 用 $g(x)=f(3x)$ 定义 g 即能满足我们的要求.

至于满足 (11.1.3) 式的 φ 的存在性, 我们说明如下. 由于 $W\subset\left[0,\dfrac{1}{2}\right]$, 要使得 (11.1.3) 式成立, φ 只需要满足

$$\begin{cases}\varphi(x)=1, & \forall\,x\in\left[\dfrac{1}{3},\dfrac{1}{3}+\dfrac{1}{18}\right]\cup\left[\dfrac{4}{9},\dfrac{4}{9}+\dfrac{1}{18}\right],\\[3mm] \varphi(x)=0, & \forall\,x\in\left[0,\dfrac{1}{18}\right]\cup\left[\dfrac{1}{9},\dfrac{1}{9}+\dfrac{1}{18}\right].\end{cases}\tag{11.1.4}$$

于是, 取 φ 为如下函数 (以 1 为周期) 即可:

$$\varphi(x)=\begin{cases}0, & x\in\left[0,\dfrac{1}{6}\right],\\[2mm] 6x-1, & x\in\left(\dfrac{1}{6},\dfrac{1}{3}\right),\\[2mm] 1, & x\in\left[\dfrac{1}{3},\dfrac{1}{2}\right],\\[2mm] 2-2x, & x\in\left(\dfrac{1}{2},1\right].\end{cases}\tag{11.1.5}$$

曲线

Peano 曲线表明, 把曲线定义为连续映射有缺陷. 定义曲线的一个出发点是为了精确地描述它的像集 —— 几何意义上的曲线. 而从几何意义上来讲, Peano 曲线不应该叫做曲线. 但究竟何为曲线, 不同的研究需求可能需要不同的定义.

在 Peano 曲线中, 正方形中同一个点可能对应着很多不同的参数. 为此, 我们

先把所考虑的曲线限制在由有限段简单曲线组成的集合上.

简单曲线   设 $\boldsymbol{x} : [a,b] \to \mathbb{R}^n$ 连续, 且对于 $a \leqslant t_1 < t_2 \leqslant b$, 且 t_1, t_2 不同时为 a, b, 成立 $\boldsymbol{x}(t_1) \neq \boldsymbol{x}(t_2)$, 则称 $\boldsymbol{x}$ 为 $\mathbb{R}^n$ 中的**简单曲线**, 又称为 **Jordan 曲线**. 进一步, 若 $\boldsymbol{x}(a) = \boldsymbol{x}(b)$, 则称 $\boldsymbol{x}$ 为**简单闭曲线 (Jordan 闭曲线)**. 对应地, 我们也把 $\boldsymbol{x}$ 的像集 $C = \boldsymbol{x}([a,b])$ 称为简单曲线或简单闭曲线, 而 $\boldsymbol{x} = \boldsymbol{x}(t) \, (t \in [a,b])$ 称为 C 的参数方程.

以下主要考虑简单曲线以及简单曲线的有限并.

曲线的弧长

定义曲线的弧长如下.

定义 11.1.1   设 $\boldsymbol{x} : [a,b] \to \mathbb{R}^n$ 是简单曲线, 考虑 $[a,b]$ 的划分 $P : a = t_0 < t_1 < t_2 < \cdots < t_m = b$, 以及对应的折线长度

$$s(\boldsymbol{x}; P) = \sum_{k=1}^{m} |\boldsymbol{x}(t_k) - \boldsymbol{x}(t_{k-1})|. \tag{11.1.6}$$

若极限 $L = \lim\limits_{\|P\| \to 0^+} s(\boldsymbol{x}; P)$ 存在, 则称曲线 $\boldsymbol{x}$ **可求长**, 并称 L 为该曲线的**弧长**.

不难看到, 曲线弧长的定义与曲线参数方程的选取无关. 本章中, 我们均在 (11.1.6) 式意义下使用记号 $s(\boldsymbol{x}; P)$. 弧长的定义与 Riemann 积分的定义非常相似, 但性质略有区别. 我们有

命题 11.1.1   对于简单曲线 $\boldsymbol{x} : [a,b] \to \mathbb{R}^n$, 在广义实数系中, $\lim\limits_{\|P\| \to 0^+} s(\boldsymbol{x}; P)$ 存在.

证明   记 ω 为 $\boldsymbol{x}$ 的连续模. 任取 $[a,b]$ 的划分 P 和 Q, 则由三角不等式易见

$$s(\boldsymbol{x}; P \cup Q) \geqslant s(\boldsymbol{x}; P).$$

设 k 为 P 的分点数, 则

$$s(\boldsymbol{x}; Q) \geqslant s(\boldsymbol{x}; P \cup Q) - 2k\omega(\|Q\|).$$

因此,

$$\varliminf_{\|Q\| \to 0^+} s(\boldsymbol{x}; Q) \geqslant \varliminf_{\|Q\| \to 0^+} s(\boldsymbol{x}; P \cup Q) \geqslant s(\boldsymbol{x}; P).$$

于是

$$\varliminf_{\|Q\| \to 0^+} s(\boldsymbol{x}; Q) \geqslant \varlimsup_{\|P\| \to 0^+} s(\boldsymbol{x}; P).$$

这就是说, $\lim\limits_{\|P\| \to 0^+} s(\boldsymbol{x}; P)$ 在广义实数系中存在. $\qquad \square$

以上命题表明, 一方面, 曲线 $\boldsymbol{x}$ 可否求长, 只要看 $s(\boldsymbol{x}; P)$ 是否有界. 另一方面, 在考虑划分时, 我们只需要考虑满足 $\|P_k\| \to 0^+$ 的任何一列划分 $\{P_k\}$.

历史上看, 存在不可求长的曲线多少有点令人意外, 对此问题的深入研究还发展出一些重要的理论, 但给出不可求长曲线的例子还是相对容易的. 需要指出的是, 由于习惯的原因, 当我们提到曲线 $y = f(x)\,(x \in [a, b])$ 时, 指的是曲线 $x \mapsto (x, f(x))\,(x \in [a, b])$, 而不是 $x \mapsto f(x)\,(x \in [a, b])$. 这在高维情形更可能引起混淆, 需根据上下文甄别.

例 11.1.1　设 $f(x) = \sum\limits_{n=1}^{\infty} \dfrac{\sin 4^n \pi x}{2^n}\,(x \in \mathbb{R})$. 证明: 由函数 $y = f(x)\,(x \in [0, 1])$ 确定的曲线不可求长.

证明　易见 $f(x + 1) = f(x)$,

$$f\left(\frac{x}{4}\right) = \frac{f(x) + \sin \pi x}{2}. \tag{11.1.7}$$

记

$$\begin{aligned}
\Delta_{n,k} &= f\left(\frac{k}{n}\right) - f\left(\frac{k-1}{n}\right), \\
\delta_{n,k} &= \sin \frac{k\pi}{n} - \sin \frac{(k-1)\pi}{n}, \quad n, k \geqslant 1.
\end{aligned} \tag{11.1.8}$$

我们有

$$\begin{aligned}
L &= \varlimsup_{n \to +\infty} \sum_{k=1}^{n} |\Delta_{n,k}| \geqslant \varlimsup_{n \to +\infty} \sum_{k=1}^{4n} |\Delta_{4n,k}| \\
&= \frac{1}{2} \varlimsup_{n \to +\infty} \sum_{k=1}^{4n} |\Delta_{n,k} + \delta_{n,k}| = \frac{1}{2} \varlimsup_{n \to +\infty} \sum_{k=1}^{n} \sum_{j=0}^{3} |\Delta_{n,k+jn} + \delta_{n,k+jn}| \\
&= \varlimsup_{n \to +\infty} \sum_{k=1}^{n} \left(|\Delta_{n,k} + \delta_{n,k}| + |\Delta_{n,k} - \delta_{n,k}|\right) \geqslant 2 \varlimsup_{n \to +\infty} \sum_{k=1}^{n} |\Delta_{n,k}| \\
&= 2L.
\end{aligned}$$

另一方面, 显然有 $L > 0$, 因此 $L = +\infty$. 进而,

$$\lim_{n \to +\infty} \sum_{k=1}^{n} \sqrt{\frac{1}{n^2} + |\Delta_{n,k}|^2} \geqslant L = +\infty.$$

因此该曲线不可求长.　　　　　　　　　　　　　　　　　　　　$\square$

事实上, 按照一些广为接受的维数的定义, 上述曲线是分数维的. 例如, 它的 Hausdorff[1] (豪斯多夫) 维数是 $\dfrac{3}{2}$ (参见定义 11.2.3 及沈维孝的文章 [30]). 在定理

1　Hausdorff, F, 1868—1942 年.

8.9.9 中, 我们已经证明, 当曲线是 C^1 曲线时, 它是可求长的. 进一步, 利用定理
8.4.9, 我们有

定理 11.1.2 设 $\boldsymbol{x} \in C([a,b]; \mathbb{R}^n)$ 是简单曲线, $\boldsymbol{x}$ 处处可导且 $\boldsymbol{x}' \in L^1[a,b]$, 则 $\boldsymbol{x}$
可求长, 且长度为

$$s = \int_a^b |\boldsymbol{x}'(t)| \, \mathrm{d}t. \tag{11.1.9}$$

特别地, 当空间曲线表示为 $y = y(x), z = z(x) \, (x \in [a,b])$ 时, 若
$y(\cdot), z(\cdot)$ 处处可导且 $y', z' \in L^1[a,b]$, 则其弧长为

$$s = \int_a^b \sqrt{1 + |y'(x)|^2 + |z'(x)|^2} \, \mathrm{d}x. \tag{11.1.10}$$

证明 对于 $[a,b]$ 的划分 $P : a = t_0 < t_1 < t_2 < \cdots < t_m = b$, 我们有

$$s(\boldsymbol{x}; P) = \sum_{k=1}^m |\boldsymbol{x}(t_k) - \boldsymbol{x}(t_{k-1})| = \sum_{k=1}^m \left| \int_{t_{k-1}}^{t_k} \boldsymbol{x}'(t) \, \mathrm{d}t \right|. \tag{11.1.11}$$

因此

$$\lim_{\|P\| \to 0^+} s(\boldsymbol{x}; P) \leqslant \int_a^b |\boldsymbol{x}'(t)| \, \mathrm{d}t. \tag{11.1.12}$$

另一方面, 由 (11.1.11) 式可得对于任何单位向量 $\boldsymbol{\xi}_1, \boldsymbol{\xi}_2, \cdots, \boldsymbol{\xi}_m$, 成立

$$\lim_{\|P\| \to 0^+} s(\boldsymbol{x}; P) \geqslant \int_a^b \left\langle \boldsymbol{x}'(t), \sum_{k=1}^m \boldsymbol{\xi}_k \chi_{[t_{k-1}, t_k)}(t) \right\rangle \, \mathrm{d}t. \tag{11.1.13}$$

令

$$\boldsymbol{\varphi}(t) = \begin{cases} \dfrac{\boldsymbol{x}'(t)}{|\boldsymbol{x}'(t)|}, & \boldsymbol{x}'(t) \neq \boldsymbol{0}, \\[2mm] \boldsymbol{e}_1, & \boldsymbol{x}'(t) = \boldsymbol{0}. \end{cases}$$

易证有分段取单位常向量的函数列 $\{\boldsymbol{\varphi}_k\}$ 使得

$$\lim_{k \to +\infty} \int_a^b |\boldsymbol{\varphi}_k(t) - \boldsymbol{\varphi}(t)| \, \mathrm{d}t = 0.$$

由此可得 $\{\boldsymbol{\varphi}_k\}$ 按测度收敛于 $\boldsymbol{\varphi}$. 于是, 由 (11.1.13) 式及 Lebesgue 控制收敛定理
(参见定理 8.3.4) 可得

$$\lim_{\|P\| \to 0^+} s(\boldsymbol{x}; P) \geqslant \lim_{k \to +\infty} \int_a^b \langle \boldsymbol{x}'(t), \boldsymbol{\varphi}_k(t) \rangle \, \mathrm{d}t$$
$$= \int_a^b \langle \boldsymbol{x}'(t), \boldsymbol{\varphi}(t) \rangle \, \mathrm{d}t = \int_a^b |\boldsymbol{x}'(t)| \, \mathrm{d}t.$$

结合 (11.1.12) 式即得 $\boldsymbol{x}$ 可求长且 (11.1.9) 式成立.   □

如果考虑 C^1 简单曲线 $\boldsymbol{x}$ 在 $[a,t]$ 上的弧长 $s(t)$, 就有

$$s(t) = \int_a^t |\boldsymbol{x}'(u)|\,\mathrm{d}u, \quad a \leqslant t \leqslant b.$$

由此得到弧长元公式

$$\mathrm{d}s = |\boldsymbol{x}'(t)|\,\mathrm{d}t. \tag{11.1.14}$$

对于弧长为 L 的简单曲线, 设 $s = s(t)$ 为曲线对应于 $[a,t]$ 部分的弧长, 则 s 严格单增, 从而 s 有反函数 $t = t(s)$. 这样, 对于定义在曲线上的函数, 可以与 $t = t(s)$ 复合, 变成以弧长 s 为自变量的函数. 我们称 s 为**弧长参数**. 特别, $\boldsymbol{x}$ 本身可以采用弧长参数. 使用弧长参数的一大便利是 $\left|\dfrac{\mathrm{d}\boldsymbol{x}}{\mathrm{d}s}\right| = 1$. 从上面的讨论可以看到, 用 $|\mathrm{d}\boldsymbol{x}|$ 表示弧长元是合理的.

注 11.1.1 易见, 当曲线 $\boldsymbol{x} \in C^1$ 时, s 严格单增的充要条件是 $\{\boldsymbol{x}' = \boldsymbol{0}\}$ 是疏朗集, 即 $\{\boldsymbol{x}' = \boldsymbol{0}\}$ 不包含任何区间. 当 $\boldsymbol{x}$ 是 C^1 简单曲线时, $\{\boldsymbol{x}' = \boldsymbol{0}\}$ 必为疏朗集. 另一方面, 对于 $[a,b]$ 中的任何闭疏朗集 S, 我们可以构造 $\boldsymbol{x} \in C^1([a,b];\mathbb{R}^n)$ 使得 $\{\boldsymbol{x}' = \boldsymbol{0}\} = S$.

值得注意的是, 存在 $[a,b]$ 上处处可导且导数有界的函数 f, 使得 $\sqrt{1+|f'|^2}$ 不是 Riemann 可积的. 但此时, $\sqrt{1+|f'|^2}$ 是 Lebesgue 可积的, 依照定理 11.1.2, 曲线 $y = f(x)$ 是可求长的, 且弧长为 Lebesgue 积分 $\int_a^b \sqrt{1+|f'(x)|^2}\,\mathrm{d}x$. 当 $\boldsymbol{x}$ 不一定处处可导时, 我们有

定理 11.1.3 设 $\boldsymbol{x} : [a,b] \to \mathbb{R}^n$ 满足 Lipschitz 条件, 则曲线 $\boldsymbol{x}$ 可求长.

证明 由定理假设, 存在常数 $M > 0$ 使得

$$|\boldsymbol{x}(t) - \boldsymbol{x}(s)| \leqslant M|t-s|, \quad t,s \in [a,b].$$

由此立即可得, 对 $[a,b]$ 的任何划分 P, $s(\boldsymbol{x};P) \leqslant M(b-a)$.

这样, 由命题 11.1.1 即得 $\boldsymbol{x}$ 可求长. $\qquad\square$

注 11.1.2 可以证明, 当 $\boldsymbol{x}$ 满足 Lipschitz 条件时, 它是绝对连续的. 从而 $\boldsymbol{x}$ 几乎处处可导, 且 Newton–Leibniz 公式 $\boldsymbol{x}(t) - \boldsymbol{x}(a) = \int_a^t \boldsymbol{x}'(\tau)\,\mathrm{d}\tau\,(t \in [a,b])$ 成立.

在下一章, 我们将证明对于 $\beta \geqslant \alpha > 1$, 函数 $f(x) = \sum_{n=1}^{\infty} \dfrac{\sin \beta^n \pi x}{\alpha^n}$ 处处不可导, 因此, 对任何 $b > a$, 对应的曲线 $y = f(x)\,(x \in [a,b])$ 不可求长 (参见如下的注 11.1.3).

注 11.1.3   事实上, 命题 11.1.1 表明 x 可求长当且仅当

$$V_a^b(\boldsymbol{x}) = \sup_P s(\boldsymbol{x}; P) < +\infty. \tag{11.1.15}$$

满足 (11.1.15) 的函数 x 称为**有界变差函数**[2], 今后可以证明, 有界变差函数几乎处处可导, 其导函数在 Lebesgue 积分意义下可积. 但有反例表明, 存在区间上严格单增而导数几乎处处为零的连续函数[3], 对于这样的函数, (11.1.9) 式不成立.

我们给出如下定理. 其证明完全类似于定理 11.1.2 的证明.

定理 11.1.4   设 $\boldsymbol{\psi} \in L^1([a,b]; \mathbb{R}^n)$, $\boldsymbol{x}(t) = \displaystyle\int_a^t \boldsymbol{\psi}(u)\,\mathrm{d}u\ (x \in [a,b])$, 则曲线 x 可求长, 且长度为

$$s = \int_a^b |\boldsymbol{\psi}(t)|\,\mathrm{d}t. \tag{11.1.16}$$

例 11.1.2   计算单位圆周 $x^2 + y^2 = 1$ 的长度.

解 $x^2 + y^2 = 1$ 可以表示为参数形式

$$\begin{cases} x = \cos t, \\ y = \sin t, \end{cases} \quad t \in [0, 2\pi].$$

需要注意的是, 这里 $\cos, \sin$ 以及 π 均由第四章 §4 利用简谐振动方程定义. 特别地, π 定义为 $\sin$ 的半周期. 这样, 单位圆周长为

$$\int_0^{2\pi} \sqrt{|x'(t)|^2 + |y'(t)|^2}\,\mathrm{d}t = \int_0^{2\pi} \mathrm{d}t = 2\pi.$$

上述结果表明单位圆的周长就是 $\sin$ 的周期. 于是, 我们可以利用第四章 §4 关于计算 π 近似值的讨论来求得单位圆周长的近似值. 我们也可以通过把单位圆周表示成 $y = \pm\sqrt{1 - x^2}\ (x \in [-1, 1])$ 得到

$$2\pi = 2\int_{-1}^1 \sqrt{1 + |y'(x)|^2}\,\mathrm{d}x = 2\int_{-1}^1 \frac{1}{\sqrt{1-x^2}}\,\mathrm{d}x = 4\int_0^1 \frac{1}{\sqrt{1-x^2}}\,\mathrm{d}x. \tag{11.1.17}$$

由于 $y = \pm\sqrt{1 - x^2}$ 在 $x = \pm 1$ 并不可导, (11.1.17) 式并不能理解成直接运用公式 (11.1.10). 事实上应该理解为把单位圆周长看作截去 $(\pm 1, 0)$ 两点附近的圆弧后的 (两段) 曲线弧长的极限. 这也让我们看到, 事实上当 x 仅仅在个别点不可导

2　有界变差函数的定义中不要求函数连续.

3　我们把不恒等于常数但导数几乎处处为零的函数称为**奇异函数**. 通常, 奇异函数是指其中的那些连续函数.

或者导数不连续时, 若 (11.1.9) 式中的积分存在, 则它仍然可以作为计算弧长的公式.

进一步, 对于 $u \in [-1, 1]$, 可以直接计算得到 $y = \sqrt{1 - x^2}$ 对应于 $x \in [u, 1]$ 的那一段弧的弧长为

$$\int_u^1 \frac{1}{\sqrt{1 - x^2}} \, \mathrm{d}x = \arccos u.$$

这样, 在第四章 §4 中定义的 $\arccos u$ 便与我们熟知的几何含义相符. 对此, 我们在第八章 §9 已经作了一个较为详细的讨论.

第一型曲线积分

在定义了曲线弧长的基础上, 我们引入第一型曲线积分.

Riemann 积分框架下的定义　在 Riemann 积分框架下, 我们可以这样定义第一型积分.

定义 11.1.2　设 $\boldsymbol{x} : [a, b] \to \mathbb{R}^n$ 为可求长的简单曲线, 用 C 表示其像集 $\boldsymbol{x}([a, b])$, 对于 $t \in [a, b]$, 记 $s(t)$ 为曲线对应于 $[a, t]$ 部分的弧长. 考虑 C 上的有界函数 f. 对于 $[a, b]$ 的划分 $P : a = t_0 < t_1 < t_2 < \cdots < t_m = b$, 定义

$$L(f; P) \equiv L_C(f; P) = \sum_{k=1}^m \inf_{t_{k-1} \leqslant t \leqslant t_k} f(\boldsymbol{x}(t))(s(t_k) - s(t_{k-1})), \quad (11.1.18)$$

$$U(f; P) \equiv U_C(f; P) = \sum_{k=1}^m \sup_{t_{k-1} \leqslant t \leqslant t_k} f(\boldsymbol{x}(t))(s(t_k) - s(t_{k-1})). \quad (11.1.19)$$

若极限 $\lim_{\|P\| \to 0^+} L(f; P) = \lim_{\|P\| \to 0^+} U(f; P)$, 则称该极限为 f 沿曲线 C 的第一型曲线积分, 记作 $\int_C f \, \mathrm{d}s$. 此时, 称 f 在 C 上可积.

我们也可以把定义中的 $s(t_k) - s(t_{k-1})$ 用 $|\boldsymbol{x}(t_k) - \boldsymbol{x}(t_{k-1})|$ 代替, 不首先定义曲线弧长而直接定义第一型曲线积分, 把 C 的特征函数在 C 上可积定义为 $\boldsymbol{x}$ 可求长.

Lebesgue 积分框架下的定义　此时, 我们需要在曲线上引入一种一维的测度. 具体地, 设简单曲线 $\boldsymbol{x}$ 的弧长为 L. 对于 $\boldsymbol{y} \in \boldsymbol{x}[a, b]$, 用 $s(\boldsymbol{y})$ 表示对应参数区间 $[a, \boldsymbol{x}^{-1}(\boldsymbol{y})]$ 的这一段曲线的弧长. 对于 $E \subseteq \boldsymbol{x}(a, b)$, 我们称 E 是可测的, 如果 $s^{-1}(E) \subseteq [0, L]$ 是可测的, 并定义其测度 (长度) 为 $|E| = |s^{-1}(E)|$. 称 $C = \boldsymbol{x}[a, b]$

上的函数 f 为可测函数, 如果对任何开集 $U \subseteq \mathbb{R}$, $f^{-1}(U)$ 是 C 中的可测集. 类似地可定义 C 上的简单函数等.

接下来, 我们在 Lebesgue 积分框架下定义第一型曲线积分如下.

定义 11.1.3　设 $\boldsymbol{x} : [a,b] \to \mathbb{R}^n$ 为可求长的简单曲线, 用 C 表示其像集 $\boldsymbol{x}([a,b])$. 考虑 C 上的可测函数 f. 若 f 非负, 定义

$$\int_C f \, \mathrm{d}s = \sup \left\{ \sum_{j=1}^{N} \alpha_j |E_j| \,\middle|\, \sum_{j=1}^{N} \alpha_j \chi_{E_j} \text{ 为 } C \text{ 上的简单函数}, \right.$$
$$\left. 0 \leqslant \sum_{j=1}^{N} \alpha_j \chi_{E_j} \leqslant f \right\}.$$

一般地, 当 $\displaystyle\int_C f^+ \, \mathrm{d}s$ 和 $\displaystyle\int_C f^- \, \mathrm{d}s$ 不全为 $+\infty$ 时, 定义 $\displaystyle\int_C f \, \mathrm{d}s = \displaystyle\int_C f^+ \, \mathrm{d}s - \displaystyle\int_C f^- \, \mathrm{d}s$. 称之为 f 在 C 上的**第一型曲线积分**. 若 $\displaystyle\int_C f \, \mathrm{d}s$ 有限, 则称 f 在 C 上可积.

关于曲线上函数的可测性以及可积性的约定, 事实上是要求如下命题成立. 这一命题可以看成关于曲线上函数可测性和积分的等价定义.

命题 11.1.5　设 $\boldsymbol{x} \in C^1([0,L]; \mathbb{R}^n)$ 为以弧长为参数的简单曲线, C 为其像集, f 为 C 上的函数, 则 f 在 C 上可测 (可积) 当且仅当 $f(\boldsymbol{x}(\cdot))$ 可测 (可积). 若 f 在 C 上可积, 则

$$\int_C f \, \mathrm{d}s = \int_0^L f(\boldsymbol{x}(s)) \, \mathrm{d}s. \tag{11.1.20}$$

对 (11.1.20) 式作变量代换, 即得如下定理.

定理 11.1.6　设 $\boldsymbol{x} \in C^1([a,b]; \mathbb{R}^n)$ 为简单曲线, C 为其像集, f 为 C 上可测函数, 则 f 在 C 上可积当且仅当 $f(\boldsymbol{x}(\cdot))|\boldsymbol{x}'(\cdot)|$ 在 $[a,b]$ 上可积. 此时有

$$\int_C f \, \mathrm{d}s = \int_a^b f(\boldsymbol{x}(t)) |\boldsymbol{x}'(t)| \, \mathrm{d}t. \tag{11.1.21}$$

通常, f 作为 $\mathbb{R}^n$ (或它的子集) 中的函数给出, 由复合函数的可测性知道, 当 f 在 $\mathbb{R}^n$ 中 Borel 可测时, f 作为 C 上的函数是可测的.

当平面曲线 C 在极坐标下的参数方程为 $r = r(\theta)\,(\alpha \leqslant \theta \leqslant \beta)$ 时, 则直接计算可得曲线的弧长微元为

$$\mathrm{d}s = \sqrt{|r'(\theta)|^2 + |r(\theta)|^2} \, \mathrm{d}\theta. \tag{11.1.22}$$

因此,

$$\int_C f\,\mathrm{d}s = \int_\alpha^\beta f(r(\theta)\cos\theta, r(\theta)\sin\theta)\sqrt{|r'(\theta)|^2 + |r(\theta)|^2}\,\mathrm{d}\theta. \quad (11.1.23)$$

第一型曲线积分在弧长参数下就是定积分, 因此, 我们可以把定积分的性质都移植到第一型曲线积分来. 在此不再赘述.

例 11.1.3 设 C 为 $\mathbb{R}^3$ 中以 $(1,0,0)$, $(0,1,0)$ 和 $(0,0,1)$ 为顶点的三角形的边界, 试计算 $\displaystyle\int_C x\,\mathrm{d}s$.

解 曲线 C 分为三部分, 它们可以表示为:

$$C_1 = \left\{(x,y,z)\big| y = 1-x, z = 0, 0 \leqslant x \leqslant 1\right\},$$
$$C_2 = \left\{(x,y,z)\big| z = 1-x, y = 0, 0 \leqslant x \leqslant 1\right\},$$
$$C_3 = \left\{(x,y,z)\big| z = 1-y, x = 0, 0 \leqslant y \leqslant 1\right\}.$$

于是

$$\int_C x\,\mathrm{d}s = \int_{C_1} x\,\mathrm{d}s + \int_{C_2} x\,\mathrm{d}s + \int_{C_3} x\,\mathrm{d}s$$
$$= \int_0^1 \sqrt{2}x\,\mathrm{d}x + \int_0^1 \sqrt{2}x\,\mathrm{d}x + 0 = \sqrt{2}.$$

例 11.1.4 设 C 为 $\mathbb{R}^3$ 中球面 $x^2 + y^2 + z^2 = R^2$ 与平面 $x + y + z = 0$ 相交得到的圆周, 试计算 $\displaystyle\int_C (x^2 + y)\,\mathrm{d}s$.

解 利用对称性, 我们有

$$\int_C (x^2 + y)\,\mathrm{d}s = \int_C x^2\,\mathrm{d}s = \frac{1}{3}\int_C (x^2 + y^2 + z^2)\,\mathrm{d}s$$
$$= \frac{1}{3}\int_C R^2\,\mathrm{d}s = \frac{2\pi R^3}{3}.$$

若对例 11.1.3 运用对称性, 有

$$\int_C x\,\mathrm{d}s = \frac{1}{3}\int_C (x + y + z)\,\mathrm{d}s = \frac{1}{3}\int_C \mathrm{d}s = \sqrt{2}.$$

例 11.1.5 设 $b > a > 0$, 试求椭圆 $\dfrac{x^2}{a^2} + \dfrac{y^2}{b^2} = 1$ 的周长.

解 利用广义极坐标变换, 该椭圆的参数方程可写为

$$(x,y) = (a\cos\theta, b\sin\theta), \quad \theta \in [0, 2\pi].$$

于是, 椭圆的周长为

$$s = \int_0^{2\pi} \sqrt{a^2 \sin^2\theta + b^2 \cos^2\theta}\, \mathrm{d}\theta. \tag{11.1.24}$$

(11.1.24) 式右端的积分是**椭圆积分**的一类, 不能用基本初等函数表示为有限形式.

习题 11.1.$\mathcal{A}$

1. 计算以下第一型曲线积分:

(1) $\displaystyle\int_C xyz\,\mathrm{d}s$, 其中 C 为空间曲线 $\begin{cases} x(t) = \cos t, \\ y(t) = \sin t, \quad (t \in [0, 2\pi]). \\ z(t) = t \end{cases}$

(2) $\displaystyle\int_C x^2\,\mathrm{d}s$, 其中 C 为平面曲线 $x^{\frac{2}{3}} + y^{\frac{2}{3}} = 1$.

(3) $\displaystyle\int_C |xy|\,\mathrm{d}s$, 其中 C 为平面曲线 $(x^2 + y^2)^2 = x^2 - y^2$.

习题 11.1.$\mathcal{B}$

1. 试将定积分的一些性质移植到第一型曲线积分.

§2 第一型曲面积分

曲面

相比于曲线积分, 定义并研究曲面积分要困难许多. 困难首先来自曲面的定义. 本章尝试从大多数读者关心的角度来对曲面及其面积和积分展开讨论, 并展示我们对于研究对象 —— 曲面的取舍过程.

与曲线不同, 通常, 对于我们想要研究的几何意义上的曲面, 要找一个统一的连续 (光滑) 映射来表示它并不容易. 为此, 必要时我们采用拼接的方法来定义曲面.

首先, 称集合 $E \subseteq \mathbb{R}^n$ 和 $F \subseteq \mathbb{R}^m$ **同胚**, 如果存在双射 $\varphi: E \to F$, 使得 φ 和它的逆映射均连续.

本章中, 如有必要, 我们用 $B_{n,r}(\boldsymbol{x}_0)$ 表示 $\mathbb{R}^n$ 中以 $\boldsymbol{x}_0$ 为心以 r 为半径的开球.

定义 11.2.1 对于 $1 \leqslant k < n$, 我们称 $\Sigma \subset \mathbb{R}^n$ 是一个曲面, 如果对 Σ 上每一点 $\boldsymbol{x}_0$, 存在 $\delta > 0$ 使得 $\Sigma \cap B_{n,\delta}(\boldsymbol{x}_0)$ 同胚于球 $B_{k,1}(\boldsymbol{0})$ 或半球 $B_{k,1}^+(\boldsymbol{0}) = \left\{ \boldsymbol{x} \in \mathbb{R}^k \,|\, |\boldsymbol{x}| < 1, \boldsymbol{x} \cdot \boldsymbol{e}_1 \geqslant 0 \right\}$.

然而, 以上定义的曲面性质可能很差, 比如它们的 Hausdorff 维数 (参见定义 11.2.3) 不见得是 k. 在讨论曲面积分时, 为得到较好的结果, 需要曲面具有更好的光滑性. 具体地, 引入如下定义.

定义 11.2.2 设 $1 \leqslant k < n$, 而 $m \geqslant 1$, 称 $\Sigma \subset \mathbb{R}^n$ 是一个 k 维 C^m 曲面, 如果对任何 $\boldsymbol{x}_0 \in \Sigma$, 存在 $\delta > 0$ 以及双射 $\varphi: X \to \Sigma \cap B_\delta(\boldsymbol{x}_0)$ 使得 φ 和其逆映射均 m 阶连续可导, 其中 X 为 $B_{k,1}(\boldsymbol{0})$ 或 $B_{k,1}^+(\boldsymbol{0})$.

若对任何 m, 曲面 Σ 都是 C^m 曲面, 则称 Σ 为 C^∞ **曲面**或**光滑曲面**[1].

如果 ψ 是区域 D 到 Σ (的子集) 的同胚, 则称 $\boldsymbol{x} = \psi(\boldsymbol{u})\,(\boldsymbol{u} \in D)$ 是 Σ 的 (局部的) 参数表示.

曲面面积

曲面的面积不能简单地用 "内接多面体" 的面积来逼近. Schwarz 曾经给出如下例子.

---

1 时常, 光滑曲面也指 m 足够大时的 C^m 曲面.

例 11.2.1   考虑底面半径为 R, 高为 H 的圆柱体. 如图 11.1, 取 $m \geqslant 1, n \geqslant 3$, 用与底面距离为 $\dfrac{kH}{2m}$ 的平面将圆柱体等分为 $2m$ 分, 再将截出的 $2m+1$ 个圆周均作 n 等分, 使得每一个分点与相邻层最近的两个分点等距.

通过这些分点, 构成了圆柱面侧面的一个以全等的等腰三角形为面的 "内接" 多面体. 每个三角形的面积为 $R\sin\dfrac{\pi}{n} \times \sqrt{(R - R\cos\dfrac{\pi}{n})^2 + \dfrac{H^2}{4m^2}}$. 因此, 内接多面体的总面积为

$$S_{m,n} \equiv 2m \times 2n \times R\sin\frac{\pi}{n} \times \sqrt{(R - R\cos\frac{\pi}{n})^2 + \frac{H^2}{4m^2}}$$
$$= 2nR\sin\frac{\pi}{n}\sqrt{16m^2 R^2 \sin^4\frac{\pi}{2n} + H^2}. \tag{11.2.1}$$

若取正整数列 $\{m_n\}$, 则当且仅当 $\lim\limits_{n\to+\infty}\dfrac{m_n}{n^2} = 0$ 时, $\lim\limits_{n\to+\infty} S_{m_n, n} = 2\pi RH$.

另一方面, 直接计算得到各三角形的单位法向量与底面的单位法向量的内积绝对值为

$$\omega_n = \frac{2\sin^2\dfrac{\pi}{2n}}{\sqrt{\dfrac{H^2}{4m^2} + 4\sin^4\dfrac{\pi}{2n}}}.$$

而 $\lim\limits_{n\to+\infty}\dfrac{m_n}{n^2} = 0$ 等价于 $\lim\limits_{n\to+\infty}\omega_n = 0$. 换言之, 只有当上述内接多面体接近与圆柱体侧面相切时, 其表面积才会趋于圆柱体的侧面积.

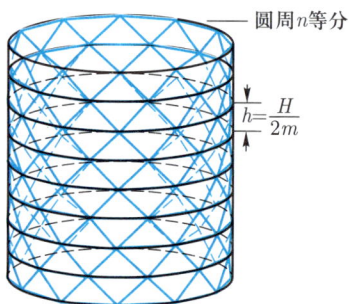

图 11.1

在 Schwarz 工作的基础上, 人们对如何定义曲面面积进行了更深入的研究. 当曲面为 C^1 曲面时, 时常通过把小块曲面近似为小块切面来定义曲面面积. 然而, 对于一些读者来讲, 这样的定义方式仍然略显粗暴.

Hausdorff 测度   我们来引入一般集合的 Hausdorff 测度和 Hausdorff 维数.

定义 11.2.3 设 $E \subseteq \mathbb{R}^n$ 非空, 对于实数 $d \geqslant 0$, E 的 d 维 **Hausdorff 测度**定义为

$$H_d(E) = \sup_{\delta > 0} H_{d,\delta}(E) = \lim_{\delta \to 0^+} H_{d,\delta}(E), \tag{11.2.2}$$

其中

$$H_{d,\delta}(E) = \inf \left\{ \sum_{k=1}^{\infty} \Big(\operatorname{diam}(E_k) \Big)^d \Big| \bigcup_{k=1}^{\infty} E_k \supseteq E, \quad \operatorname{diam}(E_k) < \delta \right\}. \tag{11.2.3}$$

E 的 **Hausdorff 维数**定义为

$$\dim_H(E) = \inf \{ d \geqslant 0 | H_d(E) = 0 \}$$
$$= \sup \Big(\{ d \geqslant 0 | H_d(E) = +\infty \} \cup \{0\} \Big). \tag{11.2.4}$$

易见 $H_{d,\delta}(E)$ 关于 δ 单调下降. 同样易见 $H_d(E)$ 关于 d 单调下降, 取值于 $[0, +\infty]$, 而且至多只有一个 d 使得 $H_d(E) \in (0, +\infty)$. 自然地, 若 $H_d(E) \in (0, +\infty)$, 则应该定义 E 的维数为 d. 但事实上对某些集合, 不存在 d 使得 $H_d(E) \in (0, +\infty)$. 这就是为什么把 Hausdorff 维数用 (11.2.4) 式来定义.

由于在 Hausdorff 测度的定义中, 所选的集合 $\{E_k\}$ 过于一般, 其计算非常不方便. 一个自然的问题是能否只选用闭球体或开球体? 若记只选用球体时所得测度为 W_d, 则易见存在仅与 n, d 相关的正常数 C 使得 $H_d(E) \leqslant W_d(E) \leqslant C H_d(E)$. 因此, 在 Hausdorff 维数定义中, 以 W_d 代替 H_d 得到的结果是一样的. 但在测度的具体数值上, 有反例表明 $H_d(E)$ 可以严格小于 $W_d(E)$.

C^1 曲面的球覆盖 Hausdorff 测度 一般地, $\mathbb{R}^n$ 中的 k 维测度 (例如 Hausdorff 测度) 都可以称为 "体积". 习惯上, 称 $k = 1$ 时的 Hausdorff 测度为长度, 称 $k = 2$ 或 $n - 1$ 时的 Hausdorff 测度为面积. 但由于语境的变化, 同样是 k 维测度, 在某些场合我们可能会称之为面积, 而在另一些场合称之为体积.

兼顾合理性与简捷性, 我们考虑 $\mathbb{R}^n$ 中子集的 k 维球覆盖 Hausdorff 测度:

定义 11.2.4 设 $E \subseteq \mathbb{R}^n$, $1 \leqslant k \leqslant n$. 称满足

$$\bigcup_{j=1}^{\infty} B_j \supseteq E, \quad \operatorname{diam}(B_j) < \delta$$

的球列 $\{B_j\}_{j=1}^{\infty}$ 为 E 的 δ 球覆盖. 定义 E 的 **k 维 (球覆盖) Hausdorff 测度**为

$$V_k(E) = \lim_{\delta \to 0^+} V_{k,\delta}(E), \tag{11.2.5}$$

其中

$$V_{k,\delta}(E) = \frac{\omega_k}{2^k} \inf \left\{ \sum_{j=1}^{\infty} \left(\operatorname{diam} \left(B_j \right) \right)^k \, \middle| \, \{B_j\}_{j=1}^{\infty} \text{ 为 } E \text{ 的 } \delta \text{ 球覆盖} \right\}, \quad (11.2.6)$$

ω_k 为 $\mathbb{R}^k$ 中单位球的体积. 例如当 $k = 2$ 时, $\omega_2 = \pi$.

易见, 对于 $E, F \subseteq \mathbb{R}^n$, $1 \leqslant k \leqslant n$, 成立

$$0 \leqslant V_k(E) \leqslant V_k(E \cup F) \leqslant V_k(E) + V_k(F).$$

本章中, 简称 k 维球覆盖 Hausdorff 测度为 k 维测度.

当 $k = n$ 时, 易见, k 维球覆盖 Hausdorff 测度就是 $\mathbb{R}^n$ 中的 Lebesgue 外测度. 这样, 如果没有可测性, 不相交的集合的 Hausdorff 测度之和未必等于它们并集的 Hausdorff 测度. 同理, 对于一般的 k, 以及 Hausdorff 维数为 k 的集合 X, 要在其上定义相应的积分, 自然也就需要在 X 中定义 (k 维的) 可测集.

之前在 $\mathbb{R}^n$ 中定义可测集时, 有两种方法. 第一种方法是把 (测度有限的) 可测集定义为外测度等于内测度的集合. 此时为了定义内测度, 事先需要给出一些 "天然" 可测的集合, 例如轴平行矩形. 这在 X 上会遇到一些困难. 另一种方法是利用 Carathéodory 条件来定义可测集. 鉴于 X 作为全集总是满足 Carathéodory 条件, 而把 X 默认为可测也会带来一些问题. 因此, 无论用哪一种方法来定义 X 上的可测集, 都需要作一些调整. 由于通常 X 为一个映射的像, 我们还可以采用第三种方法, 即利用 X 中子集原像的可测性来定义这些子集的可测性. 对于一般情形的讨论, 我们不作展开. 本章将考虑的是比较光滑的曲面.

按定义 11.2.4, 我们有

定理 11.2.1　设 $1 \leqslant k \leqslant n$, D_0 为 $\mathbb{R}^k$ 中区域, 单射 $\varphi : D_0 \to \mathbb{R}^n$ 连续可微, 则对于紧包含于 D_0 的可测集 D, $\Sigma \equiv \varphi(D)$ 的 k 维测度为[2]

$$V_m(\Sigma) = \int_D \sqrt{\det(\varphi_u^{\mathrm{T}} \varphi_u)} \, \mathrm{d}u. \tag{11.2.7}$$

等价地,

$$V_m(\Sigma) = \int_D \sqrt{\varphi_u \text{ 的所有 } k \text{ 阶子式的平方和}} \, \mathrm{d}u. \tag{11.2.8}$$

定理的证明参见本章 §7.

弧长公式可以视为 (11.2.7) 或 (11.2.8) 式的特例. 同样, 对于 $\mathbb{R}^3$ 中的曲面,

---

2　注意 φ_u 是 $n \times k$ 矩阵.

我们有

定理 11.2.2 设 $D_0 \subseteq \mathbb{R}^2$ 为区域, $\boldsymbol{r}: D_0 \to \mathbb{R}^3$ 是连续可微的单射. 又可测集 D 紧包含于 D_0, 则 $\Sigma = \boldsymbol{r}(D)$ 可求面积, 且面积为

$$S = \iint\limits_{D} |\boldsymbol{r}_u \times \boldsymbol{r}_v| \, \mathrm{d}u\mathrm{d}v = \iint\limits_{D} \sqrt{EG - F^2} \, \mathrm{d}u\mathrm{d}v, \tag{11.2.9}$$

其中

$$E = \boldsymbol{r}_u \cdot \boldsymbol{r}_u, \quad F = \boldsymbol{r}_u \cdot \boldsymbol{r}_v, \quad G = \boldsymbol{r}_v \cdot \boldsymbol{r}_v. \tag{11.2.10}$$

若曲面由方程 $z = z(x,y)$, $(x,y) \in D$ 表示, 则相当于 $\boldsymbol{r}(x,y) = (x,y,z(x,y))$, 我们有 $\boldsymbol{r}_x(x,y) = (1,0,z_x(x,y))$, $\boldsymbol{r}_y(x,y) = (0,1,z_y(x,y))$, 直接计算可得

$$S = \iint\limits_{D} \sqrt{1 + z_x^2 + z_y^2} \, \mathrm{d}x\mathrm{d}y. \tag{11.2.11}$$

由于 $z = z(x,y)$ 的法向量为 $(-z_x, -z_y, 1)$, 若记 γ 为法向与 z 轴的夹角, 则有

$$S = \iint\limits_{D} \frac{1}{|\cos\gamma|} \, \mathrm{d}x\mathrm{d}y. \tag{11.2.12}$$

第一型曲面积分的定义

有了定理 11.2.1, 我们就可以像定义第一型曲线积分一样来定义 C^1 曲面上的第一型曲面积分. 但不能指望总是把我们的讨论限制在 C^1 曲面上. 通常, 我们考虑所谓分片 C^1 曲面.

粗略地讲, 对于 $1 \leqslant k < n$ 以及 $m \geqslant 1$, 称 Σ 是一个 k 维**分片 C^m 曲面**, 如果存在有限个 C^m 曲面 $\Sigma_1, \Sigma_2, \cdots, \Sigma_j$ 使得 $\Sigma \subseteq \bigcup\limits_{p=1}^{j} \Sigma_p$. 为方便起见, 我们称每个 $\Sigma_i \cap \Sigma (1 \leqslant i \leqslant j)$ 为 Σ 的一个分片. 对于无界集 Σ, 如果它与任何球的交是 k 维分片 C^m 的曲面, 我们就称之为分片 C^m 曲面.

然而, 很少有数学分析教材严格地定义分片 C^m 曲面. 定义的困难主要在于如何设定和描述两个分片的交集的性质.

在本章中, **我们要求 k 维分片 C^1 曲面不同分片的交集具有 k 维零面积**.

对分片 C^1 曲面有了以上的要求后, 我们定义其上的曲面积分时, 只需要一片一片地来定义. 因此, 为方便起见, 设 $1 \leqslant k < n$, D_0 为 $\mathbb{R}^k$ 中的区域, 单射 $\boldsymbol{\varphi}: D_0 \to \mathbb{R}^n$ 连续可微, D 为紧包含于 D_0 的可测集, $\Sigma \equiv \boldsymbol{\varphi}(D)$. 我们来定义 Σ 上的第一型曲面积分.

称 $E \subseteq \Sigma$ 为 Σ 上的 $(k$ 维$)$ 可测集, 如果 $V_k(E) + V_k(\Sigma \setminus E) = V_k(\Sigma)$.

由定理 11.2.1, $\boldsymbol{\varphi}(\{\boldsymbol{\varphi_u = 0}\})$ 是 Σ 上的零测度集. 可以证明 Σ 的子集 F 为 Σ 上的可测集当且仅当 $\boldsymbol{\varphi}^{-1}(F) \cup \{\boldsymbol{\varphi_u = 0}\}$ 为 D 中可测集.

称 Σ 上的函数 f 可测, 如果对于任何开集 $U \subseteq \mathbb{R}$, $f^{-1}(U)$ 是 Σ 中的可测集. 类似地, 可以定义 Σ 上的简单函数.

由上面的讨论可见, 若 f 是 Σ 上的可测函数, 则 $\boldsymbol{u} \mapsto f(\boldsymbol{\varphi}(\boldsymbol{u}))\sqrt{\det(\boldsymbol{\varphi_u^{\mathrm{T}}\varphi_u})}$ 在 D 上可测.

定义 11.2.5   设 $1 \leqslant k < n$, $D_0 \subseteq \mathbb{R}^k$ 为区域, 单射 $\boldsymbol{\varphi} : D_0 \to \mathbb{R}^n$ 连续可微, D 为紧包含于 D_0 的可测集, $\Sigma = \boldsymbol{\varphi}(D)$. 考虑 Σ 上的可测函数 f. 若 f 非负, 定义

$$\int_{\Sigma} f \, \mathrm{d}S = \sup\left\{ \sum_{j=1}^{N} \alpha_j V_k(E_j) \,\middle|\, \sum_{j=1}^{N} \alpha_j \chi_{E_j} \text{ 为 } \Sigma \text{ 上的简单函数,} \right.$$
$$\left. 0 \leqslant \sum_{j=1}^{N} \alpha_j \chi_{E_j} \leqslant f \right\}.$$

一般地, 当 $\displaystyle\int_{\Sigma} f^+ \, \mathrm{d}S$ 和 $\displaystyle\int_{\Sigma} f^- \, \mathrm{d}S$ 不全为 $+\infty$ 时, 定义 $\displaystyle\int_{\Sigma} f \, \mathrm{d}S = \int_{\Sigma} f^+ \, \mathrm{d}S - \int_{\Sigma} f^- \, \mathrm{d}S$. 称之为 f 在 Σ 上的**第一型曲面积分**. 若 $\displaystyle\int_{\Sigma} f \, \mathrm{d}S$ 有限, 则称 f 在 Σ 上可积.

结合定义 11.2.5 和定理 11.2.1, 立即可得如下的可积性定理和计算公式.

定理 11.2.3   设 $1 \leqslant k < n$, $D_0 \subseteq \mathbb{R}^k$ 为区域, 单射 $\boldsymbol{\varphi} : D_0 \to \mathbb{R}^n$ 连续可微, D 为紧包含于 D_0 的可测集, $\Sigma = \boldsymbol{\varphi}(D)$, f 为 Σ 上的可测函数, 则 f 在 Σ 上可积当且仅当 $\boldsymbol{u} \mapsto f(\boldsymbol{\varphi}(\boldsymbol{u}))\sqrt{\det(\boldsymbol{\varphi_u^{\mathrm{T}}\varphi_u})}$ 在 D 上可积. 此时有

$$\int_{\Sigma} f \, \mathrm{d}S = \int_{D} f(\boldsymbol{\varphi}(\boldsymbol{u}))\sqrt{\det(\boldsymbol{\varphi_u^{\mathrm{T}}\varphi_u})} \, \mathrm{d}\boldsymbol{u}. \tag{11.2.13}$$

上述结果可以毫无困难地推广到 Σ, D 具有无限测度的情形.

另一方面, 同样的结论对 $k = n$ 的情形也成立. 那就是重积分的变量代换公式.

利用定理 11.2.3, 易见 Lebesgue 积分的性质, 诸如 Lévy 单调收敛定理, Fatou 引理和 Lebesgue 控制收敛定理等, 对第一型曲面 (曲线) 积分也成立. 同样, 可以对含参变量第一型曲面 (曲线) 积分建立相应性质.

例 11.2.2　设 Σ 为球面 $x^2 + y^2 + z^2 = 1$, 计算曲面积分 $\iint\limits_{\Sigma} x^2 \, \mathrm{d}S$.

解　如果直接利用曲面积分的计算公式 (11.2.13) 进行计算, 需要给出参数方程.

法 I. 选 x, y 为参数, 则 Σ 需分成上下两部分:

$$\Sigma_k = \left\{ (x, y, z) \big| z = (-1)^k \sqrt{1 - x^2 - y^2}, x^2 + y^2 \leqslant 1 \right\}, \quad k = 1, 2.$$

无论是哪一部分, 均有 $\sqrt{1 + z_x^2 + z_y^2} = \dfrac{1}{|z|} = \dfrac{1}{\sqrt{1 - x^2 - y^2}}$. 因此

$$\begin{aligned}
\iint\limits_{\Sigma} x^2 \, \mathrm{d}S &= \iint\limits_{\Sigma_1} x^2 \, \mathrm{d}S + \iint\limits_{\Sigma_2} x^2 \, \mathrm{d}S \\
&= 2 \iint\limits_{x^2 + y^2 \leqslant 1} \frac{x^2}{\sqrt{1 - x^2 - y^2}} \, \mathrm{d}x\mathrm{d}y = 2 \int_0^{2\pi} \mathrm{d}\theta \int_0^1 \frac{r^3 \sin^2\theta}{\sqrt{1 - r^2}} \, \mathrm{d}r \\
&= \frac{4\pi}{3}.
\end{aligned}$$

法 II. 选 y, z 为参数, 则 Σ 需分成前后两部分:

$$\Sigma_k = \left\{ (x, y, z) \big| x = (-1)^k \sqrt{1 - y^2 - z^2}, y^2 + z^2 \leqslant 1 \right\}, \quad k = 1, 2.$$

无论是哪一部分, 均有 $\sqrt{1 + x_y^2 + x_z^2} = \dfrac{1}{|x|} = \dfrac{1}{\sqrt{1 - y^2 - z^2}}$. 因此

$$\begin{aligned}
\iint\limits_{\Sigma} x^2 \, \mathrm{d}S &= \iint\limits_{\Sigma_1} x^2 \, \mathrm{d}S + \iint\limits_{\Sigma_2} x^2 \, \mathrm{d}S \\
&= 2 \iint\limits_{y^2 + z^2 \leqslant 1} \sqrt{1 - y^2 - z^2} \, \mathrm{d}y\mathrm{d}z = 2 \int_0^{2\pi} \mathrm{d}\theta \int_0^1 r\sqrt{1 - r^2} \, \mathrm{d}r \\
&= \frac{4\pi}{3}.
\end{aligned}$$

法 III. 用球面坐标作参数:

$$\begin{cases} x = \cos\theta \sin\varphi, \\ y = \sin\theta \sin\varphi, \quad \theta \in [0, 2\pi], \varphi \in [0, \pi], \\ z = \cos\varphi, \end{cases} \tag{11.2.14}$$

则 $\mathrm{d}S = \sin\varphi \, \mathrm{d}\theta\mathrm{d}\varphi$. 因此

$$\iint\limits_{\Sigma} x^2 \, \mathrm{d}S = \int_0^{2\pi} \mathrm{d}\theta \int_0^{\pi} \cos^2\theta \sin^3\varphi \, \mathrm{d}\varphi = \frac{4\pi}{3}. \tag{11.2.15}$$

法 IV. 利用对称性,

$$\iint\limits_{\Sigma} x^2 \, \mathrm{d}S = \frac{1}{3} \iint\limits_{\Sigma} (x^2 + y^2 + z^2) \, \mathrm{d}S = \frac{1}{3} \iint\limits_{\Sigma} \mathrm{d}S = \frac{4\pi}{3}.$$

由于我们比较熟悉变换 (11.2.14), 因此, 当我们像在 (11.2.15) 式中那样利用参数方程计算时, 也可以采用以下方式:

$$\iint\limits_{\Sigma} x^2 \, \mathrm{d}S = \iint\limits_{\Sigma} z^2 \, \mathrm{d}S = \int_0^{2\pi} \mathrm{d}\theta \int_0^{\pi} \cos^2\varphi \sin\varphi \, \mathrm{d}\varphi = \frac{4\pi}{3}. \tag{11.2.16}$$

余面积公式

我们有以下非常重要的**余面积公式**.

在球面坐标下, 直观上, 在球面 $\Sigma_r = \{(x,y,z) \mid x^2 + y^2 + z^2 = r^2\}$ 附近, $\mathrm{d}V = \mathrm{d}r\mathrm{d}S$, 其中 $\mathrm{d}S$ 是 Σ_r 上的面积微元. 因此, 猜想

$$\iiint\limits_{x^2+r^2+r^2\leqslant R^2} f(x,y,z) \, \mathrm{d}x\mathrm{d}y\mathrm{d}z = \int_0^R \mathrm{d}r \iint\limits_{x^2+y^2+z^2=r^2} f(x,y,z) \, \mathrm{d}S. \tag{11.2.17}$$

不难利用重积分球面变换公式和曲面积分的计算公式验证上述结果. 对于更一般的情形, 则可以建立如下的**余面积公式**.

定理 11.2.4 设 $1 \leqslant m < n$, $\boldsymbol{g} : \mathbb{R}^n \to \mathbb{R}^m$ 连续可微, 且对任何 $\boldsymbol{x} \in \mathbb{R}^n$, $\boldsymbol{g_x}(\boldsymbol{x})$ 的秩为 m. 又设 $\Omega \subseteq \mathbb{R}^n$ 和 $D \subset \mathbb{R}^m$ 为可测集, f 为 Ω 上的可积函数, 则

$$\int_{\{\boldsymbol{g}\in D\}\cap\Omega} f \, \mathrm{d}\boldsymbol{x} = \int_D \mathrm{d}\boldsymbol{u} \int_{\{\boldsymbol{g}=\boldsymbol{u}\}\cap\Omega} \frac{f}{\sqrt{\det(\boldsymbol{g_x}\boldsymbol{g_x^{\mathrm{T}}})}} \, \mathrm{d}S. \tag{11.2.18}$$

证明 对于矩阵 $\boldsymbol{C} \in \mathbb{R}^{n\times k}$, 记 $J_k(\boldsymbol{C}) = \sqrt{\det(\boldsymbol{C}^{\mathrm{T}}\boldsymbol{C})}$, 则对于 $\boldsymbol{A} \in \mathbb{R}^{n\times m}$, $\boldsymbol{B} \in \mathbb{R}^{n\times(n-m)}$, 若 $\boldsymbol{A}^{\mathrm{T}}\boldsymbol{B} = \boldsymbol{O}$, 有

$$\left| \det \begin{pmatrix} \boldsymbol{A} & \boldsymbol{B} \end{pmatrix} \right| = \sqrt{\det\left(\begin{pmatrix} \boldsymbol{A} & \boldsymbol{B} \end{pmatrix}^{\mathrm{T}} \begin{pmatrix} \boldsymbol{A} & \boldsymbol{B} \end{pmatrix} \right)}$$

$$= \sqrt{\det\begin{pmatrix} \boldsymbol{A}^{\mathrm{T}}\boldsymbol{A} & \boldsymbol{O} \\ \boldsymbol{O} & \boldsymbol{B}^{\mathrm{T}}\boldsymbol{B} \end{pmatrix}} = J_m(\boldsymbol{A})J_{n-m}(\boldsymbol{B}). \tag{11.2.19}$$

由隐函数存在定理和有限覆盖定理, 可以将 $\Omega \times D$ 分成可列个 $\Omega_j \times D_j$, 使得

在每一部分上, 方程 $\boldsymbol{g}(\boldsymbol{x}) - \boldsymbol{u} = \boldsymbol{O}$ 可以唯一地确定一组隐函数 $x_{j_1}, x_{j_2}, \cdots, x_{j_m}$. 不失一般性, 不妨设在整个 $\Omega \times D$ 上, 我们都可以由隐函数方程 $\boldsymbol{g}(\boldsymbol{x}) - \boldsymbol{u} = \boldsymbol{0}$ 解得

$$(x_1, x_2, \cdots, x_m) = \boldsymbol{\psi}(x_{m+1}, \cdots, x_n, \boldsymbol{u}). \tag{11.2.20}$$

记 $\boldsymbol{x}^* = (x_1, x_2, \cdots, x_m)$, $\boldsymbol{x}^\diamond = (x_{m+1}, \cdots, x_n)$, 则 $\boldsymbol{g}(\boldsymbol{\psi}(\boldsymbol{x}^\diamond, \boldsymbol{u}), \boldsymbol{x}^\diamond) - \boldsymbol{u} = \boldsymbol{0}$. 从而

$$\begin{pmatrix} \boldsymbol{g}_{\boldsymbol{x}^*} & \boldsymbol{g}_{\boldsymbol{x}^\diamond} \end{pmatrix} \begin{pmatrix} \boldsymbol{\psi}_{\boldsymbol{x}^\diamond} \\ \boldsymbol{I}_{n-m} \end{pmatrix} = \boldsymbol{O}. \tag{11.2.21}$$

考虑变量代换 $\begin{pmatrix} \boldsymbol{u} \\ \boldsymbol{x}^\diamond \end{pmatrix} = \begin{pmatrix} \boldsymbol{g}(\boldsymbol{x}) \\ \boldsymbol{x}^\diamond \end{pmatrix}$, 它把 $\{\boldsymbol{g} \in D\} \cap \Omega$ 映为

$$\{(\boldsymbol{u}, \boldsymbol{x}^\diamond) \,|\, (\boldsymbol{x}^*, \boldsymbol{x}^\diamond) \in \{\boldsymbol{g} = \boldsymbol{u}\} \cap \Omega, \boldsymbol{u} \in D\}$$
$$= \{(\boldsymbol{u}, \boldsymbol{x}^\diamond) \,|\, \boldsymbol{x}^\diamond \in W(\boldsymbol{u}), \boldsymbol{u} \in D\},$$

其中 $W(\boldsymbol{u})$ 为 $\{\boldsymbol{g} = \boldsymbol{u}\} \cap \Omega$ 在 $\boldsymbol{x}^\diamond$ 子空间的投影, 则由重积分变量代换公式以及累次积分公式得到

$$I \equiv \int_{\{\boldsymbol{g} \in D\} \cap \Omega} f \, \mathrm{d}\boldsymbol{x} = \int_D \mathrm{d}\boldsymbol{u} \int_{W(\boldsymbol{u})} f \left| \det \begin{pmatrix} \boldsymbol{g}_{\boldsymbol{x}^*} & \boldsymbol{g}_{\boldsymbol{x}^\diamond} \\ \boldsymbol{O} & \boldsymbol{I}_{n-m} \end{pmatrix} \right|^{-1} \mathrm{d}\boldsymbol{x}^\diamond. \tag{11.2.22}$$

结合 $\{\boldsymbol{g} = \boldsymbol{u}\} \cap \Omega$ 的参数表示为 $\boldsymbol{x}^* = \boldsymbol{\psi}(\boldsymbol{x}^\diamond, \boldsymbol{u}) \, (\boldsymbol{x}^\diamond \in W(\boldsymbol{u}))$, 由曲面积分公式得到

$$I = \int_D \mathrm{d}\boldsymbol{u} \int_{\{\boldsymbol{g} = \boldsymbol{u}\} \cap \Omega} f \left| \det \begin{pmatrix} \boldsymbol{g}_{\boldsymbol{x}^*} & \boldsymbol{g}_{\boldsymbol{x}^\diamond} \\ \boldsymbol{O} & \boldsymbol{I}_{n-m} \end{pmatrix} \right|^{-1} \left| J_{n-m} \begin{pmatrix} \boldsymbol{\psi}_{\boldsymbol{x}^\diamond} \\ \boldsymbol{I}_{n-m} \end{pmatrix} \right|^{-1} \mathrm{d}S. \tag{11.2.23}$$

于是, 由 (11.2.21) 式以及 (11.2.19)式, 可得

$$\begin{aligned}
I &= \int_D \mathrm{d}\boldsymbol{u} \int_{\{\boldsymbol{g} = \boldsymbol{u}\} \cap \Omega} f \left| \det \begin{pmatrix} \boldsymbol{g}_{\boldsymbol{x}^*} & \boldsymbol{g}_{\boldsymbol{x}^\diamond} \\ \boldsymbol{O} & \boldsymbol{I}_{n-m} \end{pmatrix} \det \begin{pmatrix} \boldsymbol{g}_{\boldsymbol{x}^*}^{\mathrm{T}} & \boldsymbol{\psi}_{\boldsymbol{x}^\diamond} \\ \boldsymbol{g}_{\boldsymbol{x}^\diamond}^{\mathrm{T}} & \boldsymbol{I}_{n-m} \end{pmatrix} \right|^{-1} J_m(\boldsymbol{g}_{\boldsymbol{x}}^{\mathrm{T}}) \, \mathrm{d}S \\
&= \int_D \mathrm{d}\boldsymbol{u} \int_{\{\boldsymbol{g} = \boldsymbol{u}\} \cap \Omega} f \left| \det \begin{pmatrix} \boldsymbol{g}_{\boldsymbol{x}} \boldsymbol{g}_{\boldsymbol{x}}^{\mathrm{T}} & \boldsymbol{O} \\ \boldsymbol{g}_{\boldsymbol{x}^\diamond}^{\mathrm{T}} & \boldsymbol{I}_{n-m} \end{pmatrix} \right|^{-1} J_m(\boldsymbol{g}_{\boldsymbol{x}}^{\mathrm{T}}) \, \mathrm{d}S \\
&= \int_D \mathrm{d}\boldsymbol{u} \int_{\{\boldsymbol{g} = \boldsymbol{u}\} \cap \Omega} \frac{f}{\sqrt{\det(\boldsymbol{g}_{\boldsymbol{x}} \boldsymbol{g}_{\boldsymbol{x}}^{\mathrm{T}})}} \, \mathrm{d}S. \tag{11.2.24}
\end{aligned}$$

定理得证. $\qquad\qquad \square$

具体应用中, 自然并不需要 $\boldsymbol{g}$ 一定要在整个 $\mathbb{R}^n$ 上有定义. 同样, 通过简单的极限过程可见, $\boldsymbol{g}_{\boldsymbol{x}}$ 在个别点不满秩时, (11.2.24) 式仍然成立.

对应于 $m = 1$, 当 $g : \mathbb{R}^n \to \mathbb{R}$ 连续可微, 且对任何 $\boldsymbol{x} \in \mathbb{R}^n$, $\nabla g(\boldsymbol{x}) \neq \boldsymbol{0}$ 时, 成立

$$\int_{\{g\in D\}\cap\Omega} f\,\mathrm{d}\boldsymbol{x} = \int_D \mathrm{d}u \int_{\{g=u\}\cap\Omega} \frac{f}{|\nabla g|}\,\mathrm{d}S. \tag{11.2.25}$$

特别地, 取 $D = g(\Omega)$ 并用 $\{g(\boldsymbol{x}) = u\}$ 表示集合 $\{\boldsymbol{x} \in \Omega | g(\boldsymbol{x}) = u\}$, 我们有

$$\int_{\Omega} f(\boldsymbol{x})\,\mathrm{d}\boldsymbol{x} = \int_{g(\Omega)} \mathrm{d}u \int_{g(\boldsymbol{x})=u} \frac{f(\boldsymbol{x})}{|\nabla g(\boldsymbol{x})|}\,\mathrm{d}S. \tag{11.2.26}$$

例 11.2.3   设 $n \geqslant 2$, 试利用余面积公式推导 $\mathbb{R}^n$ 中单位球体积 V_n 及其表面积 S_{n-1}.

解   取 $g(\boldsymbol{x}) = |\boldsymbol{x}|$, 则除点 $\boldsymbol{0}$ 外, $g_{\boldsymbol{x}}(\boldsymbol{x}) = \dfrac{\boldsymbol{x}^{\mathrm{T}}}{|\boldsymbol{x}|}$, 对于 $\overline{B_1(\boldsymbol{0})}$ 上的可积函数, 由余面积公式可得

$$\int_{|\boldsymbol{x}|\leqslant 1} f(\boldsymbol{x})\,\mathrm{d}\boldsymbol{x} = \int_0^1 \mathrm{d}r \int_{|\boldsymbol{x}|=r} f(\boldsymbol{x})\,\mathrm{d}S. \tag{11.2.27}$$

特别地,

$$V_n = \int_{|\boldsymbol{x}|\leqslant 1} \mathrm{d}\boldsymbol{x} = \int_0^1 \mathrm{d}r \int_{|\boldsymbol{x}|=r} \mathrm{d}S = \int_0^1 r^{n-1} S_{n-1}\,\mathrm{d}r = \frac{S_{n-1}}{n}.$$

同理,

$$\pi^{\frac{n}{2}} = \left(\int_{\mathbb{R}} \mathrm{e}^{-x^2}\,\mathrm{d}x\right)^n = \int_{\mathbb{R}^n} \mathrm{e}^{-|\boldsymbol{x}|^2}\,\mathrm{d}\boldsymbol{x} = \int_0^{+\infty} \mathrm{d}r \int_{|\boldsymbol{x}|=r} \mathrm{e}^{-|\boldsymbol{x}|^2}\,\mathrm{d}S$$

$$= S_{n-1} \int_0^{+\infty} r^{n-1} \mathrm{e}^{-r^2}\,\mathrm{d}r = \frac{1}{2}\Gamma\left(\frac{n}{2}\right) S_{n-1}.$$

因此,

$$S_{n-1} = \frac{2\pi^{\frac{n}{2}}}{\Gamma\left(\dfrac{n}{2}\right)}, \quad V_n = \frac{\pi^{\frac{n}{2}}}{\Gamma\left(\dfrac{n}{2}+1\right)}. \tag{11.2.28}$$

这正是我们在 (8.6.23) 式中得到的.

例 11.2.4   设 $a, b, c > 0$, Σ 为曲面 $\dfrac{x^2}{a^2} + \dfrac{y^2}{b^2} + \dfrac{z^2}{c^2} = 1$. 试利用余面积公式计算积分

$$\iint_{\Sigma} \frac{\mathrm{d}S}{\sqrt{\dfrac{x^2}{a^4} + \dfrac{y^2}{b^4} + \dfrac{z^2}{c^4}}}, \quad \iint_{\Sigma} \frac{\mathrm{d}S}{(x^2+y^2+z^2)^{\frac{3}{2}}\sqrt{\dfrac{x^2}{a^4} + \dfrac{y^2}{b^4} + \dfrac{z^2}{c^4}}}.$$

解   令 $g(x,y,z) = \sqrt{\dfrac{x^2}{a^2} + \dfrac{y^2}{b^2} + \dfrac{z^2}{c^2}}$. 对于 $r > 0$, 记 Ω_r 为区域 $\{g < r\}$, $\Sigma_r = \partial\Omega_r$, 则

$$|\nabla g(x,y,z)| = \frac{\sqrt{\dfrac{x^2}{a^4}+\dfrac{y^2}{b^4}+\dfrac{z^2}{c^4}}}{\sqrt{\dfrac{x^2}{a^2}+\dfrac{y^2}{b^2}+\dfrac{z^2}{c^2}}}.$$

记

$$F(r) = \iint\limits_{\Sigma_r} \frac{\mathrm{d}S}{\sqrt{\dfrac{x^2}{a^4}+\dfrac{y^2}{b^4}+\dfrac{z^2}{c^4}}},$$

$$G(r) = \iint\limits_{\Sigma_r} \frac{\mathrm{d}S}{(x^2+y^2+z^2)^{\frac{3}{2}}\sqrt{\dfrac{x^2}{a^4}+\dfrac{y^2}{b^4}+\dfrac{z^2}{c^4}}}.$$

则 $F(1)$, $G(1)$ 为所求. 我们有 $F(r) = rF(1)$, $G(r) = \dfrac{G(1)}{r^2}$. 于是由余面积公式

$$F(1) = 3\int_0^1 rF(r)\,\mathrm{d}r = \int_0^1 \mathrm{d}r \iint\limits_{g(x,y,z)=r} \frac{3}{|\nabla g|}\,\mathrm{d}S$$

$$= \iiint\limits_{\Omega_1} 3\,\mathrm{d}x\mathrm{d}y\mathrm{d}z = 4\pi abc.$$

在上述推导中, 也可以考虑积分 $\displaystyle\int_0^1 \frac{F(r)}{r}\,\mathrm{d}r$. 类似地, 对于 $t \in (0,1)$,

$$-G(1)\ln t = \int_t^1 \frac{G(1)}{r}\,\mathrm{d}r = \int_t^1 rG(r)\,\mathrm{d}r$$

$$= \iiint\limits_{\Omega_1\setminus\Omega_t} \frac{1}{(x^2+y^2+z^2)^{\frac{3}{2}}}\,\mathrm{d}x\mathrm{d}y\mathrm{d}z.$$

记 $\alpha = \min\{a,b,c\}$, $\beta = \max\{a,b,c\}$, 则

$$4\pi\ln\frac{\alpha}{\beta t} = \iiint\limits_{B_\alpha(\mathbf{0})\setminus B_{\beta t}(\mathbf{0})} \frac{1}{(x^2+y^2+z^2)^{\frac{3}{2}}}\,\mathrm{d}x\mathrm{d}y\mathrm{d}z$$

$$\leqslant \iiint\limits_{\Omega_1\setminus\Omega_t} \frac{1}{(x^2+y^2+z^2)^{\frac{3}{2}}}\,\mathrm{d}x\mathrm{d}y\mathrm{d}z$$

$$\leqslant \iiint\limits_{B_\beta(\mathbf{0})\setminus B_{\alpha t}(\mathbf{0})} \frac{1}{(x^2+y^2+z^2)^{\frac{3}{2}}}\,\mathrm{d}x\mathrm{d}y\mathrm{d}z = 4\pi\ln\frac{\beta}{\alpha t}.$$

由此立即可得

$$G(1) = \lim_{t\to 0^+}\frac{1}{-\ln t}\iiint\limits_{\Omega_1\setminus\Omega_t}\frac{1}{(x^2+y^2+z^2)^{\frac{3}{2}}}\,\mathrm{d}x\mathrm{d}y\mathrm{d}z = 4\pi.$$

楔积

我们看到, 对于 $1 \leqslant i_1 < i_2 < \cdots < i_m \leqslant n$, 由矩阵 $(\boldsymbol{\xi}_1, \boldsymbol{\xi}_2, \cdots, \boldsymbol{\xi}_m)$ 的第 $i_1, i_2, \cdots, i_m$ 行构成的子式的绝对值, 恰好是 $\boldsymbol{\xi}_1, \boldsymbol{\xi}_2, \cdots, \boldsymbol{\xi}_m$ 张成的平行多面体在 $\boldsymbol{e}_{i_1}, \boldsymbol{e}_{i_2}, \cdots, \boldsymbol{e}_{i_m}$ 张成的 m 维子空间中的投影的 m 维面积. 这样, 就可以把 $\boldsymbol{\xi}_1, \boldsymbol{\xi}_2, \cdots, \boldsymbol{\xi}_m$ 张成的平行多面体的 m 维面积视为一种向量, 以其在各 m 维子空间的投影的有向面积——对应的 m 阶子式为分量.

基于此, 对于 $1 \leqslant m \leqslant n$, 我们称以

$$B_m = \left\{ \boldsymbol{e}_{i_1} \wedge \boldsymbol{e}_{i_2} \wedge \cdots \wedge \boldsymbol{e}_{i_m} \,\middle|\, 1 \leqslant i_1 < i_2 < \cdots < i_m \leqslant n \right\}$$

为基的线性空间 A_m 为 m **次外积空间**.

对于 $\boldsymbol{\xi}_1, \boldsymbol{\xi}_2, \cdots, \boldsymbol{\xi}_m \in \mathbb{R}^n$, 定义它们的**楔积 (外积)** 为

$$
\begin{aligned}
&\boldsymbol{\xi}_1 \wedge \boldsymbol{\xi}_2 \wedge \cdots \wedge \boldsymbol{\xi}_m \\
&= \sum_{1 \leqslant i_1 < i_2 < \cdots < i_m \leqslant n} \det\left((\boldsymbol{e}_{i_1}, \boldsymbol{e}_{i_2}, \cdots, \boldsymbol{e}_{i_m})^{\mathrm{T}} (\boldsymbol{\xi}_1, \boldsymbol{\xi}_2, \cdots, \boldsymbol{\xi}_m) \right) \cdot \\
&\quad \boldsymbol{e}_{i_1} \wedge \boldsymbol{e}_{i_2} \wedge \cdots \wedge \boldsymbol{e}_{i_m}.
\end{aligned}
\tag{11.2.29}
$$

这样, $\boldsymbol{\xi}_1 \wedge \boldsymbol{\xi}_2 \wedge \cdots \wedge \boldsymbol{\xi}_m$ 就可以看作 $\boldsymbol{\xi}_1, \boldsymbol{\xi}_2, \cdots, \boldsymbol{\xi}_m$ 张成的平行多面体的 m 维有向面积, 它的分量就是它在各个 m 维子空间中的有向投影.

例如, 对于 $\boldsymbol{\xi} = (1, 2, 3, 4)$, $\boldsymbol{\eta} = (a, b, c, d)$, 我们有

$$
\begin{aligned}
\boldsymbol{\xi} \wedge \boldsymbol{\eta} = {}&\det\begin{pmatrix} 1 & a \\ 2 & b \end{pmatrix} \boldsymbol{e}_1 \wedge \boldsymbol{e}_2 + \det\begin{pmatrix} 1 & a \\ 3 & c \end{pmatrix} \boldsymbol{e}_1 \wedge \boldsymbol{e}_3 + \det\begin{pmatrix} 1 & a \\ 4 & d \end{pmatrix} \boldsymbol{e}_1 \wedge \boldsymbol{e}_4 + \\
&\det\begin{pmatrix} 2 & b \\ 3 & c \end{pmatrix} \boldsymbol{e}_2 \wedge \boldsymbol{e}_3 + \det\begin{pmatrix} 2 & b \\ 4 & d \end{pmatrix} \boldsymbol{e}_2 \wedge \boldsymbol{e}_4 + \det\begin{pmatrix} 3 & c \\ 4 & d \end{pmatrix} \boldsymbol{e}_3 \wedge \boldsymbol{e}_4 \\
= {}&(b - 2a) \boldsymbol{e}_1 \wedge \boldsymbol{e}_2 + (c - 3a) \boldsymbol{e}_1 \wedge \boldsymbol{e}_3 + (d - 4a) \boldsymbol{e}_1 \wedge \boldsymbol{e}_4 + \\
&(2c - 3b) \boldsymbol{e}_2 \wedge \boldsymbol{e}_3 + (2d - 4b) \boldsymbol{e}_2 \wedge \boldsymbol{e}_4 + (3d - 4c) \boldsymbol{e}_3 \wedge \boldsymbol{e}_4.
\end{aligned}
$$

易见外积满足多重线性性, 反交换律. 更一般地, 对于 $k, \ell \geqslant 1$, $k + \ell = m$, 通过以下方式定义 A_k 中元素 $\boldsymbol{\omega}$ 与 A_ℓ 中元素 $\boldsymbol{\eta}$ 的楔积 $\boldsymbol{\omega} \wedge \boldsymbol{\eta} \in A_m$:

$$
\begin{aligned}
&(\boldsymbol{e}_{i_1} \wedge \boldsymbol{e}_{i_2} \wedge \cdots \wedge \boldsymbol{e}_{i_k}) \wedge (\boldsymbol{e}_{j_1} \wedge \boldsymbol{e}_{j_2} \wedge \cdots \wedge \boldsymbol{e}_{j_\ell}) \\
&= \boldsymbol{e}_{i_1} \wedge \boldsymbol{e}_{i_2} \wedge \cdots \wedge \boldsymbol{e}_{i_k} \wedge \boldsymbol{e}_{j_1} \wedge \boldsymbol{e}_{j_2} \wedge \cdots \wedge \boldsymbol{e}_{j_\ell},
\end{aligned}
\tag{11.2.30}
$$

$$
\left(\sum_{i=1}^{\mathrm{C}_n^k} \alpha_i \boldsymbol{\omega}_i \right) \wedge \left(\sum_{j=1}^{\mathrm{C}_n^\ell} \beta_j \boldsymbol{\eta}_j \right) = \sum_{i=1}^{\mathrm{C}_n^k} \sum_{j=1}^{\mathrm{C}_n^\ell} \alpha_i \beta_j \boldsymbol{\omega}_i \wedge \boldsymbol{\eta}_j,
\tag{11.2.31}
$$

其中 $\alpha_i \in \mathbb{R}$, $\boldsymbol{\omega}_i \in B_k$ $(1 \leqslant i \leqslant \mathrm{C}_n^k)$, $\beta_j \in \mathbb{R}$, $\boldsymbol{\eta}_j \in B_\ell$ $(1 \leqslant j \leqslant \mathrm{C}_n^\ell)$, 则楔积除了满足前面提及的多重线性性以及反交换律, 还满足结合率.

习题 11.2.$\mathcal{A}$

1. 设 $a, b > 0$, 计算椭圆柱面 $\dfrac{x^2}{a^2} + \dfrac{y^2}{b^2} = 1$ 在 $z \geqslant 0$, $y \geqslant 0$ 中夹在平面 $y = z$ 和平面 $z = 0$ 之间部分的侧面积.

2. 计算螺旋面 $\begin{cases} x = r\cos\theta, \\ y = r\sin\theta, \ (r \in [0, R], \theta \in [0, 2\pi]) \\ z = at \end{cases}$ 的面积.

3. 设 Σ 为三角形 $x + y + z = 1$ $(x, y, z \geqslant 0)$, 计算第一型曲面积分 $\displaystyle\iint\limits_{\Sigma} \frac{1}{x + 2y + 3z} \, \mathrm{d}S$. 计算曲面积分 $\displaystyle\iint\limits_{\Sigma} x^2 \, \mathrm{d}S$.

4. 设球面 $x^2 + y^2 + z^2 = R^2$ 上均匀分布着单位面积质量为 ρ 的物质. 某质点质量为 m, 位于点 $(0, 0, r)$, $r \neq R$. 试求球面上的物质的质量以及球面对于该质点的引力.

5. 设 ℓ 是长为 L 且足够光滑的平面闭曲线. 对于 $\delta > 0$, 设 W_δ 为所有以 ℓ 上的点为球心, δ 为半径的球的并. 证明: 当 δ 足够小时, W_δ 的表面积为 $2\pi\delta L$.

6. 设 φ, ψ 在 $[a, b]$ 上连续可导. 证明: 曲线 $\begin{cases} x = \varphi(t), \\ y = \psi(t) \end{cases}$ $(t \in [a, b])$ 绕 x 轴旋转一周所得的旋转面的面积为 $2\pi \displaystyle\int_a^b |\psi(t)| \sqrt{|\varphi'(t)|^2 + |\psi'(t)|^2} \, \mathrm{d}t$.

习题 11.2.$\mathcal{B}$

1. 设 a, b, c 为实数, $A = \sqrt{a^2 + b^2 + c^2}$, $f \in L^1[-A, A]$, 证明 Poisson (泊松) 公式

$$\iint\limits_{x^2 + y^2 + z^2 = 1} f(ax + by + cz) \, \mathrm{d}S = 2\pi \int_{-1}^1 f(Au) \, \mathrm{d}u.$$

§3 第二型曲线积分

考虑起于点 A 终于点 B 的曲线 C, 又设力场在 $\boldsymbol{x} = (x, y, z)$ 处作用于某质点 M 的力为 $\boldsymbol{F}(\boldsymbol{x}) = (P(\boldsymbol{x}), Q(\boldsymbol{x}), R(\boldsymbol{x}))$, 则当质点 M 沿着曲线 C 从点 A 移动到点 B 时, 力场对质点 M 所做的功可以计算如下: 首先, 在曲线 C 上依次插入分点 $A = A_0, A_1, \cdots, A_m = B$, 在每一段弧 $\widehat{A_k A_{k+1}}$ 上任取一点 $\boldsymbol{\xi}_k$, 考虑

$$\sum_{k=0}^{m-1} \boldsymbol{F}(\boldsymbol{\xi}_k) \cdot (A_{k+1} - A_k) = \sum_{k=0}^{m-1} \Big(P(\boldsymbol{\xi}_k)\Delta x_k + Q(\boldsymbol{\xi}_k)\Delta y_k + R(\boldsymbol{\xi}_k)\Delta z_k \Big),$$

其中 $A_{k+1} - A_k = (\Delta x_k, \Delta y_k, \Delta z_k)$. 然后, 计算上述和式在 $\max\limits_{0 \leqslant k \leqslant m-1} |A_{k+1} - A_k|$ 趋于零时的极限.

一般地, 我们定义第二型曲线积分如下:

定义 11.3.1 设 C 是 $\mathbb{R}^n$ 中一条起于点 A 终于点 B 的曲线, $P_k : C \to \mathbb{R}\,(1 \leqslant k \leqslant n)$. 作曲线 C 的划分: 即在 C 上依次插入分点 $A = A_0, A_1, \cdots, A_m = B$, 在 C 上每一段弧 $\widehat{A_k A_{k+1}}$ 上任取一点 $\boldsymbol{\xi}_k$, 考虑

$$\sum_{k=0}^{m-1} \Big(P_1(\boldsymbol{\xi}_k)\Delta x_{1,k} + P_2(\boldsymbol{\xi}_k)\Delta x_{2,k} + \cdots + P_n(\boldsymbol{\xi}_k)\Delta x_{n,k} \Big),$$

其中 $A_{k+1} - A_k = (\Delta x_{1,k}, \Delta x_{2,k}, \cdots, \Delta x_{n,k})$. 若上述和式当 $\max\limits_{0 \leqslant k \leqslant m-1} |A_{k+1} - A_k|$ 趋于零时的极限存在, 且与划分的方式与代表点 $\boldsymbol{\xi}_k$ 的选取无关, 则称该极限为向量场 $(P_1, P_2, \cdots, P_n)$ 沿 (有向) 曲线 C 的**第二型曲线积分**, 记为

$$\int_C P_1(\boldsymbol{x})\,\mathrm{d}x_1 + P_2(\boldsymbol{x})\,\mathrm{d}x_2 + \cdots + P_n(\boldsymbol{x})\,\mathrm{d}x_n.$$

易见, 我们有如下定理.

定理 11.3.1 设 $t_0, t_1 \in [a, b]$, 有向曲线 C 是参数方程为 $\boldsymbol{x}(t) = (x_1(t), x_2(t), \cdots, x_n(t)) \in C^1([a,b]; \mathbb{R}^n)$ 的曲线中从 t_0 到 t_1 的那一段. 若对每一个 $1 \leqslant k \leqslant n$, $P_k(\boldsymbol{x}(t))x_k'(t)$ 在 $[a,b]$ 上 Riemann 可积, 则第二型曲线积分 $\int_C P_1(\boldsymbol{x})\,\mathrm{d}x_1 + P_2(\boldsymbol{x})\,\mathrm{d}x_2 + \cdots + P_n(\boldsymbol{x})\,\mathrm{d}x_n$ 存在, 且

$$\int_C P_1(\boldsymbol{x})\,\mathrm{d}x_1 + P_2(\boldsymbol{x})\,\mathrm{d}x_2 + \cdots + P_n(\boldsymbol{x})\,\mathrm{d}x_n = \int_{t_0}^{t_1} \sum_{k=1}^{n} P_k(\boldsymbol{x}(t))x_k'(t)\,\mathrm{d}t. \tag{11.3.1}$$

注 11.3.1 定理 11.3.1 的证明是简单的. 值得注意的是, 按照定义 11.3.1, $\int_C P_1(\boldsymbol{x}) \cdot$ $\mathrm{d}x_1 + P_2(\boldsymbol{x})\,\mathrm{d}x_2 + \cdots + P_n(\boldsymbol{x})\,\mathrm{d}x_n$ 存在而 $\int_C P_k(\boldsymbol{x})\,\mathrm{d}x_k$ 不存在是可能的. 但这不是我们关心的一类问题. 因此, 在定理 11.3.1 中, 我们给出的是每一个 $\int_C P_k(\boldsymbol{x})\,\mathrm{d}x_k$ 存在的条件.

注 11.3.2 另一方面, 若只考虑积分 $\int_C P_1(\boldsymbol{x})\,\mathrm{d}x_1$, 则当曲线用 x_1 作为参数时, 即曲线表示为 $x_k = \varphi_k(x_1)\,(2 \leqslant k \leqslant n)$, x_1 从 a 到 b (a 不一定小于 b), 则积分 $\int_C P_1(\boldsymbol{x})\,\mathrm{d}x_1$ 的存在性和值都等同于 $P_1(x_1, \varphi_2(x_1), \cdots, \varphi_n(x_1))$ 从 a 到 b 的积分:

$$\int_C P_1(\boldsymbol{x})\,\mathrm{d}x_1 = \int_a^b P_1(x_1, \varphi_2(x_1), \cdots, \varphi_n(x_1))\,\mathrm{d}x_1.$$

当上述积分存在时, 曲线 C 甚至可以不是可求长曲线. 同样, 我们不刻意去关注这些细节. 我们主要关心的是可以分段用定理 11.3.1 解决的那些情形.

第一、第二型曲线积分的关系

无论是从定义 11.3.1 还是定理 11.3.1 都可以看出, 若 C 是 C^1 曲线, 在曲线上的点 $\boldsymbol{x}$ 处, $\boldsymbol{\tau}(\boldsymbol{x})$ 为与曲线行进方向一致的曲线的单位切向, 则

$$\int_C P_1(\boldsymbol{x})\,\mathrm{d}x_1 + P_2(\boldsymbol{x})\,\mathrm{d}x_2 + \cdots + P_n(\boldsymbol{x})\,\mathrm{d}x_n$$
$$= \int_C (P_1(\boldsymbol{x}), P_2(\boldsymbol{x}), \cdots, P_n(\boldsymbol{x})) \cdot \mathrm{d}\boldsymbol{s}, \tag{11.3.2}$$

其中

$$\mathrm{d}\boldsymbol{s} = \boldsymbol{\tau}(\boldsymbol{x})\,\mathrm{d}s. \tag{11.3.3}$$

形式上, 可以用 (11.3.2) 式按 Lebesgue 积分来定义有向分段 C^1 曲线上的第二型曲线积分. 但通常这不是我们关心的问题.

平面闭曲线情形 通常, 将平面上简单闭曲线的**正向**定义为 "逆时针" 方向. 不过, 这是一个大体的说法, 在一些局部, "逆时针" 并不一定总与我们的感觉一致 (见图 11.2). 更一般地, 对于平面上有可求长边界的有界区域, 其边界正向定义为沿区域右侧前进的方向 (见图 11.3).

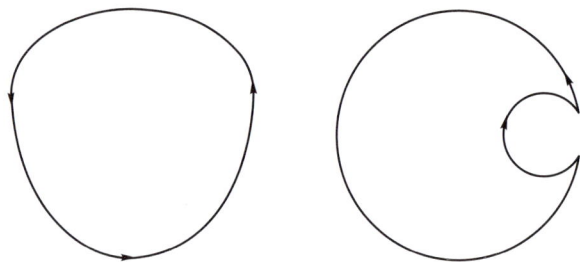

图 11.2 平面闭曲线的方向

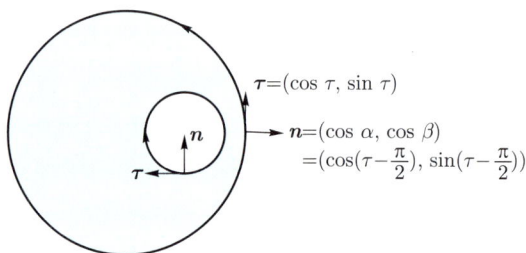

$\boldsymbol{\tau}=(\cos\tau,\sin\tau)$

$\boldsymbol{n}=(\cos\alpha,\cos\beta)$
$=(\cos(\tau-\frac{\pi}{2}),\sin(\tau-\frac{\pi}{2}))$

图 11.3 平面区域边界的正向

这样, 对于简单闭曲线, 我们把它看作它所围成的有界区域的边界. 这里需要指出的是, 简单闭曲线把平面分成有界和无界的两部分, 是一个看起来显然但证明相当困难的结论. 我们承认以下的 **Jordan 闭曲线定理**.

定理 11.3.2 设 Γ 是 $\mathbb{R}^2$ 中的简单闭曲线, 则 $\mathbb{R}^2 \setminus \Gamma$ 不连通, 并且由两个连通分支组成.

当平面区域的边界取正向时, 其 x 轴正向到其切向 $\boldsymbol{\tau} = (\cos\tau, \sin\tau)$ 的转角 τ 与 x 轴正向到其外法向量 $\boldsymbol{n} = (\cos\alpha, \cos\beta)$ 的转角 θ 间存在着 $\tau = \theta + \dfrac{\pi}{2}$ 这样的关系 (见图 11.3). 这样, $\boldsymbol{n}$ 的方向余弦可以表示为

$$\cos\alpha = \cos\theta = \sin\tau, \quad \cos\beta = \sin\theta = -\cos\tau.$$

特别地, 当 C 为平面区域边界的正向时, 对应于 (11.3.2) 式, 有

$$\int_C P(x,y)\,\mathrm{d}x + Q(x,y)\,\mathrm{d}y$$

$$= \int_C (P(x,y)\cos\tau + Q(x,y)\sin\tau)\,\mathrm{d}s \tag{11.3.4}$$

$$= \int_C (Q(x,y)\cos\alpha - P(x,y)\cos\beta)\,\mathrm{d}s. \tag{11.3.5}$$

例 11.3.1 设 L 为 $\mathbb{R}^3$ 中以 $A(1,0,0)$, $B(0,1,0)$ 和 $C(0,0,1)$ 为顶点的三角形的

边界, 往 x 轴正向看去[1], 曲线是逆时针方向的. 试计算积分 $\int_L y\mathrm{d}x + z^2\mathrm{d}y + x^3\mathrm{d}z$.

解 曲线 L 分为三段, 依次是从 A 到 C 的 AC 段, 从 C 到 B 的 CB 段, 从 B 到 A 的 BA 段 (如图 11.4 所示). 它们可以表示为

$$L_1 : z = 1 - x, y = 0, \quad x \text{ 从 } 1 \text{ 到 } 0,$$
$$L_2 : z = 1 - y, x = 0, \quad y \text{ 从 } 0 \text{ 到 } 1,$$
$$L_3 : y = 1 - x, z = 0, \quad x \text{ 从 } 0 \text{ 到 } 1.$$

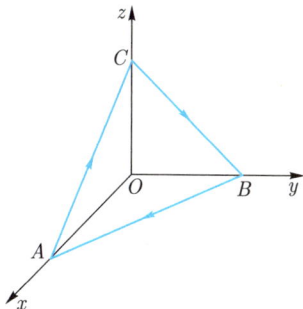

图 11.4

于是

$$\int_L y\mathrm{d}x + z^2\mathrm{d}y + x^3\mathrm{d}z$$

$$= \int_{L_1} y\mathrm{d}x + z^2\mathrm{d}y + x^3\mathrm{d}z + \int_{L_2} y\mathrm{d}x + z^2\mathrm{d}y + x^3\mathrm{d}z +$$

$$\int_{L_3} y\mathrm{d}x + z^2\mathrm{d}y + x^3\mathrm{d}z$$

$$= \int_1^0 x^3 \cdot (-1)\,\mathrm{d}x + \int_0^1 (1-y)^2\,\mathrm{d}y + \int_0^1 (1-x)\,\mathrm{d}x$$

$$= \frac{13}{12}.$$

例 11.3.2 设 C 为圆周 $\begin{cases} x^2 + y^2 + z^2 = 1, \\ x + y + z = 0. \end{cases}$ 从 z 轴正向看去[2], 曲线是逆时针方向的. 试计算积分 $\int_C y\mathrm{d}x + 2z\mathrm{d}x + 3x\mathrm{d}z$.

解 在曲线上一点 (x_0, y_0, z_0), 平面 $x + y + z = 0$ 在该点处向上的单位法向量

---

1 表示从后往前看.
2 表示从上往下看.

为 $\dfrac{1}{\sqrt{3}}(1,1,1)$. 球面 $x^2+y^2+z^2=1$ 在该点处的单位外法向量为 (x_0,y_0,z_0). 于是,
曲线在该点处与行进方向一致的单位切向量为

$$\frac{(1,1,1)}{\sqrt{3}} \times (x_0,y_0,z_0) = \frac{(z_0-y_0, x_0-z_0, y_0-x_0)}{\sqrt{3}}.$$

从而结合对称性以及

$$2(yz+zx+xy) = (x+y+z)^2 - (x^2+y^2+z^2) = -1.$$

可得

$$\int_C y\mathrm{d}x + 2z\mathrm{d}y + 3x\mathrm{d}z = \int_C \frac{y(z-y)+2z(x-z)+3x(y-x)}{\sqrt{3}} \, \mathrm{d}s$$

$$= \frac{\sqrt{3}}{3} \int_C (yz+2zx+3xy) \, \mathrm{d}s - \frac{\sqrt{3}}{3} \int_C (y^2+2z^2+3x^2) \, \mathrm{d}s$$

$$= \frac{\sqrt{3}}{3} \int_C 2(yz+zx+xy) \, \mathrm{d}s - \frac{\sqrt{3}}{3} \int_C 2(x^2+y^2+z^2) \, \mathrm{d}s$$

$$= \frac{\sqrt{3}}{3} \int_C (-1) \, \mathrm{d}s - \frac{\sqrt{3}}{3} \int_C 2 \, \mathrm{d}s = -2\sqrt{3}\pi.$$

习题 $11.3.\mathcal{A}$

1. 计算以下第二型曲线积分:

(1) $\displaystyle\int_C y\mathrm{e}^{xy}\cos z\,\mathrm{d}x + x\mathrm{e}^{xy}\cos z\,\mathrm{d}y - \mathrm{e}^{xy}\sin z\,\mathrm{d}z$, 其中 C 为曲线 $\begin{cases} x(t) = \cos t, \\ y(t) = \sin t, \\ z(t) = t \end{cases}$ 对应于 t

从 0 到 2π 那一段.

(2) $\displaystyle\int_C (3x+2y)\,\mathrm{d}x + (x^2-y^2)\,\mathrm{d}y$, 其中 C 为平面闭曲线 $x^{\frac{2}{3}} + y^{\frac{2}{3}} = 1$ 的逆时针方向.

2. 设 C 为 $\mathbb{R}^2$ 中 C^1 简单曲线. P,Q 为 C 上的连续函数. 证明 $\left| \displaystyle\int_C P\mathrm{d}x + Q\,\mathrm{d}y \right| \leqslant \displaystyle\int_C \sqrt{P^2+Q^2} \, \mathrm{d}s$.

习题 $11.3.\mathcal{B}$

1. 对于 $\mathbb{C}$ 中的 C^1 曲线 C 及其上的复值连续函数 f, 记 $f(z)\,\mathrm{d}z = f(x+\mathrm{i}y)(\mathrm{d}x+\mathrm{i}\mathrm{d}y) = f(x+\mathrm{i}y)\,\mathrm{d}x + \mathrm{i}f(x+\mathrm{i}y)\,\mathrm{d}y$. 若令 s 为 C 的弧长参数, $C_{s,\Delta s}$ 为 C 上对应于弧长从 s 到 $s+\Delta s$

的那一段, 则 $\displaystyle\lim_{\Delta s \to 0} \frac{\left| \displaystyle\int_{C_{s,\Delta s}} \mathrm{d}z \right|}{|\Delta s|} = 1$. 这相当于 $|\mathrm{d}z| = \mathrm{d}s$. 证明: $\left| \displaystyle\int_C f(z)\,\mathrm{d}z \right| \leqslant \displaystyle\int_C |f(z)| \, \mathrm{d}s$.

§4 第二型曲面积分

考虑区域 $\Omega \subseteq \mathbb{R}^3$ 以及落在 Ω 中的曲面 Σ, 我们要考察在 $\boldsymbol{x} \in \Omega$ 处流速为 $(P(\boldsymbol{x}), Q(\boldsymbol{x}), R(\boldsymbol{x}))$ 的流体在单位时间内从曲面 Σ 的一侧流到另一侧的流量, 即**通量**.

我们首先得定义曲面的**侧**或者说曲面的**方向**. 对于 C^1 曲面, 通过选取曲面的单位法向量来定义曲面的方向是非常自然的. 为了保持方向的一致性, 所选取的单位法向量在曲面上移动时应该具有连续性. 那么有没有可能沿着曲面上一条闭曲线移动一周后, 一个单位法向量连续地变为它的负向量? 发生这种情况是可能的, 我们把具有这种性质的曲面称为**单侧曲面**, 典型的例子就是著名的 **Möbius**[1] (**默比乌斯**) **带** (如图 11.5 所示). 通过将矩形的一对边扭转一次后粘贴 (将边 ABC 与边 $A'B'C'$ 粘合, 其中 A 与 A' 粘贴, B 与 B' 粘贴, C 与 C' 粘贴) 就得到 Möbius 带.

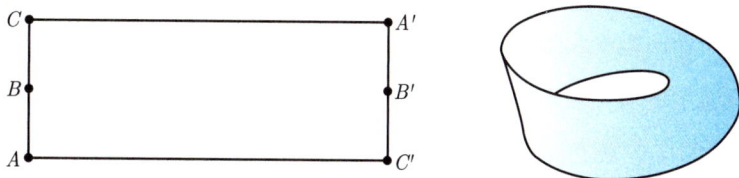

图 11.5 Möbius 带

曲面如果不是单侧的, 就称为**双侧曲面**. 自然, 考虑从曲面一侧流向另一侧的流量时, 我们只能考虑双侧曲面.

为避免交集处有图 11.6 中的情况发生, 当我们考虑分片曲面时, 我们要求 Σ 满足定义 11.2.1.

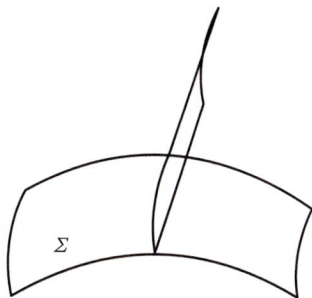

图 11.6

---

1 Möbius, A F, 1790—1868 年, 数学家, 天文学家.

如果有向曲面的单位法向量与 x 轴正向的夹角小于 (大于) $\dfrac{\pi}{2}$, 我们就称该有向曲面取**前侧 (后侧)**; 如果单位法向量与 y 轴正向的夹角小于 (大于) $\dfrac{\pi}{2}$, 我们就称该有向曲面取**右侧 (左侧)**; 如果单位法向与 z 轴正向的夹角小于 (大于) $\dfrac{\pi}{2}$, 我们就称该有向曲面取**上侧 (下侧)**. 对于有界闭曲面, 如果单位法向指向曲面所围的有界区域内部, 就称曲面取**内侧**, 否则就称曲面取**外侧**. 而对于有界区域的边界曲面, 法向量指向区域之外的称为外侧, 指向区域内部的称为内侧. 通常把外侧定义为边界曲面的**正侧**.

注 11.4.1　当曲面不够光滑时, 要严格地定义曲面的侧就会有一些麻烦. 在此, 我们不打算严格地就一般情形定义曲面的侧. 我们讨论的主要是分片 C^1 的曲面, 对我们来说, 只要在那些分片上, 描述清楚曲面的侧就可以了.

当 $1 < m \leqslant n-2$ 时, m 维 C^1 曲面的就不能简单地用法向量来描述, 这个时候, 我们可借助曲面上的**局部坐标架**来描述. 有兴趣的读者可查阅微分几何的文献, 就数学分析而言, 可参看文献 [40].

现考察通量的微元 $\mathrm{d}W$. 考虑曲面上的一个有向面积元 $\mathrm{d}\boldsymbol{S}$, 它可以看成大小为 $\mathrm{d}S$ 方向为曲面单位法向 $\boldsymbol{n}$ 的向量 $\boldsymbol{n}\,\mathrm{d}S$, 则流体流向法向所指方向的通量是以底面面积为 $\mathrm{d}S$, 法向为 $\boldsymbol{n}$, 棱的大小、方向为 (P,Q,R) 的斜柱体的有向体积 —— 若 (P,Q,R) 的方向与 $\boldsymbol{n}$ 一致, 则为正, 否则为负 (如图 11.7 所示). 具体地, 我们有

$$\mathrm{d}W = (P,Q,R)\cdot \boldsymbol{n}\,\mathrm{d}S = (P\cos\alpha + Q\cos\beta + R\cos\gamma)\,\mathrm{d}S, \qquad (11.4.1)$$

其中 $\boldsymbol{n} = (\cos\alpha, \cos\beta, \cos\gamma)$ 是曲面的单位法向量, $\mathrm{d}S$ 为面积微元. 时常我们也记 $\mathrm{d}\boldsymbol{S} = \boldsymbol{n}\,\mathrm{d}S$. (11.4.1) 式还表明 (P,Q,R) 的三个分量对于通量的贡献是独立的, 可以分别加以计算.

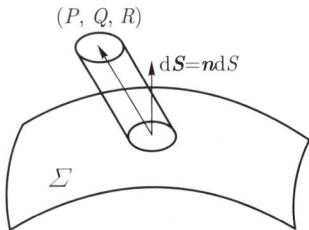

图 11.7　通量

根据第二节的讨论 (参见 (11.2.11), (11.2.29) 式), $\cos\alpha\,\mathrm{d}S$, $\cos\beta\,\mathrm{d}S$ 以及 $\cos\gamma\,\mathrm{d}S$ 分别是曲面面积微元在 yz 平面, zx 平面以及 xy 平面的有向投影的面

积微元, 依次记为

$$dydz = \cos\alpha\, dS, \quad dzdx = \cos\beta\, dS, \quad dxdy = \cos\gamma\, dS, \tag{11.4.2}$$

则 dW 也可以写为

$$dW = P\, dydz + Q\, dzdx + R\, dxdy. \tag{11.4.3}$$

基于以上讨论, 一般地, 对于 n 维空间中的 $n-1$ 维曲面, 我们跳过 Riemann 和或 Darboux 和, 直接定义**第二型曲面积分**如下:

定义 11.4.1   设 Σ 为 $\mathbb{R}^n$ 中的 $n-1$ 维有向曲面, 其对应的单位法向量为 $\boldsymbol{n} : \Sigma \to S^{n-1}$. 对于 Σ 上的有界函数 $\boldsymbol{P} = (P_1, P_2, \cdots, P_n)$, 若

$$\int_{\Sigma} \boldsymbol{P}(\boldsymbol{x}) \cdot \boldsymbol{n}(\boldsymbol{x})\, dS \tag{11.4.4}$$

存在, 则称之为 $\boldsymbol{P}$ 在有向曲面 Σ 上的**第二型曲面积分**, 也记作

$$\int_{\Sigma} P_1(\boldsymbol{x})dx_2 dx_3 \cdots dx_n + P_2(\boldsymbol{x})\, dx_3 dx_4 \cdots dx_n dx_1 + \cdots + P_n(\boldsymbol{x})\, dx_1 dx_2 \cdots dx_{n-1}. \tag{11.4.5}$$

自然, 我们可以从 Riemann 和或 Darboux 和的角度去定义第二型曲面积分. 此时又会遇到按 (11.4.4) 式还是按 (11.4.5) 式的方式, 即通过法向和第一型曲面积分定义, 还是通过在 Riemann 和或 Darboux 和中直接采用曲面的有向投影来定义.

需要指出的是, 对于较为一般的曲面, 在定义第二型曲面积分的细节上, 会有一些困难需要克服. 包括能否顺利地定义曲面的侧. 如果按有向投影的方法去定义, 则需要在划分曲面时注意划分出来的小曲面块保持侧的一致性, 比如在三维空间中定义 $\displaystyle\iint_{\Sigma} P(x, y, z)\, dydz$ 时, 划分出来的每一块小曲面需要是前侧或后侧.

以下的讨论将限于曲面的侧可以分片定义的情形, 而不去考虑其他过于复杂的情形.

基于 §2 关于楔积的讨论, 可以在 n 维空间中的 m $(2 \leqslant m \leqslant n-2)$ 维有向曲面上定义第二型曲面积分. 详情请参看含有**微分形式的积分**的文献, 例如 [26], [32], [40].

值得注意的是, 无论是第一型还是第二型, 曲线、曲面积分的表达式事实上也是计算公式. 对于第二型曲面积分, (11.4.4) 式给出了如何把第二型曲面积分化为第一型曲面积分并加以计算, 而 (11.4.5) 式则方便我们在以坐标变量为参数时, 计算第二型曲面积分. 具体地, 在 $\mathbb{R}^3$ 中, 我们有 (参见 (11.4.2) 式)

定理 11.4.1 (i) 设有向曲面 Σ 可以表示为 $x = x(y,z)\,((y,z) \in D)$, 曲面取前侧或后侧. 若 $P(x(y,z),y,z)$ 在 D 上可积, 则

$$\iint\limits_{\Sigma} P(x,y,z)\,\mathrm{d}y\mathrm{d}z = \varepsilon \iint\limits_{D} P(x(y,z),y,z)\,\mathrm{d}y\mathrm{d}z, \tag{11.4.6}$$

其中, 当曲面取前侧时, $\varepsilon = 1$; 当曲面取后侧时, $\varepsilon = -1$.

(ii) 设有向曲面 Σ 可以表示为 $y = y(z,x)\,((z,x) \in D)$, 曲面取右侧或左侧. 若 $Q(x,y(z,x),z)$ 在 D 上可积, 则

$$\iint\limits_{\Sigma} Q(x,y,z)\,\mathrm{d}z\mathrm{d}x = \varepsilon \iint\limits_{D} Q(x,y(z,x),z)\,\mathrm{d}z\mathrm{d}x, \tag{11.4.7}$$

其中, 当曲面取右侧时, $\varepsilon = 1$, 当曲面取左侧时, $\varepsilon = -1$.

(iii) 设有向曲面 Σ 可以表示为 $z = z(x,y)\,((x,y) \in D)$, 曲面取上侧或下侧. 若 $R(x,y,z(x,y))$ 在 D 上可积, 则

$$\iint\limits_{\Sigma} R(x,y,z)\,\mathrm{d}x\mathrm{d}y = \varepsilon \iint\limits_{D} R(x,y,z(x,y))\,\mathrm{d}x\mathrm{d}y, \tag{11.4.8}$$

其中, 当曲面取上侧时, $\varepsilon = 1$, 当曲面取下侧时, $\varepsilon = -1$.

例 11.4.1 设 Σ 为旋转抛物面 $z = x^2 + y^2$ 对应于 $0 \leqslant z \leqslant 1$ 的那一块曲面, 取上侧. 试计算积分 $\displaystyle\iint\limits_{\Sigma} (x-y)\,\mathrm{d}y\mathrm{d}z + 2(y^2 - z^2)\,\mathrm{d}z\mathrm{d}x + 3(z^3 - x^3)\,\mathrm{d}x\mathrm{d}y$.

解 法 I. 为计算积分 $\displaystyle\iint\limits_{\Sigma}(x-y)\,\mathrm{d}y\mathrm{d}z$, 将 Σ 投影到 yz 平面, 其投影为

$$D_1 = \left\{ (y,z) \mid -1 \leqslant y \leqslant 1,\ y^2 \leqslant z \leqslant 1 \right\},$$

曲面分为两部分:

$$\Sigma_1 = \left\{ (x,y,z) \mid x = \sqrt{z - y^2},\quad (y,z) \in D_1 \right\}, \text{方向为后侧},$$
$$\Sigma_2 = \left\{ (x,y,z) \mid x = -\sqrt{z - y^2},\quad (y,z) \in D_1 \right\}, \text{方向为前侧}.$$

我们有

$$\iint\limits_{\Sigma}(x-y)\,\mathrm{d}y\mathrm{d}z = \int_{\Sigma_1}(x-y)\,\mathrm{d}y\mathrm{d}z + \int_{\Sigma_2}(x-y)\,\mathrm{d}y\mathrm{d}z$$
$$= -\iint\limits_{D_1}(\sqrt{z-y^2} - y)\,\mathrm{d}y\mathrm{d}z + \iint\limits_{D_1}(-\sqrt{z-y^2} - y)\,\mathrm{d}y\mathrm{d}z$$

$$= -2 \int_{-1}^{1} \mathrm{d}y \int_{y^2}^{1} \sqrt{z - y^2}\, \mathrm{d}z = -\frac{\pi}{2}.$$

同理, 为计算积分 $\iint\limits_{\Sigma} 2(y^2 - z^2)\, \mathrm{d}z\mathrm{d}x$, 将 Σ 投影到 zx 平面, 其投影为

$$D_2 = \left\{ (z, x) \mid -1 \leqslant x \leqslant 1,\ x^2 \leqslant z \leqslant 1 \right\},$$

曲面分为两部分:

$$\Sigma_3 = \left\{ (x, y, z) \mid y = \sqrt{z - x^2},\quad (z, x) \in D_2 \right\}, \text{方向为左侧},$$

$$\Sigma_4 = \left\{ (x, y, z) \mid y = -\sqrt{z - x^2},\quad (z, x) \in D_2 \right\}, \text{方向为右侧}.$$

我们有

$$\iint\limits_{\Sigma} 2(y^2 - z^2)\, \mathrm{d}z\mathrm{d}x = \iint\limits_{\Sigma_3} 2(y^2 - z^2)\, \mathrm{d}z\mathrm{d}x + \iint\limits_{\Sigma_4} 2(y^2 - z^2)\, \mathrm{d}z\mathrm{d}x$$

$$= -\iint\limits_{D_2} (z - x^2 - z^2)\, \mathrm{d}z\mathrm{d}x + \iint\limits_{D_2} (z - x^2 - z^2)\, \mathrm{d}z\mathrm{d}x = 0.$$

而

$$\iint\limits_{\Sigma} 3(z^3 - x^3)\, \mathrm{d}x\mathrm{d}y = \iint\limits_{x^2 + y^2 \leqslant 1} 3((x^2 + y^2)^3 - x^3)\, \mathrm{d}x\mathrm{d}y = \frac{3\pi}{4}.$$

最后, 得到

$$\iint\limits_{\Sigma} (x - y)\, \mathrm{d}y\mathrm{d}z + 2(y^2 - z^2)\, \mathrm{d}z\mathrm{d}x + 3(z^3 - x^3)\, \mathrm{d}x\mathrm{d}y = \frac{\pi}{4}.$$

法 II. 在 Σ 上的点 (x, y, z) 处, 与曲面方向一致的单位法向量为 $\dfrac{(-2x, -2y, 1)}{\sqrt{4x^2 + 4y^2 + 1}}$. 因此,

$$\iint\limits_{\Sigma} (x - y)\, \mathrm{d}y\mathrm{d}z + 2(y^2 - z^2)\, \mathrm{d}z\mathrm{d}x + 3(z^3 - x^3)\, \mathrm{d}x\mathrm{d}y$$

$$= \iint\limits_{\Sigma} (-2x(x - y) - 4y(y^2 - z^2) + 3(z^3 - x^3)) \frac{1}{\sqrt{4x^2 + 4y^2 + 1}}\, \mathrm{d}S$$

$$= \iint\limits_{x^2 + y^2 \leqslant 1} (-2x(x - y) - 4y(y^2 - (x^2 + y^2)^2) + 3((x^2 + y^2)^3 - x^3))\, \mathrm{d}x\mathrm{d}y$$

$$= \iint\limits_{x^2 + y^2 \leqslant 1} (-(x^2 + y^2) + 3(x^2 + y^2)^3)\, \mathrm{d}x\mathrm{d}y = 2\pi \int_{0}^{1} (-r^2 + 3r^6) r\, \mathrm{d}r = \frac{\pi}{4}.$$

也可以这样看, 在 Σ 上, 有 $\mathrm{d}y\mathrm{d}z = -2x\mathrm{d}x\mathrm{d}y,\ \mathrm{d}z\mathrm{d}x = -2y\mathrm{d}x\mathrm{d}y$. 因此,

$$\iint\limits_{\Sigma} (x-y)\,\mathrm{d}y\mathrm{d}z + 2(y^2 - z^2)\,\mathrm{d}z\mathrm{d}x + 3(z^3 - x^3)\,\mathrm{d}x\mathrm{d}y$$

$$= \iint\limits_{\Sigma} \left(-2x(x-y) - 4y(y^2 - z^2) + 3(z^3 - x^3)\right)\mathrm{d}x\mathrm{d}y = \cdots = \frac{\pi}{4}.$$

习题 11.4.$\mathcal{A}$

1. 计算以下第二型曲面积分:

    (1) $\displaystyle\iint\limits_{\Sigma}(x+y)\,\mathrm{d}y\mathrm{d}z + (y+z)\,\mathrm{d}z\mathrm{d}x + (z+x)\,\mathrm{d}x\mathrm{d}y$, 其中 Σ 为曲面 $x^2 + \dfrac{y^2}{4} + \dfrac{z^2}{9} = 1$ 的上
    半部分, 方向取上侧.

    (2) $\displaystyle\iint\limits_{\Sigma} x^2\,\mathrm{d}y\mathrm{d}z + y^2\,\mathrm{d}z\mathrm{d}x + (z+2)^2\,\mathrm{d}x\mathrm{d}y$, 其中 Σ 为锥面 $z = \sqrt{x^2 + y^2}$ 对应于 $0 \leqslant z \leqslant 1$
    的那部分, 方向取上侧.

2. 设 Σ 为 $\mathbb{R}^3$ 中的有向 C^1 曲面, P, Q, R 为 Σ 上的连续函数. 证明:

    $$\left| \iint\limits_{\Sigma} P\,\mathrm{d}y\mathrm{d}z + Q\,\mathrm{d}z\mathrm{d}x + R\,\mathrm{d}x\mathrm{d}y \right| \leqslant \iint\limits_{\Sigma} \sqrt{P^2 + Q^2 + R^2}\,\mathrm{d}S.$$

习题 11.4.$\mathcal{B}$

1. 若请你对 $\mathbb{R}^3$ 中的曲面 Σ 及函数 P 定义 $\displaystyle\iint\limits_{\Sigma} P(x, y, z)\,\mathrm{d}y\mathrm{d}z$, 则对于 Σ 和 P 的要求可以怎
    么提?

§5 Green 公式, Gauss 公式, Stokes 公式

类似于 Newton – Leibniz 公式, Green[1] (格林) 公式、Gauss 公式和 Stokes[2] (斯托克斯) 公式在曲线、曲面积分的研究中起着非常重要的作用. 它们也使我们得以建立重积分的分部积分公式、研究向量场的某些性质、研究一阶微分形式原函数的存在性等.

本节中, 我们仅讨论特殊情形的曲线、曲面积分, 更一般的情形可参看流形上的微积分.

对于区域 $\Omega \subseteq \mathbb{R}^n$, 我们称 $\boldsymbol{F}: \Omega \to \mathbb{R}^n$ 为**向量场**. 通常要求 $\boldsymbol{F}$ 有连续性乃至一定的可微性.

Ostrogradsky – Gauss 公式, Green 公式

考虑闭区域 $\overline{\Omega} \subset \mathbb{R}^3$ 具有 C^1 边界 $\Sigma = \partial\Omega$, $\boldsymbol{n} = \boldsymbol{n}(x, y, z)$ 是在边界点 $(x, y, z) \in \Sigma$ 处的单位外法向量. 假设在 $\overline{\Omega}$ 内有一种不可压缩的流体, 其在每一点 $(x, y, z) \in \overline{\Omega}$ 的流速是 $(P(x, y, z), Q(x, y, z), R(x, y, z))$ (如图 11.8 所示), 并假设 P, Q, R 在 $\overline{\Omega}$ 上连续可微. 从第二型曲面积分的定义来看, 该流体流出区域的通量是 $\iint\limits_{\Sigma} (P, Q, R) \cdot \boldsymbol{n}\, \mathrm{d}S$.

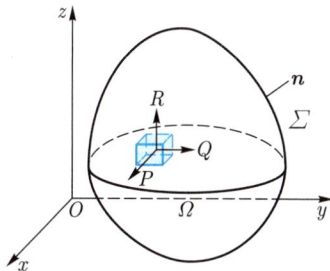

图 11.8　Gauss 公式

我们也可以换一个思路来计算这一通量. 把区域 Ω 作轴平行划分, 则总的通量

1　Green, G, 1793 — 1841 年.

2　Stokes, G G, 1819 — 1903 年, 数学家, 力学家.

是流出每一个划分出来的小区域的通量之和[3].

考察划分出的那些小长方体. 对于小长方体 $[x_i, x_i + \Delta x_i] \times [y_i, y_i + \Delta y_i] \times [z_i, z_i + \Delta z_i]$, 流体流出这个小长方体的通量约为

$$(P(x_i + \Delta x_i, y_i, z_i) - P(x_i, y_i, z_i))\Delta y_i \Delta z_i + (Q(x_i, y_i + \Delta y_i, z_i) -$$

$$Q(x_i, y_i, z_i))\Delta z_i \Delta x_i + (R(x_i, y_i, z_i + \Delta z_i) - R(x_i, y_i, z_i))\Delta x_i \Delta y_i$$

$$\approx \left(\frac{\partial P}{\partial x}(x_i, y_i, z_i) + \frac{\partial Q}{\partial y}(x_i, y_i, z_i) + \frac{\partial R}{\partial y}(x_i, y_i, z_i)\right)\Delta x_i \Delta y_i \Delta z_i.$$

据此, 注意到划分的范数趋于零时, 划分出的小区域中不是长方体的部分的体积趋于零, 可得通量的另一个表达式

$$\iiint\limits_{\Omega} \left(\frac{\partial P(x,y,z)}{\partial x} + \frac{\partial Q(x,y,z)}{\partial y} + \frac{\partial R(x,y,z)}{\partial y}\right) \mathrm{d}x\mathrm{d}y\mathrm{d}z.$$

于是, 可望有以下结果:

$$\iint\limits_{\Sigma} (P, Q, R) \cdot \boldsymbol{n}\,\mathrm{d}S = \iint\limits_{\Sigma} (P\cos\alpha + Q\cos\beta + R\cos\gamma)\,\mathrm{d}S$$

$$= \iiint\limits_{\Omega} \left(\frac{\partial P(x,y,z)}{\partial x} + \frac{\partial Q(x,y,z)}{\partial y} + \frac{\partial R(x,y,z)}{\partial y}\right) \mathrm{d}x\mathrm{d}y\mathrm{d}z,$$

$$(11.5.1)$$

亦即

$$\iint\limits_{\Sigma} P\,\mathrm{d}y\mathrm{d}z + Q\,\mathrm{d}z\mathrm{d}x + R\,\mathrm{d}x\mathrm{d}y$$

$$= \iiint\limits_{\Omega} \left(\frac{\partial P(x,y,z)}{\partial x} + \frac{\partial Q(x,y,z)}{\partial y} + \frac{\partial R(x,y,z)}{\partial y}\right) \mathrm{d}x\mathrm{d}y\mathrm{d}z, \quad (11.5.2)$$

其中 $\Sigma = \partial\Omega$, 取正向, $\boldsymbol{n} = (\cos\alpha, \cos\beta, \cos\gamma)$ 为 Σ 上的单位外法向量. 以上公式 (一般地, (11.5.3) 式) 称为 **Ostrogradskiĭ**[4] – **Gauss (奥斯特罗格拉茨基 – 高斯) 公式**, 简称 **Gauss 公式**.

一般地, 对于 n 维空间中的 (闭) 区域 Ω, 若 Ω 中的任何 $n-1$ 维闭曲面 Σ 都可以在 Ω 内连续地收缩到一点 (相当于 Σ 所围区域在 Ω 内), 则称 Ω 为 ($n-1$ 维) **单连通 (闭) 区域**. 若 Ω 内的简单闭曲线都可以在 Ω 内连续收缩到一点, 则称 Ω 为**一维单连通**的. 例如三维空间中的球体是单连通的, 集合 $B_2(\boldsymbol{0}) \setminus B_{\frac{1}{2}}(\boldsymbol{0})$ 不是

---

3 注意在两个小区域的相交处, 进出正好抵消. 虽然我们假设了流体不可压缩, 但这并不意味着流体的总量保持不变. 这是因为, 可能存在着某种 (非点状的) 源改变了流体的总量.

4 Ostrogradskiĭ, M V, 1801—1862 年, 数学家, 物理学家.

单连通的, 因为其中的球面 S^2 不能在 $B_2(\mathbf{0}) \setminus B_{\frac{1}{2}}(\mathbf{0})$ 连续收缩到一点. 然而不难看到 $B_2(\mathbf{0}) \setminus B_{\frac{1}{2}}(\mathbf{0})$ 是一维单连通的. 在 $\mathbb{R}^2$ 中, 单连通等同于一维单连通.

直观地看, 单连通的区域就是没有 "**洞**" 的区域. 集合 $B_1(\mathbf{0}) \setminus \{\mathbf{0}\}$ 也不是单连通的, 它有一个只含一点 $\mathbf{0}$ 的洞, 称为**点洞**.

注 11.5.1 可以一般地讨论 m 维单连通, 比如 0 维单连通相当于道路连通. 然而, 以上关于连通性的描述不是严格的定义. 事实上, 要在此描述清楚这些概念是有困难的. 比如我们只讨论了区域或闭区域的情形, 这样, 我们就没有定义单位球面这样的集合是不是单连通的. 但如果定义中包含单位球面, 就难免要讨论一般的连通集, 这又会涉及其上有没有闭曲面 (以及只考虑闭曲面是否合适) 的问题, 比如三维空间中的一条闭曲线没有闭曲面包含其中, 如果定义单连通时只考虑闭曲面能否连续收缩到一点, 就会符合定义, 但从我们的立意来看, 闭曲线不应该看作二维单连通的. 事实上, 定义时还会涉及究竟什么是 m 维曲面以及什么是 m 维闭曲面的问题. 之前我们曾经把 m 维面积 (体积) 有限的曲面称为 m 维曲面, 但这一概念用于单连通性的定义时是否合适可能是一个问题.

总之, 目前我们只是对比较理想的情形描述了单连通性. 严格的定义有待在拓扑学中给出.

我们有如下的 **Ostrogradskiĭ–Gauss (散度) 定理**.

定理 11.5.1 设 $\Omega \subset \mathbb{R}^n$ 是单连通有界区域, 其边界 Σ 按块 C^1 光滑. 若 $\boldsymbol{F} = (F_1, F_2, \cdots, F_n) : \overline{\Omega} \to \mathbb{R}^n$ 连续可微, $\boldsymbol{\nu}$ 是 Σ 的单位外法向量, 则

$$\int_\Sigma \boldsymbol{F}(\boldsymbol{x}) \cdot \boldsymbol{\nu}(\boldsymbol{x}) \, \mathrm{d}S = \int_\Omega \mathrm{div} \boldsymbol{F}(\boldsymbol{x}) \, \mathrm{d}\boldsymbol{x}, \tag{11.5.3}$$

即

$$\int_\Sigma F_1(\boldsymbol{x}) \, \mathrm{d}x_2 \mathrm{d}x_3 \cdots \mathrm{d}x_n + \int_\Sigma F_2(\boldsymbol{x}) \, \mathrm{d}x_1 \mathrm{d}x_3 \cdots \mathrm{d}x_n + \cdots +$$
$$\int_\Sigma F_n(\boldsymbol{x}) \, \mathrm{d}x_1 \mathrm{d}x_2 \cdots \mathrm{d}x_{n-1}$$
$$= \int_\Omega \sum_{k=1}^n \frac{\partial F_k(\boldsymbol{x})}{\partial x_k} \, \mathrm{d}\boldsymbol{x}, \tag{11.5.4}$$

其中

$$\mathrm{div} \boldsymbol{F}(\boldsymbol{x}) = \sum_{k=1}^n \frac{\partial F_k(\boldsymbol{x})}{\partial x_k} \tag{11.5.5}$$

称为 $\boldsymbol{F}$ 的**散度**, 也常记作 $\nabla \cdot \boldsymbol{F}(\boldsymbol{x})$.

证明   不失一般性, 我们来证明

$$\int_{\Sigma} F_1(\boldsymbol{x}) \, \mathrm{d}x_2 \cdots \mathrm{d}x_n = \int_{\Omega} \frac{\partial F_1(\boldsymbol{x})}{\partial x_1} \, \mathrm{d}\boldsymbol{x}, \tag{11.5.6}$$

其中 Σ 取外侧.

首先, 假设 $\overline{\Omega}$ 可表示为

$$\varphi(x_2, \cdots, x_n) \leqslant x_1 \leqslant \psi(x_2, \cdots, x_n), \quad (x_2, \cdots, x_n) \in D. \tag{11.5.7}$$

则此时

$$\begin{aligned}
&\int_{\Sigma} F_1(\boldsymbol{x}) \, \mathrm{d}x_2 \cdots \mathrm{d}x_n \\
=& \int_{D} F_1\left(\psi(x_2, \cdots, x_n), x_2, \cdots, x_n\right) \mathrm{d}x_2 \cdots \mathrm{d}x_n - \\
& \int_{D} F_1\left(\varphi(x_2, \cdots, x_n), x_2, \cdots, x_n\right) \mathrm{d}x_2 \cdots \mathrm{d}x_n \\
=& \int_{D} \mathrm{d}x_2 \cdots \mathrm{d}x_n \int_{\varphi(x_2, \cdots, x_n)}^{\psi(x_2, \cdots, x_n)} \frac{\partial F_1(\boldsymbol{x})}{\partial x_1}(x_1, x_2, \cdots, x_n) \, \mathrm{d}x_1 \\
=& \int_{\Omega} \frac{\partial F_1}{\partial x_1} \, \mathrm{d}\boldsymbol{x}.
\end{aligned}$$

一般地, 可将 $\overline{\Omega}$ 分成有限个形为 (11.5.7) 式的闭区域, 分别利用上述结果得到结论.   □

当 $\overline{\Omega}$ 不是单连通时, 若能够分成有限个单连通区域的并, 则 (11.5.3) 式仍然成立.

当 $n = 3$ 时, (11.5.3) 式就成为 (11.5.1) 式或 (11.5.2) 式.

当 $n = 2$ 时, (11.5.3) 式成为以下的 **Green 公式**.

定理 11.5.2   设有界区域 $D \subset \mathbb{R}^2$ 的边界按段 C^1, $\overline{D}$ 可以分割为有限个按段 C^1 的单连通闭区域. 若 P, Q 为 $\overline{D}$ 上连续可微的实函数, 则

$$\begin{aligned}
&\int_{L} \left(P(x, y) \cos \alpha + Q(x, y) \cos \beta\right) \mathrm{d}s \\
=& \iint_{D} \left(\frac{\partial P(x, y)}{\partial x} + \frac{\partial Q(x, y)}{\partial y}\right) \mathrm{d}x \mathrm{d}y, \tag{11.5.8}
\end{aligned}$$

$$\begin{aligned}
&\int_{L} P(x, y) \, \mathrm{d}x + Q(x, y) \, \mathrm{d}y \\
=& \iint_{D} \left(\frac{\partial Q(x, y)}{\partial x} - \frac{\partial P(x, y)}{\partial y}\right) \mathrm{d}x \mathrm{d}y, \tag{11.5.9}
\end{aligned}$$

其中 L 为 D 的边界, 方向取正向, $(\cos \alpha, \cos \beta)$ 为单位外法向量.

可以看到 (11.5.8) 式与 (11.5.1) 式或 (11.5.3) 式在形式上是一致的, 而 (11.5.9) 式与 (11.5.2) 式或 (11.5.4) 式的形式不一致, 这主要是由于第二型曲线积分 (11.5.9) 中曲线的方向用曲线的切向定义, 而第二型曲面积分中曲面的方向由曲面法向量定义.

利用 Green 公式, 我们可以得到边界分段光滑的平面有界区域 D 的面积的计算公式:

$$|D| = \int_{\partial D} x \, \mathrm{d}y = -\int_{\partial D} y \, \mathrm{d}x = \frac{1}{2} \int_{\partial D} x \, \mathrm{d}y - y \, \mathrm{d}x, \qquad (11.5.10)$$

其中 ∂D 取正向. 在具体计算中, 计算最后一个表达式时常比计算前两个更简单.

Stokes 公式

将 Green 公式 (11.5.9) 推广到三维空间的曲线积分与曲面积分的关系, 有如下的 **Stokes 公式**.

定理 11.5.3 设 Σ 是 $\mathbb{R}^3$ 中分片 C^1 的有界曲面, 其边界 $L = \partial \Sigma$ 按段 C^1. 若 $\boldsymbol{F} = (P, Q, R) : \overline{\Sigma} \to \mathbb{R}^3$ 连续可微, L 的方向与曲面 Σ 的方向满足右手法则, 则

$$\int_L P \, \mathrm{d}x + Q \, \mathrm{d}y + R \, \mathrm{d}z$$
$$= \iint_{\Sigma} \left(\frac{\partial R}{\partial y} - \frac{\partial Q}{\partial z} \right) \mathrm{d}y\mathrm{d}z + \left(\frac{\partial P}{\partial z} - \frac{\partial R}{\partial x} \right) \mathrm{d}z\mathrm{d}x + \left(\frac{\partial Q}{\partial x} - \frac{\partial P}{\partial y} \right) \mathrm{d}x\mathrm{d}y. \quad (11.5.11)$$

证明 不失一般性, 我们来证明

$$\int_L P \, \mathrm{d}x = \iint_{\Sigma} \frac{\partial P}{\partial z} \, \mathrm{d}z\mathrm{d}x - \frac{\partial P}{\partial y} \, \mathrm{d}x\mathrm{d}y. \qquad (11.5.12)$$

首先, 我们假设 Σ 可以表示为

$$z = \varphi(x, y), \quad (x, y) \in D,$$

其中 D 为单连通区域, 其边界 ∂D 分段 C^1, φ 在闭区域 $\overline{D}$ 上有连续的一阶导数. 不妨设 Σ 取上侧, 令 ∂D 的方向为逆时针方向. 注意到 Σ 的单位法向量为 $\dfrac{(-\varphi_x, -\varphi_y, 1)}{\sqrt{1 + \varphi_x^2 + \varphi_y^2}}$, 在 Σ 上有

$$\mathrm{d}y\mathrm{d}z = -\varphi_x(x, y) \, \mathrm{d}x\mathrm{d}y, \quad \mathrm{d}z\mathrm{d}x = -\varphi_y(x, y) \, \mathrm{d}x\mathrm{d}y.$$

依次利用第二型曲线积分的计算公式、Green 公式以及第二型曲面积分的计算公式

等, 可得

$$
\begin{aligned}
\int_L P\,\mathrm{d}x &= \int_L P(x,y,z)\,\mathrm{d}x = \int_{\partial D} P(x,y,\varphi(x,y))\,\mathrm{d}x \\
&= -\iint_D \left(\frac{\partial P}{\partial y}(x,y,\varphi(x,y)) + \frac{\partial P}{\partial z}(x,y,\varphi(x,y))\varphi_y(x,y) \right)\,\mathrm{d}x\mathrm{d}y \\
&= -\iint_\Sigma \left(\frac{\partial P(x,y,z)}{\partial y} + \frac{\partial P(x,y,z)}{\partial z}\varphi_y(x,y) \right)\,\mathrm{d}x\mathrm{d}y \\
&= \iint_\Sigma \frac{\partial P(x,y,z)}{\partial z}\,\mathrm{d}z\mathrm{d}x - \frac{\partial P(x,y,z)}{\partial y}\,\mathrm{d}x\mathrm{d}y.
\end{aligned}
$$

对于一般情形, 可以用逼近和分片把 Σ 化为上面讨论的情形.　　　　□

更一般的 Stokes 公式

利用外微分, Green 公式、Ostrogradskiĭ–Gauss 公式、Stokes 公式以及 Newton–Leibniz 公式可以统一地表述为区域上的积分和边界上积分的关系:

$$
\int_{\partial \Omega} \omega = \int_\Omega \mathrm{d}\omega. \tag{11.5.13}
$$

此类结果统称为 **Stokes 公式**. 有兴趣的读者可以参看流形上的微积分相关内容.

粗略地讲, 设 Ω 为 $\mathbb{R}^n$ 中的区域. 我们把 Ω 上足够光滑的函数 f 称为**零阶微分形式**. 对于足够光滑的函数 $f_1, f_2, \cdots, f_n$, $f_1\mathrm{d}x_1 + f_2\mathrm{d}x_2 + \cdots + f_n\mathrm{d}x_n$ 称为**一阶微分形式**. 类似地, 对于足够光滑的函数 $\left\{ f_{i,j} \middle| 1 \leqslant i < j \leqslant n \right\}$, $\displaystyle\sum_{1 \leqslant i < j \leqslant n} f_{i,j}\mathrm{d}x_i \wedge \mathrm{d}x_j$ 称为**二阶微分形式**. 二阶微分形式可以看成 $\displaystyle\sum_{1 \leqslant i < j \leqslant n} f_{i,j}|\mathrm{d}x_i\mathrm{d}x_j|\boldsymbol{e}_i \wedge \boldsymbol{e}_j$, 其中 $|\mathrm{d}x_i\mathrm{d}x_j|$ 表示 $x_i x_j$ 平面上的面积微元. 这样, $\mathrm{d}x_i \wedge \mathrm{d}x_j$ 就是 $x_i x_j$ 平面上的有向面积微元. 类似地可以引入 k 阶微分形式 $(1 \leqslant k \leqslant n)$. 微分形式的性质与外积类似, 比如具有多重线性性以及反交换律. 因此, $n+1$ 阶的微分形式是平凡的.

零阶微分形式 f 的外微分即为通常意义下函数的微分 $\mathrm{d}f = \displaystyle\sum_{k=1}^n \frac{\partial f}{\partial x_k}\mathrm{d}x_k$. 一阶微分形式 $\omega_1 = \displaystyle\sum_{k=1}^n f_k\mathrm{d}x_k$ 的外微分定义为 $\mathrm{d}\omega_1 = \displaystyle\sum_{k=1}^n \mathrm{d}f_k \wedge \mathrm{d}x_k$, 二阶微分形式 $\omega_2 = \displaystyle\sum_{1 \leqslant i < j \leqslant n}^n f_{i,j}\mathrm{d}x_i \wedge \mathrm{d}x_j$ 的外微分定义为 $\mathrm{d}\omega_2 = \displaystyle\sum_{1 \leqslant i < j \leqslant n}^n \mathrm{d}f_{i,j} \wedge \mathrm{d}x_i \wedge \mathrm{d}x_j$. 依次可以定义一般的 k 阶微分形式的外微分.

例题

例 11.5.1   在极坐标下, 三叶玫瑰线可表示为 $r = a \sin 3\theta$, 其中 $a > 0$, $\theta \in \left[0, \dfrac{\pi}{3}\right] \cup$ $\left[\dfrac{2\pi}{3}, \pi\right] \cup \left[\dfrac{4\pi}{3}, \dfrac{5\pi}{3}\right]$. 试求该三叶玫瑰线所围区域的面积.

解   玫瑰线的一叶 C_1 (如图 11.9 所示) 的参数方程为 $\begin{cases} x = a \sin 3\theta \cos \theta, \\ y = a \sin 3\theta \sin \theta \end{cases}$ $\left(\theta \in \left[0, \dfrac{\pi}{3}\right]\right)$.

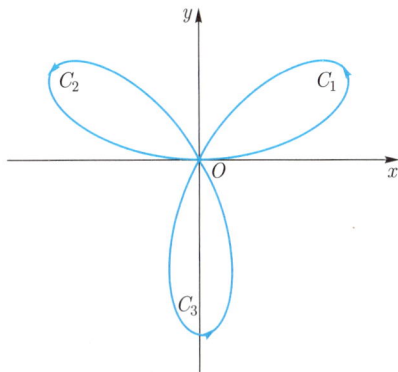

图 11.9   三叶玫瑰线

其所围面积为 (取 C_1 的方向为逆时针方向)

$$S_1 = \frac{1}{2} \int_{C_1} x \, \mathrm{d}y - y \, \mathrm{d}x = \frac{1}{2} \int_0^{\frac{\pi}{3}} r^2 \, \mathrm{d}\theta = \frac{1}{2} \int_0^{\frac{\pi}{3}} a^2 \sin^2 3\theta \, \mathrm{d}\theta = \frac{\pi a^2}{12}.$$

因此, 所求面积为 $\dfrac{\pi a^2}{4}$.

例 11.5.2   设 C 为曲线 $\begin{cases} x = t \cos(2\pi t) + t^3 - 2t, \\ y = t \sin(4\pi t), \\ z = t^2 \end{cases}$ 对应于 t 从 0 到 1 的那一段. 试计算积分 $\displaystyle\int_C P \, \mathrm{d}x + Q \, \mathrm{d}y + R \, \mathrm{d}z$, 其中 $P = (x \sin y + z^2 + \sin y)\mathrm{e}^{x+y}$, $Q = (x \sin y + z^2 + x \cos y)\mathrm{e}^{x+y}$, $R = 2z\mathrm{e}^{x+y}$.

解   令 L 为直线段 $x = y = 0$, $z = t$, t 从 1 到 0 的那一段, 则 $C \cup L$ 为闭曲线 (如图 11.10 所示). 任取曲面 Σ 以 $C \cup L$ 为边界, 方向与 $C \cup L$ 的方向成右手系, 则由 Stokes 公式可得

$$\int_{C \cup L} P \, \mathrm{d}x + Q \, \mathrm{d}y + R \, \mathrm{d}z$$

$$= \iint\limits_{\Sigma} \left(\frac{\partial R}{\partial y} - \frac{\partial Q}{\partial z} \right) \mathrm{d}y\mathrm{d}z + \left(\frac{\partial P}{\partial z} - \frac{\partial R}{\partial x} \right) \mathrm{d}z\mathrm{d}x + \left(\frac{\partial Q}{\partial x} - \frac{\partial P}{\partial y} \right) \mathrm{d}x\mathrm{d}y$$

$$= 0.$$

从而

$$\int_C P\,\mathrm{d}x + Q\,\mathrm{d}y + R\,\mathrm{d}z = -\int_L P\,\mathrm{d}x + Q\,\mathrm{d}y + R\,\mathrm{d}z = \int_0^1 2z\,\mathrm{d}z = 1.$$

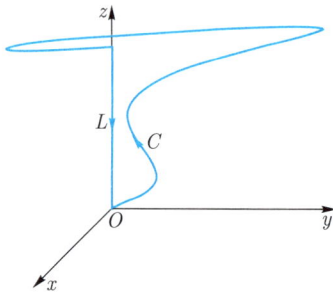

图 11.10

例 11.5.3　设 Σ 为半球面 $x^2 + y^2 + z^2 = 1$ $(z \geqslant 0)$ 的上侧. 试计算积分

$$\iint\limits_{\Sigma} x^3\,\mathrm{d}y\mathrm{d}z + (\sin x + \cos y)\,\mathrm{d}z\mathrm{d}x + z\mathrm{e}^x\,\mathrm{d}x\mathrm{d}y.$$

解　令 Σ_0 为圆盘 $x^2 + y^2 \leqslant 1, z = 0$, 取下侧 (如图 11.11 所示), 则由 Gauss 公式,

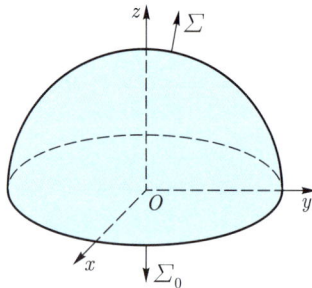

图 11.11

$$\iint\limits_{\Sigma} x^3\,\mathrm{d}y\mathrm{d}z + (\sin x + \cos y)\,\mathrm{d}z\mathrm{d}x + z\mathrm{e}^x\,\mathrm{d}x\mathrm{d}y$$

$$= \iint\limits_{\Sigma \cup \Sigma_0} x^3\,\mathrm{d}y\mathrm{d}z + (\sin x + \cos y)\,\mathrm{d}z\mathrm{d}x + z\mathrm{e}^x\,\mathrm{d}x\mathrm{d}y$$

$$= \iiint\limits_{\substack{x^2+y^2+z^2 \leqslant 1 \\ z \geqslant 0}} (3x^2 - \sin y + \mathrm{e}^x)\,\mathrm{d}x\mathrm{d}y\mathrm{d}z$$

$$= \iiint\limits_{\substack{x^2+y^2+z^2 \leqslant 1 \\ z \geqslant 0}} (x^2 + y^2 + z^2 + \mathrm{e}^z)\,\mathrm{d}x\mathrm{d}y\mathrm{d}z$$

$$= \int_0^{2\pi} \mathrm{d}\theta \int_0^1 \mathrm{d}r \int_0^{\frac{\pi}{2}} \left(r^2 + \mathrm{e}^{r\cos\varphi}\right) r^2 \sin\varphi \,\mathrm{d}\varphi = \frac{2\pi}{5} + \frac{2\pi}{\mathrm{e}}.$$

在计算中, 我们时常利用对称性. 但直接对第二型曲线、曲面积分利用对称性容易失误, 因此, 计算中尽量把对称性的运用留到重积分或第一型曲线、曲面积分.

曲线积分和路径无关性, 原函数的存在性

现在我们可以来讨论一阶微分形式原函数的存在性. 考虑区域 $\Omega \subseteq \mathbb{R}^3$ 内的曲线积分 $\int_L P\,\mathrm{d}x + Q\,\mathrm{d}y + R\,\mathrm{d}z$, 若该积分仅仅依赖于 L 的起点和终点, 而不依赖于途径, 则称**曲线积分** $\int_L P\,\mathrm{d}x + Q\,\mathrm{d}y + R\,\mathrm{d}z$ **与路径无关**. 此时, 若起点和终点依次为 A, B, 则 $\int_L P\,\mathrm{d}x + Q\,\mathrm{d}y + R\,\mathrm{d}z$ 可以写为 $\int_A^B P\,\mathrm{d}x + Q\,\mathrm{d}y + R\,\mathrm{d}z$. 这里我们假设所指的曲线都是按段 C^1 的.

类似地, 可以定义平面中或高维空间中的曲线积分与路径的无关性. 易见, 曲线积分与路径无关, 等价于曲线积分沿任何闭曲线的积分为零.

定理 11.5.4　设 $D \subseteq \mathbb{R}^2$ 为单连通区域, P, Q 为 D 内的连续可微函数, 则一阶微分形式 $P\,\mathrm{d}x + Q\,\mathrm{d}y$ 在 D 中有原函数的充要条件是在 D 内成立
$$\frac{\partial Q}{\partial x} = \frac{\partial P}{\partial y}.$$

证明　我们只需证明充分性. 由 Green 公式, 可得曲线积分 $\int_L P\,\mathrm{d}x + Q\,\mathrm{d}y$ 与路径无关.

任取 $(x_0, y_0) \in D$, 定义
$$f(x, y) = \int_{(x_0, y_0)}^{(x, y)} P\,\mathrm{d}x + Q\,\mathrm{d}y, \quad (x, y) \in D.$$
固定 $(\bar{x}, \bar{y}) \in D$, 我们有
$$\lim_{\Delta x \to 0} \frac{f(\bar{x} + \Delta x, \bar{y}) - f(\bar{x}, \bar{y})}{\Delta x}$$
$$= \lim_{\Delta x \to 0} \frac{1}{\Delta x} \int_{(\bar{x}, \bar{y})}^{(\bar{x} + \Delta x, \bar{y})} P(x, y)\,\mathrm{d}x + Q(x, y)\,\mathrm{d}y$$
$$= \lim_{\Delta x \to 0} \frac{1}{\Delta x} \int_{\bar{x}}^{\bar{x} + \Delta x} P(x, \bar{y})\,\mathrm{d}x = P(\bar{x}, \bar{y}).$$

即 $\dfrac{\partial f}{\partial x} = P(x, y)$. 同理可得 $\dfrac{\partial f}{\partial y} = Q(x, y)$. 即 f 是 $P\,\mathrm{d}x + Q\,\mathrm{d}y$ 的原函数.　　□

当 D 不是单连通区域时, 若在其中 P, Q 连续可微且仍然满足 $\dfrac{\partial Q}{\partial x} = \dfrac{\partial P}{\partial y}$, 则在 D 内是否有整体的原函数取决于绕各个洞的**循环常数**是否为零. 所谓绕某个洞的循环常数是指积分 $\displaystyle\int_L P\,\mathrm{d}x + Q\,\mathrm{d}y$, 其中 L 为 D 中按逆时针方向行进的逐段光滑的简单闭曲线, L 所围区域含有这个洞, 但不含其他洞.

类似地, 在 $\mathbb{R}^3$ 中, 利用 Stokes 公式可得

定理 11.5.5 设 $\Omega \subseteq \mathbb{R}^3$ 为一维单连通区域, P, Q, R 为 Ω 内的连续可微函数, 则一阶微分形式 $P\,\mathrm{d}x + Q\,\mathrm{d}y + R\,\mathrm{d}z$ 在 Ω 中有原函数的充要条件是在 Ω 中成立

$$\frac{\partial R}{\partial y} - \frac{\partial Q}{\partial z} = \frac{\partial P}{\partial z} - \frac{\partial R}{\partial x} = \frac{\partial Q}{\partial x} - \frac{\partial P}{\partial y} = 0.$$

场论初步

这部分, 我们限制在 $\mathbb{R}^3$ 中讨论. 在 $\mathbb{R}^3$ 中, 时常用 $\boldsymbol{i}, \boldsymbol{j}, \boldsymbol{k}$ 表示坐标轴正向 $\boldsymbol{e}_1, \boldsymbol{e}_2, \boldsymbol{e}_3$. 我们简单介绍一些概念和记号.

我们称由函数 g 产生的向量场 ∇g 为**梯度场**, 又称**保守场**. 而由向量场 $\boldsymbol{F}$ 产生的数量场 $\mathrm{div}\,\boldsymbol{F}$ 称为**散度场**. 如果区域 Ω 中的曲线 C 在每一点的切向量均与 Ω 中向量场 $\boldsymbol{F}$ 在该点的方向一致, 则称该曲线为**向量线**.

对于连续可微的向量场 $\boldsymbol{F} = (P, Q, R)$ 以及有向闭曲线 C, 称 $\displaystyle\int_C \boldsymbol{F} \cdot \mathrm{d}\boldsymbol{s}$ 为向量场 $\boldsymbol{F}$ 沿曲线 C 的**环量**, 称

$$\left(\frac{\partial R}{\partial y} - \frac{\partial Q}{\partial z} \right) \boldsymbol{i} + \left(\frac{\partial P}{\partial z} - \frac{\partial R}{\partial x} \right) \boldsymbol{j} + \left(\frac{\partial Q}{\partial x} - \frac{\partial P}{\partial y} \right) \boldsymbol{k}$$

为 $\boldsymbol{F}$ 的**旋度**, 记作 $\mathbf{curl}\,\boldsymbol{F}$ 或 $\mathbf{rot}\,\boldsymbol{F}$.

散度处处为零的向量场称为**无源场**, 旋度处处为零的向量场称为**无旋场**.

可以把 ∇ 看作一个算子向量[5]:

$$\nabla = \begin{pmatrix} \dfrac{\partial}{\partial x} \\[2mm] \dfrac{\partial}{\partial y} \\[2mm] \dfrac{\partial}{\partial z} \end{pmatrix} = \boldsymbol{i}\frac{\partial}{\partial x} + \boldsymbol{j}\frac{\partial}{\partial y} + \boldsymbol{k}\frac{\partial}{\partial z},$$

---

5 可对高维情形作类似定义.

称为 **Hamilton (哈密顿) 算子**, 又称 **Nabla 算子**.

对于足够光滑的函数 f 以及向量场 $\boldsymbol{F}$, 我们有 $\operatorname{div}\boldsymbol{F} = \nabla \cdot \boldsymbol{F}$, $\operatorname{\mathbf{curl}}\boldsymbol{F} = \nabla \times \boldsymbol{F}$, 而 **Laplace 算子** Δ 可以表示为 $\Delta f = \dfrac{\partial^2 f}{\partial x^2} + \dfrac{\partial^2 f}{\partial y^2} + \dfrac{\partial^2 f}{\partial z^2} = \nabla \cdot \nabla f$. 另一方面, 我们有

$$\nabla \times \nabla f = \boldsymbol{0}, \tag{11.5.14}$$

$$\nabla \cdot (\nabla \times \boldsymbol{F}) = 0. \tag{11.5.15}$$

分部积分公式, Green 第一、第二公式

若 $\Omega \subset \mathbb{R}^n$ 是有 C^1 边界的有界区域, $f \in C^1(\overline{\Omega})$, $\boldsymbol{F} \in C^1(\overline{\Omega}; \mathbb{R}^n)$, $\boldsymbol{n}$ 为 $\partial\Omega$ 的单位外法向量, 则由 Gauss 公式,

$$\int_{\partial\Omega} f\, \boldsymbol{F} \cdot \boldsymbol{n}\, \mathrm{d}S = \int_\Omega \operatorname{div}(f\, \boldsymbol{F})\, \mathrm{d}\boldsymbol{x} = \int_\Omega \left(\nabla f \cdot \boldsymbol{F} + f\operatorname{div}\boldsymbol{F} \right) \mathrm{d}\boldsymbol{x}.$$

即

$$\int_\Omega \nabla f \cdot \boldsymbol{F}\, \mathrm{d}\boldsymbol{x} = \int_{\partial\Omega} f\, \boldsymbol{F} \cdot \boldsymbol{n}\, \mathrm{d}S - \int_\Omega f\operatorname{div}\boldsymbol{F}\, \mathrm{d}\boldsymbol{x}. \tag{11.5.16}$$

这可视为重积分的**分部积分公式**.

若 $g \in C^2(\overline{\Omega})$, 在 (11.5.16) 式中取 $\boldsymbol{F} = \nabla g$ 即得

$$\int_\Omega (\nabla f \cdot \nabla g + f\,\Delta g)\, \mathrm{d}\boldsymbol{x} = \int_{\partial\Omega} f \frac{\partial g}{\partial \boldsymbol{n}}\, \mathrm{d}S. \tag{11.5.17}$$

若进一步有 $f \in C^2(\overline{\Omega})$, 则在 (11.5.17) 式中轮换 f 和 g, 再与 (11.5.17) 式相减得到

$$\int_\Omega (f\,\Delta g - g\,\Delta f)\, \mathrm{d}\boldsymbol{x} = \int_{\partial\Omega} \left(f \frac{\partial g}{\partial \boldsymbol{n}} - g \frac{\partial f}{\partial \boldsymbol{n}} \right) \mathrm{d}S. \tag{11.5.18}$$

(11.5.17) 式和 (11.5.18) 式依次称为 **Green 第一、第二公式**.

特别地, 由 (11.5.17) 式, 若 $f \in C^1(\overline{\Omega})$, $g \in C^2(\overline{\Omega})$, 且成立 (i) $f|_{\partial\Omega} = 0$ 或 (ii) $\dfrac{\partial g}{\partial \boldsymbol{n}} = 0$, 则

$$\int_\Omega f\,\Delta g\, \mathrm{d}\boldsymbol{x} = -\int_\Omega \nabla f \cdot \nabla g\, \mathrm{d}\boldsymbol{x}. \tag{11.5.19}$$

习题 11.5.$\mathcal{A}$

1. 计算以下曲线积分绕原点的循环常数:

(1) $\displaystyle\int_C \frac{-y\,\mathrm{d}x + x\,\mathrm{d}y}{x^2 + y^2}$;　　(2) $\displaystyle\int_C \frac{x\,\mathrm{d}x + y\,\mathrm{d}y}{x^2 + y^2}$.

2. 设曲线 C 为 $\begin{cases} x = \cos t, \\ y = 2t\sin t, \\ z = t \end{cases}$ 对应于 t 从 0 到 2π 的那一段. 试计算曲线积分 $\displaystyle\int_C \mathrm{e}^{xy}[(y\cos(x + $

   $y) + yz^2 - \sin(x + y))\,\mathrm{d}x + (x\cos(x + y) + xz^2 - \sin(x + y))\,\mathrm{d}y + 2z\,\mathrm{d}z]$.

3. 设 $R > 0$, 计算积分 $\displaystyle\iint_\Sigma \frac{Rx\,\mathrm{d}y\mathrm{d}z + (z + R)^2\,\mathrm{d}x\mathrm{d}y}{\sqrt{x^2 + y^2 + z^2}}$, 其中 Σ 为下半球面 $z = -\sqrt{R^2 - x^2 - y^2}$
   的上侧.

4. 设 S 为椭球面 $\dfrac{x^2}{2} + \dfrac{y^2}{2} + z^2 = 1$ 的上半部分 $(z > 0)$, 对于 $P = (x, y, z) \in S$, Σ 为 S 在点
   P 处的切平面, $\rho(x, y, z)$ 为原点到平面 Σ 的距离, 求积分 $\displaystyle\iint_S \frac{z}{\rho(x, y, z)}\,\mathrm{d}S$.

5. 设 $\theta_1 < \theta_2 \leqslant \theta_1 + 2\pi$. 证明: 在极坐标下由射线 $\theta = \theta_1$, $\theta = \theta_2$ 和曲线 $C: \rho = \rho(\theta)\,(\theta_1 \leqslant$
   $\theta \leqslant \theta_2)$ 所围成的曲边扇形 (如题图 11.1 所示) 的面积为 $\dfrac{1}{2}\displaystyle\int_{\theta_1}^{\theta_2} \rho^2(\theta)\,\mathrm{d}\theta$. 当 ρ 连续可导时,
   验证这一结果与公式 (11.5.9) 给出的结果一致. 思考这一面积为什么不是 $\dfrac{1}{2}\displaystyle\int_C \rho^2\,\mathrm{d}\sigma$.

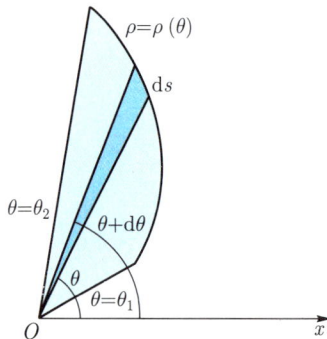

题图 11.1 曲边扇形的面积

6. 试对于足够光滑的 f 和 $\boldsymbol{F}$, 化简以下表达式:

   (1) $\nabla \cdot \nabla f$;　　　　　　(2) $\nabla \times \nabla f$;　　　　　　(3) $\nabla(\nabla \cdot \boldsymbol{F})$;
   (4) $\nabla \cdot (\nabla \times \boldsymbol{F})$;　　　　(5) $\nabla \times (\nabla \times \boldsymbol{F})$.

7. 保守场、无源场和无旋场之间有没有什么关系?

8. 用记号 ∇ 重写 Gauss 公式和 Stokes 公式.

9. 验证 (11.5.13) 式适用于 Green 公式、Ostrogradskiǐ – Gauss 公式、Stokes 公式以及 Newton –
   Leibniz 公式.

10. 试利用 Stokes 公式计算例 11.3.2 中的积分.

习题 11.5.B

1. 设 $a, b, c > 0$, Σ 为曲面 $\dfrac{x^2}{a^2} + \dfrac{y^2}{b^2} + \dfrac{z^2}{c^2} = 1$. 利用 Gauss 公式计算曲面积分

$$\iint\limits_{\Sigma} \frac{\mathrm{d}S}{(x^2 + y^2 + z^2)^{\frac{3}{2}} \sqrt{\dfrac{x^2}{a^4} + \dfrac{y^2}{b^4} + \dfrac{z^2}{c^4}}}.$$

2. 设 $\boldsymbol{A}$ 是 n 阶方阵, Ω 为 $\mathbb{R}^n$ 中具有 C^1 边界的有界区域, $\boldsymbol{\varphi} \in C_0^2(\Omega; \mathbb{R}^n)$. 证明: $\displaystyle\int_{\Omega} \det(\boldsymbol{A} + \boldsymbol{\varphi}_{\boldsymbol{x}}) \,\mathrm{d}x = \det(\boldsymbol{A})|\Omega|$.

3. 设 $n \geqslant 1$, R 是仅在点 $(0,0)$ 为零的 $2n$ 次二元多项式, P, Q 是不超过 $2n-2$ 次的二元多项式. 若 $\displaystyle\lim_{(x,y)\to\infty} \frac{R(x,y)}{(x^2+y^2)^n} > 0$, 且在点 $(0,0)$ 之外成立 $\dfrac{\partial}{\partial x} \dfrac{Q(x,y)}{R(x,y)} = \dfrac{\partial}{\partial y} \dfrac{P(x,y)}{R(x,y)}$, 证明: 曲线积分 $\displaystyle\int_C \frac{P\,\mathrm{d}x + Q\,\mathrm{d}y}{R}$ 绕点 $(0,0)$ 的循环常数为零.

4. 在上一题中, 去掉条件 $\displaystyle\lim_{(x,y)\to\infty} \frac{R(x,y)}{(x^2+y^2)^n} > 0$ 后结论是否仍然成立?

§6　调和函数与复解析函数

作为第二型曲线曲面积分的应用, 我们来考察调和函数与复解析函数的一些基本性质.

调和函数

作为 Gauss 公式、Green 公式的应用, 我们来考察调和函数的一些有趣性质. 设 $\Omega \subseteq \mathbb{R}^n$ 为一区域, 若 $f \in C^2(\Omega)$ 在 Ω 内满足 $\Delta f = 0$, 则称 f 为 Ω 内的**调和函数**. 易见, 当调和函数 $f \in C^3(\Omega)$ 时, f 的偏导数也是调和函数.

平均值公式　调和函数的一个重要特性是满足所谓的**平均值公式**, 它是一个函数为调和函数的充要条件.

定理 11.6.1　设 $\Omega \subseteq \mathbb{R}^n$ 为一区域, f 为 Ω 内的调和函数, $B_R(\boldsymbol{x}_0) \subseteq \Omega$, 则成立[1]

$$\frac{1}{n\omega_n r^{n-1}} \int_{\partial B_r(\boldsymbol{x}_0)} f(\boldsymbol{\sigma}) \, \mathrm{d}\boldsymbol{\sigma} = f(\boldsymbol{x}_0), \quad 0 < r < R. \tag{11.6.1}$$

进而, 等价地有

$$\frac{1}{r^n \omega_n} \int_{B_r(\boldsymbol{x}_0)} f(\boldsymbol{x}) \, \mathrm{d}\boldsymbol{x} = f(\boldsymbol{x}_0), \quad 0 < r < R, \tag{11.6.2}$$

其中 ω_n 是 n 维单位球的体积.

证明　考虑

$$F(r) = \frac{1}{n\omega_n r^{n-1}} \int_{\partial B_r(\boldsymbol{x}_0)} f(\boldsymbol{\sigma}) \, \mathrm{d}\boldsymbol{\sigma}, \quad 0 < r < R.$$

易见

$$F(r) = \frac{1}{n\omega_n} \int_{\partial B_1(\boldsymbol{0})} f(\boldsymbol{x}_0 + r\boldsymbol{\sigma}) \, \mathrm{d}\boldsymbol{\sigma}.$$

注意到对于曲面 $\partial B_1(\boldsymbol{0})$, 在点 $\boldsymbol{\sigma} \in \partial B_1(\boldsymbol{0})$ 处的单位外法向量就是 $\boldsymbol{\sigma}$, 我们有

$$F'(r) = \frac{1}{n\omega_n} \int_{\partial B_1(\boldsymbol{0})} \nabla f(\boldsymbol{x}_0 + r\boldsymbol{\sigma}) \cdot \boldsymbol{\sigma} \, \mathrm{d}\boldsymbol{\sigma}$$

---

[1]　为了增加可读性, 在曲面积分中, 我们常用有别于空间变量 $\boldsymbol{x}$ 的符号, 比如 $\boldsymbol{\sigma}$, 表示曲面上的点, 而用 $\mathrm{d}\boldsymbol{\sigma}$ 表示曲面上的面积微元.

$$= \frac{1}{n\omega_n} \int_{B_1(\mathbf{0})} r\,\Delta f(\boldsymbol{x}_0 + r\boldsymbol{x})\,\mathrm{d}\boldsymbol{x} = 0.$$

因此,

$$F(r) = \lim_{s \to 0^+} F(s) = f(\boldsymbol{x}_0), \quad 0 < r < R.$$

即 (11.6.1) 式成立. 而 (11.6.2) 式与 (11.6.1) 式的等价性是显然的 (参见 (11.2.27) 式). □

最值原理 满足平均值公式且连续到边界的实函数满足如下的最值原理.

定理 11.6.2 设 $\Omega \subset \mathbb{R}^n$ 为一有界区域, $f \in C(\overline{\Omega})$ 且 f 在 Ω 内满足平均值公式, 则 f 在 $\overline{\Omega}$ 上的最大值和最小值一定在边界取到.

进一步, 若 f 在 Ω 的内部取到最大值或最小值, 则 f 在 $\overline{\Omega}$ 上恒为常数.

证明 我们只要证明, 若 f 在 Ω 的内部取到最大值或最小值, 则 f 在 $\overline{\Omega}$ 上恒为常数.

不妨设 f 在某内点 $\boldsymbol{x}_0 \in \Omega$ 取到最大值, 则根据平均值公式, 对任何满足 $\overline{B_r(\boldsymbol{x}_0)} \subset \Omega$ 的 $r > 0$, 成立

$$\frac{1}{r^n \omega_n} \int_{B_r(\boldsymbol{x}_0)} f(\boldsymbol{x})\,\mathrm{d}\boldsymbol{x} = f(\boldsymbol{x}_0) = \max_{\boldsymbol{x} \in B_r(\boldsymbol{x}_0)} f(\boldsymbol{x}).$$

结合 f 的连续性, 这意味着对于 $\boldsymbol{x} \in \overline{B_r(\boldsymbol{x}_0)}$, 有 $f(\boldsymbol{x}) = f(\boldsymbol{x}_0)$.

任取 $\boldsymbol{y} \in \Omega$, 由连通性, 存在连接 $\boldsymbol{x}_0$ 与 $\boldsymbol{y}$ 的曲线. 由有限覆盖定理, 不难证明存在 $\boldsymbol{x}_1, \boldsymbol{x}_2, \cdots, \boldsymbol{x}_m \in \Omega$ 以及 $r_0, r_1, r_2, \cdots, r_m > 0$ 使得对任何 $0 \leqslant k \leqslant m$, 成立 $\boldsymbol{x}_{k+1} \in \overline{B_{r_k}(\boldsymbol{x}_k)} \subset \Omega$, 其中 $\boldsymbol{x}_{m+1} = \boldsymbol{y}$. 这样就得到 $f(\boldsymbol{y}) = f(\boldsymbol{x}_0)$. 进而 f 在 $\overline{\Omega}$ 上恒为 $f(\boldsymbol{x}_0)$. □

我们还有

定理 11.6.3 $\mathbb{R}^n$ 中满足平均值公式的有界函数一定是常值函数.

证明 设 f 是 $\mathbb{R}^n$ 中满足平均值公式的有界函数. 记 $M = \sup\limits_{\boldsymbol{x} \in \mathbb{R}^n} |f(\boldsymbol{x})|$.

任取 $\boldsymbol{y} \in \mathbb{R}^n$, 取 $R > |\boldsymbol{y}|$, 有 (参见图 11.12)

$$|f(\boldsymbol{y}) - f(\mathbf{0})| = \frac{1}{R^n \omega_n} \left| \int_{B_R(\boldsymbol{y})} f(\boldsymbol{x})\,\mathrm{d}\boldsymbol{x} - \int_{B_R(\mathbf{0})} f(\boldsymbol{x})\,\mathrm{d}\boldsymbol{x} \right|$$

$$\leqslant \frac{M}{R^n \omega_n} \left(\left| B_R(\boldsymbol{y}) \setminus B_R(\mathbf{0}) \right| + \left| B_R(\mathbf{0}) \setminus B_R(\boldsymbol{y}) \right| \right)$$

$$\leqslant 2M \frac{(R + |\boldsymbol{y}|)^n - R^n}{R^n}.$$

令 $R \to +\infty$ 即得结论.　　　　　　　　　　　　　　　　　　　　　□

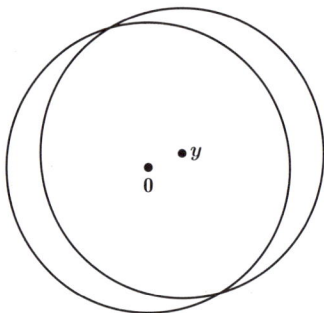

图 11.12

自然, 调和函数具备定理 11.6.2 和 11.6.3 的性质.

Poisson 公式　接下来, 我们要说明三件事: (P1) 有界区域 Ω 内满足 $\Delta f = 0$ 且在 $\overline{\Omega}$ 上连续的函数 f 由其边界上的值确定. 特别地, 有 Poisson 公式——用球面上的值表示球内的值; (P2) 调和函数定义中光滑性要求可以降低; (P3) 区域内的调和函数是实解析的.

要给出以上性质, 关键是说明满足 $\Delta f = 0$ 的连续函数是二阶连续可导的. 为此, 首先, 我们给出 (P1) 的回答, 在连续和二阶可偏导条件下 "调和函数" 满足最值原理.

定理 11.6.4　设 $\Omega \subset \mathbb{R}^n$ 为一有界区域, $f \in C(\overline{\Omega})$, f 在 Ω 内关于各变量的两阶偏导数均存在, 且在 Ω 内成立 $\Delta f = 0$, 则 f 在 $\overline{\Omega}$ 上的最大值和最小值一定在边界取到.

证明　记 $F_\delta(\boldsymbol{x}) = f(\boldsymbol{x}) + \delta|\boldsymbol{x}|^2$. 我们只需证明对任何 $\delta > 0$, F_δ 在 $\overline{\Omega}$ 上的最大值必在边界取到. 否则, 若 $\boldsymbol{x}_0 \in \Omega$ 为 F_δ 的最大值点, 则 $\dfrac{\partial^2 F_\delta}{\partial x_k^2}(\boldsymbol{x}_0) \leqslant 0 \, (1 \leqslant k \leqslant n)$. 从而 $0 \geqslant \Delta F_\delta(\boldsymbol{x}_0) = 2n\delta$. 得到矛盾. 定理得证.　　　　□

基于定理 11.6.4, 若 $\overline{\Omega}$ 上的连续函数 f, g 在 Ω 内满足 $\Delta f = \Delta g$, 且 $f|_{\partial\Omega} = g|_{\partial\Omega}$, 则在 $\overline{\Omega}$ 上必有 $f \equiv g$. 即 (P1) 成立.

这样, 如果能够求得用边界的函数值表示区域内函数值的公式, 我们就有可能得到关于函数的一些好的性质, 比如, 函数的光滑性. 为此, 考察函数

$$\psi(\boldsymbol{x}) = \begin{cases} \ln|\boldsymbol{x}|, & n = 2, \\ \dfrac{1}{2-n}|\boldsymbol{x}|^{2-n}, & n \geqslant 3, \end{cases} \quad \boldsymbol{x} \neq \boldsymbol{0}, \tag{11.6.3}$$

则 ψ 是 $\mathbb{R}^n \setminus \{\boldsymbol{0}\}$ 内的调和函数. 我们有 $\nabla\psi(\boldsymbol{x}) = \dfrac{\boldsymbol{x}}{|\boldsymbol{x}|^n} \, (\boldsymbol{x} \neq \boldsymbol{0})$. 因此, 对任何

$1 \leqslant k \leqslant n$, $\varphi_k(\boldsymbol{x}) = \dfrac{x_k}{|\boldsymbol{x}|^n}$ 也是 $\mathbb{R}^n \setminus \{\boldsymbol{0}\}$ 内的调和函数.

于是, 对于任何 $\boldsymbol{x}_0 \in \mathbb{R}^n$, 以及以 $\boldsymbol{x}_0$ 为内点边界足够光滑的有界区域 Ω, 任取 $\delta > 0$ 使得 $\overline{B_\delta(\boldsymbol{x}_0)} \subset \Omega$, 由 Gauss 公式 ($\boldsymbol{n}$ 表示相应曲面的单位外法向量),

$$\int_{\partial\Omega} \frac{\partial\psi}{\partial\boldsymbol{n}}(\boldsymbol{\sigma} - \boldsymbol{x}_0)\,\mathrm{d}\boldsymbol{\sigma} - \int_{\partial B_\delta(\boldsymbol{x}_0)} \frac{\partial\psi}{\partial\boldsymbol{n}}(\boldsymbol{\sigma} - \boldsymbol{x}_0)\,\mathrm{d}\boldsymbol{\sigma}$$

$$= \int_{\Omega\setminus B_\delta(\boldsymbol{x}_0)} \Delta\psi(\boldsymbol{x} - \boldsymbol{x}_0)\,\mathrm{d}\boldsymbol{x} = 0.$$

于是,

$$\int_{\partial\Omega} \frac{\boldsymbol{\sigma} - \boldsymbol{x}_0}{|\boldsymbol{\sigma} - \boldsymbol{x}_0|^n} \cdot \boldsymbol{n}\,\mathrm{d}\boldsymbol{\sigma} = \int_{\partial B_\delta(\boldsymbol{x}_0)} \frac{\boldsymbol{\sigma} - \boldsymbol{x}_0}{|\boldsymbol{\sigma} - \boldsymbol{x}_0|^n} \cdot \boldsymbol{n}\,\mathrm{d}\boldsymbol{\sigma}$$

$$= \int_{\partial B_1(\boldsymbol{x}_0)} \frac{\boldsymbol{\sigma} - \boldsymbol{x}_0}{|\boldsymbol{\sigma} - \boldsymbol{x}_0|^n} \cdot \boldsymbol{n}\,\mathrm{d}\boldsymbol{\sigma}$$

$$= \int_{\partial B_1(\boldsymbol{x}_0)} \mathrm{d}\boldsymbol{\sigma} = n\omega_n.$$

一般地, 有

$$\frac{1}{n\omega_n} \int_{\partial\Omega} \frac{\boldsymbol{\sigma} - \boldsymbol{x}_0}{|\boldsymbol{\sigma} - \boldsymbol{x}_0|^n} \cdot \boldsymbol{n}\,\mathrm{d}\boldsymbol{\sigma} = \begin{cases} 1, & \boldsymbol{x}_0 \in \Omega, \\ 0, & \boldsymbol{x}_0 \notin \overline{\Omega}. \end{cases} \tag{11.6.4}$$

现设 $0 < |\boldsymbol{x}_0| < |\boldsymbol{\sigma}| = \delta$, 则以 $\boldsymbol{0}, \boldsymbol{x}_0, \boldsymbol{\sigma}$ 为顶点的三角形与以 $\boldsymbol{0}, \boldsymbol{\sigma}, \dfrac{\delta^2}{|\boldsymbol{x}_0|^2}\boldsymbol{x}_0$ 为顶点的三角形相似 (如图 11.13 所示). 由此可得

$$\left|\boldsymbol{\sigma} - \frac{\delta^2}{|\boldsymbol{x}_0|^2}\boldsymbol{x}_0\right| = \frac{\delta}{|\boldsymbol{x}_0|}|\boldsymbol{x}_0 - \boldsymbol{\sigma}|.$$

自然, 这也可以直接验证.

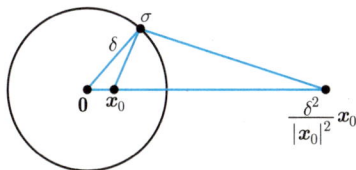

图 11.13

现在, 取 $\Omega = B_\delta(\boldsymbol{0})$, 对 $\boldsymbol{x}_0$ 和 $\dfrac{\delta^2}{|\boldsymbol{x}_0|^2}\boldsymbol{x}_0$ 使用 (11.6.4) 式可得

$$1 = \frac{1}{n\omega_n} \int_{\partial B_\delta(\boldsymbol{0})} \frac{\boldsymbol{\sigma} - \boldsymbol{x}_0}{|\boldsymbol{\sigma} - \boldsymbol{x}_0|^n} \cdot \boldsymbol{n}\,\mathrm{d}\boldsymbol{\sigma}$$

$$= \frac{1}{n\omega_n\delta} \int_{\partial B_\delta(\boldsymbol{0})} \frac{\delta^2 - \boldsymbol{x}_0 \cdot \boldsymbol{\sigma}}{|\boldsymbol{\sigma} - \boldsymbol{x}_0|^n}\,\mathrm{d}\boldsymbol{\sigma}, \tag{11.6.5}$$

$$0 = \frac{\delta^{n-2}}{n\omega_n|\boldsymbol{x}_0|^{n-2}} \int_{\partial B_\delta(\boldsymbol{0})} \frac{\boldsymbol{\sigma} - \dfrac{\delta^2}{|\boldsymbol{x}_0|^2}\boldsymbol{x}_0}{\left|\boldsymbol{\sigma} - \dfrac{\delta^2}{|\boldsymbol{x}_0|^2}\boldsymbol{x}_0\right|^n} \cdot \boldsymbol{n}\,\mathrm{d}\boldsymbol{\sigma}$$

$$= \frac{1}{n\omega_n\delta} \int_{\partial B_\delta(\boldsymbol{0})} \frac{|\boldsymbol{x}_0|^2 - \boldsymbol{x}_0 \cdot \boldsymbol{\sigma}}{|\boldsymbol{\sigma} - \boldsymbol{x}_0|^n}\,\mathrm{d}\boldsymbol{\sigma}. \tag{11.6.6}$$

两式相减得到[2]

$$\frac{1}{n\omega_n\delta} \int_{\partial B_\delta(\boldsymbol{0})} \frac{\delta^2 - |\boldsymbol{x}_0|^2}{|\boldsymbol{\sigma} - \boldsymbol{x}_0|^n}\,\mathrm{d}\boldsymbol{\sigma} = 1, \quad \boldsymbol{x}_0 \in B_\delta(\boldsymbol{0}). \tag{11.6.7}$$

现在, 我们可以建立如下定理. 它表明前面提到的 (P2) 和 (P3) 成立.

定理 11.6.5   设 $\delta > 0$.

(i) 若 g 是 $\partial B_\delta(\boldsymbol{x}_0)$ 上的可积函数, 在 $B_\delta(\boldsymbol{x}_0)$ 内定义

$$G(\boldsymbol{x}) = \frac{1}{n\omega_n\delta} \int_{|\boldsymbol{\sigma}-\boldsymbol{x}_0|=\delta} g(\boldsymbol{\sigma})\frac{\delta^2 - |\boldsymbol{x} - \boldsymbol{x}_0|^2}{|\boldsymbol{\sigma} - \boldsymbol{x}|^n}\,\mathrm{d}\boldsymbol{\sigma}, \quad \forall\, \boldsymbol{x} \in B_\delta(\boldsymbol{x}_0). \tag{11.6.8}$$

则 G 为 $B_\delta(\boldsymbol{x}_0)$ 内的调和函数.

进一步, 若 g 在 $\boldsymbol{\sigma}_0 \in \partial B_\delta(\boldsymbol{x}_0)$ 连续, 则 $\displaystyle\lim_{\substack{\boldsymbol{x} \to \boldsymbol{\sigma}_0 \\ \boldsymbol{x} \in B_\delta(\boldsymbol{x}_0)}} G(\boldsymbol{x}) = g(\boldsymbol{\sigma}_0)$.

(ii) 若 f 在 $\overline{B_\delta(\boldsymbol{x}_0)}$ 上连续, 且在 $B_\delta(\boldsymbol{x}_0)$ 内有两阶偏导数并满足 $\Delta f = 0$, 则成立如下的 **Poisson**[3]公式:

$$f(\boldsymbol{x}) = \frac{1}{n\omega_n\delta} \int_{|\boldsymbol{\sigma}-\boldsymbol{x}_0|=\delta} f(\boldsymbol{\sigma})\frac{\delta^2 - |\boldsymbol{x} - \boldsymbol{x}_0|^2}{|\boldsymbol{\sigma} - \boldsymbol{x}|^n}\,\mathrm{d}\boldsymbol{\sigma}, \quad \forall\, \boldsymbol{x} \in B_\delta(\boldsymbol{x}_0). \tag{11.6.9}$$

(iii) 若 f 是区域 Ω 内的调和函数, $B_\delta(\boldsymbol{x}_0) \subseteq \Omega$, 则在 $B_\delta(\boldsymbol{x}_0)$ 内, f 可以展开成 $\boldsymbol{x} - \boldsymbol{x}_0$ 的幂级数. 特别地, f 是 Ω 内的实解析函数.

证明   (i) 对于固定的 $\boldsymbol{\sigma} \in \partial B_\delta(\boldsymbol{x}_0)$, 由于

$$\frac{\delta^2 - |\boldsymbol{x} - \boldsymbol{x}_0|^2}{|\boldsymbol{\sigma} - \boldsymbol{x}|^n} = 2\frac{\boldsymbol{\sigma} - \boldsymbol{x}}{|\boldsymbol{\sigma} - \boldsymbol{x}|^{n-1}} \cdot (\boldsymbol{\sigma} - \boldsymbol{x}_0) - \frac{1}{|\boldsymbol{\sigma} - \boldsymbol{x}|^{n-2}},$$

因此, $\dfrac{\delta^2 - |\boldsymbol{x} - \boldsymbol{x}_0|^2}{|\boldsymbol{\sigma} - \boldsymbol{x}|^n}$ 是关于 $\boldsymbol{x} \in B_\delta(\boldsymbol{x}_0)$ 的调和函数. 于是 (通过建立与定理 10.3.3 类似的结果可得) G 在 $B_\delta(\boldsymbol{x}_0)$ 内有任意阶的连续偏导数且为调和函数.

进一步, 设 g 在 $\boldsymbol{\sigma}_0 \in \partial B_\delta(\boldsymbol{x}_0)$ 处连续. 任取 $\varepsilon > 0$, 以及 $\boldsymbol{x} \in B_\delta(\boldsymbol{x}_0)$, 我们有

---

2   易见 (11.6.7) 式当 $\boldsymbol{x}_0 = \boldsymbol{0}$ 时也成立.

3   Poisson, S D, 1781－1840 年, 数学家, 物理学家.

$$|G(\boldsymbol{x}) - g(\boldsymbol{\sigma}_0)| = \frac{1}{n\omega_n\delta} \left| \int_{|\boldsymbol{\sigma}-\boldsymbol{x}_0|=\delta} (g(\boldsymbol{\sigma}) - g(\boldsymbol{\sigma}_0)) \frac{\delta^2 - |\boldsymbol{x}-\boldsymbol{x}_0|^2}{|\boldsymbol{\sigma}-\boldsymbol{x}|^n} d\boldsymbol{\sigma} \right|$$

$$\leqslant \frac{1}{n\omega_n\delta} \int_{\substack{|\boldsymbol{\sigma}-\boldsymbol{x}_0|=\delta \\ |\boldsymbol{\sigma}-\boldsymbol{\sigma}_0|\geqslant\varepsilon}} \frac{|g(\boldsymbol{\sigma}) - g(\boldsymbol{\sigma}_0)|(\delta^2 - |\boldsymbol{x}-\boldsymbol{x}_0|^2)}{|\boldsymbol{\sigma}-\boldsymbol{x}|^n} d\boldsymbol{\sigma} +$$

$$\sup_{\substack{|\boldsymbol{\sigma}-\boldsymbol{x}_0|=\delta \\ |\boldsymbol{\sigma}-\boldsymbol{\sigma}_0|\leqslant\varepsilon}} |g(\boldsymbol{\sigma}) - g(\boldsymbol{\sigma}_0)|.$$

由此易见

$$\varlimsup_{\substack{\boldsymbol{x}\to\boldsymbol{\sigma}_0 \\ \boldsymbol{x}\in B_\delta(\boldsymbol{x}_0)}} |G(\boldsymbol{x}) - g(\boldsymbol{\sigma}_0)| \leqslant \sup_{\substack{|\boldsymbol{\sigma}-\boldsymbol{x}_0|=\delta \\ |\boldsymbol{\sigma}-\boldsymbol{\sigma}_0|\leqslant\varepsilon}} |g(\boldsymbol{\sigma}) - g(\boldsymbol{\sigma}_0)|, \quad \forall \varepsilon > 0.$$

令 $\varepsilon \to 0^+$ 得到 $\displaystyle\lim_{\substack{\boldsymbol{x}\to\boldsymbol{\sigma}_0 \\ \boldsymbol{x}\in B_\delta(\boldsymbol{x}_0)}} G(\boldsymbol{x}) = g(\boldsymbol{\sigma}_0)$.

(ii) 令

$$F(\boldsymbol{x}) = \begin{cases} \dfrac{1}{n\omega_n\delta} \displaystyle\int_{|\boldsymbol{\sigma}-\boldsymbol{x}_0|=\delta} f(\boldsymbol{\sigma}) \dfrac{\delta^2 - |\boldsymbol{x}-\boldsymbol{x}_0|^2}{|\boldsymbol{\sigma}-\boldsymbol{x}|^n} d\boldsymbol{\sigma}, & \boldsymbol{x} \in B_\delta(\boldsymbol{x}_0), \\ f(\boldsymbol{x}), & \boldsymbol{x} \in \partial B_\delta(\boldsymbol{x}_0), \end{cases}$$

则由 (i) 的结论知 F 在 $\overline{B_\delta(\boldsymbol{x}_0)}$ 上连续, 在 $B_\delta(\boldsymbol{x}_0)$ 内是调和函数. 特别地, $F-f$ 在 $\overline{B_\delta(\boldsymbol{x}_0)}$ 上连续, 在 $B_\delta(\boldsymbol{x}_0)$ 内有二阶偏导数, 且满足 $\Delta(F-f) = 0$. 于是, 由定理 11.6.4, $F-f$ 在 $\overline{B_\delta(\boldsymbol{x}_0)}$ 上的最大值、最小值均在边界 $\partial B_\delta(\boldsymbol{x}_0)$ 取到. 结合 $F-f$ 在 $\partial B_\delta(\boldsymbol{x}_0)$ 上为零, 可得 f 在 $\overline{B_\delta(\boldsymbol{x}_0)}$ 上恒等于 F. 即 (11.6.9) 式成立.

(iii) 任取 $0 < r < \delta$. 对于 $\boldsymbol{x} \in B_r(\boldsymbol{x}_0)$, 可以证明 $f(\boldsymbol{\sigma})\dfrac{\delta^2 - |\boldsymbol{x}-\boldsymbol{x}_0|^2}{|\boldsymbol{\sigma}-\boldsymbol{x}|^n}$ 可以展开成关于 $\boldsymbol{x}-\boldsymbol{x}_0$ 的幂级数, 且关于 $\boldsymbol{\sigma} \in \partial B_\delta(\boldsymbol{x}_0)$ 一致收敛 (证明留作习题). 于是由 (11.6.9) 式得到在 $B_r(\boldsymbol{x}_0)$ 内, f 可以展开成 $\boldsymbol{x}-\boldsymbol{x}_0$ 的幂级数. 由 $r \in (0,\delta)$ 的任意性知, 在 $B_\delta(\boldsymbol{x}_0)$ 内, f 可以展开成 $\boldsymbol{x}-\boldsymbol{x}_0$ 的幂级数. 所以 f 是 Ω 内的实解析函数. $\qquad\square$

注 11.6.1 基于 (11.6.5) 式, 对于 $\partial B_\delta(\boldsymbol{x}_0)$ 上的可积函数 g, 可以看到

$$H(\boldsymbol{x}) = \frac{1}{n\omega_n\delta} \int_{|\boldsymbol{\sigma}-\boldsymbol{x}_0|=\delta} g(\boldsymbol{\sigma}) \frac{\delta^2 - (\boldsymbol{x}-\boldsymbol{x}_0)\cdot(\boldsymbol{\sigma}-\boldsymbol{x}_0)}{|\boldsymbol{\sigma}-\boldsymbol{x}|^n} d\boldsymbol{\sigma}, \quad \forall \boldsymbol{x} \in B_\delta(\boldsymbol{x}_0) \quad (11.6.10)$$

同样是 $B_\delta(\boldsymbol{x}_0)$ 内的调和函数, 但即使 g 在整个 $\partial B_\delta(\boldsymbol{x}_0)$ 上连续, 也不能得出 $\displaystyle\lim_{\substack{\boldsymbol{x}\to\boldsymbol{\sigma}_0 \\ \boldsymbol{x}\in B_\delta(\boldsymbol{x}_0)}} H(\boldsymbol{x}) = g(\boldsymbol{\sigma}_0) \,(\forall \boldsymbol{\sigma}_0 \in \partial B_\delta(\boldsymbol{x}_0))$. 产生这一现象的一个重要原因就是不同于 (11.6.7) 式, 在 (11.6.5) 式中, 被积函数不保号.

平均值公式蕴涵调和　现在可以证明, 在区域内满足平均值公式的实函数必然是调和函数. 我们有

定理 11.6.6　设 f 在区域 $\Omega \subseteq \mathbb{R}^n$ 内满足平均值公式, 即对每个 $\boldsymbol{y} \in \Omega$, 当 $B_\delta(\boldsymbol{y}) \subset \Omega$ 时成立

$$f(\boldsymbol{y}) = \frac{1}{\omega_n \delta^n} \int_{B_\delta(\boldsymbol{y})} f(\boldsymbol{x}) \, \mathrm{d}\boldsymbol{x},$$

则 f 为 Ω 内的调和函数.

证明　由定理假设立即可得 f 在 Ω 内连续. 任取 $\boldsymbol{x}_0 \in \Omega$, 则有 $\delta > 0$ 使得 $B_\delta(\boldsymbol{x}_0) \subset \Omega$. 令

$$F(\boldsymbol{x}) = \begin{cases} \dfrac{1}{n\omega_n \delta} \displaystyle\int_{|\boldsymbol{\sigma}-\boldsymbol{x}_0|=\delta} f(\boldsymbol{\sigma}) \dfrac{\delta^2 - |\boldsymbol{x}-\boldsymbol{x}_0|^2}{|\boldsymbol{\sigma}-\boldsymbol{x}|^n} \, \mathrm{d}\boldsymbol{\sigma}, & \boldsymbol{x} \in B_\delta(\boldsymbol{x}_0), \\ f(\boldsymbol{x}), & \boldsymbol{x} \in \partial B_\delta(\boldsymbol{x}_0), \end{cases}$$

则由定理 11.6.5, F 在 $\overline{B_\delta(\boldsymbol{x}_0)}$ 上连续, 在 $B_\delta(\boldsymbol{x}_0)$ 内是调和函数. 特别地, $F - f$ 在 $\overline{B_\delta(\boldsymbol{x}_0)}$ 上连续, 在 $B_\delta(\boldsymbol{x}_0)$ 内满足平均值公式, 在 $\partial B_\delta(\boldsymbol{x}_0)$ 上为零. 于是, 由定理 11.6.2, 可得 f 在 $\overline{B_\delta(\boldsymbol{x}_0)}$ 上恒等于 F. 从而 f 是 $B_\delta(\boldsymbol{x}_0)$ 内的调和函数. 进而 f 是 Ω 内的调和函数. □

以上对于调和函数性质的研究, 其总体思路我们小结如下:

$$\Delta f = 0, f \in C^2 \Longrightarrow 平均值公式 \Longrightarrow 最值定理 \Longrightarrow 函数由边界值确定$$

$$\Delta f = 0, f \in C \Longrightarrow 最值定理$$

$$\Delta f = 0, f \in C \xrightarrow[\text{最值定理}]{\boldsymbol{x}/|\boldsymbol{x}|^n \text{调和}} \text{Poisson 公式} \Longrightarrow f \text{实解析}$$

$$平均值公式 \xrightarrow{\text{最值定理}} \text{Poisson 公式} \Longrightarrow \Delta f = 0, f \text{实解析}$$

复解析函数

对于复解析函数, 复变函数课程将有系统的论述. 在此, 基于复积分是一种特殊的第二型曲线积分, 我们以此为例对复解析函数的一些有趣的性质作一简单讨论.

首先, 我们回顾复可导及其充要条件. 考虑复区域[4] D 内的复值函数 f, 依次记 $f(x + \mathrm{i}y)$ 的实部与虚部为 $u(x,y)$ 与 $v(x,y)$, f 在 $z_0 = x_0 + \mathrm{i}y_0 \in D$ 处复可导定义为极限 $\lim\limits_{z \to z_0} \dfrac{f(z) - f(z_0)}{z - z_0}$ 存在. 易见

4　我们将 $\mathbb{R}^2$ 等同于 $\mathbb{C}$, 将 $(x, y) \in \mathbb{R}^2$ 等同于 $x + \mathrm{i}y \in \mathbb{C}$.

$$\lim_{z \to z_0} \frac{f(z) - f(z_0)}{z - z_0} = A$$

$$\Longleftrightarrow f(z) = f(z_0) + A(z - z_0) + o(z - z_0), \quad z \to z_0$$

$$\Longleftrightarrow f(x + iy) = f(x_0 + iy_0) + A(x - x_0) + iA(y - y_0) +$$
$$o(\sqrt{|x - x_0|^2 + |y - y_0|^2}), \quad (x, y) \to (x_0, y_0)$$

$$\Longleftrightarrow f \text{ 在 } (x_0, y_0) \text{ 处可微且 } \quad i\frac{\partial f}{\partial x}(x_0 + iy_0) = \frac{\partial f}{\partial y}(x_0 + iy_0)$$

$$\Longleftrightarrow u, v \text{ 在 } (x_0, y_0) \text{ 处可微且满足 } \textbf{Cauchy–Riemann 条件:}$$

$$\frac{\partial u}{\partial x} = \frac{\partial v}{\partial y}, \quad \frac{\partial u}{\partial y} = -\frac{\partial v}{\partial x}. \tag{11.6.11}$$

在函数的四则运算和复合方面, 复导数具有与实导数类似的性质. 因此, 当 f 复可导时, 利用复合函数求导公式可得 $\dfrac{\partial}{\partial x} f(x + iy) = -i\dfrac{\partial}{\partial y} f(x + iy) = f'(x + iy)$. 亦即

$$f'(x + iy) = \frac{\partial u(x, y)}{\partial x} + i\frac{\partial v(x, y)}{\partial x} = \frac{\partial v(x, y)}{\partial y} - i\frac{\partial u(x, y)}{\partial y}. \tag{11.6.12}$$

以下, 我们将展示复可导函数所具有的良好性质. 特别地, 将证明区域内复可导等价于复解析.

复导数连续可微情形 若 f 在区域 D 内复可导, 且复导数关于 x, y 有连续的偏导数, 即 f 的实部 u 和虚部 v 有二阶的连续偏导数, 则由 Cauchy–Riemann 条件可见, u, v 均为调和函数. 于是 u, v 是实解析函数. 进一步, 可直接验证 $f'(z)$ 满足 Cauchy–Riemann 条件. 因此, f 有二阶的复导数. 归纳可得 f 有任意阶的复导数. 进一步, 不难说明 $u + iv$ 作为二元函数的幂级数展开式就是 f 作为复函数的幂级数展开式, 从而 f 是复解析函数.

复导数连续情形 由 Green 公式和 Cauchy–Riemann 条件可见, 当 D 为单连通区域而 f 在 D 内有连续的复导数时, D 内的复积分 $\displaystyle\int_C f(z)\,\mathrm{d}z = \int_C f(z)\,\mathrm{d}x + if(z)\,\mathrm{d}y$ 与路径无关. 这样, 我们就得到一大类复积分与路径无关. 特别地, 我们有如下定理.

定理 11.6.7 设 f 在单连通复区域 D 内复连续可导, $z_0 \in D$, L 为 D 内沿逆时针方向行进、不经过 z_0 且按段 C^1 的简单闭曲线. 若 z_0 在 L 所围区域内, 则成立如下的 **Cauchy 公式:**

$$\frac{1}{2\pi i} \int_L \frac{f(z)}{z - z_0} \, dz = f(z_0). \tag{11.6.13}$$

若 z_0 在 L 所围区域外, 则 $\dfrac{1}{2\pi i} \displaystyle\int_L \dfrac{f(z)}{z - z_0} \, dz = 0$.

证明 设 L 所围区域为 D_L. 由 f 复可导可得 $z \mapsto \dfrac{f(z)}{z - z_0}$ 在 $D \setminus \{z_0\}$ 内复可导. 因此, 若 $z_0 \in D_L$, 则当 $\delta > 0$ 足够小时, $B_\delta(z_0)$ 紧包含在 D_L 内. 进而利用 Green 公式可得

$$\begin{aligned}
\frac{1}{2\pi i} \int_L \frac{f(z)}{z - z_0} \, dz &= \frac{1}{2\pi i} \int_{\partial B_\delta(z_0)} \frac{f(z)}{z - z_0} \, dz \\
&= \frac{1}{2\pi i} \int_0^{2\pi} \frac{f(z_0 + \delta e^{i\theta})}{\delta e^{i\theta}} i\delta e^{i\theta} \, d\theta.
\end{aligned}$$

令 $\delta \to 0^+$ 并利用 f 的连续性, 即得 (11.6.13) 式.

而当 z_0 在 D_L 外时, 由 Green 公式得到 $\dfrac{1}{2\pi i} \displaystyle\int_L \dfrac{f(z)}{z - z_0} \, dz = 0$. $\qquad\square$

由 Cauchy 公式, 立即可得若 f 的复导数连续, 则 f 复解析. 详情参见定理 11.6.9.

复可导等价于复解析 我们知道复解析函数是复可导的. 反过来, 利用 Cauchy 公式, 可得当 f 的复导数连续时, f 是解析的. 有趣的是, 可以证明在区域内, 复可导函数的复导数是连续的. 证明思路是说明 f 在复导数意义下有局部的原函数, 这一原函数便是连续可微的, 进而又是任意阶复可导的. 不难看到, 局部范围内, f 存在原函数当且仅当 $\displaystyle\int_C f(z) \, dz$ 与路径无关. 然而虽然有 Cauchy–Riemann 条件, 但直接利用 Green 公式得出曲线积分与路径无关性还需要 f 的复导数连续. 因此, 当仅假设 f 复可导时, 我们需要直接探讨 f 是否有原函数. 幸运的是, 原函数的存在性可由沿折线的积分与路径无关得到. 特别地, 只要沿三角形边界的积分为零就可以. 具体地, 我们有

定理 11.6.8 设 f 在单连通复区域 D 内复可导, 则

(i) 对 D 内的闭三角形 T, 成立

$$\int_{\partial T} f(z) \, dz = 0. \tag{11.6.14}$$

(ii) f 在 D 内有原函数 F, 即 F 在 D 内复可导且 $F'(z) = f(z)$. 进而 f 在 D 内有任意阶的复导数.

证明 (i) 任取 T 为 D 内一闭三角形, $\delta = \int_{\partial T} f(z)\,\mathrm{d}z$. 记 $T_0 = T$. 取 T_0 三边的中点, 两两相连把 T_0 分成四个小三角形 $T_{0,1}, T_{0,2}, T_{0,3}, T_{0,4}$, 则

$$\delta = \sum_{k=1}^{4} \int_{\partial T_{0,k}} f(z)\,\mathrm{d}z.$$

因此, 必有某个 $1 \leqslant k \leqslant 4$ 使得 $\left| \int_{\partial T_{0,k}} f(z)\,\mathrm{d}z \right| \geqslant \dfrac{|\delta|}{4}$. 记该 $T_{0,k}$ 为 T_1. 以此类推, 可以找到一列闭三角形 $\{T_n\}$ 满足

$$T_0 \supset T_1 \supset T_2 \supset \cdots, \quad \left| \int_{\partial T_n} f(z)\,\mathrm{d}z \right| \geqslant \frac{|\delta|}{4^n}, \quad \operatorname{diam} T_n = \frac{\operatorname{diam} T_0}{2^n}.$$

由闭集套定理, $\{T_n\}$ 有唯一的公共点 z_0. 对于足够小的 $r > 0$, 记

$$\omega(r) = \sup_{0 < |z - z_0| \leqslant r} \left| \frac{f(z) - f(z_0) - f'(z_0)(z - z_0)}{z - z_0} \right|, \quad r > 0,$$

则 $\lim\limits_{r \to 0^+} \omega(r) = 0$. 记 $A = \operatorname{diam} T_0$, 我们有

$$\begin{aligned}
|\delta| &\leqslant 4^n \left| \int_{\partial T_n} f(z)\,\mathrm{d}z \right| = 4^n \left| \int_{\partial T_n} (f(z) - f(z_0) - f'(z_0)(z - z_0))\,\mathrm{d}z \right| \\
&\leqslant 4^n \omega\left(\frac{A}{4^n} \right) \int_{\partial T_n} |z - z_0|\,\mathrm{d}s \leqslant 4^n \omega\left(\frac{A}{4^n} \right) \times 3(\operatorname{diam} T_n)^2 \\
&= 3A^2 \omega\left(\frac{A}{4^n} \right).
\end{aligned}$$

令 $n \to +\infty$, 得到 $\delta = 0$.

(ii) 由 (i), 对于 D 内的闭折线 L 均成立 $\int_L f(z)\,\mathrm{d}z = 0$. 固定 $z_0 \in D$, 对于 $z \in D$, 任取 D 内一从 z_0 到 z 的折线 L_z, 则积分 $\int_{L_z} f(\zeta)\,\mathrm{d}\zeta$ 仅依赖于 z 而与 L_z 的选取无关. 令 $F(z) = \int_{L_z} f(\zeta)\,\mathrm{d}\zeta$, 则 $F(z)$ 可记为 $\int_{z_0}^{z} f(\zeta)\,\mathrm{d}\zeta$. 对任何 $z \in D$, 存在 $\delta > 0$ 使得 $B_\delta(z) \subset D$. 对于 $\tilde{z} \in B_\delta(z)$, $\tilde{z} \neq z$,

$$\frac{F(\tilde{z}) - F(z)}{\tilde{z} - z} = \frac{1}{\tilde{z} - z} \int_z^{\tilde{z}} f(\zeta)\,\mathrm{d}\zeta = \int_0^1 f(z + t(\tilde{z} - z))\,\mathrm{d}t.$$

令 $\tilde{z} \to z$, 由 f 的连续性即得 $F'(z) = f(z)$. 于是, F 有连续的复导数, 从而有任意阶的复导数. 特别地, $f = F'$ 有任意阶的复导数. $\qquad\square$

有了定理 11.6.8, 立即可以得到

定理 11.6.9 设 f 在复区域 D 内复可导, 则以下结论成立.

(i) 若 $z_0 \in D$, $B_\delta(z_0) \subseteq D$, 则 f 可在 z_0 处展开成幂级数, 且收敛半径不小于 δ.

(ii) f 在 D 内复解析.

证明 若 $B_\delta(z_0) \subseteq D, r \in (0, \delta)$, 则对固定的 $z \in B_r(z_0)$, 级数 $\sum\limits_{k=0}^{\infty} \dfrac{f(\zeta)}{(\zeta - z_0)^{n+1}} \cdot$ $(z - z_0)^n$ 关于 $\zeta \in \partial B_r(z_0)$ 一致收敛. 另一方面, 由定理 11.6.8, f 在 D 内有任意阶的复导数. 从而 Cauchy 公式成立. 于是

$$
\begin{aligned}
f(z) &= \frac{1}{2\pi i} \int_{|\zeta - z_0| = r} \frac{f(\zeta)}{\zeta - z} \, d\zeta \\
&= \frac{1}{2\pi i} \int_{|\zeta| = r} \sum_{k=0}^{\infty} \frac{f(\zeta)}{(\zeta - z_0)^{n+1}} (z - z_0)^n \, d\zeta \\
&= \sum_{k=0}^{\infty} \frac{1}{2\pi i} \int_{|\zeta| = r} \frac{f(\zeta)}{(\zeta - z_0)^{n+1}} \, d\zeta \, (z - z_0)^n.
\end{aligned}
\tag{11.6.15}
$$

这表明 f 在 z_0 可以展开成幂级数, 且收敛半径不小于 r. 由 $0 < r < \delta$ 的任意性又得到 f 在 z_0 的幂级数展开式的收敛半径不小于 δ. 同时也表明了 f 是 D 内的复解析函数. □

定理 11.6.9 表明复区域内复可导等价于复解析. 因此, 一些教材中直接把复函数 (复) 解析定义为复可导.

结合定理 11.6.8 的证明和定理 11.6.9 的结论, 可见成立如下的 **Cauchy 定理**.

定理 11.6.10 设 f 在单连通复区域 $D \subseteq \mathbb{C}$ 内连续, 则 f 在 D 内解析当且仅当 f 沿 D 内任何可求长的闭曲线的复积分为零.

易见, 上述定理等价于: 单连通复区域内的连续函数 f 复解析当且仅当它沿区域内任何闭折线的复积分为零.

最大模原理、Liouville 定理 作为调和函数的特例, 复解析函数满足平均值公式. 类似于定理 11.6.4, 有如下的**最大模原理**.

定理 11.6.11 设 f 在有界复区域 D 内复解析, 在 $\overline{D}$ 上连续, 则 f 在 $\overline{D}$ 上的最大模即 $|f|$ 的最大值在边界取到.

当 f 的最大模在内点取到时, f 为常值函数.

作为定理 11.6.3 的特例, 有如下的 **Liouville 定理**.

定理 11.6.12 复数域上复解析的有界函数必为常值函数.

利用 Liouville 定理易得代数基本定理 (参见习题 $\mathcal{A}$ 第 5 题).

共轭函数 我们已经看到复解析函数的实部和虚部均为调和函数. 那么, 如果 u 是单连通区域 $D \subseteq \mathbb{R}^2$ 内的调和函数, 是否存在 v 使得 $f(x+yi) = u(x, y) + iv(x, y)$ 成为复解析函数? 这事实上是要在给定调和函数 u 的前提下寻找 v 满足恰当方

程 (11.6.11). 即 v 为 $-\dfrac{\partial u}{\partial y}\,\mathrm{d}x + \dfrac{\partial u}{\partial x}\,\mathrm{d}y$ 的原函数. 易见, 这样的原函数是存在的. 我们称之为 u 的 **共轭函数**.

利用解析函数计算

人们在学习了复变函数论之后, 一般都会对利用 **留数定理** 计算积分印象深刻. 留数定理本质上基于以下定理, 易见它是 Cauchy 公式的推广, 并可以像证明 Cauchy 公式一样加以证明. 事实上, (11.6.16) 式就是公式 (9.3.18).

定理 11.6.13 设 D_0 为复区域, $z_0 \in D_0$, f 在 D_0 内解析. 设 f 在点 z_0 处的幂级数展开式为

$$f(z) = \sum_{n=0}^{\infty} a_n(z - z_0)^n, \quad |z - z_0| < \delta.$$

若 $D \subset D_0$ 为包含 z_0 的区域, ∂D 按段 C^1, 则

$$\frac{1}{2\pi\mathrm{i}} \int_{\partial D} \frac{f(z)}{(z - z_0)^{n+1}}\,\mathrm{d}z = a_n = \frac{1}{n!} f^{(n)}(z_0), \quad \forall\, n \geqslant 0. \qquad (11.6.16)$$

一方面, 这一结果可以方便地用于计算一些闭曲线上的复积分 (**围道积分**), 另一方面, 也给出了高阶复导数的一个积分表达式. 对于许多 "自然定义" 的解析函数, 我们现在就更能够利用定理 11.6.13 得到很多有趣的结果. 在复变函数论中, 我们将处理一些不能够 "自然定义" 的解析函数. 例如我们无法定义一个在整个 $\mathbb{C}$ 上连续 (更不要说解析) 的函数 f 满足 $f^2(z) = z$. 但任取从原点 0 出发的一条射线 $\ell = \{te^{\mathrm{i}\theta}\,|\,t \geqslant 0\}$, 在 $\mathbb{C} \setminus \ell$ 上可以定义一个解析函数 f 满足 $f^2(z) = z$, 即在 $\mathbb{C} \setminus \ell$ 上可以定义解析函数 $f(z) = z^{\frac{1}{2}}$. 引入此类函数将大大拓展定理 11.6.13 的应用范围.

而利用解析函数的唯一性, 也使得我们可以轻易地将一些在实数范围内成立的等式推广到复数情形, 进而得出一些新的在实数范围内不易推导的公式.

例 11.6.1 计算 Fresnel[5] (菲涅尔) 积分 $\displaystyle\int_0^{+\infty} \sin x^2\,\mathrm{d}x$ 与 $\displaystyle\int_0^{+\infty} \cos x^2\,\mathrm{d}x$.

解 考虑 $f(z) = e^{\mathrm{i}z^2}$, 则 f 为 $\mathbb{C}$ 上的解析函数. 取 $\beta \in \left(0, \dfrac{\pi}{2}\right)$, $R > 0$. 考虑区域 $D = D_{\beta,R} = \{re^{\mathrm{i}\theta}\,|\,0 \leqslant r \leqslant R,\ \theta \in (0, \beta)\}$, 则 $\displaystyle\int_{\partial D} f(z)\,\mathrm{d}z = 0$. 从而

$$\int_0^R e^{\mathrm{i}x^2}\,\mathrm{d}x = \int_0^R e^{\mathrm{i}r^2 e^{2\mathrm{i}\beta}} e^{\mathrm{i}\beta}\,\mathrm{d}r - \int_0^\beta e^{\mathrm{i}R^2 e^{2\mathrm{i}\theta}}\,\mathrm{i}Re^{\mathrm{i}\theta}\,\mathrm{d}\theta$$

5　Fresnel, A J, 1788—1827 年, 物理学家, 铁路工程师.

$$= e^{i\beta} \int_0^R e^{-r^2 \sin(2\beta)} e^{ir^2 \cos(2\beta)} \, dr -$$
$$i \int_0^\beta R e^{-R^2 \sin(2\theta)} e^{iR^2 \cos(2\theta)} e^{i\theta} \, d\theta.$$

注意到存在 $C = C_\beta > 0$ 使得 $\sin(2\theta) \geqslant C\theta$ $(\theta \in [0, \beta])$,

$$\left| i \int_0^\beta R e^{-R^2 \sin(2\theta)} e^{iR^2 \cos(2\theta)} e^{i\theta} \, d\theta \right|$$
$$\leqslant \int_0^\beta R e^{-R^2 \sin(2\theta)} \, d\theta \leqslant \int_0^\beta R e^{-CR^2\theta} \, d\theta = \frac{1 - e^{-CR^2\beta}}{CR}.$$

于是, 令 $R \to +\infty$, 即得

$$\int_0^{+\infty} e^{ix^2} \, dx = e^{i\beta} \int_0^{+\infty} e^{-r^2 \sin(2\beta)} e^{ir^2 \cos(2\beta)} \, dr, \quad \forall \beta \in \left(0, \frac{\pi}{2}\right). \quad (11.6.17)$$

在 (11.6.17) 式中取 $\beta = \dfrac{\pi}{4}$, 得到

$$\int_0^{+\infty} e^{ix^2} \, dx = e^{\frac{i\pi}{4}} \int_0^{+\infty} e^{-r^2} \, dr = \frac{\sqrt{\pi}}{2} e^{\frac{i\pi}{4}}.$$

即

$$\int_0^{+\infty} \sin x^2 \, dx = \int_0^{+\infty} \cos x^2 \, dx = \frac{\sqrt{2\pi}}{4}.$$

上述思路同样可用于 $\displaystyle\int_0^{+\infty} \sin x^n \, dx$ 和 $\displaystyle\int_0^{+\infty} \cos x^n \, dx$ 的计算. 一般地, 我们有

例 11.6.2　设 $\alpha > 1$, 则

$$\int_0^{+\infty} e^{ix^\alpha} \, dx = \frac{1}{\alpha} \Gamma\left(\frac{1}{\alpha}\right) e^{\frac{i\pi}{2\alpha}}. \quad (11.6.18)$$

证明　任取 $\beta_0 \in (0, 2\pi)$, 在以 0 为顶点的锥形区域

$$D = \left\{ re^{i\theta} \big| r > 0, \theta \in (0, \beta_0) \right\}$$

内, 我们可以定义满足 $\mathrm{Ln}\, x = \ln x \, (\forall\, x > 0)$ 的连续函数 $\mathrm{Ln}\, z$ 如下:

$$\mathrm{Ln}\, (re^{i\theta}) = \ln r + i\theta, \quad \forall\, re^{i\theta} \in D.$$

进一步易见 $\mathrm{Ln}\, z$ 可以连续地把定义域延伸到 D 的边界. 又易见, 在 D 内成立 $e^{\mathrm{Ln}\, z} = z$. 于是利用反函数的性质可得 $\mathrm{Ln}\, z$ 在 D 内解析.

令 $z^\alpha = e^{\alpha \mathrm{Ln}\, z} \, (z \in \overline{D})$, 则 e^{iz^α} 在 D 内解析, 在 $\overline{D}$ 上连续.

任取 $R > 0$, 考虑 $D_R = B_R(0) \cap D$, 则 $\displaystyle\int_{\partial D_R} e^{iz^\alpha} \, dz = 0$. 由此即得

$$\int_0^R e^{ix^\alpha}\, dx = \int_0^R e^{ir^\alpha e^{i\alpha\beta}} e^{i\beta}\, dr - \int_0^\beta e^{iR^\alpha e^{i\alpha\theta}}\, iRe^{i\theta}\, d\theta$$

$$= e^{i\beta} \int_0^R e^{-r^\alpha \sin(\alpha\beta)} e^{ir^\alpha \cos(\alpha\beta)}\, dr -$$

$$i \int_0^\beta Re^{-R^\alpha \sin(\alpha\theta)} e^{iR^\alpha \cos(\alpha\theta)} e^{i\theta}\, d\theta.$$

类似于例 11.6.1, 取 $\beta = \dfrac{\pi}{2\alpha}$, 并令 $R \to +\infty$, 可得

$$\int_0^{+\infty} e^{ix^\alpha}\, dx = e^{\frac{i\pi}{2\alpha}} \int_0^{+\infty} e^{-r^\alpha}\, dr = \frac{1}{\alpha}\Gamma\left(\frac{1}{\alpha}\right) e^{\frac{i\pi}{2\alpha}}. \qquad \Box$$

通过递推公式 $\Gamma(s+1) = s\Gamma(s)$ 可以将 Γ 函数的定义域拓展到除去零和负整数的实数集上, 此时容易验证 $\Gamma(s)\Gamma(1-s) = \dfrac{\pi}{\sin(s\pi)}$ 对任何非整实数成立. 那么这一结果能否推广到复数情形? 易见 $\sin, \cos$ 均是 $\mathbb{C}$ 上的解析函数. 定义

$$\Gamma(z) = \int_0^{+\infty} x^{z-1} e^{-x}\, dx, \quad \forall z \in \mathbb{C}, \operatorname{Re} z > 0. \tag{11.6.19}$$

易见 Γ 是 $\{z \in \mathbb{C} \mid \operatorname{Re} z > 0\}$ 内的解析函数. 进一步, 通过递推公式 $\Gamma(z+1) = z\Gamma(z)$, 可以把 Γ 的定义域拓展到区域 $D_\Gamma = \{z \in \mathbb{C} \mid z \neq 0, -1, -2, \cdots\}$, 则 Γ 在 D_Γ 内解析. 我们有

命题 11.6.14 设 $z \notin \mathbb{Z}$, 则

$$\Gamma(z)\Gamma(1-z) = \frac{\pi}{\sin(z\pi)}. \tag{11.6.20}$$

证明 注意到 (11.6.20) 式的两端 $\Gamma(z)\Gamma(1-z)$ 和 $\dfrac{\pi}{\sin(z\pi)}$ 均是 $\mathbb{C} \setminus \mathbb{Z}$ 上的解析函数, 而它们在 $z \in (0,1)$ 时相等, 由解析函数的唯一性即得 (11.6.20) 式对任何 $z \notin \mathbb{Z}$ 成立. $\qquad \Box$

对于 $\alpha \in \mathbb{R}$, 有 $\lim\limits_{s \to +\infty} \dfrac{\Gamma(s+\alpha)}{\Gamma(s)s^\alpha} = 1$. 由此我们可猜测并证明如下结果.

命题 11.6.15 对于 $z \in \mathbb{C}$, 成立

$$\lim_{s \to +\infty} \frac{\Gamma(s+z)}{\Gamma(s)s^z} = 1. \tag{11.6.21}$$

证明 任取 $z \in \mathbb{C}$, 对于 $s > |z|$, 我们有

$$\Gamma(s+1+z) = \int_0^{+\infty} x^{s+z} e^{-x}\, dx = s^{s+1+z} \int_0^{+\infty} x^z (xe^{-x})^s\, dx.$$

任取 $\delta \in (0,1)$, 注意到 $x\mathrm{e}^{-x}$ 在 $x=1$ 处取得严格的最大值, 易证

$$\lim_{s \to +\infty} \frac{\displaystyle\int_{(0,1-\delta)\cup(1+\delta,+\infty)} x^z (x\mathrm{e}^{-x})^s \, \mathrm{d}x}{\displaystyle\int_0^{+\infty} (x\mathrm{e}^{-x})^s \, \mathrm{d}x} = 0.$$

于是

$$\varlimsup_{s \to +\infty} \left| \frac{\Gamma(s+1+z)}{\Gamma(s+1)s^z} - 1 \right| = \varlimsup_{s \to +\infty} \left| \frac{\displaystyle\int_{1-\delta}^{1+\delta} x^z (x\mathrm{e}^{-x})^s \, \mathrm{d}x}{\displaystyle\int_{1-\delta}^{1+\delta} (x\mathrm{e}^{-x})^s \, \mathrm{d}x} - 1 \right|$$

$$= \varlimsup_{s \to +\infty} \frac{\left| \displaystyle\int_{1-\delta}^{1+\delta} (x^z - 1) (x\mathrm{e}^{-x})^s \, \mathrm{d}x \right|}{\displaystyle\int_{1-\delta}^{1+\delta} (x\mathrm{e}^{-x})^s \, \mathrm{d}x}$$

$$\leqslant \sup_{|x-1| \leqslant \delta} |x^z - 1|, \quad \forall \delta \in (0,1).$$

上式中令 $\delta \to 0^+$, 即得 (11.6.21) 式. $\qquad\qquad\qquad\qquad\qquad\qquad$ □

例 11.6.3 设 $m \geqslant 2$, $n \geqslant 1$, $z \in \mathbb{C}$, 试计算无穷乘积 $\displaystyle\prod_{k=n}^{\infty} \left(1 - \frac{z^m}{k^m}\right)$.

解 不妨设对任何 $k \geqslant n$, $k^m - z^m \neq 0$. 令 $\omega = \mathrm{e}^{\frac{2\pi\mathrm{i}}{m}}$, 则注意到 $\displaystyle\sum_{j=0}^{m-1} \omega^j = 0$ 以及 (11.6.21) 式可得

$$\prod_{k=n}^{\infty} \left(1 - \frac{z^m}{k^m}\right) = \lim_{k \to +\infty} \prod_{j=n}^{k} \prod_{\ell=0}^{m-1} \frac{j - z\omega^\ell}{j} = \lim_{k \to +\infty} \prod_{\ell=0}^{m-1} \prod_{j=n}^{k} \frac{j - z\omega^\ell}{j}$$

$$= \lim_{k \to +\infty} \prod_{\ell=0}^{m-1} \frac{\Gamma(n)\Gamma(k+1-z\omega^\ell)}{\Gamma(k+1)\Gamma(n-z\omega^\ell)(k+1)^{-z\omega^\ell}} = \prod_{\ell=0}^{m-1} \frac{\Gamma(n)}{\Gamma(n-z\omega^\ell)}.$$

特别地, 我们有

$$\prod_{k=2}^{\infty} \left(1 - \frac{1}{k^3}\right) = \frac{1}{\Gamma(2-\mathrm{e}^{\frac{2\pi\mathrm{i}}{3}})\Gamma(2-\mathrm{e}^{\frac{4\pi\mathrm{i}}{3}})} = \frac{1}{3\Gamma(-\mathrm{e}^{\frac{2\pi\mathrm{i}}{3}})\Gamma(-\mathrm{e}^{\frac{4\pi\mathrm{i}}{3}})}$$

$$= \frac{\sin(-\pi\mathrm{e}^{\frac{2\pi\mathrm{i}}{3}})}{3\pi} = \frac{\mathrm{e}^{\frac{\sqrt{3}}{2}\pi} + \mathrm{e}^{-\frac{\sqrt{3}}{2}\pi}}{6\pi},$$

$$\prod_{k=1}^{\infty} \left(1 + \frac{1}{k^3}\right) = \frac{1}{\Gamma(1+\mathrm{e}^{\frac{2\pi\mathrm{i}}{3}})\Gamma(1+\mathrm{e}^{\frac{4\pi\mathrm{i}}{3}})} = \frac{\sin(\pi + \pi\mathrm{e}^{\frac{2\pi\mathrm{i}}{3}})}{\pi}$$

$$= \frac{\mathrm{e}^{\frac{\sqrt{3}}{2}\pi} + \mathrm{e}^{-\frac{\sqrt{3}}{2}\pi}}{2\pi},$$

$$\prod_{k=2}^{\infty}\left(1-\frac{1}{k^4}\right)=\frac{1}{\Gamma(3)\Gamma(2-\mathrm{i})\Gamma(2+\mathrm{i})}=\frac{\sin(\pi\mathrm{i})}{4\pi\mathrm{i}}=\frac{\sinh\pi}{4\pi},$$

$$\prod_{k=1}^{\infty}\left(1+\frac{1}{k^4}\right)=\frac{1}{\Gamma(1-\mathrm{e}^{\frac{\pi\mathrm{i}}{4}})\Gamma(1+\mathrm{e}^{\frac{\pi\mathrm{i}}{4}})\Gamma(1-\mathrm{e}^{-\frac{\pi\mathrm{i}}{4}})\Gamma(1+\mathrm{e}^{-\frac{\pi\mathrm{i}}{4}})}$$

$$=\frac{\sin(\pi\mathrm{e}^{\frac{\pi\mathrm{i}}{4}})\sin(\pi\mathrm{e}^{-\frac{\pi\mathrm{i}}{4}})}{\pi^2}=\frac{\cosh(\sqrt{2}\,\pi)-\cos(\sqrt{2}\,\pi)}{2\pi^2}.$$

习题 11.6.$\mathcal{A}$

1. 利用解析函数的性质证明: $\displaystyle\int_0^{+\infty}\frac{\mathrm{e}^{-x}-\cos x}{x}\,\mathrm{d}x=0$.

2. 设 $1\leqslant p<+\infty$, φ 为 $\mathbb{R}^n$ 上的调和函数, $\varphi\in L^p(\mathbb{R}^n)$. 证明 $\varphi\equiv 0$.

3. 设 $\varphi\in C^2(\mathbb{R}^n)$ 为**上调和函数**, 即满足 $-\Delta\varphi\geqslant 0$. 任取 $\boldsymbol{x}_0\in\mathbb{R}^n$, 证明 $F(r)=\dfrac{1}{|B_r(\boldsymbol{x}_0)|}\cdot\displaystyle\int_{B_r(\boldsymbol{x}_0)}\varphi(\boldsymbol{x})\,\mathrm{d}\boldsymbol{x}$ 关于 $r>0$ 单减.

4. 设 f 在有界复区域 D 上复解析, 在 $\overline{D}$ 上连续. 若存在 $z_0\in D$ 满足 $|f(z_0)|\leqslant\min\limits_{z\in\partial D}|f(z)|$. 证明: f 在 D 内为常数或有零点.

5. 设 f 在 $\mathbb{C}$ 上复解析, $\lim\limits_{z\to\infty}|f(z)|=+\infty$. 证明: f 有零点. 进一步, 若存在 $n\geqslant 1$ 使得 $\lim\limits_{z\to\infty}\dfrac{|f(z)|}{|z|^n}=a\in(0,+\infty]$, 则 f 至少有 n 个零点 (含重数).

6. 证明: 对任何 $z\in\mathbb{C}$ 以及 $\delta\in(0,1)$, 有 $\lim\limits_{s\to+\infty}\dfrac{\displaystyle\int_{(0,1-\delta)\cup(1+\delta,+\infty)}x^z(x\mathrm{e}^{-x})^s\,\mathrm{d}x}{\displaystyle\int_0^{+\infty}(x\mathrm{e}^{-x})^s\,\mathrm{d}x}=0$.

习题 11.6.$\mathcal{B}$

1. 设 $\alpha\in\mathbb{R}$, $\boldsymbol{\sigma}\in S^{n-1}$. 证明: 在 $\mathbb{R}^n$ 的单位球 $B_1(\boldsymbol{0})$ 内, $f(\boldsymbol{x})=|\boldsymbol{\sigma}-\boldsymbol{x}|^{\alpha}$ 可以展开成 $\boldsymbol{x}$ 的幂级数, 且对于任何 $\delta\in(0,1)$, 该幂级数关于 $(\boldsymbol{\sigma},\boldsymbol{x})\in S^{n-1}\times B_{\delta}(\boldsymbol{0})$ 一致收敛.

2. 已知当 $0<\alpha<1$ 时, 成立

$$\sum_{n=1}^{\infty}\frac{1}{n^2-\alpha^2}=\frac{1}{2\alpha^2}-\frac{\pi\cot(\alpha\pi)}{2\alpha}.$$

试利用复解析函数的性质证明: 当 $\alpha>0$ 时, 成立

$$\sum_{n=1}^{\infty}\frac{1}{n^2+\alpha^2}=-\frac{1}{2\alpha^2}+\frac{\pi}{2\alpha\tanh(\alpha\pi)}.$$

3. 试用不同的方法证明

$$\operatorname{sh}x=x\prod_{n=1}^{\infty}\left(1+\frac{x^2}{n^2\pi^2}\right).$$

§7   附录: C^1 曲面的 Hausdorff 测度

我们定义 k 维面积如下 (即定义 11.2.4).

定义 11.7.1   设 $E \subseteq \mathbb{R}^n$, $1 \leqslant k \leqslant n$. 称满足

$$\bigcup_{j=1}^{\infty} B_j \supseteq E, \quad \operatorname{diam}(B_j) < \delta$$

的球列 $\{B_j\}_{j=1}^{\infty}$ 为 E 的 δ 球覆盖. 定义 E 的 k **维 (Hausdorff 球覆盖) 测度**为

$$V_k(E) = \lim_{\delta \to 0^+} V_{k,\delta}(E), \tag{11.7.1}$$

其中

$$V_{k,\delta}(E) = \frac{\omega_k}{2^k} \inf \left\{ \sum_{j=1}^{\infty} \left(\operatorname{diam}(B_j)\right)^k \,\middle|\, \{B_j\}_{j=1}^{\infty} \text{ 为 } E \text{ 的 } \delta \text{ 球覆盖} \right\}, \tag{11.7.2}$$

ω_k 为 $\mathbb{R}^k$ 中单位球的体积. 例如当 $k = 2$ 时, $\omega_2 = \pi$.

可以看到, 当 $k = n$ 时, $\dfrac{\omega_n}{2^n} \left(\operatorname{diam}(B_j)\right)^n$ 就是球 B_j 的体积. 此时定义 11.7.1 给出的 $V_n(E)$ 就是 E 的外测度. 但这一点也并非那么显而易见. 为此, 我们叙述并证明如下.

命题 11.7.1   对于 $E \subseteq \mathbb{R}^n$, $V_n(E)$ 即为 E 的外测度.

证明   显然 $V_n(E) \geqslant m^* E$. 我们来证相反的不等式. 鉴于 $m^* E$ 是包含 E 的开集的测度的下确界, 我们只需要对任何包含 E 的开集 U 来证明 $V_n(U) = |U|$. 不妨设 $|U|$ 有限. 我们来证明, 对于任何 $\delta > 0$,

$$V_{n,\delta}(U) = \inf \left\{ \sum_{j=1}^{\infty} \left(\operatorname{diam}(B_j)\right)^k \,\middle|\, \{B_j\}_{j=1}^{\infty} \text{ 为 } U \text{ 的 } \delta \text{ 球覆盖} \right\} = |U|. \tag{11.7.3}$$

可以把 U 表示为一列直径小于 δ 的两两不交的半开半闭二进方体 $\{Q_{1,k}\}$ 的并. 每个方体 $Q_{1,k}$ 中包含了一个直径小于 δ 的闭球体 $\overline{B_{1,k}}$, 使得 $|B_{1,k}| = \beta_n |Q_{1,k}|$, 其中 $\beta_n = \dfrac{\omega_n}{4^n} \in (0, 1)$. 这样, 可以取到其中 N_1 个使得 $\displaystyle\sum_{k=1}^{N_1} |B_{1,k}| \geqslant \dfrac{\beta_n}{2} |U|$.

先考虑 $U_1 = U \setminus \bigcup\limits_{k=1}^{N_1} \overline{B_{1,k}}$. 重复上述过程, 我们可以找到 $N_2 \geqslant 1$, 以及 U_1 中直

径小于 δ 且两两不交的闭球体 $\overline{B_{2,1}}, \overline{B_{2,2}}, \cdots, \overline{B_{2,N_2}}$ 使得 $\sum\limits_{k=1}^{N_2} |B_{2,k}| \geqslant \dfrac{\beta_n}{2} |U_1|$.

一般地, 可以构造出 U 中一列两两不交且直径小于 δ 的球体 $\{B_{j,k} | j \geqslant 1,$ $1 \leqslant k \geqslant N_j\}$ 满足 $\sum\limits_{k=1}^{N_j} |B_{j,k}| \geqslant \dfrac{\beta_n}{2} \Big(|U| - \sum\limits_{i=1}^{j-1} \sum\limits_{k=1}^{N_i} |B_{i,k}| \Big)$ $(j \geqslant 2)$. 因此, 对于任何 $j \geqslant 2$,

$$\sum_{i=1}^{j-1} \sum_{k=1}^{N_i} |B_{i,k}| \geqslant \frac{\beta_n}{2} |U| + \Big(1 - \frac{\beta_n}{2} \Big) \sum_{i=1}^{j-1} \sum_{k=1}^{N_i} |B_{i,k}|.$$

令 $j \to +\infty$, 得到

$$|U| \geqslant L = \sum_{i=1}^{\infty} \sum_{k=1}^{N_i} |B_{i,k}| \geqslant \frac{\beta_n}{2} |U| + \Big(1 - \frac{\beta_n}{2} \Big) L.$$

于是 $L = |U|$. 这表明 $W = U \setminus \bigcup\limits_{i=1}^{+\infty} \bigcup\limits_{k=1}^{N_i} B_{i,k}$ 是零测度集. 易见 $V_{n,\delta}(W) = 0$. 从而

$$V_{n,\delta}(U) \leqslant V_{n,\delta}(W) + L = |U|.$$

命题得证. □

接下来, 我们引入如下引理.

引理 11.7.2 设 $n \geqslant k \geqslant 1$, $\boldsymbol{A}$ 为 $n \times k$ 矩阵, 则

$$\det(\boldsymbol{A}^{\mathrm{T}} \boldsymbol{A}) = \boldsymbol{A} \text{ 的所有 } k \text{ 阶子式的平方和}. \tag{11.7.4}$$

证明 本引理等价于 **Binet**[1]–**Cauchy (比内–柯西) 公式**. 在此引用文章 [13] 提供的一个有趣证明. 将矩阵 $\boldsymbol{A}$ 右端加 $n - k$ 个零向量扩充为方阵 $(\boldsymbol{A} \ \boldsymbol{O})$, 则 $(\boldsymbol{A} \ \boldsymbol{O})(\boldsymbol{A} \ \boldsymbol{O})^{\mathrm{T}}$ 和 $(\boldsymbol{A} \ \boldsymbol{O})^{\mathrm{T}}(\boldsymbol{A} \ \boldsymbol{O})$ 的特征多项式 $P(\lambda)$ 相同 (参见例 3.3.4). 易见 $P(\lambda)$ 中 λ^{n-k} 的系数是 $(\boldsymbol{A} \ \boldsymbol{O})(\boldsymbol{A} \ \boldsymbol{O})^{\mathrm{T}}$ 的 k 阶主子式的和, 也等于 $(\boldsymbol{A} \ \boldsymbol{O})^{\mathrm{T}}(\boldsymbol{A} \ \boldsymbol{O})$ 的 k 阶主子式的和. 前者即为 $\boldsymbol{A}$ 的所有 k 阶子式的平方和, 后者为 $\det(\boldsymbol{A}^{\mathrm{T}} \boldsymbol{A})$. □

现在我们来建立如下定理 (即定理 11.2.1).

定理 11.7.3 设 $1 \leqslant k \leqslant n$, D_0 为 $\mathbb{R}^k$ 中区域, 单射 $\boldsymbol{\varphi} : D_0 \to \mathbb{R}^n$ 连续可微, 则对于紧包含于 D_0 的可测集 D, $\Sigma = \boldsymbol{\varphi}(D)$ 的 k 维测度为

---

1 Binet, J P M, 1786—1856 年.

$$V_k(\Sigma) = \int_D \sqrt{\det(\boldsymbol{\varphi}_{\boldsymbol{u}}^{\mathrm{T}} \boldsymbol{\varphi}_{\boldsymbol{u}})} \, \mathrm{d}\boldsymbol{u}. \tag{11.7.5}$$

等价地,

$$V_k(\Sigma) = \int_D \sqrt{\boldsymbol{\varphi}_{\boldsymbol{u}} \text{ 的所有 } k \text{ 阶子式的平方和}} \, \mathrm{d}\boldsymbol{u}. \tag{11.7.6}$$

证明 (11.7.6) 式与 (11.7.5) 式的等价性由引理 11.7.2 得到. 为证 (11.7.5) 式, 我们要证明

$$V_k(\boldsymbol{\varphi}(D)) \geqslant \int_D \sqrt{\det(\boldsymbol{\varphi}_{\boldsymbol{u}}^{\mathrm{T}} \boldsymbol{\varphi}_{\boldsymbol{u}})} \, \mathrm{d}\boldsymbol{u} \tag{11.7.7}$$

以及

$$V_k(\boldsymbol{\varphi}(D)) \leqslant \int_D \sqrt{\det(\boldsymbol{\varphi}_{\boldsymbol{u}}^{\mathrm{T}} \boldsymbol{\varphi}_{\boldsymbol{u}})} \, \mathrm{d}\boldsymbol{u}. \tag{11.7.8}$$

为免于较为繁杂的细节, 我们仅给出证明的大致架构.

对于列满秩的矩阵 $\boldsymbol{P} \in \mathbb{R}^{n \times k}$, 记 $\boldsymbol{Q} = (\boldsymbol{P}^{\mathrm{T}} \boldsymbol{P})^{\frac{1}{2}}$, 利用积分的变量代换公式可导, 对于 $\delta > 0$, 有 (注意式中的 $\boldsymbol{u}, \boldsymbol{v} \in \mathbb{R}^k$)

$$\begin{aligned}
\int_{|\boldsymbol{P}\boldsymbol{u}| \leqslant \delta} \sqrt{\det(\boldsymbol{P}^{\mathrm{T}} \boldsymbol{P})} \, \mathrm{d}\boldsymbol{u} &= \int_{|\boldsymbol{u}^{\mathrm{T}} \boldsymbol{P}^{\mathrm{T}} \boldsymbol{P}\boldsymbol{u}| \leqslant \delta^2} \sqrt{\det(\boldsymbol{P}^{\mathrm{T}} \boldsymbol{P})} \, \mathrm{d}\boldsymbol{u} \\
&= \int_{|\boldsymbol{Q}\boldsymbol{u}| \leqslant \delta} \det \boldsymbol{Q} \, \mathrm{d}\boldsymbol{u} \\
&= \int_{|\boldsymbol{v}| \leqslant \delta} \mathrm{d}\boldsymbol{v} = \omega_k \delta^k. \tag{11.7.9}
\end{aligned}$$

取区域 Ω 使得 $D \subset \Omega \subset\subset D_0$.

I. 首先, 设 $\boldsymbol{\varphi}_{\boldsymbol{u}}$ 在 $\overline{\Omega}$ 上列满秩, 即在每一点的秩为 k. D 为开集. 任取 $\boldsymbol{u}_0 \in \overline{\Omega}$, 由 $\boldsymbol{\varphi}$ 的连续可微性和 (11.7.9) 式,

$$\begin{aligned}
&\lim_{\delta \to 0^+} \frac{1}{\omega_k \delta^k} \int_{|\boldsymbol{\varphi}(\boldsymbol{u}) - \boldsymbol{\varphi}(\boldsymbol{u}_0)| < \delta} \sqrt{\det(\boldsymbol{\varphi}_{\boldsymbol{u}}^{\mathrm{T}} \boldsymbol{\varphi}_{\boldsymbol{u}})} \, \mathrm{d}\boldsymbol{u} \\
&= \lim_{\delta \to 0^+} \frac{1}{\omega_k \delta^k} \int_{|\boldsymbol{\varphi}(\boldsymbol{u}) - \boldsymbol{\varphi}(\boldsymbol{u}_0)| < \delta} \sqrt{\det(\boldsymbol{\varphi}_{\boldsymbol{u}}(\boldsymbol{u}_0)^{\mathrm{T}} \boldsymbol{\varphi}_{\boldsymbol{u}}(\boldsymbol{u}_0))} \, \mathrm{d}\boldsymbol{u} \\
&= \lim_{\delta \to 0^+} \frac{1}{\omega_k \delta^k} \int_{|\boldsymbol{\varphi}_{\boldsymbol{u}}(\boldsymbol{u}_0)(\boldsymbol{u} - \boldsymbol{u}_0)| < \delta} \sqrt{\det(\boldsymbol{\varphi}_{\boldsymbol{u}}(\boldsymbol{u}_0)^{\mathrm{T}} \boldsymbol{\varphi}_{\boldsymbol{u}}(\boldsymbol{u}_0))} \, \mathrm{d}\boldsymbol{u} \\
&= 1.
\end{aligned}$$

进一步, 可以证明以上收敛性是一致的, 即对于任何 $\varepsilon \in (0, 1)$, 存在 $\delta_0 > 0$, 使得当 $0 < \delta < \delta_0$ 时, 成立

$$1 - \varepsilon \leqslant \frac{1}{\omega_k \delta^k} \int_{|\varphi(\boldsymbol{u}) - \varphi(\boldsymbol{u}_0)| < \delta} \sqrt{\det(\varphi_{\boldsymbol{u}}^{\mathrm{T}} \varphi_{\boldsymbol{u}})} \, \mathrm{d}\boldsymbol{u} \leqslant 1 + \varepsilon. \tag{11.7.10}$$

对于 $\varphi(D)$ 的 δ 球覆盖 $\{B_j\} = \{B_{\delta_j}(\varphi(\boldsymbol{u}_j))\}$, 我们有 $\{D_j\}$ 覆盖 D, 其中 $D_j = \{\boldsymbol{u} \,|\, |\varphi(\boldsymbol{u}) - \varphi(\boldsymbol{u}_j)| < \delta_j\}$ $(j \geqslant 1)$. 从而

$$\begin{aligned}
\sum_{j=1}^{\infty} \omega_k \delta_j^k &\geqslant \frac{1}{1 + \varepsilon} \sum_{j=1}^{\infty} \int_{|\varphi(\boldsymbol{u}) - \varphi(\boldsymbol{u}_j)| \leqslant \delta_j} \sqrt{\det(\varphi_{\boldsymbol{u}}^{\mathrm{T}} \varphi_{\boldsymbol{u}})} \, \mathrm{d}\boldsymbol{u} \\
&\geqslant \frac{1}{1 + \varepsilon} \int_D \sqrt{\det(\varphi_{\boldsymbol{u}}^{\mathrm{T}} \varphi_{\boldsymbol{u}})} \, \mathrm{d}\boldsymbol{u}. \tag{11.7.11}
\end{aligned}$$

由此可得 (11.7.7) 式.

另一方面, 令 $M = \max\limits_{\boldsymbol{u} \in \overline{\Omega}} \|\varphi_{\boldsymbol{u}}(\boldsymbol{u})\|$, 则

$$|\varphi(\boldsymbol{u}) - \varphi(\boldsymbol{v})| \leqslant M|\boldsymbol{u} - \boldsymbol{v}|, \quad \forall \, \boldsymbol{u}, \boldsymbol{v} \in \overline{\Omega}. \tag{11.7.12}$$

类似于命题 11.7.1 的证明, 存在各项两两不交的 δ 球覆盖 $\{B_j\} = \{B_{\delta_j}(\varphi(\boldsymbol{u}_j))\}$ 覆盖 $\varphi(D) \backslash W$, 其中 $W \subset \varphi(D)$ 使得 $\varphi^{-1}(W)$ 为零测度集, 令 $\{B_{r_j}(\boldsymbol{v}_j)\}$ 为 $\varphi^{-1}(W)$ 的一个 $\dfrac{\delta}{M}$ 球覆盖, 使得

$$\sum_{j=1}^{\infty} |B_{r_j}(\boldsymbol{v}_j)| < \varepsilon, \tag{11.7.13}$$

则由 (11.7.12) 式, $\{B_{Mr_j}(\varphi(\boldsymbol{v}_j))\}$ 为 W 的一个 δ 球覆盖. 从而

$$\begin{aligned}
V_{k,\delta}(\varphi(D)) &\leqslant \omega_k \sum_{j=1}^{\infty} \delta_j^k + \omega_k \sum_{j=1}^{\infty} (Mr_j)^k \\
&\leqslant \frac{1}{1 - \varepsilon} \sum_{j=1}^{\infty} \int_{|\varphi(\boldsymbol{u}) - \varphi(\boldsymbol{u}_j)| \leqslant \delta_j} \sqrt{\det(\varphi_{\boldsymbol{u}}^{\mathrm{T}} \varphi_{\boldsymbol{u}})} \, \mathrm{d}\boldsymbol{u} + M^k \varepsilon \\
&\leqslant \frac{1}{1 - \varepsilon} \int_D \sqrt{\det(\varphi_{\boldsymbol{u}}^{\mathrm{T}} \varphi_{\boldsymbol{u}})} \, \mathrm{d}\boldsymbol{u} + M^k \varepsilon.
\end{aligned}$$

因此, (11.7.8) 式成立. 从而 (11.7.5) 式成立.

Ⅱ. 仍设 $\varphi_{\boldsymbol{u}}$ 在 $\overline{\Omega}$ 上列满秩. 设 D 为可测集, 则对于 Ω 的任何包含 D 的开子集 U, 成立

$$V_{k,\delta}(\varphi(D)) \leqslant V_k(\varphi(U)) = \int_U \sqrt{\det(\varphi_{\boldsymbol{u}}^{\mathrm{T}} \varphi_{\boldsymbol{u}})} \, \mathrm{d}\boldsymbol{u}.$$

上式关于 U 取下确界再令 $\delta \to 0^+$ 即得 (11.7.8) 式. 同样, 可得

$$V_k(\varphi(\Omega \backslash D)) \leqslant \int_{\Omega \backslash D} \sqrt{\det(\varphi_{\boldsymbol{u}}^{\mathrm{T}} \varphi_{\boldsymbol{u}})} \, \mathrm{d}\boldsymbol{u}.$$

因此,

$$
\begin{aligned}
V_k\left(\boldsymbol{\varphi}(D)\right) &\geqslant V_k\left(\boldsymbol{\varphi}(\Omega)\right) - V_k\left(\boldsymbol{\varphi}(\Omega \setminus D)\right) \\
&\geqslant \int_{\Omega} \sqrt{\det(\boldsymbol{\varphi_u^{\mathrm{T}}\varphi_u})}\,\mathrm{d}\boldsymbol{u} - \int_{\Omega \setminus D} \sqrt{\det(\boldsymbol{\varphi_u^{\mathrm{T}}\varphi_u})}\,\mathrm{d}\boldsymbol{u} \\
&= \int_{D} \sqrt{\det(\boldsymbol{\varphi_u^{\mathrm{T}}\varphi_u})}\,\mathrm{d}\boldsymbol{u}.
\end{aligned}
$$

即 (11.7.7) 式成立. 从而 (11.7.5) 式成立.

Ⅲ. 一般地, 记 $F = \{\boldsymbol{\varphi_u} = \boldsymbol{0}\}$, 则 F 为紧集. 不妨设 $F \neq \varnothing, \overline{\Omega}$.

令

$$
\omega(r) = \sup_{\substack{0<|\boldsymbol{u}-\boldsymbol{v}|\leqslant r \\ \boldsymbol{u}\in F, \boldsymbol{v}\in\overline{\Omega}}} \frac{|\boldsymbol{\varphi}(\boldsymbol{u}) - \boldsymbol{\varphi}(\boldsymbol{v})|}{|\boldsymbol{u}-\boldsymbol{v}|}, \quad r > 0,
$$

则不难证明 $\lim\limits_{r\to 0^+} \omega(r) = 0$.

由已经得到的结论, 对于任何包含于 $D \setminus F$ 的紧集 E, 可得

$$
V_k(D) \geqslant V_k(\boldsymbol{\varphi}(E)) = \int_{E} \sqrt{\det(\boldsymbol{\varphi_u^{\mathrm{T}}\varphi_u})}\,\mathrm{d}\boldsymbol{u}.
$$

由此即得 (11.7.7) 式. 另一方面, 任取 $\delta > 0$, 使得 $\omega(\delta) < 1$. 不难证明 F 有 δ 球覆盖 $\{B_{r_j}(\boldsymbol{v}_j)\}$ 使得 $\{\boldsymbol{v}_j | j \geqslant 1\} \subseteq F$ 及 $\sum\limits_{j=1}^{\infty} |B_{r_j}(\boldsymbol{v}_j)| \leqslant |F| + 1$. 此时, 对于任何 $\boldsymbol{u} \in B_{r_j}(\boldsymbol{v}_j) \cap \overline{\Omega}$, 成立

$$
|\boldsymbol{\varphi}(\boldsymbol{u}) - \boldsymbol{\varphi}(\boldsymbol{v}_j)| \leqslant \omega(r_j)|\boldsymbol{u}-\boldsymbol{v}_j| \leqslant \omega(\delta)r_j, \quad j \geqslant 1.
$$

记 $U = \bigcup\limits_{j=1}^{\infty} B_{r_j}(\boldsymbol{v}_j)$, 则 $\{B_{\omega(\delta)r_j}(\boldsymbol{\varphi}(\boldsymbol{v}_j))\}$ 是 $\boldsymbol{\varphi}(U)$ 的一个 δ 球覆盖. 于是,

$$
\begin{aligned}
V_{k,\delta}(\boldsymbol{\varphi}(D)) &\leqslant V_{k,\delta}(\boldsymbol{\varphi}(D \setminus U)) + V_{k,\delta}\left(\boldsymbol{\varphi}(U)\right) \\
&\leqslant \int_{D \setminus U} \sqrt{\det(\boldsymbol{\varphi_u^{\mathrm{T}}\varphi_u})}\,\mathrm{d}\boldsymbol{u} + \omega_k \sum_{j=1}^{\infty} (\omega(\delta)r_j)^k \\
&\leqslant \int_{D} \sqrt{\det(\boldsymbol{\varphi_u^{\mathrm{T}}\varphi_u})}\,\mathrm{d}\boldsymbol{u} + (\omega(\delta))^k (|F| + 1).
\end{aligned}
$$

由此可得 (11.7.8) 式. 最后得到 (11.7.5) 式. $\square$

习题 11.7.$\mathcal{A}$

1. 设 $\Omega \subseteq \mathbb{R}^n$ 为区域, $\boldsymbol{\varphi} \in C^1(\Omega; \mathbb{R}^m)$. 设 $F \subset \Omega$ 为紧集,

$$
\omega(r) = \sup_{\substack{0<|\boldsymbol{u}-\boldsymbol{v}|\leqslant r \\ \boldsymbol{u}\in F, \boldsymbol{v}\in\overline{\Omega}}} \frac{|\boldsymbol{\varphi}(\boldsymbol{u}) - \boldsymbol{\varphi}(\boldsymbol{v})|}{|\boldsymbol{u}-\boldsymbol{v}|}, \quad r > 0.
$$

证明 $\lim\limits_{r \to 0^+} \omega(r) = 0.$

习题 11.7.$\mathcal{B}$

1. 试减弱定理 11.7.3 的条件使得结论仍然成立.

第十二章 Fourier 级数

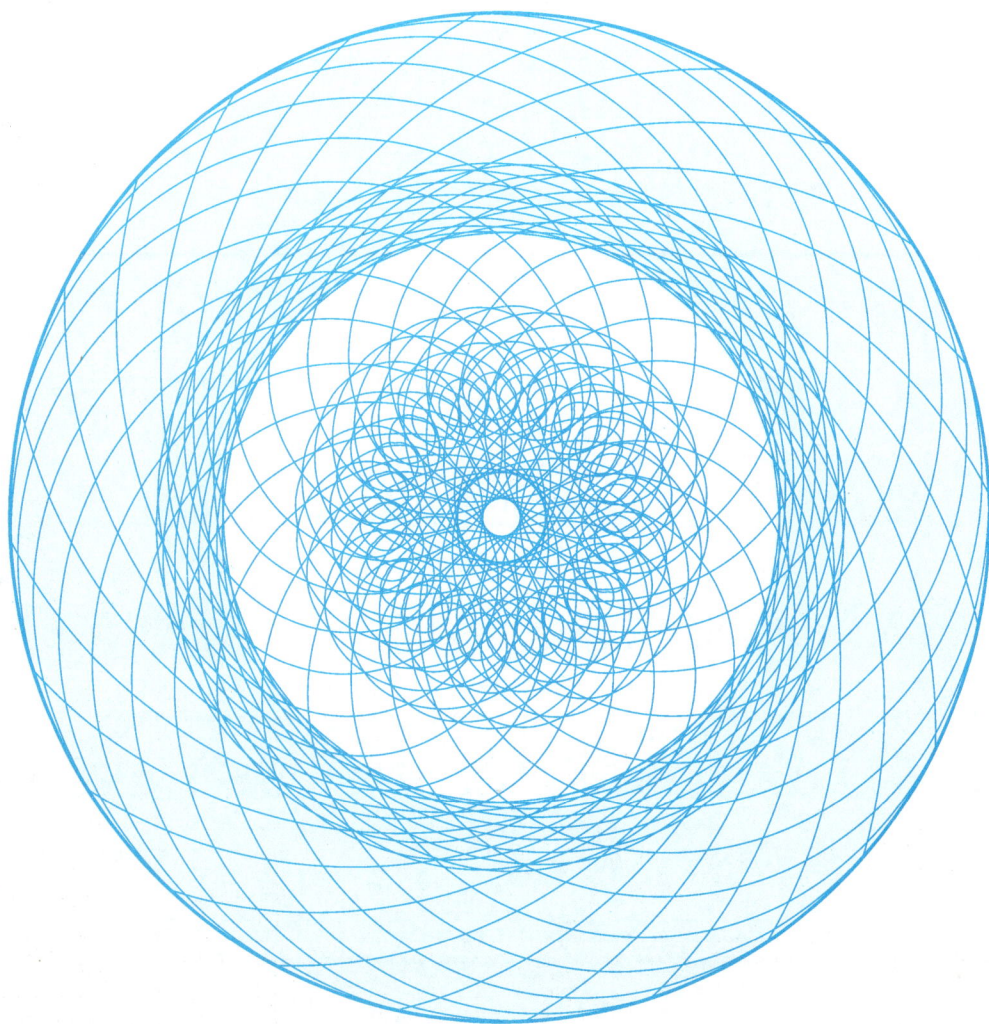

§1 三角级数, Fourier 级数

三角级数, Fourier 级数, 三角级数的复形式, 偶延拓、奇延拓, 余弦级数, 正弦级数

§2 Fourier 级数的收敛性

Dirichlet 积分, Dirichlet 核, 局部性原理, Dini–Lipchitz 判别法, Dirichlet 引理, Dirichlet–Jordan 判别法, 逐项可积性, 非 Fourier 级数而逐点收敛的三角级数, 一致收敛性, 奇异性, Fejér 积分, Fejér 核, 平方可积函数 Fourier 级数的性质, 标准正交系, 最佳均方逼近, Bessel 不等式, Parseval 等式, p 次可积函数 Fourier 级数的性质

§3 Fourier 变换

Fourier 变换, 速降函数 (Schwarz 函数), Fourier 逆变换, Fourier 变换的导数, 导数的 Fourier 变换, 卷积的 Fourier 变换, 乘积的 Fourier 变换, Plancherel 定理, Hausdorff–Young 不等式, 处处连续无处可微函数, 处处连续无处 Hölder 连续函数, 热传导方程的求解, Heisenberg 不确定性原理, $L^1(\mathbb{R}^n) + L^2(\mathbb{R}^n)$ 上的 Fourier 变换, Borwein 积分

§4 Fourier 级数的唯一性

Cantor 引理, Riemann 第一定理, Riemann 第二定理, Cantor–Lebesgue 定理, Du Bois-Reymond–de la Vallée–Poussin 定理

§1 三角级数, Fourier 级数

设 $\ell > 0$, 形如

$$\frac{a_0}{2} + \sum_{n=1}^{\infty} \left(a_n \cos \frac{n\pi x}{\ell} + b_n \sin \frac{n\pi x}{\ell} \right) \tag{12.1.1}$$

的函数项级数称为 (周期为 2ℓ 的) **三角级数**.

若

$$f(x) = \frac{a_0}{2} + \sum_{n=1}^{\infty} \left(a_n \cos \frac{n\pi x}{\ell} + b_n \sin \frac{n\pi x}{\ell} \right),$$

则形式上逐项积分, 就有

$$a_n = \frac{1}{\ell} \int_0^{2\ell} f(x) \cos \frac{n\pi x}{\ell} \, \mathrm{d}x, \quad b_n = \frac{1}{\ell} \int_0^{2\ell} f(x) \sin \frac{n\pi x}{\ell} \, \mathrm{d}x, \quad n \geqslant 0. \tag{12.1.2}$$

一般地, 若存在以 2ℓ 为周期且在 $[0, 2\ell]$ 上 Lebesgue 可积[1] 的函数 f 使得 (12.1.2) 式成立, 则称 (12.1.1) 式中的三角级数为 f 的 **Fourier 级数**, 记为

$$f(x) \sim \frac{a_0}{2} + \sum_{n=1}^{\infty} \left(a_n \cos \frac{n\pi x}{\ell} + b_n \sin \frac{n\pi x}{\ell} \right). \tag{12.1.3}$$

$\{a_n\}, \{b_n\}$ 称为 f 的 **Fourier 系数**.

易见, 作伸缩变换以后, 可以把 2ℓ 为周期的函数转化为以 2π 为周期的函数. 因此, 以下我们主要考虑 $\ell = \pi$ 的情形.

由于只要给出一个周期上的函数值, 就能够确定周期函数在其他点的函数值, 所以我们经常只给出函数在一个周期上的值. 另一方面, 由于零测度集上的函数值不影响积分, 我们给出的函数有可能在一个零测度集上没有定义. 习惯上, 给出闭区间 $[0, 2\pi]$ 上 (或 $[-\pi, \pi]$ 上) 的函数表达式时, 端点的值有可能不相等.

以下用 $L_\#^p(\mathbb{R})$ 表示 $\mathbb{R}$ 中以 2π 为周期且在一个周期上 p 次可积的实函数全体, 用 $C_\#^k(\mathbb{R})$ 表示 $\mathbb{R}$ 中以 2π 为周期且 k 阶连续可导的实函数全体, $C_\#^0(\mathbb{R})$ 简记为 $C_\#(\mathbb{R})$.

为增加可读性, 在不引起混淆的情况下, 我们把 $L^p[0, 2\pi]$ (或 $L^p[-\pi, \pi]$) 视为 $L_\#^p(\mathbb{R})$, 也用 $C_\#^k[0, 2\pi]$ (或 $C_\#^k[-\pi, \pi]$) 表示 $C_\#^k(\mathbb{R})$.

---

1 需要强调的是, 如无特别声明, 本章中的可积均指 Lebesgue 可积, 因此可积即绝对可积.

类似地, 可引入 $C_{\#}^{\alpha}(\mathbb{R})$ 等记号.

三角级数的复形式

由于 $\cos x = \dfrac{\mathrm{e}^{\mathrm{i}x} + \mathrm{e}^{-\mathrm{i}x}}{2}$, $\sin x = \dfrac{\mathrm{e}^{\mathrm{i}x} - \mathrm{e}^{-\mathrm{i}x}}{2\mathrm{i}}$, 至少形式上, 三角级数

$$\frac{a_0}{2} + \sum_{n=1}^{\infty} (a_n \cos nx + b_n \sin nx) \tag{12.1.4}$$

可以化为级数

$$\sum_{n=-\infty}^{\infty} c_n \mathrm{e}^{\mathrm{i}nx}, \tag{12.1.5}$$

其中

$$c_0 = \frac{a_0}{2}, \quad c_n = \frac{a_n - b_n \mathrm{i}}{2}, \quad c_{-n} = \frac{a_n + b_n \mathrm{i}}{2}, \quad n \geqslant 1. \tag{12.1.6}$$

(12.1.5) 式称为 (12.1.4) 式的复形式. 由于复形式具有幂级数形式, 正如我们在讨论幂级数时指出的那样, 我们有可能利用幂级数的性质来研究三角级数. 但另一方面, 由于我们所讨论的三角级数所对应的复级数时常在幂级数收敛域的边界上, 因此, 直接利用幂级数来研究三角级数通常不是很便利.

偶延拓、奇延拓

若 $f \in L_{\#}^1(\mathbb{R})$ 是偶函数, 则 f 的 Fourier 系数

$$a_n = \frac{2}{\pi} \int_0^{\pi} f(x) \cos nx \, \mathrm{d}x, \quad b_n = 0, \quad \forall \, n \geqslant 0. \tag{12.1.7}$$

若 $f \in L_{\#}^1(\mathbb{R})$ 是奇函数, 则 f 的 Fourier 系数

$$a_n = 0, \quad b_n = \frac{2}{\pi} \int_0^{\pi} f(x) \sin nx \, \mathrm{d}x, \quad \forall \, n \geqslant 0. \tag{12.1.8}$$

若 $f \in L^1[0, \pi]$, 则我们可以将它延拓成以 2π 为周期的偶函数

$$f_e(x) = f(|x|), \quad \forall \, x \in [-\pi, \pi]. \tag{12.1.9}$$

称为 f 的**偶延拓**. 它的 Fourier 级数只含有余弦项. 当通过偶延拓将 $[0, \pi]$ 上的函数展开成 Fourier 级数时, 我们简称其为**将函数展开成余弦级数**. 也可以将 f 延拓成以 2π 为周期的奇函数

$$f_o(x) = \operatorname{sgn}(x) f(|x|), \quad \forall \, x \in [-\pi, \pi]. \tag{12.1.10}$$

称为 f 的**奇延拓**. 它的 Fourier 级数只含有正弦项. 当通过奇延拓将 $[0, \pi]$ 上的函数展开成 Fourier 级数时, 我们简称其为**将函数展开成正弦级数**.

例 12.1.1 将 $f(x) = x \, (x \in [0, 2\pi])$ 展开成 Fourier 级数.

解 我们有

$$a_0 = \frac{1}{\pi} \int_0^{2\pi} x \, \mathrm{d}x = 2\pi, \quad a_n = \frac{1}{\pi} \int_0^{2\pi} x \cos nx \, \mathrm{d}x = 0, \quad n \geqslant 1,$$
$$b_n = \frac{1}{\pi} \int_0^{2\pi} x \sin nx \, \mathrm{d}x = -\frac{2}{n}, \quad n \geqslant 1.$$

因此,

$$f(x) \sim \pi - \sum_{n=1}^{\infty} \frac{2}{n} \sin nx. \tag{12.1.11}$$

需要注意的是, 在 (12.1.11) 式中, f 默认为以 2π 为周期的函数, 其中 "$\sim$" 不能随便换成 "$=$". 若 $f(x)$ 用其表达式 x 代替, 则宜写成

$$x \sim \pi - \sum_{n=1}^{\infty} \frac{2}{n} \sin nx, \quad x \in [0, 2\pi]. \tag{12.1.12}$$

例 12.1.2 将 $f(x) = x^2 \, (x \in [0, 2\pi])$ 展开成 Fourier 级数.

解 我们有

$$a_0 = \frac{1}{\pi} \int_0^{2\pi} x^2 \, \mathrm{d}x = \frac{8\pi^2}{3}, \quad a_n = \frac{1}{\pi} \int_0^{2\pi} x^2 \cos nx \, \mathrm{d}x = \frac{4}{n^2}, \quad n \geqslant 1,$$
$$b_n = \frac{1}{\pi} \int_0^{2\pi} x \sin nx \, \mathrm{d}x = -\frac{4\pi}{n}, \quad n \geqslant 1,$$

因此,

$$f(x) \sim \frac{4\pi^2}{3} + \sum_{n=1}^{\infty} \left(\frac{4}{n^2} \cos nx - \frac{4\pi}{n} \sin nx \right). \tag{12.1.13}$$

例 12.1.3 设 $\alpha \neq 0$, 将 $f(x) = \mathrm{e}^{\alpha x} \, (x \in [0, 2\pi])$ 展开成 Fourier 级数.

解 我们有

$$a_n = \frac{1}{\pi} \int_0^{2\pi} \mathrm{e}^{\alpha x} \cos nx \, \mathrm{d}x = \frac{\alpha(\mathrm{e}^{2\pi\alpha} - 1)}{\pi(n^2 + \alpha^2)}, \quad n \geqslant 0,$$
$$b_n = \frac{1}{\pi} \int_0^{2\pi} \mathrm{e}^{\alpha x} \sin nx \, \mathrm{d}x = -\frac{n(\mathrm{e}^{2\pi\alpha} - 1)}{\pi(n^2 + \alpha^2)}, \quad n \geqslant 1.$$

因此,

$$f(x) \sim \frac{\mathrm{e}^{2\pi\alpha} - 1}{2\pi\alpha} + \sum_{n=1}^{\infty} \frac{\mathrm{e}^{2\pi\alpha} - 1}{\pi(n^2 + \alpha^2)} \left(\alpha \cos nx - n \sin nx \right). \tag{12.1.14}$$

例 12.1.4　设 α 非整, 将 $f(x) = \cos(\alpha x)\,(x \in [0, 2\pi])$ 展开成 Fourier 级数.

解　本例可以看作例 12.1.3 的特例, 我们有

$$f(x) \sim \frac{\sin(2\pi\alpha)}{2\pi\alpha} + \sum_{n=1}^{\infty} \frac{2\sin(\pi\alpha)}{\pi(n^2 - \alpha^2)} \left(-\alpha\cos(\pi\alpha)\cos nx + n\sin(\pi\alpha)\sin nx \right).$$

$$(12.1.15)$$

例 12.1.5　将 $f(x) = 1\,(x \in [0, \pi])$ 展开成正弦级数.

解　我们有

$$b_n = \frac{2}{\pi} \int_0^\pi \sin nx \, \mathrm{d}x = \frac{2(1 - (-1)^n)}{n\pi}, \quad n \geqslant 1.$$

因此

$$f(x) \sim \sum_{n=0}^{\infty} \frac{4}{n\pi} \sin(2n+1)x.$$

$$(12.1.16)$$

例 12.1.6　在 (9.4.10) 式中, 我们建立了等式

$$\sum_{n=1}^{\infty} \frac{\cos nx}{n} = -\ln\left(2\sin\frac{x}{2} \right), \quad \forall x \in (0, 2\pi).$$

因此, 若令 $f(x) = -\ln\left(2\sin\frac{x}{2} \right)\,(x \in (0, 2\pi))$, 应可期盼 f 的 Fourier 级数是 $\sum_{n=1}^{\infty} \frac{\cos nx}{n}$. 我们把系数的计算留作习题.

习题 12.1.$\mathcal{A}$

1. 设 f 以 2π 为周期, 对于 $x \in [0, 2\pi)$, $f(x) = \chi_{[a,b]}(x)$, 其中 $0 \leqslant a < b < 2\pi$. 试将 f 展开成 Fourier 级数.

2. 试将 $|\cos x|$ 和 $|\sin x|$ 展开成 Fourier 级数.

3. 设 p, q 为对偶数, $f \in L_\#^p(\mathbb{R})$, $g \in L_\#^q(\mathbb{R})$. 令

$$h(x) = \int_0^{2\pi} f(y)g(x - y)\,\mathrm{d}y, \quad x \in \mathbb{R}.$$

证明: h 以 2π 为周期. 进一步, 试用 f, g 的 Fourier 系数表示 h 的 Fourier 系数.

4. 设 $f \in L_\#^1(\mathbb{R})$, $h_1(x) = f(-x)$, $h_2(x) = f(x + x_0)\,(x \in \mathbb{R})$, 其中 $x_0 \in \mathbb{R}$. 试用 f 的 Fourier 系数表示 h_1 和 h_2 的 Fourier 系数.

5. 设 $f(x) = x^2 - x\,(x \in [0, \pi])$. 试将 f 分别展开成以 2π 为周期的余弦级数和正弦级数.

6. 设 f 以 2π 为周期,

$$f(x) = -\ln\left(2\sin\frac{x}{2} \right), \quad \forall x \in (0, 2\pi).$$

试计算 f 的 Fourier 系数.

7. 设 $k \geqslant 1$, a_n, b_n 为 $f \in C_\#^k(\mathbb{R})$ 的 Fourier 系数. 证明: $\displaystyle\lim_{n \to +\infty} n^k a_n = \lim_{n \to +\infty} n^k b_n = 0$.

习题 12.1.$\mathcal{B}$

1. 给定 $m \geqslant 1$.

   (1) 证明: 当 $n \to +\infty$ 时, m 阶三角多项式列

   $$T_n(x) = a_{n0} + \sum_{k=1}^{m} (a_{nk} \cos kx + b_{nk} \sin kx)$$

   关于 $x \in [0, 2\pi]$ 一致收敛当且仅当对每个 k $(0 \leqslant k \leqslant m)$, $\{a_{nk}\}$ 和 $\{b_{nk}\}$ 均收敛.

   (2) 设 $\mathcal{T}_m$ 表示以 2π 为周期的 m 阶三角多项式全体. 证明: $\forall f \in C_\#(\mathbb{R})$, 存在 $S \in \mathcal{T}_m$, 使得

   $$\max_{x \in [0, 2\pi]} |f(x) - S(x)| = \inf_{T(x) \in \mathcal{T}_m} \max_{x \in [0, 2\pi]} |f(x) - T(x)|.$$

2. 试寻找比习题 $\mathcal{A}$ 第 7 题更一般的条件使得 f 的 Fourier 系数 a_n, b_n 满足

   $$\lim_{n \to +\infty} n^k a_n = \lim_{n \to +\infty} n^k b_n = 0.$$

§2 Fourier 级数的收敛性

对于 $f \in L^1_{\#}(\mathbb{R})$, 设其 Fourier 级数为

$$f(x) \sim \frac{a_0}{2} + \sum_{n=1}^{\infty} (a_n \cos nx + b_n \sin nx). \tag{12.2.1}$$

我们来计算它的 Fourier 级数的部分和. 利用

$$\frac{1}{2} + \sum_{k=1}^{n} \cos nx = \frac{\sin\left(n + \dfrac{1}{2}\right)x}{2\sin\dfrac{x}{2}}, \quad x \neq 2k\pi, \tag{12.2.2}$$

有

$$S_n(f;x) = a_0 + \sum_{k=1}^{n} (a_k \cos kx + b_k \sin kx)$$

$$= \frac{1}{2\pi} \int_0^{2\pi} f(\theta)\,\mathrm{d}\theta + \frac{1}{\pi} \sum_{k=1}^{n} \Big(\int_0^{2\pi} f(\theta) \cos k\theta\,\mathrm{d}\theta \cos kx +$$

$$\int_0^{2\pi} f(\theta) \sin k\theta\,\mathrm{d}\theta \sin kx \Big)$$

$$= \frac{1}{\pi} \int_0^{2\pi} f(\theta) \Big(\frac{1}{2} + \sum_{k=1}^{n} \cos k(\theta - x) \Big)\,\mathrm{d}\theta$$

$$= \frac{1}{\pi} \int_{-\pi}^{\pi} f(\theta + x) \Big(\frac{1}{2} + \sum_{k=1}^{n} \cos k\theta \Big)\,\mathrm{d}\theta$$

$$= \frac{1}{\pi} \int_{-\pi}^{\pi} f(\theta + x) \frac{\sin\left(n + \dfrac{1}{2}\right)\theta}{2\sin\dfrac{\theta}{2}}\,\mathrm{d}\theta \tag{12.2.3}$$

$$= \frac{1}{\pi} \int_0^{\pi} \Big(f(x+\theta) + f(x-\theta) \Big) \frac{\sin\left(n + \dfrac{1}{2}\right)\theta}{2\sin\dfrac{\theta}{2}}\,\mathrm{d}\theta,$$

$$\forall n \geqslant 0, x \in \mathbb{R}. \tag{12.2.4}$$

称 (12.2.3) 式中的积分为 **Dirichlet 积分**, 函数 $\dfrac{\sin\left(n + \dfrac{1}{2}\right)\theta}{2\pi\sin\dfrac{\theta}{2}}$ 称为 **Dirichlet 核**.

对 (12.2.2) 式积分或在 (12.2.4) 式中令 $f = 1$ 即得

$$\frac{1}{\pi} \int_0^{\pi} \frac{\sin\left(n + \dfrac{1}{2}\right)\theta}{\sin\dfrac{\theta}{2}}\,\mathrm{d}\theta = 1, \quad \forall n \geqslant 0. \tag{12.2.5}$$

于是, 对于 $A \in \mathbb{R}$, 我们有

$$S_n(f;x) - A = \frac{1}{\pi} \int_0^\pi \left(f(x+\theta) + f(x-\theta) - 2A\right) \frac{\sin\left(n+\frac{1}{2}\right)\theta}{2\sin\frac{\theta}{2}} \, d\theta. \qquad (12.2.6)$$

局部性原理

利用 (12.2.6) 式与 Riemann–Lebesgue 引理 (参见定理 8.8.4, 立即可得如下的 **局部性原理**.

定理 12.2.1 设 $f \in L^1_\#(\mathbb{R})$, 则任取 $\delta \in (0,\pi)$, f 的 Fourier 级数在点 x 处是否收敛及级数的和均只与 f 在 $(x-\delta, x+\delta)$ 内的值有关.

证明 事实上, 我们要证明的就是对于任何 $A \in \mathbb{R}$, 成立

$$\lim_{n \to +\infty} \frac{1}{\pi} \int_\delta^\pi \left(f(x+\theta) + f(x-\theta) - 2A\right) \frac{\sin\left(n+\frac{1}{2}\right)\theta}{2\sin\frac{\theta}{2}} \, d\theta = 0. \quad (12.2.7)$$

注意到 $\theta \mapsto \dfrac{f(x+\theta) + f(x-\theta) - 2A}{2\sin\frac{\theta}{2}}$ 在 $[\delta,\pi]$ 上可积, (12.2.7) 式是 Riemann–Lebesgue 引理的直接推论. $\qquad\square$

收敛性定理

判断 Fourier 级数在一点的收敛性, 常用的方法有两种, 分别基于函数在所讨论的点附近的单调性或 "Hölder 连续性". 观察 Dirichlet 积分, 在讨论 $S_n(f;x)$ 的收敛性时, 事实上可以把 f 在点 x 左端和右端分开来讨论.

Dini–Lipchitz 判别法 通过假设 f 在点 x_0 附近满足 "Hölder 条件", 可直接得到

$$\theta \mapsto \left(f(x_0+\theta) + f(x_0-\theta) - f(x_0^+) - f(x_0^-)\right) \frac{1}{2\sin\frac{\theta}{2}}$$

的可积性, 从而由 Riemann–Lebesgue 引理得到如下的 **Dini–Lipchitz 判别法**.

定理 12.2.2 设 $f \in L^1_\#(\mathbb{R})$, $x_0 \in \mathbb{R}$. 若 $f(x_0^+)$ 和 $f(x_0^-)$ 均存在, 且存在 $\alpha \in (0,1]$ 以及 $M > 0$, $\delta \in (0,\pi)$, 使得 f 在点 x_0 附近满足如下 "Hölder 条件":

$$\begin{cases} |f(x) - f(x_0^+)| \leqslant M|x - x_0|^\alpha, & \forall x \in (x_0, x_0 + \delta), \\ |f(y) - f(x_0^-)| \leqslant M|y - x_0|^\alpha, & \forall y \in (x_0 - \delta, x_0), \end{cases} \tag{12.2.8}$$

则

$$\lim_{n \to +\infty} S_n(f; x_0) = \frac{f(x_0^+) + f(x_0^-)}{2}. \tag{12.2.9}$$

Dirichlet–Jordan 判别法　当 f 在点 x_0 附近具有一定的单调性时, 我们可以利用积分第二中值定理来研究 $S_n(f; x_0)$. 首先, 有如下的 **Dirichlet 引理**.

引理 12.2.3　设 $\delta > 0$, f 在 $[0, \delta]$ 上单调, 则

$$\lim_{p \to \infty} \int_0^\delta \frac{f(x) - f(0^+)}{x} \sin px \, dx = 0. \tag{12.2.10}$$

证明　由于 $\displaystyle\int_0^{+\infty} \frac{\sin x}{x} \, dx$ 收敛, 因此, 存在常数 $M > 0$ 使得

$$\left| \int_0^X \frac{\sin x}{x} \, dx \right| \leqslant M, \quad \forall X \geqslant 0. \tag{12.2.11}$$

任取 $\eta \in (0, \delta)$, 由积分第二中值定理, 存在 $\xi \in [0, \eta]$ 使得

$$\left| \int_0^\eta \frac{f(x) - f(0^+)}{x} \sin px \, dx \right| = \left| (f(\eta) - f(0^+)) \int_\xi^\eta \frac{\sin px}{x} \, dx \right|$$

$$= \left| (f(\eta) - f(0^+)) \int_{|p|\xi}^{|p|\eta} \frac{\sin x}{x} \, dx \right| \leqslant 2M |f(\eta) - f(0^+)|. \tag{12.2.12}$$

于是, 注意到 $x \mapsto \dfrac{f(x) - f(0^+)}{x}$ 在 $[\eta, \delta]$ 上可积, 由 Riemann–Lebesgue 引理,

$$\varlimsup_{p \to \infty} \left| \int_0^\delta \frac{f(x) - f(0^+)}{x} \sin px \, dx \right|$$

$$= \varlimsup_{p \to \infty} \left| \int_0^\eta \frac{f(x) - f(0^+)}{x} \sin px \, dx \right| \leqslant 2M |f(\eta) - f(0^+)|.$$

再令 $\eta \to 0^+$, 即得 (12.2.10) 式. $\qquad\square$

我们有 **Dirichlet–Jordan 判别法.**

定理 12.2.4　设 $f \in L^1_\#(\mathbb{R})$, $x_0 \in \mathbb{R}$, 进一步, 存在 $\delta \in (0, \pi)$, 使得 f 在 $[x_0 - \delta, x_0 + \delta]$ 上是两个单调函数之和, 则 (12.2.9) 式成立.

证明　注意到 0 是 $\theta \mapsto \dfrac{1}{2\sin\dfrac{\theta}{2}} - \dfrac{1}{\theta}$ 的可去间断点, 运用 Riemann–Lebesgue

引理, 以及 Dirichlet 引理, 我们有

$$\lim_{n\to+\infty}\left(S_n(f;x_0)-\frac{f(x_0^+)+f(x_0^-)}{2}\right)$$

$$=\lim_{n\to+\infty}\frac{1}{\pi}\int_0^\delta\left(f(x_0+\theta)+f(x_0-\theta)-f(x_0^+)-f(x_0^-)\right)\cdot$$

$$\frac{\sin\left(n+\frac{1}{2}\right)\theta}{2\sin\frac{\theta}{2}}\,\mathrm{d}\theta$$

$$=\lim_{n\to+\infty}\frac{1}{\pi}\int_0^\delta\left(f(x_0+\theta)+f(x_0-\theta)-f(x_0^+)-f(x_0^-)\right)\cdot$$

$$\frac{\sin\left(n+\frac{1}{2}\right)\theta}{\theta}\,\mathrm{d}\theta=0.$$

即 (12.2.9) 式成立. $\qquad\qquad\Box$

Fourier 级数的逐项可积性

基于定理 12.2.4, 很容易得到 Fourier 级数的逐项可积性.

定理 12.2.5 设 $f\in L^1_\#(\mathbb{R})$, 其 Fourier 级数为 (12.2.1) 式, 则 $\displaystyle\sum_{n=1}^\infty\frac{b_n}{n}$ 收敛, 且对任何 $x\in\mathbb{R}$, 有

$$\int_0^x f(t)\,\mathrm{d}t=\frac{a_0 x}{2}+\sum_{n=1}^\infty\int_0^x\left(a_n\cos nt+b_n\sin nt\right)\mathrm{d}t. \qquad (12.2.13)$$

即

$$\int_0^x f(t)\,\mathrm{d}t=\frac{a_0 x}{2}+\sum_{n=1}^\infty\frac{b_n}{n}+\sum_{n=1}^\infty\left(-\frac{b_n\cos nx}{n}+\frac{a_n\sin nx}{n}\right)\mathrm{d}t. \qquad (12.2.14)$$

证明 记 $g=f-\dfrac{a_0}{2}$,

$$F(x)=\int_0^x g(t)\,\mathrm{d}t,\quad x\in\mathbb{R},$$

则 F 为以 2π 为周期的连续函数. 进一步, 利用

$$F(x)=\int_0^x g^+(t)\,\mathrm{d}t-\int_0^x g^-(t)\,\mathrm{d}t,$$

可见 F 是一个单调递增函数和一个单调递减函数之和. 因此由定理 12.2.4, F 的 Fourier 级数收敛到 F. 设 F 的 Fourier 级数为

$$F(x) \sim \frac{A_0}{2} + \sum_{n=1}^{\infty} (A_n \cos nx + B_n \sin nx).$$

利用累次积分交换次序, 直接计算可得当 $n \geqslant 1$ 时,

$$A_n = \frac{1}{\pi} \int_0^{2\pi} \mathrm{d}x \int_0^x f(t) \cos nx\, \mathrm{d}t = -\frac{b_n}{n},$$

$$B_n = \frac{1}{\pi} \int_0^{2\pi} \mathrm{d}x \int_0^x f(t) \sin nx\, \mathrm{d}t = \frac{a_n}{n}.$$

于是

$$\int_0^x g(t)\, \mathrm{d}t = \frac{A_0}{2} + \sum_{n=1}^{\infty} \left(-\frac{b_n}{n} \cos nx + \frac{a_n}{n} \sin nx \right), \quad \forall\, x \in \mathbb{R}. \quad (12.2.15)$$

上式中令 $x = 0$ 可得 $\dfrac{A_0}{2} = \sum_{n=1}^{\infty} \dfrac{b_n}{n}$. 结合 (12.2.15) 式即得

$$\int_0^x g(t)\, \mathrm{d}t = \sum_{n=1}^{\infty} \int_0^x (a_n \cos nt + b_n \sin nt)\, \mathrm{d}t.$$

即 (12.2.13) 式及 (12.2.14) 式成立. $\qquad\qquad\qquad\qquad\qquad\qquad\qquad\qquad$ $\square$

非 Fourier 级数而逐点收敛的三角级数　定理 12.2.5 表明存在处处收敛但不是 Fourier 级数的三角级数. 易见, 三角级数 $\displaystyle\sum_{n=2}^{\infty} \frac{\sin nx}{\ln n}$ 在 $\mathbb{R}$ 上处处收敛, 但由于 $\displaystyle\sum_{n=2}^{\infty} \frac{1}{n \ln n}$ 发散, $\displaystyle\sum_{n=2}^{\infty} \frac{\sin nx}{\ln n}$ 不是 Fourier 级数.

可以直接说明 S 在 $[0, 2\pi]$ 上不是 Lebesgue 可积的. 否则, 对于 $x \in [0, \pi)$, 记 $F(x) = \displaystyle\int_x^\pi S(t)\, \mathrm{d}t + \sum_{n=2}^{\infty} \frac{(-1)^n}{n \ln n}$, 则由内闭一致收敛性, 对任何 $x \in (0, \pi)$, 有 $F(x) = \displaystyle\sum_{n=2}^{\infty} \frac{\cos nx}{n \ln n}$. 进一步, 当 $m > 2$,

$$\int_0^x F(t)\, \mathrm{d}t = \lim_{\varepsilon \to 0^+} \int_\varepsilon^x F(t)\, \mathrm{d}t = \lim_{\varepsilon \to 0^+} \sum_{n=2}^{\infty} \frac{\sin nx - \sin n\varepsilon}{n^2 \ln n} = \sum_{n=2}^{\infty} \frac{\sin nx}{n^2 \ln n},$$

$$\int_0^x \mathrm{d}t \int_0^t F(s)\, \mathrm{d}s = \sum_{n=2}^{\infty} \frac{1 - \cos nx}{n^3 \ln n} \geqslant \sum_{n=2}^{m} \frac{1 - \cos nx}{n^3 \ln n}.$$

由 L'Hôpital 法则可得

$$F(0) = \lim_{x \to 0^+} \frac{2}{x^2} \int_0^x \mathrm{d}t \int_0^t F(s)\, \mathrm{d}s \geqslant \sum_{n=2}^{m} \frac{1}{n \ln n}.$$

令 $m \to +\infty$, 便有 $F(0) \geqslant +\infty$, 得到矛盾. 因此, S 在 $[0, 2\pi]$ 上不是 Lebesgue 可积的.

Fourier 级数的一致收敛性

根据一致收敛的函数项级数的性质, 若 Fourier 级数一致收敛, 则和函数连续. 现设 f 的 Fourier 级数 (12.2.1) 一致收敛到 g, 则 g 连续. 利用一致收敛级数的逐项可积性, 并结合定理 12.2.5, 我们有

$$\int_0^x g(t)\, \mathrm{d}t = \int_0^x f(t)\, \mathrm{d}t. \tag{12.2.16}$$

这表明此时 f 几乎处处等于一个连续函数. 对定理 12.2.2, 引理 12.2.3 和 12.2.4 及证明略加修改, 便可建立关于 Fourier 级数一致收敛性的结果.

引理 12.2.6 设 g 是 $[a,b] \times [c,d]$ 上的连续函数, 则

$$\lim_{p \to \infty} \sup_{x \in [a,b]} \left| \int_c^d g(x,t) \sin pt\, \mathrm{d}t \right| = 0. \tag{12.2.17}$$

证明 记 ω 为 g 的连续模. 任取 $m \geqslant 1$, 我们有

$$\sup_{x \in [a,b]} \left| \int_c^d g(x,t) \sin pt\, \mathrm{d}t \right|$$
$$\leqslant (d-c)\omega\left(\frac{b-a}{m}\right) + \sum_{k=1}^m \left| \int_c^d g\left(a + \frac{k(b-a)}{m}, t\right) \sin pt\, \mathrm{d}t \right|.$$

这样, 由 Riemann–Lebesgue 引理,

$$\varlimsup_{p \to \infty} \sup_{x \in [a,b]} \left| \int_c^d g(x,t) \sin pt\, \mathrm{d}t \right| \leqslant (d-c)\omega\left(\frac{b-a}{m}\right).$$

最后, 令 $m \to +\infty$ 即得结论. $\qquad\square$

定理 12.2.7 设 f 以 2π 为周期且 Hölder 连续, 则 f 的 Fourier 级数一致收敛到 f.

证明 设 $\alpha \in (0,1]$, $M > 0$ 使得

$$|f(x) - f(y)| \leqslant M|x-y|^\alpha, \quad \forall\, x, y \in \mathbb{R},$$

则任取 $\delta \in (0, \pi)$, 由引理 12.2.6,

$$\varlimsup_{n \to +\infty} \sup_{x \in [-\pi, \pi]} \left| S_n(f; x) - f(x) \right|$$

$$= \varlimsup_{n\to+\infty} \sup_{x\in[-\pi,\pi]} \frac{1}{\pi} \left| \int_0^\pi (f(x+\theta)+f(x-\theta)-2f(x)) \frac{\sin\left(n+\frac{1}{2}\right)\theta}{2\sin\frac{\theta}{2}} \,\mathrm{d}\theta \right|$$

$$= \varlimsup_{n\to+\infty} \sup_{x\in[-\pi,\pi]} \frac{1}{\pi} \left| \int_0^\delta (f(x+\theta)+f(x-\theta)-2f(x)) \frac{\sin\left(n+\frac{1}{2}\right)\theta}{2\sin\frac{\theta}{2}} \,\mathrm{d}\theta \right|$$

$$\leqslant \int_0^\delta \sup_{x\in[-\pi,\pi]} \frac{|f(x+\theta)+f(x-\theta)-2f(x)|}{2\theta} \,\mathrm{d}\theta$$

$$\leqslant M \int_0^\delta \theta^{\alpha-1} \,\mathrm{d}\theta = \frac{M\delta^\alpha}{\alpha}.$$

令 $\delta \to 0^+$, 即得结论. $\qquad\qquad\qquad\qquad\qquad\qquad\qquad\qquad\qquad\qquad\Box$

定理 12.2.8 设 $f \in C_\#(\mathbb{R})$, 且 f 为两个单调函数之和, 则 f 的 Fourier 级数一致收敛到 f.

证明 此时 f 必可以表示为一个连续单增函数 f_1 与一个连续单减函数 f_2 之和. 记

$$\omega(r) = \sup_{\substack{|x-y|\leqslant r \\ x,y\in[-2\pi,2\pi]}} \max_{1\leqslant k\leqslant 2} |f_k(x)-f_k(y)|, \quad M = \sup_{X>0} \left| \int_0^X \frac{\sin x}{x} \,\mathrm{d}x \right|$$

任取 $\delta \in (0,\pi)$, 由积分第二中值定理, 对于 $x \in [-\pi,\pi]$, 成立 (参见 (12.2.12) 式)

$$\left| \int_0^\delta (f_k(x\pm\theta) - f_k(x)) \frac{\sin\left(n+\frac{1}{2}\right)\theta}{\theta} \,\mathrm{d}\theta \right| \leqslant 2M\omega(\delta), \quad k=1,2.$$

于是, 由引理 12.2.6,

$$\varlimsup_{n\to+\infty} \sup_{x\in[-\pi,\pi]} \left| S_n(f;x) - f(x) \right|$$

$$= \varlimsup_{n\to+\infty} \sup_{x\in[-\pi,\pi]} \frac{1}{\pi} \left| \int_0^\pi (f(x+\theta)+f(x-\theta)-2f(x)) \frac{\sin\left(n+\frac{1}{2}\right)\theta}{2\sin\frac{\theta}{2}} \,\mathrm{d}\theta \right|$$

$$= \varlimsup_{n\to+\infty} \sup_{x\in[-\pi,\pi]} \frac{1}{\pi} \left| \int_0^\pi (f(x+\theta)+f(x-\theta)-2f(x)) \frac{\sin\left(n+\frac{1}{2}\right)\theta}{\theta} \,\mathrm{d}\theta \right|$$

$$= \varlimsup_{n\to+\infty} \sup_{x\in[-\pi,\pi]} \frac{1}{\pi} \left| \int_0^\delta (f(x+\theta)+f(x-\theta)-2f(x)) \frac{\sin\left(n+\frac{1}{2}\right)\theta}{\theta} \,\mathrm{d}\theta \right|$$

$$\leqslant 4M\omega(\delta).$$

令 $\delta \to 0^+$, 即得结论. $\qquad\qquad\qquad\qquad\qquad\qquad\qquad\qquad\qquad\qquad\Box$

不难看到, 利用定理 12.2.7 和定理 12.2.8 都可以证明 Weierstrass 第二逼近定理.

Fourier 级数的奇异性

值得注意的是, 尽管 Fourier 级数在某一点的收敛条件是局部的, 而且不强, 但仅有 f 的连续性不足以保证 Fourier 级数收敛. 从 Fikhtengol'tz (菲赫金哥尔茨) 的《微积分学教程》可知 (参见文献 [9]), 关于 Fourier 级数奇异性的例子最早由 Du Bois-Reymond[1](杜布瓦–雷蒙) 于 1876 年给出. Lebesgue 则于 1906 年给出了一个连续函数的例子, 其 Fourier 级数处处收敛, 但不一致收敛. 关于 Fourier 级数的奇异性, 有兴趣的读者也可以参看文献 [25].

Fejér 积分

鉴于 Cesáro 求和法可提升级数的收敛性, 我们考虑 Fourier 级数的 Cesáro 和. 对 Fourier 级数的部分和作平均, 可得

$$\sigma_n(f;x) = \frac{1}{n}\sum_{k=0}^{n-1} S_k(f;x) = \frac{1}{2n\pi}\int_{-\pi}^{\pi} f(x+t)\left(\frac{\sin\dfrac{nt}{2}}{\sin\dfrac{t}{2}}\right)^2 \mathrm{d}t, \quad n \geqslant 1. \quad (12.2.18)$$

上式中的积分称为 **Fejér[2] (费耶尔) 积分**, 函数 $\dfrac{1}{2n\pi}\left(\dfrac{\sin\dfrac{nt}{2}}{\sin\dfrac{t}{2}}\right)^2$ 称为 **Fejér 核**. 在上式中令 $f \equiv 1$, 得到

$$\frac{1}{n\pi}\int_0^{\pi} \left(\frac{\sin\dfrac{nt}{2}}{\sin\dfrac{t}{2}}\right)^2 \mathrm{d}t = 1, \quad \forall\, n \geqslant 1. \quad (12.2.19)$$

我们有

定理 12.2.9 设 $f \in L^1_{\#}(\mathbb{R})$, $x_0 \in \mathbb{R}$. 若 $f(x_0^+)$ 与 $f(x_0^-)$ 存在, 则

$$\lim_{n\to+\infty} \sigma_n(f;x_0) = \frac{f(x_0^+)+f(x_0^-)}{2}. \quad (12.2.20)$$

证明 对于 $r > 0$, 记 $\omega(r) = \sup\limits_{0 < t \leqslant r} |g(t)|$, 其中

---

1 Du Bois-Reymond, P D G, 1831—1889 年.

2 Fejér, L, 1880—1959 年.

$$g(t) = f(x_0 + t) + f(x_0 - t) - f(x_0^+) - f(x_0^-), \quad t \in [0, \pi],$$

则 $\lim\limits_{r \to 0^+} \omega(r) = 0$. 任取 $\delta \in (0, \pi)$, 由 $(12.2.18)$ — $(12.2.19)$ 式可得

$$\left| \sigma_n(f; x_0) - \frac{f(x_0^+) + f(x_0^-)}{2} \right| = \frac{1}{2n\pi} \left| \int_0^\pi g(t) \left(\frac{\sin \dfrac{nt}{2}}{\sin \dfrac{t}{2}} \right)^2 \mathrm{d}t \right|$$

$$\leqslant \frac{1}{2n\pi} \int_\delta^\pi \frac{|g(t)|}{\sin^2 \dfrac{t}{2}} \, \mathrm{d}t + \frac{\omega(\delta)}{2n\pi} \int_0^\delta \left(\frac{\sin \dfrac{nt}{2}}{\sin \dfrac{t}{2}} \right)^2 \mathrm{d}t$$

$$\leqslant \frac{1}{2n\pi} \int_\delta^\pi \frac{|g(t)|}{\sin^2 \dfrac{t}{2}} \, \mathrm{d}t + \omega(\delta).$$

从而

$$\overline{\lim_{n \to +\infty}} \left| \sigma_n(f; x_0) - \frac{f(x_0^+) + f(x_0^-)}{2} \right| \leqslant \omega(\delta). \tag{12.2.21}$$

令 $\delta \to 0^+$, 即得定理结论. $\qquad\qquad\qquad\qquad\qquad\qquad\qquad\qquad\qquad$ □

对定理证明略加修改, 可得连续周期函数 Fourier 级数的 Fejér 积分一致收敛到该函数.

定理 12.2.10　设 $f \in C_\#(\mathbb{R})$, 则 $\sigma_n(f; \cdot)$ 一致收敛到 $f(\cdot)$.

证明　记 M 为 $|f|$ 的最大值, ω 为 f 的连续模. 任取 $\delta \in (0, \pi)$, 我们有

$$\left| \sigma_n(f; x) - f(x) \right| = \frac{1}{2n\pi} \left| \int_{-\pi}^\pi (f(x+t) - f(x)) \left(\frac{\sin \dfrac{nt}{2}}{\sin \dfrac{t}{2}} \right)^2 \mathrm{d}t \right|$$

$$\leqslant \frac{2M}{n\pi} \int_\delta^\pi \frac{1}{\sin^2 \dfrac{t}{2}} \, \mathrm{d}t + \frac{\omega(\delta)}{n\pi} \int_0^\delta \left(\frac{\sin \dfrac{nt}{2}}{\sin \dfrac{t}{2}} \right)^2 \mathrm{d}t$$

$$\leqslant \frac{2M}{n\pi} \int_\delta^\pi \frac{1}{\sin^2 \dfrac{t}{2}} \, \mathrm{d}t + \omega(\delta).$$

从而

$$\overline{\lim_{n \to +\infty}} \sup_{x \in \mathbb{R}} \left| \sigma_n(f; x) - f(x) \right| \leqslant \omega(\delta). \tag{12.2.22}$$

令 $\delta \to 0^+$, 即得定理结论. $\qquad\qquad\qquad\qquad\qquad\qquad\qquad\qquad\qquad$ □

易见定理 12.2.10 蕴涵了 Weierstrass 第二逼近定理. 根据 Stolz 定理, 若 $S_n(f; x)$ 收敛到 A, 则 $\sigma_n(f; x)$ 也收敛到 A. 因此, 若 f 的 Fourier 级数在某一

连续点 x_0 处收敛, 则必收敛到 $f(x_0)$.

直接比较两个积分, Fejér 积分之所以在收敛性方面优于 Dirichlet 积分, 在于尽管两者积分都为 1, 且都具有局部性, 即: 对任何 $\delta \in (0, \pi)$ 和可积函数 f, 成立

$$\lim_{n \to +\infty} \frac{1}{2\pi} \int_{\delta}^{\pi} f(\theta) \frac{\sin \left(n + \frac{1}{2}\right)\theta}{\sin \frac{\theta}{2}} \, \mathrm{d}\theta = 0,$$

$$\lim_{n \to +\infty} \frac{1}{2n\pi} \int_{\delta}^{\pi} f(\theta) \left(\frac{\sin \frac{n\theta}{2}}{\sin \frac{\theta}{2}}\right)^2 \mathrm{d}\theta = 0,$$

但 Dirichlet 核的绝对值在 $[-\pi, \pi]$ 上的积分是无界的, 而 Fejér 核的非负性意味着绝对值在 $[-\pi, \pi]$ 上的积分即为其自身的积分, 是有界的.

平方可积函数 Fourier 级数的性质

为使得以下的讨论有更大的适用范围, 我们考虑 $[0, 2\pi]$ 上一般的标准正交系. 称 $[0, 2\pi]$ 上平方可积的函数列 $\{\psi_n\}_{n=0}^{\infty}$ 为**标准正交 (函数) 系**, 如果

$$\int_0^{2\pi} \psi_k(x)\psi_j(x) \, \mathrm{d}x = \begin{cases} 1, & k = j, \\ 0, & k \neq j, \end{cases} \quad k, j \geqslant 0. \tag{12.2.23}$$

对于 $f \in L^2[0, 2\pi]$, 令

$$c_n = \int_0^{2\pi} f(x)\psi_n(x) \, \mathrm{d}x, \quad n = 0, 1, 2, \cdots,$$

则称 $\sum_{n=0}^{\infty} c_n \psi_n$ 为 f 对应于 $\{\psi_n\}_{n=0}^{\infty}$ 的 Fourier 级数, $\{c_n\}$ 称为 f 的 Fourier 系数.

对于任何数列 $\{\beta_n\}_{n=0}^{\infty}$, 我们有

$$\int_0^{2\pi} \left| f(x) - \sum_{k=0}^{n} \beta_k \psi_k(x) \right|^2 \mathrm{d}x$$

$$= \int_0^{2\pi} \left| f(x) \right|^2 \mathrm{d}x - 2\sum_{k=0}^{n} c_k \beta_k + \sum_{k=0}^{n} |\beta_k|^2$$

$$= \int_0^{2\pi} \left| f(x) \right|^2 \mathrm{d}x - \sum_{k=0}^{n} |c_k|^2 + \sum_{k=0}^{n} |c_k - \beta_k|^2 \tag{12.2.24}$$

$$= \int_0^{2\pi} \left| f(x) - \sum_{k=0}^{n} c_k \psi_k(x) \right|^2 \mathrm{d}x + \sum_{k=0}^{n} |c_k - \beta_k|^2. \tag{12.2.25}$$

这表明用 $\psi_0, \psi_1, \cdots, \psi_n$ 的线性组合 $\sum_{k=0}^{n} \beta_k \psi_k$ 最小化 $\|f - \sum_{k=0}^{n} \beta_k \psi_k\|_{L^2[0,2\pi]}$ 时, 最

优的结果当且仅当 $\beta_k = c_k$ $(k = 0, 1, 2, \cdots, n)$ 时取到, 也就是说, Fourier 级数具有**最佳均方逼近性质**.

在 (12.2.24) 式中取 $\beta_k = c_k$ $(k = 0, 1, 2, \cdots, n)$ 可以得到

$$\int_0^{2\pi} \Big| f(x) - \sum_{k=0}^n c_k \psi_k(x) \Big|^2 \mathrm{d}x = \int_0^{2\pi} \big| f(x) \big|^2 \mathrm{d}x - \sum_{k=0}^n |c_k|^2. \quad (12.2.26)$$

从而

$$\sum_{k=0}^n |c_k|^2 \leqslant \int_0^{2\pi} |f(x)|^2 \mathrm{d}x. \quad (12.2.27)$$

即

$$\int_0^{2\pi} \Big| \sum_{k=0}^n c_k \psi_k(x) \Big|^2 \mathrm{d}x \leqslant \int_0^{2\pi} |f(x)|^2 \mathrm{d}x. \quad (12.2.28)$$

由 (12.2.27) 式立即可得 **Bessel**[3] **(贝塞尔) 不等式**:

$$\sum_{n=0}^{\infty} |c_n|^2 \leqslant \int_0^{2\pi} |f(x)|^2 \mathrm{d}x. \quad (12.2.29)$$

现取 $\psi_0(x), \psi_1(x), \psi_2(x), \cdots$ 为

$$\frac{1}{\sqrt{2\pi}}, \frac{\sin x}{\sqrt{\pi}}, \frac{\cos x}{\sqrt{\pi}}, \frac{\sin 2x}{\sqrt{\pi}}, \frac{\cos 2x}{\sqrt{\pi}}, \cdots,$$

则 (12.2.28) 式和 (12.2.29) 式成为

$$\int_0^{2\pi} \big| S_n(f; x) \big|^2 \mathrm{d}x \leqslant \int_0^{2\pi} |f(x)|^2 \mathrm{d}x, \quad (12.2.30)$$

$$\frac{a_0^2}{2} + \sum_{n=1}^{\infty} \big(a_n^2 + b_n^2 \big) \leqslant \frac{1}{\pi} \int_0^{2\pi} |f(x)|^2 \mathrm{d}x. \quad (12.2.31)$$

进一步, 可得如下定理.

定理 12.2.11   设 $f, g \in L^2[0, 2\pi]$, 其 Fourier 级数依次为

$$f(x) \sim \frac{a_0}{2} + \sum_{n=1}^{\infty} \big(a_n \cos nx + b_n \sin nx \big), \quad (12.2.32)$$

$$g(x) \sim \frac{\alpha_0}{2} + \sum_{n=1}^{\infty} \big(\alpha_n \cos nx + \beta_n \sin nx \big), \quad (12.2.33)$$

则

$$\lim_{n \to +\infty} \int_0^{2\pi} |S_n(f; x) - f(x)|^2 \mathrm{d}x = 0, \quad (12.2.34)$$

---

3   Bessel, F W, 1784—1846 年, 天文学家, 数学家, 天体测量学家.

$$\frac{1}{\pi}\int_0^{2\pi} f(x)g(x)\,\mathrm{d}x = \frac{a_0\alpha_0}{2} + \sum_{n=1}^\infty \left(a_n\alpha_n + b_n\beta_n\right). \tag{12.2.35}$$

特别地, 成立 **Parseval**[4] (**帕塞瓦尔**) **等式**:

$$\frac{a_0^2}{2} + \sum_{n=1}^\infty \left(a_n^2 + b_n^2\right) = \frac{1}{\pi}\int_0^{2\pi} |f(x)|^2\,\mathrm{d}x. \tag{12.2.36}$$

证明 任取 $\varepsilon > 0$, 易见有 $F \in C_\#[0, 2\pi]$ 使得 $\|f - F\|_{L^2[0,2\pi]} \leqslant \varepsilon$.

由 Weierstrass 定理, 存在以 2π 为周期的三角多项式 T 使得 $\|F - T\|_\infty \leqslant \dfrac{\varepsilon}{\sqrt{2\pi}}$. 从而利用 Minkowski 不等式, 得到 $\|f - T\|_{L^2[0,2\pi]} \leqslant 2\varepsilon$.

设 T 的次数为 m, 则当 $n \geqslant m$ 时, $S_n(T; \cdot) = T(\cdot)$, 结合 (12.2.30) 式, 我们有

$$\|S_n(f; \cdot) - f(\cdot)\|_{L^2[0,2\pi]}$$
$$\leqslant \|S_n(f; \cdot) - S_n(T; \cdot)\|_{L^2[0,2\pi]} + \|T - f\|_{L^2[0,2\pi]}$$
$$= \|S_n(f - T; \cdot)\|_{L^2[0,2\pi]} + \|T - f\|_{L^2[0,2\pi]}$$
$$\leqslant 2\|T - f\|_{L^2[0,2\pi]} \leqslant 4\varepsilon.$$

由此可得 (12.2.34) 式. 不难看到 (12.2.36) 式与 (12.2.34) 式等价 (参见 (12.2.26) 式). 最后, 依次用 $f + g$ 和 $f - g$ 代替 f 代入 (12.2.36) 式, 再将两式相减即得 (12.2.35) 式. □

p 次可积函数 Fourier 级数的性质

人们自然关心, 上面关于平方可积函数的结果能不能推广到 $L^p[0, 2\pi]$. 容易证明, 对任何 $p \in [1, +\infty)$, 若 $f \in L^p[0, 2\pi]$, 则 $\sigma_n(f; \cdot)$ 在 $L^p[0, 2\pi]$ 意义下收敛到 $f(\cdot)$. 即

$$\lim_{n \to +\infty} \|\sigma_n(f; \cdot) - f(\cdot)\|_{L^p[0,2\pi]} = 0. \tag{12.2.37}$$

但当 $p \neq 2$ 时, 是否成立

$$\lim_{n \to +\infty} \|S_n(f; \cdot) - f(\cdot)\|_{L^p[0,2\pi]} = 0, \quad \forall f \in L^p[0, 2\pi] \tag{12.2.38}$$

是一个相当困难的问题.

若 $p = +\infty$, 自然, $f \in L^\infty[0, 2\pi]$ 不能保证 (12.2.38) 式成立. 这是因为 (12.2.38)

---

4 Parseval, M A, 1755—1836 年.

式意味着 $\{S_n(f;\cdot)\}$ 一致收敛, 从而 f 几乎处处连续. 那么, (12.2.38) 式是否对所有 $f \in C_\#[0, 2\pi]$ 成立? 即是否成立如下关系式:

$$\lim_{n \to +\infty} \|S_n(f;\cdot) - f(\cdot)\|_{C_\#[0,2\pi]} = 0, \quad \forall f \in C_\#[0, 2\pi]. \tag{12.2.39}$$

Lebesgue 给出的逐点收敛但非一致收敛的 Fourier 级数的例子说明了 (12.2.39) 式也不成立.

当 $p \in [1, +\infty)$ 时, 从定理 12.2.11 的证明可见, 若存在与 n 无关的常数 $M > 0$ 使得

$$\|S_n(f;\cdot)\|_{L^p[0,2\pi]} \leqslant M\|f(\cdot)\|_{L^p[0,2\pi]}, \quad \forall f \in L^p[0, 2\pi], \tag{12.2.40}$$

则结合 Weierstrass 定理, 可得 (12.2.38) 式成立.

类似地, 若存在与 n 无关的常数 $M > 0$ 使得

$$\|S_n(f;\cdot)\|_{C_\#[0,2\pi]} \leqslant M\|f(\cdot)\|_{C_\#[0,2\pi]}, \quad \forall f \in C_\#[0, 2\pi], \tag{12.2.41}$$

则 (12.2.39) 式成立. 因此, 前面的讨论表明 (12.2.41) 式不成立.

事实上, 不难证明 (12.2.38) 式与 (12.2.40) 式是等价的, (12.2.39) 式与 (12.2.41) 式也是等价的.

由于

$$\sup_{\substack{f(\cdot) \in L^1[0,2\pi] \\ f(\cdot) \neq 0}} \frac{\|S_n(f;\cdot)\|_{L^1[0,2\pi]}}{\|f(\cdot)\|_{L^1[0,2\pi]}} = \sup_{\substack{f(\cdot) \in C_\#[0,2\pi] \\ f(\cdot) \neq 0}} \frac{\|S_n(f;\cdot)\|_{L^1[0,2\pi]}}{\|f(\cdot)\|_{L^1[0,2\pi]}}$$

$$= \sup_{\substack{f(\cdot), g(\cdot) \in C_\#[0,2\pi] \\ f(\cdot), g(\cdot) \neq 0}} \frac{\displaystyle\int_0^{2\pi} S_n(f;x)g(x)\,\mathrm{d}x}{\|f(\cdot)\|_{L^1[0,2\pi]}\|g(\cdot)\|_{C_\#[0,2\pi]}}$$

$$= \sup_{\substack{f(\cdot), g(\cdot) \in C_\#[0,2\pi] \\ f(\cdot), g(\cdot) \neq 0}} \frac{\displaystyle\int_0^{2\pi} f(x)S_n(g;x)\,\mathrm{d}x}{\|f(\cdot)\|_{L^1[0,2\pi]}\|g(\cdot)\|_{C_\#[0,2\pi]}}$$

$$= \sup_{\substack{g(\cdot) \in C_\#[0,2\pi] \\ g(\cdot) \neq 0}} \frac{\|S_n(g;\cdot)\|_{C_\#[0,2\pi]}}{\|g(\cdot)\|_{C_\#[0,2\pi]}},$$

可见, 当 $p = 1$ 时, (12.2.40) 式不成立, 从而 (12.2.38) 式不恒成立.

我们指出, 当 $p \in (1, +\infty)$ 时, (12.2.38) 式与 (12.2.40) 式成立.

由以上结论可得如下推广的逐项积分定理.

定理 12.2.12　设 $p, q > 1$ 为对偶数, $f \in L_\#^p(\mathbb{R})$, 它的 Fourier 级数为 (12.2.32). 又设 $g \in L_{loc}^q(\mathbb{R})$, 则对任何 $x \in \mathbb{R}$, 成立

$$\int_0^x f(t)g(t)\,\mathrm{d}t$$

$$= \frac{a_0}{2}\int_0^x g(t)\,\mathrm{d}t + \sum_{n=1}^{\infty}\int_0^x \left(a_n\cos nt + b_n\sin nt\right) g(t)\,\mathrm{d}t. \quad (12.2.42)$$

特别地, 若 $g \in L_{\#}^q(\mathbb{R})$, 且它的 Fourier 级数为 (12.2.33), 则 (12.2.35) 式成立.

证明　不妨设 $x \in [0, 2\pi]$, 则

$$\left| \frac{a_0}{2}\int_0^x g(t)\,\mathrm{d}t + \sum_{k=1}^{n}\int_0^x \left(a_k\cos kt + b_k\sin kt\right) g(t)\,\mathrm{d}t - \int_0^x f(t)g(t)\,\mathrm{d}t \right|$$

$$= \left| \int_0^x \left(f(t) - S_n(f; t)\right) g(t)\,\mathrm{d}t \right| \leqslant \|f(\cdot) - S_n(f; \cdot)\|_{L^p[0,2\pi]} \|g\|_{L^q[0,2\pi]}.$$

从而 (12.2.42) 式成立. 取 $x = 2\pi$ 即得 (12.2.35) 式.　　　　　□

对于 $p = 1$ 的情形, 我们可以建立如下结果.

定理 12.2.13　设 $f \in L_{\#}^1(\mathbb{R})$ 的 Fourier 级数为 (12.2.32). 又设 g 在 $[a, b]$ 上单调, 或存在 $\alpha \in (0, 1)$ 使得 $g \in C^{\alpha}[a, b]$, 则

$$\int_a^b f(x)g(x)\,\mathrm{d}x$$

$$= \frac{a_0}{2}\int_a^b g(x)\,\mathrm{d}x + \sum_{n=1}^{\infty}\int_a^b \left(a_n\cos nx + b_n\sin nx\right) g(x)\,\mathrm{d}x. \quad (12.2.43)$$

证明

$$\int_a^b \left(S_n(f; x) - f(x)\right) g(x)\,\mathrm{d}x$$

$$= \frac{1}{\pi}\int_a^b \mathrm{d}x \int_{-\pi}^{\pi} \left(f(x + \theta) - f(x)\right) g(x)\frac{\sin\left(n + \frac{1}{2}\right)\theta}{2\sin\dfrac{\theta}{2}}\,\mathrm{d}\theta$$

$$= \frac{1}{\pi}\int_{-\pi}^{\pi} F(\theta)\frac{\sin\left(n + \frac{1}{2}\right)\theta}{2\sin\dfrac{\theta}{2}}\,\mathrm{d}\theta = S_n(F; 0),$$

其中

$$F(\theta) = \int_a^b \left(f(x + \theta) - f(x)\right) g(x)\,\mathrm{d}x, \quad \theta \in \mathbb{R}.$$

易见 F 是以 2π 为周期的连续函数.

以下不妨设 f 非负. 对于 $x > b$; 补充定义 $g(x) = g(b)$, 对于 $x < a$, 补充定义 $g(x) = g(a)$. 当 $|\theta| < 1$ 时, 我们有

$$F(\theta) = \int_{a+\theta}^{b+\theta} f(x)g(x-\theta)\,\mathrm{d}x - \int_a^b f(x)g(x)\,\mathrm{d}x$$

$$= \int_{a-1}^{b+1} f(x)g(x-\theta)\,\mathrm{d}x - g(b)\int_{b+\theta}^{b+1} f(x)\,\mathrm{d}x -$$

$$g(a)\int_{a-1}^{a+\theta} f(x)\,\mathrm{d}x - \int_a^b f(x)g(x)\,\mathrm{d}x,$$

最后一式的第二、三项关于 θ 单调, 第四项为常数. 而第一项当 g 单调时单调, 当 $g \in C^\alpha[a,b]$ 时, 是 C^α 函数. 因此, 由 Dirichlet–Jordan 判别法和 Dini–Lipchitz 判别法, 得到

$$\lim_{n\to 0^+} \int_a^b \left(S_n(f;x) - f(x)\right)g(x)\,\mathrm{d}x = \lim_{n\to+\infty} S_n(F;0) = F(0) = 0.$$

即 (12.2.43) 式成立. □

　　定理 12.2.13 表明当 $f \in L^1[0,2\pi]$ 时, 若 g 是逐段单调或者 C^α 的, 则逐项积分公式 (12.2.43) 成立.

　例 12.2.1　利用例 12.1.1 及定理 12.2.4 或定理 12.2.2, 我们有

$$\sum_{n=1}^\infty \frac{\sin nx}{n} = \frac{\pi - x}{2}, \quad x \in (0, 2\pi). \tag{12.2.44}$$

　例 12.2.2　利用 Fourier 级数计算 $\sum_{n=1}^\infty \dfrac{1}{n^2}, \sum_{n=1}^\infty \dfrac{1}{n^4}.$

　　解　对于 $x \in [0, 2\pi]$, 利用逐项可积性, 对 (12.2.44) 式在 $[0, x]$ 上积分得到

$$\frac{2\pi x - x^2}{4} = \sum_{n=1}^\infty \frac{1 - \cos nx}{n^2}, \quad x \in [0, 2\pi].$$

上式在 $[0, 2\pi]$ 上积分或对 (12.2.44) 式运用 Parseval 等式得到 $\sum\limits_{n=1}^\infty \dfrac{1}{n^2} = \dfrac{\pi^2}{6}$. 于是又有

$$\sum_{n=1}^\infty \frac{\cos nx}{n^2} = \frac{\pi^2}{6} - \frac{x(2\pi - x)}{4}, \quad x \in [0, 2\pi]. \tag{12.2.45}$$

自然, 可以结合例 12.1.1 和例 12.1.2 直接得到上式. 将上式积分两次得到

$$\sum_{n=1}^\infty \frac{1 - \cos nx}{n^4} = \frac{x^2(2\pi - x)^2}{48}, \quad x \in [0, 2\pi]. \tag{12.2.46}$$

对上式在 $[0, 2\pi]$ 上积分或对 (12.2.45) 式运用 Parseval 等式得到 $\sum\limits_{n=1}^\infty \dfrac{1}{n^4} = \dfrac{\pi^4}{90}$.

例 12.2.3   设 $\alpha \neq 0$, 利用 Fourier 级数计算 $\sum\limits_{n=1}^{\infty} \dfrac{1}{n^2 + \alpha^2}$.

解   由例 12.1.3 以及 Fourier 级数的收敛性, 我们有

$$\frac{e^{2\pi\alpha} - 1}{2\pi\alpha} + \sum_{n=1}^{\infty} \frac{\alpha(e^{2\pi\alpha} - 1)}{\pi(n^2 + \alpha^2)} = \frac{1 + e^{2\alpha\pi}}{2}.$$

即

$$\sum_{n=1}^{\infty} \frac{1}{n^2 + \alpha^2} = -\frac{1}{2\alpha^2} + \frac{\pi}{2\alpha \tanh(\alpha\pi)}.$$

例 12.2.4   设 α 非整, 利用 Fourier 级数计算 $\sum\limits_{n=1}^{\infty} \dfrac{1}{n^2 - \alpha^2}$.

解   由例 12.1.4 以及 Fourier 级数的收敛性, 我们有

$$\frac{\sin(2\pi\alpha)}{2\pi\alpha} + \sum_{n=1}^{\infty} \frac{-2\alpha \cos(\pi\alpha) \sin(\pi\alpha)}{\pi(n^2 - \alpha^2)} = \frac{1 + \cos(2\alpha\pi)}{2} = \cos^2(\alpha\pi).$$

于是

$$\sum_{n=1}^{\infty} \frac{1}{n^2 - \alpha^2} = \frac{1}{2\alpha^2} - \frac{\pi \cot(\alpha\pi)}{2\alpha}.$$

在例 10.4.5 中, 我们曾经得到上式对 $\alpha \in (0,1)$ 成立.

例 12.2.5   设 $f \in C(\mathbb{R})$ 以 1 为周期, 求解热传导方程

$$\begin{cases} u_t(t,x) = u_{xx}(t,x), & t \geqslant 0, \ x \in \mathbb{R}, \\ u(0,x) = f(x), & x \in \mathbb{R} \end{cases} \tag{12.2.47}$$

关于 x 的周期解.

解   我们引入分离变量的思想, 尝试寻找形如 $u(t,x) = \sum\limits_{n=0}^{\infty} \psi_n(t)\varphi_n(x)$ 的解, 其中, 对于每一个 $n \geqslant 0$, $\psi_n(t)\varphi_n(x)$ 均满足 (12.2.47) 中的微分方程, 且 $\varphi_n(x)$ 以 1 为周期. 对于每一个非平凡的 $\psi(t)\varphi(x) = \psi_n(t)\varphi_n(x)$, 我们有

$$\psi'(t)\varphi(x) = \psi(t)\varphi''(x), \quad t \geqslant 0, \ x \in [0,1].$$

于是有常数 C 使得 $\psi'(t) = C\psi(t)$ 以及 $\varphi''(x) = C\varphi(x)$.

易见 $\varphi''(x) = C\varphi(x)$ 有周期为 1 的非平凡解的充要条件是 $C = -4n^2\pi^2$, 相应地, 有 $\varphi(x) = C_1 \cos 2n\pi x + C_2 \sin 2n\pi x$ 以及 $\psi(t) = C_3 e^{-4n^2\pi^2 t}$.

因此, 我们有方程 (12.2.47) 的形式解:

$$u(t,x) = a_0 + \sum_{n=1}^{\infty} \mathrm{e}^{-4n^2\pi^2 t}(a_n \cos 2n\pi x + b_n \sin 2n\pi x), \qquad (12.2.48)$$

其中, 根据初值条件,

$$f(x) = u(0,x) = a_0 + \sum_{n=1}^{\infty}(a_n \cos 2n\pi x + b_n \sin 2n\pi x). \qquad (12.2.49)$$

接下来, 我们需要讨论的是在何种条件下, (12.2.48)—(12.2.49) 式给出了方程 (12.2.47) 的唯一解. 对于这一问题, 我们不在本教材中展开讨论.

习题 $12.2.\mathcal{A}$

1. 设 $f \in C_{\#}^1[0, 2\pi]$, 证明: $\int_0^{2\pi} \left| f(x) - \dfrac{1}{2\pi}\int_0^{2\pi} f(t)\,\mathrm{d}t \right|^2 \leqslant C \int_0^{2\pi} |f'(x)|^2\,\mathrm{d}x$, 且其最佳常数为 $C = 1$.

2. 按以下步骤对 C^1 平面上的简单闭曲线 C, 证明等周不等式 $4\pi S \leqslant L^2$, 其中 L, S 分别为 C 的周长与所围区域的面积. 依次证明:

   (1) 设 s 为弧长参数, 令 $t = \dfrac{2\pi s}{L}$, C 的参数方程为 $\begin{cases} x = x(t), \\ y = y(t) \end{cases} (t \in [0, 2\pi])$, 则 $L^2 = 2\pi \int_0^{2\pi} \left(|x'(t)|^2 + |y'(t)|^2 \right)\,\mathrm{d}t$.

   (2) $S = \dfrac{1}{2}\int_0^{2\pi} \left(x(t)y'(t) - x'(t)y(t) \right)\,\mathrm{d}t$.

   (3) $4\pi S \leqslant L^2$.

3. 设 f 在 $[0, +\infty)$ 上单调且 $\lim\limits_{x \to +\infty} f(x) = 0$. 证明: $\lim\limits_{n \to +\infty}\int_0^{+\infty} f(x)\sin nx\,\mathrm{d}x = 0$.

4. 设 $n \geqslant 1$, 证明: $\int_0^{\frac{\pi}{2}} x \left(\dfrac{\sin nx}{\sin x} \right)^4\,\mathrm{d}x < \dfrac{n^2\pi^2}{4}$.

5. 设 $f \in C(\mathbb{R})$ 以 1 为周期, $f(x) + f\left(x + \dfrac{1}{2}\right) = f(2x)$. 若存在 $g \in L^1[0,1]$ 使得 $f(x) = f(0) + \int_0^x g(t)\,\mathrm{d}t$, 证明: $f \equiv 0$.

6. 设 $1 \leqslant p < +\infty$, $f \in L^p[0, 2\pi]$, 证明: $\lim\limits_{n \to +\infty} \|\sigma_n(f; \cdot) - f(\cdot)\|_{L^p[0, 2\pi]} = 0$.

习题 $12.2.\mathcal{B}$

1. 设 $f \in L_{\#}^1(\mathbb{R})$, $g_n \in L_{\#}^\infty(\mathbb{R})\,(n \geqslant 1)$, 满足

$$\int_{-\pi}^{\pi} g_n(x)\, dx = 1, \quad \int_{-\pi}^{\pi} |g_n(x)|\, dx \leqslant M, \quad \forall\, n \geqslant 1,$$

其中 M 为常数. 又对任何 $\delta > 0$, 成立

$$\lim_{n \to +\infty} \int_{\delta}^{\pi} (|g_n(x)| + |g_n(-x)|)\, dx = 0, \qquad \sup_{\substack{\delta \leqslant |x| \leqslant \pi \\ n \geqslant 1}} |g_n(x)| < +\infty.$$

证明:

(1) 若 f 在点 x_0 连续, 则 $\displaystyle \lim_{n \to +\infty} \int_{-\pi}^{\pi} f(y) g_n(x_0 - y)\, dy = f(x_0)$.

(2) 若 f 在 $\mathbb{R}$ 上连续, 则 $\displaystyle \lim_{n \to +\infty} \sup_{x \in \mathbb{R}} \left| \int_{-\pi}^{\pi} f(y) g_n(x - y)\, dy - f(x) \right| = 0$.

2. 推广上一题的结果.

3. 计算 $\displaystyle \int_0^{\frac{\pi}{2}} x \ln(\sin x) \ln(\cos x)\, dx$.

4. 试考察函数 $\displaystyle f(x) = \sum_{n=2}^{\infty} \frac{\cos nx}{\ln n}$ 在 $[-\pi, \pi]$ 上的可积性.

5. 设 $\alpha \in (0, 1)$, 考察函数 $\displaystyle f(x) = \sum_{n=1}^{\infty} \frac{\sin nx}{n^\alpha}$ 和 $\displaystyle g(x) = \sum_{n=1}^{\infty} \frac{\cos nx}{n^\alpha}$ 当 $x \to 0^+$ 时的阶.

6. 设 $f \in C_\#[0, 2\pi]$ 的 Fourier 级数为 $\displaystyle \sum_{n=1}^{\infty} (a_n \cos nx + b_n \sin nx)$. 问: $\displaystyle \sum_{n=1}^{\infty} (b_n \cos nx - a_n \sin nx)$ 是不是某个 $g \in C_\#[0, 2\pi]$ 的 Fourier 级数?

7. 设 $\{b_n\}$ 为单调下降的正数列, 证明: $\displaystyle \sum_{n=1}^{\infty} b_n \sin nx$ 在 $[-\pi, \pi]$ 上一致收敛的充要条件是 $nb_n \to 0$.

8. 试讨论如何定义方程 (12.2.47) 的解, 以及在何种条件下, 方程 (12.2.47) 有唯一解, 而 (12.2.48)—(12.2.49) 式给出了方程的解.

9. 对于 $p \in [1, +\infty)$, 证明 (12.2.38) 式与 (12.2.40) 式的等价性.

10. 证明 (12.2.39) 式与 (12.2.41) 式等价.

§3　Fourier 变换

Fourier 级数理论告诉我们可以把一个波 (周期函数) 看成是简谐振动的组合. 通过 Fourier 级数展开, 我们可以把一个波当中某个频率的波分解出来. 而通过周期延拓, 我们可以把任何区间上的函数看作周期函数, 从而去分析它所包含的某种频率的函数.

现在我们考虑 $f \in L^1(\mathbb{R})$, 为简单起见, 先考虑 $f \in C_c^2(\mathbb{R})$.

取 $T > 0$, 对 $f|_{[-T,T]}$ 作以 $2T$ 为周期的延拓, 则其 Fourier 级数的复形式为

$$\sum_{n=-\infty}^{+\infty} \left(\frac{1}{2T} \int_{-T}^{T} f(y) \mathrm{e}^{\frac{-\mathrm{i}n\pi y}{T}} \, \mathrm{d}y \right) \mathrm{e}^{\frac{\mathrm{i}n\pi x}{T}}. \tag{12.3.1}$$

对任何 $x \in (-T, T)$, 以上级数收敛到

$$f(x) = \sum_{n=-\infty}^{+\infty} \frac{1}{2T} \widehat{f}\left(\frac{n}{2T}\right) \mathrm{e}^{2\pi \mathrm{i}x \frac{n}{2T}} = \int_{\mathbb{R}} \widehat{f}\left(\frac{[2Ty]}{2T}\right) \mathrm{e}^{2\pi \mathrm{i}x \frac{[2Ty]}{2T}} \, \mathrm{d}y, \tag{12.3.2}$$

其中

$$\widehat{f}(x) = \mathscr{F}(f)(x) = \int_{\mathbb{R}} f(y) \mathrm{e}^{-2\pi \mathrm{i}xy} \, \mathrm{d}y, \quad x \in \mathbb{R}. \tag{12.3.3}$$

进一步, 不难证明 $x \mapsto (1 + x^2)\widehat{f}(x)$ 有界. 由控制收敛定理, 在 (12.3.2) 式中令 $T \to +\infty$ 得到

$$f(x) = \int_{\mathbb{R}} \widehat{f}(y) \mathrm{e}^{2\pi \mathrm{i}xy} \, \mathrm{d}y, \quad \forall x \in \mathbb{R}. \tag{12.3.4}$$

今后, 对于 $f \in L^1(\mathbb{R}) = L^1(\mathbb{R}; \mathbb{C})$, 称由 (12.3.3) 式定义的 $\widehat{f} = \mathscr{F}(f)$ 为 f 的 **Fourier 变换**.

更一般地, 对高维情形, 作类似的定义: 对于 $f \in L^1(\mathbb{R}^n) = L^1(\mathbb{R}^n; \mathbb{C})$, 其 Fourier 变换定义为[1]

$$\widehat{f}(\boldsymbol{x}) = \mathscr{F}(f)(\boldsymbol{x}) = \int_{\mathbb{R}^n} f(\boldsymbol{y}) \mathrm{e}^{-2\pi \mathrm{i}\boldsymbol{x} \cdot \boldsymbol{y}} \, \mathrm{d}\boldsymbol{y}, \quad \boldsymbol{x} \in \mathbb{R}^n. \tag{12.3.5}$$

为方便讨论, 我们将首先在速降函数空间内讨论 Fourier 变换, 介绍 Fourier 变

1　不同文献中, 对 Fourier 变换的定义形式略有不同, 但都是 $\displaystyle\int_{\mathbb{R}^n} \alpha f(\boldsymbol{y}) \mathrm{e}^{-\beta \mathrm{i}\boldsymbol{x} \cdot \boldsymbol{y}} \, \mathrm{d}\boldsymbol{y}$ 这样的形式. 因此本质上是一样的. 在 (12.3.5) 式这个形式下, Fourier 变换与其逆变换最具对称性.

换的一些基本性质. 在此基础上, 很容易将相应结果推广到一般情形.

称 $\mathbb{R}^n$ 上无穷次可导的 (复值) 函数 φ 为**速降函数**, 又称 **Schwarz 函数**, 如果

$$\sup_{\boldsymbol{x}\in\mathbb{R}}\left|\boldsymbol{x}^\alpha\frac{\partial^{|\beta|}\varphi}{\partial\boldsymbol{x}^\beta}(\boldsymbol{x})\right| < +\infty, \quad \forall\,\alpha,\beta\in\mathbb{N}^n. \tag{12.3.6}$$

这等价于

$$\lim_{\boldsymbol{x}\to\infty}\boldsymbol{x}^\alpha\frac{\partial^{|\beta|}\varphi}{\partial\boldsymbol{x}^\beta}(\boldsymbol{x}) = 0, \quad \forall\,\alpha,\beta\in\mathbb{N}^n. \tag{12.3.7}$$

记速降函数的全体为 $\mathscr{S} = \mathscr{S}(\mathbb{R}^n)$.

速降函数就是其各阶偏导数乘任何多项式后, 在无穷远处仍然趋于零的光滑函数. 易见 $C_c^\infty(\mathbb{R}^n;\mathbb{C}) \subset \mathscr{S}$, 又 $\boldsymbol{x}\mapsto \mathrm{e}^{-|\boldsymbol{x}|^2}$ 是速降函数. 进一步, 易见速降函数的各阶偏导函数是速降函数, 速降函数乘多项式是速降函数.

对于多重指标 $\alpha\in\mathbb{N}^n$, 我们用 $f^{(\alpha)}$ 表示偏导函数 $f^{(\alpha)}(\boldsymbol{x}) = \dfrac{\partial^{|\alpha|}f(\boldsymbol{x})}{\partial\boldsymbol{x}^\alpha}$. 以下定理给出了 Fourier 变换的导数以及导数的 Fourier 变换.

定理 12.3.1 设 $f\in\mathscr{S}$, 则 $\widehat{f}\in\mathscr{S}$, 且对于任何多重指标 α 成立

$$\frac{\partial^{|\alpha|}}{\partial\boldsymbol{x}^\alpha}\widehat{f}(x) = (-2\pi\mathrm{i})^{|\alpha|}\int_{\mathbb{R}^n}\boldsymbol{y}^\alpha f(\boldsymbol{y})\mathrm{e}^{-2\pi\mathrm{i}\boldsymbol{x}\cdot\boldsymbol{y}}\,\mathrm{d}\boldsymbol{y}, \tag{12.3.8}$$

$$\mathscr{F}(f^{(\alpha)})(\boldsymbol{x}) = (2\pi\mathrm{i})^{|\alpha|}\boldsymbol{x}^\alpha\widehat{f}(\boldsymbol{x}). \tag{12.3.9}$$

一般地, 对多重指标 $\alpha,\beta\in\mathbb{N}^n$, 有

$$\boldsymbol{x}^\beta\frac{\partial^{|\alpha|}}{\partial\boldsymbol{x}^\alpha}\widehat{f}(x) = \frac{(-2\pi\mathrm{i})^{|\alpha|}}{(2\pi\mathrm{i})^{|\beta|}}\int_{\mathbb{R}^n}\frac{\partial^{|\beta|}}{\partial\boldsymbol{y}^\beta}(\boldsymbol{y}^\alpha f(\boldsymbol{y}))\,\mathrm{e}^{-2\pi\mathrm{i}\boldsymbol{x}\cdot\boldsymbol{y}}\,\mathrm{d}\boldsymbol{y}. \tag{12.3.10}$$

证明 任取 $1\leqslant k\leqslant n$, 由于 $f\in\mathscr{S}$, 因此存在 $M>0$ 使得

$$(1+|x|)|f(\boldsymbol{x})| \leqslant \frac{M}{|\boldsymbol{x}|^{n+1}+1}, \quad \forall\,\boldsymbol{x}\in\mathbb{R}^n. \tag{12.3.11}$$

从而可得 (参见定理 10.3.9)

$$\frac{\partial}{\partial x_k}\widehat{f}(\boldsymbol{x}) = \int_{\mathbb{R}^n}-2\pi\mathrm{i}y_k f(\boldsymbol{y})\mathrm{e}^{-2\pi\mathrm{i}\boldsymbol{x}\cdot\boldsymbol{y}}\,\mathrm{d}\boldsymbol{y}. \tag{12.3.12}$$

归纳可得 (12.3.8) 式. 同样, 利用分部积分, 可得

$$\mathscr{F}(f_{x_k})(\boldsymbol{x}) = 2\pi\mathrm{i}x_k\widehat{f}(\boldsymbol{x}). \tag{12.3.13}$$

归纳可得 (12.3.9) 式. 结合 (12.3.8)—(12.3.9) 式得到 (12.3.10) 式. 由 $f\in\mathscr{S}$,

在 (12.3.10) 式右端的被积函数中, $\dfrac{\partial^{|\beta|}}{\partial \boldsymbol{y}^{\beta}}\left(\boldsymbol{y}^{\alpha}f(\boldsymbol{y})\right)$ 也是速降函数, 从而绝对可积. 因此, $\boldsymbol{x}^{\beta}\dfrac{\partial^{|\alpha|}}{\partial \boldsymbol{x}^{\alpha}}\widehat{f}(\boldsymbol{x})$ 有界. 从而 $\widehat{f}\in\mathscr{S}$. □

另外, 易得平移变换与 Fourier 变换的关系.

定理 12.3.2　设 $f\in\mathscr{S}$, $\boldsymbol{x}_0\in\mathbb{R}^n$, 则

(i) $\left(f(\boldsymbol{x}_0+\cdot)\right)^{\wedge}(\boldsymbol{x})=\mathrm{e}^{2\pi\mathrm{i}\langle\boldsymbol{x}_0,\cdot\rangle}\widehat{f}(\boldsymbol{x})$.

(ii) $\left(\mathrm{e}^{-2\pi\mathrm{i}\langle\boldsymbol{x}_0,\cdot\rangle}f(\cdot)\right)^{\wedge}(\boldsymbol{x})=\widehat{f}(\boldsymbol{x}+\boldsymbol{x}_0)$.

接下来, 我们来证明至少对于速降函数, $\mathscr{F}$ 的逆变换, 即 **Fourier 逆变换**由下式给出

$$\overset{\vee}{f}(\boldsymbol{x})=\mathscr{F}^{-1}(f)(\boldsymbol{x})=\int_{\mathbb{R}^n}f(\boldsymbol{y})\mathrm{e}^{2\pi\mathrm{i}\boldsymbol{x}\cdot\boldsymbol{y}}\,\mathrm{d}\boldsymbol{y},\quad \boldsymbol{x}\in\mathbb{R}^n. \tag{12.3.14}$$

定理 12.3.3　设 $f\in\mathscr{S}$, 则

$$f(\boldsymbol{x})=\int_{\mathbb{R}^n}\widehat{f}(\boldsymbol{y})\mathrm{e}^{2\pi\mathrm{i}\boldsymbol{x}\cdot\boldsymbol{y}}\,\mathrm{d}\boldsymbol{y},\quad \forall\,\boldsymbol{x}\in\mathbb{R}^n. \tag{12.3.15}$$

证明　法 I. 任取 $A>0$,

$$\int_{Q_A(\boldsymbol{0})}\widehat{f}(\boldsymbol{y})\mathrm{e}^{2\pi\mathrm{i}\boldsymbol{x}\cdot\boldsymbol{y}}\,\mathrm{d}\boldsymbol{y}$$
$$=\int_{Q_A(\boldsymbol{0})}\mathrm{d}\boldsymbol{y}\int_{\mathbb{R}^n}f(\boldsymbol{u})\mathrm{e}^{2\pi\mathrm{i}(\boldsymbol{x}-\boldsymbol{u})\cdot\boldsymbol{y}}\,\mathrm{d}\boldsymbol{u}$$
$$=\int_{Q_A(\boldsymbol{0})}\mathrm{d}\boldsymbol{y}\int_{\mathbb{R}^n}f(\boldsymbol{x}-\boldsymbol{u})\mathrm{e}^{2\pi\mathrm{i}\boldsymbol{u}\cdot\boldsymbol{y}}\,\mathrm{d}\boldsymbol{u}$$
$$=\int_{\mathbb{R}^n}\mathrm{d}\boldsymbol{u}\int_{Q_A(\boldsymbol{0})}f(\boldsymbol{x}-\boldsymbol{u})\mathrm{e}^{2\pi\mathrm{i}\boldsymbol{u}\cdot\boldsymbol{y}}\,\mathrm{d}\boldsymbol{y}$$
$$=\int_{\mathbb{R}^n}f(\boldsymbol{x}-\boldsymbol{u})\prod_{k=1}^{n}\frac{\sin(2\pi Au_k)}{\pi u_k}\,\mathrm{d}\boldsymbol{u}$$
$$=\int_{\mathbb{R}^n}f_{x_1x_2\cdots x_n}(\boldsymbol{x}-\boldsymbol{u})\prod_{k=1}^{n}\Big(\int_0^{2\pi Au_k}\frac{\sin t}{\pi t}\,\mathrm{d}t\Big)\mathrm{d}\boldsymbol{u}. \tag{12.3.16}$$

上式最后一步用了分部积分. 在 (12.3.16) 式两端令 $A\to+\infty$, 由控制收敛定理即得

$$\int_{\mathbb{R}^n}\widehat{f}(\boldsymbol{y})\mathrm{e}^{2\pi\mathrm{i}\boldsymbol{x}\cdot\boldsymbol{y}}\,\mathrm{d}\boldsymbol{y}=\int_{\mathbb{R}^n}f_{x_1x_2\cdots x_n}(\boldsymbol{x}-\boldsymbol{u})\prod_{k=1}^{n}\frac{\mathrm{sgn}\,(u_k)}{2}\,\mathrm{d}\boldsymbol{u}=f(\boldsymbol{x}).$$

法 II. 类似于之前引入 Fourier 变换时的讨论, 任取 $T>0$, 对于任何 $\boldsymbol{x}\in(-T,T)^n$, 我们有

$$f(\boldsymbol{x}) = \sum_{j_1, j_2, \cdots, j_n = -\infty}^{+\infty} \frac{1}{(2T)^n} \widehat{f}\left(\frac{j_1}{2T}, \frac{j_2}{2T}, \cdots, \frac{j_n}{2T}\right) \cdot$$
$$\mathrm{e}^{2\pi\mathrm{i} x \frac{j_1 x_1 + j_2 x_2 + \cdots + j_n x_n}{2T}}$$
$$= \int_{\mathbb{R}^n} \widehat{f}\left(\frac{[2Ty_1]}{2T}, \frac{[2Ty_2]}{2T}, \cdots, \frac{[2Ty_n]}{2T}\right) \cdot$$
$$\mathrm{e}^{2\pi\mathrm{i} \frac{([2Ty_1]x_1 + [2Ty_2]x_2 + \cdots + [2Ty_n]x_n)}{2T}} \, \mathrm{d}\boldsymbol{y}.$$

由于 $\widehat{f}$ 为速降函数, 令 $T \to +\infty$, 由控制收敛定理即得 (12.3.15) 式. $\qquad\square$

以下定理给出了卷积的 Fourier 变换和乘积的 Fourier 变换.

定理 12.3.4 设 $f, g \in \mathscr{S}$, 则

$$(f * g)^{\wedge}(\boldsymbol{x}) = \widehat{f}(\boldsymbol{x})\widehat{g}(\boldsymbol{x}), \quad \forall \boldsymbol{x} \in \mathbb{R}^n, \tag{12.3.17}$$

$$(fg)^{\wedge}(\boldsymbol{x}) = (\widehat{f} * \widehat{g})(\boldsymbol{x}), \quad \forall \boldsymbol{x} \in \mathbb{R}^n. \tag{12.3.18}$$

证明 证明是简单的.

$$\begin{aligned}
(f * g)^{\wedge}(\boldsymbol{x}) &= \int_{\mathbb{R}^n} (f * g)(\boldsymbol{y}) \mathrm{e}^{-2\pi\mathrm{i}\boldsymbol{x}\cdot\boldsymbol{y}} \, \mathrm{d}\boldsymbol{y} \\
&= \int_{\mathbb{R}^n} \mathrm{d}\boldsymbol{y} \int_{\mathbb{R}^n} f(\boldsymbol{y} - \boldsymbol{u}) g(\boldsymbol{u}) \mathrm{e}^{-2\pi\mathrm{i}\boldsymbol{x}\cdot\boldsymbol{y}} \, \mathrm{d}\boldsymbol{u} \\
&= \int_{\mathbb{R}^n} \mathrm{d}\boldsymbol{u} \int_{\mathbb{R}^n} f(\boldsymbol{y} - \boldsymbol{u}) g(\boldsymbol{u}) \mathrm{e}^{-2\pi\mathrm{i}\boldsymbol{x}\cdot\boldsymbol{y}} \, \mathrm{d}\boldsymbol{y} \\
&= \int_{\mathbb{R}^n} \mathrm{d}\boldsymbol{u} \int_{\mathbb{R}^n} f(\boldsymbol{y}) g(\boldsymbol{u}) \mathrm{e}^{-2\pi\mathrm{i}\boldsymbol{x}\cdot(\boldsymbol{y}+\boldsymbol{u})} \, \mathrm{d}\boldsymbol{y} \\
&= \widehat{f}(\boldsymbol{x})\widehat{g}(\boldsymbol{x}).
\end{aligned}$$

注意到 $\overset{\vee}{f}(\boldsymbol{x}) = \widehat{f}(-\boldsymbol{x})$, 我们有

$$(f * g)^{\vee}(\boldsymbol{x}) = \overset{\vee}{f}(\boldsymbol{x}) \, \overset{\vee}{g}(\boldsymbol{x}), \quad \forall \boldsymbol{x} \in \mathbb{R}^n. \tag{12.3.19}$$

进而可得 (12.3.18) 式. $\qquad\square$

在如下定理中, 我们用 $\bar{z}$ 表示复数 z 的共轭复数.

定理 12.3.5 设 $f, g \in \mathscr{S}$, 则

$$\int_{\mathbb{R}^n} f(\boldsymbol{x})\overline{g(\boldsymbol{x})} \, \mathrm{d}\boldsymbol{x} = \int_{\mathbb{R}^n} \widehat{f}(\boldsymbol{x})\overline{\widehat{g}(\boldsymbol{x})} \, \mathrm{d}\boldsymbol{x}. \tag{12.3.20}$$

证明 令

$$h(\boldsymbol{x}) = \overline{g(-\boldsymbol{x})}, \quad \forall \boldsymbol{x} \in \mathbb{R}^n.$$

我们有

$$\int_{\mathbb{R}^n} f(\boldsymbol{x})\overline{g(\boldsymbol{x})}\,\mathrm{d}\boldsymbol{x} = \int_{\mathbb{R}^n} f(\boldsymbol{x})h(-\boldsymbol{x})\,\mathrm{d}\boldsymbol{x} = (f * h)(\boldsymbol{0})$$

$$= \left((f * h)^\wedge\right)^\vee(\boldsymbol{0}) = \left(\widehat{f}\,\widehat{h}\right)^\vee(\boldsymbol{0}) = \int_{\mathbb{R}^n} \widehat{f}(\boldsymbol{x})\,\widehat{h}(\boldsymbol{x})\,\mathrm{d}\boldsymbol{x}$$

$$= \int_{\mathbb{R}^n} \widehat{f}(\boldsymbol{x})\overline{\widehat{g}(\boldsymbol{x})}\,\mathrm{d}\boldsymbol{x}. \qquad \Box$$

在上述定理中取 g 为 f 即得如下的 **Plancherel**[2] (普朗谢雷尔) **定理**.

定理 12.3.6 设 $f \in \mathscr{S}$, 则

$$\int_{\mathbb{R}^n} |f(\boldsymbol{x})|^2\,\mathrm{d}\boldsymbol{x} = \int_{\mathbb{R}^n} |\widehat{f}(\boldsymbol{x})|^2\,\mathrm{d}\boldsymbol{x}. \tag{12.3.21}$$

推论 12.3.7 设整数 $m \geqslant 1$, $f \in \mathscr{S}$, 则

$$\|\widehat{f}\|_{2m} \leqslant \|f\|_{\frac{2m}{2m-1}}. \tag{12.3.22}$$

证明 由卷积的 Young 不等式 (参见定理 8.7.7), 我们有

$$\|\widehat{f}\|_{2m} = \|\widehat{f}^m\|_2^{\frac{1}{m}} = \|(\overbrace{f * f * \cdots * f}^{m\uparrow})^\wedge\|_2^{\frac{1}{m}} = \|\overbrace{f * f * \cdots * f}^{m\uparrow}\|_2^{\frac{1}{m}}$$

$$\leqslant \|f\|_{\frac{2m}{m-1}}^{\frac{1}{m}} \|\overbrace{f * f * \cdots * f}^{m-1\uparrow}\|_{\frac{2m}{m+1}}^{\frac{1}{m}} \leqslant \cdots \leqslant \|f\|_{\frac{2m}{2m-1}}. \qquad \Box$$

一般地, 利用 Marcinkiewicz 插值定理 8.9.8, 由 $\|\widehat{f}\|_\infty \leqslant \|f\|_1$ 和 Plancherel 定理, 可得如下的 **Hausdorff–Young 不等式**.

定理 12.3.8 设 $p \in [1, 2]$, q 为其对偶数, 则对于任何 $f \in \mathscr{S}$, 成立

$$\|\widehat{f}\|_q \leqslant \|f\|_p. \tag{12.3.23}$$

例 12.3.1 计算 $\left(\chi_{[-\frac{1}{2}, \frac{1}{2}]}\right)^\wedge$.

解

$$\left(\chi_{[-\frac{1}{2}, \frac{1}{2}]}\right)^\wedge(x) = \int_{-\frac{1}{2}}^{\frac{1}{2}} \mathrm{e}^{-2\pi \mathrm{i}xy}\,\mathrm{d}y = \frac{\sin \pi x}{\pi x}.$$

例 12.3.2 设 $f(\boldsymbol{x}) = \mathrm{e}^{-\pi|\boldsymbol{x}|^2}$ ($\boldsymbol{x} \in \mathbb{R}^n$), 计算 $\widehat{f}$.

解 考虑

$$g(z) = \int_{-\infty}^{+\infty} \mathrm{e}^{-\pi y^2} \mathrm{e}^{-2\pi yz}\,\mathrm{d}y, \quad z \in \mathbb{C}.$$

---

2 Plancherel, M, 1885—1967 年.

则 g 复可导, 因此是 $\mathbb{C}$ 内的解析函数. 当 $z = x$ 为实数时,

$$g(x) = \int_{-\infty}^{+\infty} \mathrm{e}^{-\pi(y+x)^2 + \pi x^2} \,\mathrm{d}y = \int_{-\infty}^{+\infty} \mathrm{e}^{-\pi y^2 + \pi x^2} \,\mathrm{d}y = \mathrm{e}^{\pi x^2}, \quad \forall x \in \mathbb{R}.$$

于是, 结合 $\mathrm{e}^{\pi z^2}$ 为解析函数以及解析函数的唯一性得到 $g(\mathrm{i}x) = \mathrm{e}^{-\pi x^2}$ $(x \in \mathbb{R})$. 最后, 由上述结果可得 $\mathbb{R}^n$ 中也成立 $\widehat{f}(\boldsymbol{x}) = \mathrm{e}^{-\pi|\boldsymbol{x}|^2}$. 即 $\widehat{f} = f$.

例 12.3.3 设 $0 < a < 1$, $ba \geqslant 1$, 证明级数 $W(x) = \displaystyle\sum_{n=1}^{\infty} a^n \cos b^n x$ 与 $S(x) = \displaystyle\sum_{n=1}^{\infty} a^n \sin b^n x$ 在 $\mathbb{R}$ 上处处连续但无处可微. 特别地, $\displaystyle\sum_{n=1}^{\infty} \frac{\cos 2^n x}{2^n}$ 与 $\displaystyle\sum_{n=1}^{\infty} \frac{\sin 2^n x}{2^n}$ 在 $\mathbb{R}$ 上处处连续但无处可微.

证明 易见 W, S 处处连续. 关于无处可微性的证明, 有一个漫长的故事. 始于 Weierstrass, 最终由 Hardy 彻底解决. 以下证明则取材于文献 [19].

任取 C_c^∞ 函数 ψ 使得 $\psi(1) = 1$, $\mathrm{supp}\,\psi \subseteq [\frac{1}{b}, b]$, 令 $\varphi = \overset{\vee}{\psi}$, 则 ψ, φ 都是速降函数.

如果对某个 $x_0 \in \mathbb{R}$, W 在点 x_0 可导, 则

$$\lim_{\varepsilon \to 0^+} \int_{\mathbb{R}} \frac{W(x_0 + 2\pi\varepsilon x) - W(x_0)}{2\pi\varepsilon x} \cdot x\varphi(x) \,\mathrm{d}x$$

$$= W'(x_0) \int_{\mathbb{R}} x\varphi(x) \,\mathrm{d}x = -\frac{1}{2\pi\mathrm{i}} W'(x_0)\widehat{\varphi}'(0) = 0. \tag{12.3.24}$$

又

$$\int_{\mathbb{R}} \frac{W(x_0 + 2\pi\varepsilon x) - W(x_0)}{2\pi\varepsilon x} \cdot x\varphi(x) \,\mathrm{d}x$$

$$= \frac{1}{2\pi\varepsilon} \int_{\mathbb{R}} W(x_0 + 2\pi\varepsilon x)\varphi(x) \,\mathrm{d}x - \frac{1}{2\pi\varepsilon} W(x_0)\widehat{\varphi}(0)$$

$$= \frac{1}{2\pi\varepsilon} \sum_{n=1}^{\infty} \int_{\mathbb{R}} a^n \varphi(x) \cos\big(b^n(x_0 + 2\pi\varepsilon x)\big) \,\mathrm{d}x$$

$$= \frac{1}{4\pi\varepsilon} \sum_{n=1}^{\infty} \int_{\mathbb{R}} a^n \Big(\mathrm{e}^{\mathrm{i}b^n(x_0 + 2\pi\varepsilon x)} + \mathrm{e}^{-\mathrm{i}b^n(x_0 + 2\pi\varepsilon x)}\Big)\varphi(x) \,\mathrm{d}x$$

$$= \frac{1}{4\pi\varepsilon} \sum_{n=1}^{\infty} a^n \Big(\mathrm{e}^{\mathrm{i}b^n x_0}\widehat{\varphi}(-b^n\varepsilon) + \mathrm{e}^{-\mathrm{i}b^n x_0}\widehat{\varphi}(b^n\varepsilon)\Big).$$

上式中对于 $k \geqslant 1$, 取 $\varepsilon = b^{-k}$, 则得到

$$\int_{\mathbb{R}} \frac{W(x_0 + 2\pi b^{-k}x) - W(x_0)}{2\pi b^{-k}x} \cdot x\varphi(x) \,\mathrm{d}x = \frac{b^k}{4\pi} a^k \mathrm{e}^{-\mathrm{i}b^k x_0}. \tag{12.3.25}$$

结合 (12.3.24) 式和 (12.3.25) 式得到 $\displaystyle\lim_{k \to +\infty} \frac{b^k}{4\pi} a^k \mathrm{e}^{-\mathrm{i}b^k x_0} = 0$.

这与 $ab \geqslant 1$ 矛盾. 因此 W 无处可微. 同理可证 S 无处可微.   □

例 12.3.3 中的函数 $\varphi \in \mathscr{S}$ 不恒为零, 但满足

$$\int_{\mathbb{R}} x^n \varphi(x) \, dx = 0, \quad \forall \, n \geqslant 0.$$

这与有界区间上的情形不同.

同样的思想, 可以构造出处处连续但无处 Hölder 连续的函数.

例 12.3.4   证明 $g(x) = \displaystyle\sum_{n=1}^{\infty} \frac{\cos 2^n x}{n^2}$ 处处连续但处处不 Hölder 连续.

证明   反设对某个 $x_0 \in \mathbb{R}$, 存在 $\alpha \in (0,1)$ 使得函数 g 在点 x_0 满足 α 阶 Hölder 条件, 即存在 $\delta > 0$ 以及常数 $C > 0$ 使得

$$|g(x) - g(x_0)| \leqslant C|x - x_0|^{\alpha}, \quad \forall \, x \in (x_0 - \delta, x_0 + \delta).$$

取 C_c^{∞} 函数 ψ 使得 $\psi(1) = 1$, $\operatorname{supp} \psi \subseteq \left[\dfrac{1}{2}, 2\right]$, $\varphi = \overset{\vee}{\psi}$, 则当 ε 在 $(0,1)$ 中变化时,

$$\int_{\mathbb{R}} \frac{g(x_0 + 2\pi \varepsilon x) - g(x_0)}{|2\pi \varepsilon x|^{\alpha}} \cdot |x|^{\alpha} \varphi(x) \, dx$$

有界. 而另一方面, 当 k 充分大时,

$$\int_{\mathbb{R}} \frac{g(x_0 + 2\pi \cdot 2^{-k} x) - g(x_0)}{|2\pi \cdot 2^{-k} x|^{\alpha}} \cdot |x|^{\alpha} \varphi(x) \, dx$$

$$= \frac{2^{(k-1)\alpha}}{\pi^{\alpha}} \int_{\mathbb{R}} g(x_0 + 2\pi \cdot 2^{-k} x) \varphi(x) \, dx - \frac{2^{(k-1)\alpha}}{\pi^{\alpha}} g(x_0) \widehat{\varphi}(0)$$

$$= \frac{2^{(k-1)\alpha}}{\pi^{\alpha}} \sum_{n=1}^{\infty} \int_{\mathbb{R}} \frac{\cos\left(2^n (x_0 + 2\pi \cdot 2^{-k} x)\right)}{n^2} \varphi(x) \, dx$$

$$= \frac{2^{(k-1)\alpha}}{2\pi^{\alpha}} \sum_{n=1}^{\infty} \int_{\mathbb{R}} \frac{1}{n^2} \left(e^{i 2^n (x_0 + 2\pi \cdot 2^{-k} x)} + e^{-i 2^n (x_0 + 2\pi \cdot 2^{-k} x)} \right) \varphi(x) \, dx$$

$$= \frac{2^{(k-1)\alpha}}{2\pi^{\alpha}} \sum_{n=1}^{\infty} \frac{1}{n^2} \left(e^{i 2^n x_0} \widehat{\varphi}(-2^{n-k}) + e^{-i 2^n x_0} \widehat{\varphi}(2^{n-k}) \right)$$

$$= \frac{2^{(k-1)\alpha}}{2k^2 \pi^{\alpha}} e^{-i 2^k x_0}$$

无界. 得到矛盾. 因此, g 处处连续但无处 Hölder 连续. $\square$

例 12.3.5   (**热传导方程的求解**) 设 $f \in \mathscr{S}$, 求解热传导方程

$$\begin{cases} u_t(t, \boldsymbol{x}) = \Delta_{\boldsymbol{x}} u(t, \boldsymbol{x}), & t \geqslant 0, \ \boldsymbol{x} \in \mathbb{R}^n, \\ u(0, \boldsymbol{x}) = f(\boldsymbol{x}), & \boldsymbol{x} \in \mathbb{R}^n. \end{cases} \tag{12.3.26}$$

解   形式上, 对空间变量作 Fourier 变换, 得到

$$\begin{cases} \widehat{u}_t(t, \boldsymbol{x}) = -4\pi^2 |\boldsymbol{x}|^2 \widehat{u}(t, \boldsymbol{x}), & t \geqslant 0, \ \boldsymbol{x} \in \mathbb{R}^n, \\ \widehat{u}(0, \boldsymbol{x}) = \widehat{f}(\boldsymbol{x}), & \boldsymbol{x} \in \mathbb{R}^n. \end{cases}$$

上式本质上是一个常微分方程, 解得

$$\widehat{u}(t, \boldsymbol{x}) = \widehat{f}(\boldsymbol{x}) \mathrm{e}^{-4\pi^2 t |\boldsymbol{x}|^2}, \quad t \geqslant 0, \ \boldsymbol{x} \in \mathbb{R}^n.$$

作 Fourier 逆变换并利用例 12.3.2 的结果得到

$$u(t, \boldsymbol{x}) = \int_{\mathbb{R}^n} f(\boldsymbol{x} - 2\sqrt{\pi t}\, \boldsymbol{y}) \mathrm{e}^{-\pi |\boldsymbol{y}|^2} \, \mathrm{d}\boldsymbol{y}, \quad t \geqslant 0, \ \boldsymbol{x} \in \mathbb{R}^n. \tag{12.3.27}$$

进一步, 可以证明上式确实给出了方程 (12.3.26) 的唯一解. 在此, 我们不展开讨论.

例 12.3.6 **(Heisenberg[3] (海森堡) 不确定性原理)** 设 $\psi \in \mathscr{S}$ 满足 $\int_{\mathbb{R}^n} |\psi(\boldsymbol{x})|^2 \cdot \mathrm{d}\boldsymbol{x} = 1$, 则

$$\left(\int_{\mathbb{R}^n} |\boldsymbol{x}|^2 |\psi(\boldsymbol{x})|^2 \, \mathrm{d}\boldsymbol{x} \right) \left(\int_{\mathbb{R}^n} |\boldsymbol{\xi}|^2 |\hat{\psi}(\boldsymbol{\xi})|^2 \, \mathrm{d}\boldsymbol{\xi} \right) \geqslant \frac{n^2}{16\pi^2}, \tag{12.3.28}$$

且等式当且仅当 $\psi(\boldsymbol{x}) = A\mathrm{e}^{-B|\boldsymbol{x}|^2}$ 时成立, 其中 $B > 0, |A| = \left(\dfrac{2B}{\pi} \right)^{\frac{n}{4}}$.

一般地, 对于 $\boldsymbol{x}_0, \boldsymbol{\xi}_0 \in \mathbb{R}^n$, 成立

$$\left(\int_{\mathbb{R}^n} |\boldsymbol{x} - \boldsymbol{x}_0|^2 |\psi(\boldsymbol{x})|^2 \, \mathrm{d}\boldsymbol{x} \right) \left(\int_{\mathbb{R}^n} |\boldsymbol{\xi} - \boldsymbol{\xi}_0|^2 |\hat{\psi}(\boldsymbol{\xi})|^2 \, \mathrm{d}\boldsymbol{\xi} \right) \geqslant \frac{n^2}{16\pi^2}. \tag{12.3.29}$$

证明 由分部积分公式 (参见 (11.5.16) 式),

$$\int_{B_R(\boldsymbol{0})} \nabla |\psi(\boldsymbol{x})|^2 \cdot \boldsymbol{x} \, \mathrm{d}\boldsymbol{x} = \int_{\partial B_R(\boldsymbol{0})} |\psi(\boldsymbol{x})|^2 \, \boldsymbol{x} \cdot \boldsymbol{n} \, \mathrm{d}S - \int_{B_R(\boldsymbol{0})} n|\psi(\boldsymbol{x})|^2 \, \mathrm{d}\boldsymbol{x}. \tag{12.3.30}$$

令 $R \to +\infty$, 结合 Cauchy 不等式可得

$$\begin{aligned} n &= \int_{\mathbb{R}^n} n|\psi(\boldsymbol{x})|^2 \, \mathrm{d}\boldsymbol{x} = -\int_{\mathbb{R}^n} \nabla |\psi(\boldsymbol{x})|^2 \cdot \boldsymbol{x} \, \mathrm{d}\boldsymbol{x} \\ &= -\int_{\mathbb{R}^n} \left(\overline{\psi(\boldsymbol{x})} \nabla \psi(\boldsymbol{x}) + \psi(\boldsymbol{x}) \nabla \overline{\psi(\boldsymbol{x})} \right) \cdot \boldsymbol{x} \, \mathrm{d}\boldsymbol{x} \\ &\leqslant 2 \int_{\mathbb{R}^n} |\boldsymbol{x}| \, |\psi(\boldsymbol{x})| \, |\nabla \psi(\boldsymbol{x})| \, \mathrm{d}\boldsymbol{x} \\ &\leqslant 2 \left(\int_{\mathbb{R}^n} |\boldsymbol{x}|^2 |\psi(\boldsymbol{x})|^2 \, \mathrm{d}\boldsymbol{x} \right)^{\frac{1}{2}} \left(\int_{\mathbb{R}^n} |\nabla \psi(\boldsymbol{x})|^2 \, \mathrm{d}\boldsymbol{x} \right)^{\frac{1}{2}}. \end{aligned}$$

而由 (12.3.10) 式以及 Plancherel 定理,

$$\int_{\mathbb{R}^n} |\nabla \psi(\boldsymbol{x})|^2 \, \mathrm{d}\boldsymbol{x} = 4\pi^2 \int_{\mathbb{R}^n} |\boldsymbol{\xi}|^2 |\hat{\psi}(\boldsymbol{\xi})|^2 \, \mathrm{d}\boldsymbol{\xi}.$$

---

3 Heisenberg W K, 1901—1976 年, 物理学家.

结合 (12.3.31) 式即得 (12.3.28) 式成立.

另一方面, 从证明过程可见, (12.3.28) 式中的等号成立当且仅当 $\nabla\psi(\boldsymbol{x}) = -2B\bar\psi(\boldsymbol{x})\boldsymbol{x}\,(\forall\,\boldsymbol{x}\in\mathbb{R}^n)$, 其中 $B>0$ 为常数. 此时,

$$\nabla\left(\mathrm{e}^{B|\boldsymbol{x}|^2}\psi(\boldsymbol{x})\right) = \mathrm{e}^{B|\boldsymbol{x}|^2}\left(\nabla\psi(\boldsymbol{x}) + 2B\psi(\boldsymbol{x})\boldsymbol{x}\right) = \boldsymbol{0},$$

从而 $\psi(\boldsymbol{x}) = A\mathrm{e}^{-B|\boldsymbol{x}|^2}$. 最后, 结合 $\displaystyle\int_{\mathbb{R}^n}|\psi(\boldsymbol{x})|^2\,\mathrm{d}\boldsymbol{x} = 1$ 得 (12.3.28) 式中的等号当且仅当 $\psi(\boldsymbol{x}) = A\mathrm{e}^{-B|\boldsymbol{x}|^2}$, 其中 $B>0, |A| = \left(\dfrac{2B}{\pi}\right)^{\frac{n}{4}}$.

在 (12.3.28) 式中, 用 $\mathrm{e}^{-2\pi\mathrm{i}\boldsymbol{x}\cdot\boldsymbol{\xi}_0}\psi(\boldsymbol{x}+\boldsymbol{x}_0)$ 代替 $\psi(\boldsymbol{x})$ 即得 (12.3.29) 式.　　□

在量子力学中, 粒子的位置被认为是按某种概率分布的. 令 ψ 为其**态函数**, 则 $|\psi|^2$ 是粒子位置的概率分布, 而 $|\widehat\psi|^2$ 就是其频率 (对应于动量) 的概率分布.

粒子的位置出现在 $\boldsymbol{x}_0$ 附近的概率越高, 则积分 $\displaystyle\int_{\mathbb{R}^3}|\boldsymbol{x}-\boldsymbol{x}_0|^2|\psi(\boldsymbol{x})|^2\,\mathrm{d}\boldsymbol{x}$ 的值越小. 此时, (12.3.29) 式表明 $\displaystyle\int_{\mathbb{R}^n}|\boldsymbol{\xi}-\boldsymbol{\xi}_0|^2|\hat\psi(\boldsymbol{\xi})|^2\,\mathrm{d}\boldsymbol{\xi}$ 的值越大 —— 无论 $\boldsymbol{\xi}_0$ 取什么值. 这就意味着粒子的位置越确定, 则其动量越不确定, 反之亦然.

$L^1(\mathbb{R}^n) + L^2(\mathbb{R}^n)$ 上的 Fourier 变换[4]

利用 $L^p(\mathbb{R}^n)$ 的完备性, 很容易将 Fourier 变换的定义拓展到 $L^1(\mathbb{R}^n) + L^2(\mathbb{R}^n)$ 上. 并将 Fourier 变换在 $\mathscr{S}(\mathbb{R}^n)$ 中的性质推广到一般情形.

$L^2(\mathbb{R}^n)$ **上的 Fourier 变换**　设 $f\in L^2(\mathbb{R}^n)$, 则有 $f_k\in\mathscr{S}$ 使得 $\displaystyle\lim_{k\to+\infty}\|f_k - f\|_{L^2(\mathbb{R}^n)} = 0$. 由 Plancherel 定理, $\left\{\widehat{f_k}\right\}$ 是 $L^2(\mathbb{R}^n)$ 中的 Cauchy 列, 从而在 $L^2(\mathbb{R}^n)$ 中强收敛于某个函数 g. 我们把 g 定义为 f 的 Fourier 变换.

易见 g 与 $\{f_k\}$ 的选取无关. 另一方面, 若 $f\in L^1(\mathbb{R}^n)\cap L^2(\mathbb{R}^n)$, 则可证 g 几乎处处等于 $\widehat{f}$. 具体地, 可取到速降函数列 $\{f_k\}$ 同时在 $L^1(\mathbb{R}^n)$ 和 $L^2(\mathbb{R}^n)$ 中强收敛于 f, 则由 $\|\widehat{f_k} - \widehat{f}\|_{L^\infty(\mathbb{R}^n)} \leqslant \|f_k - f\|_{L^1(\mathbb{R}^n)}$ 可得 $\left\{\widehat{f_k}\right\}$ 几乎处处收敛于 $\widehat{f}$. 因此, g 几乎处处等于 $\widehat{f}$.

$L^1(\mathbb{R}^n) + L^2(\mathbb{R}^n)$ **上的 Fourier 变换**　若 $f\in L^1(\mathbb{R}^n) + L^2(\mathbb{R}^n)$, 即有 $f_1\in L^1(\mathbb{R}^n)$ 以及 $f_2\in L^2(\mathbb{R}^n)$ 使得 $f = f_1 + f_2$. 定义 $\widehat{f} = \widehat{f_1} + \widehat{f_2}$. 不难证明这一定义与 f_1, f_2 的选取无关.

若 $p\in(1,2)$, 则 $L^p(\mathbb{R}^n)\subset L^1(\mathbb{R}^n) + L^2(\mathbb{R}^n)$. 由 Hausdorff–Young 不等式, 若

4　本部分为选讲内容.

速降函数列 $\{\varphi_k\}$ 在 $L^p(\mathbb{R}^n)$ 中强收敛于 f, 则 $\{\widehat{\varphi}_k\}$ 在 $L^{p'}(\mathbb{R}^n)$ 中强收敛于某个函数 g, 其中 p' 是 p 的对偶数. 不难证明 g 几乎处处等于用前述方式定义的 $\widehat{f}$.

把 Fourier 变换拓展到 $L^1(\mathbb{R}^n) + L^2(\mathbb{R}^n)$ 后, 就可以把之前在速降函数类中建立的一些性质加以推广. 例如, 有如下性质:

(1) 若 $f \in L^1(\mathbb{R}) + L^2(\mathbb{R}^2)$, 则对任何 $\boldsymbol{x}_0 \in \mathbb{R}^n$, 有

$$(f(\boldsymbol{x}_0 + \cdot))^\wedge (\boldsymbol{x}) = \mathrm{e}^{2\pi\mathrm{i}\langle \boldsymbol{x}_0, \cdot\rangle} \widehat{f}(\boldsymbol{x}),$$
$$\left(\mathrm{e}^{-2\pi\mathrm{i}\langle \boldsymbol{x}_0, \cdot\rangle} f(\cdot)\right)^\wedge (\boldsymbol{x}) = \widehat{f}(\boldsymbol{x} + \boldsymbol{x}_0), \qquad \forall \boldsymbol{x} \in \mathbb{R}^n.$$

(2) 若 $f \in L^2(\mathbb{R}^n)$, 则 $\displaystyle\int_{\mathbb{R}^n} |f(\boldsymbol{x})|^2 \,\mathrm{d}\boldsymbol{x} = \int_{\mathbb{R}^n} |\widehat{f}(\boldsymbol{x})|^2 \,\mathrm{d}\boldsymbol{x}$.

(3) 若 $p \in [1, 2]$, p' 为其对偶数, 则对任何 $f \in L^p(\mathbb{R}^n)$, 有 $\|\widehat{f}\|_{p'} \leqslant \|f\|_p$.

(4) 若 $\|\psi\|_{L^2(\mathbb{R}^n)} = 1$, 则

$$\left(\int_{\mathbb{R}^n} |\boldsymbol{x}|^2 |\psi(\boldsymbol{x})|^2 \,\mathrm{d}\boldsymbol{x}\right) \left(\int_{\mathbb{R}^n} |\boldsymbol{\xi}|^2 |\hat{\psi}(\boldsymbol{\xi})|^2 \,\mathrm{d}\boldsymbol{\xi}\right) \geqslant \frac{n^2}{16\pi^2}.$$

在一定的条件下, 可以建立如下性质:

(5) 记 $g(\boldsymbol{x}) = \boldsymbol{x}^\alpha f(\boldsymbol{x})$, 则对任何 $\alpha \in \mathbb{N}^n$, 有 $\dfrac{\partial^{|\alpha|} \widehat{f}}{\partial \boldsymbol{x}^\alpha} = (-2\pi\mathrm{i})^{|\alpha|} \widehat{g}$.

(6) 对任何 $\alpha \in \mathbb{N}^n$, 有 $(f^{(\alpha)})^\wedge (\boldsymbol{x}) = (2\pi\mathrm{i})^{|\alpha|} \boldsymbol{x}^\alpha \widehat{f}(\boldsymbol{x})$ (a.e. $\boldsymbol{x} \in \mathbb{R}^n$).

同样地, 在一定的条件下, 可以建立以下性质. 只是这时, 同时涉及 Fourier 变换和卷积的拓展定义.

(7) $(f * g)^\wedge = \widehat{f}\widehat{g}, \quad (fg)^\wedge = \widehat{f} * \widehat{g}$.

Fourier 逆变换的推广则有相当大的困难. 要使得 (8) 中的关系式成立, 除了要求 $f \in L^1(\mathbb{R}^n) + L^2(\mathbb{R}^n)$ 以及 $\widehat{f} \in L^1(\mathbb{R}^n)$ 外, 需要一些更强的条件.

(8) $f(\boldsymbol{x}) = \displaystyle\int_{\mathbb{R}^n} \widehat{f}(\boldsymbol{y}) \mathrm{e}^{2\pi\mathrm{i}\boldsymbol{x}\cdot\boldsymbol{y}} \,\mathrm{d}\boldsymbol{y}$ (a.e. $\boldsymbol{x} \in \mathbb{R}^n$).

特别地, 我们指出, 若 $f \in L^2(\mathbb{R}^n)$, 则对于在 $L^2(\mathbb{R}^n)$ 中强收敛于 $\widehat{f}$ 的速降函数列 $\{g_k\}$, 均有 $\left\{\overset{\vee}{g}_k\right\}$ 在 $L^2(\mathbb{R}^n)$ 中强收敛于 f.

然而对于 $p \in [1, 2]$, 若 $f \in L^p(\mathbb{R}^n)$, 则 $\widehat{f} \in L^{p'}(\mathbb{R}^n)$. 但无法保证对 $L^{p'}(\mathbb{R}^n)$ 中强收敛于 $\widehat{f}$ 的速降函数列 $\{g_k\}$, 均有 $\left\{\overset{\vee}{g}_k\right\}$ 在 $L^p(\mathbb{R}^n)$ 中强收敛于 f.

Borwein 积分[5]

我们以有趣的 Borwein (波尔文) 积分[6] 结束本节. 对于 $a > 0$, 定义 $\mathbb{R}$ 上的函数集

---

5 本部分为选讲内容.

6 David Borwein (大卫·波尔文) 和 Jonathan M. Borwein (乔纳森·波尔文) 父子最先注意到这类积分.

$$X_a = \left\{ f \,\middle|\, f \text{ 非负, 偶, } \operatorname{supp} f = \left[-\frac{a}{2}, \frac{a}{2}\right], f \text{ 在 } \left(-\frac{a}{2}, \frac{a}{2}\right) \text{ 内 Lipschitz 连续} \right\},$$

则易证

(1) 若 $a, b > 0$, $f \in X_a$, $g \in X_b$, 则 $f * g \in X_{a+b}$, 且

$$\int_{\mathbb{R}} (f * g)(x)\,\mathrm{d}x = \int_{\mathbb{R}} f(x)\,\mathrm{d}x \int_{\mathbb{R}} g(x)\,\mathrm{d}x.$$

上式事实上就是 $(f * g)^{\wedge}(0) = \widehat{f}(0)\,\widehat{g}(0)$.

(2) 若 $f \in X_a$, 则 $\widehat{f}$ 是实函数, 且 $\displaystyle\int_{\mathbb{R}} \widehat{f}(x)\,\mathrm{d}x = f(0)$.

对于 $a > 0$, 记 $h_a = \dfrac{1}{a}\chi_{\left(-\frac{a}{2}, \frac{a}{2}\right)}$, 则 $h_a \in X_a$, $\displaystyle\int_{\mathbb{R}} h_a(x)\,\mathrm{d}x = 1$, $\widehat{h_a}(x) = \dfrac{\sin a\pi x}{a\pi x}$.

取正数 $a_1, a_2, \cdots, a_n$, 并记 $a_0 = 1$. 令 $f_k = h_{a_k}$ $(0 \leqslant k \leqslant n)$, 则

$$F = f_1 * f_2 * \cdots * f_n \in X_A,$$

从而

$$\int_{-\frac{A}{2}}^{\frac{A}{2}} F(x)\,\mathrm{d}x = \int_{\mathbb{R}} F(x)\,\mathrm{d}x = \prod_{k=1}^{n} \int_{\mathbb{R}} f_k(x)\,\mathrm{d}x = 1,$$

其中 $A = \displaystyle\sum_{k=1}^{n} a_k$. 于是

$$\begin{aligned}
&\frac{2}{\pi} \int_0^{+\infty} \frac{\sin x}{x} \frac{\sin a_1 x}{a_1 x} \cdots \frac{\sin a_n x}{a_n x}\,\mathrm{d}x \\
&= \int_{\mathbb{R}} \frac{\sin \pi x}{\pi x} \frac{\sin a_1 \pi x}{a_1 \pi x} \cdots \frac{\sin a_n \pi x}{a_n \pi x}\,\mathrm{d}x \\
&= \int_{\mathbb{R}} \widehat{f}_0(x)\,\widehat{f}_1(x) \cdots \widehat{f}_n(x)\,\mathrm{d}x = \int_{\mathbb{R}} (f_0 * f_1 * \cdots * f_n)^{\wedge}(x)\,\mathrm{d}x \\
&= \int_{\mathbb{R}} (f_0 * F)^{\wedge}(x)\,\mathrm{d}x = (f_0 * F)(0) = \int_{\mathbb{R}} f_0(-t)F(t)\,\mathrm{d}t = \int_{-\frac{1}{2}}^{\frac{1}{2}} F(t)\,\mathrm{d}t.
\end{aligned}$$

且上式当且仅当 $A \leqslant 1$ 时为 1. 当 $A > 1$ 时, 上式小于 1.

特别地, 令 $n = \max\left\{ k \,\middle|\, \displaystyle\sum_{j=1}^{k} \frac{1}{100j + 1} \leqslant 1 \right\} \approx 1.53411787 \times 10^{43}$, 则对于非负整数 k, 当且仅当 $k \leqslant n$ 时成立

$$\int_0^{+\infty} \frac{\sin x}{x} \frac{\sin(x/101)}{(x/101)} \cdots \frac{\sin(x/(100+1))}{(x/(100+1))}\,\mathrm{d}x = \frac{\pi}{2}. \tag{12.3.31}$$

一般地, 任取 $g_1, g_2, \cdots, g_n \in X_1$ 满足 $\displaystyle\int_{-\frac{1}{2}}^{\frac{1}{2}} g_k(x)\,\mathrm{d}x = 1$, 取 $a_1, a_2, \cdots, a_n > 0$, 则当且仅当 $a_1 + a_2 + \cdots + a_n \leqslant 1$ 时, 成立

$$\int_0^\infty \frac{\sin x}{x} \widehat{g}_1\left(\frac{a_1 x}{\pi}\right) \widehat{g}_2\left(\frac{a_2 x}{\pi}\right) \cdots \widehat{g}_n\left(\frac{a_n x}{\pi}\right) \mathrm{d}x = \frac{\pi}{2}. \tag{12.3.32}$$

这样, 根据下表:

$g(x)$	$\widehat{g}(x)$
$\dfrac{\pi \cos \pi x}{2} \chi_{(-\frac{1}{2}, \frac{1}{2})}(x)$	$\dfrac{\cos \pi x}{1 - 4x^2}$
$\dfrac{\cos x}{2 \sin \frac{1}{2}} \chi_{(-\frac{1}{2}, \frac{1}{2})}(x)$	$\dfrac{1}{2 \sin \frac{1}{2}} \left(\dfrac{\sin \frac{2\pi x + 1}{2}}{2\pi x + 1} + \dfrac{\sin \frac{2\pi x - 1}{2}}{2\pi x - 1} \right)$
$\dfrac{\pi}{2} \lvert \sin \pi x \rvert \, \chi_{(-\frac{1}{2}, \frac{1}{2})}(x)$	$\dfrac{1 - 2x \sin \pi x}{1 - 4x^2}$
$\dfrac{3(1 - 4x^2)}{2} \chi_{(-\frac{1}{2}, \frac{1}{2})}(x)$	$\dfrac{3 \sin \pi x - 3\pi x \cos \pi x}{\pi^3 x^3}$

对于正数 $a_1, a_2, \cdots, a_n$, 当且仅当 $a_1 + a_2 + \cdots + a_n \leqslant 1$ 时, 成立

$$\int_0^\infty \frac{\sin x}{x} \frac{\pi^2 \cos a_1 x}{\pi^2 - 4a_1^2 x^2} \cdots \frac{\pi^2 \cos a_n x}{\pi^2 - 4a_n^2 x^2} \mathrm{d}x = \frac{\pi}{2}, \tag{12.3.33}$$

$$\frac{1}{2^n \sin^n \frac{1}{2}} \int_0^\infty \frac{\sin x}{x} \prod_{k=1}^n \left(\frac{\sin \frac{2a_k x + 1}{2}}{2a_k x + 1} + \frac{\sin \frac{2a_k x - 1}{2}}{2a_k x - 1} \right) \mathrm{d}x = \frac{\pi}{2}, \tag{12.3.34}$$

$$\int_0^\infty \frac{\sin x}{x} \frac{\pi^2 - 2a_1 \pi x \sin a_1 x}{\pi^2 - 4a_1^2 x^2} \cdots \frac{\pi^2 - 2a_n \pi x \sin a_n x}{\pi^2 - 4a_n^2 x^2} \mathrm{d}x = \frac{\pi}{2}, \tag{12.3.35}$$

$$3^n \int_0^\infty \frac{\sin x}{x} \frac{\sin a_1 x - a_1 x \cos a_1 x}{a_1^3 x^3} \cdots \frac{\sin a_n x - a_n x \cos a_n x}{a_n^3 x^3} \mathrm{d}x = \frac{\pi}{2}. \tag{12.3.36}$$

习题 12.3.$\mathcal{A}$

1. 设 $f \in L^1(\mathbb{R}^n)$, $g(\boldsymbol{x}) = f(r\boldsymbol{x})$, 其中 $r > 0$ 为给定实数. 试用 f 的 Fourier 变换表示 g 的 Fourier 变换.

2. 设 $f \in C_c^2(\mathbb{R})$, 证明 $\lim_{x \to \infty} |x^2 \widehat{f}(x)| = 0$. 进而对于任何 $g \in L^\infty(\mathbb{R})$, 有

$$\lim_{T \to +\infty} \sum_{n=-\infty}^{\infty} \frac{1}{T} \widehat{f}\left(\frac{n}{T}\right) g\left(\frac{n}{T}\right) = \int_{\mathbb{R}} \widehat{f}(x) g(x) \, \mathrm{d}x.$$

3. 对于

$$f \in X_a = \left\{ f \,\middle|\, f \text{ 非负, 偶, } \operatorname{supp} f = \left[-\frac{a}{2}, \frac{a}{2}\right], f \text{ 在 } \left(-\frac{a}{2}, \frac{a}{2}\right) \text{ 内 Lipschitz 连续} \right\},$$

证明: $\displaystyle\int_{\mathbb{R}} \widehat{f}(x) \, \mathrm{d}x = f(0)$.

4. 设 $f(x) = \pi \mathrm{e}^{-2\pi|x|}$ $(x \in \mathbb{R})$. 试求 f 的 Fourier 变换.

5. 证明: $g(z) = \displaystyle\int_{-\infty}^{+\infty} \mathrm{e}^{-\pi y^2} \mathrm{e}^{-2\pi yz} \,\mathrm{d}y$ 复可导.

6. 试用积分号下求导的方法计算
$$F(x) = \int_{\mathbb{R}} \mathrm{e}^{-\pi y^2} \mathrm{e}^{-2\pi \mathrm{i}xy} \,\mathrm{d}y, \quad x \in \mathbb{R}.$$

习题 12.3.$\mathcal{B}$

1. 试仿 (12.3.33)—(12.3.36) 式给出一些类似的等式.

2. 设 $f \in C^1(\mathbb{R})$, 且 $\displaystyle\int_{\mathbb{R}} \left(f^2(x) + \left(f'(x)\right)^2\right) \mathrm{d}x = 1$. 证明: $\displaystyle\lim_{x \to \infty} f(x) = 0$, 且 $\|f\|_\infty < \dfrac{\sqrt{2}}{2}$.

3. 设 $\alpha \in \mathbb{R}$, 计算含参变量积分 $\displaystyle\int_0^{+\infty} \dfrac{\cos(\alpha\pi x)}{1+x^2} \,\mathrm{d}x,\ \int_0^{+\infty} \dfrac{x\sin(\alpha\pi x)}{1+x^2} \,\mathrm{d}x$.

4. 证明: (12.3.27) 式给出了方程 (12.3.26) 的唯一解.

5. 设 $p \in (1,2)$, 速降函数列 $\{\varphi_k\}$ 在 $L^p(\mathbb{R}^n)$ 中强收敛于 f. 证明: $\{\widehat{\varphi}_k\}$ 在 $L^{p'}(\mathbb{R}^n)$ 中强收敛于 $\widehat{f}$, 其中 p' 是 p 的对偶数.

6. 设 $f \in L^1(\mathbb{R}^n) \cap L^2(\mathbb{R}^n)$. 证明: 可取到速降函数列 $\{f_k\}$ 同时在 $L^1(\mathbb{R}^n)$ 和 $L^2(\mathbb{R}^n)$ 中强收敛于 f.

7. 证明 Plancherel 定理在 $L^2(\mathbb{R}^n)$ 中成立.

8. 设 $p \in [1,2]$, 证明 Hausdorff–Young 不等式对于 $f \in L^p(\mathbb{R}^n)$ 成立.

9. 试推广定理 12.3.4 和定理 12.3.5.

§4　Fourier 级数的唯一性[1]

如果 $f \in L^1[0, 2\pi]$ 等于一个三角级数:

$$f(x) = \frac{a_0}{2} + \sum_{n=1}^{\infty}(a_n \cos nx + b_n \sin nx), \quad x \in [0, 2\pi], \tag{12.4.1}$$

那么这个三角级数是否就是 f 的 Fourier 级数, 即是否成立

$$a_n = \frac{1}{\pi}\int_0^{2\pi} f(x)\cos nx\,\mathrm{d}x, \quad n = 0, 1, 2, \cdots, \tag{12.4.2}$$

$$b_n = \frac{1}{\pi}\int_0^{2\pi} f(x)\sin nx\,\mathrm{d}x, \quad n = 1, 2, \cdots. \tag{12.4.3}$$

更一般地, 对于一般的周期函数, 如果它等于一个三角级数, 那么这样的三角级数是否唯一? 此类问题称为 Fourier 级数 (三角级数) 展开的唯一性问题.

若 (12.4.1) 式右边的级数乘 $\sin nx$ 和 $\cos nx$ $(n = 0, 1, 2, \cdots)$ 后在 $[0, 2\pi]$ 上是逐项可积的, 则立即得到 (12.4.2)—(12.4.3) 式. 但这种逐项可积性并不平凡. 因此, 函数展开成三角级数的唯一性远比函数展开成幂级数的唯一性来得复杂. 本节我们简要介绍相关结果, 有兴趣的读者可以进一步参看文献 [9] 第二十章第三节以及文献 [20] 和 [21].

简单地来看, 展开式 (12.4.1) 是否可以唯一转化为如下问题: 若

$$\frac{a_0}{2} + \sum_{n=1}^{\infty}(a_n \cos nx + b_n \sin nx) = 0, \quad \forall\, x \in [0, 2\pi], \tag{12.4.4}$$

则是否成立

$$a_n = b_n = 0, \quad \forall\, n = 1, 2, \cdots? \tag{12.4.5}$$

我们有如下的 **Cantor – Lebesgue 定理**[2].

定理 12.4.1　设 $E \subset [0, 2\pi]$ 是一个闭的可列集,

$$\frac{a_0}{2} + \sum_{n=1}^{\infty}(a_n \cos nx + b_n \sin nx) = 0, \quad \forall\, x \in [0, 2\pi] \setminus E, \tag{12.4.6}$$

则 (12.4.5) 式成立.

注意到此时在 $[0, 2\pi] \setminus E$ 上为零的函数是 $[0, 2\pi]$ 上的 Riemann 可积函数, 上述

1　本节为选讲内容.
2　值得注意的是, Cantor 正是在研究上述问题时, 发现处理无穷集的重要性, 进而建立了集合论. 有兴趣的读者可进一步参阅文献 [20].

定理是以下的 **Du Bois-Reymond–de la Vallée-Poussin**[3] (**杜布瓦–雷蒙–德拉瓦莱普森**) **定理**[4] 的特例.

定理 12.4.2   设 $f \in L^1_\#(\mathbb{R})$, E 为可列闭集, f 在 $\mathbb{R} \setminus E$ 中局部有界. 若等式 (12.4.1) 对任何 $x \notin E$ 成立, 则 (12.4.1) 式右端必为 f 的 Fourier 级数.

为证明定理, 我们先给出一些引理. 以下是 **Cantor 引理**.

引理 12.4.3   设 $\sum\limits_{n=1}^{\infty}(a_n \cos nx + b_n \sin nx)$ 在区间 $[a,b]$ 上收敛, 则 $\lim\limits_{n \to +\infty} a_n = \lim\limits_{n \to +\infty} b_n = 0$.

证明   记 $A_n = \sqrt{a_n^2 + b_n^2}\,(n \geqslant 1)$, 我们有 $\{\theta_n\}$ 使得

$$a_n \cos nx + b_n \sin nx = A_n \sin(nx + \theta_n), \quad \forall\, x \in \mathbb{R}. \tag{12.4.7}$$

由假设, 对于任何 $x \in [a,b]$, $\lim\limits_{n \to +\infty} A_n \sin(nx + \theta_n) = 0$. 我们要证 $\lim\limits_{n \to +\infty} A_n = 0$.

如若不然, 则有 $n_1 < n_2 < n_3 < \cdots$ 使得 $\inf\limits_{k \geqslant 1} A_{n_k} > 0$. 从而对任何 $x \in [a,b]$, 成立

$$\lim\limits_{k \to +\infty} \sin(n_k x + \theta_{n_k}) = 0. \tag{12.4.8}$$

由控制收敛定理, 得到

$$\lim\limits_{k \to +\infty} \int_a^b \sin^2(n_k x + \theta_{n_k})\, \mathrm{d}x = 0. \tag{12.4.9}$$

而另一方面, 利用 Riemann–Lebesgue 引理可得

$$\begin{aligned}
&\lim\limits_{k \to +\infty} \int_a^b \sin^2(n_k x + \theta_{n_k})\, \mathrm{d}x \\
&= \lim\limits_{k \to +\infty} \int_a^b \frac{1 - \cos 2(n_k x + \theta_{n_k})}{2}\, \mathrm{d}x = \frac{b-a}{2}.
\end{aligned}$$

得到矛盾. 因此, 引理成立.   □

从引理的证明可见, 引理中的区间 $[a,b]$ 可以换成正测度集.

引理 12.4.4   (**Riemann 第二定理**) 设 $\lim\limits_{n \to +\infty} c_n = 0$, 则

$$\lim\limits_{h \to 0} \sum_{n=1}^{\infty} \frac{c_n \sin^2 nh}{n^2 h} = 0. \tag{12.4.10}$$

---

3   de la Vallée-Poussin, C J, 1866 — 1962 年.

4   Du Bois-Reymond 给出的是 f Riemann 可积时的结果.

证明 设 M 为 $|c_n|$ 的上界. 任取 $\varepsilon > 0$, 对于 $0 < |h| < \varepsilon$, 记 $N = N_{\varepsilon,h}$ 为 $\dfrac{\varepsilon}{|h|}$ 的整数部分, 则

$$\left| \sum_{n=1}^{\infty} \frac{c_n \sin^2 nh}{n^2 h} \right| \leqslant \sum_{n=1}^{N} \left| \frac{c_n \sin^2 nh}{n^2 h} \right| + \sum_{n=N+1}^{\infty} \left| \frac{c_n \sin^2 nh}{n^2 h} \right|$$

$$\leqslant MN|h| + \sup_{k \geqslant N} |c_k| \sum_{n=N+1}^{\infty} \frac{1}{n^2 |h|} \leqslant M\varepsilon + \frac{\sup\limits_{k \geqslant N} |c_k|}{N|h|} \leqslant M\varepsilon + \frac{2 \sup\limits_{k \geqslant N} |c_k|}{\varepsilon}.$$

于是注意到 $\lim\limits_{h \to 0} N_{\varepsilon,h} = +\infty$, 我们有

$$\varlimsup_{h \to 0} \left| \sum_{n=1}^{\infty} \frac{c_n \sin^2 nh}{n^2 h} \right| \leqslant M\varepsilon.$$

由 $\varepsilon > 0$ 的任意性, 即得 (12.4.10) 式. □

引理 12.4.5 设 $\displaystyle\sum_{n=1}^{\infty} c_n = A$, 则

$$\lim_{h \to 0} \sum_{n=1}^{\infty} c_n \left(\frac{\sin nh}{nh} \right)^2 = A. \tag{12.4.11}$$

证明 不妨设 $A = 0$, 记 $S_n = \displaystyle\sum_{k=1}^{n} c_k \ (n \geqslant 1)$, 则

$$\sum_{n=1}^{\infty} c_n \left(\frac{\sin nh}{nh} \right)^2 = \sum_{n=1}^{\infty} S_n \left(\frac{\sin nh}{nh} \right)^2 - \sum_{n=2}^{\infty} S_{n-1} \left(\frac{\sin nh}{nh} \right)^2$$

$$= \sum_{n=1}^{\infty} S_n \left[\left(\frac{\sin nh}{nh} \right)^2 - \left(\frac{\sin(n+1)h}{(n+1)h} \right)^2 \right].$$

于是对任何 $m \geqslant 1$,

$$\varlimsup_{h \to 0} \left| \sum_{n=1}^{\infty} c_n \left(\frac{\sin nh}{nh} \right)^2 \right| \leqslant \varlimsup_{h \to 0} \sum_{n=m}^{\infty} |S_n| \left| \left(\frac{\sin nh}{nh} \right)^2 - \left(\frac{\sin(n+1)h}{(n+1)h} \right)^2 \right|$$

$$\leqslant \sup_{n \geqslant m} |S_n| \int_0^{+\infty} \left| \frac{\mathrm{d}}{\mathrm{d}t} \left(\frac{\sin t}{t} \right)^2 \right| \mathrm{d}t.$$

注意到 $\displaystyle\int_0^{+\infty} \left| \frac{\mathrm{d}}{\mathrm{d}t} \left(\frac{\sin t}{t} \right)^2 \right| \mathrm{d}t$ 收敛, 在上式中令 $m \to +\infty$ 即得 (12.4.11) 式. □

引理 12.4.6 $\mathbb{R}^n$ 中的可列闭集必有孤立点.

证明 设 $E \subset \mathbb{R}^n$ 为可列闭集, $E = \{\boldsymbol{x}_k | k \geqslant 1\}$. 若 E 没有孤立点, 则 E 中每一点均为其聚点.

于是, 有 $\boldsymbol{z}_1 \in E$ 使得 $\boldsymbol{z}_1 \neq \boldsymbol{x}_1$. 取 $\delta_1 = \dfrac{|\boldsymbol{z}_1 - \boldsymbol{x}_1|}{2}$, 则 $\delta_1 > 0$, $\boldsymbol{x}_1 \notin \overline{B_{\delta_1}(\boldsymbol{z}_1)}$.

进一步, 由于 z_1 是 E 的聚点, 因此, 有 $z_2 \in E \cap B_{\delta_1}(z_1)$ 使得 $z_2 \neq x_2$. 取 $\delta_2 = \frac{1}{2} \min \{|z_2 - x_1|, \delta_1 - |z_2 - z_1|\}$, 则 $0 < \delta_2 \leqslant \frac{\delta_1}{2}$, $\overline{B_{\delta_2}(z_2)} \subset \overline{B_{\delta_1}(z_1)}$, $x_2 \notin \overline{B_{\delta_2}(z_2)}$.

一般地, 可取到 E 中点列 $\{z_k\}$ 以及相应的正数列 $\{\delta_k\}$ 使得对任何 $k \geqslant 2$, 有 $0 < \delta_k \leqslant \frac{\delta_{k-1}}{2}$, $\overline{B_{\delta_k}(z_k)} \subset \overline{B_{\delta_{k-1}}(z_{k-1})}$, $x_k \notin \overline{B_{\delta_k}(z_k)}$.

由闭集套定理, $\left\{\overline{B_{\delta_k}(z_k)}\right\}$ 有唯一的公共点 ξ, 则对任何 $k \geqslant 1$, $\xi \neq x_k$. 从而 $\xi \notin E$. 另一方面, $\xi = \lim\limits_{k \to +\infty} z_k \in E$. 矛盾. 因此, 引理结论成立. $\qquad\square$

在引入下一个引理前, 我们考察一种二阶广义导数. 对于函数 g, 如果 $g^{[\prime\prime]}(x) = \lim\limits_{h \to 0} \dfrac{\Delta_h^2 g(x)}{h^2}$ 存在, 则称之为 g 在点 x 的二阶广义导数, 其中对于 $h \neq 0$,

$$\Delta_h^2 g(x) = g(x + h) + g(x - h) - 2g(x).$$

我们有如下引理.

引理 12.4.7 设函数 $g \in C[a, b]$, 在区间 $[a, b]$ 内的二阶广义导数 $g^{[\prime\prime]}$ 存在, 且 $m \leqslant g^{[\prime\prime]} \leqslant M$, 则对任何 $h \in \left(0, \dfrac{b-a}{2}\right)$, 当 $a + h \leqslant x \leqslant b - h$ 时, 成立

$$m \leqslant \frac{\Delta_h^2 g(x)}{h^2} \leqslant M. \tag{12.4.12}$$

证明 任取 $x_0 \in (a, b)$, $h > 0$ 满足 $a \leqslant x_0 - h \leqslant x_0 + h \leqslant b$. 考察

$$\varphi(x) = g(x) - g(x_0) - \frac{g(x_0 + h) - g(x_0 - h)}{2h}(x - x_0) - \frac{\Delta_h^2 g(x_0)}{h^2}\frac{(x - x_0)^2}{2},$$

则 $\varphi(x_0 + h) = \varphi(x_0) = \varphi(x_0 - h) = 0$. 因此, φ 在 $[x_0 - h, x_0 + h]$ 上的最大值和最小值都可以在 $(x_0 - h, x_0 + h)$ 内取到. 设 ξ, η 分别为最大值点和最小值点, 则

$$\varphi^{[\prime\prime]}(\xi) \leqslant 0, \quad \varphi^{[\prime\prime]}(\eta) \geqslant 0.$$

即

$$g^{[\prime\prime]}(\xi) \leqslant \frac{\Delta_h^2 g(x_0)}{h^2} \leqslant g^{[\prime\prime]}(\eta).$$

从而 (12.4.12) 式成立. $\qquad\square$

引理 12.4.7 的证明也可利用习题 6.3.$\mathcal{B}$ 第 15 题, 得到 $\dfrac{Mx^2}{2} - g(x)$ 和 $g(x) - \dfrac{mx^2}{2}$ 均为凸函数, 从而得到 (12.4.12) 式.

现在我们来证明定理 12.4.2.

定理 12.4.2 的证明 不妨设 $a_0 = 0$. 对 (12.4.1) 式形式上逐项积分两次, 得到

$$F(x) = -\sum_{n=1}^{\infty} \frac{a_n \cos nx + b_n \sin nx}{n^2}, \quad x \in \mathbb{R}. \tag{12.4.13}$$

由引理 12.4.3, a_n, b_n 趋于零. 因此, $F \in C(\mathbb{R})$. 直接计算得到

$$\frac{\Delta_h^2 F(x)}{h^2} = \sum_{n=1}^{\infty} \frac{a_n \cos nx + b_n \sin nx}{n^2} \left(\frac{2 \sin \frac{nh}{2}}{h} \right)^2. \tag{12.4.14}$$

于是, 由引理 12.4.5, 有[5]

$$F^{[\prime\prime]}(x) = f(x), \quad \forall x \in \mathbb{R} \setminus E. \tag{12.4.15}$$

现考虑区间 $[a, b] \subset \mathbb{R} \setminus E$. 我们要建立以下等式:

$$F(x) - F(a) - \frac{F(b) - F(a)}{b - a}(x - a)$$
$$= \int_a^x (x - s) f(s) \, ds - \frac{x - a}{b - a} \int_a^b (b - s) f(s) \, ds, \quad \forall x \in [a, b]. \tag{12.4.16}$$

首先, 利用 L'Hôpital 法则易得

$$\lim_{h \to 0^+} \left(\int_a^x (x - s) \frac{\Delta_h^2 F(s)}{h^2} \, ds - \frac{x - a}{b - a} \int_a^b (b - s) \frac{\Delta_h^2 F(s)}{h^2} \, ds \right)$$
$$= \lim_{h \to 0^+} \frac{1}{h^2} \left(\int_x^{x+h} (x + h - s) F(s) \, ds - \int_{x-h}^x (x - h - s) F(s) \, ds + \right.$$
$$\int_{a-h}^a \frac{(b-x)(a-h-s)}{b-a} F(s) \, ds - \int_a^{a+h} \frac{(b-x)(a+h-s)}{b-a} F(s) \, ds -$$
$$\left. \frac{x-a}{b-a} \int_b^{b+h} (b + h - s) F(s) \, ds + \frac{x-a}{b-a} \int_{b-h}^b (b - h - s) F(s) \, ds \right)$$
$$= F(x) - F(a) - \frac{F(b) - F(a)}{b - a}(x - a), \quad \forall x \in [a, b]. \tag{12.4.17}$$

即 (12.4.17) 式左端等于 (12.4.16) 式的左端. 为得到 (12.4.17) 式左端也等于 (12.4.16) 式的右端, 我们只要说明 $\frac{\Delta_h^2 F(x)}{h^2}$ 满足控制收敛定理的条件. 在此, 我们说明其有界性. 注意到 E 为闭集, 因此, 存在 $h_0 > 0$, 使得 $[a - h_0, b + h_0]$ 与 E 不交. 又由假设条件, f 在 $[a - h_0, b + h_0]$ 上有界, 设上界为 M, 下界为 m. 这样, 由引理 12.4.7,

---

5 (12.4.15) 式称为 Riemann 第一定理.

$$m \leqslant \frac{\Delta_h^2 F(x)}{h^2} \leqslant M, \quad \forall\, h \in (0, h_0),\, x \in [a, b]. \tag{12.4.18}$$

于是, 由 (12.4.15) 式以及控制收敛定理得到

$$\lim_{h \to 0^+} \left(\int_a^x (x - s) \frac{\Delta_h^2 F(s)}{h^2}\, \mathrm{d}s - \frac{x - a}{b - a} \int_a^b (b - s) \frac{\Delta_h^2 F(s)}{h^2}\, \mathrm{d}s \right)$$

$$= \int_a^x (x - s) f(s)\, \mathrm{d}s - \frac{x - a}{b - a} \int_a^b (b - s) f(s)\, \mathrm{d}s, \quad \forall\, x \in [a, b]. \tag{12.4.19}$$

结合 (12.4.17) 式和 (12.4.19) 式, 就得到 (12.4.16) 式. 于是 F 在 $[a, b]$ 上连续可导且

$$F'(x) - \frac{F(b) - F(a)}{b - a}$$

$$= \int_a^x f(s)\, \mathrm{d}s - \int_a^b (b - s) f(s)\, \mathrm{d}s, \quad \forall\, x \in [a, b]. \tag{12.4.20}$$

进而

$$F'(x) - F'(a) = \int_a^x f(t)\, \mathrm{d}t, \quad \forall\, x \in [a, b]. \tag{12.4.21}$$

由 $f \in L^1_\#(\mathbb{R})$ 可见 F 在 $\mathbb{R} \setminus E$ 内连续可导, 且对任何 $[\alpha, \beta] \subset \mathbb{R} \setminus E$, 成立

$$F'(\beta) - F'(\alpha) = \int_\alpha^\beta f(t)\, \mathrm{d}t. \tag{12.4.22}$$

现设

$$V = \{x \in \mathbb{R} \mid \exists\, \delta > 0, \text{s.t. 对任意 } [\alpha, \beta] \subset (x - \delta, x + \delta),\, (12.4.22) \text{ 式成立}\},$$

则 V 为开集, $E^* = \mathbb{R} \setminus V \subseteq E$. 我们断言 $V = \mathbb{R}$. 否则 E^* 为至多可列的非空闭集. 由引理 12.4.6, E^* 有孤立点 ξ. 进而有 $\alpha < \xi < \beta$ 使得 $[\alpha, \xi) \cup (\xi, \beta] \subset V$, 从而由 (12.4.21) 式,

$$\lim_{x \to \xi^-} F'(x) = F'(\alpha) + \int_\alpha^\xi f(t)\, \mathrm{d}t.$$

结合 F 的连续性以及 L'Hôpital 法则, 可得 $F'_-(\xi)$ 存在, 且

$$F'_-(\xi) = F'(\alpha) + \int_\alpha^\xi f(t)\, \mathrm{d}t. \tag{12.4.23}$$

同理, $F'_+(\xi)$ 存在, 且

$$F'_+(\xi) = F'(\beta) + \int_\beta^\xi f(t)\, \mathrm{d}t. \tag{12.4.24}$$

由 (12.4.14) 式和引理 12.4.4, $\displaystyle\lim_{h \to 0} \frac{\Delta_h^2 F(\xi)}{h} = 0$. 即

$$F'_+(\xi) = \lim_{h \to 0^+} \frac{F(\xi + h) - F(\xi)}{h} = \lim_{h \to 0^+} \frac{F(\xi) - F(\xi - h)}{h} = F'_-(\xi).$$

结合 (12.4.23)—(12.4.24) 式可见 $\xi \in V$. 得到矛盾. 因此, $V = \mathbb{R}$. 从而 F 在 $\mathbb{R}$ 上连续可导, 且

$$F'(x) - F'(0) = \int_0^x f(t)\,\mathrm{d}t, \quad \forall x \in \mathbb{R}. \tag{12.4.25}$$

最后, 对固定的 $h \neq 0$, 级数

$$\sum_{n=1}^{\infty} \frac{a_n \cos nx + b_n \sin nx}{n^2} \left(\frac{2 \sin \dfrac{nh}{2}}{h} \right)^2$$

关于 x 一致收敛, 从而由 (12.4.14) 式,

$$\frac{b_n}{n^2} \left(\frac{2 \sin \dfrac{nh}{2}}{h} \right)^2 = \frac{1}{\pi} \int_0^{2\pi} \frac{\Delta_h^2 F(x)}{h^2} \sin nx\,\mathrm{d}x$$

$$= \frac{1}{\pi} \int_0^{2\pi} \frac{F(x+h) - F(x)}{h} \frac{\sin nx - \sin n(x+h)}{h}\,\mathrm{d}x, \quad \forall n \geqslant 1, h \neq 0.$$

上式中令 $h \to 0$, 并结合 (12.4.25) 式和分部积分可得

$$b_n = -\frac{1}{\pi} \int_0^{2\pi} nF'(x) \cos nx\,\mathrm{d}x = \frac{1}{\pi} \int_0^{2\pi} f(x) \sin nx\,\mathrm{d}x, \quad \forall n \geqslant 1.$$

即 (12.4.3) 式成立. 同理, 可以得到 (12.4.2) 式成立. 定理得证. □

习题 12.4.$\mathcal{A}$

1. 试利用闭区间套定理证明引理 12.4.3.

2. 利用例 12.1.1 (参见 (9.4.9) 式) 证明引理 12.4.4.

习题 12.4.$\mathcal{B}$

1. 推广引理 12.4.5.

参考文献

索引

读者意见反馈

为收集对教材的意见建议,进一步完善教材编写并做好服务工作,读者可将对本教材的意见建议通过如下渠道反馈至我社。

咨询电话　400-810-0598

反馈邮箱　hepsci@pub.hep.cn

通信地址　北京市朝阳区惠新东街4号富盛大厦1座　高等教育出版社理科事业部

邮政编码　100029

图书在版编目（CIP）数据

数学分析. 下册 / 楼红卫编著. -- 北京：高等教育
出版社，2023.3
ISBN 978-7-04-059967-1

Ⅰ. ①数… Ⅱ. ①楼… Ⅲ. ①数学分析－高等学校－
教材 Ⅳ. ①O17

中国国家版本馆CIP数据核字(2023)第029853号

SHUXUE FENXI

项目策划	李 蕊 兰莹莹	出版发行		高等教育出版社
策划编辑	高 旭	社 址		北京市西城区德外大街4号
责任编辑	高 旭	邮政编码		100120
封面设计	王凌波	购书热线		010-58581118
版式设计	王凌波	咨询电话		400-810-0598
责任绘图	邓 超	网 址		http://www.hep.edu.cn
责任校对	胡美萍			http://www.hep.com.cn
责任印制	赵义民	网上订购		http://www.hepmall.com.cn
				http://www.hepmall.com
				http://www.hepmall.cn
		印 刷		三河市春园印刷有限公司
		开 本		787mm×1092mm 1/16
		印 张		26
		字 数		460千字
		版 次		2023年3月第1版
		印 次		2023年11月第2次印刷
		定 价		59.00元

本书如有缺页、倒页、脱页等质量问题，
请到所购图书销售部门联系调换